土木工程系列教材

土木工程材料

（第三版）

主　编　杨医博　何　娟　王绍怀
张慧珍　郭文瑛

华南理工大学出版社
SOUTH CHINA UNIVERSITY OF TECHNOLOGY PRESS
·广州·

内 容 简 介

本书主要介绍了常用土木工程材料的基本成分、生产工艺、技术性能和应用，并对新型土木工程材料进行了较为详细的介绍。全书分为13个部分，内容包括绪论、土木工程材料的基本性质、岩土与集料、无机胶凝材料、地基处理材料和无机结合料稳定材料、混凝土、沥青与沥青混合料、建筑砂浆、砌体材料和屋面材料、建筑钢材、木材、合成高分子材料、建筑功能材料等。

本书采用了我国目前颁布的最新技术标准，除详细介绍了常用土木工程材料外，还较多地反映了新型土木工程材料的研究进展情况，应用性强，具有较宽的专业适用面。

本书可作为高等院校土木工程、水利水电工程、水务工程和工程管理各专业的教学用书，也可作为土木、建筑类相关专业的教学用书，并可供土木工程科研、设计、施工、管理和监理人员参考。

图书在版编目（CIP）数据

土木工程材料/杨医博等主编．—3版．—广州：华南理工大学出版社，2023.8
土木工程系列教材
ISBN 978-7-5623-7305-6

Ⅰ．①土…　Ⅱ．①杨…　Ⅲ．①土木工程-建筑材料-高等学校-教材　Ⅳ．①TU5

中国国家版本馆CIP数据核字（2023）第012757号

土木工程材料（第三版）
杨医博　何　娟　王绍怀　张慧珍　郭文瑛　主编

出 版 人： 柯　宁
出版发行： 华南理工大学出版社
（广州五山华南理工大学17号楼，邮编510640）
http://hg.cb.scut.edu.cn　E-mail:scutc13@scut.edu.cn
营销部电话：020-87113487　87111048（传真）
策划编辑： 赖淑华　骆　婷
责任编辑： 骆　婷
责任校对： 王洪霞　洪　静
印 刷 者： 广州市新怡印务股份有限公司
开　　本： 787mm×1092mm　1/16　**印张：** 27.25　**字数：** 694千
版　　次： 2023年8月第3版　**印次：** 2023年8月第1次印刷
定　　价： 69.50元

第三版前言

近年来，土木工程材料向低碳和高性能方向快速发展，多项标准随之更新，原有的《土木工程材料》（第二版）教材已经无法满足教学的需要。为此，特对教材进行修订。

本书具有以下特点：

（1）根据高等学校土木工程专业指导委员会制定的“土木工程材料”教学大纲编写而成，并在每章前设置学习要点，以方便学生学习。

（2）从大土木的角度出发，兼顾土木工程、道路桥梁工程、水利水电工程、水务工程、工程管理及建筑学等专业的要求编写，具有较宽的专业适用面。

（3）全书按照国家和行业最新标准、规范编写，更新和补充了超高性能混凝土等新型土木工程材料。

本书由杨医博、何娟、王绍怀、张慧珍和郭文瑛担任主编，由杨医博统稿。参与编写的有华南理工大学杨医博（绪论、第5章），广州大学程从密（第1章），广州大学何娟（第2.1节、第2.3节、第3章和第11章），华南理工大学郭文瑛（第2.2节、第4.1节、第7章），华南理工大学王绍怀（第4.2节、第6章），广东工业大学张慧珍（第8章、第9章、第10章）和广州城市理工学院张先念（第12章）。

由于材料科学发展迅速，新材料不断涌现，不同行业的技术标准也不统一，限于编者水平，书中如有疏漏和不妥之处，敬请广大师生和读者不吝指正。

编　者

2023年5月

第二版前言

近年来，随着科学技术的迅猛发展，传统的土木工程材料性能不断提高，新的土木工程材料品种层出不穷，相关的工程设计、施工规范和材料标准有较多更新，原有的《土木工程材料》（上册）教材已经无法满足教学的需要。为此，对原教材进行了修订，并将书名改为《土木工程材料》（第二版）。

本书具有以下特点：

（1）根据高等学校土木工程专业指导委员会制定的“土木工程材料”课程教学大纲编写而成，并在每章前设置学习要点，以方便学生学习。

（2）从大土木的角度出发，兼顾土木工程、道路桥梁工程、水利水电工程、铁道工程、地下建筑工程、工程管理及建筑学等专业的要求编写，具有较宽的专业适用面。

（3）更新和补充了大量新型土木工程材料，并对已淘汰的一些材料做了说明。全书按照国家和行业最新标准、规范编写。

本书由杨医博、何娟、王绍怀、张慧珍和郭文瑛担任主编，杨医博统稿。参与编写的有：华南理工大学杨医博（绪论、第5章），广州大学程从密（第1章），广州大学何娟（第2章2.1节和2.3节、第3章、第11章），华南理工大学郭文瑛（第2章2.2节、第4章4.1节、第7章），华南理工大学王绍怀（第4章4.2节、第6章），广东工业大学张慧珍（第8章、第9章、第10章），华南理工大学广州学院张先念（第12章）。

由于材料科学发展迅速，新材料不断涌现，不同行业的技术标准也不统一，限于编者水平，书中如有疏漏和不妥之处，谨请广大师生和读者不吝指正。

编　者

2016年5月

第一版前言

近几年来，随着科学技术的迅猛发展，传统的土木工程材料性能不断提高，新的土木工程材料品种层出不穷，相关的多项设计、施工规范和材料标准已经更新，原有的《土木工程材料》教材已经无法满足教学的需要。为此，由华南理工大学出版社牵头，组织广东多间高校编写了本书。本书具有以下特点：

1. 根据高等学校土木工程专业指导委员会制定的“土木工程材料”课程教学大纲编写而成，并在每章前设置学习要点，以方便学生学习。

2. 从大土木的角度出发，兼顾土木工程、道路桥梁工程、水利水电工程、铁道工程、地下建筑工程及建筑学等专业的要求编写，具有较宽的专业适用面。

3. 更新和补充了大量新型土木工程材料，并对已淘汰的一些材料做了说明。全书按照国家和行业最新标准、规范编写。

4. 为配合开设设计性和综合性实验的需要，大幅扩充了实验的内容，增加了材料检测、测量不确定度、数据处理、小型构件性能实验、设计性和综合性实验等内容，并将实验部分独立成册。

本书分上下册，其中上册由梁松、程从密、王绍怀和秦怀泉担任主编，梁松和程从密统稿。参与编写的有广州大学程从密（第1、2、3章），华南理工大学杨医博（第4章第1节和第2节，第6、8、13章），华南理工大学王绍怀（第4章第3节、第7章），华南理工大学梁松（绪论、第5章），东莞理工学院秦怀泉（第9、10、11章）和广州大学何娟（第12章）。

下册由杨医博、王绍怀、彭春元和李春红担任主编，杨医博和王绍怀统稿。参与编写的有华南理工大学杨医博（第1、8、9、13、18章，第17章第1节部分内容，附录A，附录B），广州大学彭春元（第2、3、4、5章），华南理工大学王绍怀（第6、10、11、12章），华南理工大学梁松（第7章）和东莞理工学院李春红（第14、15、16章，第17章第1节部分内容和第2、3节）。

由于材料科学发展迅速，新材料不断涌现，有一些行业技术标准也不统一，限于编者水平，书中如有疏漏和不妥之处，谨请广大师生和读者不吝指正。

编　者

2007年5月

目　录

第1章　土木工程材料的基本性质

【学习要点】

1. 了解土木工程材料的基本组成、结构和构造，了解材料结构和构造与材料基本性质的关系；
2. 熟练掌握土木工程材料的基本力学性质；
3. 掌握土木工程材料的基本物理性质；
4. 掌握土木工程材料耐久性的基本概念。

应用于建筑物或构筑物的材料，在使用过程中，会受到各种作用。用于结构的材料，会受到各种外力的作用；用于屋面、外墙的材料，会受到风、霜、雨、雪和阳光的作用；有些材料还会受到生物的腐蚀，如木材的腐朽。用于结构的材料，当结构形式或工程部位不同时，受外力作用的方式也有所不同，如一般房屋建筑用钢材主要考虑强度，但用于桥梁的钢材还要重点考虑其抵抗冲击荷载的能力。因而，应综合考虑材料各方面的性质，根据构件所处的环境及工程部位选择适宜的材料。

1.1　材料科学的基本理论

1.1.1　材料的组成

材料的组成包括化学组成和矿物组成。它不仅影响着材料的化学性质，也是决定材料物理性质、力学性质的重要因素。

1.1.1.1　*化学组成*

在一定的水分和氧存在的情况下，钢材会出现红色的锈迹并逐渐损坏。在同样的环境下，混凝土不会出现这种现象。这是因为钢材和混凝土的化学组成不同。所谓化学组成，是指构成材料的化学元素及化合物的种类与数量。处在一定环境中的材料，与环境中的物质必然按化学变化规律发生作用，这些作用是由材料的化学组成决定的。如木材中存在大量的碳氢化合物，遇到明火时会燃烧，即耐火性能差；硬化后的混凝土中存在大量的氢氧化钙，因而极易受到酸、盐的侵蚀作用。材料在各种化学作用下表现出的性质与其化学组成密切相关。

1.1.1.2　*矿物组成*

硅酸盐水泥熟料矿物中有硅酸三钙($3CaO \cdot SiO_2$)和硅酸二钙($2CaO \cdot SiO_2$)，两者都是由 Ca、Si、O 三种元素组成。但是硅酸三钙含量高的水泥水化速度快于硅酸二钙含量高的水泥，这是由两者的矿物组成不同决定的。

这里的矿物是指无机非金属材料中具有特定的晶体结构、特定的物理力学性能的组织结构。矿物组成是指构成材料的矿物的种类和数量。天然石材、无机胶凝材料等的矿物组成是决定其性质的重要因素。

1.1.2 材料的结构

材料的结构是指从原子、分子尺度直至肉眼可见的各层次的结构状态。为了研究的方便，材料可分为宏观结构、微观结构和亚微观结构三个层次。各层次的差异对材料性能有不同的影响。

1.1.2.1 宏观结构

材料的宏观结构是指用肉眼或在普通放大镜下即可分辨的粗大组织。其尺寸一般在 10^{-3} m 以上。这个层次的结构可影响材料的体积密度、强度、导热系数等物理、力学性能。

孔是材料中较为奇特的组成部分，它的存在并不影响材料的化学组成和矿物组成，但明显影响材料的使用性能。按材料宏观孔特征的不同，可将材料划分为如下宏观结构类型：

(1)致密结构　基本上无宏观层次孔隙存在的结构。土木工程中所用材料属于致密结构的主要有金属材料、玻璃、塑料等，部分致密的石材也可认为是致密结构。

(2)多孔结构　孔隙较为粗大且数量众多的结构。如加气混凝土砌块、泡沫混凝土、泡沫塑料及其他人造轻质多孔材料等。

(3)微孔结构　具有微细孔隙的结构。如石膏制品、蒸压灰砂砖等。

按材料存在状态和构造特征的不同，可将材料划分为如下宏观结构类型：

(1)聚集结构　指散、粒状材料通过胶凝材料黏结而成的材料结构。其特点在于包含了胶凝材料和散、粒状材料两部分，胶凝材料的黏结能力对其性能有较大影响。水泥混凝土、砂浆、沥青混凝土、木纤维水泥板、蒸压灰砂砖等均可视为聚集结构。

(2)纤维结构　指由木纤维、玻璃纤维、矿物纤维等纤维状物质构成的材料结构。其特点在于主要组成部分为纤维状。如果纤维呈规则排列则具有各向异性，即平行纤维方向与垂直纤维方向的强度、导热系数等性质都具有明显的方向性。平行纤维方向的抗拉强度和导热系数均高于垂直纤维方向。木材、玻璃钢、岩棉、钢纤维增强水泥混凝土、纤维增强水泥制品等都属于纤维结构。

(3)层状结构　指天然形成或采用黏结等方法将材料叠合成层状的材料结构。它既具有聚集结构黏结的特点，又具有纤维结构各向异性的特点。胶合板、纸面石膏板、蜂窝夹芯板、各种新型节能复合墙板等都是层状结构。

(4)散粒结构　指松散颗粒状的材料结构。其特点是松散的各部分不需要采用黏结或其他方式连接，而是自然堆积在一起。如用于路基的黏土、砂、石，用于绝热材料的粉状或粒状填充料等。

1.1.2.2 微观结构

微观结构是指原子、分子层次的结构。在微观结构层次上的观察和研究，需借助电子显微镜、X 射线、振动光谱和光电子能谱等来分析研究该层次上的结构特征。一般认为，微观结构的尺寸范围在 10^{-10}～10^{-6} m。材料的强度、硬度、弹性、塑性、导热性等都与其微观结构有密切关系。在微观结构层次上，固体材料可分为晶体、玻璃体、胶体等。

1. 晶体

晶体是指材料的内部质点(离子、原子、分子)呈现规则排列的、具有一定结晶形状的固体(图 1－1a)。因其各个方向的质点排列情况和数量不同，故晶体具有各向异性，如结晶完好的石英晶体各方向上导热性能不同。然而，许多晶体材料是由大量排列不规则的晶粒组成，因此，所形成的材料在宏观上又具有各向同性的性质，如钢材。

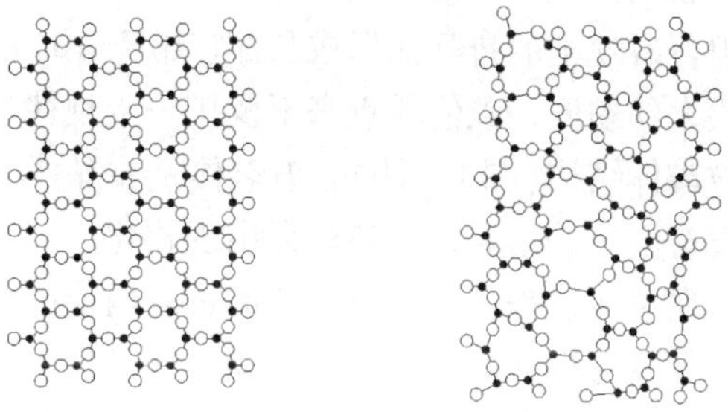

(a) 石英晶体结构模型　(b) 石英玻璃体结构模型

图 1－1　晶体与非晶体结构

按晶体质点及结合键的特性，可将晶体分为原子晶体、离子晶体、分子晶体和金属晶体四种类型。不同类型的晶体所组成的材料表现出不同的性质。

(1)原子晶体　是由中性原子构成的晶体。其原子间由共价键来联系。原子之间靠数个共用电子结合，具有很大的结合能，故结合比较牢固。这种晶体的强度、硬度与熔点都比较高。石英、金刚石、碳化硅等属于原子晶体。

(2)离子晶体　是由正、负离子所构成的晶体。离子是带电荷的，它们之间靠静电吸引力(库仑引力)所形成的离子键来结合。离子晶体一般比较稳定，其强度、硬度、熔点较高，但在溶液中会离解成离子。NaCl、KCl、CaO、$CaSO_4$ 等属于离子晶体。

(3)分子晶体　是依靠范德华力进行结合的晶体。范德华力是中性的分子由于电荷的非对称分布而产生的分子极化，或是由于电子运动而发生的短暂极化所形成的一种结合力。因为范德华力较弱，故分子晶体硬度小、熔点低。大部分有机化合物属于分子晶体。

(4)金属晶体　是由金属阳离子排列成一定形式的晶格。如体心立方晶格、面心立方晶格和紧密六方晶格。金属晶体质点间的作用力是金属键。金属键是晶格间隙中可自由运动的电子(自由电子)与金属正离子的相互作用(库仑引力)。自由电子使金属具有良好的导热性及导电性。钢材、铸铁、铝合金等金属材料都属于金属晶体。金属晶体在外力作用下具有弹性变形的特点，但当外力达到一定程度时，由于某一晶面上的剪应力超过一定限度，沿该晶面将会发生相对的滑动，因而会使材料产生塑性变形。低碳钢、铜、铝、金、银等有色金属都是具有较好塑性的材料。

硅酸盐在土木工程材料中占有重要地位，它的结构主要是由硅氧四面体单元 SiO_4(图 1－2)和其他金属离子结合而成，其中既有共价键，也有离子键。在这些复杂的晶体结构中，化学键结合的情况也是相当复杂的。SiO_4 四面体可以形成链状结构，如石棉，其纤维与纤维之间的作用力要比链状结构方向上的共价键弱得多，所以容易分散成纤维状；云母、滑石等则是由 SiO_4 四面体单元互相连接成片状结构，许多片状结构再叠合成层状结构，层与层之间是通过范德华力结合的，故其层间作用力很弱(范德华力比其他化学键力弱)，此种结构容易剥成薄片；石英是由 SiO_4 四面体形成的立体网状结构，所以具有坚硬的质地。

图 1－2　硅氧四面体单元

2. 玻璃体

玻璃体是熔融的物质经急冷而形成的无定形体。如果熔融物冷却速度慢，内部质点可以进行有规则的排列而形成晶体(图1-1a)；如果冷却速度较快，降到凝固温度时，它具有很大的黏度，致使质点来不及按一定规律进行排列，就已经凝固成固体，此时得到的就是玻璃体结构(图1-1b)。玻璃体是非晶体，质点排列无规律，因而具有各向同性。玻璃体没有固定的熔点，加热时会出现软化。

在急冷过程中，质点间的能量以内能的形式储存起来。因而，玻璃体具有化学不稳定性，即具有潜在的化学活性，在一定条件下容易与其他物质发生化学反应。粉煤灰、火山灰、粒化高炉矿渣等都含有大量玻璃体成分，这些成分赋予它们潜在的活性。

3. 胶体

胶体是指以粒径为 10^{-9}～10^{-7} m 的固体颗粒作为分散相(称为胶粒)，分散在连续相介质中所形成的分散体系。

胶体根据其分散相和介质的相对质量分数不同，分为溶胶结构和凝胶结构。若胶粒数量较少，连续相介质性质对胶体结构的强度及变形性质影响较大，这种胶体结构称为溶胶结构。若胶粒数量较多，胶粒在表面能的作用下发生凝聚作用，或由于物理、化学作用使胶粒彼此相连，形成空间网络结构，从而使胶体结构的强度增大，变形性减小，呈固体或半固体状态，这种胶体结构称为凝胶结构。

胶体的分散相(胶粒)很小，比表面积很大。因而胶体表面能大，吸附能力很强，质点间具有很强的黏结力。凝胶结构具有固体性质，但在长期应力作用下会具有黏性液体的流动性质。这是由于胶粒表面有一层吸附膜，膜层越厚，流动性越大。如混凝土中含有大量水泥水化时形成的凝胶体，混凝土在应力作用下具有类似液体的流动性质，会产生不可恢复的塑性变形。

与晶体及玻璃体结构相比，胶体结构强度较低、变形能力较大。

近年来，纳米结构开始成为技术人员关注的焦点。纳米(nanometer)是一种几何尺寸的度量单位，简写为 nm。$1\text{nm} = 10^{-9}$ m，相当于10个氢原子排列起来的长度。纳米结构是指至少在一个维度上尺寸介于1～100 nm之间的结构，属于微观结构范畴。纳米结构的基本结构单元有团簇、纳米微粒、人造原子等。由于纳米微粒和纳米固体有小尺寸效应、表面界面效应等基本特性，纳米微粒组成的纳米材料具有许多独特的物理和化学性能，因而得到了迅速发展，在土木工程中也得到了应用，如纳米涂料。

1.1.2.3 亚微观结构

亚微观结构又称为细观结构，一般指用光学显微镜所能观察到的材料结构。其尺寸范围在 10^{-6}～10^{-3} m。在亚微观结构范围内，可分析金属材料晶粒的粗细及其金相组织，如钢材中的铁素体、渗碳体、珠光体等组织；可分析木材的木纤维、导管、髓线等组织；可分析混凝土的水泥石相、骨料相、界面和孔隙等。

材料亚微观结构层次上各种组织的特征、数量、分布和界面性质对材料性能有重要影响。如金属材料中，晶粒的形状和大小会影响材料的性质。在金属材料的生产过程中，常采用热处理方法，使金属晶粒产生变化，以调节和控制金属材料机械性能(强度、韧性、硬度等)。

1.2　材料的物理性质

1.2.1　与密实程度有关的性质

1.2.1.1　孔

孔是材料中一个奇特的组成部分。分析材料质量、化学性质时，它似乎不存在，但它却是大多数材料的组成部分。除玻璃、金属和部分塑料外，大多数土木工程材料均存在孔隙。孔对材料的力学性质、热工性质、声学性质、耐久性等都有很大的影响。如普通混凝土在铁锤大力敲打下，会碎成若干块；强度低得多的加气混凝土砌块，在铁锤大力敲打下不会被敲成若干块，而是被敲出了一个洞。石膏内存在大量的孔，使其质轻、具有良好的保温隔热性能。

分析孔时，主要考虑孔隙率、密实度和孔的特征。

1. 孔隙率

孔隙率是指材料孔隙体积占材料自然状态下总体积的百分比，用 P 表示。孔隙率按下式计算：

$$P = \frac{V_1 - V}{V_1} \times 100\% \tag{1-1}$$

式中　V——材料的实体体积(不包含内部孔)，m^3 或 cm^3；

V_1——材料在自然状态下的体积(包含内部所有开口孔和闭口孔)，m^3 或 cm^3。

孔隙率的大小反映了材料的致密程度。材料的力学性质、热工性质、声学性质、吸水性、吸湿性、抗渗性、抗冻性等都与孔隙率有关。

2. 密实度

密实度是与孔隙率对应的概念，反映材料被固体物质充实的程度，用 D 表示。密实度按下式计算：

$$D = \frac{V}{V_1} \times 100\% \tag{1-2}$$

3. 孔的特征

孔的特征主要指孔的连通情况、大小和分布等。

根据孔是否连通可将材料内部的孔分为开口孔和闭口孔两类。开口孔指相互连通，且与外界相通的孔，反之则为闭口孔。绝对的闭口孔是不存在的，土木工程材料中，常以规定条件下水能否进入孔中来区分开口孔与闭口孔。开口孔指在规定的条件下水能进入的孔，否则为闭口孔。对应的孔隙率分别为开口孔隙率(P_K)和闭口孔隙率(P_B)，即：

$$P_K = \frac{V_K}{V_1} \times 100\% \tag{1-3}$$

$$P = P_B + P_K \tag{1-4}$$

式中　V_K——开口孔的体积。

在孔隙率相同的情况下，孔的特征也会影响材料的力学性质、热工性质、声学性质、吸水性、吸湿性、抗渗性、抗冻性等。孔隙率相同，材料的开口孔越多，材料的抗渗性、抗冻性越差。在材料内引入适量的闭口孔可增强其抗冻性。一般情况下，孔越细小、分布越均匀对材料越有利。

1.2.1.2 密度

密度指材料在绝对密实状态下，单位体积的质量。按下式计算：

$$\rho_0 = \frac{m}{V} \tag{1-5}$$

式中 ρ_0——材料的密度，g/cm^3；

m——材料的质量(干燥至恒重)，g；

V——材料在绝对密实状态下(不含任何孔)的体积，cm^3。

应用于土木工程的材料，除了钢材、玻璃等少数材料基本上可看作绝对密实外，绝大多数材料内部都有孔隙。测定砖、石等有孔隙材料的密度时，先把材料磨成细粉，干燥后，称取一定质量的细粉，根据阿基米德定律，用李氏瓶测定其绝对密实体积。材料磨得越细，其内部存在孔隙的可能性越小，所测得的绝对密实体积越精确。

工程上还经常用到相对密度。相对密度用材料质量与同体积水(4 ℃)质量的比值表示。

1.2.1.3 体积密度

体积密度指材料在自然状态下，单位体积(包括材料内部所有孔隙体积)的质量(图1-3a)。体积密度按下式计算：

$$\rho_1 = \frac{m}{V_1} \tag{1-6}$$

式中 ρ_1——材料的体积密度，kg/m^3 或 g/cm^3；

m——材料的质量，kg 或 g；

V_1——材料在自然状态下的体积(包含内部所有孔)，m^3 或 cm^3。

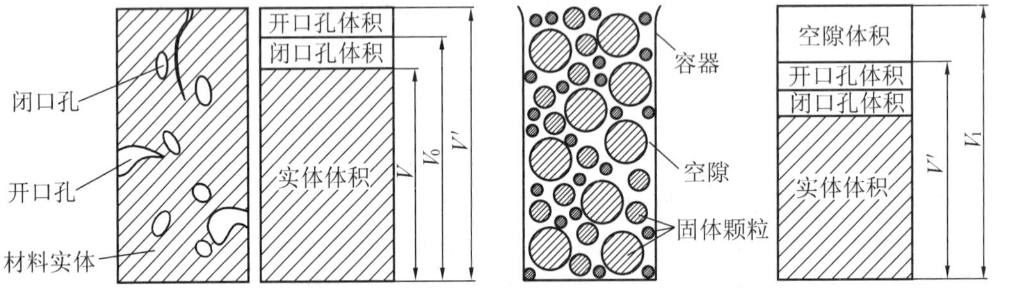

(a) 材料的自然体积构成　(b) 材料的堆积体积构成

图1-3 材料的体积构成

对于加气混凝土等材料，常需要考虑其体积密度，以评估材料自重对建筑物的影响。当材料孔隙内含有水分时，其重量和体积均会发生变化，故测定体积密度时，应注明其含水情况。一般情况下，材料在使用过程中，所考虑的是在气干状态(长期在空气中干燥)下的体积密度。但国家标准，如GB/T 11970《加气混凝土性能试验方法》规定，必须在烘干状态下测定体积密度。

在已知材料密度 ρ_0 和体积密度 ρ_1 的情况下，材料的孔隙率 P 和密实度 D 可分别按以下公式计算：

$$P = \left(1 - \frac{\rho_1}{\rho}\right) \times 100\% \qquad (1-7)$$

$$D = \frac{\rho_1}{\rho_0} \times 100\% \qquad (1-8)$$

1.2.1.4　表观密度

砂、石等骨料在拌制混凝土时，内部的开口孔被水占据。混凝土拌合物的体积是由水、水泥、砂、石、气孔等部分组成。此时，砂、石的体积不包括其开口孔的体积(该部分被水占据)，只包括其绝对体积和闭口孔的体积。这时用表观密度来表示其单位体积(包括实体体积和闭口孔体积)的质量(图 1-3a)，即：

$$\rho_2 = \frac{m}{V_2} \qquad (1-9)$$

式中　ρ_2——材料的表观密度，kg/m^3 或 g/cm^3；

m——材料的质量，kg 或 g；

V_2——材料的体积(包含材料实体及内部闭口孔，不含开口孔)，可称为表观体积，m^3 或 cm^3。

同一材料的表观密度会因材料含水量的不同而不同。GB/T 14684—2022《建设用砂》、GB/T 14685—2022《建设用卵石、碎石》等都规定在烘干状态下测砂、石的表观密度。

1.2.1.5　堆积密度

堆积密度是指散粒状材料(如粉状、颗粒状材料等)在堆积状态下，单位体积的质量，按下式计算：

$$\rho_3 = \frac{m}{V_3} \qquad (1-10)$$

式中　ρ_3　材料的堆积密度，kg/m^3；

m——材料的质量，kg；

V_3——材料的堆积体积，m^3。

材料的堆积体积包括材料实体体积、内部所有孔体积和颗粒间的空隙体积(图 1-3b)。材料的堆积密度反映散粒结构材料堆积的紧密程度及材料可能的堆放空间。常用土木工程材料的密度、表观密度和堆积密度如表 1-1 所示。

表 1-1　常用土木工程材料的密度、表观密度和堆积密度

材　料	密度/$(g \cdot cm^{-3})$	表观密度/$(kg \cdot m^{-3})$	堆积密度/$(kg \cdot m^{-3})$
石灰岩	2.60	1800～2600	—
花岗岩	2.60～2.80	2500～2900	—
碎石(石灰岩)	2.60	1800～2600	1400～1700
砂	2.60	1800～2900	1450～1650
黏　土	2.60	—	1600～1800
普通黏土砖	2.50～2.80	1600～1800	—

续表 1－1

材　料	密度/(g·cm^{-3})	表观密度/(kg·m^{-3})	堆积密度/(kg·m^{-3})
黏土空心砖	2.50	1000～1400	—
水　泥	3.10	—	1200～1300
普通混凝土	—	2100～2600	—
钢　材	7.85	7850	—
木　材	1.55	400～800	—
泡沫塑料	—	20～50	—

散粒状材料在堆积体积状态下，固体颗粒之间空隙体积占堆积体积的百分比称为空隙率，用P'表示。根据国家标准 GB/T 14684—2022《建设用砂》、GB/T 14685—2022《建设用卵石、碎石》规定，测定空隙率时，空隙体积还包括砂、石的开口孔的体积，空隙率P'可按下式计算：

$$P' = \frac{V_3 - V_2}{V_3} \times 100\% = \left(1 - \frac{\rho_3}{\rho_2}\right) \times 100\% \tag{1-11}$$

空隙率的大小反映了散粒材料的颗粒互相填充的紧密程度。计算混凝土中骨料(砂、石)的空隙率时，混凝土拌合物中水和水泥能进入石子的开口孔内。因而，式(1－11)中空隙的体积包含了材料开口孔的体积。

当空隙率用于评价其他材料时，空隙的体积可不包含材料开口孔的体积，式(1－11)和式(1－12)中的表观密度ρ_2相应改为体积密度ρ_1。

填充率与空隙率相对应，反映散粒状材料在某堆积体积中被颗粒填充的致密程度，用D'表示，按下式计算：

$$D' = \frac{V_2}{V_3} \times 100\% = \frac{\rho_3}{\rho_2} \times 100\% \tag{1-12}$$

1.2.2　与水有关的性质

1.2.2.1　润湿

润湿是固体(或液体)表面的气体被液体取代的过程。如将水泥加水调成浆体，水泥表面将被水润湿。土木工程材料中所考虑的润湿现象主要是液体对固体表面的润湿。

在一个光滑的固体表面上，滴上一滴液体，液体一般呈现图 1－4 所示的几种情形。图 1－4 为过液滴中心且垂直于固体表面的剖面图。图中O点为固、液、气三相的会合点。固-液界面的水平线与液-气界面在O点的切线之间的夹角称为润湿角(或接触角)。O点处的液体分子上有γ_{SL}、γ_{SV}、γ_{LV}三种力同时作用，γ_{SL}、γ_{SV}、γ_{LV}分别代表固-液、固-气、液-气的界面张力。γ_{SV}力图把O点处液体分子拉向左方，以覆盖更多的固-气界面；γ_{SL}则力图把O点处的液体分子拉向右方，以缩小固-液界面；而γ_{LV}则力图把O点处的液体分子拉向液面的切线方向，以缩小液-气界面。上述三种力处于平衡状态时，则存在下列关系：

$$\gamma_{SV} = \gamma_{SL} + \gamma_{LV}\cos\theta \tag{1-13}$$

(1)当 $\theta>90°$时，$\cos\theta<0$，$\gamma_{SL}>\gamma_{SV}$，液体趋于缩小固-液界面，润湿不能进行，称为不润湿(图 1－4a)；

(2)当 $\theta<90°$时，$\cos\theta>0$，$\gamma_{SL}<\gamma_{SV}$，液体趋于扩大固-液界面，称为润湿(图 1－4b)；

(3)当 θ 趋于 0°时，$\cos\theta$ 趋于 1，γ_{SL} 远小于 γ_{SV}，液体将尽可能覆盖更多的固-气界面，直至完全平铺在固体表面上，即发生铺展，称为完全润湿(图 1－4c)；

(4)当 $\theta=90°$时，$\cos\theta=0$，$\gamma_{SL}=\gamma_{SV}$，固、液两相处于润湿的分界线(图 1－4d)。

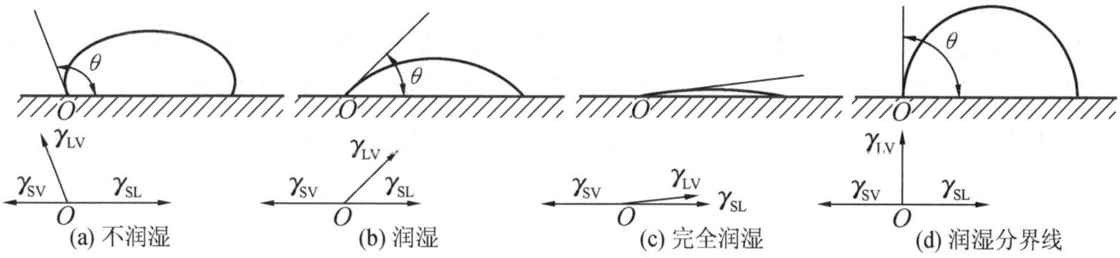

图 1－4　光滑固体表面滴上液体的情形

当液体为水时，水与不同固体材料表面之间相互作用的情况是不同的。当水滴与固体间的润湿角 $\theta\leqslant90°$时，水分子之间的内聚力小于水分子与材料分子间的相互吸引力，这种材料称为亲水性材料(图 1－4b)。当润湿角 $\theta>90°$时，水分子之间的内聚力大于水分子与材料分子间的吸引力，则材料表面不会被水浸润，这种材料称为憎水性材料(图 1－4a)。土木工程材料中水泥制品、玻璃、陶瓷、金属材料、石材等无机材料和大部分木材是亲水性材料；沥青、油漆、塑料、防水油膏等是憎水性材料。

拌制沥青混合料时，如果沥青能很好地润湿集料，则可降低施工难度，提高工程质量。

1.2.2.2　吸湿性与吸水性

1. 含水率

材料与水接触会吸水，放置于空气中也会吸附空气中的水分。材料含水的多少用含水率(或含水量)表示。含水率是指材料中所含水的质量与干燥状态下材料的质量之比。按下式计算：

$$w=\frac{m_1-m_0}{m_0}\times100\% \tag{1-14}$$

式中　w——材料的含水率,%；

m_0——材料在干燥状态下的质量，g；

m_1——材料在含水状态下的质量，g。

材料含水率的变化会影响材料的一系列性能。一般情况下，含水率增加，材料质量增加、强度降低、保温性能下降、抗冻性能变差，有时还会发生明显的体积膨胀。

2. 吸湿性

吸湿性指材料在潮湿空气中吸收水分的性质。吸湿作用一般是可逆的，也就是说材料既可吸收空气中的水分，又可向空气中释放水分。材料是否从空气中吸收水分，与材料本身的含水率以及空气的温度和湿度有关。当材料含水率高时，会向空气中释放水分，反之则吸收空气中的水分。在一定的温度和湿度条件下，当材料向空气中释放水分和吸收水分的速度相同时的含水率称为平衡含水率。

处于平衡含水率的材料，如果环境的温度和湿度发生变化，平衡将会被破坏。一般情况下，环境的温度上升或湿度下降，材料的平衡含水率会相应降低。

影响材料吸湿性的因素较多，除了上面提到的环境温度和湿度的影响外，材料的亲水性、孔隙率、孔隙特征等对吸湿性都有影响。如亲水性材料比憎水性材料有更强的吸湿能力，开口孔多的材料由于有更多的表面，其吸湿能力比密实材料强。

3. 吸水性

吸水性是指材料与水接触时吸收水分的性质。在规定条件下，材料吸水达到饱和时的含水率称为材料的吸水率。吸水率既可用质量吸水率表示，也可用体积吸水率表示。

质量吸水率是指材料吸水饱和时，所吸收水分的质量占干燥材料质量的比。质量吸水率按下式计算：

$$w_m = \frac{m_b - m_0}{m_0} \times 100\% \tag{1-15}$$

式中 w_m——材料的质量吸水率,%；

m_0——材料在干燥状态下的质量，g;

m_b——一定条件下，材料吸水饱和时的质量，g。

体积吸水率是指材料吸水饱和时，所吸水分的体积占干燥材料自然状态下体积的比。按下式计算：

$$w_V = \frac{(m_b - m_0)/\rho_w}{V_1} \times 100\% \tag{1-16}$$

式中 w_V——材料的体积吸水率,%；

ρ_w——水的密度，g/cm^3；

V_1——材料在自然状态下的体积(包含内部开口孔和闭口孔)，cm^3。

材料吸水率的大小主要取决于材料的亲水性、孔隙率及孔隙特征。亲水性材料吸水率高；孔隙率大、孔细微且连通的材料吸水率较大；具有粗大孔隙的材料，虽然水分容易渗入，但仅能润湿孔壁表面而不易在孔内存留，因而其吸水率不高；密实材料以及仅有封闭孔隙的材料基本上不吸水。

不同材料的吸水率相差很大，如花岗岩等致密岩石的质量吸水率小于1%，普通混凝土为2%～3%，烧结实心黏土砖为8%～20%，而木材或其他轻质材料可大于100%。

1.2.2.3 耐水性

材料的耐水性是指材料长期在水的作用下不会被破坏，而且强度也不显著降低的性质。水对材料的破坏是多方面的，如对材料的力学性质、光学性质、装饰性均会产生影响。材料的耐水性用软化系数 K_R 表示，按下式计算：

$$K_R = \frac{f_1}{f_0} \tag{1-17}$$

式中 f_1——材料在饱和吸水状态下的抗压强度，MPa；

f_0——材料在干燥状态下的抗压强度，MPa。

一般情况下，随着材料含水率增加，其内部结合力会减弱，从而导致强度下降。如花岗岩长期浸泡在水中，强度约下降 3%，蒸压灰砂砖甚至下降 20% 以上。

软化系数的范围是 0～1。通常将软化系数大于 0.85 的材料看作是耐水材料。长期与水接触的构件选择材料时，应考虑该材料的软化系数。一般次要结构物或受潮较轻的结构所用的材料软化系数应不低于 0.75，受水浸泡或长期处于潮湿环境的重要建筑物或构筑物所用材料的软化系数不应低于 0.85。特殊情况下，软化系数应当更高。

1.2.2.4　抗渗性

抗渗性指材料抵抗压力水渗透的性质。材料的抗渗性可用渗透系数来表示。渗透系数 K_S 按下式计算：

$$K_S = \frac{Qd}{AtH} \tag{1-18}$$

式中　K_S——渗透系数，cm/h；

Q——透水量，cm^3；

d——试件厚度，cm；

A——透水面积，cm^2；

t——时间，h；

H——水头高度(水压)，cm。

渗透系数 K_S 的物理意义是：一定时间内，在一定水压作用下，单位厚度材料，单位截面积上的透水量。渗透系数越小的材料表示其抗渗性越好。水利工程的全级配混凝土、土及水泥土等的抗渗性用渗透系数表示。

水泥混凝土和砂浆的抗渗性用抗渗等级表示。抗渗等级是指在规定试验条件下，材料所能承受的最大水压力。

材料抗渗性的好坏，与材料的孔隙率和孔隙特征有密切关系。材料孔隙率越小、闭口孔越多、孔径越小，越难渗水。具有较大孔隙率，且孔连通、孔径较大的材料抗渗性较差。

地下建筑、屋面、外墙及水工构筑物等，使用过程中为防止水分渗入，要求所用材料具有较好的抗渗性。

1.2.2.5　抗冻性

水结冰时，体积约膨胀 11%。如果材料内部孔隙中充满水，水结冰时体积增大对孔壁产生很大的压力，压力达到一定程度会导致材料破坏。材料内冰融化时压力骤然消失，同样会导致材料破坏。随着冻结和融化的交替进行(冻融循环)，材料表面将出现裂纹、剥落等现象，造成质量损失、强度降低。

材料在吸水饱和状态下，能经受多次冻结和融化作用而不被破坏、强度又不显著降低的性质称为抗冻性。混凝土的抗冻性用抗冻标号或抗冻等级来表示。抗冻标号指吸水饱和后的材料经过规定的冻融循环次数，其质量损失、强度损失均不低于规定值。

材料的抗冻性与其强度、孔隙率及孔特征、含水率等因素有关。材料强度越高，抗冻性越好。孔对抗冻性的影响与其对抗渗性的影响相似。当材料含水未达到饱和时，冻融循环的破坏作用较小。

1.2.3 与热有关的性质

1.2.3.1 热容量

热容量是指材料受热时吸收热量，冷却时放出热量的性质。单位质量的材料吸收或释放热量的能力用比热容 c 表示，单位为 J/(g·K)，按下式计算：

$$c = \frac{Q}{m(T_2 - T_1)} \tag{1-19}$$

式中 Q——材料吸收或放出的热量，J；

m——材料的质量，g；

$(T_2 - T_1)$——材料受热或冷却前后的温差，K。

比热容的物理意义是：单位质量的材料，在温度变化 1 K 时所吸收或放出的热量。

比热容与材料质量的乘积称为材料的热容量值。它表示材料温度变化 1 K 时材料能够吸收(或放出)的热量。采用热容量值大的材料做围护结构，有利于建筑物内部温度的稳定。

1.2.3.2 导热性

导热性指材料传导热量的能力。材料的导热能力用导热系数表示。导热系数 λ 指一定厚度材料两边存在一定温差时，单位时间内透过单位面积材料的热量，单位为 W/(m·K)，按下式计算：

$$\lambda = \frac{Q \times d}{A \times (T_2 - T_1) \times t} \tag{1-20}$$

式中 Q——传导的热量，J；

d——材料的厚度，m；

A——材料的导热面积，m^2；

$(T_2 - T_1)$——材料两边的温差，K；

t——传热时间，s。

材料导热系数越大，导热性能越好。各种土木工程材料的导热系数差别较大，大多在 0.035～3.5 W/(m·K)之间。工程上将导热系数 $\lambda < 0.23$ W/(m·K)的材料称为绝热材料。

影响材料导热系数的因素很多，主要有：

(1)材料组成　一般情况下，金属材料的导热系数最大，普通混凝土、灰砂砖等次之，有机材料较小。常用土木工程材料的热工性能见表 1－2。

表 1－2　常用土木工程材料的热工性能

材　　料	导热系数/($W \cdot m^{-1} \cdot K^{-1}$)	比热容/($J \cdot g^{-1} \cdot K^{-1}$)
钢	55.00	0.47
普通混凝土	1.50	0.88
普通黏土砖	0.60	0.84
松木	横纹 0.17，顺纹 0.35	2.51
泡沫塑料	0.03	1.30
冰	2.33	2.05
水	0.58	4.19
密闭空气	0.023	1.00

注：表中数据为近似值，随具体材料的不同而有差异。

（2）微观结构　相同化学组成的材料，结晶良好的导热系数最大，微晶结构的次之，玻璃体结构的最小。为了获取导热系数较低的材料，可通过改变其微观结构的方法来实现，如水淬矿渣属于玻璃体结构，是一种较好的绝热材料。

（3）孔隙率　由于密闭空气的导热系数很小（$\lambda = 0.023$ W/(m·K)），因此材料孔隙率的大小，能显著地影响其导热系数，孔隙率越大，材料导热系数越小。

（4）孔隙特征　在孔隙率相同时，孔径越大，孔隙间连通越多，导热系数越大，这是由于孔中气体因对流传热。纤维状材料存在一个最佳表观密度，即在该密度下导热系数最小。无论表观密度低于还是高于这个最佳值，其导热系数都会增加。

（5）含水率　由于水的导热系数 $\lambda = 0.58$ W/(m·K)，远大于空气，所以材料含水率增加后其导热系数明显增加，若是结冰（$\lambda_{冰} = 2.33$ W/(m·K)），则导热系数更大。

1.2.3.3　耐热性与耐燃性

耐热性是指材料长期在高温作用下，不失去使用功能的性质。材料在高温作用下发生性质的变化会影响材料的正常使用。材料在高温下可能发生的变化有：

（1）受热变质　一些材料长期在高温作用下会发生质的变化。如二水石膏在 65 ℃以上时就开始脱水；石英在温度上升至 573 ℃时会由 α 石英转变为 β 石英，同时体积增大 2% 而导致破坏；可燃物（如木材）在高温下急剧氧化而燃烧。

（2）受热变形　大多数材料受热后都会发生体积膨胀，从而存在破坏的可能。如玻璃等材料温度急剧变化（急热或急冷）时，会产生较大的温度应力，严重时会导致玻璃破裂；普通钢材料的最高允许使用温度为 350 ℃，超过该温度时，钢材强度显著降低，使钢材产生过大的变形导致结构失去稳定。

耐燃性是指在发生火灾时，材料抵抗和延缓燃烧的性质，又称防火性。材料的耐燃性与耐热性不同。虽然大多数应用于土木工程的无机材料是非燃烧材料，但是，石膏、玻璃、混凝土、钢材、铝材等受明火作用会因高温变形而失去使用功能，所以它们虽然是非燃烧材料，有良好的耐燃性，但却是不耐火的。

GB 50016—2014《建筑设计防火规范》规定：不燃烧体是用不燃材料做成的建筑构件，如钢筋混凝土实体墙；难燃烧体是用难燃烧材料做成的建筑构件或用可燃材料做成而用不燃材料做保护层的建筑构件，如彩色镀锌钢板聚氨酯夹芯墙板；燃烧体是用可燃材料做成的建筑构件，如木柱。

GB 8624—2012《建筑材料及制品燃烧性能分级》规定：建筑材料及制品的燃烧性能分为 A、B1、B2、B3 四个等级。A 级为不燃材料（制品）、B1 级为难燃材料（制品）、B2 级为可燃材料（制品）、B3 级为易燃材料（制品），根据火灾发生的可能性及发生火灾的危害大小选用。

1.3　材料的力学性质

1.3.1　强度

当一个物体受到拉或压作用时，就认为该物体受到力的作用。如果力是来自于物体的外部，则称为荷载。用于结构的材料总是受到各种力的作用。当力作用于对象时，我们假定力在对象内部是均匀分布的。单位面积材料上所承受的力用应力表示，单位是 N/mm^2 或 MPa。

强度指材料抵抗力破坏的能力。这种能力除了与材料本身有关外，还与材料的尺寸、形状有关。评价材料强度必须要消除尺寸和形状的影响，即单位面积上所能承受的力。因而，材料的强度指在规定条件下，材料破坏时所承受的极限应力。其单位与应力单位相同，也是 N/mm^2 或 MPa。

不同材料在力作用下破坏时表现出不同的特征，一般情况下可能出现下列两种情况之一：

(1)一种是应力达到一定值时出现较大的不可恢复的变形，则认为该材料被破坏，如低碳钢的屈服；

(2)另一种是应力达到极限值而出现材料断裂，几乎所有脆性材料的破坏都属于这种情况。

应用于结构的土木工程材料都有标准的强度测定方法，这些方法对于设计有很重要的意义。值得注意的是，永远不要在设计时使构件所承受的应力值达到其强度值。原因有多方面，例如：实际作用于构件的力可能超过设计时的预计值，构件的实际强度可能低于试验时所测得的强度，强度试验的受力方式与实际构件不同，试样尺寸、形状等与构件不同，试件在长期使用过程中因腐蚀等原因导致强度下降等。这些都会导致工程处于不安全状态。因而，在工程设计中必须有一个与材料有关的安全系数。

决定固体材料强度的内在因素是材料结构质点(原子、离子或分子)之间的相互作用力。如以共价键或离子键结合的晶体，其质点间结合力很强，因而具有较高的强度。以分子键结合的晶体，其结合力较弱，强度较低。材料的最高理论抗拉强度，可用下式表示：

$$f_t = \sqrt{\frac{E\gamma}{d}} \tag{1-21}$$

式中 f_t——最高理论抗拉强度，MPa；

E——纵向弹性模量，MPa；

γ——单位表面能，J/m^2；

d——原子间的距离，m。

对于土木工程材料而言，其实际强度总是远小于理论强度。这是由于材料实际结构都存在着许多缺陷，如晶格的位错、杂质、孔隙、微裂缝等。当材料受外力作用时，在裂缝尖端周围产生应力集中，局部应力将大大超过平均应力，导致裂缝扩展而引起材料破坏。在土木工程材料应用中，应尽量减少缺陷。如进行普通混凝土施工时，尽可能使混凝土密实，以得到较高的强度。

根据外力作用方式的不同，材料强度有抗压强度、抗拉强度、抗弯强度及抗剪强度等(图1-5)。材料的抗压、抗拉及抗剪强度按下式计算：

$$f = \frac{P}{A} \tag{1-22}$$

式中 f——材料强度，MPa；

P——破坏时最大荷载，N；

A——受力截面面积，mm^2。

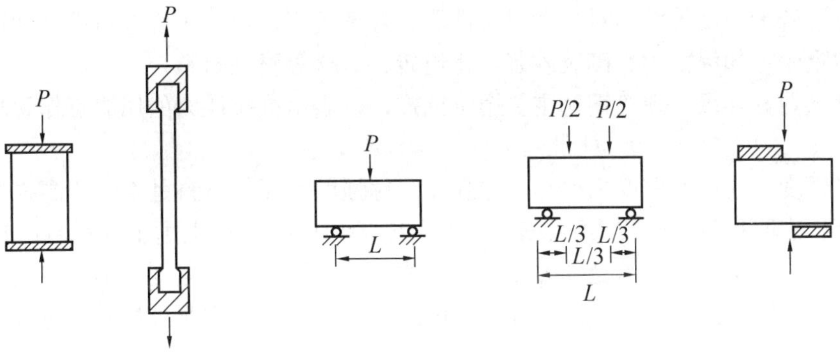

(a) 抗压　(b) 抗拉　(c) 单荷载弯曲　(d) 双荷载弯曲　(e) 抗剪

图 1－5　材料受力示意图

材料的抗弯强度与受力情况有关，当外力是作用于构件中央一点的集中荷载，且构件有两个支点(图 1－5c)，材料截面为矩形时，抗弯强度按下式计算：

$$f_{m} = \frac{3PL}{2bh^{2}} \tag{1-23}$$

式中　f_m——材料抗弯强度，MPa；

P——材料所受的荷载，N；

L——两支点间距离，mm；

b——试件截面的宽度，mm；

h——试件截面高度，mm。

有时抗弯强度试验的方法是在跨度的三分点上作用两个相等的集中荷载(图 1－5d)，这时材料的抗弯强度按下式计算：

$$f_{m} = \frac{PL}{bh^{2}} \tag{1-24}$$

材料的强度与其组成和构造有关。不同种类的材料抵抗外力作用的能力不同，即使是相同种类的材料，由于其内部构造不同，其强度也有很大差异。孔隙率对材料强度有很大影响。一般情况下，材料孔隙率越大，强度越低。

同种材料抵抗不同类型外力作用的能力不同，如砖、石材、混凝土和铸铁等材料的抗压强度较高，但抗拉及抗弯强度很低；钢材的抗拉、抗压强度都较高；而木材顺纹抗拉强度高于顺纹抗压强度。另外，试验条件等因素也会对材料强度值的测试结果产生较大影响。常用材料的强度值见表 1－3。

表 1－3　常用材料的强度值　MPa

材　　料	抗　　压	抗　　拉	抗　　弯
花岗岩	100～250	5～8	10～14
普通黏土砖	5～20	—	1.6～4.0
普通混凝土	5～60	1～9	—
松木(顺纹)	30～50	80～120	60～100
建筑钢材	240～1500	240～1500	—

根据强度的大小，将土木工程材料划分为若干等级，即材料的强度等级。将土木工程材料划分为若干强度等级，对掌握材料性质、合理选用材料、正确进行设计和控制工程质量都非常重要。如混凝土、砌筑砂浆、普通砖、石材等脆性材料，主要用于抗压，因而以抗压强度来划分等级；建筑钢材主要用于抗拉，以表示抗拉能力的屈服点作为划分等级的依据。

材料强度与其体积密度之比称为比强度。比强度是评价材料是否轻质高强的指标。比强度越高，表明材料越轻质高强。表1－4列出了常见的几种土木工程材料的比强度。应注意的是，不同材料主要承受外力作用的方式不同，所采用的强度也不同。如钢材比强度采用了屈服强度，而混凝土、砂浆等采用抗压强度。用比强度评价材料时应特别注意所采用的强度类型。

表1－4　常用材料的比强度

材料名称	体积密度/($kg \cdot m^{-3}$)	强度/MPa	比强度
低碳钢(HRB335)	7800	335	0.0430
松　木	500	35	0.0700
混凝土(C30)	2400	30	0.0125
蒸压灰砂砖(MU15)	1800	15	0.0084

1.3.2　弹性和塑性

1.3.2.1　弹性

弹性指材料在外力作用下产生变形，当外力取消后，能够完全恢复原来形状的性质。这种可完全恢复的变形称为弹性变形(图1－6a)。弹性变形的变形量与对应的应力大小成正比，其比例系数用弹性模量 E 表示，单位是 MPa。在材料的弹性范围内，弹性模量是常数，按下式计算：

$$E = \frac{\sigma}{\varepsilon} \qquad (1-25)$$

式中　σ——材料的应力，MPa；

ε——材料在应力作用下产生的应变。

弹性模量是衡量材料抵抗变形能力的指标之一，弹性模量越大，材料在荷载作用下越不易变形。

1.3.2.2　塑性

塑性指在外力作用下材料产生变形，外力取消后，仍保持变形后的形状和尺寸，并且不产生裂缝的性质。这种不能恢复的变形称为塑性变形(图1－6b)。

绝对的弹性材料是没有的，有的材料在受力不大的情况下，表现为弹性变形，但受力超过一定限度后，则表现为塑性变形，如钢材；有的材料在受力后，弹性变形及塑性变形同时产生，如果取消外力，则弹性变形部分可以恢复，而塑性变形部分则不能恢复，如混凝土(图1－6c)。

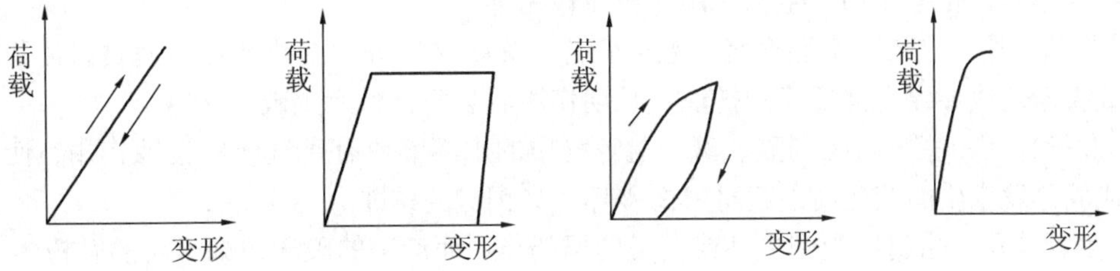

(a) 弹性变形曲线　(b) 塑性变形曲线　(c) 弹塑性变形曲线　(d) 脆性材料的变形曲线

图 1－6　材料在荷载作用下的变形曲线

1.3.3　脆性和韧性

脆性指材料在外力作用下，无明显塑性变形而突然破坏的性质。具有这种性质的材料称为脆性材料(图 1－6d)。脆性材料的抗压强度比其抗拉强度往往要高很多倍。脆性对承受震动作用和抵抗冲击荷载是不利的。砖、石、陶瓷、玻璃、混凝土、铸铁等都属于脆性材料。

韧性指在冲击或震动荷载作用下，材料能够吸收较大的能量，同时也能产生一定的变形而不破坏的性质。材料的韧性是用冲击试验来检验的，因而又称为冲击韧性。材料的冲击韧性用冲击功来衡量。冲击功是指材料在一定冲击动能下折断时，单位横截面上所消耗的能量。

冲击韧性表示材料受荷载达到破坏时所吸收的能量。低碳钢、木材等属于韧性材料。用作路面、桥梁、吊车梁以及其他有抗震要求的结构都应考虑材料的韧性。

1.3.4　硬度和耐磨性

硬度是指材料表面抵抗其他物体压入或刻划的能力。常用压入法或刻划法来评价材料的硬度。压入法是指将比试样更硬的具有一定形状和尺寸的压头以一定荷载压在试样上，用试样表现出来的抵抗压入的能力来评价硬度的方法。常见的压入法有洛氏硬度、维氏硬度、努普硬度等。刻划法是将材料与标准硬度材料相互划痕来判别材料的硬度。该测试方法极为简便，如莫氏硬度。

硬度高的材料具有很好的耐磨性，但不易加工。如花岗石的硬度高于大理石，其耐磨性比大理石好，但大理石较易加工。有些材料的硬度与强度具有较好的相关性，如混凝土的硬度越高，相应的抗压强度也越高。回弹法测混凝土强度就是通过测定混凝土的硬度，再根据经验曲线推定混凝土强度。

耐磨性是材料表面抵抗机械磨损的能力。材料的耐磨性与其组成、结构和表面硬度有关。应用于路面、室内外的地面等部位的材料应考虑其耐磨性。如人员行走频繁的地面不宜选用耐磨性差的大埋石，而耐磨性好的花岗石是非常适用的。

1.4　材料的耐久性

耐久性是指材料在长期使用过程中，能保持原有性能而不变质、不破坏的能力。材料在使用过程中，除受到各种外力作用外，还要受到环境中各种因素的破坏作用，这些破坏作用有物理作用、化学作用、生物作用、机械作用等。

(1)物理作用　主要有干湿交替、温度变化、冻融循环等，这些变化会使材料体积产生膨胀或收缩，或导致内部裂缝的扩展，长期作用后会使材料产生破坏。

(2)化学作用　指材料受到酸、碱、盐等物质的水溶液或有害气体的侵蚀作用，使材料的组成成分发生质的变化而引起材料的破坏，如钢材的锈蚀。

(3)生物作用　指材料受到虫蛀或菌类的腐朽作用而产生的破坏，如木材的腐朽。

(4)机械作用　指材料在使用过程中受到各种冲击、磨损等作用，机械作用的本质是力的作用。

材料在长期使用过程中的破坏是多方面因素共同作用的结果，即耐久性是一种综合性质，具体包括抗渗性、抗冻性、抗风化性、耐蚀性、抗老化性、耐热性和耐磨性等。

当然，不同材料有不同的耐久性特点，如无机矿物材料(混凝土、石材等)要考虑抗冻、抗有害气体等作用，金属材料主要考虑化学腐蚀作用，木材主要考虑生物作用带来的损坏。另外，不同工程环境对材料的耐久性也有不同的要求，如寒冷地区室外工程的混凝土应考虑其抗冻性，处于压力水作用下的、有防水要求的工程所用的混凝土应有抗渗性要求。

提高材料的耐久性对改善土木工程的技术经济效果具有重大意义。材料的耐久性是土木工程耐久性的基础，合理使用高耐久性材料，有效地提高工程的使用寿命，降低工程的维修成本，从而降低工程项目的全寿命成本。合理使用高耐久性材料，会减少材料的消耗，对节约资源、能源，降低碳排放，保护环境具有重要意义。

1.5　材料的环境协调性

材料产业支撑着人类社会的发展，为人类带来了便利和舒适。但同时在材料的生产、使用和废弃的过程中也带来了沉重的环境负担。土木工程建设活动规模大，消耗的材料多。与其他材料相比，土木工程材料对自然资源、能源的消耗和环境污染负有更多的责任。这就要求土木工程材料与环境尽可能协调，即环境协调性。

环境协调性是指对资源和能源消耗少、对环境污染小和循环再生利用率高的性质。材料的环境协调性不仅表现在生产环节，而且要求从材料生产、使用到废弃或再生利用的整个寿命周期中，都必须与环境协调。对于土木工程材料，其环境协调性表现在以下几个方面：

(1)生产时尽量少用或不用不可再生的自然资源。尽可能使用废弃物生产材料，降低材料生产过程中各种自然资源的消耗，保护生态环境。如生产水泥时大量使用矿渣、粉煤灰等工业废弃物，利用污水处理厂的污泥生产砌墙砖，等等。

(2)采用低能耗的生产工艺。如在水泥生产过程中，合理采用矿化剂降低烧成温度、发展大型新型干法工艺等生产技术，可降低生产过程中的能耗。

(3)大幅减少建筑能耗。如采用保温隔热性能好的轻质多孔墙体材料、屋面保温材料等。

(4)生产和使用过程中，不危害人体健康。用于室内的材料，不得含有甲醛、有害的卤化物溶剂或芳香族碳氢化合物等对人体有害的污染物质。

(5)生产过程中对环境污染小，主要表现为减少二氧化碳的排放量。石灰、水泥、钢材等生产过程中都排放大量二氧化碳，应尽可能将所排放的二氧化碳资源化。

(6)循环再利用率高。尽可能多地使用可再生、可降解材料。建筑物或构筑物被废弃后所产生的大量废弃物如何综合利用，是土木工程材料发展面临的新问题。

(7)耐久性好。

【课外调查】

调查内容：土木工程材料的应用及其耐久性。

调查目的：了解土木工程材料在工程各部位的应用及其耐久性。

自主选择本地区建造时间较为久远的旧建筑物或构筑物，列出该建筑物或构筑物使用了哪些土木工程材料。分析各种材料在物理、化学、生物、机械等长期作用下的现存状态，评价其耐久性。以下是可供选择的土木工程类型。

①住宅；

②商场；

③体育馆；

④图书馆；

⑤酒店；

⑥道路；

⑦桥梁；

⑧大坝；

⑨博物馆；

⑩其他。

可参照表 1 -5 或自行设计调查表。

表 1 -5　×××　大桥使用材料类型及耐久性调查

工程地点：　　　　　　　　　　　　　　　　建造时间：　　年　　月　　日

工程部位	主要材料	现存状态(外观、力学等)	评　价	备　注

复习思考题

1 -1　名词解释：

晶体；玻璃体；胶体；亲水性；憎水性；润湿；孔隙率；密实度；空隙率；填充率；吸湿性；吸水性；平衡含水率；耐水性；热容量；导热性；比强度；弹性；塑性；韧性；脆性；环境协调性。

1 -2　晶体、玻璃体和胶体材料性能各有何特点?

1 -3　下列关于胶体的叙述，不合理的是________。

A. 水化硅酸钙具有胶体结构

B. 凝胶体在长期应力作用下具有类似黏性液体的流动性质

C. 凝胶体的吸附能力很弱

D. 凝胶体的质点很微小，比表面积很大

1-4　下列关于纤维结构材料的叙述，合理的是________。

A. 各向同性

B. 平行纤维方向的导热能力大于垂直纤维方向

C. 平行纤维方向的抗拉强度劣于垂直纤维方向

D. 纤维结构材料各方向强度均很高

1-5　简述材料的密度、体积密度、表观密度和堆积密度的区别。

1-6　某一土木工程材料的开口孔隙率增大时，下表内材料的其他性质将如何变化？

开口孔隙率	密度	表观密度	强度	吸水率	抗冻性	导热性
增大						

1-7　一块标准的蒸压灰砂砖(240 mm×115 mm×53 mm)干燥状态下质量为2450 g，吸水饱和后为2650 g，将其烘干磨细后称取100 g，用李氏瓶测其体积为40 cm^3，试求该灰砂砖的开口孔隙率和闭口孔隙率。

1-8　某石材干重256 g，把它浸入水中，吸水饱和后测得其排开水的体积为115 cm^3，将试样从水中取出后擦干表面，再次放入水中排开水的体积为118 cm^3，求此石材的表观密度、体积密度、质量吸水率和体积吸水率。

1-9　含水率为5%的中砂2200 g，其中含水________g。

A. 110　　B. 105　　C. 116　　D. 180

1-10　在一定荷载作用下，材料的弹性模量越小，变形________。

A. 越小　　B. 不变　　C. 越大　　D. 与弹性模量无关

1-11　影响材料抗渗性和抗冻性的因素各有哪些？

1-12　影响材料导热系数的因素有哪些？

1-13　土木工程中材料的比强度有何意义？

1-14　举例说明影响材料耐久性的因素有哪些？

第 2 章　岩土与集料

【学习要点】

1. 了解岩石的基本性质；
2. 了解土的组成、分类及性质；
3. 掌握集料的品种、技术要求及选用。

2.1　岩石

岩石在土木工程中的应用有数千年的历史，是人类应用最早的材料之一。天然石材在自然界蕴藏量丰富、分布很广，便于就地取材，具有很高的抗压强度和耐久性。土木工程中，岩石广泛应用于集料、砌体、装饰、基础垫层等。

2.1.1　常见造岩矿物

岩石是矿物的集合体，构成岩石的矿物称为造岩矿物。主要的造岩矿物有石英、长石、云母、方解石、白云石、高岭石等。

1. 石英

石英是结晶状态的 SiO_2，无色透明、强度高、硬度大、耐久性好，在常温下基本不与酸、碱作用。含有石英的岩石风化后，石英本身仍能保持不变，成为石英砂。但是，当温度达到 573℃时，石英发生晶型转变，体积急剧膨胀。因而，含石英的岩石在高温下易产生裂缝而破坏。

2. 长石

长石分为正长石（$K_2O \cdot Al_2O_3 \cdot 6SiO_2$）及斜长石。斜长石又分为钠长石（$Na_2O \cdot Al_2O_3 \cdot 6SiO_2$）和钙长石（$CaO \cdot Al_2O_3 \cdot 2SiO_2$）。与石英矿物相比，长石的强度、硬度和耐久性均较低。长石有白、浅灰、桃红、红、青、暗灰等颜色。长石在干燥条件下具有很好的耐久性，但是在潮湿条件下容易风化。特别是环境中有 CO_2 时，风化更易发生。长石风化后主要成分是高岭石（$Al_2O_3 \cdot 2SiO_2 \cdot 2H_2O$），高岭石是沉积岩中黏土的主要组成部分。用于砌筑的石材应考虑其中长石风化的程度，风化严重的石材不宜用于砌筑。

3. 云母

云母是含水铝硅酸盐，呈柔软而有弹性的成层薄片。常见的有白云母和黑云母，黑云母的耐久性较差。岩石中云母含量较多时，易裂成薄片，会降低岩石的强度和耐久性。含有过多云母的石材表面不易磨光。

4. 方解石和白云石

方解石是结晶的$CaCO_3$，强度中等，硬度较低，微溶于水，在含有CO_2的水中，由于形成$Ca(HCO_3)_2$，溶解度急剧增大，遇盐酸、硫酸等酸时会分解出CO_2气体。白云石是碳酸钙、碳酸镁复盐($CaCO_3 \cdot MgCO_3$)，物理力学性能与方解石相似。白云石与方解石皆为白色或灰色，均有良好的开光性。与方解石相比，白云石的硬度、强度略高，仅在浓度较大的热盐酸作用下才分解出CO_2气体，在水中的溶解度也较小。

5. 其他

角闪石、辉绿石、橄榄石等深绿、棕、黑色的铁镁硅酸类矿物，常称为暗色矿物。它们具有很好的开光性，密度特别大($3.0 \sim 4.0\ g/cm^3$)。与长石相比，强度高，抗冲击韧性好，耐久性也较高。岩石中这些矿物含量多时，能形成坚硬的骨架，提高了岩石的强度，但加工困难。

黄铁矿(FeS_2)作为有害杂质存在于岩石中，黄铁矿在水的参与下，易氧化成硫酸并腐蚀其他矿物，使周围的石质剥落，加速岩石的风化。黄铁矿呈金黄色，其存在的明显特征是在岩石表面生成黄色的锈斑。

高岭石($Al_2O_3 \cdot 2SiO_2 \cdot 2H_2O$)由长石风化而成，是黏土的主要组成部分。其强度、硬度均较低，遇水会膨胀软化。岩石中如含有高岭石，它在水饱和状态下的强度及耐久性将显著降低。

自然界中大部分岩石都是由多种造岩矿物组成，如花岗岩，它是由长石、石英、云母及某些暗色矿物组成，因此颜色多样。少数岩石由一种矿物组成，如白色大理岩，它是由方解石或白云石组成。岩石并无确定的化学成分和物理性质，同种岩石，产地不同，其矿物组成和结构均有差异，因而岩石的颜色、强度等性能也均不相同。

2.1.2 岩石的分类

岩石根据形成地质条件不同可分为三类：岩浆岩、沉积岩和变质岩。

1. 岩浆岩

岩浆岩又称火成岩，是因地壳变动，熔融的岩浆由地壳内部上升后冷却而成。岩浆岩是组成地壳的主要岩石。

岩浆岩根据岩浆冷却条件的不同，通常分为侵入岩和喷出岩两大类。

侵入岩是指岩浆在地下不同深度冷凝固结的岩石，根据其形成深度的不同，可进一步分为深成岩(地表3 km以下)和浅成岩(地表3 km以上)。

喷出岩是指岩浆及其他岩石、晶屑等沿火山通道喷出地表形成的岩石。它又可分为两类岩石：一类是由岩浆沿火山通道喷溢地表冷凝固结而成，称为熔岩；另一类是由火山爆发出来的各种岩石碎块、晶屑、岩浆团块等各种火山碎屑物质堆积而成，称为火山碎屑岩。

根据岩浆岩中SiO_2含量的多少，可将岩浆岩分为以下四类：

(1)酸性岩类　SiO_2含量(质量分数)大于65%，矿物成分以石英、正长石为主，代表性的岩石有花岗岩、花岗斑岩、流纹岩。

(2)中性岩类　SiO_2含量(质量分数)在52%～65%之间，矿物成分以正长石、斜长石、角闪石为主，代表性的岩石有闪长岩、安山岩。

(3)基性岩类　SiO_2 含量(质量分数)在 45%～52% 之间，矿物成分以斜长石、辉石为主，代表性的岩石有辉长岩、辉绿岩、玄武岩。

(4)超基性岩类　SiO_2 含量(质量分数)小于 45%，矿物成分以橄榄石、辉石为主，一般不含硅铝矿物，代表性的岩石有橄榄岩、金伯利岩。

在道路工程中，通常也将 SiO_2 含量(质量分数)小于 52% 的岩石称为碱性岩石，其不仅包括上述的基性岩和超基性岩，还包括石灰岩等。

土木工程中常用的岩浆岩有花岗岩、玄武岩、辉绿岩、安山岩等。

2. 沉积岩

沉积岩又称水成岩，是由原来的母岩风化后，经过风吹搬迁、流水冲移而沉积和再造岩等作用，在离地表不太深处形成的岩石。沉积岩为层状构造，各层的成分、结构、颜色、层厚等均不相同。沉积岩虽然在地壳中所占比例不高，但在地球上分布极广，加之藏于离地表不太深处，故易于开采，应用广泛。与岩浆岩相比，其结构致密性较差，表观密度较小，孔隙率及吸水率均较大，强度较低，耐久性也较差。

土木工程中常用的沉积岩有石灰岩、砂岩、页岩、砾岩、石膏、硅藻石、硅藻土、蛋白石等。

3. 变质岩

变质岩是由原生的岩浆岩或沉积岩，经过地壳内部高温、高压等变化作用后而形成的岩石。其中沉积岩变质后，性能变好，结构变得致密，坚实耐久。如石灰岩变质为大理岩、砂岩变质成石英岩后性能更好。而岩浆岩变质后，性质反而变差，如花岗岩变质成的片麻岩，易产生分层剥落，耐久性变差。

土木工程中常用的变质岩有大理岩、片麻岩、石英岩、板岩等。

2.1.3　岩石的基本性质

应用于土木工程的岩石应考虑如下性质：

1. 表观密度

岩石按表观密度可分为重石和轻石两类。

重石：表观密度大于 1 800 kg/m³，用于混凝土集料、建筑物的基础、房屋的外墙、地面、路面、桥梁以及水工建筑物等。

轻石：表观密度小于 1 800 kg/m³，主要用作轻混凝土集料、砌筑采暖房屋的墙壁。

2. 强度

岩石属于脆性材料，其抗压强度远大于抗拉和抗折强度，工程上用于砌筑的岩石主要考虑其抗压强度。GB 50003—2011《砌体结构设计规范》规定，石砌体中石材的强度等级，可用边长为 70 mm 的立方体试块的抗压强度表示，抗压强度取三个试件破坏强度的平均值。用于砌筑的天然石材强度等级分为 MU100、MU80、MU60、MU50、MU40、MU30、MU20 等 7 个等级。

天然岩石抗压强度普遍较高，很多岩石的抗压强度可达 100 MPa 以上。天然岩石抗压强度的大小，取决于岩石的矿物组成、结晶粗细、胶结物质的种类与均匀性、解理方向等因素。一般情况下，具有结晶结构的岩石强度较高，而具有玻璃质结构的岩石强度较低。

细粒结晶的比中粗粒结晶的强度高，等粒结晶的比斑状结构的强度高，结构致密的比结构疏松多孔的强度高。具有层理、片理构造的岩石，垂直于层理、片理方向的强度高于平行于层理、片理方向。对于有层理、片理构造的岩石，在测定其抗压强度时，其受力方向应与石料在应用中的实际受力方向相同。

3. 硬度和耐磨性

岩石的硬度以莫氏硬度或肖氏硬度表示，它是由组成岩石的造岩矿物决定的。岩石的硬度与强度有较好的相关性，抗压强度越高，硬度越大。硬度高的岩石耐磨性和抗刻划性能好，但用于装饰时表面加工困难。

耐磨性是岩石在使用时抵抗摩擦、边缘剪切以及冲击等复杂作用的性质。硬度越高的岩石耐磨性越好。JTG E42—2005《公路工程集料试验规程》规定，道路用集料的抗磨耗性可用 T 0317—2005《粗集料磨耗试验(洛杉矶法)》评价，用磨耗损失大小评价粗集料抵抗摩擦、撞击的能力。石料的磨耗损失越大，表示石料的耐磨性能越差。

4. 抗冲击韧性

岩石抵抗冲击荷载作用的性能称为抗冲击韧性。岩石的抗冲击韧性取决于矿物组成与构造。石英岩和硅质砂岩脆性很大，含暗色矿物较多的辉长岩、辉绿岩等具有较高的抗冲击韧性。JTG E42—2005《公路工程集料试验规程》规定，粗集料的抗冲击能力通过T0322—2005《粗集料冲击值试验》评价，用集料冲击值表示。集料的冲击值越大，表明集料的抗冲击性能越差。

5. 耐久性

岩石的耐久性主要考虑抗冻性、抗风化性、耐火性、耐酸性等。

岩石的抗冻性主要取决于其矿物成分、晶粒大小和分布均匀性、天然胶结物的胶结性质、孔隙率及吸水性等性质。

岩石经受风、大气、水和温度以及生物活动等因素的影响，会发生破坏或成分变化的过程称为风化。岩石抗风化能力的强弱与其矿物组成、结构和构造状态有关。岩石上的裂隙能被水侵入，致使其逐渐崩解破坏。花岗岩等具有较好的抗风化能力。防风化措施主要有磨光石材，防止水分残留在岩石表面加速风化；采用有机硅涂刷表面，对碳酸盐类岩石可采用氟硅酸镁溶液处理表面。

6. 表面

对于水泥混凝土而言，岩石(集料)表面化学特性对混凝土的影响较小，小于岩石的强度等其他性能对混凝土的影响。但是，对于沥青混合料，岩石表面化学特性的影响非常大。岩石表面所带电荷的不同，会影响岩石与沥青之间的黏结。石灰石、白云石等亲水性差的岩石表面带正电荷，易被沥青润湿。酸性的石英岩等硅酸盐亲水性好，这类岩石易被水润湿，但难以被沥青润湿，甚至被沥青润湿后也易与沥青发生剥离。因而，会增加沥青混合料的施工难度，降低工程质量。

7. 放射性

有些岩石(如部分花岗岩)含有微量放射性元素，对于具有较强放射性的岩石应避免用于人员长期生活或工作的环境。GB 6566—2010《建筑材料放射性核素限量》规定，建筑主体材料和装饰装修材料中天然放射性核素镭－226、钍－232、钾－40 的放射性比活度均应满足要求。

花岗岩常含有放射性元素，因而进行花岗岩矿床勘查时，必须进行放射性水平的预评价。

2.1.4　常见岩石及其性能

应用于土木工程的岩石很多，主要有大理岩、花岗岩、石灰岩等。

1. 大理岩

大理岩因盛产于云南大理而得名，又称云石，属变质岩，由石灰岩或白云岩变质而成。大理岩主要矿物成分为方解石和白云石，具有如下特性：

(1)结构致密，抗压强度高。经变质的晶体颗粒结合紧密，所以强度更高。一般强度可达100～150 MPa，表观密度为2 700 kg/m^3 左右。

(2)吸水率小。吸水率一般小于0.75%。

(3)硬度不大。肖氏硬度在50左右，故大理岩较易进行锯解、雕琢和磨光等加工。

(4)抗风化性较差。因为大理岩主要化学成分为碱性物质碳酸钙，易被酸侵蚀，故除个别品种(汉白玉、艾叶青等)外，一般不宜用于室外装饰。如果用于外墙装饰，会受到空气中酸性氧化物(如CO_2、SO_2等)遇水形成的酸类侵蚀，从而失去表面光泽，甚至会出现斑点等现象。

(5)耐久性较好。

(6)装饰性好。大理岩大多含多种矿物，故常呈多种色彩组成的花纹。而且大理岩开光性好，抛光后光洁细腻，如脂似玉，纹理自然，十分迷人。纯净的大理岩为白色，称汉白玉。商业上大理石指以大理岩(方解石、白云石为主的碳酸盐矿物质量分数大于50%的变质岩)为代表的一类装饰石材，包括碳酸盐岩和与其有关的变质岩。

大理石广泛应用于建筑装饰、砌筑，也是混凝土集料的主要岩石品种之一。

2. 花岗岩

花岗岩属于岩浆岩中的深成岩，矿物组成主要为长石、石英及少量暗色矿物(如角闪石、辉石)和云母，其中长石质量分数为40%～60%，石英质量分数为20%～40%。其二氧化硅(SiO_2)质量分数超过60%，属于酸性岩石。

花岗岩为全晶质结构的岩石，按结晶颗粒的大小，通常分为细粒、中粒和斑状等。优质花岗岩晶粒细而均匀，构造紧密，石英含量多，云母含量少，不含黄铁矿等杂质，长石光泽明亮，没有风化迹象。

花岗岩具有如下特性：

(1)结构致密、抗压强度高。一般抗压强度可达120～250 MPa，表观密度为2 600～2 800 kg/m^3。

(2)孔隙率小，吸水率极低。一般板材的吸水率低于1.0%。

(3)材质坚硬。其肖氏硬度为80～100，难加工，但具有优异的耐磨性。

(4)化学稳定性好。花岗岩不易风化变质，耐酸性很强。

(5)耐久性很好。晶粒细的花岗岩尤为突出。

(6)不耐火。花岗岩中含大量石英，石英在573 ℃的高温下会发生晶态转变，产生体积膨胀，故火灾时花岗岩会严重开裂而破坏。

(7)装饰性好。磨光花岗岩板材表面平整光滑，色彩斑斓，质地坚硬，华丽庄重。

(8)放射性。部分花岗岩具有较强的放射性，这类花岗岩应避免用于人员长期停留的封闭环境(如室内)。

商业上花岗石指以花岗岩(主要由石英、长石、云母和少量其他深色矿物组成的深成酸性岩浆岩)为代表的一类装饰石材，包括各类岩浆岩和花岗质的变质岩。花岗石的颜色取决于其所含长石、云母及暗色矿物的种类及数量。花岗石板材根据其表面加工程度分为细面板材、镜面板材和粗面板材。花岗石板是高级建筑结构和装饰材料，但由于其开采、运输、加工困难，因此造价较高。花岗岩除用作装饰板材外，还可用于基础、挡土墙、勒脚、混凝土集料等。

3. 石灰岩

石灰岩属于沉积岩，矿物成分主要是方解石，此外还有氧化硅、白云石、菱镁矿(碳酸镁晶体)及黏土矿物等。石灰岩构造有密实、多孔和散粒状等形态。密实构造的即为普通石灰岩，其表观密度为2 000～2 600 kg/m^3，抗压强度为20～120 MPa，吸水率为0.1%～4.5%。石灰岩分布广，硬度小，开采加工容易，可用于基础、墙体、挡土墙等石砌体及水利工程。但石灰岩不宜用于酸性水(包括CO_2含量多的水)中，因为石灰岩可被酸溶蚀。

4. 玄武岩

玄武岩属于喷出岩，由辉石和长石组成。为细粒或斑状结构，有时具有多孔构造(但孔隙率较低)。表观密度为2 900～3 300 kg/m^3，抗压强度为100～300 MPa，脆性大，抗风化性较强。可用于基础、桥梁等。

5. 辉长岩和辉绿岩

辉长岩属于深成岩，由斜长石、辉石和少量橄榄石组成。辉绿岩是由长石、辉石或橄榄石等矿物构成。辉长岩和辉绿岩均具有很高的韧性，结构致密，表观密度为2 500～3 000 kg/m^3。抗压强度为100～280 MPa，耐久性好。可用于基础、石砌体及装饰。

6. 砂岩

砂岩属于沉积岩，主要是由石英砂或石灰岩等的细小碎屑经沉积并经天然胶结物重新胶结而成的岩石，主要矿物成分是石英砂，有时也含有长石、云母和其他矿物。胶结物的种类和胶结的致密程度决定了砂岩的性质。根据胶结物的不同可分为硅质砂岩、钙质砂岩、铁质砂岩和黏土质砂岩，分别以氧化硅、碳酸钙、氧化铁和黏土胶结。硅质砂岩结构致密，坚硬耐久，性能接近花岗岩，表观密度约2 700 kg/m^3，抗压强度约250 MPa，较难加工，可用于永久性建筑物及耐酸工程等。钙质砂岩较易加工，但强度低至60～80 MPa，耐酸性差，可用于基础、踏步、人行道等，是土木工程中最常用的砂岩。铁质砂岩次于钙质砂岩，但仍能用于次要工程。黏土质砂岩长期与水接触会溃散，一般不用于土木工程中。

7. 石英岩

石英岩属于变质岩，是由硅质砂岩变质而成。结构致密且均匀，抗压强度可达250～400 MPa。它非常耐久，使用寿命可达千年以上。石英岩质地坚硬，加工困难，常以不规则的块状石料应用于建筑物中，或用于非抛光的饰面。

8. 片麻岩

片麻岩属于变质岩。常用的是花岗片麻岩，由花岗岩变质而成，结晶颗粒是等粒的或斑状的，呈片状或带状构造。浅色的矿物石英、长石与深色矿物云母、角闪石等呈条带状排列，外观非常美丽。花岗片麻岩由于具有片理构造，呈各向异性，在冰冻作用下易成层剥落。垂直于解理方向的抗压强度最大，可达 120 ～ 250 MPa。普通片麻岩用于一般建筑工程的基础、勒脚等石砌体，优质的花岗片麻岩的应用与花岗岩基本相同。

9. 板岩

板岩属于变质岩，由黏土或页岩变质而成。板岩比页岩坚硬，且极易劈成薄板。板岩具有较好的耐久性，而且有青、绿、红、黑等多种颜色，用于低层建筑的坡屋顶非常美观。

2.2　土

2.2.1　土的组成

地球表面的整体岩石，在大气中经受长期的物理、化学和生物风化、剥蚀作用后形成形状不同、大小不一的颗粒，这些颗粒在不同的自然环境下堆积，或经搬运和沉积而形成的沉积物就是土。岩石在不同的风化作用下形成不同性质的土。

(1)物理风化　岩石经受风、霜、雨、雪的侵蚀，温度、湿度变化的影响，产生不均匀的膨胀与收缩破碎，或者运动过程中因碰撞和摩擦破碎，只改变颗粒的大小和形状，不改变矿物颗粒的成分，称为物理风化。只经过物理风化形成的土是无黏性土，一般也称为原生矿物。

(2)化学风化　母岩表面破碎的颗粒受环境因素的作用而产生一系列的化学变化，改变了原来矿物的化学成分，形成新的矿物——次生矿物。经化学风化生成的土为细粒土，具有黏结力，成分主要是黏土颗粒以及大量的可溶性盐类。

(3)生物风化　由植物、动物和人类活动对岩体产生的破坏称生物风化。其矿物成分没有发生变化。

土是由岩石风化生成的松散沉积物，它的物质成分包括构成土的骨架的固体颗粒及填充在孔隙中的水和气体。一般说来，土就是由固体颗粒(固相)、水(液相)和气(气相)所组成的三相体系。这三个组成部分本身的性质以及它们之间的比例关系和相互作用决定土的物理性质。土的三相组成比例并不是恒定的，它随着环境的变化而变化。土的三相组成比例不同，土的状态和工程性质也随之各异。当土中仅包括固相和气相时称为干土，此时黏土呈坚硬状态，砂土呈松散状态。当土中包括固相、气相和液相时称为湿土，是一种非饱和土，此时黏土多为可塑状态。当土中仅包括固相和液相时称为饱和土，此时粉细砂或粉土遇强烈地震，可能产生液化，而使工程遭受破坏；黏土地基受建筑物荷载作用发生沉降需十几年甚至几十年才能稳定。

2.2.1.1　土的固相

土的固相为土粒，由矿物颗粒或有机质组成，构成土的骨架，是土的三相组成中的主体，是决定土的工程性质的主要成分。矿物颗粒的矿物成分、大小、形状和组成情况是决定土的物理力学性质的主要因素。

土粒的矿物成分可分为原生矿物和次生矿物。一般粗颗粒的砾石、砂等都是由原生矿物构成，成分与母岩相同，性质比较稳定，其工程性质表现为无黏性、透水性较大、压缩性较低，常见的如石英、长石和云母等。次生矿物主要是黏土矿物，成分与母岩完全不同，其性质较不稳定，具有较强的亲水性，遇水易膨胀。常见的黏土矿物有高岭石、伊利石和蒙脱石。

土粒的大小通常用粒径来表示。土粒的粒径变化时，土的性质也相应地发生变化。工程上将各种不同的土粒按粒径范围的大小分组，即某一级粒径的变化范围，称为粒组。土中各粒组的相对质量分数称为土的颗粒级配。土的粒组划分见表2－1。

表2－1　土的粒组划分

粒组名称		粒径范围/mm	一般特征
漂石、块石颗粒		>200	透水性很大，无黏性，无毛细水
卵石、碎石颗粒		200～20	
圆砾、角砾颗粒	粗	20～10	透水性大，无黏性，毛细水上升高度不超过粒径大小
	中	10～5	
	细	5～2	
砂粒	粗	2～0.5	易透水，当混有云母等杂质时透水性减小，而压缩性增大；无黏性，遇水不膨胀，干燥时松散；毛细水上升高度不大，随粒径变小而增大
	中	0.5～0.25	
	细	0.25～0.1	
	极细	0.1～0.075	
粉粒	粗	0.075～0.01	透水性小，湿时稍有黏性，遇水膨胀小，干时稍有收缩；毛细水上升较快，上升高度较大，极易出现冻胀现象
	细	0.01～0.005	
黏粒		<0.005	透水性很小，湿时有黏性和可塑性，遇水膨胀大，干时收缩显著；毛细水上升高度较大，但速度较慢

有机质含量对土的性质也有较大影响。根据土中有机质含量，可将土分为无机土、有机质土、泥炭质土和泥炭。各种土的有机质含量和特征见表2－2。

表2－2　土的有机质含量分类情况

名　称	有机质质量分数/%	现场鉴别特征
无机土	<5	
有机质土	≥5，≤10	深灰色，有光泽，味臭，除腐殖质外尚含少量未完全分解的动植物体，浸水后水面出现气泡，干燥后体积收缩
泥炭质土	>10，≤60	深灰或黑色，有腥臭味，能看到未完全分解的植物结构，浸水体胀，易崩解，有植物残渣浮于水中，干缩现象明显
泥炭	>60	除有泥炭质土特征外，结构松散，土质很轻，暗无光泽，干缩现象极为明显

从外表上看到的土的颜色，在很大程度上反映了土的固相成分及其含量。红色、黄色和棕色一般表示土中含有较多的三氧化二铁，并说明氧化程度较高；黑色表示土中含有较多的有机质或锰的化合物；灰蓝色和灰绿色的土一般含有亚铁化合物，是在缺氧条件下形

成的；白色或灰白色表示土中有机质较少，主要含石英或高岭土等黏土矿物。当然，湿度会影响土的颜色深浅，风干的土颜色比较浅，一般描述的是土在潮湿状态的颜色。

2.2.1.2　土的液相

土的液相是指孔隙中存在的水，其含量及性质明显地影响土的性质。水与亲水性矿物颗粒表面有着复杂的物理化学作用。按照水与土作用程度的强弱，可将土中的水分成结合水和自由水两大类。

结合水分为强结合水和弱结合水两类。受土颗粒电场作用力吸引紧紧包围在颗粒表面的水分子称为强结合水，它的性质接近固体，不传递静水压力，密度为 1.2～2.4 g/cm^3，100℃时不蒸发，冰点温度为 -78 ℃，具有极大的黏滞性。弱结合水(也称薄膜水)是指紧靠于强结合水外围形成的一层水膜，其厚度 <0.5 μm，弱结合水也不传递静水压力，密度为 1.0～1.7 g/cm^3，冰点温度为 -30～-20 ℃；水膜较厚的弱结合水能向邻近的较薄的水膜处缓慢转移，弱结合水的存在是黏性土在某一含水量范围内表现出可塑性的原因。

自由水是指不受颗粒电场引力作用的水，土中的自由水可分为重力水和毛细水两类。重力水是指位于地下水位以下，在本身重力或压力差作用下运动的自由水，对土粒有浮力作用。土中重力水传递水压力，与一般水的性质无异。毛细水是指存在于地下水位以上，是受水与空气交界面处的表面张力作用而存在于细颗粒的孔隙中的自由水。由于表面张力作用，地下水沿着不规则的毛细孔上升，形成毛细上升带，其上升的高度取决于颗粒粗细与孔隙的大小。砂土、粉土及粉质黏土中毛细水含量较多。毛细水的上升，会使地基湿润，强度降低，变形增大。在干旱地区，地下水中的可溶盐随毛细水上升后不断蒸发，盐分便积聚于靠近地表处而使地表土盐渍化；在寒冷地区毛细水会加剧土的冻胀作用。

2.2.1.3　土的气相

土中的气体是指存在于土孔隙中未被水占据的部分。其存在的形式有两种：一种与大气相通，不封闭，对土的性质影响不大，称为自由气体；另一种则封闭在土的孔隙中与大气隔绝，封闭气体不易逸出，增大了土体的弹性和压缩性，减小了透水性，称为封闭气泡。封闭气体的成分可能是空气、水汽或天然气。

在淤泥和泥炭土中，由于微生物的分解作用，会产生一些可燃气体(如硫化氢、甲烷等)，使土层不易在自重作用下压密而形成具有高压缩性的软土层。

2.2.2　土的工程分类

自然界中土的种类很多，工程性质各异。为了便于研究，需要按其主要特征进行分类。由于各部门对土的某些工程性质的重视程度和要求不完全相同，制定分类标准时的着眼点也就不同，目前还没有统一土名和土的分类法。按照 GB 50021—2001《岩土工程勘察规范》和 GB 50007—2011《建筑地基基础设计规范》的规定，将土分成五大类，即碎石土、砂土、粉土、黏性土和人工填土。

(1)碎石土　粒径大于 2 mm 的颗粒质量分数超过 50% 的土，根据粒组含量和颗粒形状分为漂石、块石、卵石、碎石、圆砾和角砾六种，根据密实度分为紧密、中密、稍密和松散四种。常见的碎石土强度大，压缩性小，渗透性大，为优良地基。其中密实碎石土为优等地基；中等密实碎石土为优良地基；稍密碎石土为良好地基。

(2)砂土　粒径大于 2 mm 的颗粒质量不超过总质量的 50%，且粒径大于 0.075 mm 的颗粒质量超过总质量50%的土。根据粒组含量分为砾砂、粗砂、中砂、细砂和粉砂五种，根据密实度分为密实、中密、稍密和松散四种。密实与中密状态的砾砂、粗砂、中砂为优良地基，稍密状态的砾砂、粗砂、中砂为良好地基。粉砂与细砂密实状态时为良好地基，饱和疏松状态时为不良地基。

(3)粉土　粒径大于0.075 mm的颗粒质量分数不超过50%，且塑性指数$I_p \leqslant 10$的土。根据密实度分为稍密、中密和密实。(注：塑性指数由相应于76 g圆锥仪沉入土中深度为10 mm时测定的液限计算得到，是反映土的粒度成分和矿物成分的综合性指标，塑性指数越大，则土的黏聚性越高、内摩擦角越低。)粉土的性质介于砂类土与黏性土之间。它既不具有砂土透水性大、容易排水固结、抗剪强度较高的优点，又不具有黏性土防水性能好、不易被水冲蚀流失、具有较大黏聚力的优点。在许多工程问题上，表现出较差的性质，如受震动容易液化、冻胀性大等。密实的粉土为良好地基；饱和稍密的粉土地震时易产生液化，为不良地基。

(4)黏性土　塑性指数$I_p > 10$的土称为黏性土。按塑性指数的大小分为粉质黏土和黏土，$10 < I_p \leqslant 17$为粉质黏土，$I_p > 17$为黏土。黏性土的工程性质与其含水量的大小密切相关，密实硬塑的黏性土为优良地基，疏松流塑状态的黏性土为软弱地基。

(5)人工填土　由于人类活动而形成的各类土，其成分复杂，均匀性差，按组成物质和堆积年代进行分类定名。按堆积年代分为老填土和新填土，老填土是指黏性土填筑时间超过10年或粉土填筑时间超过5年；新填土是指黏性土填筑时间小于10年或粉土填筑时间少于5年。按人工填土的组成和成因分为素填土、杂填土、冲填土和压实填土四类。素填土为由碎石土、砂土、粉土、黏性土等组成的填土。经过压实或夯实的素填土为压实填土。杂填土为含有建筑垃圾、工业废料、生活垃圾等杂物的填土。冲填土为由水力冲填泥沙形成的填土。通常人工填土的工程性质不良，强度低，压缩性大且不均匀。其中，压实填土相对较好。杂填土因成分复杂，平面与立面分布很不均匀、无规律，工程性质较差。

除上述五类土外，自然界中还分布着许多具有特殊性质的土，如淤泥和淤泥质土、红黏土、膨胀土、湿陷性土、黄土、冻土、残积土等。

(1)淤泥和淤泥质土　淤泥为在静水或缓慢的流水环境中沉积，并经生物化学作用形成，其天然含水量大于液限、天然孔隙比大于或等于1.5的黏性土。天然含水量大于液限而天然孔隙比小于1.5但大于或等于1.0的黏性土或粉土为淤泥质土。淤泥和淤泥质土压缩性高、强度低、透水性低，为不良地基。

(2)红黏土　碳酸盐岩系的岩石经红土化作用形成的高塑性黏土。其液限一般大于50。红黏土经再搬运后仍保留其基本特征，其液限大于45的土为次生红黏土。红黏土的工程性质是强度高、压缩性低。

(3)膨胀土　土中黏粒成分主要由亲水性矿物组成，同时具有显著的吸水膨胀和失水收缩特性，其自由膨胀率大于或等于40%的黏性土。膨胀土在通常的情况下强度较高，压缩性低，很容易被误认为是良好的地基，然而它是一种具有较大和反复胀缩变形的高塑性黏土。

(4)湿陷性土　浸水后产生附加沉降，湿陷系数大于或等于0.015的土。

(5)黄土　一种在第四纪时期形成的黄色粉状土。受风力搬运堆积，又未经次生扰动，不具层理的为原生黄土；而由风成因以外的其他成因堆积而成的，常具有层理和砂或砾石夹层，则称为次生黄土或黄土状土。黄土是在干旱或半干旱气候条件下形成的。在天然状态下，其强度一般较高，压缩性较低。但有的黄土，在一定压力作用下，受水浸湿，结构迅速破坏而发生显著附加沉陷，导致建筑物被破坏，具此特征的黄土称湿陷性黄土。不具有此种特性的黄土，则称为非湿陷性黄土。湿陷性黄土分为非自重湿陷性和自重湿陷性两种。非自重湿陷性黄土在土自重应力下受水浸湿后不发生湿陷；自重湿陷性黄土在土自重应力下受水浸湿后则发生湿陷。

(6)残积土　岩石完全风化后未经搬运过的残积物称残积土。残积土没有层理构造，孔隙比较大，均质性差，其物理力学性质各处不一。在我国东南沿海的各类残积土中，花岗岩残积土分布的面积广、厚度大。花岗岩残积土按含有大于 2 mm 颗粒质量的比例划分为三种：大于 2 mm 的颗粒质量超过总质量的 20% 者，称为砾质黏性土；不超过 20% 者称为砂质黏性土；不含者称为黏性土。花岗岩残积土的承载力较高，压缩性较低。

(7)冻土　当土的温度降至零摄氏度以下时，土中部分孔隙水将冻结而形成冻土。冻土可分为季节性冻土和多年冻土两类。季节性冻土在冬季冻结而夏季融化，每年冻融交替一次。多年冻土则常年均处于冻结状态，且冻结连续两年以上。

2.2.3　土的性能指标

土的物理性质指标一共有 9 个。反映土松密程度的指标有：土的孔隙比、土的孔隙度。反映土的含水程度的指标有含水量、饱和度。特定条件下土的密度有天然密度、干密度、饱和密度、浮密度以及土粒相对密度。其中土的三项基本物理性质指标（密度、相对密度、含水量）由实验室直接测定，其余六项由前面三项换算得到。

(1)土的孔隙比　孔隙体积与土粒体积之比：砂土一般为 0.5～1.0，当小于 0.6 时呈密实状态，为良好地基；黏性土一般为 0.5～1.2，当大于 1.0 时为软弱地基。

(2)土的孔隙度　孔隙体积与土总体积之比值，反映了土中孔隙大小的程度，一般为 30%～50%。

(3)土的含水量　土中水的质量与土粒质量的比值，天然土层的含水量变化范围很大，它与土的种类、埋藏条件及其所处的自然地理环境等有关。一般砂土含水量为 0～40%，黏性土为 20%～60%。含水量的测定有四种方法，分别为：烘箱法，适用于黏性土、粉土和砂土的常规试验；红外线法，适用于少量试样试验；酒精燃烧法，适用于少量试样快速试验；铁锅炒干法，适用于卵石与砂夹卵石试验。

(4)土的饱和度　土的饱和度定义为土中水的体积与孔隙体积的比值，即水充填土中孔隙的程度。工程上，砂土与粉土的饱和度可作为湿度的划分标准，具体分为稍湿的（饱和度不大于 50%）、很湿的（饱和度不大于 80%）与饱和的（饱和度大于 80%）三种湿度状态。

(5)土的密度　单位体积土的质量，以 g/cm^3 计，一般为 1.60～2.20 g/cm^3。

(6)土的干密度　单位体积土中固相的质量，测定方法有环刀法和放射性同位素法。工程中，土的干密度通常用作填方工程中土体压实质量控制的标准。土的干密度越大，表明土体压得越密实，土的工程质量越好。

(7)土的饱和密度　为土中孔隙全部充满水时单位体积土的质量，即水的质量与固相质量之和与土的总体积之比。

(8)土的浮密度　地下水位以下，土体受水的浮力作用时，扣除水的浮力后单位体积土的质量。

(9)土粒相对密度　土粒的密度与同体积纯蒸馏水在 4 ℃时密度的比值。土粒相对密度的大小取决于土粒的矿物成分，一般砂土为 2.65 ～ 2.69，粉土为 2.70 ～ 2.71，黏性土为 2.72 ～ 2.75。

除上述 9 个指标外，还会用到重度这一概念。重度是指采用国际单位制计算重力时，由土的质量产生的单位体积的重力密度。重度由密度乘以重力加速度求得，其单位为 kN/m^3，但在工程上简化计算常用其密度乘以 10。

2.3　集料

集料指散粒状的、无活性的天然或人工矿物材料，主要应用于水泥混凝土和沥青混合料，也可单独应用于路基等部位。集料在水泥混凝土中占总体积的 70% ～ 80%，在沥青混合料中占 90% 以上。应用于混凝土的集料也称骨料。

关于集料的质量标准很多，除 GB/T 14684—2022《建设用砂》和 GB/T 14685—2022《建设用卵石、碎石》外，住建部、交通运输部、水利部等各自都有关于集料的质量标准，各标准内容基本相同。另外，各部委相关施工验收规范中也有关于集料的技术要求。本节主要以国家标准为基础介绍集料的技术性质。

2.3.1　分类

集料根据颗粒大小分为粗集料和细集料。细集料粒径小于 4.75 mm，常见的细集料有天然砂、机制砂。粗集料粒径大于 4.75 mm，常见的粗集料有卵石、碎石。另外，慢冷矿渣、废弃混凝土等也可破碎成粗细集料。常见的集料分类如图 2 - 1 所示。

- 集料
  - 细集料
    - 天然砂：在自然条件作用下岩石产生破碎、风化、分选、运移、堆(沉)积，形成的粒径小于 4.75 mm 的岩石颗粒。天然砂包括河砂、湖砂、山砂、净化处理的海砂，但不包括软质、风化的颗粒。
    - 机制砂：以岩石、卵石、矿山废石和尾矿等为原料，经除土处理，由机械破碎、整形、筛分、粉控等工艺制成的，级配、粒形和石粉含量满足要求且粒径小于 4.75 mm 的颗粒。机制砂不包括软质、风化的颗粒。
    - 混合砂：由机制砂和天然砂按一定比例混合而成的砂。
  - 粗集料
    - 卵石：在自然条件作用下岩石产生破碎、风化、分选、运移、堆(沉)积，形成的粒径大于 4.75 mm 的岩石颗粒。
    - 碎石：天然岩石、卵石或矿山废石经破碎、筛分等机械加工而成的，粒径大于 4.75 mm 的岩石颗粒。

图 2 - 1　集料分类

2.3.2　集料的技术性质

尽管集料可直接应用于道路等的垫层，但主要还是用于生产水泥混凝土和沥青混合料。集料的技术性质直接影响到混凝土的质量。用于土木工程的集料主要有各种砂、卵石和碎石。集料的有害组分、颗粒形状及表面特征、颗粒级配、粗细程度、坚固性、强度等直接影响所拌制混凝土的性能。

建设用石根据卵石含泥量(碎石泥粉含量)、泥块含量、针片状颗粒含量、不规则颗粒含量、硫化物及硫酸盐含量、坚固性、压碎指标、连续级配松散堆积空隙率、吸水率技术要求分为Ⅰ类、Ⅱ类和Ⅲ类。

建设用砂按颗粒级配、含泥量(石粉含量)、亚甲蓝值(MB)、泥块含量、有害物质、坚固性、压碎指标、片状颗粒含量技术要求分为Ⅰ类、Ⅱ类和Ⅲ类。

2.3.2.1　有害物质、含泥量和泥块含量

砂石集料中不应混有草根、树叶、树枝、塑料、煤块和炉渣等杂物。

砂中的有害物质包括云母、轻物质、有机物、硫化物及硫酸盐、氯化物和贝壳等，石中的有害物质仅包括有机物、硫化物及硫酸盐。云母是表面光滑的小薄片，与水泥的黏结差，会降低水泥混凝土的强度及耐久性。轻物质指砂中表观密度小于2 000 kg/m^3 的物质。硫化物及硫酸盐和有机物对水泥有腐蚀作用。氯离子会促进混凝土中钢筋的锈蚀。

天然砂和卵石中常含有泥，机制砂和碎石中常含有石粉和碎石泥粉。泥、石粉和碎石泥粉分别指天然砂和卵石、机制砂、碎石中粒径小于75μm 的颗粒。机制砂中小于75μm 的颗粒可能是石粉，也可能是泥，通常采用亚甲蓝值(MB)进行区分。这些小颗粒粘附在集料表面，妨碍水泥与集料黏结，降低混凝土强度。同时，小颗粒还增加了混凝土的用水量，从而加大混凝土的收缩，降低抗冻性和抗渗性。

泥块是指集料中所含的具有一定的原粒径，但经水洗、手捏后会变小的颗粒。砂中的泥块指原粒径大于1.18 mm，经水洗、手捏后小于0.60 mm 的颗粒；石中的泥块指原粒径大于4.75mm，经水浸洗、手捏后小于2.36mm 的颗粒。

根据 GB/T 14684—2022《建设用砂》和 GB/T 14685—2022《建设用卵石、碎石》的要求，集料中有害组分的含量应符合表2-3 和表2-4 中的规定。

表2-3　GB/T 14684—2022、GB/T 14685—2022 集料中有害物质的限量

项目	指标					
	Ⅰ类		Ⅱ类		Ⅲ类	
	砂	石	砂	石	砂	石
云母(按质量计)/%，≤	1.0	—	2.0	—	2.0	—
轻物质(按质量计)/%，≤	1.0	—	1.0	—	1.0	—
有机物(比色法)	合格					
硫化物和硫酸盐(按 SO_3 质量计)/%，≤	0.5	0.5	0.5	1.0	0.5	1.0
氯化物(以氯离子质量计)/%，≤	0.01	—	0.02	—	0.06	—
贝壳(按质量计)/% *，≤	3.0	—	5.0	—	8.0	—
含泥量(按质量计)/%，≤	1.0	0.5	3.0	1.0	5.0	1.5
碎石泥粉含量(按质量计)/%，≤	—	0.5	—	1.5	—	2.0
泥块(按质量计)/%，≤	0.2	0.1	1.0	0.2	2.0	0.7

* 该指标仅适用于海砂，其他砂种不作要求。

表 2-4 GB/T 14684—2022 机制砂的石粉含量

类别	亚甲蓝值(MB)	石粉含量(质量分数)/%
Ⅰ类	MB≤0.5	≤15.0
	0.5<MB≤1.0	≤10.0
	1.0<MB≤1.4 或快速试验合格	≤5.0
	MB>1.4 或快速试验不合格	≤1.0[a]
Ⅱ类	MB≤1.0	≤15.0
	1.0<MB≤1.4 或快速试验合格	≤10.0
	MB>1.4 或快速法不合格	≤3.0[a]
Ⅲ类	MB≤1.4 或快速试验合格	≤15.0
	MB>1.4 或快速法不合格	≤5.0[a]

注：砂浆用砂的石粉含量不做限制。

a. 根据使用环境和用途，经试验验证，由供需双方协商确定，Ⅰ类砂石粉含量可放宽至不大于 3.0%，Ⅱ类砂石粉含量可放宽至不大于 5.0%，Ⅲ类砂石粉含量可放宽至不大于 7.0%。

重要的工程还要控制碱骨料反应。碱骨料反应是指砂、碎石、卵石中碱活性矿物与水泥、矿物掺合料、外加剂等混凝土组成物及环境中的碱在潮湿环境下缓慢发生并导致混凝土开裂破坏的膨胀反应。碱活性矿物是指能与环境中的碱发生化学反应的矿物。常见的碱活性矿物有蛋白石、玉髓、鳞石英等，其中均包含有水存在条件下能与碱(KOH 和 NaOH)发生反应的活性氧化硅。流纹岩、安山岩和凝灰岩等岩石都含有活性氧化硅。含有活性氧化硅等碱活性矿物的集料拌制的混凝土长期与水接触时，活性氧化硅与水泥中的碱在有水存在的情况下发生反应，在集料表面生成复杂的碱—硅酸凝胶，生成的凝胶吸水会不断发生膨胀，从而使混凝土开裂破坏。重要的、经常接触到水的混凝土工程(如大坝、机场跑道等)所用的集料应进行碱骨料反应试验，具有碱活性的集料不宜用于这类工程。

2.3.2.2 颗粒形状与表面特征

集料的颗粒形状与表面特征会影响所拌制混凝土的性能，如会影响其与水泥的黏结、拌合物的流动性、强度等。集料表面越粗糙，与水泥、沥青等胶凝材料的黏结越牢靠，所拌制的混凝土强度越高。但粗糙的表面会影响沥青对集料的润湿，降低水泥混凝土拌合物的流动性，增加了施工的难度。表面光滑的集料虽然提高了混凝土拌合物的流动性，但与胶凝材料之间的黏结力较小，降低了混凝土的强度。故应用于沥青混合料的集料要求有一定的粗糙破碎面，以确保集料与沥青之间黏结良好。

粗集料的形状对混凝土性能影响明显。较理想的形状是接近球形，而针、片状颗粒是有害的。卵石、碎石的针状颗粒是指最大一维尺寸大于该颗粒所属粒级的平均粒径 2.4 倍的颗粒，片状颗粒是指最小一维尺寸小于该颗粒所属粒级的平均粒径 40% 的颗粒。机制砂的片状颗粒是指粒径 1.18 mm 以上的机制砂颗粒中最小一维尺寸小于该颗粒所属粒级的平均粒径 45% 的颗粒，机制砂无针状颗粒要求。平均粒径指该粒级上、下限粒径的平均值。针、片状颗粒过多，会使混凝土和易性变差，强度降低。卵石、碎石的针、片状颗粒含量要求(质量分数)为：Ⅰ类≤5%；Ⅱ类≤8%；Ⅲ类≤15%；Ⅰ类机制砂的片状颗粒含量不应大于 10%。卵石、碎石颗粒的最小一维尺寸小于该颗粒所属粒级的平均粒径 50% 的颗粒称为不规则颗粒，Ⅰ类卵石、碎石的不规则颗粒含量不应大于 10%。砂、石的颗粒形状、表面特征及其对水泥混凝土性能的影响见表 2－5。

表 2－5　集料的颗粒形状、表面特征及其对水泥混凝土性能的影响

类型	颗粒形状	表面特征	与水泥黏结	应用特性
山砂	颗粒多具有棱角	表面粗糙	好	拌制的混凝土强度较高，但拌合物的流动性较差
河砂 海砂	颗粒多呈圆形	表面光滑	差	拌制的混凝土强度较低，但拌合物流动性较好
碎石	有棱角	表面粗糙	好	拌制的混凝土流动性较差，但强度较高
卵石	近似圆形	表面光滑	差	拌制的混凝土流动性较好，但强度较低

2.3.2.3　颗粒级配与粗细程度

颗粒级配表示集料大小颗粒的搭配情况。在混凝土中集料间的空隙是由水泥浆所填充，为达到节约水泥和提高强度的目的，应尽量减少集料的总表面积和集料间的空隙。集料的总表面积通过集料粗细程度来控制，集料间的空隙通过颗粒级配来控制。

从图 2－2 可以看到：如果集料粗细相同，则空隙很大(图 2－2a)；粗颗粒间填充了小的颗粒，空隙就减少了(图 2－2b)；当用更小的颗粒填充，其空隙就更小了(图 2－2c)。由此可见，要想减小集料间的空隙，就必须有大小不同的颗粒搭配。

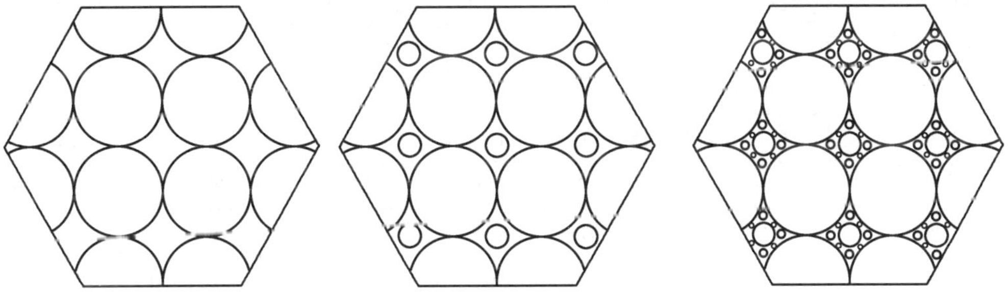

(a)　(b)　(c)

图 2－2　颗粒级配

在相同质量条件下，集料越细，总表面积越大，混凝土中需要包裹集料表面的水泥浆就越多。一般情况下，用粗砂和粒径大的石子拌制混凝土比用细砂和粒径小的石子拌制混凝土所需的水泥浆少。

集料的颗粒级配和粗细程度可通过筛分析试验评价。

1.　细集料的筛分析

根据 GB/T 14684—2022《建设用砂》规定，砂的筛分析是用一套孔径(净尺寸)为 4.75 mm、2.36 mm、1.18 mm、0.60 mm、0.30 mm、0.15 mm 方孔筛，将 500 g 的干砂试样由粗到细依次过筛，然后称得留在各个筛内的砂的质量，并计算出各筛上砂的分计筛

余 a_1、a_2、a_3、a_4、a_5 和 a_6（各筛上砂的筛余量占砂样总量的百分率）及累计筛余 A_1、A_2、A_3、A_4、A_5 和 A_6（各个筛和比该筛孔大的所有筛上砂的分计筛余百分率相加在一起）。累计筛余与分计筛余的关系见表 2－6。

表 2－6　累计筛余与分计筛余的关系

筛孔尺寸	分计筛余/%	累计筛余/%
4.75 mm	a_1	$A_1 = a_1$
2.36 mm	a_2	$A_2 = a_1 + a_2$
1.18 mm	a_3	$A_3 = a_1 + a_2 + a_3$
0.60 mm	a_4	$A_4 = a_1 + a_2 + a_3 + a_4$
0.30 mm	a_5	$A_5 = a_1 + a_2 + a_3 + a_4 + a_5$
0.15 mm	a_6	$A_6 = a_1 + a_2 + a_3 + a_4 + a_5 + a_6$

根据 0.60 mm 筛孔的累计筛余率（按表 2－6 计算）将砂分成三个级配区。除特细砂外，Ⅰ类砂的分计筛余应符合表 2－7 的规定，累计筛余应符合表 2－7 中 2 区的规定；Ⅱ类和Ⅲ类砂的累计筛余应符合表 2－7 的规定。砂的实际颗粒级配除 4.75 mm 和 0.60 mm 筛档外，可以略有超出，但各级累计筛余超出值总和应不大于 5%。

表 2－7　GB/T 14684—2022 砂颗粒级配区

累计筛余						
砂的分类	天然砂			机制砂、混合砂		
级配区	1 区	2 区	3 区	1 区	2 区	3 区
方筛孔尺寸/mm	累计筛余/%					
4.75	10～0	10～0	10～0	5～0	5～0	5～0
2.36	35～5	25～0	15～0	35～5	25～0	15～0
1.18	65～35	50～10	25～0	65～35	50～10	25～0
0.60	85～71	70～41	40～16	85～71	70～41	40～16
0.30	95～80	92～70	85～55	95～80	92～70	85～55
0.15	100～90	100～90	100～90	97～85	94～80	94～75

分计筛余							
方筛孔尺寸/mm	4.75[a]	2.36	1.18	0.60	0.30	0.15[b]	筛底[c]
分计筛余/%	0～10	10～15	10～25	20～31	20～30	5～15	0～20

注：a. 对于机制砂，4.75 mm 筛的分计筛余不应大于 5%。

b. 对于 MB＞1.4 的机制砂，0.15 mm 筛和筛底的分计筛余之和不应大于 25%。

c. 对于天然砂，筛底的分计筛余不应大于 10%。

为了直观了解砂的级配，以累计筛余为纵坐标，筛孔尺寸为横坐标，根据表 2－7 规定级配区可画出砂的三个级配区筛分曲线范围，如图 2－3 所示。筛分析所得级配曲线应落在其中某一个级配区筛分曲线范围内。

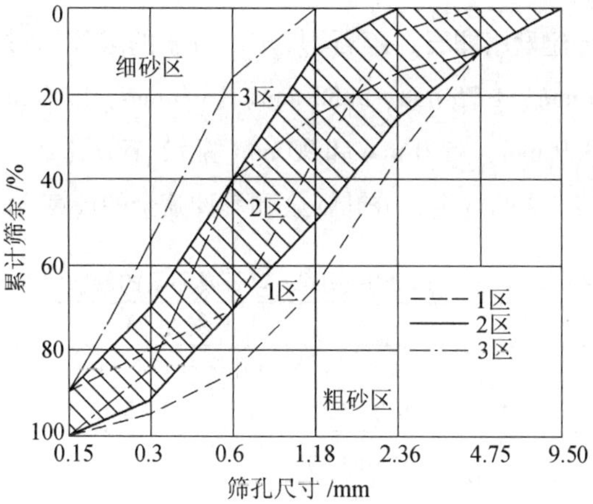

图 2－3　砂的级配区曲线

从筛分曲线也可大致判断砂的粗细，筛分曲线超过 1 区往右下偏时，表示砂过粗；筛分曲线超过 3 区往左上偏时则表示砂过细。配制混凝土时宜优先选用 2 区砂；当采用 1 区砂时，应适当提高砂率，并保持足够的水泥用量，以满足混凝土的和易性；当采用 3 区砂时，宜适当降低砂率，以保证混凝土的强度。对于泵送混凝土，宜选用中砂，其通过 0.3 mm 筛孔的颗粒含量不宜少于 15%。

如果砂的级配不合适，不符合级配区的要求，这时就要采用人工级配的方法来改善。最简单的措施是将不同的砂按适当比例进行试配，掺和使用。为调整级配，在不得已时，也可将砂加以过筛，筛除过粗或过细的颗粒。

砂的粗细程度是指不同粒径的砂粒混合在一起后的总体粗细程度。衡量砂粗细程度的指标是细度模数，用 M_x 表示。细度模数 M_x 根据筛分析试验结果按下式计算：

$$M_x = \frac{(A_2 + A_3 + A_4 + A_5 + A_6) - 5A_1}{100 - A_1} \tag{2-1}$$

细度模数 M_x 越大，表示砂越粗。细度模数相同的砂，级配不一定相同；级配相同的砂，细度模数一定相同。建设用砂的粗细程度按细度模数分为粗、中、细、特细四种规格，其细度模数范围见表 2－8。

表 2－8　砂的细度模数

粗细程度	粗砂	中砂	细砂	特细砂
细度模数 M_x	3.7～3.1	3.0～2.3	2.2～1.6	1.5～0.7

Ⅰ类砂的细度模数应为 2.3～3.2。用过粗的砂配成的混凝土，其拌合物的和易性不易控制，且内摩擦角大，不易振捣成型；过细的砂配成的混凝土，不但要增加较多的水泥用量，而且强度也会显著降低。

2. 粗集料的筛分析

GB/T 14685—2022《建设用卵石、碎石》规定，石子的级配通过筛分试验来确定，石子的标准筛有孔径为2. 36 mm、4. 75 mm、9. 50 mm、16. 0 mm、19. 0 mm、26. 5 mm、31. 5 mm、37. 5 mm、53. 0 mm、63. 0 mm、75. 0 mm 和 90 mm 等 12 个方孔筛。普通混凝土用碎石或卵石的颗粒级配应符合表 2 - 9 的规定。分计筛余和累计筛余的计算方法与砂相同。

表 2 - 9　GB/T 14685—2022 碎石或卵石的颗粒级配范围

公称粒级/mm		累计筛余/%											
		方孔筛孔径/mm											
		2. 36	4. 75	9. 50	16. 0	19. 0	26. 5	31. 5	37. 5	53. 0	63. 0	75. 0	90
连续粒级	5 ~ 16	95 ~ 100	85 ~ 100	30 ~ 60	0 ~ 10	0	—	—	—	—	—	—	—
	5 ~ 20	95 ~ 100	90 ~ 100	40 ~ 80	—	0 ~ 10	0	—	—	—	—	—	—
	5 ~ 25	95 ~ 100	90 ~ 100	—	30 ~ 70	—	0 ~ 5	0	—	—	—	—	—
	5 ~ 31. 5	95 ~ 100	90 ~ 100	70 ~ 90	—	15 ~ 45	—	0 ~ 5	0	—	—	—	—
	5 ~ 40	—	95 ~ 100	70 ~ 90	—	30 ~ 65	—	—	0 ~ 5	0	—	—	—
单粒粒级	5 ~ 10	95 ~ 100	80 ~ 100	0 ~ 15	0	—	—	—	—	—	—	—	—
	10 ~ 16	—	95 ~ 100	80 ~ 100	0 ~ 15	0	—	—	—	—	—	—	—
	10 ~ 20	—	95 ~ 100	85 ~ 100	—	0 ~ 15	0	—	—	—	—	—	—
	16 ~ 25	—	—	95 ~ 100	55 ~ 70	25 ~ 40	0 ~ 10	0	—	—	—	—	—
	16 ~ 31. 5	—	95 ~ 100	—	85 ~ 100	—	—	0 ~ 10	0	—	—	—	—
	20 ~ 40	—	—	95 ~ 100	—	80 ~ 100	—	—	0 ~ 10	0	—	—	—
	25 ~ 31. 5	—	—	—	95 ~ 100	—	80 ~ 100	0 ~ 10	0	—	—	—	—
	40 ~ 80	—	—	—	—	95 ~ 100	—	—	70 ~ 100	—	30 ~ 60	0 ~ 10	0

粗集料的颗粒级配有连续粒级和单粒粒级。连续粒级是从最大粒径开始，由大到小各级相连，其中每一级石子都占有适当的比例。连续级配集料拌制的混凝土和易性好，一般天然岩石才会是连续级配。单粒粒级是在采石生产时经筛分的、主要只有一种粒级的石子，可防止在运输、装卸过程中不同粒级的石子分离。单粒粒级石子不宜单独用于配制混凝土。如必须单独使用，则应进行技术经济分析，并应通过试验证明不会发生离析或影响混凝土的质量。工程上常用的是将两种或多种不同的单粒粒级进行掺配后使用。

粗集料的粗细程度用最大粒径表示。公称粒级的上限称为集料的最大粒径，即全部集料都能通过的最小的一个粒级的筛孔尺寸。混凝土用粗集料的最佳最大粒径取决于混凝土的水泥用量。在水泥用量较少的普通混凝土中，当粗集料粒径增大，集料比表面积减少，保证一定厚度润滑层所需的水泥浆数量也相应减少，从而节约了水泥用量，降低了成本。

一般情况下，普通混凝土采用粗集料是有利的。集料最大粒径还受结构形式和配筋疏密等条件限制。混凝土用的粗集料，其最大粒径不得超过构件截面最小尺寸的 1/4，且不得超过钢筋间最小净距的3/4。对混凝土实心板，集料的最大粒径不宜超过板厚的 1/3，且不得超过 40 mm。石子粒径过大，对运输和搅拌都不方便。对水泥用量较多的高强、高性能混凝土，其水泥浆量已足够润滑集料表面。在这种情况下，采用较小的粗集料对混凝土的和易性、强度和密实性均有利，因而高强度、高性能混凝土的最大粒径一般仅为 20 mm 或更小。

为减少水泥用量、降低混凝土的温度和收缩应力，在大体积混凝土内，也常用毛石来填充。毛石是爆破石灰岩、白云岩及砂岩等所得到的形状不规则的大石块，一般尺寸在一个方向达 30 ~ 40 cm，质量为 20 ~ 30 kg。这种混凝土也常称为毛石混凝土。

配制混凝土时，集料的颗粒级配和粗细程度这两个因素应同时考虑。当集料的级配良好且颗粒较大，使集料之间的空隙及总表面积均较小，则这样的集料比较理想，不仅水泥浆用量较少，而且还可提高混凝土的密实性与强度。可见控制集料的颗粒级配和粗细程度有很大的技术经济意义，因而它们是评定集料质量的重要指标。仅用其中的一个指标是不能全面评价集料质量的。

例 2 - 1　砂筛分析实例：某砂样经筛分析试验，各筛的筛余量见表 2 - 10，试评定该砂的粗细程度及颗粒级配情况。

表 2 - 10　砂筛分试验结果

筛孔尺寸	分计筛余量/g	分计筛余/%	累计筛余/%
4.75 mm	15	3.0	3.0
2.36 mm	38	7.6	10.6
1.18 mm	55	11.0	21.6
600 μm	144	28.8	50.4
300 μm	156	31.2	81.6
150 μm	80	16.0	97.6
150 μm 以下	12	2.4	100

解　分计筛余和累计筛余的计算结果见表 2 - 10。细度模数 M_x 的计算如下：

$$M_x = \frac{(A_2 + A_3 + A_4 + A_5 + A_6) - 5A_1}{100 - A_1}$$

$$= \frac{10.6 + 21.6 + 50.4 + 81.6 + 97.6 - 5 \times 3.0}{100 - 3.0} \approx 2.54$$

查表 2 - 7，该砂在 600 μm 筛上的累计筛余 $A_4 = 50.4$，落在 2 区，其他各筛的累计筛余均落在 2 区砂的范围内，见图 2 - 4。

评定：该砂的细度模数 $M_x \approx 2.54$，属于中砂；筛分曲线落在 2 区，级配合格。

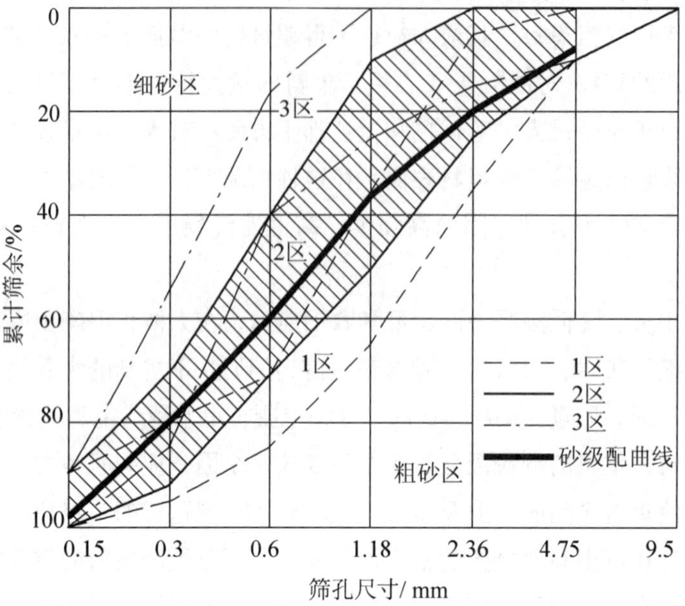

图 2－4　砂级配实例

2.3.2.4　集料的坚固性

坚固性是指集料在外界物理化学因素作用下抵抗破裂的能力。碎石、卵石和天然砂的坚固性用硫酸钠溶液法检验，试样经 5 次循环后其质量损失应符合表 2－11 的规定。机制砂的坚固性还应采用压碎指标法进行试验，压碎指标值应符合表 2－12 的规定。

表 2－11　GB/T 14684—2022、GB/T 14685—2022 坚固性指标(硫酸钠溶液法)

项　目	Ⅰ类		Ⅱ类		Ⅲ类	
	砂	石	砂	石	砂	石
质量损失/%，≤	8	5	8	8	10	12

表 2－12　GB/T 14684—2022 坚固性指标(压碎指标法)

项　目	Ⅰ类	Ⅱ类	Ⅲ类
单级最大压碎指标/%，≤	20	25	30

2.3.2.5　粗集料强度

为保证混凝土的强度，粗集料应质地致密、具有足够的强度。集料的强度一般要高于混凝土的强度(轻集料混凝土除外)，以确保混凝土在使用过程中不会因集料强度不足而破坏。

根据 GB/T 14685—2022《建设用卵石、碎石》的规定，粗集料的强度可用岩石的抗压强度和压碎指标两种方法表示。

1. 岩石抗压强度

取有代表性的岩石样品，加工成边长为 50 mm 的立方体试件或直径与高均为 50 mm

的圆柱体试件，将试件在水中浸泡48 h后所测得的抗压强度(MPa)即为岩石的抗压强度。对存在明显层理的岩石，应分别测出受力方向平行层理的岩石抗压强度与受力方向垂直层理的岩石抗压强度。仲裁检验时，以圆柱体试件的抗压强度为准。

在水饱和状态下，岩浆岩抗压强度应不小于80 MPa，变质岩应不小于60 MPa，沉积岩应不小于45 MPa。

2. 压碎指标

用压碎指标来表示粗集料的强度时，是将一定质量(m_1)风干状态下9.50～19.00 mm的碎石或卵石装入一定规格的圆筒内，在压力机上施加荷载到200 kN再卸荷，用孔径为2.36 mm的筛筛除被压碎的细粒，称取试样的筛余量(m_2)。压碎指标Q_e(%)按下式计算：

$$Q_e = \frac{m_1 - m_2}{m_1} \times 100\% \tag{2-2}$$

压碎指标表示石子抵抗压碎的能力，间接地推测其强度。碎石和卵石的压碎指标应符合表2-13的规定。

表2-13　GB/T 14685—2022压碎指标

项　　目	Ⅰ类	Ⅱ类	Ⅲ类
碎石压碎指标/%，≤	10	20	30
卵石压碎指标/%，≤	12	14	16

2.3.2.6　表观密度、堆积密度、空隙率

集料的表观密度是由其岩石类型决定的。堆积密度和空隙率与颗粒大小、形状、级配及堆积的紧密程度有关。空隙率越小，表明集料的级配越好。根据GB/T 14684—2022《建设用砂》和GB/T 14685—2022《建设用卵石、碎石》的规定，除特细砂外，砂表观密度不小于2 500 kg/m³，松散堆积密度不小于1 400 kg/m³，空隙率不大于44%。碎石、卵石表观密度、空隙率应符合如下规定：表观密度不小于2 600 kg/m³，Ⅰ、Ⅱ、Ⅲ类石的连续级配松散堆积空隙率分别不大于43%、45%和47%。

2.3.2.7　集料的含水状态

集料的含水状态可分为烘干状态、风干状态、饱和面干状态和湿润状态四种，如图2-5所示。

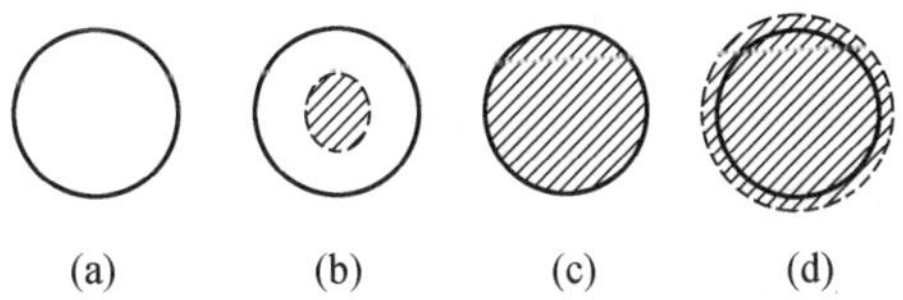

图2-5　集料的含水状态
(a)烘干状态；(b)风干状态；(c)饱和面干状态；(d)湿润状态

（1）烘干状态　在105 ℃下烘干至恒重，含水率等于或接近于零（图2－5a）。

（2）风干状态　集料表面水被风干，内部含有一定量的水（图2－5b）。

（3）饱和面干状态　集料表面干燥而内部孔隙含水达饱和（图2－5c）。

（4）湿润状态　集料不仅内部孔隙充满水，而且表面还附有一层吸附水（图2－5d）。

一般工业和民用建筑工程中，设计水泥混凝土配合比时，常以烘干状态集料为基准，以确保所设计的配合比不受集料含水影响。所设计的混凝土配合比应用于工程时，必须考虑集料含水对配合比的影响，从所加水中扣除集料所含的水分。混凝土工程施工时，必须经常测定集料的含水率，及时调整混凝土组成材料实际用量的比例，从而保证混凝土的质量。

集料含水的变化影响施工配合比，对混凝土强度产生较大影响。在水利工程中，为了消除集料含水波动对工程质量的影响，以饱和面干的集料为基准计算配合比。饱和面干集料既不从混凝土中吸取水分，也不向混凝土拌合物中释放水分，这样混凝土的用水量和集料用量的控制就较准确。

【课外调查】

调查内容：本地区集料的主要来源、性能特点，集料生产时对环境的影响等。

调查目的：掌握本地区集料的类型与特点。

调查与分析时可重点考虑如下问题：

1. 集料的类型，如天然集料、人工集料、碎石、卵石、河砂、山砂等；
2. 调查集料的应用是破坏环境还是有利于环境；
3. 天然集料的岩石类型；
4. 集料是否会发生碱骨料反应；
5. 集料的强度、有害杂质等；
6. 集料的放射性是否会危害人体健康。

复习思考题

2－1　名词解释：

岩石的风化；机制砂；碱骨料反应；颗粒级配；最大粒径。

2－2　常见的造岩矿物有哪些？各有何特点？

2－3　土木工程中常用岩石类型有哪些？各有哪些应用？

2－4　集料应用于混凝土有何意义？

2－5　集料中有害物质有哪些？各有何危害？

2－6　砂、石的粗细程度与颗粒级配如何评定？有何意义？

2－7　评定细集料粗细程度和级配优劣的指标是________。

A. 筛分曲线　　B. 细度模数　　C. 细度模数及筛分曲线　　D. 最大粒径

2－8　碎石和卵石拌制混凝土有何不同？为何高强度混凝土都用碎石拌制？

2－9　某砂筛分结果如下表，试计算该砂的分计筛余、累计筛余和细度模数，并判断该砂粗细程度、级配是否合格。

筛孔尺寸	筛余量/g	分计筛余/%	累计筛余/%	细度模数	粗细程度
4.75 mm	23				
2.36 mm	81				
1.18 mm	79				
0.60 mm	124				级配
0.30 mm	135				
0.15 mm	46				
0.15 mm 以下	12				

第3章　无机胶凝材料

【学习要点】

1. 熟悉石膏、石灰、水玻璃等气硬性胶凝材料的硬化机理、性质及使用要点；
2. 熟悉石膏、石灰、水玻璃的主要用途；
3. 熟悉硅酸盐水泥、掺混合材料的硅酸盐水泥的矿物组成，了解硬化机理；
4. 熟悉硅酸盐水泥性质、检验方法及选用原则；
5. 了解其他水泥品种及其性质和使用特点。

胶凝材料是指土木工程材料中，经过一系列物理作用、化学作用，能将散粒状或块状材料黏结成整体的材料。根据胶凝材料的化学组成，可将其分为无机胶凝材料和有机胶凝材料两大类。

无机胶凝材料是以无机化合物为基本成分的胶凝材料，根据其凝结硬化条件的不同，又可分为气硬性胶凝材料和水硬性胶凝材料两类。

(1)气硬性胶凝材料是指只能在空气中硬化，也只能在空气中保持和发展其强度的无机胶凝材料。常用的气硬性胶凝材料有石膏、石灰和水玻璃等。气硬性胶凝材料一般只适用于干燥环境，不宜用于潮湿环境，更不可用于水中。

(2)水硬性胶凝材料是指既能在空气中硬化，还能更好地在水中硬化、保持并发展其强度的无机胶凝材料。常用的水硬性胶凝材料包括各种水泥。水硬性胶凝材料既适用于干燥环境，又适用于潮湿环境或水下工程。

有机胶凝材料是以天然的或合成的有机高分子化合物为基本成分的胶凝材料，常用的有沥青、各种合成树脂等。

3.1　建筑石膏

石膏是以硫酸钙为主要成分的无机气硬性胶凝材料。石膏及其制品具有许多优良的性质，原料来源广泛，生产能耗低，在土木工程中得到了广泛应用。如粉刷石膏、轻质石膏墙板、石膏装饰件等。根据结晶水数量不同，石膏分为无水石膏($CaSO_4$)、半水石膏($CaSO_4 \cdot \frac{1}{2}H_2O$)和二水石膏($CaSO_4 \cdot 2H_2O$)。

3.1.1　建筑石膏的生产

建筑石膏是以β半水石膏($\beta-CaSO_4 \cdot \frac{1}{2}H_2O$)为主要成分，不预加任何外加剂或添加物的粉状胶结料，主要用于制作石膏建筑制品。

生产建筑石膏的原料有天然二水石膏（$CaSO_4 \cdot 2H_2O$）以及化工副产品二水石膏。天然二水石膏矿石是生产建筑石膏的主要原料，纯净的天然二水石膏矿石呈无色透明或白色，但天然石膏常含有各种杂质而呈灰色、褐色、黄色、红色、黑色等颜色。化工石膏是富含 $CaSO_4 \cdot 2H_2O$ 的化工副产品及废渣，也可作为生产石膏的原料，例如磷石膏是制造磷酸时的废渣，此外还有烟气脱硫石膏、硼石膏、黄石膏、钛石膏等。

建筑石膏是由二水石膏在 107～170 ℃的干燥条件下加热脱水而成的，用天然二水石膏矿生产建筑石膏的主要工序有破碎、加热与磨细。二水石膏在温度为 75℃左右开始脱水，在 107～170 ℃时生成 β 半水石膏（$\beta-CaSO_4 \cdot \frac{1}{2}H_2O$），即建筑石膏。其反应式为

$$CaSO_4 \cdot 2H_2O \xrightarrow{107\sim170\ ℃} \beta-CaSO_4 \cdot \frac{1}{2}H_2O + \frac{3}{2}H_2O$$

建筑石膏晶体较细，调制成一定稠度的浆体时，需水量较大，因而强度较低。若将二水石膏置于具有 0.13 MPa、124 ℃的过饱和蒸汽条件下蒸炼，可获得晶粒较粗、较致密的 α 半水石膏（$\alpha-CaSO_4 \cdot \frac{1}{2}H_2O$）。这种石膏晶粒粗大，调制成浆体时需水量较小，制品孔隙率低、强度高。因而，α 半水石膏又称为高强石膏。

3.1.2　建筑石膏的水化与硬化

建筑石膏与适量的水相混合，最初成为可塑的浆体，但很快就失去塑性并产生强度，发展成为坚硬的固体。

3.1.2.1　建筑石膏的水化

建筑石膏加水拌和，与水发生如下水化反应：

$$CaSO_4 \cdot \frac{1}{2}H_2O + \frac{3}{2}H_2O \longrightarrow CaSO_4 \cdot 2H_2O$$

建筑石膏加水后，首先溶解于水，由于二水石膏在水中的溶解度比半水石膏小得多（仅为半水石膏溶解度的 1/5），半水石膏的饱和溶液对于二水石膏就成了过饱和溶液。因而，二水石膏以胶体大小微粒自水中析出，直到半水石膏全部耗尽。这一过程进行得很快，7～12 min即可大部分完成。

3.1.2.2　建筑石膏的凝结硬化

石膏浆体中的自由水分因水化和蒸发而减少，粒子总表面积增加，浆体可塑性减小，浆体逐渐变稠，这一过程称为凝结。其后，粒子凝聚成为晶体。晶体长大、共生和相互交错，浆体变硬并产生强度。强度逐渐增加，直到完全干燥，晶体之间的作用力不再增加，强度才停止发展，这一过程称为硬化。石膏浆体的凝结和硬化是一个连续的过程。石膏制品硬化后即可投入使用。

3.1.3　建筑石膏的特性与技术要求

3.1.3.1　建筑石膏的特性

1. 密度和堆积密度

建筑石膏的密度为 2.60～2.75 g/cm^3，堆积密度为 800～1000 kg/m^3。

2. 凝结硬化快

石膏的凝结可以分为初凝和终凝两个阶段。浆体开始失去可塑性的状态称为浆体初凝，从加水至初凝的这段时间称为初凝时间；浆体完全失去可塑性，并开始产生强度称为浆体终凝，从加水至终凝的时间称为终凝时间。

石膏的凝结硬化速度很快，几分钟即可初凝，终凝也不超过半小时。为满足施工时间的要求，使用时需要在建筑石膏中加入缓凝剂，减缓其凝结速度。常用石膏缓凝剂有：有机酸及其可溶盐、碱性磷酸盐以及蛋白质类。缓凝剂的作用在于降低半水石膏的溶解度和溶解速度，从而延长凝结时间，但缓凝剂会使石膏制品强度略有降低。

3. 硬化时体积膨胀

建筑石膏在凝结硬化过程中体积略有膨胀(膨胀量约0.1%)。由于具备这一特性，石膏可浇注出纹理细致的浮雕花饰，而不会像水泥、石灰那样因收缩而开裂。同时，石膏制品质地洁白细腻，因而特别适合制作建筑装饰制品。

4. 硬化后孔隙率高、强度低

建筑石膏($\beta-CaSO_4\cdot\frac{1}{2}H_2O$)水化反应的理论需水量只占半水石膏质量的18.6%，但在使用中为使石膏浆体具有足够的流动性，通常实际加水量可达60%～80%，石膏硬化后由于多余水分蒸发，在内部形成大量毛细孔，石膏制品孔隙率可达50%～60%，表观密度为800～1000 kg/m^3，属轻质材料。

石膏制品的孔隙率大，因而强度较低(表3－1)，但导热系数小，吸声性好，易加工。

高强石膏($\alpha-CaSO_4\cdot\frac{1}{2}H_2O$)晶粒粗大，拌和时需水量较小，仅为石膏质量的35%～45%，只有建筑石膏的一半左右。因此，高强石膏硬化后有较高的密实度和强度，3h抗压强度可达9～24 MPa，7d抗压强度可达15～40 MPa。可加入聚乙烯醇水溶液、聚醋酸乙烯乳液等有机材料，配成黏结剂。这种黏结剂黏结强度高、无收缩。高强石膏可用于强度要求较高的室内抹灰工程、装饰制品、石膏板等。

5. 防火性能好

建筑石膏制品的防火性能源于其含有大量的结晶水，主要表现在如下三个方面：

(1)火灾发生时，二水石膏中的结晶水蒸发，吸收大量热；

(2)石膏中结晶水蒸发后产生的水蒸气形成蒸汽幕，阻碍火势蔓延；

(3)脱水后的石膏制品隔热性能好，形成隔热层，并且无有害气体产生。

应注意的是，建筑石膏制品在防火的同时自身会脱水损坏，而且石膏制品不宜长期用于靠近65 ℃以上高温的部位，否则二水石膏会因高温失去结晶水而破坏。

6. 耐水性和抗冻性差

建筑石膏硬化后有很强的吸湿性，在潮湿条件下，石膏晶粒间的结合力减弱，导致强度下降。若长期浸泡在水中，二水石膏晶体逐渐溶解，从而导致破坏。石膏制品吸水后受冻，会因孔隙中水分结冰膨胀而破坏。所以，石膏制品的耐水性和抗冻性较差，不宜用于潮湿部位。

为提高石膏制品的耐水性，可加入适量的水泥、矿渣等水硬性材料，也可加入有机防水剂。有机防水剂可改善石膏制品的孔隙状态或使孔壁具有憎水性。

石膏制品处于相对湿度较高的环境时，可吸收空气中的水分，反之则释放所吸附的水分。因而，石膏制品用于室内时可在一定程度上调节室内的湿度。另外，石膏制品含有大量结晶水并且吸附一定量的水，水的热容量值大，有利于稳定室内的温度。

建筑石膏在运输及贮存时应注意防潮，一般储存 3 个月后，强度约降低 30%。所以，建筑石膏自生产之日起，在正常运输与贮存条件下，贮存期为 3 个月。超过 3 个月，应重新进行质量检验。

3.1.3.2　建筑石膏的技术要求

建筑石膏的主要技术指标有强度、细度和凝结时间。国家标准 GB/T 9776—2022《建筑石膏》规定，按强度和凝结时间的不同将建筑石膏分为 4.0、3.0、2.0 三个等级，各等级物理力学性能见表 3-1。

表 3-1　GB/T 9776—2022 建筑石膏物理力学性能

等级	缔结时间/min		强度/MPa			
			2 h 湿强度		干强度	
	初凝	终凝	抗折	抗压	抗折	抗压
4.0	≥3	≤30	≥4.0	≥8.0	≥7.0	≥15.0
3.0			≥3.0	≥6.0	≥7.0	≥12.0
2.0			≥2.0	≥4.0	≥7.0	≥8.0

3.1.4　建筑石膏的应用

1. 粉刷石膏

建筑石膏具有许多优良特性，可用于室内高级抹灰和粉刷。建筑石膏加水、砂及缓凝剂拌和成石膏砂浆，可用于室内抹灰。石膏粉刷层表面坚硬、光滑细腻，不起灰，便于进行再装饰，如粘墙纸、刷涂料等。

2. 石膏板

石膏板轻质、保温隔热、吸声、防火、尺寸稳定，并且施工方便，广泛应用于吊顶、高层建筑及大跨度建筑的隔墙。常用的石膏板有：

(1)纸面石膏板　以建筑石膏为主要原料，掺入适量的纤维材料、缓凝剂等作为芯材，并以纸作为增强护面材料，经加水搅拌、浇注、辊压、凝结、切断、烘干等工序制得。分普通型、耐水型和耐火型三种。主要用于隔墙、内墙等。自重仅为烧结普通砖墙的 1/5。

(2)纤维石膏板　是以纤维(多用玻璃纤维)为增强材料，与建筑石膏、缓凝剂、水等经特殊工艺制成的石膏板。纤维石膏板的强度高于纸面石膏板。可用于隔墙、内墙，还可用来制作家具。

(3)空心石膏板　以建筑石膏为主，加入适量的轻质多孔材料、纤维材料和水，经搅拌、浇注、振捣成型、抽芯、脱模、干燥等工艺制成。空心石膏板主要用于隔墙、内墙等。

(4)吸声用穿孔石膏板　以装饰石膏板或纸面石膏板为基板，板面上分布着直径为 6～12 mm 的圆孔，孔距为 18～24 mm，穿孔率为 8.7%～15.7%。安装时背面需留有 50～300 mm的空腔，从而构成穿孔吸声结构，板背面的空腔内可填充多孔吸声材料以提高吸声能力。穿孔石膏板用于吸声性要求高的建筑的吊顶，如播音室、影剧院、报告厅等。

(5)装饰石膏板　按表面形状分为平板、多孔板、浮雕板，并有普通板和防潮板之分。装饰石膏板造型美观、装饰性强，并且具有良好的吸声、防火等功能，主要用于公共建筑的内墙、吊顶等。

3. 石膏装饰件

建筑石膏还广泛用于石膏角线等装饰件。

3.2　石灰

石灰是一种古老的土木工程材料。石灰的原料石灰石分布很广，生产工艺简单，价格低廉，至今仍被广泛用于土木工程。

3.2.1　石灰的生产

石灰可通过煅烧获得。煅烧生产石灰的原料主要是以碳酸钙为主的天然岩石，如石灰石、白垩等。将这些原料在高温下煅烧，碳酸钙将按下式分解成为生石灰(CaO)。

$$CaCO_3 \xrightarrow{900\sim1100\ ℃} CaO + CO_2\uparrow$$

石灰石的分解温度约 900 ℃，但为了加速分解过程，煅烧温度常提高至 1 000 ～1100 ℃。生石灰呈白色或灰色块状。正常温度下煅烧得到的石灰具有多孔结构，烧透的新块灰体积密度仅为 800～1000 kg/m^3，其内部孔隙率大、晶粒细小、体积密度小、与水作用速度快。

石灰的另一来源是化学工业副产品。如用碳化钙(即电石)与水作用生产乙炔气体时，发生如下反应：

$$\underset{碳化钙}{CaC_2} + 2H_2O \longrightarrow \underset{乙炔}{C_2H_2\uparrow} + \underset{熟石灰}{Ca(OH)_2}$$

碳化钙与水反应后的电石渣主要成分是氢氧化钙 $Ca(OH)_2$，氢氧化钙常被称为熟石灰(又称消石灰)。

应用于土木工程中的主要是煅烧生产的石灰。

3.2.2　石灰的熟化与硬化

3.2.2.1　熟化

工地上使用生石灰前常要熟化。熟化是指生石灰(CaO)与水作用生成氢氧化钙的过程，又称石灰的消解或消化。生石灰熟化时发生如下反应：

$$CaO + H_2O \longrightarrow Ca(OH)_2 + 64.9\times10^3\ J$$

石灰的熟化过程会放出大量的热，熟化时体积增大 1～2.5 倍。煅烧良好、氧化钙含量高的石灰熟化较快，放热量和体积增大也较多。

3.2.2.2　熟化方法

按石灰的用途，工地上熟化石灰的方法有如下两种。

1. 消石灰膏法

用于调制石灰砂浆或水泥石灰混合砂浆时，需将生石灰熟化成石灰膏。熟化时将生石灰置于化灰池中，加入石灰重量 3 ～ 4 倍的水将生石灰熟化成石灰乳，通过筛网流入储灰池。石灰乳在储灰池中沉淀并除去上层水分后称为石灰膏（即消石灰和水混合成的膏状物）。石灰膏含水约 50%，表观密度 1 300 ～ 1 400 kg/m^3。石灰用于砂浆时，一般用稠度为 120 mm ± 5 mm 的石灰膏按体积计算用量。

生石灰熟化要控制适当的温度，防止温度过高或过低。煅烧良好的钙质石灰，熟化很快并强烈放热，熟化时应加入大量的水，并搅拌帮助散热，以防温度过高。如果温度过高而水量又不足，易使形成的 $Ca(OH)_2$ 聚在 CaO 周围，妨碍继续熟化。对于熟化慢的生石灰，加水应少而慢，保持较高温度，促使熟化较快完成。

2. 消石灰粉法

用于拌制石灰土（石灰、黏土）、三合土（石灰、黏土、砂石或炉渣等）时，先将生石灰熟化成消石灰粉。生石灰熟化成消石灰粉时，理论上需水量为生石灰质量的 32.1%，由于一部分水分被蒸发，实际加水量常为生石灰质量的 60% ～ 80%，应以能充分消解而又不过湿成团为度。可采用分层浇水法，每层生石灰块厚约 50 cm。或在生石灰块堆中插入有孔的水管，缓慢地向内灌水。

人工熟化石灰，劳动强度大，劳动条件差，所需时间长，质量也不均匀，现在多用机械方法在工厂中将生石灰熟化成消石灰粉，再在工地调水使用。

3.2.2.3　欠火石灰与过火石灰

优质的煅烧石灰色洁白或略带灰色，质量较轻。石灰在烧制过程中常由于石灰石原料尺寸过大，或煅烧时火候不均匀以及煅烧时间控制不当而含有欠火石灰和过火石灰。

（1）欠火石灰是指由于生产石灰的原料尺寸过大、煅烧温度偏低或煅烧时间不充足，石灰石中的碳酸钙（$CaCO_3$）未完全分解的石灰。欠火石灰中未分解的碳酸钙对硬化后的石灰不会产生危害，但欠火石灰降低了石灰的利用率，磨细使用时由于夹杂未分解碳酸钙，而使石灰胶结强度下降。

（2）过火石灰是指石灰生产时局部煅烧温度过高，在表面有熔融物的石灰。过火石灰颜色较深，密度较大，由于表面被黏土杂质融化形成的玻璃釉状物包覆，所以熟化很慢。熟化的石灰膏如果立即投入使用，当正常石灰膏已经硬化后，其中过火石灰颗粒才开始缓慢与水反应，并伴随着体积的大幅膨胀，导致隆起和开裂。

为消除过火石灰的危害，石灰膏在使用前应陈伏。陈伏是指石灰膏在储灰坑中放置 14 d 以上的过程。过火石灰在这期间将慢慢熟化。陈伏期间，石灰膏表面应保有一层水分，使其与空气隔绝，以免氢氧化钙与空气中的二氧化碳反应。消石灰粉在使用前，也应有类似石灰膏的陈伏过程。

3.2.2.4　硬化

石灰浆和石灰膏在空气中的硬化包括干燥硬化和碳化硬化。

1. 干燥硬化

石灰浆（或石灰膏）在干燥过程中，氢氧化钙颗粒间的毛细孔隙失水，使得毛细管产生负压力，颗粒间接触变得紧密，产生一定强度。石灰浆（或石灰膏）失水干燥硬化的同时，溶于水中的氢氧化钙逐渐从饱和溶液中结晶析出，但结晶数量少，对强度贡献不大。

石灰因干燥和结晶产生的强度很低，若再遇水，毛细管压力减小，氢氧化钙颗粒间的紧密程度降低，且部分氢氧化钙又重新溶于水，所产生的强度又会逐渐丧失。干燥硬化是石灰砂浆等强度的主要来源。

2. 碳化硬化

碳化指氢氧化钙与空气中的二氧化碳在有水的情况下反应生成碳酸钙晶体的过程，反应如下：

$$Ca(OH)_2 + CO_2 + nH_2O \longrightarrow CaCO_3 + (n+1)H_2O$$

碳化硬化与干燥硬化不同，由于二氧化碳(CO_2)是从外部空气中进入的，且该化学反应不能在没有水分的全干状态下进行，因而在长时间内碳化硬化只限于表层。石灰硬化后，表面与内部的组成不同，表层为碳酸钙($CaCO_3$)，内层为氢氧化钙($Ca(OH)_2$)。随着时间延长，表层碳酸钙的厚度逐渐增加，增加的速度是由空气中的二氧化碳进入的速度和是否有水决定的。碳化硬化过程特别缓慢，使用十几年的内墙石灰抹灰内部仍为氢氧化钙。

3.2.3 石灰的特性与技术要求

3.2.3.1 *石灰的特性*

1. 可塑性好

生石灰熟化为石灰膏时，能自动形成颗粒极细(直径约为1 μm)的呈胶体分散状态的氢氧化钙，表面吸附一层水膜，将固体颗粒牢牢吸附在一起。因此，用石灰调成的石灰砂浆突出的优点是具有良好的可塑性。水泥砂浆中掺入石灰膏，使砂浆可塑性显著提高。

2. 硬化较慢、强度低

从石灰浆体的硬化过程可以看出，由于空气中二氧化碳稀薄，碳化甚为缓慢。而且表面碳化后，形成紧密外壳，不利于碳化作用的深入，也不利于内部水分的蒸发，因此石灰是硬化较慢的材料。石灰的硬化只能在空气中进行。硬化后强度也不高，石灰膏与砂体积比为1∶3的石灰砂浆28 d抗压强度通常只有0.2～0.5 MPa，远低于建筑石膏和普通硅酸盐水泥。

3. 硬化时体积收缩大

石灰在硬化过程中，由于大量的游离水蒸发，引起显著的体积收缩。因而，除调成石灰乳作薄层涂刷外，石灰不宜单独使用。工程上常在其中掺入砂、各种纤维材料等以减少收缩。

4. 耐水性差

硬化的石灰受潮后，氢氧化钙会溶解于水，降低了石灰的强度。石灰完全浸入水中会溃散而彻底丧失强度。所以，石灰不宜在潮湿的环境中使用，如不宜单独用于建筑物基础。

5. 生石灰吸湿性强

块状生石灰在放置过程中，会缓慢吸收空气中的水分而自动熟化成消石灰粉，再与空气中的二氧化碳作用生成碳酸钙，失去胶结能力。贮存生石灰，不但要防止受潮，而且不宜贮存过久。最好运到工地(或熟化工厂)后立即熟化成石灰浆，将贮存期变为陈伏期。生石灰受潮熟化时放出大量的热，而且体积膨胀大，所以，贮存和运输生石灰时，还要注意安全。

3.2.3.2 *石灰的技术要求*

土木工程中常用的石灰品种有建筑生石灰和建筑消石灰粉。生石灰由石灰石(包括钙质石灰石、镁质石灰石)焙烧而成，呈块状、粒状或粉状，化学成分主要为氧化钙，可和水发生放热反应生成消石灰。按生石灰的加工情况分为建筑生石灰和建筑生石灰粉。

由于石灰生产原料中会含有一些碳酸镁（$MgCO_3$），因而生石灰中还含有次要成分氧化镁。按生石灰的化学成分将生石灰分为钙质石灰和镁质石灰两类。钙质石灰主要由氧化钙或氢氧化钙组成。镁质石灰主要由氧化钙和氧化镁（$MgO > 5\%$）或氢氧化钙和氢氧化镁组成。镁质生石灰熟化较慢，但硬化后强度稍高。建材行业标准 JC/T 479—2013《建筑生石灰》规定，钙质生石灰和镁质生石灰根据化学成分的含量（按质量分数计）分成各个等级，见表 3－2。

表 3－2　JC/T 479—2013 建筑生石灰的化学成分

类别	名称	代号	氧化钙＋氧化镁	氧化镁	二氧化碳	三氧化硫
钙质石灰	钙质石灰 90	CL90	≥90	≤5	≤4	≤2
	钙质石灰 85	CL85	≥85	≤5	≤7	≤2
	钙质石灰 75	CL75	≥75	≤5	≤12	≤2
镁质石灰	镁质石灰 85	ML85	≥85	>5	≤7	≤2
	镁质石灰 80	ML80	≥80	>5	≤7	≤2

生石灰的识别标志由产品名称、加工情况和产品依据标准编号组成。生石灰块在代号后加 Q，生石灰粉在代号后加 QP。

示例　符合 JC/T 479—2013 的钙质生石灰粉 90 标记为：

CL 90－QP　JC/T 479—2013

其中：CL——钙质石灰；

90——（CaO＋MgO）质量分数；

QP——粉状；

JC/T 479—2013——产品依据标准。

建筑生石灰的物理性质应符合表 3－3 要求。

表 3－3　JC/T 479—2013 建筑生石灰的物理性质

名　称	产浆量 $dm^3/10kg$	细　度	
		0.2mm 筛余量/%	90μm 筛余量/%
CL 90－Q	≥26	—	—
CL 90－QP	—	≤2	≤7
CL 85－Q	≥26	—	—
CL 85－QP	—	≤2	≤7
CL 75－Q	≥26	—	—
CL 75－QP	—	≤2	≤7
ML 85－Q	—	—	—
ML 85－QP		≤2	≤7
ML 80－Q	—	—	—
ML 80－QP		≤7	≤2

注：其他物理特性，根据用户要求，可按照 JC/T 478.1 进行测试。

我国建材行业标准 JC/T 481—2013《建筑消石灰》将消石灰分为钙质消石灰和镁质消石灰。建筑消石灰分类按扣除游离水和结合水后的(CaO + MgO)的质量分数加以分类。各类别建筑消石灰的化学成分和物理性质应符合表 3-4 的要求。

表 3-4 JC/T 481—2013 建筑消石灰的化学成分和物理性质

类别	名称	代号	CaO + MgO /%	MgO /%	SO_3 /%	游离水 /%	细度(筛余量)/%		安定性
							0.2mm	90μm	
钙质消石灰	钙质消石灰 90	HCL90	≥90	≤5	≤2	≤2	≤2	≤7	合格
	钙质消石灰 85	HCL85	≥85	≤5	—	—	—	—	—
	钙质消石灰 75	HCL75	≥75	≤5	—	—	—	—	—
镁质消石灰	镁质消石灰 85	HML85	≥85	>5	—	—	—	—	—
	镁质消石灰 80	HML80	≥80	>5	—	—	—	—	—

消石灰的识别标志由产品名称和产品依据标准编号组成。

示例　符合 JC/T 481—2013 的钙质消石灰 90 标记为：

HCL 90　JC/T 481—2013

其中：HCL——钙质消石灰；

90——(CaO + MgO)质量分数；

JC/T 481—2013——产品依据标准。

3.2.4 石灰的应用

3.2.4.1 *石灰乳*

在消石灰中加入大量的水搅拌稀释或将生石灰加大量水熟化，将成为石灰乳。石灰乳是一种廉价易得的涂料，主要用于内墙和天棚刷白，增加室内美观和亮度。石灰乳中加入各种耐碱颜料，可形成彩色石灰乳；加入少量磨细粒化高炉矿渣或粉煤灰，可提高耐水性；加入聚乙烯醇、干酪素、氯化钙或明矾，可减少涂层粉化现象。随着人们生活水平的提高，用石灰乳进行墙面装饰的已越来越少。

3.2.4.2 *砂浆*

由于石灰膏和消石灰中氢氧化钙颗粒非常小，调水后具有很好的可塑性。因而，常用石灰膏或消石灰加砂和水配制成石灰砂浆，或再加少量水泥成为混合砂浆。石灰砂浆和混合砂浆主要用于抹面和砌筑。

石灰乳和石灰砂浆应用于吸水性较大的基面(如加气混凝土砌块)上时，应事先将基面润湿，以免界面处石灰乳或石灰砂浆脱水过快成为干粉，丧失胶结能力。

3.2.4.3 *石灰土(灰土)、三合土和无机结合料稳定材料*

石灰与黏土拌和后称为灰土或石灰土，再加砂或炉渣、石屑等即成为三合土。在道路工程中，可将石灰与土拌和，或者再加上粉煤灰和煤渣等工业废渣制备石灰稳定土和石灰工业废渣稳定土这两类无机结合料稳定材料，详见第 4 章。

石灰可改善黏土的和易性，在强力夯打之下，大大提高了黏土的紧密程度。而且，黏土颗粒表面的少量活性氧化硅和氧化铝可与氢氧化钙发生化学反应，生成不溶于水的水化硅酸钙和水化铝酸钙，将黏土颗粒黏结起来，从而提高了黏土的强度和耐水性。

石灰土中石灰用量适当增加，强度和耐水性相应提高，但超过某一用量(视石灰质量和黏土性质而定)后，就不再提高了。一般石灰用量为石灰土总重的6%～12%或更低。

灰土和三合土的应用在我国已有数千年的历史，主要用于建筑物的地基。无机结合料稳定材料主要用于道路工程的基层和底基层。

3.2.4.4　制作硅酸盐制品

石灰是制作硅酸盐制品的主要原料之一。硅酸盐制品是以磨细的石灰与硅质材料为胶凝材料，必要时加入少量石膏，经养护(蒸汽养护或蒸压养护)，生成以水化硅酸钙为主要产物的人造材料。硅酸盐制品中常用的硅质材料有粉煤灰，磨细的煤矸石、页岩、浮石、砂等。常用的硅酸盐制品有蒸压加气混凝土砌块和板材等。

3.3　水玻璃

水玻璃俗称泡花碱，是由碱金属和二氧化硅化合而成的一种可溶于水的硅酸盐。水玻璃有钠水玻璃、钾水玻璃、锂水玻璃等。它们的化学通式为 $M_2O \cdot nSiO_2$，式中 M 表示 Na^+、K^+、Li^+等。土木工程中最常用的水玻璃是硅酸钠水玻璃($Na_2O \cdot nSiO_2$，简称钠水玻璃)和硅酸钾水玻璃($K_2O \cdot nSiO_2$，简称钾水玻璃)。本节所介绍的水玻璃主要指钠水玻璃。

3.3.1　水玻璃的生产与模数

钠水玻璃的生产方法有湿法和干法两种。

1. 湿法

湿法生产钠水玻璃时，将石英砂和氢氧化钠(NaOH)溶液在蒸压锅(202～303 kPa)内用蒸汽加热，并进行搅拌，使它们直接反应生成液体水玻璃。

2. 干法

干法(碳酸盐法)是将石英砂和碳酸钠磨细，按一定比例混合均匀，在熔炉内加热到1 300～1 400℃熔化，按下式反应生成固体水玻璃。

$$Na_2CO_3 + nSiO_2 \longrightarrow Na_2O \cdot nSiO_2 + CO_2$$

碱金属与二氧化硅可以以不同的比例化合。钠水玻璃($Na_2O \cdot nSiO_2$)中氧化硅和氧化钠的分子数之比 n 用模数表示，一般在1.5～3.5之间。固体水玻璃在水中溶解的难易随模数而定，模数为1时能溶解于常温的水中，模数加大，则只能在热水中溶解；当模数大于3时，要在4个大气压以上的蒸压条件下才能溶解于水。低模数水玻璃的晶体组分较多，黏结能力较差；模数提高时，胶体组分增多，黏结能力随之增大。

液体水玻璃因所含杂质不同，而呈青灰色、绿色或微黄色，无色透明的液体水玻璃最好。液体水玻璃可以与水按任意比例混合成不同浓度(或密度)的溶液。同一模数的液体水玻璃，其浓度越大(越稠)，则密度越大，黏结力越强，常用水玻璃的密度为1.3～1.5 g/cm³。在液体水玻璃中加入尿素($CO(NH_2)_2$)，在不改变其黏度的情况下可提高黏结力25%左右。

3.3.2 水玻璃的硬化

液体水玻璃会吸收空气中的二氧化碳，发生如下反应：

$$Na_2O \cdot nSiO_2 + CO_2 + mH_2O \longrightarrow nSiO_2 \cdot mH_2O + Na_2CO_3$$

上述反应析出无定形二氧化硅凝胶，并逐渐干燥而硬化。这个过程进行得很慢，为了加速硬化，常加入氟硅酸钠(Na_2SiF_6)作为促硬剂，促使硅酸凝胶加速析出，其反应如下：

$$2(Na_2O \cdot nSiO_2) + Na_2SiF_6 + mH_2O \longrightarrow (2n+1)SiO_2 \cdot mH_2O + 6NaF$$

氟硅酸钠的适宜用量为水玻璃质量的12%～15%，如果用量太少，不但硬化速度缓慢，强度降低，而且未经反应的水玻璃易溶于水，因而耐水性很差。但如用量过多，又会引起凝结过速，施工困难，而且硬化后渗水性大，强度低。加入适量氟硅酸钠的水玻璃7d基本上可达到最高强度。

3.3.3 水玻璃的特性

凝结硬化后的水玻璃，具有以下特性：

(1)黏结能力强　水玻璃有良好的黏结能力，硬化时析出的硅酸凝胶可堵塞毛细孔隙，从而防止水渗透。用水玻璃配制的混凝土抗压强度可达15～40 MPa。

(2)不燃烧、耐高温　水玻璃不燃烧，在高温下硅酸凝胶干燥得更加强烈，强度并不降低，甚至有所增加。可用于配制水玻璃耐热混凝土和耐热砂浆。

(3)耐酸能力强　水玻璃具有很强的耐酸能力，能抵抗大多数无机酸和有机酸的作用。

(4)不耐水　水玻璃在加入氟硅酸钠后仍不能完全硬化，还有一定量的$Na_2O \cdot nSiO_2$。由于$Na_2O \cdot nSiO_2$可溶于水，所以水玻璃硬化后不耐水。

(5)不耐碱　硬化后水玻璃中的$Na_2O \cdot nSiO_2$和无定形二氧化硅凝胶均可溶于碱，因而水玻璃不耐碱。

水玻璃对眼睛和皮肤有一定的灼伤作用，用作促硬剂的氟硅酸钠具有毒性，使用过程中应注意安全防护。

3.3.4 水玻璃的应用

1. 涂刷材料表面

水玻璃涂刷材料表面可提高材料抗风化能力。以水玻璃浸渍或涂刷砖、水泥混凝土、石材等多孔材料，可提高材料的密实度、强度、抗渗性、抗冻性及耐水性等。这是因为水玻璃与空气中的二氧化碳反应生成硅酸凝胶，同时水玻璃也与材料中的氢氧化钙反应生成硅酸钙凝胶，两者填充了材料的孔隙，使材料致密。

水玻璃不能用于涂刷或浸渍石膏制品，因为硅酸钠会与硫酸钙反应生成硫酸钠，在制品孔隙中结晶，体积显著膨胀，从而导致制品开裂。水玻璃还可用于配制内、外墙涂料。

2. 配制防水剂

以水玻璃为基料，加入两种、三种或四种矾可配制成二矾、三矾或四矾防水剂。四矾防水剂是以蓝矾(硫酸铜)、明矾(硫酸铝钾)、红矾(重铬酸钾)和紫矾(铬矾)各1份，溶于60份100 ℃的水中，降温至50 ℃，投入400份水玻璃溶液中，搅拌均匀而成。这种防水剂凝结迅速，一般不超过1 min，适用于与水泥浆调和，堵塞漏洞、缝隙等局部抢修。因为凝结过快，不宜用于调配防水砂浆。

3. 用于土壤加固

将模数为 2.5～3 的液体水玻璃和氯化钙溶液通过金属管轮流向地层压入，两种溶液发生化学反应，析出硅酸胶体，将土壤颗粒包裹并填实其空隙。硅酸胶体是一种吸水膨胀的果冻状凝胶，因吸收地下水而经常处于膨胀状态，阻止水分的渗透和使土壤固结，其反应式如下：

$$Na_2O \cdot nSiO_2 + CaCl_2 + xH_2O \longrightarrow 2NaCl + nSiO_2 \cdot (x-1)H_2O + Ca(OH)_2$$

用这种方法加固的砂土，抗压强度可达 3～6 MPa。

4. 其他

水玻璃还可用于配制耐酸、耐热混凝土和砂浆等。

钾水玻璃具有很好的防腐能力，渗透性小，黏结力强，耐水性好，使用温度高，广泛应用于防腐工程。根据不同的需要，可配制成钾水玻璃胶泥、钾水玻璃砂浆和钾水玻璃混凝土。

3.4 硅酸盐水泥

水泥种类非常多，按其主要水硬性物质不同可分为：硅酸盐水泥、铝酸盐水泥、硫铝酸盐水泥、铁铝酸盐水泥、氟铝酸盐水泥、以火山灰性或潜在水硬性材料以及其他活性材料为主要组分的水泥。

为了便于水泥的命名，按其用途及性能分为三类：通用水泥、专用水泥和特性水泥。

通用水泥指一般土木工程通常采用的水泥，以水泥的主要水硬性矿物名称冠以混合材料名称或其他适当名称命名。我国应用最广泛的通用水泥是通用硅酸盐水泥。

专用水泥指具有专门用途的水泥，以其专门用途命名，并可冠以不同型号。例如：油井水泥、道路硅酸盐水泥。

特性水泥指某种特性比较突出的水泥，以水泥的主要水硬性矿物名称冠以水泥的主要特性命名，并可冠以不同型号或混合材料名称。例如：快硬硅酸盐水泥、低热矿渣硅酸盐水泥、膨胀硫铝酸盐水泥。

硅酸盐系列水泥是水泥中使用最为广泛的一类，它是以硅酸盐水泥熟料为主要水硬性矿物的水泥。

3.4.1 通用硅酸盐水泥

通用硅酸盐水泥是以硅酸盐水泥熟料和适量的石膏，及规定的混合材料制成的水硬性胶凝材料。通用硅酸盐水泥按混合材料的品种和掺量分为硅酸盐水泥、普通硅酸盐水泥、矿渣硅酸盐水泥、火山灰质硅酸盐水泥、粉煤灰硅酸盐水泥和复合硅酸盐水泥。

3.4.1.1 通用硅酸盐水泥的生产与组分

1. 通用硅酸盐水泥的生产

通用硅酸盐水泥的主要成分是硅酸盐水泥熟料，其生产的关键也是熟料的生产。硅酸盐水泥熟料由主要含 CaO、SiO_2、Al_2O_3、Fe_2O_3 的原料，按适当比例磨成细粉烧至部分熔融所得以硅酸钙为主要矿物成分的水硬性胶凝物质，其中硅酸钙矿物不小于 66%，氧化钙和氧化硅质量比不小于 2.0。其工艺流程如图 3－1 所示。

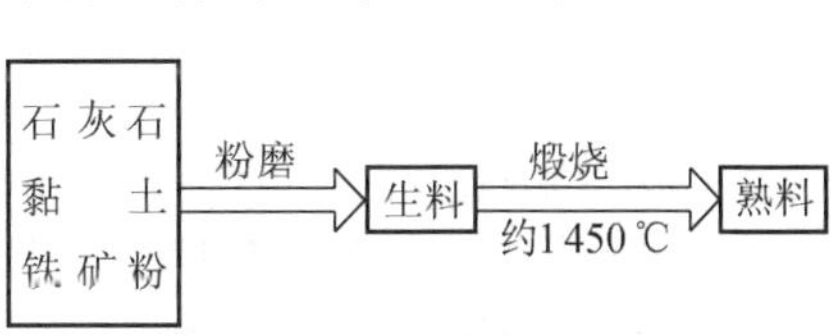

图 3－1　硅酸盐水泥熟料的生产工艺流程

硅酸盐水泥熟料再与石膏共同粉磨就成为Ⅰ型硅酸盐水泥。其他品种通用硅酸盐水泥与Ⅰ型硅酸盐水泥生产的区别在于熟料粉磨时除了掺加石膏外，还掺入各种混合材料。

2. 硅酸盐水泥熟料的矿物组成

硅酸盐水泥熟料的矿物组成和质量分数如表3－5所示，其中硅酸三钙和硅酸二钙的总质量分数在66%以上，铝酸三钙与铁铝酸四钙的总质量分数在25%左右。除了主要熟料矿物外，水泥中还含有少量游离氧化钙、游离氧化镁和碱，但其总质量分数一般不超过水泥质量的10%。

表3－5 硅酸盐水泥熟料矿物组成、质量分数和密度

名　称	矿物成分	简写	质量分数/%	密度/($g \cdot cm^{-3}$)
硅酸三钙	$3CaO \cdot SiO_2$	C_3S	37～60	3.25
硅酸二钙	$2CaO \cdot SiO_2$	C_2S	15～37	3.28
铝酸三钙	$3CaO \cdot Al_2O_3$	C_3A	7～15	3.04
铁铝酸四钙	$4CaO \cdot Al_2O_3 \cdot Fe_2O_3$	C_4AF	10～18	3.77

3. 通用硅酸盐水泥的组分

根据国家标准GB 175—2007《通用硅酸盐水泥》的规定，各品种通用硅酸盐水泥的组分和代号应符合表3－6的要求。

表3－6 GB 175—2007 通用硅酸盐水泥的组分 %

品　种	代　号	组　分				
		熟料＋石膏	粒化高炉矿渣	火山灰质混合材料	粉煤灰	石灰石
硅酸盐水泥	P·Ⅰ	100	—	—	—	—
	P·Ⅱ	≥95	≤5	—	—	—
		≥95	—	—	—	≤5
普通硅酸盐水泥	P·O	≥80且<95	>5且≤20①			—
矿渣硅酸盐水泥	P·S·A	≥50且<80	>20且≤50②	—	—	—
	P·S·B	≥30且<50	>50且≤70②	—	—	—
火山灰质硅酸盐水泥	P·P	≥60且<80	—	>20且≤40③	—	—
粉煤灰硅酸盐水泥	P·F	≥60且<80	—	—	>20且≤40④	—
复合硅酸盐水泥	P·C	≥50且<80	>20且≤50⑤			

注：①本组分材料为符合标准的活性混合材料，其中允许用不超过水泥质量5%且符合标准的窑灰或不超过水泥质量8%且符合标准的非活性混合材料代替。

②本组分材料为符合GB/T 203《用于水泥中的粒化高炉矿渣》或GB/T 18046《用于水泥和混凝土中的粒化高炉矿渣粉》的活性混合材料，其中允许用不超过水泥质量8%且符合标准的活性混合材料、非活性混合材料或窑灰中的任一种材料代替。

③本组分材料为符合GB/T 2847《用于水泥中的火山灰质混合材料》的活性混合材料。

④本组分材料为符合GB/T 1596《用于水泥和混凝土中的粉煤灰》的活性混合材料。

⑤本组分材料为由两种(含)以上符合标准的活性混合材料、非活性混合材料组成，其中允许用不超过水泥质量8%且符合标准的窑灰代替。掺矿渣时混合材料掺量不得与矿渣硅酸盐水泥重复。

3.4.1.2　硅酸盐水泥的水化与凝结硬化

1. 硅酸盐水泥的水化

硅酸盐水泥熟料矿物与水发生的水解或水化作用统称为水化。水泥熟料各矿物可单独与水发生水化反应，生成水化物，并放出一定的热量。其反应式如下：

$$\underset{\text{硅酸三钙}}{2(3CaO \cdot SiO_2)} + 6H_2O \longrightarrow \underset{\text{水化硅酸钙}}{3CaO \cdot 2SiO_2 \cdot 3H_2O} + \underset{\text{氢氧化钙}}{3Ca(OH)_2}$$

$$\underset{\text{硅酸二钙}}{2(2CaO \cdot 2SiO_2)} + 4H_2O \longrightarrow \underset{\text{水化硅酸钙}}{3CaO \cdot 2SiO_2 \cdot 3H_2O} + Ca(OH)_2$$

$$\underset{\text{铝酸三钙}}{3CaO \cdot Al_2O_3} + 6H_2O \longrightarrow \underset{\text{水化铝酸三钙}}{3CaO \cdot Al_2O_3 \cdot 6H_2O}$$

$$\underset{\text{铁铝酸四钙}}{4CaO \cdot Al_2O_3 \cdot Fe_2O_3} + 7H_2O \longrightarrow 3CaO \cdot Al_2O_3 \cdot 6H_2O + \underset{\text{水化铁酸一钙}}{CaO \cdot Fe_2O_3 \cdot H_2O}$$

以上水泥熟料矿物与水发生水化作用时所表现的性能及水化产物的特性不相同。各种水泥熟料矿物水化所表现的特性见表 3-7 和图 3-2。如果忽略一些次要的和少量的成分，则硅酸盐水泥与水作用后，生成的主要水化物有：水化硅酸钙和水化铁酸钙凝胶，氢氧化钙、水化铝酸钙和水化硫铝酸钙晶体。在充分水化的水泥石中，水化硅酸钙凝胶约占 70%，氢氧化钙约占 20%。

表 3-7　硅酸盐水泥熟料矿物的基本特性

名　称	水化反应速率	水化放热量	强　度	耐化学侵蚀性	干　缩
硅酸三钙(C_3S)	快	大	高	中	中
硅酸二钙(C_2S)	慢	小	早期低，后期高	良	小
铝酸三钙(C_3A)	最快	最大	低	差	大
铁铝酸四钙(C_4AF)	快	中	低	优	小

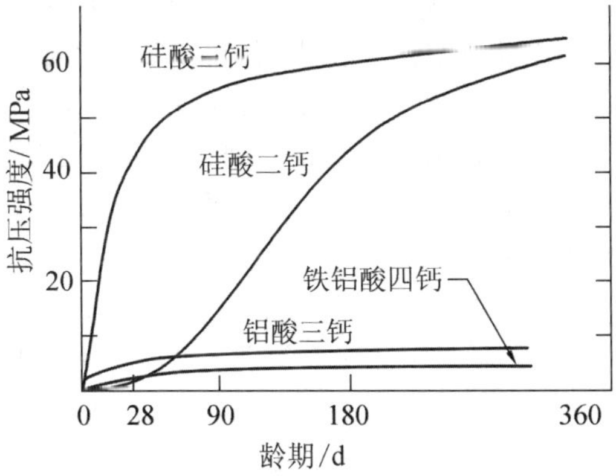

图 3-2　各熟料矿物的强度增长

硅酸盐水泥加水后，铝酸三钙立即发生反应，硅酸三钙和铁铝酸四钙也很快水化，而硅酸二钙则水化较慢。水泥是几种熟料矿物的混合物，改变熟料矿物成分间的比例时，水泥的性质会发生相应的变化。如提高 C_3S 的含量，可制成高强水泥；提高 C_3S 和 C_3A 的含量，可制得快硬水泥；降低 C_3A 和 C_3S 的含量，提高 C_2S 的含量，可制得中、低热水泥，如大坝水泥；提高抗裂性能好的 C_4AF 含量，降低 C_3A 含量，可制得道路水泥。

硅酸盐水泥熟料粉末直接加水，将会发生速凝。速凝是一种有害的凝结现象。其特征是：水泥浆很快凝结成为一种很粗糙、强度不高的混合物，并放出大量的热量。它主要是由于熟料中 C_3A 在溶液中电离出三价离子（Al^{3+}），它与硅酸钙凝胶的电荷相反，促使胶体凝聚。石膏的加入可以改善这一现象。加入了一定量石膏的水泥与水接触，石膏迅速溶于水，并与熟料的水化产物水化铝酸钙发生如下化学反应：

$$4CaO \cdot Al_2O_3 \cdot 13H_2O + 3(CaSO_4 \cdot 2H_2O) + 14H_2O \longrightarrow 3CaO \cdot Al_2O_3 \cdot 3CaSO_4 \cdot 32H_2O + Ca(OH)_2$$

反应生成的高硫型水化硫铝酸钙（$3CaO \cdot Al_2O_3 \cdot 3CaSO_4 \cdot 32H_2O$），又称钙矾石（简称 AFt），它难溶于水。该反应固相体积大幅增加。

石膏反应完之后，铝酸三钙会与钙矾石反应生成单硫型水化硫铝酸钙（简称 AFm），化学反应如下：

$$2(3CaO \cdot Al_2O_3) + 3CaO \cdot Al_2O_3 \cdot 3CaSO_4 \cdot 32H_2O + 4H_2O \longrightarrow 3(3CaO \cdot Al_2O_3 \cdot CaSO_4 \cdot 12H_2O)$$

石膏的缓凝机理较为复杂，一般认为，石膏与水化铝酸钙反应生成的钙矾石在水泥颗粒表面形成一层薄膜，封闭了铝酸三钙（C_3A）的表面，阻滞水分子及离子的扩散，从而延缓了铝酸三钙的水化。此后，随着水的扩散，铝酸三钙又缓慢水化并在水泥颗粒表面生成钙矾石，当固相增加所产生的压力达到一定数值时，就将钙矾石薄膜层局部胀裂，而使水化过程继续进行。接着新生成的钙矾石又将破裂处重新封闭，再使水化延缓。这一过程反复进行，直至石膏消耗完毕。

石膏掺量受水泥中铝酸三钙含量影响，一般占熟料质量的3%～5%。如果石膏掺量过多，会出现假凝现象。二水石膏与熟料共磨时，因为磨内温度过高会使二水石膏脱水形成半水石膏或可溶性无水石膏。水泥中半水石膏或可溶性无水石膏溶于水后，硫酸根离子浓度很快达到二水石膏过饱和浓度（半水石膏和可溶性无水石膏在水中的溶解度均远高于二水石膏），二水石膏从溶液中快速结晶沉淀，使水泥浆体快速稠化，这种现象称为假凝。

石膏与水化铝酸钙反应后固体体积大幅增加，因而，该反应应在水泥浆体变硬前结束。如果石膏掺量过多，在凝结后期，水泥浆变硬，过量的石膏与水化铝酸三钙继续反应，生成体积膨胀的钙矾石晶体，将会引起水泥石的体积膨胀开裂而破坏。一般情况下，水泥硬化后，钙矾石晶体约占总水化产物的7%。

2. 水化热

水泥在水化过程中会放出热量，该热量称为水化热。水化过程的放热量和放热速度主要取决于水泥的矿物成分。另外，水泥细度、水泥中混合材料及外加剂等也会影响水化热。水泥颗粒越细，水化反应越容易进行，水化放热量越大，放热速度越快。水泥熟料矿物进行水化时，铝酸三钙放热量最大，速度也最快。硅酸三钙放热量略低于铝酸三钙，硅酸二钙放热量最低，速度也慢。水泥水化放热量大部分在早期（1～7d）放出，以后逐渐减少。如硅酸盐水泥，1～3 d 龄期内水化放热量约为总放热量的50%，7d 约为75%，6 个月为83%～91%。

大型基础、水坝、桥墩等大体积混凝土构筑物，由于水化热积聚在内部不易散热，内部温度可升到 60 ℃以上，内外温差所引起的应力可使混凝土产生裂缝。因此，大体积混凝土工程中，不宜选用水化热大的硅酸盐水泥。

硅酸盐水泥的水化过程是各矿物成分共同作用的结果。通过对水泥水化放热过程的研究，有助于了解水泥的水化硬化过程。图 3－3 是硅酸盐水泥水化的放热曲线，通过该曲线可将水泥的水化过程分为 5 个阶段。

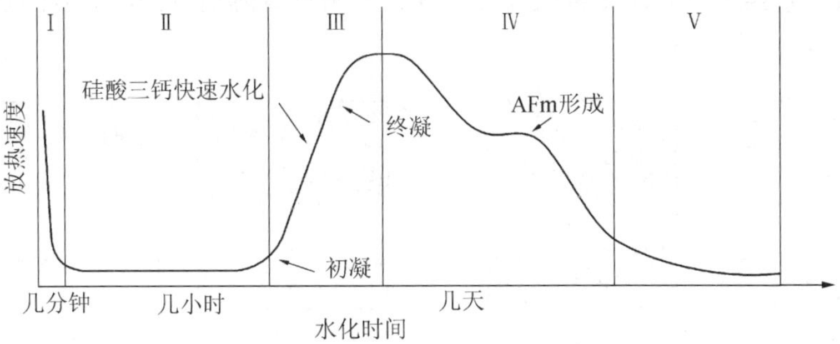

图 3－3　硅酸盐水泥的放热曲线

(1)初始期　水泥加水的最初几分钟。出现第一个放热峰。这一过程的主要反应是铝酸三钙水化，水化铝酸钙进一步与石膏作用生成钙矾石(AFt)。水泥颗粒表面润湿也是一个放热过程，该过程对第一个放热峰也有贡献。

(2)潜伏期　水泥加水的最初几个小时。该阶段水化反应非常慢，放热量极小。

(3)加速反应期　反应重新启动，并随时间的增长而加快，出现第二个放热峰。这个阶段主要是硅酸三钙和铝酸三钙的水化，持续时间几个小时。

(4)减速反应期　硅酸三钙的水化反应减缓，放热量逐渐降低。该阶段一般有一个小的放热峰，这是由于石膏消耗完后，发生钙矾石(AFt)向单硫型水化硫铝酸钙(AFm)转化的反应。

(5)缓慢反应期　所有的水化反应都很慢，直至结束。水泥石结构越来越密实，强度越来越高。在适宜的条件下，该阶段可持续十几年。

3. 凝结硬化过程

水泥加水拌和后，成为塑性的水泥浆，水泥颗粒表面的矿物开始与水发生水化反应。随着化学反应的进行，水泥浆逐渐变稠失去塑性。随着水化的进一步进行，浆体开始产生明显的强度并逐渐发展成为坚硬的水泥石。这是一个连续复杂的物理化学变化过程。为了更方便地分析这一过程，研究人员将这一过程划分为凝结和硬化两个阶段。凝结是指水泥加水拌和成为塑性的水泥浆，到逐渐变稠失去塑性的过程。硬化是指凝结的水泥浆体逐渐成为坚硬水泥石的过程。

水泥加水拌和后，水泥熟料颗粒分散在水中，成为水泥浆体(图 3－4a)，石膏溶于水中。水泥颗粒的水化从其表面开始。水和水泥一接触，水泥颗粒表面的矿物立即与水反应，形成相应的水化物。加水开始的几分钟内，先后析出水化硅酸钙凝胶、水化硫铝酸钙、氢氧化钙和水化铝酸钙晶体等水化产物，包裹在水泥颗粒表面。水化初期，水化物不多，包有水化物膜层的水泥颗粒之间是分离着的，水泥浆还具有可塑性(图 3－4b)。

随着时间的推移，水泥颗粒不断水化，新生水化物增多，使包在水泥颗粒表面的水化物膜层增厚，颗粒间的空隙逐渐缩小，包有凝胶体的水泥颗粒逐渐接近，直至相互接触，接触点在范德华力作用下，凝结成多孔的空间网络，形成凝聚结构(图3－4c)。这种结构不具有强度，在振动的作用下会破坏。凝聚结构的形成，使水泥浆开始失去可塑性。

随着以上过程的不断进行，水化物不断增多，颗粒间的接触点数目增加，结晶体和凝胶体互相贯穿形成的网状结构不断加强。而固相颗粒之间的空隙(毛细孔)不断减少，结构逐渐紧密，直至水泥浆体完全失去可塑性，开始具有能担负一定荷载的强度，这时水泥进入硬化阶段(图3－4d)。

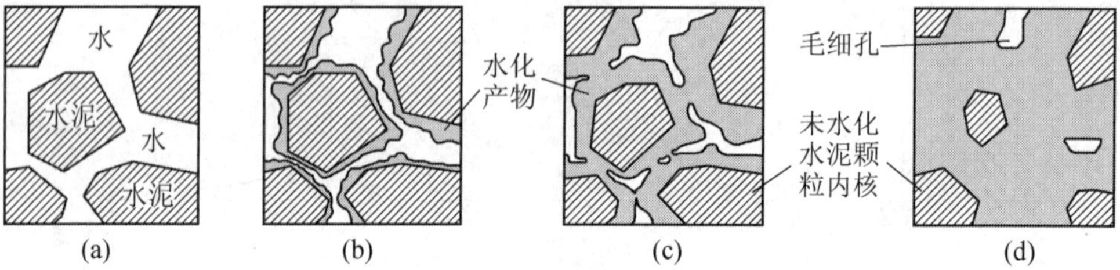

图3－4　水泥凝结硬化过程示意图

水泥进入硬化阶段后，在有水存在的情况下，水化反应仍继续进行，但水化速度逐渐减慢，水化物总量随时间的延长逐渐增加，扩展到毛细孔中，使结构更致密，强度相应提高。

水泥的水化和凝结硬化是从水泥颗粒表面开始，逐渐往水泥颗粒的内核深入进行的。开始时水化速度快，水泥的强度增长也较快；但随着水化不断进行，堆积在水泥颗粒周围的水化物不断增多，阻碍水和水泥未水化部分的接触，水化速度减慢，强度增长也逐渐减慢，但无论时间多久，有些水泥颗粒的内核很难完全水化。因此，在硬化后的水泥石中，包含了水泥熟料的水化产物、未水化的水泥颗粒、水(自由水和吸附水)和孔隙(毛细孔和凝胶孔)，它们在不同时期相对数量的变化，使水泥石的性质随之改变。

4. 影响凝结硬化的因素

为了合理地使用水泥，并能在生产中采取有效措施，调节水泥的性能，必须了解影响水泥凝结硬化的因素。影响水泥凝结硬化的因素主要有：

(1)熟料矿物成分

水泥熟料各矿物成分水化反应的速度不同，会对凝结时间产生影响，各矿物成分的影响在本节“硅酸盐水泥的水化”部分已经介绍。

(2)细度

细度是指水泥颗粒的大小。在矿物组成相同条件下，水泥颗粒越小，与水反应的表面积就越大，凝结硬化速度越快。

(3)水灰比

水灰比是指水和水泥的质量比值。水灰比越大，水泥浆体越稀，水泥颗粒间水分增加，水泥凝结时间延长。因而，测定水泥凝结时间应采用标准稠度的水泥浆。

(4)温度和湿度

温度对水泥的凝结硬化的影响表现为：当温度升高时，水化反应加快，水泥强度增长也较快；当温度降低时，水化作用减慢，水泥强度增长缓慢。当温度低于5 ℃时，水化硬化大大减慢，当温度低于 0 ℃时，水化反应基本停止。同时，温度低于 0 ℃，水结冰膨胀，还会破坏水泥石结构。

潮湿环境下的水泥石，能保持足够的水分进行水化，生成的水化产物进一步填充毛细孔，促进水泥石的强度发展。当停止养护后，内部水分逐渐蒸发，水化反应将会停止。

(5)养护时间

保持环境的温度和湿度，使水泥石强度不断增长的措施，称为养护。水泥的凝结硬化需要有水分的参与，如果不进行适当的养护，因蒸发而失去水分会导致水化反应的终止。水泥的水化是从表面开始向内部逐渐深入进行的，随着时间的延续，水泥的水化程度在不断增大，水化产物也不断地增加并包裹水泥颗粒(图 3 - 4)，使水泥凝结硬化速度逐渐减慢。水泥加水拌和后的前 4 周水化速度较快，强度发展也快，4 周之后显著减慢。但是，只要维持适当的温度与湿度，水泥的水化将不断进行，可持续几个月、几年，甚至十几年。在测定水泥强度时，必须在规定的温度与湿度环境中养护至规定的时间(龄期)。

(6)石膏

石膏对凝结时间的影响见本节“硅酸盐水泥的水化”部分。

3.4.1.3　水泥混合材料

在生产水泥时，为改善水泥性能、调节水泥强度等级而加到水泥中的人工的和天然的矿物材料，称为水泥混合材料。水泥混合材料分为非活性混合材料和活性混合材料两大类。

1. 非活性混合材料

非活性混合材料指在水泥中主要起填充作用而又不损害水泥性能的矿物质材料。将其掺入硅酸盐水泥中可提高水泥产量、降低水泥强度等级、减少水化热。

非活性混合材料主要有活性指标低于 GB/T 203《用于水泥中的粒化高炉矿渣》、GB/T 18046《用于水泥、砂浆和混凝土中的粒化高炉矿渣粉》、GB/T 1596《用于水泥和混凝土中的粉煤灰》、GB/T 2847《用于水泥中的火山灰质混合材料》要求的粒化高炉矿渣、粒化高炉矿渣粉、粉煤灰、火山灰质混合材料、石灰石和砂岩，其中石灰石中的三氧化二铝质量分数应不超过2.5%。

2. 活性混合材料

混合材料磨成细粉，与石灰或与石灰和石膏拌和，加水后在常温下能生成具有水硬性的产物，这种混合材料称为活性混合材料。活性混合材料具有潜在的水硬性。

常用的活性混合材料有符合 GB/T 203《用于水泥中的粒化高炉矿渣》、GB/T 18046《用于水泥、砂浆和混凝土中的粒化高炉矿渣粉》、GB/T 1596《用于水泥和混凝土中的粉煤灰》、GB/T 2847《用于水泥中的火山灰质混合材料》要求的粒化高炉矿渣、粒化高炉矿渣粉、粉煤灰和火山灰质混合材料。

(1)粒化高炉矿渣

凡在高炉冶炼生铁时，所得以硅铝酸盐为主要成分的熔融物，经淬冷成粒后，具有潜在水硬性材料，称为粒化高炉矿渣(简称矿渣)。高炉矿渣经急速冷却而成的细小颗粒，颗粒直径一般为0.5～5 mm。急冷一般用水淬方法进行，故又称水淬高炉矿渣。急冷的目的在于阻止结晶，使其绝大部分成为不稳定的玻璃体，具有较高的化学能，从而有较高的潜在活性。

粒化高炉矿渣中的活性成分是活性氧化铝和活性氧化硅，该活性成分即使在常温下也能与氢氧化钙起反应而具有一定的强度。在含氧化钙较高的碱性矿渣中，因其中含有少量硅酸二钙，故本身具有较弱的水硬性。

GB/T 203—2008《用于水泥中的粒化高炉矿渣》规定，矿渣中不得混有外来夹杂物（如含铁尘泥，未经充分淬冷的矿渣等）。用于水泥中的粒化高炉矿渣的质量应符合表3－8的要求。

表3－8　GB/T 203—2008 用于水泥中的粒化高炉矿渣的技术要求

项　目	技术指标
质量系数(K)①	≥1.20
二氧化钛(TiO_2)的质量分数/%	≤2.0②
氧化亚锰(MnO)的质量分数/%	≤4.0③
氟化物的质量分数(以F计)/%	≤2.0
硫化物的质量分数(以S计)/%	≤3.0
堆积密度/($kg\cdot m^{-3}$)	≤1200
最大粒度/mm	≤50
大于10mm颗粒的质量分数/%	≤8
玻璃体质量分数/%	≥70

注：① $K=\dfrac{\omega(CaO)+\omega(MgO)+\omega(Al_2O_3)}{\omega(SiO_2)+\omega(MnO)+\omega(TiO_2)}$，$\omega$ 为质量分数。

②以钒钛磁铁矿为原料在高炉冶炼生铁时所得的矿渣，二氧化钛的质量分数可以放宽到10%。

③在高炉冶炼锰铁时所得的矿渣，氧化亚锰的质量分数可以放宽到15%。

(2)火山灰质混合材料

火山灰是指火山喷发时，随同熔岩一起喷发的大量碎屑沉积在地面或水中的松软物质。由于喷出后即遭冷却，因此火山灰中含有一定量的玻璃体。这些玻璃体是火山灰活性的来源，它的活性成分主要是活性氧化硅和活性氧化铝。火山灰质混合材料是指天然的和人工的以氧化硅、氧化铝为主要成分的矿物质材料，本身磨细加水拌和并不硬化，但与石灰混合后，再加水拌和，不但能在空气中硬化，而且能在水中继续硬化。

用于水泥的火山灰质混合材料按其成因分为天然的和人工的两类。天然的火山灰质混合材料包括：

①火山灰：火山喷发的细粒碎屑的疏松沉淀物；

②凝灰岩：由火山灰沉积形成的致密岩石；

③沸石岩：凝灰岩经环境介质作用而形成的一种以碱或碱土金属的含铝硅酸盐矿物为主的岩石；

④浮石：火山喷出的多孔的玻璃质岩石；

⑤硅藻土和硅藻石：由极细的硅藻介壳聚集、沉淀而成的生物岩石，一般硅藻土呈松土状。

人工火山灰质混合材料包括：

①烧煤矸石：煤层中炭质页岩经自燃或煅烧后的产物；

②烧页岩：页岩或油母页岩经自燃或煅烧后的产物；

③烧黏土：黏土经煅烧后的产物；

④煤渣：煤炭燃烧后的残渣；

⑤硅质渣：由矾土提取硫酸铝的残渣。

GB/T 2847—2022《用于水泥中的火山灰质混合材料》规定，用于水泥中的火山灰质混合材料三氧化硫的质量分数不大于 3.5%，烧失量不大于 10.0%，火山灰性合格，水泥胶砂 28d 抗压强度比不小于 60%，放射性物质符合 GB 6566《建筑材料放射性核素限量》的规定。

(3)粉煤灰

电厂煤粉炉烟道气体中收集的粉末称为粉煤灰。粉煤灰主要成分为二氧化硅(SiO_2)、氧化铝(Al_2O_3)、氧化铁(Fe_2O_3)、氧化钙(CaO)等，无烟煤燃烧收集的粉煤灰各组分质量分数如表 3-9 所示。粉煤灰的颗粒直径一般为 0.001～0.05 mm，呈玻璃态实心或空心的球状颗粒，表面致密者较好。粉煤灰的活性主要取决于玻璃体的质量分数，粉煤灰的活性成分主要是活性氧化硅和活性氧化铝。

表 3-9　典型粉煤灰的化学组成

化学成分	SiO_2	Al_2O_3	Fe_2O_3	CaO	MgO	SO_3	烧失量*
质量分数/%	40～65	15～40	4～20	2～7	<10	<10	3～10

*烧失量用来评价粉煤灰中可燃碳的含量。

GB/T 1596—2017《用于水泥和混凝土中的粉煤灰》规定，粉煤灰根据燃煤品种分为 F 类和 C 类。F 类粉煤灰是由无烟煤或烟煤煅烧收集的粉煤灰；C 类粉煤灰是由褐煤或次烟煤煅烧收集的粉煤灰，其氧化钙质量分数不小于 10%。水泥活性混合材料用粉煤灰应符合表 3-10 中技术要求。

表 3-10　GB/T 1596—2017 水泥活性混合材料用粉煤灰的技术要求

项　目		技术要求
烧失量/%	F 类粉煤灰	≤8.0
	C 类粉煤灰	
含水量/%	F 类粉煤灰	≤1.0
	C 类粉煤灰	
三氧化硫质量分数/%	F 类粉煤灰	≤3.5
	C 类粉煤灰	
游离氧化钙质量分数/%	F 类粉煤灰	≤1.0
	C 类粉煤灰	≤4.0
二氧化硅、三氧化二铝和三氧化二铁总质量分数/%	F 类粉煤灰	≤70.0
	C 类粉煤灰	≤50.0
密度/($g\cdot m^{-3}$)	F 类粉煤灰	≤2.6
	C 类粉煤灰	
安定性(雷氏法)/mm	C 类粉煤灰	≤5.0
强度活性指数/%	F 类粉煤灰	≤70.0
	C 类粉煤灰	

3. 活性混合材料的活性

具有潜在水硬性的粒化高炉矿渣、火山灰质混合材料和粉煤灰都属于活性混合材料，它们中都含有大量活性氧化硅(SiO_2)、活性氧化铝(Al_2O_3)。与水调和后，它们本身不会硬化或硬化极为缓慢，强度很低。但在氢氧化钙溶液中，就会发生显著的水化，而在饱和的氢氧化钙溶液中水化更快。其反应如下：

$$xCa(OH)_2 + SiO_2 + nH_2O \longrightarrow xCaO \cdot SiO_2 \cdot (n+x)H_2O$$

$$yCa(OH)_2 + Al_2O_3 + mH_2O \longrightarrow yCaO \cdot Al_2O_3 \cdot (m+y)H_2O$$

式中，x 和 y 值取决于混合材料的种类、石灰和活性氧化硅的比例、环境温度以及反应延续的时间等，一般为1或稍大。n 和 m 值一般为1～2.5。

氢氧化钙和活性氧化硅相互作用的过程，是无定形的硅酸吸收钙离子，开始形成不定成分的吸附系统，然后形成无定形的水化硅酸钙，经过较长一段时间后慢慢地转化成微晶体或结晶不完善的凝胶。活性氧化铝在氢氧化钙溶液中的水化硬化与活性氧化硅相似，其水化产物为水化铝酸钙。当液相中有石膏存在时，与水化铝酸钙反应生成水化硫铝酸钙。水化硫铝酸钙具有相当高的强度。

氢氧化钙和石膏的存在使活性混合材料的潜在活性得以发挥，即氢氧化钙和石膏起着激发水化，促进凝结硬化的作用，故称为激发剂。常用的激发剂有碱性激发剂和硫酸盐激发剂两类。

(1)碱性激发剂　指石灰和能在水化时析出氢氧化钙的硅酸盐水泥熟料。

(2)硫酸盐激发剂　指二水石膏和半水石膏，并包括各种化学石膏。硫酸盐激发剂的激发作用必须在有碱性激发剂存在的条件下才能发挥，单纯的硫酸盐并不能激发活性混合材料的活性。

当水泥中掺入活性混合材料时，它的水化首先是熟料矿物的水化，熟料矿物水化生成的氢氧化钙再与活性混合材料发生反应，生成水化硅酸钙和水化铝酸钙；当有石膏存在时，还会进一步反应生成水化硫铝酸钙。

通常将水泥中活性混合材料参与的水化反应称为二次反应。掺活性混合材料水泥的二次反应必须在水泥熟料水化生成氢氧化钙后才能进行。二次反应的速度较慢，水化放热量很低，反应消耗了水泥石中部分氢氧化钙。

3.4.1.4 通用硅酸盐水泥的技术性质

通用硅酸盐水泥的技术性质包括化学指标(不溶物、烧失量、三氧化硫、氧化镁和氯离子含量)、碱含量和物理指标(凝结时间、安定性、强度和细度)。根据GB 175—2007《通用硅酸盐水泥》的规定，硅酸盐水泥的技术要求如下：

1. 化学指标

通用硅酸盐水泥化学指标应符合表3－11规定。

表3-11 通用硅酸盐水泥化学指标 %

<table>
<tr><th>品种</th><th>代号</th><th>不溶物，≤</th><th>烧失量，≤</th><th>三氧化硫的质量分数，≤</th><th>氧化镁的质量分数，≤</th><th>氯离子的质量分数，≤</th></tr>
<tr><td rowspan="2">硅酸盐水泥</td><td>P·Ⅰ</td><td>0.75</td><td>3.0</td><td rowspan="3">3.5</td><td rowspan="3">5.0[1]</td><td rowspan="8">0.06[3]</td></tr>
<tr><td>P·Ⅱ</td><td>1.50</td><td>3.5</td></tr>
<tr><td>普通硅酸盐水泥</td><td>P·O</td><td>—</td><td>5.0</td></tr>
<tr><td rowspan="2">矿渣硅酸盐水泥</td><td>P·S·A</td><td>—</td><td>—</td><td rowspan="2">4.0</td><td>6.0[2]</td></tr>
<tr><td>P·S·B</td><td>—</td><td>—</td><td>—</td></tr>
<tr><td>火山灰质硅酸盐水泥</td><td>P·P</td><td>—</td><td>—</td><td rowspan="3">3.5</td><td rowspan="3">6.0[2]</td></tr>
<tr><td>粉煤灰硅酸盐水泥</td><td>P·F</td><td>—</td><td>—</td></tr>
<tr><td>复合硅酸盐水泥</td><td>P·C</td><td>—</td><td>—</td></tr>
</table>

注：①如果水泥压蒸试验合格，则水泥中氧化镁的质量分数允许放宽至6.0%。
②当水泥中氧化镁的质量分数大于6.0%时，需进行水泥压蒸安定性试验并合格。
③当有特殊要求时，该指标由买卖双方协商确定。

2. 碱的含量

碱的含量为选择性指标。水泥中碱的含量按 $Na_2O + 0.658K_2O$ 计算值来表示，若使用活性骨料，用户要求提供低碱水泥时，水泥中碱的质量分数应不大于0.60%或由买卖双方商定。

3. 凝结时间

水泥的凝结时间分为初凝时间和终凝时间。初凝时间为水泥加水拌和时起至标准稠度净浆开始失去可塑性所需的时间；终凝时间为水泥加水拌和时起至标准稠度净浆完全失去可塑性并开始产生强度所需的时间。水泥的凝结时间是以标准稠度的水泥净浆，在规定温度及湿度环境下用维卡仪测定。

为使混凝土和砂浆有充分的时间进行搅拌、运输、浇捣和砌筑，水泥初凝时间不宜过短。当施工完毕，则要求尽快硬化，具有强度，故终凝时间不宜太长。

硅酸盐水泥初凝时间不小于45 min，终凝时间不大于390 min；普通硅酸盐水泥、矿渣硅酸盐水泥、火山灰质硅酸盐水泥、粉煤灰硅酸盐水泥和复合硅酸盐水泥初凝时间不小于45 min，终凝时间不大于600 min。

4. 安定性

用沸煮法检验合格。

安定性是指水泥在凝结硬化过程中体积变化的均匀性。若水泥浆体硬化过程发生不均匀的体积变化，会导致水泥石膨胀开裂、翘曲，即安定性不良。安定性不良的水泥会降低建筑物质量，甚至引起严重事故。

引起水泥安定性不良的原因有以下三个：

(1)熟料中游离氧化钙过多

水泥熟料中含少量游离氧化钙(f-CaO)，由于水泥生产温度较高，因而熟料中的游离氧化钙是过烧的。过烧的氧化钙在水泥凝结硬化后，会缓慢与水发生如下反应：

$$CaO + H_2O \longrightarrow Ca(OH)_2$$

该反应使硬化了的水泥石发生不均匀体积膨胀。熟料中游离氧化钙过多时，这种膨胀会导致水泥石开裂。

(2)熟料中游离氧化镁过多

水泥的原料石灰石中常含有碳酸镁($MgCO_3$)，高温煅烧后会形成过烧的氧化镁(MgO)。过烧的氧化镁在水泥凝结硬化后，发生如下反应：

$$MgO + H_2O \longrightarrow Mg(OH)_2$$

该反应比过烧的氧化钙与水的反应更缓慢，反应也会使体积膨胀，严重时在水泥硬化几个月后导致水泥石开裂。

(3)石膏掺量过多

当石膏掺量过多时，水泥硬化后，在有水存在的情况下，它还会继续与水化铝酸钙反应生成高硫型水化硫铝酸钙(钙矾石)，固体体积大幅增加，引起水泥石开裂。

GB/T 1346—2011《水泥标准稠度用水量、凝结时间、安定性检验方法》规定，用沸煮法检验水泥的体积安定性。沸煮可加速氧化钙熟化的作用，所以能检验因游离氧化钙所引起的水泥体积安定性不良。但该方法不适用于因熟料中游离氧化镁过多、石膏掺量过多而引起的安定性不良。沸煮法有饼法和雷氏法，有争议时以雷氏法为准。饼法是通过观察水泥净浆试饼沸煮 3 h 后的外形变化来检验水泥的体积安定性，雷氏法是测定水泥净浆在雷氏夹中沸煮 3 h 后的膨胀值。

游离氧化镁在压蒸下才加速熟化，石膏的危害则需长期在水中才能产生，两者均不便于快速检验。因而，通过控制氧化镁和硫酸钙含量来保证安定性，其中硫酸钙含量用三氧化硫间接表示。硅酸盐水泥中游离氧化镁的质量分数不宜超过 5.0%，三氧化硫的质量分数不得超过 3.5%。

5. 强度

强度是评定水泥质量的重要指标之一，也是划分水泥强度等级的依据。水泥作为胶凝材料，其作用表现为黏结砂、石等矿物材料的能力。GB/T 17671—2021《水泥胶砂强度检验方法(ISO 法)》规定，水泥、标准砂和水按 1∶3∶0.5 的质量比混合，按规定的方法制成试件，在规定温度(20 ℃ ±1 ℃)的水中养护，测定其 3 d 和 28 d 的抗压、抗折强度。按照测定结果，评定水泥的强度等级。

硅酸盐水泥的强度等级分为 42.5、42.5R、52.5、52.5R、62.5、62.5R；普通硅酸盐水泥的强度等级分为 42.5、42.5R、52.5、52.5R；矿渣硅酸盐水泥、火山灰质硅酸盐水泥、粉煤灰硅酸盐水泥的强度等级分为 32.5、32.5R、42.5、42.5R、52.5、52.5R；复合硅酸盐水泥的强度等级分为 42.5、42.5R、52.5、52.5R。各类、各强度等级水泥的各龄期强度应不低于表 3－12 的数值。

表3-12 GB 175—2007硅酸盐水泥的强度要求

<table>
<tr><th rowspan="2">品　　种</th><th rowspan="2">强度等级</th><th colspan="2">抗压强度/MPa</th><th colspan="2">抗折强度/MPa</th></tr>
<tr><th>3 d</th><th>28 d</th><th>3 d</th><th>28 d</th></tr>
<tr><td rowspan="6">硅酸盐水泥</td><td>42.5</td><td>17.0</td><td rowspan="2">42.5</td><td>3.5</td><td rowspan="2">6.5</td></tr>
<tr><td>42.5R</td><td>22.0</td><td>4.0</td></tr>
<tr><td>52.5</td><td>23.0</td><td rowspan="2">52.5</td><td>4.0</td><td rowspan="2">7.0</td></tr>
<tr><td>52.5R</td><td>27.0</td><td>5.0</td></tr>
<tr><td>62.5</td><td>28.0</td><td rowspan="2">62.5</td><td>5.0</td><td rowspan="2">8.0</td></tr>
<tr><td>62.5R</td><td>32.0</td><td>5.5</td></tr>
<tr><td rowspan="4">普通硅酸盐水泥</td><td>42.5</td><td>17.0</td><td rowspan="2">42.5</td><td>3.5</td><td rowspan="2">6.5</td></tr>
<tr><td>42.5R</td><td>22.0</td><td>4.0</td></tr>
<tr><td>52.5</td><td>23.0</td><td rowspan="2">52.5</td><td>4.0</td><td rowspan="2">7.0</td></tr>
<tr><td>52.5R</td><td>27.0</td><td>5.0</td></tr>
<tr><td rowspan="2">矿渣硅酸盐水泥
火山灰质硅酸盐水泥
粉煤灰硅酸盐水泥</td><td>32.5</td><td>10.0</td><td rowspan="2">32.5</td><td>2.5</td><td rowspan="2">5.5</td></tr>
<tr><td>32.5R</td><td>15.0</td><td>3.5</td></tr>
<tr><td rowspan="4">矿渣硅酸盐水泥
火山灰质硅酸盐水泥
粉煤灰硅酸盐水泥
复合硅酸盐水泥</td><td>42.5</td><td>15.0</td><td rowspan="2">42.5</td><td>3.5</td><td rowspan="2">6.5</td></tr>
<tr><td>42.5R</td><td>19.0</td><td>4.0</td></tr>
<tr><td>52.5</td><td>21.0</td><td rowspan="2">52.5</td><td>4.0</td><td rowspan="2">7.0</td></tr>
<tr><td>52.5R</td><td>23.0</td><td>4.5</td></tr>
</table>

6. 细度

细度属于选择性指标。

硅酸盐水泥和普通硅酸盐水泥细度以比表面积表示，不小于300 m^2/kg；矿渣硅酸盐水泥、火山灰质硅酸盐水泥、粉煤灰硅酸盐水泥和复合硅酸盐水泥细度以筛余表示，80 μm方孔筛筛余不大于10.0%或45 μm方孔筛筛余不大于30%。

水泥的细度不仅影响凝结硬化速度，而且影响水泥的强度和水化热。多数水泥颗粒粒径在0.007～0.2 mm范围。水泥颗粒越细水化越快，而且水化越完全，水化放热量越多，早期强度和后期强度都较高。但过细的颗粒在空气中硬化时收缩较大，易引起水泥石开裂。另外，磨细也增加了水泥的生产成本。水泥颗粒过粗不利于水泥活性的发挥，水泥颗粒小于0.04 mm时，才具有较高的活性，大于0.1 mm的水泥颗粒基本上不发生水化反应。

3.4.1.5 通用硅酸盐水泥的特性与应用

1. 硅酸盐水泥与普通硅酸盐水泥

硅酸盐水泥不掺或少掺混合材料，相应的熟料矿物多，因而具有如下特性与应用：

(1)硬化很快，强度高，尤其是早期强度。水泥中水化速度快的硅酸三钙的含量高，因而其具有较高的早期强度，适用于早期强度要求高的工程。其后期强度一般也很高，适用于重要结构的高强度混凝土和预应力混凝土工程。

(2)抗冻性好。适用于严寒地区遭受反复冻融的工程。

(3)水化热大。硅酸盐水泥中含有大量水化放热量大的硅酸三钙和铝酸三钙，因而水化热大，不宜用于大体积混凝土工程，但有利于冬季施工。

(4)耐腐蚀性与耐软水侵蚀性差。硅酸盐水泥石中有较多的氢氧化钙和水化铝酸钙，耐软水侵蚀和耐化学腐蚀性差，不宜用于经常与流动的淡水接触的工程；也不宜用于受海水和其他有侵蚀性介质作用的工程。

(5)硅酸盐水泥耐高温性能较差。硬化后水泥处于温度为100～250 ℃环境时，水泥石内存留的游离水会与未完全水化的水泥颗粒发生额外的水化作用。另外，脱水后水泥凝胶体与部分氢氧化钙结晶对水泥石起增密作用，水泥石强度将会提高。当温度达到250～300 ℃时，水泥水化产物开始脱水，水泥石收缩，强度开始下降。水泥石温度达到400～600 ℃时，强度明显下降，氢氧化钙在547 ℃以上将脱水分解成氧化钙。水泥石温度达到700～1 000 ℃时强度大幅下降甚至完全破坏。因此硅酸盐水泥不可用于高温环境的工程。

普通硅酸盐水泥中混合材料掺加量较少，性能与硅酸盐水泥相近。在应用方面，普通硅酸盐水泥与硅酸盐水泥也相似。由于普通硅酸盐水泥掺入了部分混合材料，其与硅酸盐水泥相比，早期硬化速度稍慢；与同强度等级的硅酸盐水泥相比，其3 d的抗压强度稍低，抗冻性与耐磨性能也稍差。普通硅酸盐水泥广泛应用于混凝土工程，是我国主要水泥品种之一。

2. 矿渣硅酸盐水泥、火山灰质硅酸盐水泥、粉煤灰硅酸盐水泥和复合硅酸盐水泥

(1)共性

粒化高炉矿渣、火山灰质混合材料和粉煤灰等活性混合材料在水泥中表现出相似的活性，因而掺入大量活性混合材料的这四种水泥有许多共同优点：

①早期强度低，后期强度高。活性混合材料的二次反应速度慢，因而掺入大量活性混合材料的水泥凝结硬化慢，早期强度低，但后期强度(28 d后)可以赶上甚至超过同强度等级的硅酸盐水泥。这类水泥因早期强度较低，不宜用于早期强度要求高的工程。

②水化热低。与硅酸盐水泥相比，掺入大量活性混合材料的水泥中熟料含量少，相应的水化放热量大的硅酸三钙、铝酸三钙含量较少，而且活性混合材料的二次反应速度慢，因而水化放热量低，放热时间分散。这类水泥不致引起混凝土内外温差过大，所以适用于大体积混凝土工程。但这类水泥水化热低，不宜用于冬季施工。

③耐腐蚀性较好。掺入大量活性混合材料的水泥硬化后，水泥石中氢氧化钙、水化铝酸钙含量较少，使得抵抗软水、酸、盐侵蚀的能力明显提高。用于有耐侵蚀性要求的工程比硅酸盐水泥好。

④蒸汽、蒸压养护效果好。采用蒸汽养护或蒸压养护等湿热处理方法，活性混合材料参与的二次水化反应会加速进行，能显著加快硬化速度，并且在处理完毕后不影响其后期的强度增长。

掺入大量活性混合材料的这四种水泥也具有如下共同的缺点：

①抗碳化能力差。碳化是指空气中二氧化碳(CO_2)在有水存在的条件下与水泥石中的氢氧化钙发生反应，生成碳酸钙的过程。掺入大量活性混合材料的水泥水化时消耗了水泥石中的氢氧化钙，因而水泥硬化后的水泥石碱度低、抗碳化能力差，对防止钢筋锈蚀不

利，不宜用于重要的钢筋混凝土结构和预应力混凝土结构。

②抗冻性、耐磨性差。与硅酸盐水泥相比其抗冻性、耐磨性差，不适用于受反复冻融作用的工程和耐磨性要求较高的工程。

(2)特性

除了共性外，矿渣硅酸盐水泥、火山灰质硅酸盐水泥、粉煤灰硅酸盐水泥和复合硅酸盐水泥等也各有其特点。

①矿渣硅酸盐水泥特性

矿渣硅酸盐水泥中混合材料掺量较多，且磨细高炉矿渣有尖锐棱角，所以矿渣硅酸盐水泥的标准稠度需水量较大。矿渣呈玻璃体结构，保持水分的能力较差，故矿渣硅酸盐水泥的干缩性和泌水性较大。矿渣硅酸盐水泥硬化后氢氧化钙含量少，矿渣本身具有较好的耐热性能，因而矿渣硅酸盐水泥的耐热性能优于其他两种水泥，可用于耐热混凝土工程，如制作冶炼车间、锅炉房等高温车间的受热构件和窑炉外壳等。矿渣硅酸盐水泥的水泥石中氢氧化钙剩余量较少，因而其抵抗软水、海水和硫酸盐腐蚀能力特别强，宜用于水工和海港工程。

②火山灰质硅酸盐水泥特性

火山灰质混合材料颗粒较细，拌和需水量大，水化硬化时吸收氢氧化钙而产生膨胀胶化作用，并且形成较多的水化硅酸钙凝胶，使水泥石结构致密，因此有较高的密实度和抗渗性，故宜用于抗渗要求较高的工程。火山灰质硅酸盐水泥水化后的水泥石碱度较低，其中又含有较多的硅酸钙凝胶，长期处于干燥空气中时，空气中的二氧化碳(CO_2)与其表面的水化硅酸钙凝胶反应生成碳酸钙($CaCO_3$)和二氧化硅(SiO_2)粉状物，这种现象称为起粉。因此，火山灰质硅酸盐水泥不适用于干燥环境的混凝土工程。另外，火山灰质硅酸盐水泥干缩较大，抗冻性差，施工时应加强养护。

需要注意的是，火山灰质硅酸盐水泥的水化产物和水化速度常常由于具体的火山灰质混合材料类型、熟料矿物以及硬化环境的不同而有所变化。如烧黏土质混合材料含活性氧化铝较多，掺这类混合材料的火山灰质硅酸盐水泥，不耐硫酸盐腐蚀。

③粉煤灰硅酸盐水泥特性

粉煤灰颗粒大多为球形，内比表面积较小，吸附水少。因此粉煤灰硅酸盐水泥需水量较小，硬化过程干缩率小，抗裂性好。粉煤灰硅酸盐水泥耐硫酸盐腐蚀能力较强，但次于矿渣硅酸盐水泥；抗冻性较差，并随粉煤灰掺量的增加而降低。粉煤灰硅酸盐水泥混凝土初始析水速度快，制品表面易产生收缩裂纹，故施工时应予注意。

④复合硅酸盐水泥特性

复合硅酸盐水泥的特性取决于所掺各种混合材料的种类、掺量及相对比例，与矿渣硅酸盐水泥、火山灰质硅酸盐水泥、粉煤灰硅酸盐水泥有不同程度的相似。使用时应根据所掺入的混合材料种类，参照其他掺混合材料水泥的使用范围和工程经验选用。

在混凝土结构工程中，常用水泥可参照表3－13选用。

表3－13　通用硅酸盐水泥的选用

混凝土工程特点或所处环境条件		优先选用	可以使用	不宜使用
普通混凝土	在普通气候环境中的混凝土	普通硅酸盐水泥	矿渣硅酸盐水泥 火山灰质硅酸盐水泥 粉煤灰硅酸盐水泥 复合硅酸盐水泥	—
	在干燥环境中的混凝土	普通硅酸盐水泥	矿渣硅酸盐水泥 复合硅酸盐水泥	火山灰质硅酸盐水泥 粉煤灰硅酸盐水泥
	在高湿度环境中或永远处在水下的混凝土	矿渣硅酸盐水泥	普通硅酸盐水泥 火山灰质硅酸盐水泥 粉煤灰硅酸盐水泥 复合硅酸盐水泥	—
	厚大体积的混凝土	粉煤灰硅酸盐水泥 矿渣硅酸盐水泥 火山灰质硅酸盐水泥 复合硅酸盐水泥	普通硅酸盐水泥	硅酸盐水泥
有特殊要求的混凝土	要求快硬的混凝土	硅酸盐水泥	普通硅酸盐水泥	矿渣硅酸盐水泥 火山灰质硅酸盐水泥 粉煤灰硅酸盐水泥 复合硅酸盐水泥
	高强（大于C40级）的混凝土	硅酸盐水泥	普通硅酸盐水泥 矿渣硅酸盐水泥 复合硅酸盐水泥	火山灰质硅酸盐水泥 粉煤灰硅酸盐水泥
	严寒地区的露天混凝土；寒冷地区的处在水位升降范围内的混凝土	普通硅酸盐水泥	矿渣硅酸盐水泥 复合硅酸盐水泥	火山灰质硅酸盐水泥 粉煤灰硅酸盐水泥
	严寒地区处在水位升降范围内的混凝土	普通硅酸盐水泥	—	火山灰质硅酸盐水泥 矿渣硅酸盐水泥 粉煤灰硅酸盐水泥 复合硅酸盐水泥
	有抗渗性要求的混凝土	普通硅酸盐水泥 火山灰质硅酸盐水泥	—	矿渣硅酸盐水泥
	有耐磨性要求的混凝土	硅酸盐水泥 普通硅酸盐水泥	矿渣硅酸盐水泥	火山灰质硅酸盐水泥 粉煤灰硅酸盐水泥

3.4.1.6　通用硅酸盐水泥的运输与贮存

水泥在运输与贮存时不得受潮和混入杂物，要按不同品种、强度等级及出厂日期存放，并加以标识。散装水泥应分库存放；袋装水泥一般堆放高度不应超过10袋，平均每平方米堆放1 t，并考虑先放先用。即使在良好的存储条件下，也不可存放太久，因为水泥能吸收空气中的水分和二氧化碳，使颗粒表面水化甚至碳化，丧失胶凝能力，强度大为降低。在一般存储条件下，经3个月后，水泥强度降低10%～20%；经6个月后，降低

15%～30%；一年后，降低25%～40%。

若受潮水泥出现结块，并且部分已经水化，可通过重磨恢复受潮水泥的部分活性。轻微结块，能用手捻碎的，强度降低10%～20%，以适当方法压碎后，可用于次要的非结构工程。

3.4.2　水泥石的腐蚀与防止

水泥石在通常使用条件下，有较好的耐久性。但长时间处于侵蚀性环境中（如流动的淡水、酸、硫酸盐、镁盐和强碱等），会逐渐受到腐蚀而破坏。

3.4.2.1　软水的侵蚀（溶出性侵蚀）

雨水、雪水、蒸馏水、工厂冷凝水及含重碳酸盐甚少的河水与湖水等都属于软水。当水泥石长期与这些水分接触时，最先溶出的是氢氧化钙（每升水中能溶解氢氧化钙1.3 g以上）。当所处的水环境为静水时，水泥石周围的水易被溶出的氢氧化钙所饱和，使氢氧化钙的溶解作用中止，所以溶出仅限于表层，影响不大。但在流水的作用下，氢氧化钙会不断溶解流失。而且，由于水泥石中氢氧化钙不断地减少，还会引起其他水化物的分解，使水泥石结构遭受进一步破坏。

硬水中含有重碳酸盐（$Ca(HCO_3)_2$）时，重碳酸盐与水泥石的氢氧化钙发生如下化学反应：

$$Ca(OH)_2 + Ca(HCO_3)_2 \longrightarrow 2CaCO_3 + 2H_2O$$

反应生成的碳酸钙几乎不溶于水，积聚在已硬化水泥石的孔隙内，形成密实保护层，阻止外界水的侵入和内部氢氧化钙的扩散析出。当环境水中含有一定数量的重碳酸盐时，这种“自动填实”作用可以制止溶出性侵蚀的继续进行。

将与软水接触的混凝土事先在空气中碳化，形成碳酸钙外壳，可在一定程度上预防溶出性侵蚀。

3.4.2.2　酸类腐蚀

水泥石中含有大量氢氧化钙（$Ca(OH)_2$），在酸性环境中会发生中和反应，生成溶解度较大的盐类，导致水泥石破坏。

1. 碳酸腐蚀

工业污水、地下水中常溶解有较多的二氧化碳，这种水对水泥石的腐蚀作用是通过下面方式进行的。

开始时二氧化碳与水泥石中的氢氧化钙按下式反应生成碳酸钙：

$$Ca(OH)_2 + CO_2 + H_2O \longrightarrow CaCO_3 + 2H_2O$$

生成的碳酸钙再与富含二氧化碳的水反应生成重碳酸钙，这是一个可逆反应：

$$CaCO_3 + CO_2 + H_2O \rightleftharpoons Ca(HCO_3)_2$$

上述反应生成的重碳酸钙易溶于水，且在水中溶解度很大。当水中含有较多的碳酸，并超过平衡浓度，则上式反应向右进行。因此水泥石中的氢氧化钙，通过转变为易溶的重碳酸钙而溶失。

2. 其他酸的腐蚀

在工业废水、地下水、沼泽水中常含有无机酸和有机酸，工业窑炉的烟气常含有氧化硫，遇水即生成亚硫酸。各种酸类对水泥石都有不同程度的腐蚀作用。它们与水泥石中的氢氧化钙作用，所生成的产物有些易溶于水而溶失，有些体积膨胀在水泥石内产生内应力导致水泥石开裂。

腐蚀作用较快的是无机酸中的盐酸、氢氟酸、硝酸和硫酸，以及有机酸中的醋酸、蚁酸和乳酸等。如：

盐酸与水泥石中的氢氧化钙发生反应，生成易溶于水的氯化钙：

$$2HCl + Ca(OH)_2 \longrightarrow CaCl_2 + 2H_2O$$

硫酸与水泥石中的氢氧化钙发生如下反应：

$$H_2SO_4 + Ca(OH)_2 \longrightarrow CaSO_4 \cdot 2H_2O$$

生成的二水硫酸钙可直接在水泥石空隙中结晶产生膨胀破坏，或者与水泥石中的水化铝酸钙作用，生成膨胀的高硫型水化硫铝酸钙(AFt)，破坏性更大。

3.4.2.3 盐类腐蚀

1. 硫酸盐的腐蚀

在海水、湖水、地下水、某些工业污水及流经高炉矿渣的水中常含钠、钾、铵等的硫酸盐，它们与水泥石中的氢氧化钙发生如下置换反应，生成硫酸钙。

$$SO_4^{2-} + Ca(OH)_2 \longrightarrow CaSO_4 + 2OH^-$$

反应生成的硫酸钙再与水泥石中的水化铝酸钙作用生成高硫型水化硫铝酸钙(AFt)，反应方程式如下：

$$4CaO \cdot Al_2O_3 \cdot 13H_2O + 3CaSO_4 + 20H_2O \longrightarrow 3CaO \cdot Al_2O_3 \cdot 3CaSO_4 \cdot 32H_2O + Ca(OH)_2$$

生成的高硫型水化硫铝酸钙含有大量结晶水，反应后的固体体积是反应前固体部分体积的2.5倍以上，对水泥石起极大的膨胀破坏作用。

当水中硫酸盐浓度较高时，硫酸钙将在空隙中直接结晶成二水石膏，体积膨胀导致水泥石破坏。

2. 镁盐的腐蚀

海水和地下水中常含大量的镁盐，主要是硫酸镁和氯化镁。它们与水泥石中的氢氧化钙发生复分解反应：

$$MgSO_4 + Ca(OH)_2 + 2H_2O \longrightarrow CaSO_4 \cdot 2H_2O + Mg(OH)_2$$

$$MgCl_2 + Ca(OH)_2 \longrightarrow CaCl_2 + Mg(OH)_2$$

生成的氢氧化镁松软而无胶凝能力，氯化钙易溶于水，二水石膏($CaSO_4 \cdot 2H_2O$)则引起硫酸盐破坏。因此，硫酸镁对水泥石起镁盐和硫酸盐的双重腐蚀作用。

3.4.2.4 强碱的腐蚀

水泥石一般具有较好的抗碱能力，但铝酸盐的含量较高的硅酸盐水泥遇到强碱(如氢氧化钠)作用后也会被破坏。氢氧化钠与水泥熟料中未水化的铝酸盐作用，生成易溶的铝酸钠。反应方程式如下：

$$3CaO \cdot Al_2O_3 + 6NaOH \longrightarrow 3Na_2O \cdot Al_2O_3 + 3Ca(OH)_2$$

当水泥石被氢氧化钠浸透后又在空气中干燥，氢氧化钠会残留在孔隙内，再与空气中的二氧化碳发生反应生成碳酸钠：

$$2NaOH + CO_2 + H_2O \longrightarrow Na_2CO_3 + 2H_2O$$

碳酸钠在水泥石毛细孔中结晶沉淀，使水泥石胀裂。

除上述腐蚀类型外，对水泥石有腐蚀作用的还有其他物质，如糖、氨盐、动物脂肪、含环烷酸的石油产品等。

3.4.2.5　水泥石腐蚀的防止

水泥石腐蚀是一个极为复杂的物理化学过程，它在遭受腐蚀时，很少仅有单一的侵蚀作用，往往是几种作用同时存在，互相影响。从上面一节关于水泥石的分析中可看出，引起水泥石腐蚀的基本原因有两个方面：

(1)水泥石中存在着易腐蚀的组分：氢氧化钙和水化铝酸钙。

(2)水泥石本身不密实，有很多毛细孔通道，侵蚀性介质易进入其内部。

干的固体化合物对水泥石不起侵蚀作用，腐蚀性化合物必须呈溶液状态，而且具有一定的浓度。

根据以上对水泥石腐蚀原因的分析，使用水泥时，可采用下列措施防止水泥石腐蚀：

(1)根据腐蚀环境特点，合理选用水泥品种。例如采用水化产物中氢氧化钙含量较少的掺大量活性混合材料的水泥，可提高对软水等侵蚀作用的抵抗能力。GB 748—2005《抗硫酸盐硅酸盐水泥》规定，高抗硫酸盐硅酸盐水泥的铝酸三钙的质量分数低于 3.0%，中抗硫酸盐硅酸盐水泥的铝酸三钙的质量分数低于 5.0%。采用抗硫酸盐硅酸盐水泥，可抵抗硫酸盐的腐蚀。

(2)提高水泥石的紧密程度。硅酸盐水泥水化反应的需水量仅为水泥质量的 23% 左右，但为了保证混凝土或砂浆的和易性，实际用水量较大，占水泥质量的 40% ~ 70%，多余的水蒸发后形成连通的孔隙，腐蚀介质沿连通孔隙进入水泥石内部，从而加速了水泥石的腐蚀。在实际工程中，提高混凝土或砂浆密实度的各种措施，均能提高其抗腐蚀能力。如合理设计混凝土配合比，降低水灰比，仔细选择骨料，掺外加剂，以及改善施工方法等。另外，在混凝土或砂浆表面进行碳化或用氟硅酸处理，生成难溶的碳酸钙外壳或氟化钙及硅胶薄膜，提高表面密实度，也可减少侵蚀性介质侵入内部。

(3)加做保护层。当侵蚀作用较强时，可在混凝土或砂浆表面加上耐腐蚀性高而且不透水的保护层，一般可用树脂、沥青、耐酸石料、塑料等。

3.4.3　特性硅酸盐水泥

硅酸盐系列的水泥品种非常多，除了前面介绍的硅酸盐水泥、普通硅酸盐水泥、矿渣硅酸盐水泥、火山灰质硅酸盐水泥、粉煤灰硅酸盐水泥和复合硅酸盐水泥等通用硅酸盐水泥外，还有白(彩)色硅酸盐水泥、自应力硅酸盐水泥、抗硫酸盐硅酸盐水泥、中(低)热硅酸盐水泥等特性硅酸盐水泥。

3.4.3.1　白色硅酸盐水泥

白色硅酸盐水泥是由氧化铁含量少的硅酸盐水泥熟料、适量石膏及符合标准要求的混合材料(如石灰石或窑灰)，磨细制成的水硬性胶凝材料，简称白水泥，代号 P·W。

白水泥生产的技术关键是严格限制着色氧化物(如 Fe_2O_3、MnO、CrO_2、TiO_2 等)的质量分数。为了保证白色，采用含极少量着色物质的原料，如纯净的高岭土、纯石英砂、纯石灰石等，在较高温度(1 500 ~ 1 600 ℃)下烧成熟料。其熟料矿物成分与硅酸盐熟料基本相同，但易着色的氧化铁含量少。为了保持白水泥的白度，在煅烧、粉磨和运输时均应防止着色物质混入。为防止燃料对白水泥着色，常采用天然气、煤气或重油作燃料；为防止铁锈混入，在磨机中不能用钢板和钢球，而用硅质石材或坚硬的白色陶瓷作为衬板及研磨体。在熟料磨细时可加入总量不超过10%的石灰石或窑灰。

白水泥的性质与普通硅酸盐水泥基本相同，GB/T 2015—2017《白色硅酸盐水泥》规定，白色硅酸盐水泥分为32.5、42.5和52.5三个强度等级，各龄期强度应不低于表3-14的规定。按照白度分为1级和2级，1级白度不小于89，2级白度不小于87。白水泥初凝时间不小于45 min，终凝时间不大于600 min；45 μm方孔筛筛余不大于30.0%；沸煮法安定性合格；三氧化硫不大于3.5%。

表3-14 GB/T 2015—2017 白色硅酸盐水泥的强度要求

强度等级	抗压强度/MPa		抗折强度/MPa	
	3 d	28 d	3 d	28 d
32.5	12.0	32.5	3.0	6.0
42.5	17.0	42.5	3.5	6.5
52.5	22.0	52.5	4.0	7.0

白水泥用于拌制白色和彩色灰浆、砂浆及混凝土，主要用于建筑物内外的表面装饰工程，如地面、楼面、楼梯、墙、柱及台阶等。可做成彩色砂浆、水磨石、水刷石、斩假石等饰面，也可用于雕塑及装饰部件或制品。使用白色硅酸盐水泥时，应以彩色大理石、石灰石、白云石等彩色石子和石英砂作集料。制作方法可以在工地现场浇制，也可在工厂预制。

3.4.3.2 彩色硅酸盐水泥

彩色硅酸盐水泥指由硅酸盐水泥熟料及适量石膏(或白色硅酸盐水泥)、混合材料及着色剂磨细或混合制成的带有色彩的水硬性胶凝材料。彩色硅酸盐水泥有两种着色方法，即染色法和直接烧成法。

(1)染色法　是将白色硅酸盐水泥熟料、适量石膏和耐碱矿物颜料共同磨细而制得的彩色水泥。在制作红色、黑色或棕色水泥时，可在普通硅酸盐水泥中加入耐碱矿物颜料，而不一定用白色硅酸盐水泥。

(2)直接烧成法　是在水泥生料中加入着色原料而直接煅烧成彩色水泥熟料，再加入适量石膏共同磨细制成彩色水泥。这种方法生产的水泥颜色有限。

JC/T 870—2012《彩色硅酸盐水泥》规定，彩色硅酸盐水泥除了与硅酸盐水泥一样有三氧化硫、细度、凝结时间、安定性和强度等要求外，还有色差和颜色耐久性要求。

彩色硅酸盐水泥基本色有红色、黄色、蓝色、绿色、棕色和黑色等。其他颜色的彩色硅酸盐水泥的生产，可由供需双方协商。

彩色硅酸盐水泥强度等级分为27.5、32.5和42.5三个级别。

彩色硅酸盐水泥的应用和白色水泥相同，主要用于装饰工程。

3.4.3.3 自应力硅酸盐水泥

自应力硅酸盐水泥是以适当比例的硅酸盐水泥或普通硅酸盐水泥、高铝水泥和天然二水石膏共同磨制而成的膨胀的水硬性胶凝材料。自应力硅酸盐水泥的独特之处在于：硬化过程中不但不收缩，而且有较大程度的膨胀。

自应力硅酸盐水泥的膨胀作用是基于硬化初期，铝酸盐水泥中的铝酸盐和石膏遇水化合，生成高硫型水化硫铝酸钙晶体(钙矾石)。所生成的钙矾石，起初填充水泥石内部孔隙，强度有所增长；随着水泥不断水化，钙矾石数量增多，晶体长大，就会产生膨胀。膨胀会削弱和破坏水泥石结构，使水泥石强度下降。膨胀削弱、破坏水化产物粒子间的联系，而硅酸盐水泥的水化产物则强化它们之间的内部联系。因此，一般习惯称铝酸盐水泥为膨胀组分，而硅酸盐水泥则被称为强度组分。实际上硅酸盐水泥的 C_3A 或 C_3S 等都参与了形成钙矾石的反应，同时钙矾石对水泥强度发展也有相当影响，所以它们的作用并不能截然分开，而是相辅相成的。

过高的膨胀对水泥是有害的，JC/T 218—1995《自应力硅酸盐水泥》规定，自应力硅酸盐水泥 28 d 自由膨胀率不得大于 3%，膨胀稳定期不得迟于 28 d，根据 28 d 自应力值的大小分为四个能级，代号为 S_1、S_2、S_3、S_4。每一能级自应力的值应符合表 3－15 的要求。

表 3－15　JC/T 218—1995 自应力值

能级	S_1	S_2	S_3	S_4
自应力值/MPa	$1.0 \leqslant S_1 < 2.0$	$2.0 \leqslant S_2 < 3.0$	$3.0 \leqslant S_3 < 4.0$	$4.0 \leqslant S_4 < 5.0$

自应力硅酸盐水泥主要用于制作自应力钢筋混凝土输水管、喷灌用自应力钢丝网水泥管等自应力构件。

3.4.3.4　中热硅酸盐水泥、低热硅酸盐水泥

中热硅酸盐水泥是指以适当成分的硅酸盐水泥熟料，加入适量石膏，磨细制成的具有中等水化热的水硬性胶凝材料(简称中热水泥)，代号 P · MH。中热水泥熟料中，硅酸三钙($3CaO \cdot SiO_2$)的含量应不超过 55.0%，铝酸三钙($3CaO \cdot Al_2O_3$)的含量应不超过 6.0%，游离氧化钙的含量应不超过 1.0%。

低热硅酸盐水泥是指以适当成分的硅酸盐水泥熟料，加入适量石膏，磨细制成的具有低水化热的水硬性胶凝材料(简称低热水泥)，代号 P · LH。低热水泥熟料中，硅酸二钙($2CaO \cdot SiO_2$)的含量应不小于 40.0%，铝酸三钙($3CaO \cdot Al_2O_3$)的含量应不超过 6.0%，游离氧化钙的含量应不超过 1.0%。

GB/T 200—2017《中热硅酸盐水泥、低热硅酸盐水泥》规定，中热水泥等级为 42.5，低热水泥强度等级为 32.5 和 42.5，各等级水泥各龄期强度应不低于表 3－16 中的数值。两种水泥各龄期的水化热应不大于表 3－17 中的数值。

表 3－16　GB/T 200—2017 中热水泥、低热水泥的强度指标

品种	强度等级	抗压强度/MPa			抗折强度/MPa		
		3 d	7 d	28 d	3 d	7 d	28 d
中热水泥	42.5	12.0	22.0	42.5	3.0	4.5	6.5
低热水泥	32.5	—	10.0	32.5	—	3.0	5.5
	42.5	—	13.0	42.5	—	3.5	6.5

表3-17　GB/T 200—2017中热水泥、低热水泥的水化热指标

品种	强度等级	水化热/($kJ \cdot kg^{-1}$)	
		3 d	7 d
中热水泥	42.5	251	293
低热水泥	32.5	197	230
	42.5	230	260

上述两类水泥的水化热低，体积稳定性好，不易开裂，适用于大坝等大体积混凝土工程。

3.4.3.5　抗硫酸盐硅酸盐水泥

抗硫酸盐硅酸盐水泥按其抗硫酸盐性能分为中抗硫酸盐硅酸盐水泥和高抗硫酸盐硅酸盐水泥两类。

中抗硫酸盐硅酸盐水泥是指由特定矿物组成的硅酸盐水泥熟料，加入适量石膏，磨细制成的具有抵抗中等浓度硫酸根离子侵蚀的水硬性胶凝材料，简称中抗硫酸盐水泥，代号P·MSR。高抗硫酸盐硅酸盐水泥是指由特定矿物组成的硅酸盐水泥熟料，加入适量石膏，磨细制成的具有抵抗较高浓度硫酸根离子侵蚀的水硬性胶凝材料，简称高抗硫酸盐水泥，代号P·HSR。两种水泥中的硅酸三钙和铝酸三钙的质量分数应符合表3-18的规定。

表3-18　GB 748—2005抗硫酸盐硅酸盐水泥中硅酸三钙和铝酸三钙质量分数

分　类	硅酸三钙质量分数/%	铝酸三钙质量分数/%
中抗硫酸盐硅酸盐水泥	≤55.0	≤5.0
高抗硫酸盐硅酸盐水泥	≤50.0	≤3.0

GB 748—2005《抗硫酸盐硅酸盐水泥》规定，中抗硫酸盐硅酸盐水泥和高抗硫酸盐硅酸盐水泥强度等级分为32.5、42.5两个等级，各龄期的抗压强度和抗折强度应不低于表3-19的规定。

表3-19　GB 748—2005抗硫酸盐硅酸盐水泥的强度要求

分　类	强度等级	抗压强度/MPa		抗折强度/MPa	
		3 d	28 d	3 d	28 d
中抗硫酸盐硅酸盐水泥	32.5	10.0	32.5	2.5	6.0
高抗硫酸盐硅酸盐水泥	42.5	15.0	42.5	3.0	6.5

抗硫酸盐硅酸盐水泥的抗硫酸盐性能按GB/T 749—2001《硅酸盐水泥在硫酸盐环境中的潜在膨胀性能试验方法》进行检验，中抗硫酸盐硅酸盐水泥14 d线膨胀率应不大于0.060%；高抗硫酸盐硅酸盐水泥14 d线膨胀率应不大于0.040%。

抗硫酸盐硅酸盐水泥适用于受硫酸盐侵蚀的海港、水利、地下、隧道、涵洞、引水、道路和桥梁基础等工程。

3.4.4　专用硅酸盐水泥

3.4.4.1　道路硅酸盐水泥

道路硅酸盐水泥是指由道路硅酸盐水泥熟料、适量石膏和混合材料，磨细制成的水硬性胶凝材料，简称道路水泥，代号 P・R。道路水泥熟料中铝酸三钙($3CaO \cdot Al_2O_3$)的质量分数不应大于 5.0%，铁铝酸四钙($4CaO \cdot Al_2O_3 \cdot Fe_2O_3$)的质量分数不应小于 15.0%，游离氧化钙的质量分数不应大于 1.0%。道路水泥中活性混合材料的掺加量(按质量分数计)为 0～10%。

GB/T 13693—2017《道路硅酸盐水泥》规定，道路水泥按 28 d 抗折强度分 7.5 和 8.5 两个强度等级。各等级水泥各龄期强度应不低于表 3－20 中的数值。

表 3－20　GB/T 13693—2017 道路硅酸盐水泥的强度要求

强度等级	抗压强度/MPa		抗折强度/MPa	
	3 d	28 d	3 d	28 d
7.5	21.0	42.5	4.0	7.5
8.5	26.0	52.5	5.0	8.5

道路水泥的技术要求与普通硅酸盐水泥基本相同，但还有干缩率和耐磨性要求，其 28 d 干缩率不应大于 0.10%；28 d 磨耗量不应大于 3.00 kg/m^2。

道路水泥含有较多抗折能力高的铁铝酸四钙，其抗折强度特别高，耐磨性、抗冻性、抗硫酸盐性均较好，干缩性小，适用于各种道路路面工程。

3.4.4.2　砌筑水泥

砌筑水泥是由硅酸盐水泥熟料加入规定的混合材料和适量石膏，磨细制成的保水性较好的水硬性胶凝材料，代号为 M。

GB/T 3183—2017《砌筑水泥》规定，砌筑水泥分 12.5、22.5 和 32.5 三个强度等级，各等级水泥各龄期强度应不低于表 3－21 中的数值。

表 3－21　GB/T 3183—2017 砌筑水泥的强度要求

水泥等级	抗压强度/MPa			抗折强度/MPa		
	3d	7 d	28 d	3 d	7 d	28 d
12.5	—	≥7.0	≥12.5	—	≥1.5	≥3.0
22.5	—	≥10.0	≥22.5	—	≥2.0	≥4.0
32.5	≥10.0	—	≥32.5	≥2.5	—	≥5.5

砌筑水泥凝结硬化慢、强度较低，但和易性好。主要用于砌筑和抹灰砂浆、垫层混凝土等，不应用于结构混凝土。

3.5　铝酸盐水泥

20 世纪初，法国人申请了铝酸盐水泥的专利，并进行工业化生产。经过百年的发展，形成包括铝酸盐水泥、自应力铝酸盐水泥和快硬高强铝酸盐水泥在内的铝酸盐水泥系列。该系列水泥的特征是其熟料矿物组成以铝酸一钙为主，由此而赋予水泥早强、耐火等特殊性能。

3.5.1 铝酸盐水泥的生产与组成

凡以铝酸钙为主的铝酸盐水泥熟料，磨细制成的水硬性胶凝材料称为铝酸盐水泥，代号为 CA。根据需要也可在磨制 Al_2O_3 的质量分数大于68%的水泥时掺加适量的 $\alpha-Al_2O_3$ 粉。这种水泥快硬、高强，耐腐蚀、耐热性能好。

铝酸盐水泥熟料是以铝矾土和石灰石为原料，经煅烧制得以铝酸钙为主要成分、氧化铝的质量分数约50%的熟料。铝酸盐水泥的主要矿物成分为铝酸一钙（$CaO \cdot Al_2O_3$，简写 CA），另外还含有其他铝酸盐，如 $CaO \cdot 2Al_2O_3$（简写 CA_2）、$2CaO \cdot Al_2O_3 \cdot SiO_2$（简写 C_2AS）、$12CaO \cdot 7Al_2O_3$（简写 $C_{12}A_7$）等，有时还含有很少量的 $2CaO \cdot SiO_2$。

3.5.2 铝酸盐水泥的水化硬化

铝酸盐水泥的水化和硬化，主要就是铝酸一钙的水化和结晶。其水化反应的产物随温度的不同而不同。

当温度小于20 ℃时，其反应如下：

$$CaO \cdot Al_2O_3 + 10H_2O \longrightarrow CaO \cdot Al_2O_3 \cdot 10H_2O$$

（水化铝酸一钙，简写 CAH_{10}）

当温度在20～30 ℃时，其反应如下：

$$2(CaO \cdot Al_2O_3) + 11H_2O \longrightarrow 2CaO \cdot Al_2O_3 \cdot 8H_2O + Al_2O_3 \cdot 3H_2O$$

（水化铝酸二钙，简写 C_2AH_8）

当温度大于30 ℃时，其反应如下：

$$3(CaO \cdot Al_2O_3) + 12H_2O \longrightarrow 3CaO \cdot Al_2O_3 \cdot 6H_2O + 2(Al_2O_3 \cdot 12H_2O)$$

（水化铝酸三钙，简写 C_3AH_6）

一般情况下，当环境温度低于30 ℃时，铝酸一钙主要水化生成 CAH_{10} 和 C_2AH_8 两种矿物，两种矿物同时形成并共存，其相对比例则随温度的改变而改变。当环境温度高于30 ℃时，水化产物主要为 C_3AH_6。

铝酸盐水泥中 CA_2 的水化与 CA 基本相同，但水化速度较慢。$C_{12}A_7$ 的水化作用很快，也生成 C_2AH_8。而 C_2AS 与水作用则极为微弱，可视为惰性矿物。C_2S 则水化生成水化硅酸钙凝胶。由于硅酸二钙的数量很少，它对铝酸盐水泥水化硬化影响不大。

3.5.3 铝酸盐水泥的技术性质

铝酸盐水泥常为黄色或褐色，也有呈灰色的。铝酸盐水泥的密度和堆积密度与普通硅酸盐水泥相近。GB/T 201—2015《铝酸盐水泥》规定，铝酸盐水泥按 Al_2O_3 质量分数分为四类：

①CA-50，$50\% \leq Al_2O_3 < 60\%$，该品种根据强度分为 CA50-Ⅰ、CA50-Ⅱ、CA50-Ⅲ、CA50-Ⅳ；

②CA-60，$60\% \leq Al_2O_3 < 68\%$，该品种根据主要矿物组成分为 CA60-Ⅰ（以铝酸一钙为主）和 CA60-Ⅱ（以铝酸二钙为主）；

③CA-70，68% ≤ Al_2O_3 < 77%；

④CA-80，77% ≤ Al_2O_3。

各类铝酸盐水泥应满足下列技术要求。

1. 化学成分

铝酸盐水泥的化学成分按水泥质量分数计应符合表3-22的要求。

表3-22　GB/T 201—2015 铝酸盐水泥的化学成分　%

类型	Al_2O_3	SiO_2	Fe_2O_3	R_2O	S(全S)	Cr
CA-50	≥50，<60	≤9.0	≤3.0	≤0.50	≤0.2	≤0.06
CA-60	≥60，<68	≤5.0	≤2.0	≤0.40	≤0.1	
CA-70	≥68，<77	≤1.0	≤0.7			
CA-80	≥77	≤0.5	≤0.5			

2. 细度

比表面积不小于300 m^2/kg 或0.045 mm筛余不大于20%，发生争议时以比表面积为准。

3. 水泥胶砂凝结时间

水泥胶砂凝结时间应符合表3-23的要求。

表3-23　GB/T 201—2015 铝酸盐水泥凝结时间

类　型	初凝时间/min	终凝时间/min
CA-50、CA60-Ⅰ、CA-70、CA-80	≥30	≤360
CA60-Ⅱ	≥60	≤1080

4. 强度

各类型铝酸盐水泥各龄期强度应符合表3-24的要求。

表3-24　GB/T 201—2015 铝酸盐水泥胶砂强度

类　型		抗压强度/MPa				抗折强度/MPa			
		6 h	1 d	3 d	28 d	6 h	1 d	3 d	28 d
CA-50	CA50-Ⅰ	≥20*	≥40	≥50	—	≥3.0*	≥5.5	≥6.5	—
	CA50-Ⅱ		≥50	≥60	—		≥6.5	≥7.5	—
	CA50-Ⅲ		≥60	≥70	—		≥7.5	≥8.5	—
	CA50-Ⅳ		≥70	≥80	—		≥8.5	≥9.5	—
CA-60	CA60-Ⅰ	—	≥65	≥85	—	—	≥7.0	≥10.0	—
	CA60-Ⅱ	—	≥20	≥45	≥85	—	≥2.5	≥5.0	≥10.0
CA-70		—	≥30	≥40	—	—	≥5.0	≥6.0	—
CA-80		—	≥25	≥30	—	—	≥4.0	≥5.0	—

*当用户要求时，生产厂应提供结果。

3.5.4 铝酸盐水泥的特点

1. 使用时对温度要求较严格

铝酸盐水泥最适宜的硬化温度为15 ℃左右，一般不得超过25 ℃。如温度过高，水化铝酸二钙的结晶连生体会转变成高碱度的水化铝酸三钙，固相体积只有原体积的一半，孔隙体积大大增加，强度大幅下降，在湿热条件下更为剧烈。因此用铝酸盐水泥调制的混凝土不能进行蒸汽养护，且不宜在高温环境下施工。

2. 水化热大，放热快

铝酸盐水泥的水化放热量大，与高强度等级硅酸盐水泥大致相同，而且放热速度特别快。铝酸盐水泥在24 h内即可放出水化热总量的70%～80%，而硅酸盐水泥放出同样的热量则需要7 d。使用铝酸盐水泥时应特别注意，不宜用于大体积混凝土工程。

3. 耐热性好

虽然铝酸盐水泥不宜在高于25 ℃温度下施工，但硬化后的铝酸盐水泥石在1000 ℃以上时仍能保持较高强度。这是因为在高温下各组分发生反应生成烧结状态的物质，代替原来的水化产物，所以铝酸盐水泥可用于耐热混凝土。如采用耐火的粗、细集料和铝酸盐水泥制成的耐热混凝土，使用温度高达1300～1400 ℃，可用于工业窑炉的炉衬。

4. 抗渗性好，耐蚀性好

铝酸盐水泥标准稠度用水量不大，而且水化时需要较多结合水，可达水泥质量的50%左右，几乎为硅酸盐水泥的一倍，因而硬化后的水泥石有较高的密实度和不透水性。另外，铝酸盐水泥在普通硬化条件下(养护温度低于30 ℃)，水泥石中不含铝酸三钙和氢氧化钙，而且其水泥石结构致密，因此耐流动软水、硫酸盐侵蚀性好。

铝酸盐水泥对碱的侵蚀无抵抗力，当铝酸盐水泥与碱性溶液接触，甚至在混凝土骨料内含有少量碱性化合物，也会引起不断的侵蚀。铝酸盐水泥抗碱性极差，不得用于接触碱性溶液的工程。

5. 早期强度高

铝酸盐水泥1 d龄期即可达到其强度的75%以上，水化5～7 d后，水化铝酸盐结晶连生体的大小很少改变。故铝酸盐水泥初期强度增长很快，而后期强度增长不显著。

由于铝酸盐水泥具有早期强度高的特性，因而主要用于工期紧急的工程，如国防、道路和特殊抢修工程等，也可用于冬季施工的工程。

6. 长期强度下降

铝酸盐水泥水化产物CAH_{10}和C_2AH_8都是不稳定的，会逐步转化为C_3AH_6。这种转变会因温度升高而加速。晶体转变的结果，使水泥石析出游离水，增加了孔隙率；同时由强度高的晶体CAH_{10}和C_2AH_8转化成强度低的晶体C_3AH_6。可见，铝酸盐水泥在正常使用时，后期强度会大幅下降。因此，铝酸盐水泥不宜用于长期使用的承重结构。

采用小水灰比、降低养护温度、掺加粒化高炉矿渣等措施，能在一定程度上改善铝酸盐水泥长期强度降低的不良性能。另外，在铝酸盐水泥中掺加石膏或无水石膏，可有效地克服铝酸盐水泥长期强度降低的现象，这是因为CAH_{10}或C_2AH_8等水化物能与石膏反应生成稳定的水化硫铝酸钙。

在自然条件下，铝酸盐水泥长期强度下降有一个最低稳定值。应用时，以铝酸盐水泥混凝土最低稳定强度为设计依据。CA50 铝酸盐水泥混凝土最低稳定强度值以试件脱模后放入 50 ℃ ±2 ℃水中养护，取龄期为 7 d 和 14 d 强度值之低者来确定。

7. 闪凝

铝酸盐水泥水化过程遇到氢氧化钙会产生闪凝，生成高碱性的水化铝酸钙，使混凝土开裂，甚至破坏。因此，施工时除不得与石灰和硅酸盐水泥混合外，也不得与尚未硬化的硅酸盐水泥接触使用。

3.5.5 铝酸盐水泥的应用

铝酸盐水泥后期强度倒缩，因而不宜用于一般的土木工程。主要应用于耐高温工程、耐腐蚀工程、有早强要求的特殊工程等。对于后期强度没有要求的临时性紧急工程，铝酸盐水泥最为适用，如紧急军事工程、抢修工程等。

3.6 第三系列水泥

20 世纪 70 年代，在中国出现了硫铝酸盐水泥，80 年代中国又开发出了铁铝酸盐水泥。根据出现的时间先后，可将最早出现并广泛使用的硅酸盐水泥系列产品称为第一系列水泥，把随后出现的铝酸盐水泥系列产品称为第二系列水泥。相应地将硫铝酸盐和铁铝酸盐系列水泥称为第三系列水泥。第三系列水泥具有早强高强、高抗渗、高抗冻、耐蚀、低碱、生产能耗低等特点。硫铝酸盐水泥熟料和铁铝酸盐水泥熟料化学成分均属于 $CaO—SiO_2—Al_2O_3—Fe_2O_3—SO_3$ 五元系统，两大类水泥成分上的主要差别在于铁铝酸盐水泥的 Fe_2O_3 含量多。

3.6.1 硫铝酸盐水泥

硫铝酸盐水泥是以适当成分的生料，经煅烧所得以无水硫铝酸钙和硅酸二钙为主要矿物成分的水泥熟料掺加不同量的石灰石、适量石膏共同磨细制成，具有水硬性的胶凝材料。

硫铝酸盐水泥加水后，熟料中的无水硫铝酸钙和外掺的石膏反应生成高硫型水化硫铝酸钙(AFt)和氢氧化铝，反应方程式如下：

$$3CaO \cdot 3Al_2O_3 \cdot CaSO_4 + 2(CaSO_4 \cdot 2H_2O) + 34H_2O \longrightarrow 3CaO \cdot Al_2O_3 \cdot 3CaSO_4 \cdot 32H_2O + 4Al(OH)_3$$

该反应体积大幅膨胀，但大部分膨胀发生在水泥浆尚未完全失去可塑性之前，因而对水泥石没有危害。当石膏耗尽后，无水硫酸钙便单独水化生成低硫型水化硫铝酸钙(AFm)，该反应的膨胀量较小。因而这种水泥的水化过程和水化产物受石膏掺量的影响较大。如果掺入石膏量较多，所生产的水泥为膨胀型。硫铝酸盐水泥分为快硬硫铝酸盐水泥、低碱度硫铝酸盐水泥和自应力硫铝酸盐水泥。

快硬硫铝酸盐水泥是由适当成分的硫铝酸盐水泥熟料和少量石灰石、适量石膏共同磨细制成的，具有早期强度高的水硬性胶凝材料，代号 R · SAC。石灰石掺加量应不大于水泥质量的 15%。

低碱度硫铝酸盐水泥是由适当成分的硫铝酸盐水泥熟料和较多量石灰石、适量石膏共同磨细制成，具有碱度低的水硬性胶凝材料，代号 L · SAC。石灰石掺加量应不小于水泥质量的 15%，且不大于水泥质量的 35%。低碱度硫铝酸盐水泥主要用于制作玻璃纤维增强水泥制品，用于配有钢纤维、钢筋、钢丝网、钢埋件等混凝土制品和结构时，所用钢材应为不锈钢。

自应力硫铝酸盐水泥是由适当成分的硫铝酸盐水泥熟料加入适量石膏磨细制成的具有膨胀性的水硬性胶凝材料，代号 S · SAC。

GB/T 20472—2006《硫铝酸盐水泥》规定，快硬硫铝酸盐水泥和低碱度硫铝酸盐水泥的初凝时间不小于 25 min，终凝时间不大于 180 min；自应力硫铝酸盐水泥初凝时间不小于 40 min，终凝时间不大于 240 min。快硬硫铝酸盐水泥以 3 d 抗压强度分为 42.5、52.5、62.5、72.5 四个强度等级，各强度等级水泥应不低于表 3 - 25 中的数值。低碱度硫铝酸盐水泥以 7d 抗压强度分为 32.5、42.5、52.5 三个等级，各强度等级水泥应不低于表 3 - 26中的数值。自应力硫铝酸盐水泥以 28 d 自应力值分为 3.0、3.5、4.0、4.5 四个自应力等级，所有自应力等级的水泥抗压强度 7 d 不小于 32.5 MPa，28 d 不小于 42.5 MPa，各级别各龄期自应力值应符合表 3 - 27 要求。

表 3 - 25　GB/T 20472—2006 快硬硫铝酸盐水泥的强度要求

强度等级	抗压强度/MPa			抗折强度/MPa		
	1 d	3 d	28 d	1 d	3 d	28 d
42.5	30.0	42.5	45.0	6.0	6.5	7.0
52.5	40.0	52.5	55.0	6.5	7.0	7.5
62.5	50.0	62.5	65.0	7.0	7.5	8.0
72.5	55.0	72.5	75.0	7.5	8.0	8.5

表 3 - 26　GB/T 20472—2006 低碱度硫铝酸盐水泥的强度要求

强度等级	抗压强度/MPa		抗折强度/MPa	
	1 d	3 d	1 d	3 d
32.5	25.0	32.5	3.5	5.0
42.5	30.0	42.5	4.0	5.5
52.5	40.0	52.5	4.5	6.0

表 3 - 27　GB/T 20472—2006 自应力硫铝酸盐水泥的自应力值　MPa

级　别	7 d	28 d	
	≥	≥	≤
3.0	2.0	3.0	4.0
3.5	2.5	3.5	4.5
4.0	3.0	4.0	5.0
4.5	3.5	4.5	5.5

与其他系列水泥相比，硫铝酸盐系列水泥具有以下特性及适用情形：

(1)早强高强　其 3 d 强度相当于同标号硅酸盐水泥的 28 d 强度，12 h 强度可达 70% 以上，适用于抢修抢建工程。而且，硅酸二钙的水化又保证了其后期强度。与铝酸盐相比，其后期强度不倒缩。

(2)碱度低　水化产物碱度低，用玻璃纤维增强时不必担心纤维受碱腐蚀问题，但对钢筋防锈保护能力差。

(3)硬化时膨胀　施工中可在一定程度上防止早期裂缝的产生。其膨胀量可通过改变石膏的掺量进行调节。

(4)结构致密　水化形成的高硫型水化硫铝酸钙迅速构成结晶骨架，氢氧化铝和水化硅酸钙凝胶填塞于骨架的空隙中，从而形成十分致密的结构。因而，具有良好的抗渗性、抗冻性，强度也较高。

(5)抗侵蚀性能好　与硅酸盐水泥相比，硫铝酸盐水泥中不含易腐蚀的氢氧化钙和水化铝酸钙，而且其结构致密，因而对海水、氯盐、硫酸盐等均有很好的抗腐蚀能力。

(6)水化热大，放热集中　快速水化使其放热集中，而且早期强度高，特别适宜于冬季施工，但不宜用于大体积混凝土工程。

(7)耐热性差　硫铝酸盐水泥主要水化物钙矾石中含有大量结晶水，在 150 ℃以上便开始脱水，致使其强度下降。

硫铝酸盐系列水泥广泛应用于土木工程中的抢修工程、二次补强工程、灌浆工程、预制构件、GRC 制品、低温施工工程、抗海水腐蚀工程等。由于硫铝酸盐水泥耐热性差，因而不适用于长期处于 100 ℃以上环境的构件。

3.6.2　铁铝酸盐水泥

铁铝酸盐系列水泥是以铁相、无水硫铝酸钙和硅酸二钙为主要矿物成分的新型水泥。其熟料的主要矿物组成是无水硫铝酸钙、铁铝酸四钙、硅酸二钙和石膏。铁铝酸盐系列水泥熟料的水化过程与硫铝酸盐水泥相似。铁铝酸盐系列水泥现有快硬铁铝酸盐水泥、膨胀铁铝酸盐水泥和自应力铁铝酸盐水泥等产品。

铁铝酸盐系列水泥的特性和应用与硫铝酸盐系列水泥基本相同。早期强度高，后期强度稳定，硬化时体积微膨胀。其水化产物中氢氧化钙的量较少，结构致密，具有较好的抗硫酸盐侵蚀能力。

【课外调查】

调查内容：水泥在土木工程中的应用。

调查目的：了解水泥在土木工程中有哪些应用。

自主选择本地区若干不同类型的建筑物或构筑物，了解该工程中的哪些部位应用了水泥，从技术和经济等方面分析可否用其他材料来代替水泥。

复习思考题

3－1　名词解释：

胶凝材料；有机胶凝材料；无机胶凝材料；气硬性胶凝材料；水硬性胶凝材料；熟化；过火石灰；欠火石灰；陈伏；凝结；硬化；安定性；水泥混合材料；活性混合材料；非活性混合材料。

3－2　石膏的种类有哪些？它们的化学式各是什么？

3－3　简述建筑石膏水化硬化过程及其特点。

3－4　建筑石膏制品的性质有哪些特点？

3－5　为何建筑石膏具有良好的防火性能？

3－6　比较建筑石膏与高强石膏性能的异同，并分析其原因。

3－7　工地上使用生石灰前为何要熟化？

3－8　欠火石灰和过火石灰各有何危害？

3－9　石灰“陈伏”的目的是________。

A. 消除过火石灰的危害　　B. 沉淀成石灰膏

C. 消除欠火石灰的危害　　D. 与二氧化碳作用生成碳酸钙

3－10　工地熟化石灰的方法有哪些？各适用于什么情况？

3－11　石灰是如何硬化的？

3－12　石灰的技术性质有哪些？为何水泥砂浆中掺入石灰膏会提高可塑性？

3－13　用石灰浆罩墙面时，为避免收缩，其正确的调制方法是掺入________。

A. 适量盐　　B. 适量纤维材料　　C. 适量石膏　　D. 适量白水泥

3－14　简述水玻璃模数与性能的关系。

3－15　水玻璃的硬化过程有何特点？硬化后具有哪些特性？

3－16　简述硅酸盐水泥熟料的主要矿物成分单独水化的产物及其特性。

3－17　要提高硅酸盐水泥早期强度，应增加其含量的矿物成分是________。

A. C_2S　　B. C_3S　　C. C_3A　　D. C_4AF

3－18　要提高道路硅酸盐水泥的抗裂性，应增加其含量的矿物成分是________。

A. C_2S　　B. C_3S　　C. C_3A　　D. C_4AF

3－19　简述硅酸盐水泥的凝结硬化过程与特点。

3－20　影响硅酸盐水泥凝结硬化的因素有哪些？如何影响？

3－21　引起水泥安定性的因素有哪些？

3－22　引起硅酸盐水泥石腐蚀的因素有哪些？如何腐蚀？

3－23　硅酸盐水泥石腐蚀的内在因素是什么？防止腐蚀发生的措施有哪些？

3－24　非活性混合材料和活性混合材料在水泥中各起什么作用？常用活性混合材料和非活性混合材料各有哪些？

3－25　活性混合材料在水泥中是如何起作用的？二次反应有何特点？

3－26　矿渣硅酸盐水泥、火山灰质硅酸盐水泥、粉煤灰硅酸盐水泥和复合硅酸盐水泥有哪些共性和特性？

3－27　与硅酸盐水泥相比，铝酸盐水泥有哪些特性？适用于哪些工程？

第4章　地基处理材料和无机结合料稳定材料

【学习要点】

1. 了解地基处理材料的种类；
2. 了解水泥土的配合比设计方法；
3. 熟悉无机结合料稳定材料的主要技术性能；
4. 熟悉无机结合料稳定材料的配合比设计方法。

地基处理材料和无机结合料稳定材料是用于建筑物地基处理和基层处理的材料，其中地基处理材料用于处理软弱地基和特殊土地基，而无机结合料稳定材料用于公路等建(构)筑物的基层处理。

4.1　地基处理材料

当天然地基不能满足设计建筑物对地基强度、稳定性、变形、渗漏、溶蚀、振动液化与振沉的要求时，常采用各种地基加固、补强等技术措施，改善地基土的工程性状，以满足工程要求。这些措施统称为地基处理。工程上需要处理的土类包括淤泥及淤泥质土、粉质黏土、细粉砂土、砂砾石类土、冲填土、杂填土、湿陷性黄土、膨胀土、红黏土和冻土等。地基处理采用的材料称为地基处理材料。

4.1.1　地基处理材料的种类

地基处理的方法很多，各种地基处理方法及所用到的地基处理材料的种类见表4－1。

表4－1　常见地基处理方法及材料

编号	分类	处理方法	材料、原理及作用	适用范围
1	碾压及夯实	重锤夯实、机械碾压、振动压实、强夯(动力固结)	利用压实原理，通过机械碾压夯击，把表层地基土压实；强夯则利用强大的夯击能，在地基中产生强烈的冲击波和动应力，迫使土动力固结密实	适用于碎石土、砂土、粉土，低饱和度的黏性土、杂填土等，对饱和黏性土应慎重采用
2	换土垫层	砂石垫层、素土垫层、灰土垫层、矿渣垫层、加筋土垫层	以砂石、素土、灰土和矿渣等强度较高的材料，置换地基表层软弱土，提高持力层的承载力，扩散应力，减少沉降量	适用于处理地基表层软弱土和暗沟、暗塘等软弱土地基

续表 4－1

编号	分类	处理方法	材料、原理及作用	适用范围
3	排水固结	天然地基预压、砂井及塑料排水带预压、真空预压、降水预压和强力固结等	在地基中增设竖向排水体，加速地基的固结和强度增长，提高地基的稳定性；加速沉降发展，使基础沉降提前完成	适用于处理饱和软弱黏土层；对于渗透性极低的泥炭土，必须慎重对待
4	振密挤密	振冲挤密、沉桩振密、灰土挤密、砂桩、石灰桩、爆破挤密等	采用一定的技术措施，通过振动或挤密，使土体的孔隙减少，强度提高；必要时在振动挤密的过程中，回填砂、砾石、灰土、素土等，与地基土组成复合地基，从而提高地基的承载力，减少沉降量	适用于处理松砂、粉土、杂填土及湿陷性黄土，非饱和黏性土等
5	置换及拌入	振冲置换、冲抓置换、深层搅拌、高压喷射注浆、石灰桩等	采用专门的技术措施，以砂、碎石等置换软弱土地基中部分软弱土，或在部分软弱土地基中掺入水泥、石灰或砂浆等形成加固体，与未处理部分土组成复合地基，从而提高地基承载力，减少沉降量	黏性土、冲填土、粉砂、细砂等。振冲置换法限于不排水抗剪强度大于 20 kPa 的地基土
6	加筋	土工合成材料加筋、锚固、树根桩、加筋土	在地基或土体中埋设强度较大的土工合成材料、钢片等加筋材料，使地基或土体能承受抗拉力，防止断裂，保持整体性，提高刚度，改变地基土体的应力场和应变场，从而提高地基的承载力，改善变形特性	软弱土地基、填土及陡坡填土、砂土
7	其他	灌浆、冻结、托换技术、纠倾技术	通过特种技术措施处理软弱土地基	根据实际情况确定

由表 4－1 可见，地基处理材料主要包括砂、石、灰土、素土、粉煤灰、矿渣、水泥、石灰、砂浆、土工合成材料、灌浆材料等。

4.1.2 水泥土

水泥土是指水泥与土经搅拌混合后形成的强度较高的材料，采用水泥土搅拌法施工。

4.1.2.1 水泥土搅拌法概述

水泥土搅拌法是指以水泥作为固化剂的主剂，通过特制的深层搅拌机械，将固化剂和地基土强制搅拌，使软土硬结成具有整体性、水稳定性和一定强度的桩体的地基处理方法。这些桩体与桩间土体组成复合地基，共同承担建筑物竖向荷载，也可用于原料堆场、码头岸壁和高速公路的地基加固以及作为挡土结构和防水帷幕等。

水泥土搅拌法根据喷射固化剂的方法分为喷浆搅拌法（也称深层搅拌法，简称湿法）和喷粉搅拌法（也称粉体喷搅法，简称干法）。喷粉搅拌法因供粉计量、搅拌质量、施工现场的文明卫生环境等问题较难控制，较少应用。

水泥土搅拌法适用于处理正常固结的淤泥与淤泥质土、粉土、饱和黄土、素填土、黏性土以及无流动地下水的饱和松散砂土等地基。水泥土搅拌法用于处理泥炭土、有机质土、塑性指数大于 25 的黏土、地下水具有腐蚀性时以及无工程经验的地区，必须通过现场试验确定其适用性。

4.1.2.2　水泥土强度的形成机理

水泥土强度的形成机理包括如下四个方面：

(1)水泥的水化　水泥或水泥浆与地基土搅拌混合后，水泥发生水化反应，形成氢氧化钙以及 C－S－H 凝胶等水化产物，将土颗粒或小土团凝聚在一起，形成一种稳定的结构整体提供水泥土的早期强度。

(2)离子交换和团粒化作用　水泥水化产生的钙离子与黏土矿物表面吸附的钾离子及钠离子进行当量交换，使黏土颗粒形成较大的土团粒，同时水泥水化后生成的胶体粒子，将土团粒连接起来形成蜂窝状结构，从而使土体强度提高。

(3)二次水化反应　水泥水化产生的氢氧化钙和矿渣、粉煤灰等混合材料以及地基土中的黏土矿物中的二氧化硅和三氧化二铝进行二次水化反应，形成稳定性好的水化铝酸钙和水化硅酸钙。

(4)碳酸化作用　水泥水化物中的氢氧化钙能够吸收水中和空气中的二氧化碳，发生碳酸化反应，生成不溶于水的碳酸钙，这种碳酸化反应也能使水泥土增加强度。

上述反应形成的产物能够将土体颗粒紧密连接起来，形成具有一定强度和水稳定性的结构。但土和水泥水化物之间的物理化学反应过程比较缓慢，水泥土硬化需要较长的时间。

4.1.2.3　影响水泥土力学性质的因素

在水泥土的形成过程中，其力学性能受到如下因素的影响：

(1)固化剂的类型　固化剂通常采用水泥，也可根据需要加入掺合料和外加剂。水泥通常选用普通硅酸盐水泥，掺合料可选用粒化高炉矿渣粉、粉煤灰、工业废石膏等，外加剂可选用木质素磺酸钙、石膏、三乙醇胺、氯化钠、氯化钙和硫酸钠等。由于被加固的各类地基土的成分复杂、性质各异，土与固化剂搅拌混合后，不是都能硬化形成具有一定强度的水泥土，有些地基土搅拌混合后的强度往往很低，甚至不硬化。因此，必须根据土的性质选择固化剂的品种和掺量，并通过实验确定。需要特别注意的是，由于土质的复杂性，有时候外加剂对水泥土强度的影响并不符合一般规律。

(2)固化剂掺量　固化剂掺量以固化剂的质量与单位被加固土的湿重的百分比表示，固化剂中掺合料和外加剂的掺量以其占水泥和掺合料总质量的百分比表示，喷浆搅拌法中水灰比指水与水泥和掺合料总质量的比例。工程中常用的固化剂掺量为 10%～20%，喷浆搅拌法中水灰比通常为 0.45～0.65。固化剂掺量在 5% 以下时，对土的强度影响很小；固化剂掺量在 5% 以上时，随掺量增加，水泥土的强度提高。

(3)土的性质　土的粒径大小、有机质含量、含水量、水中有害物质含量等均会对水泥土的强度产生影响。在同样固化剂掺量的情况下，土的粒径较大时水泥土的强度较高，如淤泥土中砂含量较高时水泥土强度较高；如土中有机质含量偏高，则加固效果将减弱，有时甚至加固失败，对于泥炭土这类有机质含量高的土，应慎用水泥土搅拌法；土的含水量高低对水泥土强度有很大影响，含水量愈高，通常水泥土的强度愈低；土中的水质成分对水泥土生成有影响，一般 pH 值低，硫酸盐含量高时，加固的效果较差。

(4)龄期　水泥土的强度随着龄期增长而增大，龄期到90 d以后强度增长较缓慢，28 d强度为90 d强度的55%～75%，60 d强度为90 d强度的70%～95%。土的性质以及固化剂的品种和掺量均会影响水泥土强度的发展速度。

(5)搅拌质量　在工程中，固化剂是依赖特殊的搅拌设备将其输送到一定深度的地层中，并与该处的土进行搅拌，因此水泥土的强度还受到搅拌方法和搅拌时间等因素的影响。固化剂和土拌和得越均匀，则水泥土的强度越高。当搅拌桩深度较深时，由于机械功率的限制，容易出现搅拌不良的情况。为避免搅拌不均，通常湿法的加固深度不宜大于20 m，干法的加固深度不宜大于15 m。

此外，水泥土强度还分为试验强度和标准强度。由于室内试验与工程原位条件不同，搅拌方法也有所不同，因而会引起水泥土强度的差异。室内试验得到的28 d或90 d龄期强度为试验强度，工程原位搅拌的芯样强度为标准强度。通常标准强度为试验强度的20%～40%，根据土的性质不同取值范围不同。

4.1.2.4　水泥土的配合比设计

水泥土搅拌法施工前应进行拟处理土层的水泥土室内配比试验，针对现场拟处理的最弱层软土的性质，选择合适的固化剂、外掺剂及其掺量，为设计提供各种龄期、各种配比的强度参数。

1. 水泥土组成材料的技术要求

(1) 土　配制水泥土用土应为工程拟加固土，并经过风干、碾碎和通过孔径为5mm筛子的粉状土。

(2)水泥　配制水泥土用水泥应与工程现场使用的水泥一致，并满足现行国家标准GB 175—2007《通用硅酸盐水泥》的规定。

(3)水　配制水泥土用水应与工程现场用水一致。

(4)外加剂　外加剂是在配制水泥土的过程中加入，起到改善水泥土加固体性能的作用，是提高水泥土强度的有效措施之一。

外加剂应符合现行国家标准的规定。

2. 水泥土组成配合比设计步骤

(1)测定土样的天然含水率和密度，当有特殊要求时，可增加土样其他相关性能的试验。

(2)测定风干土含水率。

(3)确定水泥掺入比基准值。水泥掺入比基准值可根据使用目的及当地经验，按工程要求的水泥土性能指标确定，并宜取3%～25%，也可按工程要求的水泥掺入比确定。

(4)选取水泥浆水灰比。水泥浆的水灰比可根据施工方法和处理目的，按设计要求或当地经验确定。

(5)计算各材料用量比例。

①根据试验方案，确定试验所需湿土的质量，按下式计算：

$$m_s = 1000\rho_s V_s \tag{4-1}$$

式中　m_s——湿土的质量，kg；

ρ_s——土的天然密度，g/cm^3；

V_s——土的体积，m^3。

②根据试验方案，确定试验所需风干土的质量，按下式计算：

$$m_0 = \frac{1+\omega_0}{1+\omega} m_s \tag{4-2}$$

式中　m_0——风干土的质量，kg；

ω——土的天然含水率，%；

ω_0——风干土的含水率，%。

③根据选定的水泥掺入比基准值，确定掺入的水泥质量，按下式计算：

$$m_c = \frac{1+\omega}{1+\omega_0} \alpha_w m_0 \tag{4-3}$$

式中　m_c——水泥的质量，kg；

α_w——水泥掺入比，%。

④根据选定的水泥浆水灰比，确定加水量，按下式计算：

$$m_w = \left(\mu\alpha_w + \frac{\omega-\omega_0}{1+\omega}\right)\frac{1+\omega}{1+\omega_0} m_0 \tag{4-4}$$

式中　m_w——加水量，kg；

μ——水泥浆水灰比。

⑤确定外加剂用量，按下式计算：

$$m_a = \alpha_a m_c \tag{4-5}$$

式中　m_a——外加剂的质量，kg；

α_a——外加剂的掺量(%)，可根据外加剂性能按经验取值。

(6)进行水泥土试配。宜采用三个配合比，其中一个配合比的水泥掺入比应为基准值，另外两个配合比的水泥掺入比分别比基准值增加和减少 3%。

(7)调整和确定水泥土配合比。根据试配结果，宜选定符合设计性能要求，较小水泥掺入比所对应的配合比。当试配结果不满足设计要求时，应调整配合比并重新进行试验。

例题 4－1　广东某工程水泥土采用湿法搅拌进行加固，被加固土体的天然含水率为 50%，天然密度为 1.85g/cm^3，风干后土的含水率为 10%。根据当地经验，水泥掺入比为 15%，水泥浆水灰比选取 0.5。试计算水泥土的质量配合比。

解　(1)湿土质量

采用 70.7mm×70.7mm×70.7mm 立方体试块，分别进行 7d、28d 和 90d 三个龄期的无侧限抗压强度试验，配合比每个龄期为一组 6 个试件。因此需制作 18 个试件。

考虑到土在风干过程中的损失，取富余系数为 1.3，则湿土的质量为：

$$m_s = 1.3 \times 1000\rho_s V_s = 1.3 \times 1000 \times 1.85 \times 18 \times 0.0707 \times 0.0707 \times 0.0707$$
$$= 1.3 \times 11.768(\text{kg}) \approx 15.3(\text{kg})$$

(2)风干土质量

$$m_0 = \frac{1+\omega_0}{1+\omega} m_s = \frac{1+10\%}{1+50\%} \times 11.768 = 8.63(\text{kg}) \approx 9(\text{kg})$$

(3)水泥质量

$$m_c = \frac{1+\omega}{1+\omega_0} \alpha_w m_0 = \frac{1+50\%}{1+10\%} \times 15\% \times 9 = 1.84(\text{kg})$$

(4)加水量

$$m_w = \left(\mu\alpha_w + \frac{\omega - \omega_0}{1 + \omega}\right)\frac{1 + \omega}{1 + \omega_0}m_0 = \left(0.5 \times 15\% + \frac{50\% - 10\%}{1 + 50\%}\right) \times \frac{1 + 50\%}{1 + 10\%} \times 9$$

$$= 4.19(\text{kg})$$

4.2 无机结合料稳定材料

4.2.1 无机结合料稳定材料的分类与应用

无机结合料稳定材料是指在各种粉碎的或原来松散的土，或矿质碎(砾)石，或工业废渣中，掺入一定量的无机结合料(如水泥、石灰，或工业废渣等)和水，经拌和得到的混合料，在摊铺、压实与养生后，可形成具有一定强度、刚度和稳定性的板体结构。当其强度和使用性能符合使用要求时，可以作为结构层材料使用，如用作铺装结构的基层、底基层。

无机结合料稳定材料具有稳定性好、抗冻性强、结构自成板体、充分利用地材等特点，但由于其耐磨性差，因此被广泛用于修筑铺装结构的基层、底基层。

无机结合料稳定材料在工程完工初期具有柔性材料的工作特征，随着时间的延长，其强度和刚度逐渐提高，板体性增强。结构成型后，其强度和刚度介于柔性材料和刚性材料之间，常被称为半刚性材料，以此修筑的基层或底基层亦称为半刚性基层(底基层)。

无机结合料稳定材料种类较多，其物理、力学性质各异，使用时应根据使用场合、结构要求、掺加剂、原材料情况以及施工条件(当地气候、施工工艺)等进行综合技术、经济比较后选定。

常用的无机结合料稳定材料有：水泥稳定碎石、水泥稳定砂砾、水泥稳定土、石灰粉煤灰稳定碎石(简称二灰碎石)、二灰土、石灰土、综合稳定土等。

4.2.1.1 无机结合料稳定材料的应用

沥青路面和水泥混凝土路面是我国高等级道路和机场道路主要的结构类型，而无机结合料稳定材料层具有强度高、稳定性好及刚度大等特点，被广泛用于修建高等级道路和机场道路沥青铺装和水泥混凝土铺装的基层或底基层，此外亦可用作各种铺装，如停车场、货场、运动场、网球场、高尔夫球场等的基层或结构层。

1. 无机结合料稳定基层沥青铺装

无机结合料稳定基层用于沥青铺装结构，其合理性主要表现在具有较高的抗压强度和承载能力。一般而言，无机结合料稳定材料具有较高的抗压强度和抗压回弹模量，并具有一定的抗弯拉强度，且具有随龄期不断增长的特性，因此无机结合料稳定基层沥青铺装通常具有较小的竖向变形和较强的荷载分布能力。但无机结合料稳定基层因温缩和干缩而产生的裂缝会造成反射裂缝，逐渐反射到沥青铺面的表层。初期产生的反射裂缝对荷载作用无明显影响，随着表面雨水或雪水的浸入，在荷载的反复作用下，会导致铺装结构承载力下降，并产生冲刷和唧泥现象，加速沥青铺装层的破坏，影响结构的使用性能。

2. 无机结合料稳定基层水泥混凝土铺装

水泥混凝土铺装层一般由混凝土面板、基层或垫层组成。基层直接位于面板之下，是保证铺装结构整体强度，防止唧泥、冲刷和错台，延长使用寿命的重要结构层。目前基层类型主要采用无机结合料稳定基层，如水泥稳定粒料、工业废渣稳定粒料等基层。

4.2.1.2　无机结合料稳定材料的分类

按照所用结合料品种分类，可分为水泥稳定类、石灰稳定类、水泥石灰(综合稳定)类、工业废渣稳定类。

水泥稳定类材料是一种经济实用的铺装材料，具有良好的力学性能和板体性，早期强度较高，同时强度范围较大，由几兆帕到十几兆帕，其水稳定性和抗冻性较其他稳定材料好；不足之处是水泥稳定类材料在温度、湿度变化时，容易产生裂缝，当细料含量高、水泥用量大时开裂更为严重。

石灰稳定类材料具有良好的力学性能，较好的水稳定性和一定程度的抗冻性，初期强度和水稳性较低，后期强度较高，由于干缩、温缩系数较大，易产生裂缝。

工业废渣稳定类材料同样是一种经济实用的铺装材料，具有较优良的性能，由于以石灰为活性激发剂、石灰工业废渣为主要胶结材料，早期强度较低，但后期强度与水泥稳定类材料基本类似，在温度、湿度变化时，也易产生裂缝，当细料含量高时开裂更为严重。工业废渣稳定材料的抗水损害的能力较水泥稳定同样材料抗水损害的能力差，但是其在温度、湿度变化时的温缩、干缩系数较水泥稳定同样材料的温缩、干缩系数小。

按照土中单颗粒(指碎石、砾石和砂粒料，不指土块和土团)的粒径大小和颗粒组成分类，可分为稳定细粒土、稳定中粒土和稳定粗粒土。细粒土是指混合料中颗粒的最大粒径小于9.5 mm，且其中小于2.36 mm的颗粒质量分数不少于90%；中粒土是指颗粒的最大粒径小于26.5 mm，且其中小于19 mm的颗粒质量分数不少于90%；粗粒土是指颗粒的最大粒径小于37.5 mm，且其中小于31.5 mm的颗粒质量分数不少于90%。

按照土中矿质粒料含量分类，可分为悬浮式稳定粒料和骨架密实式稳定粒料。悬浮式粒料中含砂砾或碎石不超过50%，骨架密实式粒料中含砂砾或碎石一般在80%以上。

4.2.2　无机结合料稳定材料的主要技术性能

4.2.2.1　无机结合料稳定材料的应力－应变特性

无机结合料稳定材料的应力－应变特性与原材料的性质、结合料的性质和剂量及密实度、含水量、龄期、温度等有关。其强度和模量随龄期的增长而增长，不同类型材料增长规律差异性较大。一般规定水泥稳定类设计龄期为90 d，石灰或二灰稳定类材料设计龄期为180 d。

无机结合料稳定材料的应力－应变特性试验方法有顶面法、粘贴法、夹具法和承载板法等。试件有圆柱体试件和梁式试件。试验内容有抗压强度和抗压回弹模量、劈裂强度和劈裂模量、抗弯拉强度和抗弯拉模量等。表4－2和表4－3分别给出了两类稳定材料的试验结果。

表 4-2 水泥稳定碎石的力学指标与龄期的关系 MPa

力学参数	28 d	90 d	180 d	28 d/180 d	90 d/180 d
R	4.49	5.57	6.33	0.71	0.88
E_P	2093	3097	3872	0.54	0.80
σ_{sp}	0.413	0.634	0.813	0.51	0.78
E_{sp}	533	926	1287	0.41	0.72

表 4-3 石灰粉煤灰稳定碎石的力学指标与龄期的关系 MPa

力学参数	28 d	90 d	180 d	28 d/180 d	90 d/180 d
R	3.10	5.75	8.36	0.37	0.69
E_P	1086	1993	2859	0.38	0.70
σ_{sp}	0.219	0.536	0.913	0.41	0.59
E_{sp}	359	960	1720	0.37	0.56

4.2.2.2 无机结合料稳定材料的强度特性

1. 水泥稳定材料

用水泥稳定砂性土、粉性土和黏性土得到的混合料简称水泥土；用水泥稳定砂得到的混合料简称水泥砂；用水泥稳定粗粒土和中粒土得到的混合料，视所用原材料，可简称水泥碎石(级配碎石和未筛分碎石)、水泥砂砾等。

(1)强度形成机理

利用水泥来稳定土的过程中，水泥、土和水之间发生了多种非常复杂的作用，从而使土的性能发生了明显的变化。这些作用可分为：

①化学作用。如水泥颗粒的水化、硬化作用，有机物的聚合作用，以及水泥水化产物与黏土矿物之间的化学作用，等等。

②物理-化学作用。如黏土颗粒与水泥及水泥水化产物之间的吸附作用，微粒的凝聚作用，水及水化产物的扩散、渗透作用，水化产物的溶解、结晶作用，等等。

③物理作用。如土块的机械粉碎作用，混合料的拌合、压实作用，等等。

(2)影响强度的因素

影响水泥稳定材料强度的主要因素有水泥成分和剂量、土质和集料颗粒组成、含水量、施工工艺和环境因素等。

水泥剂量是指水泥质量与干土质量的百分比。水泥稳定材料的强度随水泥剂量的增加而增长，然而水泥剂量过高，虽可提高强度，但可能会增加其收缩性，易开裂，且在经济上不甚合理，剂量选定是满足强度要求与开裂特性的平衡；各种类型的水泥都可以用于稳定土，试验研究证明，水泥的矿物成分和分散度对其效果有明显影响。

除有机质或硫酸盐含量较多的土以外，各种砂砾土、砂土、粉土和黏土均可用水泥稳定，但稳定效果不尽相同。试验和生产实践证明，用水泥稳定级配良好的碎石和砂石土，效果最好，不但强度高，而且水泥用量少，其次是砂性土，再次是粉性土和黏性土。图

4－1为不同土质水泥稳定土的强度情况，其中以稳定粉土质黏土强度最高，而稳定重黏土的强度最低。为改善水泥在黏性土中的硬化条件，可以在水泥中掺加少量添加剂，石灰是水泥稳定土最常用的添加剂之一，在水泥稳定之前，先掺入少量石灰，使之与土粒进行离子交换和化学反应，从而加速水泥的硬化过程并可减少水泥剂量。

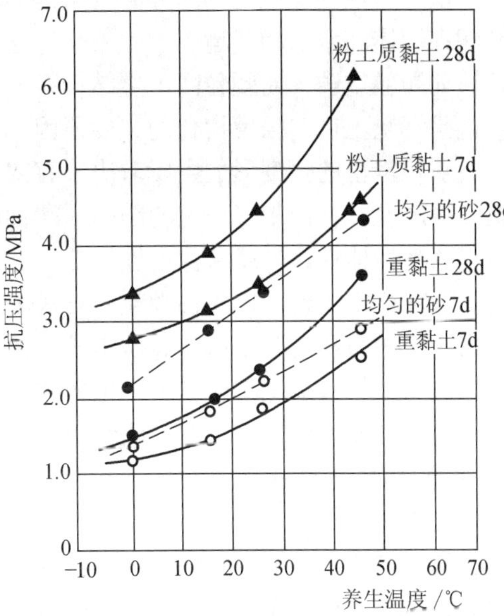

图 4－1　水泥稳定土强度与土质、养生温度的关系

改善级配可以明显增加水泥稳定集料的强度。有资料表明：对于级配不好的砂砾，要用 6%～8% 的水泥稳定，才能达到规定的强度；而添加部分细料使集料达到最佳级配后，只要掺加 2%～4% 的水泥就可以达到要求的强度。

含水量对水泥稳定土强度影响很大。当含水量不足时，水泥不能在混合料中完全水化和水解，发挥不了水泥对土的稳定作用，影响强度形成。

施工工艺过程对水泥稳定土强度有影响。将水泥、土和水拌和均匀，且在最佳含水量下充分压实，使之干密度最大，其强度和稳定性就高。延迟时间对水泥稳定土的强度有显著影响。延迟时间是指水泥稳定土施工过程中，从加水拌和开始至碾压结束所经历的时间，延迟时间越长，水泥稳定土的强度和密度损失就越大。

养生温度直接影响水泥的水化进程，在相同龄期时，养生温度越高，水泥稳定土的强度也越高。

2. 石灰稳定材料

石灰稳定材料包括石灰土和石灰稳定集料。石灰土是用石灰稳定细粒土得到的混合料的简称。石灰稳定集料包括：用石灰稳定中粒土或粗粒土得到的混合料，根据原材料是天然砂砾土(级配砂砾)还是天然碎石土(纯碎石)，分别简称石灰砂砾土和石灰碎石土。

(1)强度形成原理

石灰稳定材料的强度形成与发展是通过机械压实、离子交换作用、结晶硬化和碳酸化作用，以及火山灰作用等一系列的复杂、交织的物理-化学作用完成的，使土的质量发生根本性变化。

离子交换作用是指石灰浆中的游离钙离子和氢氧根离子与细粒土黏土矿物中的钠离子、氢离子发生离子交换，从而减少了土颗粒表面吸附水膜的厚度，使土粒相互之间更为接近，分子引力随之增加，许多单个土粒聚成小团粒，组成一个稳定结构。离子交换作用是石灰稳定土获得初期强度的主要原因。在石灰土中只有一部分熟石灰 $Ca(OH)_2$ 进行离子交换作用，绝大部分饱和的熟石灰 $Ca(OH)_2$ 自行结晶；碳酸钙是坚硬的结晶体，它和其生成的复杂盐类把土粒胶结起来，从而大大提高了土的强度和整体性。硅酸钙和铝酸钙的化学反应形成的氢氧化钙结晶和含水的硅酸钙和铝酸钙结晶都是胶凝物质，它具有水硬性并能在固体和水两相环境下发生硬化，这些胶凝物质在土微粒团外围形成一层稳定保护膜，填充颗粒空隙，使颗粒间产生结合料，减少了颗粒间的空隙和透水性，同时提高密实性，这是石灰土后期强度增长的主要原因。

石灰稳定土的强度形成主要取决于石灰与细粒土中黏土矿物的相互作用，从而使土的性质发生改变。初期表现为土的结团、塑性降低等，在后期主要表现为结晶结构的形成，从而提高其板体性、强度和稳定性。

在石灰稳定集料中，集料颗粒与石灰土构成一种复合材料，其强度主要取决于集料颗粒间的内摩擦力和嵌挤作用。经压实成型后，集料颗粒相互靠拢，相互嵌挤，形成骨架结构。石灰和细料起填充骨架空隙、包裹并黏结集料颗粒的作用。在石灰稳定集料中，由于石灰土的胶结能力比较弱，主要应利用集料的多级嵌挤作用。

(2)影响强度的因素

①土质

石灰稳定效果与土中的黏土矿物成分及含量有显著关系。石灰土的强度随土中的黏土矿物成分的增多和塑性指数的增大而提高。石灰对粉质黏土的稳定效果明显优于对砂质黏土的稳定效果，而石灰对均质砂的稳定效果较差。

实践证明：塑性指数为 15 ～ 20 的黏性土以及含有一定数量黏性土的中粒土和粗粒土均适宜用石灰稳定；塑性指数偏大的黏性土，应加强粉碎，可以采用两次拌合法：第一次加部分石灰搅拌混合后，闷料 1 ～ 2 d，再加入其余石灰，进行第二次搅拌混合；塑性指数在 10 以下的亚砂土和砂土用石灰稳定时，应采取适当措施或采用水泥稳定；对于无黏性或无塑性指数的集料，单纯用石灰稳定的效果远不如用石灰土稳定的效果。

②灰质、细度与剂量

石灰应是消石灰粉或生石灰粉。石灰细度越大，在相同剂量下与土粒作用越充分，反应进行得越快，稳定效果越好。由于石灰起稳定作用，使土的塑性、膨胀性和吸水性降低，因而随着石灰剂量的增加，石灰土的强度和稳定性提高，但超过一定剂量后，强度的增加就不明显了。

③密实度

实践证明，石灰土的密实度每增减 1%，强度增减 4% 左右。而密实的石灰土，其抗冻性，水稳定性也好，缩裂现象也少。

④最佳含水量

不同土质的石灰土有不同的最佳含水量，在最佳含水量下进行压实，可以获得较为经济的压实效果，即达到最大密实度。最佳含水量取决于压实功的大小、稳定土的类型以及石灰剂量。通常，所施加的压实功越大，稳定土中的细料含量越少，最佳含水量越小，最大密实度越高。

为了保证施工质量，石灰稳定土应在略大于最佳含水量时进行碾压，以弥补碾压过程中的水分损失。含水量过大，不但难以压实，影响强度，还会明显增大稳定土的干缩性，易导致结构层的干缩裂缝。

⑤龄期和养生条件

石灰土强度随龄期的增长大致符合指数规律。养生条件主要指温度和湿度。当温度高时，物理化学反应导致的硬化强度增加快，反之强度增加慢，在负温条件下甚至不增长。养生期间应保持一定的湿度，不应过湿或忽干忽湿，养生期不宜少于 7 d。

3. 工业废渣稳定材料

工业废渣包括煤炭工业废渣(炉渣、粉煤灰、煤矸石)、钢铁工业废渣(铁渣、钢渣)和化学工业废渣(电石渣、硫铁矿渣、漂白粉渣)等，可作为粒料材料和活性材料(活性氧化硅和活性氧化铝)使用。

在工程中，石灰粉煤灰常被简称为二灰，石灰粉煤灰稳定类混合料简称为二灰稳定土。二灰稳定土简称为二灰土，二灰稳定砂砾、碎石、矿渣等简称为二灰稳定集料或二灰稳定粒料。

二灰稳定土的强度形成原理与石灰稳定土基本相同，主要依靠集料的骨架作用和石灰粉煤灰的水硬性胶结和填充作用。由于粉煤灰含有较多的活性氧化硅和活性氧化铝成分，在石灰的碱性激发作用下生成较多的水化硅酸钙、水化铝酸钙，具有较高的强度与稳定性。

粉煤灰是一种缓凝物质，表面能较低，难以在水中溶解，导致混合料中的火山灰反应进程相当缓慢，因此其强度随龄期的增长速率缓慢，早期强度较低，但后期仍保持一定的增长速率，有着较高的后期强度。密实式二灰粒料与悬浮式二灰粒料长期强度差别不大，但密实式二灰粒料早期强度大于悬浮式二灰粒料，并有较好的水稳性。

养生温度对二灰稳定土的抗压强度有明显影响，较高的温度会促使火山灰反应进程加快，当气温低于 4 ℃时，二灰混合料的抗压强度几乎停止增长。

4.2.2.3 无机结合料稳定材料的疲劳特性

材料的抗压强度是材料组成设计的主要依据，由于无机结合料稳定材料的抗拉强度远小于其抗压强度，材料的抗拉强度是受荷结构设计的控制指标。在低于极限抗拉强度下经受重复拉应力或拉应变而导致破坏的现象，称为疲劳。导致材料发生疲劳开裂的荷载作用次数称为疲劳寿命，此时的应力大小称为疲劳强度。

无机结合料稳定材料的疲劳寿命主要取决于重复应力与极限应力之比 σ_f/σ_s，原则上当 σ_f/σ_s 小于一定值(50%)时，无机结合料稳定材料可经受无限次重复加载而不发生疲劳破坏现象，即存在疲劳极限。

无机结合料稳定材料的疲劳性能通常可用考虑可靠度下的应力水平与荷载作用的关系曲线来表示，如图 4-2 所示，并通常回归为双对数疲劳方程($\lg N_f = a + b\lg(\sigma_f/\sigma_s)$)及单对数疲劳方程($\lg N_f = a + b\sigma_f/\sigma_s$)。

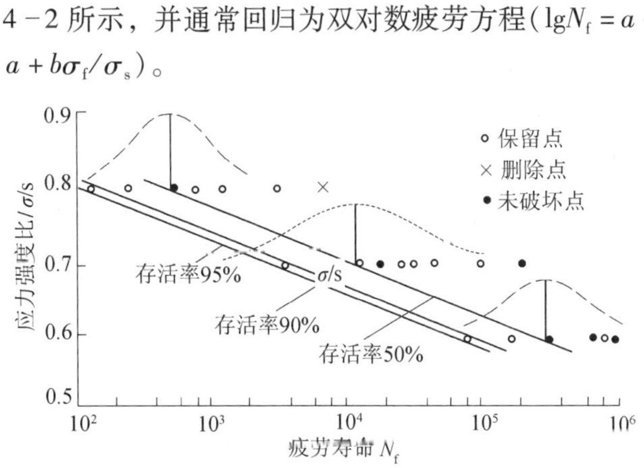

图 4-2　水泥稳定砂砾(小梁)应力强度比与疲劳寿命关系曲线

在一定的应力条件下，材料的疲劳寿命取决于：①材料的强度与刚度。强度越大刚度越小，其疲劳寿命越长。②由于材料的不均匀性，无机结合料稳定材料的疲劳方程与材料试验的变异性有关。③石灰粉煤灰稳定材料的抗疲劳性能优于水泥砂砾。④石灰粉煤灰稳定材料疲劳寿命对应力水平变化更敏感。

4.2.2.4 无机结合料稳定材料的干缩特性

无机结合料稳定材料经拌和压实后，由于水分挥发和混合料内部的水化作用，混合料的水分会不断减少。由此发生的毛细管作用、吸附作用、分子间力的作用、材料矿物晶体或凝胶体间层间水的作用和碳化收缩作用等会引起无机结合料稳定材料的体积收缩。

描述干缩特性的指标主要有干缩应变、干缩系数、干缩量、失水量、失水率、平均干缩系数。干缩应变是指水分损失引起的试件单位长度的收缩量；干缩系数是指某失水量时，试件单位失水率的干缩应变；平均干缩系数是某失水量时，试件的干缩应变与试件的失水率之比。

无机结合料稳定材料的干缩特性的大小与结合料类型、剂量、被稳定材料的类别、粒料含量、小于0.6 mm的细颗粒的含量、试件含水量和龄期等有关。

例如，二灰碎石(15∶85)、二灰碎石(20∶80)7 d龄期的最大干缩应变分别为223×10^{-6}、273×10^{-6}，而平均干缩系数分别为55×10^{-6}、65×10^{-6}。

稳定细粒土的干缩系数大于稳定中粒土和稳定粗粒土的干缩系数。对稳定粒料类，三类半刚性材料的干缩特性的大小次序为石灰稳定类 > 水泥稳定类 > 二灰稳定类；稳定土类，三类半刚性材料的干缩特性的大小次序为石灰土 > 水泥土和水泥石灰土 > 二灰土。

4.2.2.5 无机结合料稳定材料的温度收缩特性

半刚性材料是由固相(组成其空间骨架的原材料的颗粒和其间的胶结物)、液相(存在于固相表面与空隙中的水和水溶液)和气相(存在于空隙中的气体)组成，半刚性材料的外观胀缩是由固相和液相的温度收缩构成的。稳定材料中的固体矿物组成包括原材料矿物和新生矿物，一般情况下，各原材料矿物的热胀缩性较小，但其中黏土矿物的热胀缩性较大，而新生矿物如氢氧化钙、水化铝酸钙等均有较大的热胀缩性。

半刚性材料温缩特性影响因素主要有：结合料类型、剂量、被稳定材料的类别、粒料含量、龄期等；试验结果表明：石灰土砂砾(16.7×10^{-6}) > 悬浮式石灰粉煤灰粒料(15.3×10^{-6}) > 密实式石灰粉煤灰粒料(11.4×10^{-6})和水泥砂砾($(10\sim15)\times10^{-6}$)。

面层铺装的隔温作用，可降低无机结合料稳定材料基层的温度梯度和温度变化速度，有利于减少该结构层温度应力和基层材料中温度应力的松弛。但是，较长时间的暴露或上覆层较薄，会受到日温产生的温度应力反复作用，此温度应力与干缩应力相结合，更容易引起无机结合料稳定材料基层开裂。在冰冻地区，暴露的无机结合料稳定材料基层过冬，容易受到负温度作用而开裂，温缩性大的基层材料更明显，再受到水和反复冻融的作用，稳定层还容易冻坏变松，因此，稳定类材料基层在过冬前最好能养生到一定强度并铺筑上覆层。

半刚性材料成型初期主要同时受干缩和温缩的综合作用，而且初期强度较低，因此必须加强养生保护；后期主要以温缩为主。

无机结合料稳定材料的刚性越大，暴露的时间越长或暴露时遭受的温差越大，就越容易产生温度裂缝，裂缝的间距也越小(即单位长度内的裂缝数量多)，缝宽越大。由于裂缝(干缩、温缩或疲劳裂缝)的发生、发展，裂缝引起的反射裂缝的存在使雨水或雪水顺缝渗入到结构层中或受到地下水、层间滞留水的作用，导致稳定层发生强度弱化或在冰冻地区的冻胀作用使稳定层冻松等现象，将会使稳定层逐渐失去板体性，承载能力降低，此时的“稳定层”已经不是原来设计意义上的稳定层，该层对整体结构强度和刚度贡献减弱，使整体结构的使用寿命缩短，因此，应结合具体工程项目的各种要求，妥善平衡好无机结合料稳定材料的各方面性能。

4.2.3　无机结合料稳定材料的配合比设计

无机结合料稳定材料配合比设计的主要目的是：根据具体工程项目的强度指标和使用性能要求，确定稳定土中组成材料的比例；根据击实试验确定稳定土的最大干密度和最佳含水量作为工地现场进行质量控制的参考数据。所配制稳定土的各项使用性能应能符合铺装结构的设计要求，并能够准确地进行生产质量控制，易于摊铺与压实，比较经济。

以路面结构为例，基层是直接位于面层下的结构层次，主要承受面层传来的车轮荷载垂直压力作用，并将其向下扩散分布，同时受环境因素作用并起调节和改善路基路面水温状况的作用，为施工提供稳定而坚实的工作面。所以，从设计角度和使用性能方面，无机结合料稳定材料技术性质的主要要求包括使用条件下的抗压回弹模量、弯拉模量、弯拉强度、抗裂性、抗冲刷能力等，因为无机结合料稳定材料标准龄期太长，进行标准条件的配合比设计试验不利于指导施工；根据研究成果和使用经验，无机结合料稳定材料的配合比设计主要以 7 d 浸水抗压强度控制设计。根据 JTG/T F20—2015《公路路面基层施工技术细则》，无机结合料稳定材料的 7 d 龄期无侧限抗压强度应符合表 4 - 4 的要求。

表 4 - 4　无机结合料稳定材料的 7 d 龄期无侧限抗压强度标准 R_d　　MPa

混合料类型	结构层	公路等级	交通荷载等级		
			极重、特重	重	中、轻交通
二灰稳定材料	基层	高速和一级公路	≥1.1	≥1	≥0.9
		二级及其以下公路	≥0.9	≥0.8	≥0.7
	底基层	高速和一级公路	≥0.8	≥0.7	≥0.6
		二级及其以下公路	≥0.7	≥0.6	≥0.5
水泥粉煤灰稳定材料	基层	高速和一级公路	4.0～5.0	3.5～4.5	3.0～4.0
		二级及其以下公路	3.5～4.5	3.0～4.0	2.5～3.5
	底基层	高速和一级公路	2.5～3.5	2.0～3.0	1.5～2.5
		二级及其以下公路	2.0～3.0	1.5～2.5	1.0～2.0
水泥稳定材料	基层	高速和一级公路	5.0～7.0	4.0～6.0	3.0～5.0
		二级及其以下公路	4.0～6.0	3.5～5.0	2.0～4.0
	底基层	高速和一级公路	3.0～5.0	2.5～4.5	2.0～4.0
		二级及其以下公路	2.5～4.5	2.0～4.0	1.0～3.0

续表 4－4

混合料类型	结构层	公路等级	交通荷载等级		
			极重、特重	重	中、轻交通
石灰稳定材料	基层	二级及其以下公路		≥0.8	
	底基层	高速和一级公路		≥0.8③	
		二级及其以下公路		0.5～0.7④	

注：①公路等级或交通荷载等级或结构安全性要求高时，推荐取上限强度标准；

②表中强度标准指的是 7 d 龄期无侧限高压强度的代表值，二级以下公路可取低限值；

③在使用低塑性土(塑性指数小于 7)地区，石灰稳定砂砾土和碎石土的 7 d 龄期无侧限抗压强度大于 0.5 MPa；

④低限用于塑性指数小于 7 的黏性土，且低限值宜仅用于二级以下公路，高限用于塑性指数大于 7 的黏性土。

4.2.3.1　无机结合料稳定材料组成材料的技术要求

1. 水泥

普通硅酸盐水泥、矿渣硅酸盐水泥和火山灰质硅酸盐水泥都可用于稳定土，但应选用初凝时间 3 h 以上、终凝时间大于 6 h 小于 10 h 的水泥。不应使用快硬水泥、早强水泥以及已受潮变质的水泥。宜采用强度等级较低的水泥，如 32.5 级或 42.5 级水泥。

2. 石灰

高速公路和一级公路用石灰应不低于Ⅱ级技术要求，二级公路用石灰应不低于Ⅲ级技术要求，二级以下公路用石灰质量应不低于Ⅲ级以上技术要求(见表 4－5)。石灰堆放在野外无覆盖时，遭受风吹雨淋和日晒，其有效氧化钙和氧化镁质量分数很快降低，放置 3 个月时可从原来的大于 80% 降至 40% 左右，放置半年时则可能降至 30% 左右，因此在工程施工中，应尽量缩短石灰的存放时间，并应覆盖防潮、妥善保管。

表 4－5　石灰的技术指标

项目		钙质生石灰			镁质生石灰			钙质消石灰			镁质消石灰		
		Ⅰ级	Ⅱ级	Ⅲ级	Ⅰ级	Ⅱ级	Ⅲ级	Ⅰ级	Ⅱ级	Ⅲ级	Ⅰ级	Ⅱ级	Ⅲ级
有效氧化钙加氧化镁质量分数/%		≥85	≥80	≥70	≥80	≥75	≥65	≥65	≥60	≥55	≥60	≥55	≥50
未消化残渣质量分数(5 mm 圆孔筛的筛余)/%		≤7	≤11	≤17	≤10	≤14	≤20						
含水量/%								≤4	≤4	≤4	≤4	≤4	≤4
细度	0.60 mm 方孔筛的筛余/%							0	≤1	≤1	0	≤1	≤1
	0.115 mm 方孔筛的筛余/%							≤13	≤20	—	≤13	≤20	—
钙镁石灰的分类界限，氧化镁质量分数/%		≤5			>5			≤4			>4		

注：硅、铝、镁氧化物质量分数之和大于 5% 的生石灰，有效钙加氧化镁质量分数指标，Ⅰ级≥75%，Ⅱ级≥70%，Ⅲ级≥60%，未消化残渣质量分数指标与镁质生石灰指标相同。

二级以下公路使用等外石灰时，有效氧化钙质量分数应在 20% 以上，且混合料的强度应满足设计要求。

3. 粉煤灰

粉煤灰中 SiO_2、Al_2O_3 和 Fe_2O_3 的总质量分数应大于 70%，烧失量不应超过 20%，比表面积宜大于 2500 cm^2/g（或 90% 通过 0.3 mm 筛孔，70% 通过 0.075 mm 筛孔），干粉煤灰和湿粉煤灰都可以应用；当粉煤灰含水量过大时，粉煤灰颗粒会凝聚成团，在集中厂拌法拌制混合料时，过湿的粉煤灰不易通过下料斗的开口，直接影响二灰稳定材料的配合比以及拌合机的产量，因此湿粉煤灰的含水量不宜超过 35%；使用时应将凝结的粉煤灰打碎或过筛，同时消除有害杂质。

4. 水

凡能饮用的水均可使用。

5. 集料

用作被稳定材料的集料宜用各种硬质岩石或砾石加工成的碎石，也可用天然砾石。粗集料应符合表 4-6 的规定。

表 4-6　粗集料技术要求

指　标	层位	高速公路和一级公路		二级及二级以下公路
		极重、特重交通	重、中、轻交通	
压碎值/%	基层	≤22	≤26	≤35
	底基层	≤30	≤30	≤40
针片颗粒质量分数/%	基层	≤18	≤22	—
	底基层	—	—	—
0.075mm 以下粉尘质量分数/%	基层	≤1.2	≤2	—
	底基层	—	—	—
软石质量分数/%	基层	≤3	≤5	—
	底基层	—	—	—

细集料应洁净、干燥、无风化、无杂质并有适当的颗粒级配。高速公路和一级公路用细集料应符合表 4-7 的规定。

表 4-7　细集料技术要求

项　目	水泥稳定[a]	石灰稳定	石灰粉煤灰综合稳定	水泥粉煤灰综合稳定
颗粒分析	满足级配要求			
塑性指数[b]	≤17	适宜 15～20	适宜 12～20	—
有机质质量分数/%	<2	≤10	≤10	<2
硫酸盐质量分数/%	≤0.25	≤0.8	—	≤0.25

注：a. 水泥稳定包括水泥石灰综合稳定。

b. 应测定 0.075 mm 以下材料的塑性指数。

6. 混合料推荐级配与技术

采用水泥稳定时，被稳定材料的液限应不大于40%，塑性指数应不大于17。塑性指数大于17时，宜采用石灰稳定或用水泥和石灰综合稳定。

采用水泥稳定，被稳定材料中含有一定量的碎石或砾石且小于0.6 mm的颗粒质量分数在30%以下时，塑性指数可大于17，且土的均匀系数应大于5。其级配可采用表4-8中推荐的级配范围，并应符合下列规定：

(1)用于高速公路和一级公路的底基层时，被稳定材料的公称最大粒径应不大于31.5 mm，级配宜符合表中C-A-1或C-A-2的规定，被稳定材料中不宜含有黏性土或粉性土。

(2)用于二级公路的基层时，级配宜符合表中C-A-1的规定，被稳定材料中不宜含有黏性土或粉性土。

(3)用于二级以下公路的底基层时，级配宜符合表中C-A-3的规定，被稳定材料的公称最大粒径应不大于37.5 mm。

(4)用于二级及二级以下公路的底基层时，级配宜符合表中C-A-4的规定，被稳定材料的公称最大粒径应不大于37.5 mm。

表4-8 水泥稳定材料的推荐级配范围 %

筛孔尺寸/mm	高速公路和一级公路底基层或二级公路的基层	高速公路和一级公路底基层	二级以下公路的基层	二级及二级以下公路的底基层
	C-A-1	C-A-2	C-A-3	C-A-4
53	—	—	100	100
37.5	100	100	90～100	—
31.5	90～100	—	—	—
26.5	—	—	66~100	—
19	67～90	—	54~100	—
9.5	45～68	—	39～100	—
4.75	29～50	50～100	28～84	50～100
2.36	18～38	—	20～70	—
1.18	—	—	14～57	—
0.6	8～22	17～100	8～47	17～100
0.075	0～7	0～30	0～30	0～50

采用水泥稳定，被稳定材料为粒径较为均匀的砂时，宜在砂中添加塑性指数小于10的黏性土、石灰土或粉煤灰，加入比例应通过击实试验确定。添加粉煤灰的比例宜为20%～40%。

水泥稳定级配碎石或砾石的级配可采用表4-9的级配范围，并应符合下列规定：

(1)用于高速公路和一级公路时，级配宜符合表中C-B-1或C-B-2的规定。混合料密实时也可采用C-B-3。C-B-1级配宜用于基层和底基层，C-B-2级配宜用于基层。

(2)用于二级及二级以下公路时，级配宜符合表中 C－C－1、C－C－2 、C－C－3 的规定。C－C－1 级配宜用于基层和底基层，C－C－2 和 C－C－3 级配宜用于基层，C－B－3 级配宜用于极重、特重交通荷载等级下的基层。

(3) 被稳定材料的液限宜不大于 28%。

(4)用于高速公路和一级公路时，被稳定材料的塑性指数宜不大于 5；用于二级及二级以下公路时，宜不大于 7。

表 4－9　水泥稳定级配碎石或砾石的推荐级配范围　　%

筛孔尺寸/mm	高速公路和一级公路			二级及二级以下公路		
	C－B－1	C－B－2	C－B－3	C－C－1	C－C－2	C－C－3
37.5	—	—	—	100	—	—
31.5	—	—	100	90～100	100	—
26.5	100	—	—	81～94	90～100	100
19	82～86	100	68～86	67～83	73～87	90～100
16	73～79	88～93	—	61～78	65～82	79～92
13.2	65～75	76～86	—	54～73	58～75	67～83
9.5	53～62	59～72	38～58	45～64	47～66	52～71
4.75	35～45	35～45	22～32	30～50	30～50	30～50
2.36	22～31	22～31	16～28	19～36	19～36	19～36
1.18	13～22	13～22	—	12～26	12～26	12～26
0.6	8～15	8～15	8～15	8～19	8～19	8～19
0.3	5～10	5～10	—	5～14	5～14	5～14
0.15	3～7	3～7	—	3～10	3～10	3～10
0.075	2～5	2～5	0～3	2～7	2～7	2～7

石灰粉煤灰稳定材料可采用表 4－10 中推荐的级配范围，并应符合下列规定：

(1)用于高速公路和一级公路基层时，石灰粉煤灰宜占总质量的 15%，应不大于 20%，被稳定材料公称最大粒径应不大于 26.5 mm，级配宜符合表中 LF－A－2L 和 LF－A－2S 的规定。

(2)用于高速公路和一级公路底基层时，各档被稳定材料总质量宜不小于 80%，级配宜符合表中 LF－A－1L 和 LF－A－1S 的规定。对极重、特重交通荷载等级的公路，级配宜符合表中 LF－A－2L 和 LF－A－2S 的规定。

(3)用于二级及二级以下公路基层时，被稳定材料公称最大粒径应不大于 31.5 mm，其总质量宜不小于 80%，并符合表中 LF－B－2L 和 LF－B－2S 的规定。

(4)用于二级及二级以下公路底基层时，各档被稳定材料总质量宜不小于 70%，并符合表中 LF－B－1L 和 LF－B－1S 的规定。对极重、特重交通荷载等级的公路，可选择符合表中 LF－B－2L 和 LF－B－2S 的规定。

表4－10 石灰粉煤灰稳定级配碎石或砾石的推荐级配范围 %

筛孔尺寸/mm	高速公路和一级公路				二级及二级以下公路			
	稳定碎石		稳定砾石		稳定碎石		稳定砾石	
	LF－A－1S	LF－A－2S	LF－A－1L	LF－A－2L	LF－B－1S	LF－B－2S	LF－B－1L	LF－B－2L
37.5	—	—	—	—	100	—	100	—
31.5	100	—	100	—	90～100	100	90～100	100
26.5	91～95	100	93～96	100	81～94	90～100	84～95	90～100
19	76～85	82～89	81～88	86～91	67～83	73～87	72～87	77～91
16	69～80	73～84	75～84	79～87	61～78	65～82	67～83	71～86
13.2	62～75	65～78	69～79	72～82	54～73	58～75	62～79	65～81
9.5	51～65	53～57	60～71	62～73	45～64	47～66	54～72	55～74
4.75	35～45	35～45	45～55	45～55	30～50	30～50	40～60	40～60
2.36	22～31	22～31	27～39	27～39	19～36	19～36	24～44	24～44
1.18	13～22	13～22	16～28	16～28	12～26	12～26	15～33	15～33
0.6	8～15	8～15	10～20	10～20	8～19	8～19	9～29	9～29
0.3	5～10	5～10	6～14	6～14	—	—	—	—
0.15	3～7	3～7	3～10	3～10	—	—	—	—
0.075	2～5	2～5	2～7	2～7	2～7	2～7	2～10	2～10

水泥粉煤灰稳定材料可采用表4－11中推荐的级配范围，并应符合下列规定：

(1)用于高速公路和一级公路基层时，水泥粉煤灰宜占总质量的12%，应不大于18%，各档被稳定材料宜不小于总质量的85%，其公称最大粒径应不大于26.5 mm，级配宜符合表中CF－A－2L和CF－A－2S的规定。

(2)用于高速公路和一级公路底基层时，各档被稳定材料之和宜不小于总质量的80%，级配宜符合表中CF－A－1L和CF－A－1S的规定。对极重、特重交通荷载等级公路，级配宜符合表中CF－A－2L和CF－A－2S的规定。

(3)用于二级及二级以下公路基层时，被稳定材料公称最大粒径应不大于31.5 mm，其质量宜不小于总质量的80%，并符合表中CF－B－2L和CF－B－2S的规定。

(4)用于二级及二级以下公路底基层时，各档被稳定材料之和宜不小于总质量的75%，级配宜符合表中CF－B－1L和CF－B－1S的规定。对极重、特重交通荷载等级公路，可选择符合表中CF－B－2L和CF－B－2S的规定。

表 4－11　水泥粉煤灰稳定级配碎石或砾石的推荐级配范围　%

筛孔尺寸/mm	高速公路和一级公路				二级及二级以下公路			
	稳定碎石		稳定砾石		稳定碎石		稳定砾石	
	CF－A－1S	CF－A－2S	CF－A－1L	CF－A－2L	CF－B－1S	CF－B－2S	CF－B－1L	CF－B－2L
37.5	—	—	—	—	100	—	100	—
31.5	100	—	100	—	90～100	100	90～100	100
26.5	90～95	100	91～95	100	80～93	90～100	81～94	90～100
19	72～84	79～88	76～85	82～89	64～81	70～86	67～83	73～87
16	65～79	70～82	69～80	73～84	57～75	62～79	61～78	65～82
13.2	57～72	61～76	62～75	65～78	50～69	54～72	54～73	58～75
9.5	47～62	49～64	51～65	53～57	40～60	42～62	45～64	47～66
4.75	30～40	30～40	35～45	35～45	25～45	25～45	30～50	30～50
2.36	19～28	19～28	22～33	22～33	16～31	16～31	19～36	19～36
1.18	12～20	12～20	13～24	13～24	11～22	11～22	12～26	12～26
0.6	8～14	8～14	8～18	8～18	7～15	7～15	8～19	8～19
0.3	5～10	5～10	5～13	5～13	—	—	—	—
0.15	3～7	3～7	3～10	3～10	—	—	—	—
0.075	2～5	2～5	2～7	2～7	2～5	2～5	2～7	2～7

4.2.3.2　无机结合料稳定材料混合料组成材料比例的推荐范围

1. 水泥剂量

水泥剂量为水泥质量占干土质量的百分比。水泥剂量的推荐范围见表 4－12。

表 4－12　水泥稳定材料配合比试验推荐水泥试验剂量

被稳定材料	条件		推荐试验剂量/%
有级配的碎石或砾石	基层	$R_d \geq 5.0$MPa	5、6、7、8、9
		$R_d < 5.0$MPa	3、4、5、6、7
土、砂、石屑等		塑性指数＜12	5、7、9、11、13
		塑性指数≥12	8、10、12、14、16
有级配的碎石或砾石	底基层	—	3、4、5、6、7
土、砂、石屑等		塑性指数＜12	4、5、6、7、8
		塑性指数≥12	6、8、10、12、14

2. 石灰工业废渣稳定材料的配合比范围

石灰稳定类配合比以石灰剂量表示，石灰剂量＝石灰质量/干土质量。石灰剂量与土的种类、石灰品种关系甚大。石灰工业废渣混合料采用质量配合比计算，以石灰：粉煤灰：集料(或土)的质量比表示，配合比设计可参考表 4－13。

表 4－13　石灰粉煤灰稳定材料和石灰煤渣稳定材料推荐比例

材料类型	材料名称	使用层位	结合料间比例	结合料与被稳定材料间比例
石灰粉煤灰	硅铝粉煤灰的石灰粉煤灰类	基层或底基层	石灰：粉煤灰＝1：2～1：9	—
	石灰粉煤灰土	基层或底基层	石灰：粉煤灰＝1：2～1：4	石灰粉煤灰：细粒材料＝30：70～10：90
	石灰粉煤灰稳定级配碎石或砾石	基层	石灰：粉煤灰＝1：2～1：4	石灰粉煤灰：被稳定材料＝20：80～15：85
石灰煤渣	石灰煤渣稳定材料	基层或底基层	石灰：煤渣＝20：80～15：85	—
	石灰煤渣土	基层或底基层	石灰：煤渣＝1：1～1：4	石灰煤渣：细粒材料＝1：1～1：4
	石灰煤渣稳定材料	基层或底基层	石灰：煤渣：被稳定材料＝(7～9)：(26～33)：(67～58)	

3. 水泥粉煤灰稳定材料的配合比范围

水泥粉煤灰稳定材料以水泥：粉煤灰：集料(或土)的质量比表示，水泥粉煤灰稳定材料和水泥煤渣稳定材料比例可采用表 4－14 中的推荐值。

表 4－14　水泥粉煤灰稳定材料和水泥煤渣稳定材料推荐比例

材料类型	材料名称	使用层位	结合料间比例	结合料与被稳定材料间比例
水泥粉煤灰	硅铝粉煤灰的水泥粉煤灰类	基层或底基层	水泥：粉煤灰＝1：2～1：9	—
	水泥粉煤灰土	基层或底基层	水泥：粉煤灰＝1：3～1：5	水泥粉煤灰：细粒材料＝30：70～10：90
	水泥粉煤灰稳定级配碎石或砾石	基层	水泥：粉煤灰＝1：3～1：5	水泥粉煤灰：被稳定材料＝20：80～15：85
水泥煤渣	水泥煤渣稳定材料	基层或底基层	水泥：煤渣＝5：95～15：85	—
	水泥煤渣土	基层或底基层	水泥：煤渣＝1：2～1：5	水泥煤渣：细粒材料＝1：2～1：5
	水泥煤渣稳定材料	基层或底基层	水泥：煤渣：被稳定材料＝(3～5)：(26～33)：(71～62)	

4.2.3.3　无机结合料稳定材料混合料组成设计步骤

(1)从工程拟用的料场选取有代表性的试样，按不同稳定类混合料的技术要求进行原材料的相关试验，筛选出合格原材料。

(2)按使用层位要求、气候环境影响因素、原材料的状况、稳定类混合料技术特性(干缩、温缩、冲刷等)等方面进行混合料中材料组成设计，得到满足集料级配要求、性能满意的一组或几组材料组成设计方案。

(3)采用重型击实试验，制备同一种试样。试样采用不同结合料剂量(按表 4-12～表 4-14 所推荐的剂量)或不同配合比组成的混合料。

(4)确定各种混合料的最佳含水量和最大干密度，至少应做三个不同结合料剂量混合料的击实试验，即最小剂量、中间剂量和最大剂量。其他两个剂量混合料的最佳含水量和最大干密度用内插法确定。

(5)按规定压实度或工地预定达到的压实度(压实度为混合料现场实测干密度与室内击实最大干密度的百分比)，分别计算不同结合料剂量的试件应有的干密度(计算干密度)。

(6)按计算干密度和最佳含水量制备抗压强度试件。进行强度试验时，作为平行试验的最少试件数量应不小于表 4-15 的规定。如试验结果的偏差系数大于表 4-15 中规定的值，则应重做试验，并找出原因，加以解决。如不能降低偏差系数，则应增加试件数量。

表 4-15　平行试验的最少试件数量

稳定土类型	偏差系数		
	<10%	10%～15%	15%～20%
细粒土	6	9	—
中粒土	6	9	13
粗粒土	—	9	13

(7)试件在规定温度下保湿养生 6 d，浸水 24 h 后，按 JTG E51—2009《公路工程无机结合料稳定材料试验规程》进行无侧限抗压强度试验。

(8)计算试验结果的平均值和偏差系数。

(9)根据稳定材料的强度标准(表 4-4)，选定合适的结合料剂量。此剂量试件室内试验结果的平均抗压强度 $\bar{R}$ 应符合式(4-6)的要求：

$$\bar{R} \geqslant /R_d(1 - Z_\alpha C_v) \tag{4-6}$$

式中　R_d——设计抗压强度(取表 4-4 中的值)；

C_v——试验结果的偏差系数(以小数计)；

Z_α——标准正态分布表中随保证率(或置信度 α)而变的系数，重交通道路应取保证率 95%，即 $Z_\alpha = 1.645$，其他道路应取保证率 90%，即 $Z_\alpha = 1.282$。

(10)考虑到室内试验与现场施工条件的差别，工地实际采用的结合料剂量应比室内试验确定的剂量多些，增加量应根据施工方法、结合料剂量控制精度、拌和效果等综合确定。

(11)结合料过少，其在无机结合料稳定材料中不能均匀分散，因此结合料的最小剂量尚应满足相关规定。

例题 4 2　设计广东省某二级公路基层用石灰土的配合比。

解　(1)设计要求

石灰土的设计抗压强度 $R_d = 0.8$ MPa，工地预定压实度为 97%。在组成材料中，石灰为 2 级钙质生石灰；土为黏性土，塑性指数 $I_p = 15.0$，工地采用集中厂拌法施工。

(2)设计计算

①确定石灰剂量范围

由黏性土塑性指数 $I_p=15.0$，选定石灰剂量范围为5%～13%。

②确定石灰土的最佳含水量和最大干密度

选定石灰剂量为5%、7%、9%、11%、13%进行石灰土的击实试验，测定石灰土最佳含水量和最大干密度，试验结果见表4-16。

表4-16　石灰土击实试验和强度试验结果

石灰剂量/%	最佳含水量/%	最大干密度/($g·cm^{-3}$)	计算干密度/($g·cm^{-3}$)	抗压强度/MPa	强度偏差系数	抗压强度要求值/MPa
5	17.2	1.65	1.601	0.45	0.142	0.978
7	17.9	1.69	1.639	0.91	0.133	0.964
9	18.7	1.66	1.610	1.06	0.131	0.961
11	19.7	1.63	1.581	1.13	0.122	0.948
13	21.5	1.59	1.542	1.35	0.119	0.944

③强度检验

根据工地预定压实度97%水平，得到不同石灰剂量下的石灰土试件的计算干密度，按此干密度和最佳含水量制备试件各9个。石灰土试件在规定温度(25 ℃ ±2 ℃)下保湿养生，进行7d浸水无侧限抗压强度试验，试验结果见表4-16。不同石灰剂量下的石灰土试件强度偏差系数满足要求，不需要增加试验。

④确定石灰剂量

一般公路取保证率90%，即 $Z_\alpha=1.282$，根据设计抗压强度 $R_d=0.8$ MPa和强度偏差系数代入式(4-6)，得到各石灰剂量下的抗压强度要求值。石灰土的平均抗压强度满足 $\bar{R}\geq$抗压强度要求值的要求对应的石灰剂量约为9%。根据施工条件和施工水平，并考虑到9%石灰土强度有富余，决定工地上实际采用的石灰剂量为9%，其最大干密度为1.66 g/cm^3，最佳含水量为18.7%。

⑤石灰土的工地配合比设计结果

该二级公路基层采用9%石灰稳定土，其最大干密度为1.66 g/cm^3，最佳含水量为18.7%。

【课外调查】

调查内容：调查无机结合料稳定材料在土木工程中的应用。

调查目的：通过调查，掌握无机结合料稳定材料在土木工程中有哪些应用及其优缺点。

复习思考题

4-1　影响水泥土强度的因素是什么？

4-2　水泥土配比设计的步骤是什么？

4-3　无机结合料稳定材料可以分为几类？各类的使用性能有何特点？

4-4　无机结合料稳定材料强度有何特点？请分析各自强度影响因素和在工程中应注意的问题（例如施工、过冬、养护）。

4-5　稳定类材料击实试验的目的是什么？

4-6　无机结合料稳定材料配合比设计的目的是什么？

4-7　水泥稳定碎石与水泥混凝土在组成材料、技术性质及用途等方面有何不同？

4-8　某道路基层用水泥稳定粒料的重型击实试验结果见表 4-17，试确定该水泥稳定粒料的最大干密度和最佳含水量。

表 4-17　水泥稳定粒料的湿密度与含水量测定值

水泥粒料的湿密度/($g \cdot cm^{-3}$)	2.22	2.27	2.43	2.43	2.41
水泥粒料的含水量/%	3.0	4.0	5.0	6.0	7.0

4-9　水泥稳定级配碎石 7 d 设计抗压强度为 4 MPa。根据表 4-18 的试验结果，确定某高速公路基层用水泥稳定级配碎石的水泥剂量，以及在该剂量下水泥稳定级配碎石的最大干密度和最佳含水量。

表 4-18　水泥稳定级配碎石配合比试验结果

水泥剂量 /%	混合料的最大干密度 /($g \cdot cm^{-3}$)	混合料的最佳含水量 /%	7 d 抗压强度平均值 /MPa	强度偏差系数
3.5	2.30	4.9	4.2	0.154
4.0	2.35	5.2	4.8	0.132
4.5	2.37	5.4	5.2	0.127
5.0	2.38	5.6	5.7	0.108

第5章 混凝土

【学习要点】

1. 掌握普通混凝土组成材料的品种、技术要求及选用，熟练掌握各种组成材料的技术要求、测定方法和对混凝土性能的影响；

2. 熟练掌握混凝土拌合物的性能及其测定和调整方法；

3. 熟练掌握混凝土的力学、变形性能和耐久性及其影响因素；

4. 熟练掌握普通混凝土的配合比设计方法；

5. 了解混凝土技术的新进展和发展趋势。

5.1 混凝土概述

广义的混凝土是由胶凝材料、粗骨料、细骨料和水(必要时掺入适量的外加剂和矿物掺合料，采用有机胶凝材料时也可不加水)按适当比例配合，经搅拌、浇筑成型后，经一定时间养护硬化而成的具有固定形状和一定强度的人造石材。目前应用最多的是以水泥为胶凝材料的混凝土，称为水泥混凝土。通常所说的混凝土均指水泥混凝土。

5.1.1 混凝土的发展历史与现状

1824年英国人阿斯普丁(Joseph Aspdin)获得了生产波特兰水泥的专利，1830年前后混凝土问世。

为克服混凝土材料抗拉强度低、脆性大、易开裂的缺点，19世纪50年代开发了钢筋混凝土技术。法国人朗波(J. L. Lambot)于1854年在巴黎制造了钢筋混凝土小船，美国人海厄特(Thaddeus Hyatt)制作和试验了大量钢筋混凝土梁，但钢筋混凝土并没有得到广泛应用。1867年法国人莫尼尔(Joseph Monier)获得了钢筋混凝土花盆的专利，并用这种材料建造了钢筋混凝土水箱和桥梁，之后钢筋混凝土的应用日益广泛。1887年科伦(M. Koenen)首先发表了钢筋混凝土的计算方法，为钢筋混凝土的设计提供了理论根据。钢筋混凝土的诞生极大地促进了混凝土的发展，被誉为混凝土发展的第一次革命。

1918年艾布拉姆斯(D. A. Abrams)发表了著名的计算混凝土本身强度的水灰比理论，1925年利滋发表了灰水比学说和恒定用水量学说，奠定了现代混凝土的理论基础。1928年，法国的佛列西涅(Freyssinet)提出了混凝土的收缩和徐变理论，建立了预应力钢筋混凝土结构的科学基础。通过外部条件对混凝土进行改性，大大扩展了混凝土的应用范围，被誉为混凝土发展的第二次革命。

20世纪60年代高效减水剂的问世，不仅改善了混凝土的各种性能，而且为混凝土的施工工艺的发展创造了良好的条件，被誉为混凝土发展的第三次革命。

1990 年美国提出了高性能混凝土的概念，混凝土的性能从单纯的重视强度向重视混凝土的综合性能转变。目前各种外加剂、矿物掺合料和纤维在混凝土中的应用日趋广泛，混凝土在工业与民用建筑、水利、公路、铁路、桥梁及国防建设中得到广泛应用。

2021 年我国水泥产量为 24.8 亿 t，约占世界水泥总产量的 60%。2021 年我国混凝土用量超过 40 亿 m^3。混凝土是目前当之无愧的用量最大、应用范围最广的土木工程材料。

5.1.2　混凝土的分类

混凝土的分类方法很多，通常有如下几种。

1. 按表观密度分类

重混凝土：干表观密度大于 2 800 kg/m^3 的混凝土，用钢球、铁矿石、重晶石等密度较大的骨料制备，具有防辐射的作用。

普通混凝土：干表观密度为 2 000 ～ 2 800 kg/m^3 的混凝土，用普通的砂、石骨料制备，是最常见的混凝土。

轻混凝土：干表观密度不大于 1 950 kg/m^3 的混凝土，用轻质骨料或提高孔隙率的方法制备，有减轻自重的作用，部分品种可用作保温材料。

2. 按生产方法分类

现场搅拌混凝土：在施工现场将水泥、骨料、水等组分按一定比例计量后，用机械或人工方法拌合的混凝土。

预拌混凝土：也称商品混凝土，是指将水泥、骨料、水以及根据需要掺入的外加剂、矿物掺合料等组分按一定比例，在搅拌站(楼)生产的，通过运输设备送至使用地点的、交货时为拌合物的混凝土。

3. 按施工工艺分类

普通现浇混凝土：用一般工艺施工的混凝土。

泵送混凝土：用混凝土泵输送浇灌的混凝土。

喷射混凝土：用压缩空气喷射施工的混凝土，多用于井巷及隧道衬砌等工程。

碾压混凝土：以适宜稠度的混凝土拌合物，薄层铺筑，用振动碾碾压密实的混凝土，多用于大坝、道路等工程。

振压混凝土：用振动加压工艺成型，用于制作混凝土板类构件。

挤压混凝土：用挤压机成型，用于 T 型小梁等构件生产。

离心混凝土：用离心机成型，用于混凝土管等管状构件的生产。

4. 按用途分类

结构混凝土：即普通混凝土，主要起承受荷载的作用。

防水混凝土：能承受一定水压的混凝土，要求具有高密实性和抗渗性，多用于地下工程及贮水构筑物。

耐热混凝土：可承受一定温度的混凝土，选择适当的原材料，可在 300 ～ 1 700 ℃的温度下使用。

防辐射混凝土：能屏蔽 X 射线、γ 射线及中子射线的重混凝土，也称屏蔽混凝土，是原子能反应堆、粒子加速器等常用的防护材料。

水工混凝土：用于大坝等水工构筑物的混凝土，通常为大体积混凝土工程，要求具有抗冲刷、低水化热、耐磨等性能。

海工混凝土：用于海洋工程的混凝土，要求具有抗海水腐蚀性、抗冻性及抗渗性。

道路混凝土：用于道路路面的混凝土，要求有足够的耐磨性。

此外，混凝土还可按拌合物的稠度、强度等进行分类。

5.1.3 混凝土的特点

混凝土在土木工程中得到广泛应用，主要原因是其具有如下优点：

(1)原材料来源广泛，造价低廉。混凝土中砂、石等地方材料占80%以上，符合就地取材和经济原则。

(2)性能可按需要调节。通过调整原材料种类和比例，可配制不同性能的混凝土，满足不同工程的需要。

(3)混凝土拌合物具有良好的塑性。可浇筑成各种形状和尺寸的构件或结构物。

(4)抗压强度高。硬化后有较高的抗压强度，通常为20～40 MPa，有些可高达100 MPa以上。

(5)耐久性好。混凝土在一般条件下耐久性较高，并具有较高的耐火性；投入使用后维修工作量少，维修费用低。

(6)可与钢筋共同作用。混凝土与钢筋有牢固的黏结力，有基本相同的线膨胀系数，可利用混凝土的高抗压强度与钢筋的高抗拉强度做成钢筋混凝土结构。

混凝土的缺点主要是：

(1)抗拉强度低。一般抗拉强度只有其抗压强度的1/10～1/20，受拉时变形能力小，容易开裂。

(2)自重大，比强度小。普通混凝土表观密度为2 400 kg/m^3左右，自重较大，不宜用于高层建筑和大跨度结构。

(3)生产周期长。混凝土材料凝结硬化慢，生产周期长，通常需经过28 d龄期的养护才能达到设计强度。

5.1.4 混凝土的发展趋势

由于混凝土具有造价低廉、性能可调、耐久性好等优点，21世纪水泥混凝土仍将是最主要的土木工程材料。

一般对混凝土的基本要求是：

(1)具有与施工条件相适应的施工和易性；

(2)具有符合设计要求的强度；

(3)具有与工程环境相适应的耐久性；

(4)在保证质量前提下，节约造价。

为了适应建筑向高层、超高层、大跨度发展，以及开发地下、海洋空间的需要，混凝土今后的发展方向是：在满足基本要求的情况下，满足某种特殊性能需求，如高流动性、轻质、高强、早强、高耐久性等。

随着对混凝土研究的深入，各种新材料(如新型外加剂、掺合料、纤维等)将逐渐引入到混凝土系统中，利用材料的复合来提升混凝土的性能。

此外，随着优质石灰石、砂、石骨料资源的日渐减少，以劣质原材料以及利用固体废弃物(如工业废渣、尾矿等)生产混凝土也将日益普遍。

5.2　普通混凝土的组成材料

普通混凝土是以水泥、砂、石和水为基本材料，或掺加适量外加剂、掺合料制成的复合材料。外加剂和掺合料常被称为混凝土的第五组分和第六组分。

在混凝土中，砂、石起骨架作用，称为骨料，它可以减少水泥在凝结硬化时的体积变化，增加混凝土的体积稳定性。水泥与水形成水泥浆，水泥浆包裹在骨料表面并填允其空隙。在硬化前，水泥浆起润滑作用，赋予拌合物一定的和易性，便于施工。水泥浆硬化后，将骨料胶结成一个坚实的整体并赋予混凝土强度。硬化后混凝土的组织结构如图 5－1 所示。

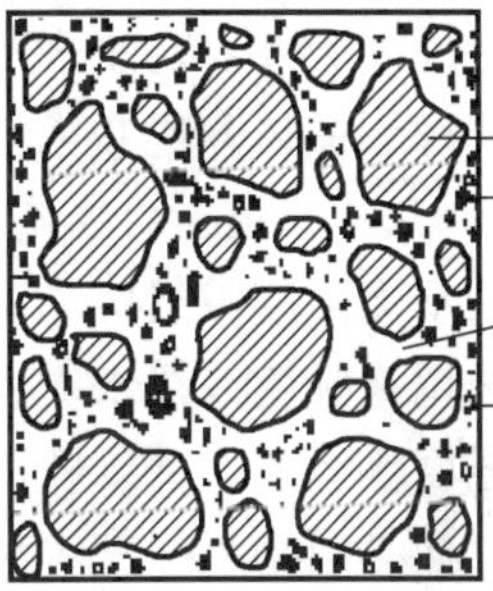

图 5－1　混凝土的组织结构

加入适宜的外加剂和掺合料，在硬化前能改善拌合物的和易性，以满足现代化施工工艺对拌合物的高和易性要求；硬化后能显著改善混凝土的物理力学性能和耐久性能，尤其是在配制高强度混凝土、高性能混凝土时，外加剂和掺合料是必不可少的。

混凝土的技术性质在很大程度上是由原材料的性质及其相对质量分数决定的。同时也与施工工艺(搅拌、输送方式、成型、养护)有关。因此，要获得满足设计性能要求的混凝土，必须了解其原材料的性质、作用及其质量要求，合理选择原材料。

5.2.1　水泥

水泥是混凝土中最重要的组分，其性能对混凝土的质量起到重要的作用，配制混凝土时，应正确选择水泥品种和水泥强度等级，其性能必须符合相应国家标准中的指标要求，特别是水泥的安定性和强度。

5.2.1.1　选用优质水泥

为了保证工程质量，在使用时首先要选择优质水泥。一般来说，优质水泥应具有如下特点：配制混凝土时需水量低、流动性好、与外加剂有较好的相容性；水泥的性能稳定，特别是强度稳定；具有较高的胶结强度，在配制混凝土时，能减少水泥用量，增大矿物掺合料的用量；水泥的颗粒分布合理，以获得更好的工作性和耐久性；严格限制水泥中的有害组分，如碱含量、氯离子含量等。在条件允许的情况下，优先选择大中型企业生产的旋窑水泥。

5.2.1.2　正确选用水泥品种

配制混凝土一般可采用硅酸盐水泥、普通硅酸盐水泥、矿渣硅酸盐水泥、火山灰质硅酸盐水泥、粉煤灰硅酸盐水泥和复合硅酸盐水泥，必要时也可采用快硬硅酸盐水泥或其他水泥。采用何种水泥，应根据具体工程的性质、结构部位、工程所处环境、施工条件等因素参照表 3－13 选用。

泵送混凝土应选用硅酸盐水泥、普通硅酸盐水泥、矿渣硅酸盐水泥和粉煤灰硅酸盐水泥，不宜采用火山灰质硅酸盐水泥。

道路工程中，由于道路路面要经受高速行驶车辆轮胎的摩擦、载重车辆的强烈冲击、路面与路基因温差产生的胀缩应力及冻融等影响，因此要求路面混凝土抗折强度高、收缩变形小、耐磨性能好、抗冻性能好，并具有较好的弹性。特重、重交通路面宜采用旋窑道路硅酸盐水泥，也可采用旋窑硅酸盐水泥或普通硅酸盐水泥；中、轻交通路面可采用矿渣硅酸盐水泥；低温天气施工或有快通要求的路段可采用早强型水泥，其他宜采用普通型水泥。

除了水泥混凝土路面施工为了缩短养护时间需采用早强型水泥外，在选用水泥时不可过度追求水泥的高早强，尤其不要任意使用早强型水泥。并非水泥的强度越高，用量越多，混凝土性能越好。对于现浇混凝土结构，往往是水泥早期强度越高、水泥用量越多，混凝土早期开裂的风险也越大。

5.2.1.3　水泥与混凝土的强度等级要相适应

选用的水泥强度等级应与混凝土的设计强度等级相适应。原则上是配制高强度等级的混凝土，选用高强度等级水泥；配制低强度等级的混凝土，选用低强度等级水泥。

水泥强度等级的选择既要满足混凝土的强度要求，又要兼顾混凝土的耐久性、和易性及经济性。如必须用高强度等级水泥配制低强度等级混凝土时，会使水泥用量偏少，使得混凝土拌合物和易性变差，不易获得均匀密实的混凝土，影响混凝土的耐久性，为此应掺入一定数量的矿物掺合料。若用低强度等级水泥配制高强度等级混凝土，会使水泥用量过多，这样不但不经济，而且会使混凝土和易性变差，产生较大收缩和水化热。

配制 C25 ～ C60 的混凝土，通常采用 32.5 ～ 52.5 强度等级的水泥。配制 C70 ～ C100 的混凝土，通常采用 42.5 ～ 52.5 强度等级的水泥复合一定量的硅灰、矿渣微粉和优质粉煤灰等矿物掺合料来解决。配制 C15 ～ C20 的混凝土，通常采用 32.5 强度等级的水泥复合粉煤灰的方法来解决。

根据我国道路混凝土使用水泥的情况，并参照国外对道路水泥混凝土的规定，建议所采用的水泥强度等级为：高等级路面及机场跑道所用的水泥强度等级不低于 52.5，其余路面所用的强度等级不低于 42.5。

5.2.2　细骨料

粒径小于 4.75 mm（有些标准中为 5 mm）的骨料为细骨料，混凝土中常用的细骨料为天然河砂，随着河砂资源的日渐减少，海砂和机制砂在混凝土中的应用也日渐广泛，此外也有采用石屑（粗骨料生产时的废渣）作为细骨料的。

配制混凝土时，砂性能应符合相应国家和行业标准中的指标要求。如建造一般工业与民用建筑和构筑物时，其性能指标应符合 JGJ 52—2006《普通混凝土用砂、石质量及检验方法标准》；建造水工建筑物时，其性能指标应符合 DL/T 5144—2015《水工混凝土施工规范》的要求。

5.2.2.1　细度模数的选择

细度模数表征细骨料的总体粗细程度，为了与胶凝材料、粗骨料构成良好的级配关系，混凝土中宜选用细度模数为 2.3 ～ 3.0 的中砂。在一些施工规范中，对砂的适宜细度模数还给出了更为具体的规定。

当用砂量相同时，细砂的比表面积较大，而粗砂的比表面积较小。在配制混凝土时，砂的总比表面积越大，则需要包裹砂粒表面的水泥浆越多，当混凝土拌合物和易性要求一定时，显然用较粗的砂拌制混凝土比起用较细的砂所需的水泥浆量较少。但如果砂子过粗，易使混凝土拌合物产生离析、泌水等现象，影响混凝土的工作性。因此，用于配制混凝土的砂，不宜过粗，也不宜过细。对于路面混凝土而言，由于细砂配制的混凝土抗滑、抗磨性差，易发生交通事故，应避免采用细度模数在 2.0 以下的细砂。

对同一混凝土配合比而言，如果砂的细度模数变化超过 0.3，将导致混凝土拌合物的稠度变异较大，有时甚至到失控的程度，因此施工中应将细度模数差异超过 0.3 的、来源或产地不同的砂分别堆放，并按不同细度模数调整混凝土配合比砂率后再使用。

需要特别注意的是，细度模数并不完全反映颗粒的级配情况，混凝土配制时应同时考虑细度模数和颗粒级配。

5.2.2.2　杂质和有害物质含量的限值

杂质（泥和泥块等）和有害物质含量对混凝土性能有不良影响，因此在国家标准中对其含量限值均有明确规定（详见第 2.3.2 节）。从混凝土耐久性考虑，应特别注意砂的氯离子含量和碱活性。

5.2.2.3　砂子的容胀

砂的体积和堆积密度与其含水状态紧密相关。气干状态的砂随着含水率的增大，砂颗粒表面形成一层吸附水膜，推挤砂粒分开而引起砂体积增大，这种现象称为砂的容胀，其中细砂的容胀要比粗砂的大得多。

当砂的含水率为 5%～8% 时，其体积最大而堆积密度最小，砂的体积可增加 20%～30%。若含水率继续增大，砂表面水膜增厚，当水的自重超过砂粒表面对水的吸附力时产生流动，并迁入砂粒间的空隙中，于是砂粒表面的水膜被挤破消失，砂体积减小。当含水率在 20% 左右时，湿砂体积与干砂相近；含水率继续增大，则砂粒互相挤紧，这时湿砂的体积反而小于干砂。砂的体积与其含水率的关系见图 5-2。

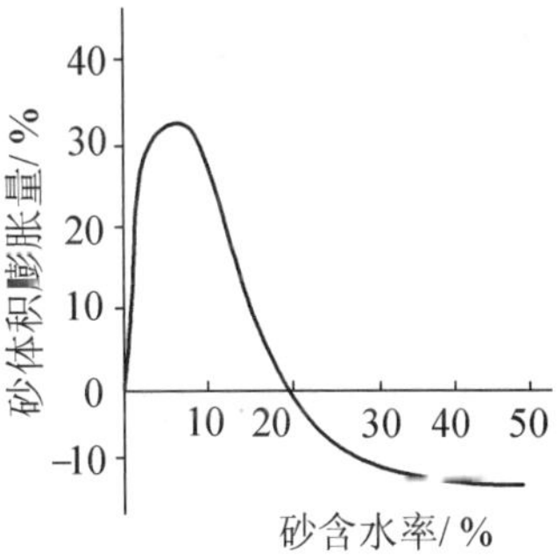

图 5-2　砂体积与含水率的关系

因此在拌制混凝土时，砂的用量应按质量计，而不能以体积计量，以免引起混凝土拌合物砂量不足，出现离析现象。

5.2.3　粗骨料

粒径大于 4.75 mm（有些标准中为 5 mm）的骨料为粗骨料，混凝土中常用的粗骨料为碎石，在水利工程中有时也采用卵石。

配制混凝土时，石的性能应符合相应国家和行业标准中的指标要求。如建造一般工业与民用建筑和构筑物时，其性能指标应符合 JGJ 52—2006《普通混凝土用砂、石质量及检验方法标准》；建造水工建筑物时，其性能指标应符合 DL/T 5144—2015《水工混凝土施工规范》的要求。

5.2.3.1　最大粒径的选择

为减少水泥用量和降低水化温升，配制混凝土时宜采用较大粒径的粗骨料。粗骨料最大粒径的选择必须考虑结构形式、配筋情况和强度等级等因素。

粗骨料最大粒径主要受结构形式和配筋疏密等条件限制。根据 GB 50666—2011《混凝土结构工程施工规范》的规定：混凝土用的粗骨料，其最大粒径不得超过构件截面最小尺寸的 1/4，且不得超过钢筋最小净间距的 3/4。对混凝土实心板，粗骨料的最大粒径不宜超过板厚的 1/3 且不得超过 40 mm。

此外，粗骨料最大粒径还受到混凝土强度等级的影响。混凝土强度等级高时，应采用较小粒径的骨料，如高强混凝土的骨料最大粒径一般仅为 20 mm 或更小；混凝土强度等级低时，应采用较大粒径的骨料，如大坝混凝土的骨料最大粒径可达 150 mm。

为减少水泥用量、降低混凝土的温度和收缩应力，在大体积混凝土内，也常用毛石来填充。毛石是爆破石灰岩、白云岩及砂岩等所得到的形状不规则的大石块，一般尺寸在一个方向达 30 ～ 40 cm，质量为 20 ～ 30 kg。这种混凝土也称毛石混凝土。

5.2.3.2　颗粒级配的选择

混凝土中粗骨料的级配有连续级配和间断级配两种。连续级配是石子由小到大各粒级相连的级配，如 5 ～ 40 mm 连续级配，连续级配是工程中常用的级配。间断级配是指石子用小颗粒的粒级直接和大颗粒的粒级相配，如将 5 ～ 20 mm 和 40 ～ 80 mm 的粒级相配，中间缺少 20 ～ 40 mm 的粒级，这时大颗粒的空隙直接由比它小得多的颗粒去填充，间断级配可以获得更小的空隙率，从而节省水泥，但混凝土拌合物和易性差，宜离析，工程中较少使用。

粗骨料的颗粒级配对混凝土性能和造价的影响非常大，在最大骨料粒径一定的情况下，应选用级配良好的粗骨料。由于我国目前粗骨料的质量较差，标称连续级配的石子通常其颗粒级配不能满足要求，因此宜选用单粒级搭配的方法调整粗骨料颗粒级配，如 5 ～ 40 mm 连续级配骨料可由 5 ～ 20 mm 连续级配骨料和 20 ～ 40 mm 单粒级骨料搭配而成。

配制混凝土时，骨料的颗粒级配和粗细程度这两个因素应同时考虑。若骨料的级配良好且颗粒较大，则空隙率及总表面积均较小，这样的骨料比较理想，不仅水泥浆用量较少，而且还可提高混凝土的密实性与强度。

5.2.3.3　杂质和有害物质含量的限值

杂质(泥和泥块等)和有害物质含量对混凝土性能有不良影响，因此在国家标准中对其含量限值均有明确规定(详见第 2.3.2 节)。从混凝土耐久性考虑，应特别注意粗骨料的含泥量和碱活性。

对于重要工程用石子，应首先采用岩相法检验碱活性骨料的品种、类型及含量，若含有活性二氧化硅时，宜采用快速砂浆棒法检验；若含有活性碳酸盐时，应采用岩石柱法检验。经检验具有碱活性或潜在碱活性时，则不宜用作混凝土骨料。如必须采用上述骨料，则应采用低碱水泥、掺加能抑制碱 - 骨料反应的掺合料等技术措施，并应进行骨料碱活性混凝土棱柱体法等试验检验上述措施对骨料碱活性的抑制效果。

5.2.4　混凝土拌合及养护用水

水是混凝土的主要组成材料之一，水的质量不仅能影响混凝土的凝结和硬化，还能影响混凝土的强度和耐久性。

混凝土拌合及养护用水按水源可分为饮用水、地表水、地下水、海水等。混凝土拌合及养护用水宜采用饮用水。地表水和地下水常溶有较多的有机质和矿物盐，首次使用前应按标准规定进行检验，合格后方可使用。海水中含有硫酸盐、镁盐和氯化物，影响混凝土的强度和耐久性，并对钢筋有锈蚀作用，因此未经处理的海水严禁用于拌制钢筋混凝土和预应力混凝土。在无法获得水源的情况下，海水可用于拌制素混凝土，但不宜用于拌制有饰面要求的混凝土，以免因表面产生盐析而影响装饰效果。未经处理的生活废水和工业废水水质复杂，多含有影响混凝土性能的有害杂质，不得用于混凝土的拌合与养护。混凝土企业设备洗刷水不宜用于预应力混凝土、装饰混凝土、加气混凝土和暴露于腐蚀环境的混凝土；不得用于使用碱活性或潜在碱活性骨料的混凝土。

根据JGJ 63—2006《混凝土用水标准》，混凝土拌合用水不应有漂浮明显的油脂和泡沫，不应有明显的颜色和异味，有害物质含量限值应符合表5－1的规定。对于设计使用年限为100年的结构混凝土，氯离子含量不得超过500 mg/L；对使用钢丝或经热处理钢筋的预应力混凝土，氯离子含量不得超过350 mg/L。

表5－1　混凝土拌合用水水质要求

项　　目	预应力混凝土	钢筋混凝土	素混凝土
pH值	≥5.0	≥4.5	≥4.5
不溶物/($mg\cdot L^{-1}$)	≤2 000	≤2 000	≤5 000
可溶物/($mg\cdot L^{-1}$)	≤2 000	≤5 000	≤10 000
Cl^-/($mg\cdot L^{-1}$)	≤500	≤1 000	≤3 500
SO_4^{2-}/($mg\cdot L^{-1}$)	≤600	≤2 000	≤2 700
碱质量浓度/($mg\cdot L^{-1}$)	≤1 500	≤1 500	≤1 500

此外，被检验水样应与饮用水样进行水泥凝结时间、胶砂强度对比试验。两者的水泥初凝时间差及终凝时间差均不应大于30 min；其初凝和终凝时间还应符合现行的水泥国家标准的规定。被检验水样配制的水泥胶砂3 d和28 d强度不应低于饮用水配制的水泥胶砂3 d和28 d强度的90%。

混凝土养护用水可不检验不溶物、可溶物、水泥凝结时间和水泥胶砂强度，其他检验项目应符合表5－1的规定。

5.2.5　混凝土外加剂

混凝土外加剂是现代混凝土不可缺少的组分之一，是混凝土改性的一种重要方法和技术。混凝土外加剂在混凝土中的掺量不多，通常不超过5%，但可显著改善混凝土拌合物的和易性，明显提高混凝土的物理力学性能和耐久性。

外加剂的研究和应用促进了混凝土生产、施工工艺和高性能混凝土的发展。目前广泛应用的预拌混凝土和泵送混凝土等，均是依靠掺加外加剂才得以实现的。混凝土外加剂已经成为制备优良性能混凝土的必备条件，混凝土化学外加剂已成为除水泥、砂、石和水以外的第五种必不可少的组分。

5.2.5.1 外加剂的定义、分类和功能

根据 GB/T 8075—2017《混凝土外加剂术语》，混凝土外加剂是一种在混凝土拌制之前或拌制过程中加入的、用以改善新拌混凝土和(或)硬化混凝土性能的材料，简称外加剂。

国标中混凝土外加剂包括普通减水剂、高效减水剂、高性能减水剂、防冻剂、泵送剂、调凝剂、减缩剂、早强剂、引气剂、加气剂、泡沫剂、消泡剂、防水剂、着色剂、保水剂、黏度改性剂、保塑剂、膨胀剂、抗硫酸盐侵蚀剂、阻锈剂、碱－骨料反应抑制剂、管道压浆剂、多功能外加剂等品种。

混凝土外加剂的主要功能包括：

(1)改善混凝土拌合物的和易性；

(2)调节混凝土的凝结硬化速度；

(3)降低水泥的初期水化热；

(4)提高混凝土的强度和耐久性；

(5)调整混凝土的含气量；

(6)改善混凝土的毛细孔结构；

(7)提高混凝土与钢筋的黏结力；

(8)阻止钢筋锈蚀；

(9)节约水泥用量等。

混凝土外加剂按主要使用功能可分为四类：

(1)改善混凝土拌合物流变性能的外加剂，如各种减水剂和泵送剂等；

(2)调节混凝土凝结时间和硬化过程的外加剂，如缓凝剂、早强剂和速凝剂等；

(3)改善混凝土耐久性的外加剂，如引气剂、防水剂、阻锈剂等；

(4)改善混凝土其他性能的外加剂，如膨胀剂、防冻剂、着色剂等。

5.2.5.2 外加剂的选择和使用

尽管在混凝土中掺入外加剂，可明显改善混凝土的许多物理力学性能，取得显著的技术经济效果。但如选择和使用不当，也会造成工程质量问题。因此，在选择和使用外加剂时应注意以下几点：

(1)外加剂的品种很多，功效各异，在选择外加剂的品种时应根据工程设计和施工要求，通过试验及技术经济指标的比较来确定。严禁使用对人体产生危害、对环境产生污染的外加剂。

(2)外加剂的选择应符合 GB 50119—2013《混凝土外加剂应用技术规程》及有关标准的规定，以保证混凝土工程质量。

(3)在混凝土材料中水泥对外加剂性能的影响最大。选用外加剂必须进行水泥与外加剂的适应性试验，经检验符合要求方可使用。不同品种外加剂复合使用时，应注意其相容性及对混凝土性能的影响，使用前必须进行试验，满足要求方可使用。

(4)外加剂掺量以外加剂质量占胶凝材料总质量的质量分数表示，应按供货单位推荐掺量、使用要求、施工条件、混凝土原材料等因素通过试验确定。

(5)外加剂供货单位应提供产品说明书(应标明产品主要成分)、出厂检验报告及合格

证、掺外加剂混凝土性能检验报告等技术文件。

(6)外加剂运到工地(或混凝土搅拌站)应立即取代表性样品进行检验，其性能与工程试配一致时方可入库、使用。发现不一致时，应停止使用。

(7)外加剂应按不同供货单位、不同品种、不同牌号分别存放，标识应清楚。

(8)粉状外加剂应防止受潮结块，如有结块，经性能检验合格后应粉碎至全部通过 0.63 mm 孔筛后方可使用。液体外加剂应放置阴凉干燥处，防止日晒、受冻、污染、进水或蒸发，如有沉淀等现象，经性能检验合格后方可使用。

(9)外加剂以溶液掺加时，溶液中的水量应从拌合水中扣除。

(10)含有六价铬盐、亚硝酸盐和硫氰酸盐成分的混凝土外加剂，严禁用于饮水工程中建成后与饮用水直接接触的混凝土。

(11)含有氯盐的早强型普通减水剂、早强剂、防水剂和氯盐类防冻剂，严禁用于预应力混凝土、钢筋混凝土和钢纤维混凝土。

(12)含有硝酸铵、碳酸铵的早强型普通减水剂、早强剂和含有硝酸铵、碳酸铵、尿素的防冻剂，严禁用于办公、居住等有人员活动的建筑工程。

(13)含有亚硝酸盐、碳酸盐的早强型普通减水剂、早强剂、防冻剂和含亚硝酸盐的阻锈剂，严禁用于预应力混凝土结构。

5.2.5.3　常用的混凝土外加剂

常用的混凝土外加剂包括减水剂、早强剂、引气剂、缓凝剂、速凝剂、防冻剂、膨胀剂和泵送剂，其中减水剂用途最广。

1. 减水剂

混凝土减水剂按其主要作用分为普通减水剂、高效减水剂、高性能减水剂，并进一步细分为标准型、缓凝型、早强型、引气型等种类。

减水剂是指在混凝土坍落度基本相同的条件下，能减少拌合用水量的外加剂。其中，普通减水剂指减水率不小于 8% 的外加剂；高效减水剂指减水率不小于 14% 的外加剂；高性能减水剂指减水率不小于 25%，与高效减水剂相比坍落度保持性能好、干燥收缩小，且具有一定引气性能的外加剂。

普通减水剂主要有木质素系减水剂和多元醇类减水剂，是第一代减水剂。木质素系减水剂是以造纸废液为主要原料生产的，为棕黄色粉末，主要品种有木质素磺酸钙(简称木钙)、木质素磺酸镁(简称木镁)和木质素磺酸钠，其适宜掺量为 0.2%～0.3%，减水率为 10% 左右，对混凝土有缓凝作用，一般缓凝 1～3 h，其还有引气作用，一般引气量为 1%～2%。多元醇类减水剂主要包括糖蜜、糖化钙和淀粉水解物等，其中以糖蜜减水剂的用量较多，其适宜掺量为 0.2%～0.3%，减水率为 10% 左右，对混凝土有较强缓凝作用，一般缓凝 3 h 以上。

高效减水剂主要有多环芳香族磺酸盐类、水溶性树脂磺酸盐类、脂肪族类等三类。多环芳香族磺酸盐类高效减水剂包括萘和萘的同系物与甲醛缩合的盐类、氨基磺酸盐等，为棕褐色的液体或粉末，通常简称为萘系减水剂，是第二代减水剂。萘系减水剂适宜掺量为 0.5%～1.0%，减水率为 10%～25%，缓凝性很小，大多为非引气型。水溶性树脂磺酸盐类高效减水剂主要包括磺化三聚氰胺树脂和磺化古玛隆树脂等，适宜掺量为0.5%～2.0%，减水率为20%～27%，对混凝土早强和增强效果显著。

高性能减水剂主要指聚羧酸系减水剂，是第三代减水剂。聚羧酸系减水剂掺量低(一般为0.15%～0.25%)，分散性好，减水率为25%～35%，混凝土拌合物的坍落度损失小，流动性保持较好。

目前，我国常用的减水剂为聚羧酸系减水剂。由于各种工程对混凝土综合性能要求不断提高，减水剂的掺入已成为混凝土高性能化的主要途径。而单一减水剂往往很难满足不同工程性质和不同施工条件的要求，多功能、复合型的各类高性能减水剂正在研制和生产中，亦会不断问世。

在混凝土加入减水剂后，一般可取得以下技术经济效果：

(1)维持用水量和水灰比不变的条件下，可增大混凝土拌合物的坍落度100～200 mm，并且不影响混凝土的强度。

(2)在维持拌合物流动性和水泥用量不变的条件下，可显著减少用水量10%～25%，从而降低水灰比，可提高混凝土强度15%～20%。

(3)保持混凝土强度和坍落度不变，可节约水泥10%～15%。

(4)提高混凝土的耐久性。由于减水剂的掺入，显著改善了混凝土的孔结构，提高了密实度，从而可提高混凝土的抗渗、抗冻和抗化学腐蚀性能。

(5)缓凝减水剂的加入还可以获得延缓拌合物的凝结时间和降低水化放热速度等效果。

减水剂多为表面活性剂，其对混凝土发生作用的机理就是由于其表面活性物质对水泥的吸附-分散作用、润滑和湿润作用以及空间位阻作用，现论述如下：

(1)表面活性剂概述

表面活性剂是能够显著降低液体表面能或两相间界面能的物质，其分子由亲水基团和憎水基团两个部分组成。表面活性剂加入水溶液中，即溶解于水溶液，并从溶液中向界面富集，作定向排列，其亲水基团指向溶液，憎水基团指向空气，形成定向吸附膜，从而降低水的表面能和两相间的界面能，这种现象称作表面活性。具有表面活性的物质，能够起到分散、润湿、乳化、起泡和洗涤等作用。

表面活性剂按其亲水基团在水溶液中电离与否，以及电离出什么离子可分为四种：

①阴离子表面活性剂。亲水基团能解离出正离子而使本身带负电荷。

②阳离子表面活性剂。亲水基团能解离出负离子而使本身带正电荷。

③两性表面活性剂。具有两种亲水基团，既能解离出正离子，又能解离出负离子。

④非离子表面活性剂。亲水基团不能解离出离子，其本身具有极性，能吸附水分子。

减水剂主要为阴离子表面活性剂。

(2)吸附-分散作用

当水泥加水拌和后，由于水泥颗粒间分子引力的作用，使水泥浆形成絮凝结构，在絮凝结构中包裹了10%～30%的拌合水(图5-3)，使混凝土拌合物流动性降低。在水泥浆体中加入减水剂后，由于减水剂的表面活性作用，其憎水基团定向吸附于水泥颗粒表面，亲水基团指向水溶液，在水泥颗粒表面形成一层吸附膜，使水泥颗粒表面带有相同电荷

(图5－4a)，在静电斥力作用下，使水泥颗粒互相分开，絮凝结构解体，其中的水被释放出来，从而增大了拌合物的流动性(图 5－4b)。

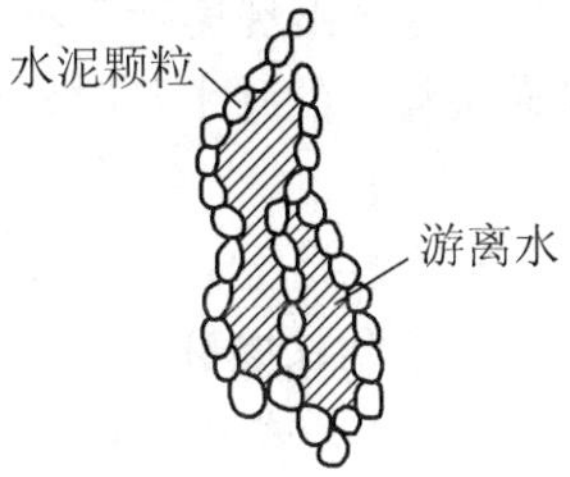

图 5－3　水泥浆的絮凝结构

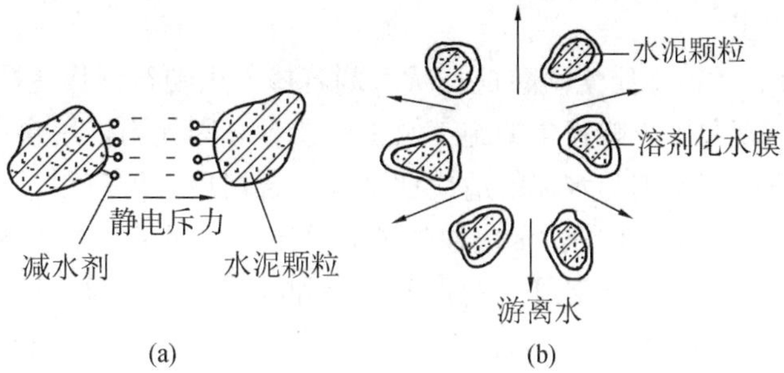

图 5－4　减水剂作用简图

(3)润滑和润湿作用

减水剂的亲水基团极性很强，可以与水分子以氢键形式结合，在水泥颗粒表面形成一层稳定的溶剂化水膜(图 5－4b)，这层水膜增加了水泥颗粒间的滑动能力，从而使拌合物流动性进一步提高。减水剂还能使水泥更好地湿润，也有利于和易性的改善。

(4)空间位阻作用

聚羧酸类减水剂结构呈梳状，当主链被吸附到水泥颗粒上后，其呈梳状的亲水性支链伸入液相，从而使水泥颗粒间具有强烈的空间位阻作用，同时也增加了溶剂化膜的厚度，这些因素的共同作用使得其减水效果非常显著。

减水剂加入混凝土中的方法主要有先掺法、同掺法、滞水法和后掺法四种：

(1)先掺法是指将减水剂与水泥先混合后再与集料和水一起搅拌。其优点是使用较为方便，缺点是当减水剂中有较粗颗粒时，难以与水泥相互分散均匀而影响其使用效果。该方法适用于易与水泥拌和均匀的减水剂。

(2)同掺法是指先将减水剂溶解于水溶液中，再以此溶液拌制混凝土。该方法的优点是计量准确且易搅拌均匀，使用方便，该方法适合于可溶性较好的减水剂。

(3)后掺法是指在混凝土已经搅拌一段时间(1～3 min)后再掺加减水剂。其优点是可更充分发挥减水剂的作用效果，但该方法需要延长搅拌时间，影响生产效率。

(4)二次掺加法指根据混凝土拌合物性能需要或其不能满足施工要求时，在混凝土运至浇筑现场后再次掺加减水剂，并进行二次搅拌使其均匀分散于新拌混凝土中。该方法的优点是能够利用拌合物性能不满足施工要求的混凝土，但由于二次搅拌的质量较难控制，只能作为备用方法使用。

通常混凝土施工中多采用同掺法。

在使用减水剂时，应注意以下事项：

(1)减水剂以溶液状态加入时，应注意其中有效成分含量是否符合要求。

(2)低温养护时，掺普通减水剂混凝土早期强度较低，仅为不掺减水剂混凝土的70%～80%，因此普通减水剂在日最低气温5 ℃以上使用较合适。普通减水剂的引气量较大，并具有缓凝性，浇筑后需要较长时间才能形成一定的结构强度，所以用于蒸汽养护混凝土时必须增加静停时间或减少掺量，否则蒸汽养护后混凝土容易产生微裂缝、表面酥松、起鼓及肿胀等质量问题，因此普通减水剂不宜单独用于蒸汽养护混凝土。

(3)掺高效减水剂的混凝土，虽然混凝土强度也随着温度降低而降低，但在5 ℃养护条件下，3 d强度增长率仍然较高，因此高效减水剂可用于日最低气温0 ℃以上混凝土的施工。

(4)木质素磺酸盐类减水剂若掺入用硬石膏作调凝剂的水泥中后会出现速凝、不减水等现象，影响正常的施工及工程质量。因此当掺用含有木质素磺酸盐类的减水剂时，应先进行减水剂与水泥的适应性试验，合格后方可使用。

(5)减水剂掺量应通过试验确定，若超量掺加减水剂，可能导致混凝土数天或数十天不凝结，影响混凝土的强度发展和施工进度，因此施工时必须严格控制其掺量。

(6)聚羧酸系高性能减水剂不应与萘系和氨基磺酸盐高效减水剂复合或混合使用。

2. 早强剂

能加速混凝土早期强度发展的外加剂称早强剂，主要有强电解质无机盐类、水溶性有机化合物两类。也可将早强剂和减水剂复合形成早强减水剂。

强电解质无机盐类早强剂包括硫酸盐、硫酸复盐、硝酸盐、亚硝酸盐、氯盐等，其中最常用的有硫酸钠和氯化钙。水溶性有机化合物主要包括三乙醇胺、甲酸盐、乙酸盐、丙酸盐等，其中三乙醇胺用得较多。

早强剂能加速水泥的水化和硬化，缩短养护周期，使混凝土在短期内即能达到拆模强度，从而提高模板和场地的周转率，加快施工进度，适用于蒸汽养护混凝土及常温、低温和最低温度不低于 -5 ℃环境中施工的有早强要求的混凝土工程。

各种早强剂的早强机理虽有不同，但多是以加速水泥中 C_3A 水化，促进水化产物早期结晶和沉淀，增大水泥石中固相物质的比例，达到早强的目的。

由于各种早强剂的成分不同，表现出不同的特性，在实际使用中，应用较多的是由多种组分配成的复合早强剂，常用复合早强剂配方见表5-2。

表5-2　常用复合早强剂配方

复合早强剂组分	配方(以胶凝材料质量计)/%
三乙醇胺+氯化钠	(0.02～0.05)+0.5
三乙醇胺+亚硝酸钠+氯化钠	(0.02～0.05)+0.5+(0.5～1.0)
三乙醇胺+亚硝酸钠+二水石膏	(0.02～0.05)+2.0+1.0
硫酸钠+氯化钠+二水石膏	(1.5～2.0)+(0.5～1.0)+2.0
硫酸钠+氯化钠+亚硝酸钠+二水石膏	(1.5～2.0)+1.5+1.0+2.0
硫酸钠+氯化钠+亚硝酸钠+二水石膏	(1.5～2.0)+2.0+2.0+2.0
硫酸钠+氯化钠	(0.5～1.5)+(0.3～0.5)
硫酸钠+亚硝酸钠	(0.5～1.5)+1.0
硫酸钠+三乙醇胺	(0.5～1.5)+0.05

为了防止氯离子的危害和硫酸钠掺量过多在混凝土表面产生盐析现象和对水泥石产生硫酸盐侵蚀，GB 50119—2013《混凝土外加剂应用技术规范》规定了早强剂的掺量，见表5-3。表中氯离子[Cl^-]限值是指混凝土中由早强剂引入的氯离子含量。

表 5－3　常用早强剂掺量限值

混凝土种类	使用环境	早强剂名称	掺量限值(以胶凝材料质量计)/%，≤
预应力混凝土	干燥环境	硫酸钠 三乙醇胺	1.0 0.05
钢筋混凝土	干燥环境	硫酸钠 三乙醇胺	2.0 0.05
	潮湿环境	硫酸钠 三乙醇胺	1.5 0.05
有饰面要求的混凝土	—	硫酸钠	0.8
素混凝土	—	硫酸钠	3.0
	—	氯离子[Cl^-]	1.8

在使用早强剂时，应注意以下事项：

(1)三乙醇胺等有机胺类早强剂不宜用于蒸汽养护混凝土。

(2)掺粉剂早强剂的混凝土宜延长搅拌时间 30 s。

(3)掺早强剂的混凝土采用蒸汽养护时，其蒸养制度应通过试验确定。

(4)早强剂能促使水泥水化热集中释放，使大体积混凝土内外温差加大，故不适用于大体积混凝土工程。

3. 引气剂

在混凝土搅拌过程中能引入大量均匀分布、稳定而封闭的微小气泡且能保留在硬化混凝土中的外加剂称为引气剂。混凝土工程中可采用由引气剂与减水剂复合而成的引气减水剂。引气剂引入的气泡直径为 20～1 000 μm，大多在 200 μm 以下。

混凝土引气剂有松香树脂类、烷基和烷基芳烃磺酸盐类、脂肪醇磺酸盐类、皂甙类及非离子聚醚类五类。其中以松香树脂类应用最为广泛。

引气剂及引气减水剂适用于有抗冻融要求的混凝土、泵送混凝土和易产生泌水的混凝土。

混凝土加入引气剂后，一般可取得以下技术经济效果：

(1)改善混凝土拌合物的和易性。引气剂使混凝土拌合物内形成大量微小、封闭的球状气泡，这些微气泡具有“滚珠作用”，减少了骨料间的摩擦，增强了润滑作用，从而使混凝土拌合物的流动性增加。同时，由于大量微气泡能吸附一层稳定的水膜，使混凝土拌合物的泌水量减少，保水性能和黏聚性能得以提高。

(2)提高混凝土抗渗性和抗冻性。引气剂引入的封闭微气泡能有效隔断混凝土中的毛细管通道，同时，由于混凝土拌合物泌水减少，因泌水形成的渗水孔隙也随之减少，改善了混凝土的孔结构，使混凝土抗渗性显著提高。另外，封闭微气泡对由水结冰所产生的膨胀压力有一定的缓冲作用，混凝土的抗冻性也显著提高。在水工工程中规定，有抗冻融要求的混凝土必须掺入适当的引气剂。

(3)混凝土强度有所降低。混凝土中气体含量的提高，使其有效受力面积减小，强度有所下降。一般气体质量分数每增加 1%，抗压强度下降 4%～6%，抗折强度下降 2%～3%。故引气剂的掺量必须通过气体含量试验严格加以控制，一般为水泥重量的

0.005%～0.01%。混凝土中掺入引气剂及引气减水剂后，混凝土强度有所下降，GB 50119—2013《混凝土外加剂应用技术规范》规定的掺引气剂及引气减水剂混凝土的含气量限值见表5－4。

表5－4　掺引气剂及引气减水剂混凝土的含气量限值

粗骨料最大粒径/mm	10	15	20	25	40
混凝土最大含气量/%	7.0	6.0	5.5	5.0	4.5

（4）气体含量增加，混凝土的弹性模量降低，对提高混凝土的抗裂性有利。引气剂本身并不能与水泥反应产生气体，引气剂仅能在混凝土搅拌过程中引进空气，并把新拌混凝土中存在的气泡稳定住。引气剂也属于表面活性剂，其稳定气泡的机理如下：一是其可以降低水的表面张力；二是其在气泡表面定向排列，形成一个具有弹性的较坚固的水膜；三是引气剂的亲水基团与水泥浆中的钙离子可结合形成不溶的钙盐，从而进一步加固了围绕气泡的液膜，使之不易聚结为大气泡而破灭。这些气泡均匀分散在混凝土中，互不相连，使混凝土的一些性能得以改善。

在使用引气剂时，应注意以下事项：

（1）不是所有有引气作用的表面活性剂都可用作混凝土引气剂。有些表面活性剂引入的气泡孔径过大，气泡稳定性差，对混凝土性能有不利影响。

（2）引气剂及引气减水剂不宜用于蒸汽养护混凝土及对强度要求高的混凝土，如预应力混凝土。

（3）引气剂及引气减水剂一般掺量较小，宜配制成溶液掺加，使用时加入拌合水中，溶液中的水量应从拌合水中扣除。配制溶液时，必须充分溶解后方可使用。

（4）施工时，应严格控制混凝土的含气量。当材料、配合比或施工条件变化时，应相应调整引气剂及引气减水剂用量。

（5）掺引气剂及引气减水剂的混凝土，必须采用机械搅拌，搅拌时间及搅拌量应通过试验确定。出料到浇注的停放时间也不宜过长，采用插入式振捣时，振捣时间不宜超过20 s。

4. 缓凝剂

能延长混凝土凝结时间的外加剂称为缓凝剂。

混凝土工程中可采用糖类、羟基羧酸及其盐类、多元醇及其衍生物、有机磷酸及其盐类、无机盐类五类缓凝剂。混凝土工程中可采用由缓凝剂与减水剂复合而成的缓凝减水剂。

缓凝剂宜用于延缓凝结时间的混凝土、对坍落度保持能力有要求的混凝土、静停时间较长或长距离运输的混凝土、自密实混凝土。

在混凝土中掺入缓凝剂能够延缓混凝土初凝和终凝时间，便于泵送施工、滑模施工和远距离运输；能够降低水化热和推迟温峰出现的时间，有利于减少混凝土内外温差引起的开裂；便于夏季施工和连续浇捣的混凝土，防止出现混凝土施工缝；掺加适量缓凝剂，会使混凝土早期强度降低，但对后期强度不会造成不良影响，而且对混凝土耐久性不会造成不利影响。

缓凝剂在水泥颗粒或者水化产物表面的吸附是引起水泥水化延缓的原因，但不同缓凝剂的作用机理不尽相同，其作用效果也存在差异。常用缓凝剂的掺量及缓凝效果见表5－5。

表5－5　常用缓凝剂的掺量及缓凝效果

类　　别	掺量(占胶凝材料质量)/%	缓凝时间/h
糖类	0.2～0.5(水剂)，0.1～0.3(粉剂)	2～4
羟基羧酸盐类	0.01～0.1	8～19
无机盐类	0.1～0.2	10～12

在使用缓凝剂时，应注意以下事项：

(1)掺缓凝剂和缓凝减水剂的混凝土随气温的降低早期强度也降低，因此不适宜用于5 ℃以下的混凝土施工。因为早期强度增长慢，达到蒸汽养护所需结构强度的静停时间长，因此也不适宜用于有早强要求的混凝土及蒸汽养护混凝土。

(2)柠檬酸及酒石酸钾钠等缓凝剂会增加混凝土的泌水率，影响混凝土的和易性，特别是水泥用量低、水灰比大的混凝土尤为显著。为了防止因泌水离析现象加剧而导致混凝土的和易性、抗渗性等性能的下降，在水泥用量低或水灰比大的混凝土中不宜单独使用。

(3)用硬石膏或工业副产石膏作调凝剂的水泥，掺用糖蜜及木钙类等缓凝剂会引起速凝，使用前应做水泥适应性试验，合格后方可使用。

(4)缓凝剂和缓凝减水剂的品种及掺量应根据环境温度、施工要求的混凝土凝结时间、运输距离、停放时间、强度等来确定。如当环境温度较低时，缓凝效果增加，应降低掺量；当环境温度较高时，缓凝效果下降，应增加掺量或更换品种。

(5)缓凝剂和缓凝减水剂以溶液掺加时计量必须准确，使用时加入拌合水中，溶液中的水量应从拌合水中扣除。难溶物或不溶物较多时应采用干掺法并延长混凝土搅拌时间30 s。

5. 速凝剂

速凝剂是指能使混凝土迅速凝结硬化的外加剂，有粉状和液体两种形式。其中粉状速凝剂是以铝酸盐、碳酸盐等为主要成分的无机盐混合物；液体速凝剂是以铝酸盐、水玻璃等为主要成分，与其他无机盐复合而成的复合物。

速凝剂主要用于地下工程支护，还广泛用于建筑薄壳屋顶、水池、预应力油罐、边坡加固、深基坑护壁及热工窑炉的内衬、修复加固等的喷射混凝土，也可用于需要速凝的堵漏用混凝土。

掺加速凝剂后，混凝土凝结时间明显缩短，能在5 min内初凝，12 min内终凝，1 h内即硬化产生强度，混凝土1 d强度为未掺者的3倍，但有可能使后期强度降低。掺加速凝剂后，混凝土孔结构变粗，混凝土抗渗性较差，但对于喷射混凝土而言，由于喷射工艺带来的高密实性，喷射混凝土中孔隙较小，且不连通，其抗渗性较好。

速凝剂的主要作用机理是速凝剂能够消除石膏的缓凝作用，从而加快水泥水化。我国常用的速凝剂是无机盐类，主要型号有红星1型、711型和782型等，它们的组成、掺量和效果见表5－6。

表5-6　常用速凝剂的组成、掺量和效果

品种	红星1型	711型	782型
组成及配比	铝酸钠：碳酸钠：生石灰 (1：1：0.5)	铝氧熟料：无水石膏 (3：1)	矾泥：铝氧熟料：生石灰 (74.5：14.5：11)
适宜掺量(占水泥质量)/%	2.5～4.0	2.0～4.0	6.0～8.0

在使用速凝剂时，应注意以下事项：

(1)喷射混凝土施工时，应采用新鲜的硅酸盐水泥和普通硅酸盐水泥，不得使用过期或受潮结块的水泥，以免降低速凝剂的使用效果。

(2)喷射混凝土后期强度损失较大，GB/T 35159—2017《喷射混凝土用速凝剂》规定了掺速凝剂28 d抗压强度比和90 d抗压强度保留率，但有些品种的速凝剂强度损失往往高于规定值。后期强度损失大会影响工程质量，应予以充分重视。

6. 防冻剂

防冻剂是能使混凝土在负温下硬化，并在规定养护条件下达到预期性能的外加剂，适用于负温条件下施工的混凝土。

混凝土工程中可采用无机盐类、有机化合物类、复合型防冻剂。其中无机盐类包括氯盐类(以氯盐为防冻组分)、氯盐阻锈类(以氯盐与阻锈组分为防冻组分)和无氯盐类(以亚硝酸盐、硝酸盐等无机盐为防冻组分)。有机化合物类是以某些醇类等有机化合物为防冻组分的外加剂。复合型防冻剂是以防冻组分复合早强、引气、减水等组分的外加剂。

常用的防冻剂均是复合型防冻剂，其中各组分对混凝土所起作用是：防冻组分可改变混凝土液相浓度，降低冰点，保证混凝土在负温下有液相存在，使水泥仍能继续水化；减水组分可减少混凝土拌和用水量，从而减少了混凝土中的成冰量，并使冰晶粒度细小且均匀分散，减少对混凝土的膨胀应力；引气组分是引入一定量的微小封闭气泡，减缓冻胀应力；早强组分是能提高混凝土早期强度，增强混凝土抵抗冰冻的破坏能力。

在使用防冻剂时，应注意以下事项：

(1)防冻剂的品种、掺量应以混凝土浇筑5d内的预计日最低气温选用。在日最低气温为-5～-10 ℃、-10～-15 ℃、-15～-20 ℃，应分别采用规定温度为-5 ℃、-10 ℃、-15 ℃的防冻剂。

(2)掺防冻剂混凝土拌合物的入模温度不应低于5 ℃。

7. 膨胀剂

膨胀剂是指在混凝土硬化过程中因化学作用能使混凝土产生一定体积膨胀的外加剂。混凝土工程中采用的膨胀剂种类有硫铝酸钙类、硫铝酸钙-氧化钙类、氧化钙类和氧化镁类等。

膨胀剂常用于补偿收缩混凝土和自应力混凝土，适用范围见表5-7。

表 5－7　膨胀剂的适用范围

用　　途	适　用　范　围
补偿收缩混凝土	地下、水中、海水中、隧道等构筑物，大体积混凝土（除大坝外），配筋路面和板、屋面与厕浴间防水、构件补强、渗漏修补、预应力混凝土、回填槽、结构后浇带、隧洞堵头、钢管与隧道之间的填充、机械设备的底座灌浆、地脚螺栓的固定、梁柱接头、构件补强、加固等
自应力混凝土	自应力钢筋混凝土输水管、灌注桩等

膨胀剂的作用机理是：硫铝酸钙类膨胀剂中无水硫铝酸钙水化或参与水泥矿物的水化或与水泥水化产物反应，生成大量钙矾石，反应后固相体积大为增加，导致混凝土体积膨胀；氧化钙类膨胀剂的膨胀作用主要由氧化钙水化生成氢氧化钙晶体，体积增大而形成的；氧化镁类膨胀剂的膨胀作用主要由氧化镁水化生成氢氧化镁晶体，体积增大而形成的。

膨胀剂的膨胀产物不仅使混凝土体积产生了适度膨胀，减少了混凝土的收缩，而且能填充、堵塞和割断混凝土中的毛细孔及其他孔隙，从而改善混凝土的孔结构，提高了混凝土的密实度、抗渗性和抗裂性。

在设计掺有膨胀剂的混凝土配合比时，为保证质量，混凝土的胶凝材料（水泥、膨胀剂和掺合料的总量）用量应有一个最少用量的限制。补偿收缩混凝土、填充用膨胀混凝土和自应力混凝土中胶凝材料最少用量分别为 300 kg/m^3、350 kg/m^3 和 500 kg/m^3。

在使用膨胀剂时，应注意以下事项：

（1）水化硫铝酸钙（钙矾石）在 80 ℃以上会分解，导致混凝土强度下降，因此含硫铝酸钙类、硫铝酸钙-氧化钙类膨胀剂的混凝土（或砂浆），不得用于长期处于温度为 80 ℃以上的工程中。

（2）混凝土中掺加掺合料时，膨胀剂应分别取代水泥和掺合料，以避免水泥用量过少。

（3）粉状膨胀剂应与混凝土其他原材料一起投入搅拌机，拌合时间应延长 30 s。

（4）掺膨胀剂混凝土应加强养护，养护期不宜少于 14 d。

8. 泵送剂

泵送剂是指能改善混凝土拌合物泵送性能的外加剂。泵送剂一般由减水剂、缓凝剂、引气剂等复合而成。

泵送剂适用于泵送施工的混凝土。

泵送剂的品种、掺量应按供货单位提供的推荐掺量和环境温度、泵送高度、泵送距离、运输距离等要求经混凝土试配后确定。

5.2.6　混凝土矿物掺合料

在混凝土（或砂浆）搅拌前或搅拌过程中加入的天然或人工矿物粉状材料，统称为混凝土矿物掺合料，简称矿物掺合料或掺合料。

矿物掺合料是以硅、铝、钙等一种或多种氧化物为主要成分，具有规定细度，掺入混凝土中能改善混凝土性能的粉体材料，可分为活性矿物掺合料和惰性矿物掺合料。与水泥生产时加入的混合材料不同，矿物掺合料必须是达到一定细度的粉体材料。

矿物掺合料在混凝土中的广泛应用能够取得下列经济效益和社会效益：

(1)矿物掺合料能够取代水泥，降低混凝土成本。水泥用量减少能有效降低水泥生产过程中的石灰石等资源消耗和二氧化碳等有害气体的产生。

(2)混凝土中掺入矿物掺合料，大大地改善了混凝土的性能，提高了混凝土的耐久性。建筑物使用寿命的延长不仅节约了大量基本建设投资和原材料消耗，而且能够减少由于建筑物过早拆除而造成的建筑垃圾对环境的污染。

(3)矿物掺合料是工业生产中的废弃物，通过工程应用可以减少废弃物的堆放，达到废物利用，变废为宝的目的，使工程使用的混凝土变成对环境有利的“绿色混凝土”，符合我国建材工业可持续发展的战略目标。

随着现代土木工程对混凝土材料要求的不断提高，矿物掺合料已成为混凝土中不可缺少的第六组分材料。常用的矿物掺合料有粉煤灰、粒化高炉矿渣粉、硅灰、天然沸石粉、石灰石粉等。为进一步提高混凝土性能，矿物掺合料正向超细化、复合型发展。

5.2.6.1　*矿物掺合料的作用机理*

矿物掺合料不但可以取代部分水泥，降低混凝土成本；而且能够显著改善混凝土的工作性能、强度性能、变形性能和耐久性能。其作用机理如下：

1. 活性效应

矿物掺合料中的活性组分能与水泥水化生成的 $Ca(OH)_2$ 反应，生成水化硅酸钙等水化产物，从而改变了水泥与骨料界面的 $Ca(OH)_2$ 取向指数，并使界面水膜层厚度变薄，其结果是强化了混凝土中最为薄弱的界面，使混凝土强度提高。

矿物掺合料还在水泥基材料的微孔中水化，水化产物能够堵塞毛细孔，使混凝土的总孔隙率降低，无害孔($d<20.0\times10^{-10}$ m)和少害孔($d=(20.0\times10^{-10}\sim50.0\times10^{-10}$ m)的比例增大，使混凝土的耐久性和长期性能得以改善。

2. 颗粒形态效应

矿物掺合料均为粉体材料，其粒径较水泥颗粒更小，可以进一步填充水泥颗粒间的空隙，降低空隙率。

有些种类的矿物掺合料，如粉煤灰，球形度较高，并具有光滑的表面，从而可以提高混凝土的工作性，减少用水量。

3. 微集料效应

矿物掺合料水化速度较水泥慢，可以填充在水泥浆中，填充孔隙和毛细孔，改善混凝土的孔结构。

不同种类的矿物掺合料，由于其化学组成、细度和活性不同，其作用机理也不同。如粉煤灰活性较低，三种作用机理都发挥作用；而硅灰由于活性较高，主要是活性效应和颗粒形态效应起作用。

5.2.6.2　*粉煤灰*

粉煤灰是最常用的一种矿物掺合料，适用于泵送混凝土、大体积混凝土、抗渗混凝土、抗硫酸盐和抗软水侵蚀混凝土、蒸养混凝土、轻骨料混凝土、地下和水下工程混凝土、碾压混凝土等。

1. 粉煤灰的种类和技术性能要求

F 类和 C 类粉煤灰均可用于拌制混凝土和砂浆。与用作水泥混合材料的粉煤灰不同，用于拌制混凝土和砂浆的粉煤灰按细度、需水量比和烧失量等分为三个等级，按 GB/T 1596—2017《用于水泥和混凝土中的粉煤灰》规定，拌制混凝土和砂浆用粉煤灰质量应符合表 5-8 的要求。

表 5-8　拌制混凝土和砂浆用粉煤灰技术要求

项目		理化性能要求		
		Ⅰ级	Ⅱ级	Ⅲ级
细度（45 μm 方孔筛筛余）/%	F 类粉煤灰	≤12.0	≤30.0	≤45.0
	C 类粉煤灰			
需水量比/%	F 类粉煤灰	≤95	≤105	≤115
	C 类粉煤灰			
烧失量（Loss）/%	F 类粉煤灰	≤5.0	≤8.0	≤10.0
	C 类粉煤灰			
含水量/%	F 类粉煤灰	≤1.0		
	C 类粉煤灰			
三氧化硫（SO_3）质量分数/%	F 类粉煤灰	≤3.0		
	C 类粉煤灰			
游离氧化钙（f-CaO）质量分数/%	F 类粉煤灰	≤1.0		
	C 类粉煤灰	≤4.0		
二氧化硅（SiO_2），三氧化二铝（Al_2O_3）和三氧化二铁（Fe_2O_3）总质量分数/%	F 类粉煤灰	≥70.0		
	C 类粉煤跃	≥50.0		
密度/（$g \cdot cm^{-3}$）	F 类粉煤灰	≤2.6		
	C 类粉煤灰			
安定性（雷氏法）/mm	C 类粉煤灰	≤5.0		
强度活性指数/%	F 类粉煤灰	≥70.0		
	C 类粉煤灰			

与 F 类粉煤灰相比，C 类粉煤灰一般具有需水量小、活性高和自硬性好等特点。但 C 类粉煤灰往往含有游离氧化钙，应用时需特别注意其体积安定性问题。

2. 粉煤灰对混凝土性能的影响

由于粉煤灰具有活性效应、颗粒形态效应和微集料效应，掺加粉煤灰可减少混凝土需水量，改善混凝土拌合物的流动性、保水性、可泵性以及抹灰性等性能，减少泌水和离析，减少坍落度损失，延长混凝土凝结时间，并能降低混凝土的水化热，以及提高混凝土的抗化学侵蚀、抗渗、抑制碱-骨料反应等耐久性能。

混凝土中掺入粉煤灰取代部分水泥后，混凝土的早期强度随粉煤灰掺量增加而有所降低，但 90 d 以后长期强度可以赶上甚至超过不掺粉煤灰的混凝土。

3. 粉煤灰在混凝土中的使用方法

混凝土工程中使用粉煤灰时，应按 GB/T 50146—2014《粉煤灰混凝土应用技术规范》的规定，对于不同的混凝土工程，选用相应等级的粉煤灰。

预应力混凝土宜掺用Ⅰ级 F 类粉煤灰，掺用Ⅱ级 F 类粉煤灰时应经过试验论证；其他混凝土宜掺用Ⅰ级、Ⅱ级粉煤灰，掺用Ⅲ级粉煤灰时应经过试验论证。

4. 粉煤灰使用时的注意事项

（1）为保证混凝土的耐久性，粉煤灰取代水泥的最大限值宜符合表5－9的规定。

表5－9　粉煤灰的最大限值 %

混凝土种类	硅酸盐水泥		普通硅酸盐水泥	
	水胶比≤0.4	水胶比＞0.4	水胶比≤0.4	水胶比＞0.4
预应力混凝土	30	25	25	15
钢筋混凝土	40	35	35	30
素混凝土	55		45	
碾压混凝土	70		65	

（2）粉煤灰混凝土浇筑时，不得漏振或过振。振捣后混凝土表面不得出现明显的粉煤灰浮浆层。

（3）粉煤灰混凝土浇筑完毕后，应及时进行保湿养护，养护时间不宜少于28 d。粉煤灰混凝土在低温条件下施工时应采取保温措施。当日平均气温2 d到3 d连续下降大于6℃时，应加强粉煤灰混凝土表面的保护。当现场施工不能满足养护条件要求时，应降低粉煤灰掺量。

5.2.6.3　*粒化高炉矿渣粉*

粒化高炉矿渣粉是以粒化高炉矿渣为主要原料，可添加少量天然石膏磨制成一定细度的粉体，简称矿渣粉，是近年来发展起来的一种高性能矿物掺合料。

矿渣粉适用于钢筋混凝土、预应力混凝土和素混凝土。大掺量矿渣粉混凝土更适用于配制大体积混凝土、地下工程混凝土、水下混凝土及耐氯离子或硫酸盐侵蚀的高耐久性混凝土。

按GB/T 18046—2017《用于水泥、砂浆和混凝土中的粒化高炉矿渣粉》的规定，矿渣粉质量应符合表5－10的要求。

表5－10　矿渣粉技术要求

项　目		级　别		
		S105	S95	S75
密度/($g \cdot cm^{-3}$)		≥2.8		
比表面积/($m^2 \cdot kg^{-1}$)		≥500	≥400	≥300
活性指数/%	7 d	≥95	≥70	≥55
	28 d	≥105	≥95	≥75
流动度比/%		≥95		
初凝时间比/%		≤200		
含水量（质量分数）/%		≤1.0		
三氧化硫（质量分数）/%		≤4.0		
氯离子（质量分数）/%		≤0.06		
烧失量（质量分数）/%		≤1.0		
不溶物（质量分数）/%		≤3.0		
玻璃体含量（质量分数）/%		≥85		
放射性		I_{Ra}≤1.0且I_{γ}≤1.0		

配制混凝土时，矿渣粉通常等质量取代水泥。掺加矿渣粉后，混凝土的初、终凝时间比普通混凝土有所延缓，但幅度不大；混凝土的坍落度得到明显的提高，且坍落度经时损失也得到明显缓解；混凝土的早期强度比普通混凝土略低，但 28 d 以后的强度增长显著高于普通混凝土；混凝土的抗氯离子扩散、抗硫酸盐侵蚀、抗冻性、预防和抑制碱-骨料反应等性能较普通混凝土有明显改善。

5.2.6.4　硅灰

硅灰又称硅粉，是电弧炉生产硅金属或硅铁合金时的副产品。在 2 000 ℃的电炉中，SiO_2 先被还原成 Si，有 10%～15% 的石英以 SiO_2 和 Si 烟雾的形式随烟气排出炉外，与空气中的氧反应生成 SiO_2 烟雾，凝聚成极细小的球状颗粒，经收尘器捕集便得硅灰。

硅灰的粒径很小，平均只有 0.1 ～ 0.2 μm，约为水泥颗粒的 1/100，密度为 2.1 ～ 2.2 g/cm^3，堆积密度为 250 ～ 300 kg/m^3。硅粉中主要是无定形二氧化硅，其质量分数一般为 85%～96%。

由于硅灰颗粒很细，而且主要是无定形的二氧化硅，其活性很高。以硅灰等质量取代水泥后，混凝土的强度和耐久性能得到较大提高。由于硅灰价格较高，在国内通常为水泥的 3 倍左右，因此目前主要用于高强混凝土、喷射混凝土、高抗冲磨混凝土以及高抗化学腐蚀混凝土等领域。

根据 GB/T 27690—2023《砂浆和混凝土用硅灰》的规定，硅灰应符合表 5 - 11 的技术要求。

表 5 - 11　硅灰的技术要求

项目		技术要求	
		SF85	SF90
二氧化硅含量/%		≥85.0	≥90.0
含水率/%		≤3.0	≤2.0
烧失量/%		≤6.0	≤3.0
细度	45 μm 方孔筛筛余/%	≤8.0	≤5.0
	比表面积/($m^2 \cdot kg^{-1}$)	≥15 000	≥18 000
需水量比/%		≤125	
活性指数/%		≥105	
放射性		I_{ra}≤1.0 和 I_{γ}≤1.0	
抑制碱骨料反应性(14 d 膨胀率降低值)/%		≥35	
抗氯离子渗透性(28 d 电通量之比)/%		≤40	

注：抑制碱骨料反应性(14 d 膨胀率降低值)和抗氧离子渗透性(25 d 电通量之比)为选择性试验项目，由供需双方协商决定

需要注意的是，由于硅灰颗粒很细，其掺量较大时混凝土将非常黏稠，难以振捣成型，因此硅灰取代水泥量通常为 5%～10%，而且必须同时掺加减水剂，这样才能获得最

佳效果。单独掺加硅灰的混凝土抗裂性较差，为改善其抗裂性，通常需与粉煤灰、矿渣粉等矿物掺合料共掺。

5.3 混凝土拌合物的性能

由混凝土组成材料搅拌混合成的尚未凝固的混合物，称为混凝土拌合物，又称新拌混凝土。混凝土拌合物的性能主要包括和易性和凝结时间。

5.3.1 和易性的概念

和易性又称工作性，是指混凝土拌合物在一定的施工工艺及设备条件下，易于进行搅拌、运输、浇灌、捣实成型等施工操作，并能获得质量均匀、密实的混凝土的性能。和易性是混凝土的一项综合性技术性质，包括流动性、黏聚性和保水性三方面的内容。混凝土拌合物必须具有良好的和易性，才能便于施工和制得密实而均匀的混凝土硬化体，从而保证混凝土的质量和耐久性。

(1)流动性是指混凝土拌合物在自重或机械振捣力的作用下，易于产生流动，并能均匀密实地填满模板的性能。流动性反映混凝土拌合物的稀稠程度，直接影响施工的难易程度和混凝土的浇筑质量。流动性好的混凝土施工操作方便，容易捣实成型。若拌合物太干燥，难以振捣成型，易造成内部孔隙。若拌合物太稀，振捣后容易出现砂浆和水上浮而石子下沉的分层离析现象，影响混凝土的质量均匀性。

(2)黏聚性是指混凝土拌合物组成材料之间具有一定的黏聚力，在自重和一定的外力作用下，能保持整体性和稳定性，不致发生分层和离析现象的性能。黏聚性不好的混凝土拌合物，砂浆和石子容易分离，振捣后会产生蜂窝、空洞等现象。

(3)保水性是指混凝土拌合物具有一定的保持内部水分的能力，在施工操作过程中不致出现严重泌水的现象。保水性差的混凝土拌合物，浇注振实后，一部分水分会从内部析出，水分泌出后会形成连通孔隙，成为硬化混凝土内部的渗水通道，降低混凝土的密实性；泌出的水还会携带一部分水泥和骨料中的微细颗粒，聚积在混凝土表面，形成一层含水量很大的浮浆层，从而引起表层疏松；另外，一部分水还会积聚到钢筋或骨料的下面形成水隙，削弱水泥浆与钢筋及骨料间的黏结力。

混凝土拌合物的理想状态是同时具有良好的流动性、黏聚性和保水性，但这三者之间既相互联系又存在矛盾。一般来说，流动性较大的混凝土拌合物，黏聚性和保水性相对较差。因此，所谓拌合物和易性良好，就是要使这三方面的性质在某种具体条件下，达到均为良好，使矛盾达到统一。

5.3.2 和易性的测定方法

由于混凝土拌合物的流动性、黏聚性和保水性有着各自独立的内涵，尽管许多混凝土研究工作者做了很大的努力，目前仍未能找到一种迅速且能够全面反映混凝土拌合物和易性的简单测定方法。由于流动性是影响混凝土施工工艺最主要的因素，因此对混凝土和易性的评定通常是对其流动性进行测定，再辅以目测和经验评定其黏聚性和保水性。目前，最常用的测定方法有坍落度与扩展度法和维勃稠度法两种。

5.3.2.1　坍落度与扩展度法

测定坍落度的方法是：将混凝土拌合物分三层装入无底的坍落度筒中，每层插捣 25 次，装满刮平后，竖直向上提起坍落度筒，混凝土拌合物因自重而向下坍落，测量坍落度筒高与坍落后混凝土试体最高点之间的高差(见图 5－5)，该高差称为坍落度，以 mm 为单位。

根据坍落度值的大小，可将混凝土拌合物分为 5 级，见表 5－12。

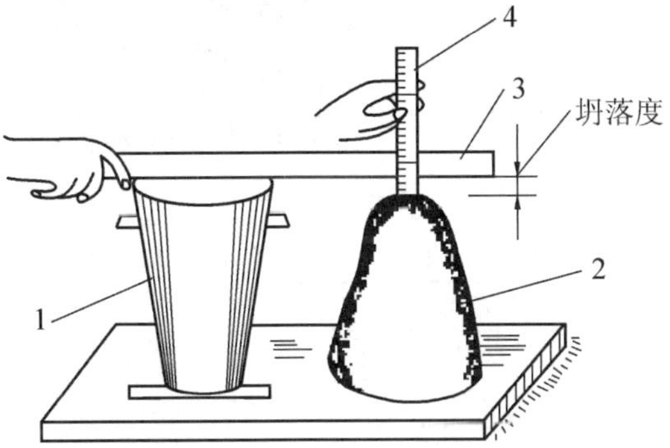

图 5－5　混凝土拌合物坍落度的测定

1—坍落度筒；2—拌合物试体；3—水平尺；4—钢尺

表 5－12　混凝土拌合物按坍落度分级

等级	名称	坍落度/mm
S1	塑性混凝土	10～40
S2		50～90
S3	流动性混凝土	100～150
S4	大流动性混凝土	160～210
S5		≥220

为全面评定新拌混凝土的和易性，在测定坍落度的同时，还应观察坍落后混凝土拌合物的黏聚性及保水性。黏聚性的检查方法是用捣棒在已坍落的混凝土锥体侧面轻轻敲打，如果锥体逐渐下沉，则表示黏聚性好；如果锥体倒塌、部分崩裂或出现离析现象，则表示黏聚性不好。保水性是以混凝土拌合物中稀浆析出的程度来评定的，坍落度筒提起后如有较多的稀浆从底部析出、锥体部分的混凝土也因失浆而集料外露，则表明此混凝土拌合物的保水性能不好；如坍落度筒提起后无稀浆或仅有少量稀浆自底部析出，则表明此混凝土拌合物的保水性能良好。

当混凝土拌合物的坍落度大于 160 mm 时，由于粗骨料堆积的偶然性，坍落度试验不能很好地反映拌合物的流动性，此时应同时采用扩展度法来评价其流动性。

扩展度的测定方法是：在混凝土拌合物坍落度试验的基础上，用钢尺测量混凝土扩展后最终的最大直径和与最大直径呈垂直方向的直径，在这两个直径之差小于 50 mm 的条件下，用其算术平均值作为扩展度值；否则应重新试验。如果发现粗骨料在中央集堆或边缘有水泥浆析出，表示此混凝土拌合物抗离析性不好。

坍落度试验指标明确，操作简便，是目前施工工地测定和控制混凝土拌合物和易性的常用方法。但此法受操作技术影响较大，观察黏聚性及保水性时带有一定的主观因素，并且只适用于骨料最大粒径不大于 40 mm，坍落度值不小于10 mm的混凝土拌合物。最大粒径大于 40 mm 的新拌混凝土，通常是筛除粒径 40 mm 以上颗粒后，采用以上方法测定。

5.3.2.2　维勃稠度法

对于干硬性混凝土，可采用维勃稠度法测定其流动性。

维勃稠度法采用维勃稠度仪(见图5-6)测定，试验时将坍落度筒置于容器之内，并固定在振动台上，在坍落度筒中按规定方法装满拌合物，提起坍落度筒，在拌合物试体顶面放一透明圆盘，开启振动台，同时用秒表计时，记录当透明圆盘的底面完全被水泥浆所布满时的时间，所读秒数称为维勃稠度值。

维勃稠度代表拌合物振实所需要的能量，时间越短，表明拌合物越容易被振实，能较好地反映混凝土拌合物在振动作用下的工作性能。

根据维勃稠度的大小，可将混凝土拌合物分为5级，见表5-13。

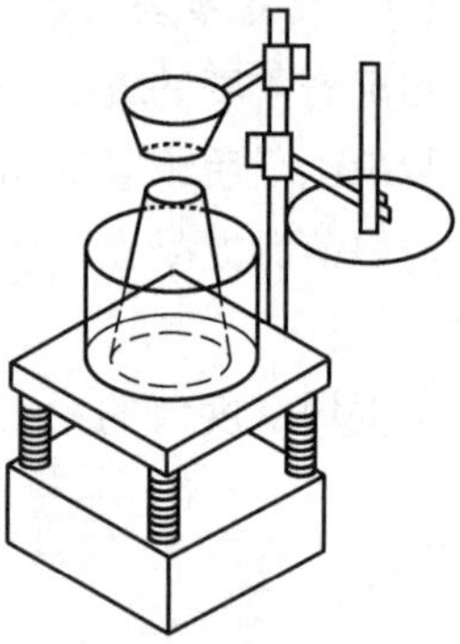

图5-6　维勃稠度仪

表5-13　混凝土拌合物按维勃稠度分级

级　　别	维勃稠度/s
V0	≥31
V1	30～21
V2	20～11
V3	10～6
V4	5～3

维勃稠度试验适用于骨料最大粒径不大于40 mm，维勃稠度值在5～30 s之间的混凝土拌合物。

5.3.3　混凝土拌合物流动性的选择

混凝土拌合物流动性的选择应根据具体工程的施工工艺、结构类型、构件截面大小、钢筋疏密和捣实方法等确定。通常应注意以下几点：

(1)维勃稠度为5～30 s的干硬性混凝土，主要用于振动捣实条件较好的预制构件的生产和路面及机场道面。

(2)坍落度大于10 mm的混凝土，主要用于现浇混凝土。当构件截面尺寸较小，或钢筋较密，或采用人工插捣时，坍落度可选择大些；反之，如构件截面尺寸较大，或钢筋较疏，或采用机械振捣时，坍落度可选择小些。工程中可参考表5-14选择。

表5-14　混凝土浇筑时的坍落度

结　构　种　类	坍落度/mm
基础或地面的垫层、无配筋的大体积结构(挡土墙、基础等)或配筋稀疏的结构	10～30
板、梁和大型及中型截面的柱子等	30～50
配筋密列的结构(薄壁、斗仓、筒仓、细柱等)	50～70
配筋特密的结构	70～90
高层建筑、大流动性、流态、泵送混凝土	>100

(3)当环境温度在30℃以上时，由于水泥水化速度加快及水分挥发加速，混凝土流动性下降加快，在混凝土配合比设计时，应考虑将混凝土拌合物坍落度提高15～25 mm，以保证现场混凝土的施工流动性。泵送混凝土要求具有较高的流动性，入泵坍落度不应低于100 mm。泵送高度较大或在炎热气候下施工时，可采用坍落度150～180 mm或更大的混凝土。对于商品混凝土，应考虑到运输途中的坍落度损失，坍落度宜适当选择大些。

应该指出，在选择坍落度时，原则上应在便于操作和保证捣固密实的条件下，尽可能选用较小的坍落度，以节约水泥并获得质量较高的混凝土。

5.3.4　影响和易性的主要因素

影响混凝土拌合物和易性的主要因素有：组成材料的性质和用量、环境条件、搅拌工艺和放置时间等。

5.3.4.1　组成材料性质的影响

1. 水泥性质的影响

水泥对拌合物和易性的影响主要反映在需水量上，水泥的细度、熟料矿物组成及混合材料掺量等都会影响水泥的需水量。在相同配合比时，需水量较大的水泥拌制的混凝土流动性较小。水泥的颗粒越细，混凝土拌合物的黏聚性和保水性越好。火山灰质混合材料的需水量通常较大，因此用火山灰水泥拌制的混凝土拌合物的流动性比用普通水泥的要小，但黏聚性和保水性较好。矿渣水泥的泌水性大，用其拌制混凝土拌合物的保水性较差。

2. 骨料性质的影响

骨料性质包括骨料的品种、级配、颗粒形状、表面特征及最大粒径等。在混凝土骨料用量一定的情况下，级配好的骨料拌制的混凝土流动性较大，黏聚性和保水性也较好；骨料中针片状颗粒较多时，混凝土拌合物的流动性较小，且易产生离析；表面光滑的骨料(如河砂、卵石)拌制的混凝土的流动性较好；石子的最大粒径或砂子的细度模数较大时，骨料的总表面积减小，则混凝土拌合物的流动性较大。

3. 外加剂和掺合料的影响

外加剂(如减水剂、引气剂等)对混凝土拌合物的和易性有很大影响。加入少量的减水剂，能使混凝土拌合物获得良好的和易性。若同时加入优质粉煤灰等矿物掺合料和高效减水剂，对混凝土和易性的改善效果更为显著。

5.3.4.2　组成材料用量的影响

1. 单位用水量

单位用水量指每立方米混凝土中加入水的质量，是影响混凝土拌合物流动性最主要的因素。实践证明，在混凝土原材料确定的情况下，当混凝土的用水量一定时，若水泥用量增减不超过50～100 kg，则新拌混凝土的坍落度保持不变，这一规律称为固定用水量法则。该法则为混凝土配合比的设计带来了极大的方便，即在进行混凝土配合比设计时，先选定单位用水量时，混凝土拌合物坍落度基本保持不变，在此条件下适当调整水灰比，即可配制出不同强度等级而坍落度相近的混凝土。

应该指出，虽然单位用水量是影响混凝土和易性的主要因素，但不能用单纯改变用水量的办法来调整新拌混凝土的流动性。应在保持水灰比不变的前提下，用调整水泥浆数量的办法或掺入一定量的减水剂来调整新拌混凝土的流动性。

2. 水灰比(水胶比)

水灰比是指水与水泥的质量之比。在掺加矿物掺合料后，水与胶凝材料(水泥和矿物掺合料之和)的质量比称为水胶比。在水泥、集料品种和用量确定的条件下，水泥浆的稠度取决于水灰(胶)比的大小。水灰比越小，则拌合物流动性越小，黏聚性和保水性越好；若水灰比过小，则不能填满骨料间的空隙或不能很好地包裹骨料表面，拌合物黏聚性变差，易出现崩坍，导致施工困难，影响混凝土的浇筑质量；反之，水灰比过大，水泥浆过稀，又会造成黏聚性和保水性不良，产生流浆和离析现象。因此，水灰比不宜过小或过大，应根据混凝土的工作性、强度和耐久性合理地选用。

3. 砂率

砂率是指混凝土中砂的质量占砂石总质量的百分率，表征混凝土中砂石用量的相对比例关系。砂在混凝土拌合物中起着填充粗骨料空隙的作用，与粗骨料相比，砂具有粒径小、比表面积大的特点。因此，砂率的改变会使骨料的总表面积和空隙率都有显著的变化，从而对新拌混凝土的和易性产生显著影响。

砂率和混凝土拌合物坍落度的关系如图 5－7 所示。从图中可以看出，砂率过大，骨料的总表面积会增大，需较多的水泥浆包裹骨料，起润滑作用的水泥浆就相对减少，使得混凝土拌合物流动性减小；反之，若砂率过小，形成的砂浆不足以填满石子之间的空隙，一部分的水泥浆充当填充作用而使骨料间的水泥浆变少，同样会降低混凝土拌合物的流动性，并会严重影响黏聚性和保水性。

对于黏聚性和保水性而言，砂率过小，会使混凝土拌合物的黏聚性和保水性有所下降，易产生泌水、离析和流浆现象；适当增加砂率，可改善拌合物的黏聚性和保水性；但砂率过大，当水泥浆不足以包裹骨料表面时，则黏聚性反而下降。

根据以上分析，工程中为保证混凝土拌合物的和易性，应选择一个能够填满石子空隙并有一定的富余量的合理砂率。当采用合理砂率时，在用水量及水泥用量一定的情况下，能使混凝土拌合物获得最大的流动性且能保持良好的黏聚性和保水性。合理砂率也意味着当施工需要一定流动性时，在水灰比一定条件下，水泥用量最少，经济效益高。

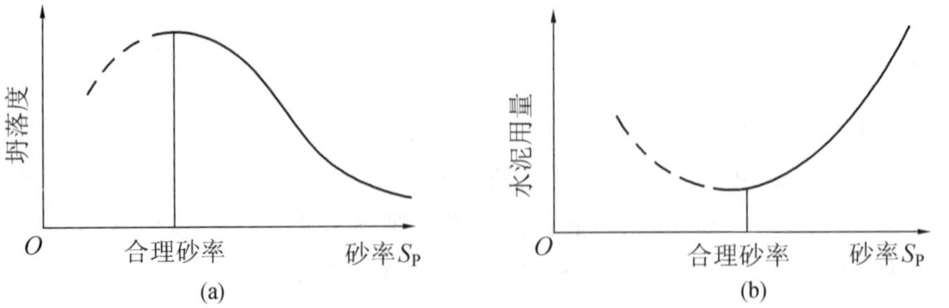

图 5－7　砂率与坍落度和水泥用量的关系

(a)水和水泥用量一定时，砂率与坍落度的关系；(b)混凝土到达相同坍落度时，砂率与水泥用量的关系

5.3.4.3　环境条件的影响

环境条件对拌合物和易性的影响主要有温度、湿度和风速。

随环境温度升高，混凝土坍落度损失加快。温度升高 10 ℃，拌合物的坍落度减少 20～40 mm，这是由于温度升高时，水泥水分蒸发及水泥水化反应加快，坍落度损失加快。为保证混凝土拌合物的和易性，在实际施工中，应根据环境温度的变化，采取相应的措施，尽量减少混凝土拌合物坍落度损失。

湿度和风速会影响拌合物水分的蒸发速率，因而影响坍落度。风速越大、大气中的湿度越小，拌合物的坍落度损失越快。对于海工工程，由于海风较大，更应做好防风保湿措施。

5.3.4.4　搅拌工艺的影响

搅拌工艺包括搅拌方式和搅拌时间。

一般说来，在较短的时间内，混凝土搅拌得越完全，拌合物的和易性越好。因此采用机械搅拌的混凝土拌合物比人工搅拌的和易性好，采用强制式搅拌机比用自落式搅拌机搅拌的和易性好。

根据混凝土搅拌机的类型和不同的容量，通常最少搅拌时间为 1～3 min。搅拌时间不足，拌合物的工作性就差，质量也不均匀。在实际施工中，适当延长搅拌时间，会提高拌合物的和易性，但搅拌时间过长，由于部分水泥水化又将使流动性降低。

5.3.4.5　放置时间的影响

随着放置时间的延长，水泥水化、水分蒸发以及水泥浆凝聚结构的形成等使得混凝土中起润滑作用的自由水逐渐减少，混凝土拌合物变得干稠，流动性变差。这种流动性随时间延长而减小的现象称为拌合物的坍落度损失。在施工或运送商品混凝土时，必须考虑时间因素对混凝土流动性的影响。

5.3.5　改善混凝土拌合物和易性的措施

掌握了混凝土拌合物和易性的变化规律，就可以运用这些规律去能动地调整混凝土拌合物的和易性，以适应具体的结构与施工条件要求。当决定采取某项措施来调整和易性时，还必须同时考虑对混凝土其他性质(如强度、耐久性)的影响。在实际工作中，调整混凝土拌合物的和易性可采取如下措施：

(1)选用适宜的水泥和掺合料品种。

(2)尽量选用粒径较大的砂、石，降低骨料的比表面积。

(3)改善砂、石级配，这样既可增加混凝土流动性，也能改善黏聚性和保水性。

(4)根据骨料级配和粒径情况，适当调整砂率，采用合理砂率。

(5)当混凝土拌合物坍落度太小时，维持水灰比不变，适当增加水泥和水的用量。当拌合物坍落度太大时，可保持砂率不变，适当增加砂、石用量。

(6)在混凝土拌合物中加入少量外加剂(如减水剂、引气剂等)。

(7)改进施工工艺，如采用高效的强制式搅拌机，采用高效振捣设备。

(8)加快施工速度，减少拌合物坍落度损失。

5.3.6 混凝土拌合物的凝结时间

水泥的水化反应是混凝土产生凝结的主要原因，但混凝土拌合物的凝结时间与其所用水泥的凝结时间是不相同的。水泥的凝结时间是水泥净浆在规定的温度和稠度条件下测得的，而混凝土拌合物的存在条件与水泥凝结时间测定条件不同。混凝土的水灰比、环境温度和外加剂的性能均对混凝土凝结时间产生很大的影响。水灰比增大，凝结时间延长；温度升高，凝结时间缩短；缓凝剂会明显延长凝结时间；速凝剂会显著缩短凝结时间。

混凝土拌合物的凝结时间采用贯入阻力仪来测定，将混凝土拌合物用筛孔公称直径为5 mm 的方孔筛筛出砂浆，按一定方法装入规定的容器中，然后每隔一定时间测定砂浆贯入到一定深度的贯入阻力，以贯入阻力值为纵坐标，测试时间为横坐标，绘制贯入阻力值与时间关系曲线，求出贯入阻力值达 3.5 MPa 时对应的时间为初凝时间(一般为 2.5～3.5 h)，贯入阻力值达 28 MPa 时对应的时间为终凝时间(一般为 10～12 h)。凝结时间从水泥与水接触时开始计算，初凝时间表示施工时间的极限，而终凝时间表示混凝土力学强度的开始发展。

在工程中，混凝土的凝结时间测定有许多实际的应用。如可以确定外加剂是否符合施工要求，采用缓凝剂时混凝土的初凝时间应比正常条件迟 1 h，但不宜迟于 3.5 h，混凝土的终凝时间也不应比正常条件迟 3.5 h，这都要对凝结时间进行准确的测定。在混凝土的实际浇筑施工中也常常需要严格地控制混凝土的凝结时间，这是由于混凝土在实际浇筑时，可能会遇到异常的天气条件，在混凝土浇筑时要防止各种损坏及冷接缝。实验室中混凝土凝结时间的测定，有助于实际混凝土浇筑方案的设计，并有助于确定是否需要采用其他的相应技术措施以用于凝结时间的调整，如掺入外加剂等。在生产混凝土预制构件时，一般也要等到混凝土初凝之后，才能通入蒸汽进行养护。

5.4 混凝土的强度

强度是硬化混凝土最重要的技术性质，是混凝土结构设计、施工质量控制和工程验收的重要依据。混凝土强度有抗压强度、抗拉强度、抗折强度和抗剪强度等，其中抗压强度最大，故在结构工程中混凝土主要承受压力。混凝土强度与混凝土的其他性能关系密切，通常混凝土的强度越大，其抗渗性及耐腐蚀性也越强。

5.4.1 混凝土的立方体抗压强度和强度等级

混凝土的抗压强度是指其标准试件在压力作用下直到破坏时，单位面积所能承受的最大压力。用标准立方体试件测定的混凝土抗压强度值作为划分混凝土强度等级的标准，并以此作为评定混凝土质量的重要指标。在实际工程中提到的混凝土的强度一般就是指立方体抗压强度。

根据 GB/T 50081—2019《混凝土物理力学性能试验方法标准》，混凝土的立方体抗压强度是以边长为 150 mm 的标准立方体试件，在温度 20 ℃ ±2 ℃，相对湿度 95% 以上的标准条件下，养护到 28 d 龄期时，在一定的加压条件下测得的抗压强度，以 f_{cc} 表示。抗压强度计算公式为：

$$f_{cc} = \frac{F}{A} \tag{5-1}$$

式中 f_{cc}——混凝土立方体抗压强度，MPa；

F——试件破坏荷载，N；

A——试件承压面积，mm^2。

做混凝土抗压强度试验时，一组三个试件，取三个试件测值的算术平均值为该组试件的强度值；如三个测值中的最大值或最小值中有一个与中间值的差值超过中间值的 15% 时，则取中间值作为该组试件的抗压强度值。

当混凝土强度等级 < C60 时，测定抗压强度的试件也可根据工程中所用粗骨料的最大粒径选用非标准尺寸（边长为 100 mm 或边长为 200 mm）的立方体试件，但在计算抗压强度时，应乘以相应的尺寸换算系数（见表 5－15），折算为相当于标准试件的强度。当混凝土强度等级 ≥ C60 时，宜采用标准试件，若使用非标准试件时，尺寸换算系数应通过试验确定。

表 5－15　不同尺寸试件的强度换算系数

骨料最大粒径/mm	试件尺寸/mm	强度换算系数
31.5	100 × 100 × 100	0.95
37.5	150 × 150 × 150	1.00
63.0	200 × 200 × 200	1.05

在实际施工条件下，混凝土的养护也不可能与标准养护条件完全一致，为了得到混凝土的实际强度，以判断下一步工序能否进行，常将混凝土试件放在与工程相同的条件下进行养护，再按所需龄期测出抗压强度，作为施工工地混凝土质量控制的依据。

根据 GB 50204—2015《混凝土结构工程施工质量验收规范》，结构实体检验中对混凝土强度的测定要求为：以在混凝土浇筑地点制备并与结构实体同条件养护的试件强度为依据，且同条件养护的试件应在达到等效养护龄期时进行强度试验。等效养护龄期，可取日平均温度逐日累计达到 600℃ · d 时所对应的龄期，且不应小于 14 d；日平均温度为 0℃ 及以下的龄期不计入。同条件养护试件的强度值除以 0.88 后按 GB/T 50107—2010《混凝土强度检验评定标准》进行评定。

混凝土的强度等级是混凝土工程进行结构设计、施工质量控制及工程验收的重要依据。混凝土强度等级是按其立方体抗压强度标准值来确定的。立方体抗压强度标准值是按照标准方法制作和养护的边长为 150 mm 的立方体试件，在 28 d 龄期用标准方法测定的具有 95% 保证率的抗压强度，以 $f_{cu,k}$ 表示。

根据我国现行规范 GB 50010—2010《混凝土结构设计规范》规定：强度等级采用符号 C 和相应的立方体抗压强度标准值（MPa）两项内容来表示，划分为 C15，C20，C25，C30，C35，C40，C45，C50，C55，C60，C65，C70，C75 和 C80 共 14 个强度等级。如 C40 表示混凝土的立方体抗压强度标准值 $f_{cu,k} = 40$ MPa，亦即用该混凝土制作的立方体试件抗压强度大于等于 40 MPa 的概率在 95% 以上。

在美国等部分国家，混凝土强度等级采用圆柱体抗压强度表示。在混凝土配合比相同时，圆柱体抗压强度要低于立方体抗压强度约 5 MPa。阅读外文文献时，应注意试验方法不同导致的混凝土强度等级差异。

5.4.2　混凝土的轴心抗压强度

混凝土轴心抗压强度又称棱柱体抗压强度。混凝土立方体抗压强度用来评定强度等级，但它不能直接用来作为设计的依据。因为实际工程中钢筋混凝土构件形式大部分是棱柱体或圆柱体。为了使测得的混凝土强度接近构件的实际情况，在钢筋混凝土结构计算中，计算轴心受压构件（如梁、柱、桁架的腹杆）时，都采用混凝土轴心抗压强度作为设计依据。

根据 GB/T 50081—2019《混凝土物理力学性能试验方法标准》规定，轴心抗压强度是采用 150 mm × 150 mm × 300 mm 棱柱体标准试件，标准养护到 28 d 后测得的抗压强度，用 f_{cp}表示，计算公式同式（5 - 1）。

混凝土强度等级 < C60 时，用非标准试件测得的强度值均应乘以尺寸换算系数，其值对 200 mm × 200 mm × 400 mm 试件为 1.05，其值对 100 mm × 100 mm × 300 mm 试件为 0.95，当混凝土强度等级 ≥ C60 时，宜采用标准试件；当使用非标准试件时，尺寸换算系数应由试验确定。

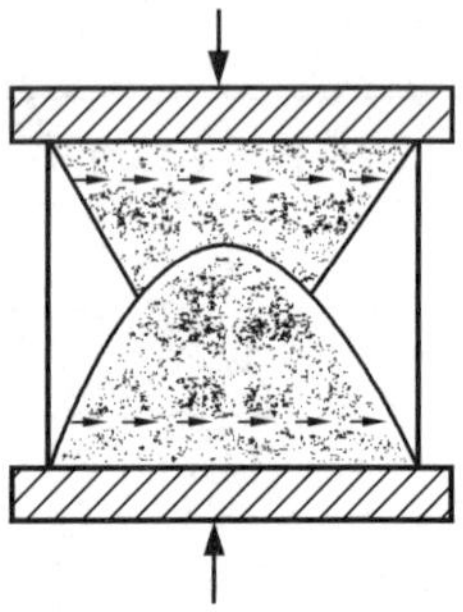

图 5 - 8　压力机压板对试件的约束作用

相同配比的混凝土的轴心抗压强度小于其立方体抗压强度。这是因为抗压试验时，试件在上下两块钢压板的摩擦力约束下，侧向变形受到限制，产生"环箍效应"（见图 5 - 8），其影响高度大约为试件边长的 0.87 倍。立方体试件整体受到环箍效应的影响，而棱柱体试件的中间区域未受到"环箍效应"的影响，因此，立方体试件测得的强度相对较高。在钢压板与试件之间涂上润滑剂后，摩擦阻力减小，环箍效应减弱，则立方体抗压强度与棱柱体抗压强度趋于相等。当混凝土立方体抗压强度在 10 ～ 55 MPa 范围内，混凝土的轴心抗压强度与立方体抗压强度关系近似为 $f_{cp} = (0.7 \sim 0.8) f_{cc}$，一般取 0.76。

5.4.3　混凝土的抗拉强度

混凝土是一种脆性材料，通常其抗拉强度只有抗压强度的 1/20 ～ 1/10，且混凝土的强度等级越高，其拉压比越小。在钢筋混凝土结构中，一般不考虑混凝土承受的拉力，结构中的拉力由钢筋承担。但混凝土的抗拉强度对于混凝土抗裂性具有重要意义，它是结构设计中裂缝宽度控制和裂缝间距计算的主要指标，也是抵抗干燥收缩和温度收缩裂缝的主要指标，有时还用抗拉强度间接衡量混凝土与钢筋的黏结强度。

由于混凝土的轴心抗拉强度试验设备复杂，测试非常困难，且测试值的准确度也较低，故国内外普遍采用劈裂法来间接测定混凝土的抗拉强度，即劈裂抗拉强度。

我国现行标准 GB/T 50081—2019《混凝土物理力学性能试验方法标准》规定：劈裂抗拉试验采用 150 mm × 150 mm × 150 mm 的立方体作为标准试件，试验装置图见图 5 - 9。试验时在上下两相对面的中心线上施加均布线荷载，使试件内竖向平面上产生均布拉应力（见图 5－10），混凝土劈裂抗拉强度可以根据弹性理论计算得出，计算公式为：

$$f_{\mathrm{ts}} = \frac{2F}{\pi A} = 0.637\frac{F}{A} \tag{5-2}$$

式中 f_{ts}——混凝土劈裂抗拉强度，MPa；

F——破坏荷载，N；

A——试件劈裂面积，mm^2。

采用 100 mm × 100 mm × 100 mm 非标准试件测得的劈裂抗拉强度值，应乘以尺寸换算系数 0.85；当混凝土强度等级 ≥ C60 时，宜采用标准试件；当使用非标准试件时，尺寸换算系数应由试验确定。

试验证明，混凝土轴心抗拉强度略低于劈裂抗拉强度，两者的比值约为 0.9。

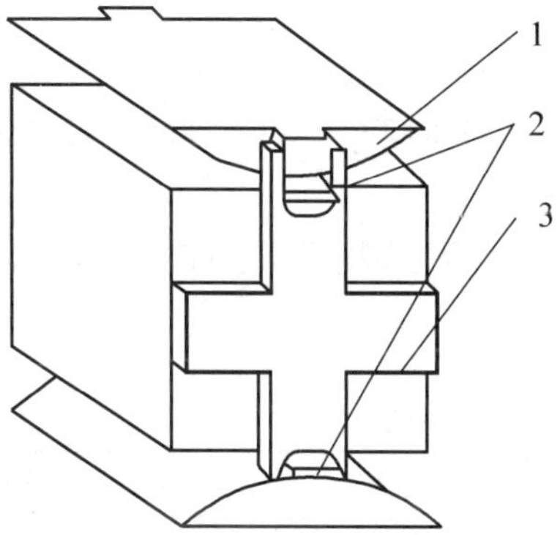

图 5－9　劈裂抗拉试验装置图

1—垫块；2—垫条；3—支架

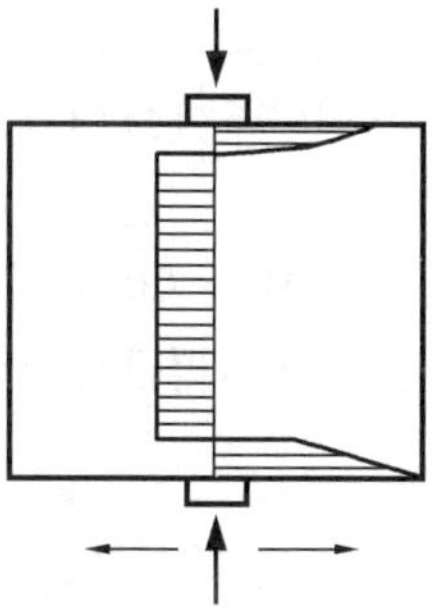

图 5－10　试验时试件受力面的应力分布

5.4.4 混凝土的抗折强度

抗折强度也称弯拉强度，对于混凝土道路、桥梁面板和飞机跑道的结构设计、质量控制与验收等环节，抗折强度是主要的强度指标，抗压强度仅作为参考。

GB/T 50081—2019《混凝土物理力学性能试验方法标准》规定：混凝土抗折强度是指按标准方法制作的，标准尺寸为 150 mm × 150 mm × 600 mm（或 550 mm）的长方体试件，在标准养护条件下养护 28 d 龄期，以标准试验方法测得的抗折强度值。试件按三分点加荷，试件的支座一端为铰支座，另一端为滚动支座，如图 5－11 所示。抗折强度计算公式为：

$$f_{\mathrm{f}} = \frac{Fl}{bh^2} \tag{5-3}$$

式中 f_{f}——混凝土抗折强度，MPa；

F——试件破坏荷载，N；

l——支座间跨距，mm；

h——试件截面高度，mm；

b——试件截面宽度，mm。

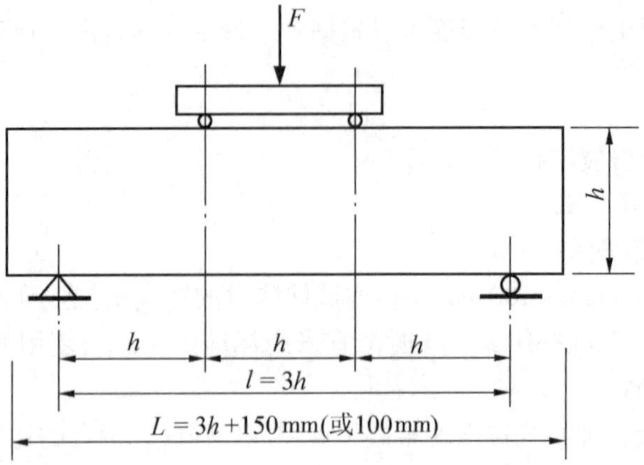

图 5 - 11　抗折试验装置图

采用 100 mm × 100 mm × 400 mm 非标准试件测得的抗折强度值，应乘以尺寸换算系数 0.85；当混凝土强度等级≥C60 时，宜采用标准试件；当使用非标准试件时，尺寸换算系数应由试验确定。

根据我国 JTG D40—2011《公路水泥混凝土路面设计规范》规定，各交通等级要求的混凝土抗折强度标准值不得低于表 5 - 16 中的规定。

表 5 - 16　水泥混凝土设计强度标准值

交　通　等　级	极重、特重、重	中等	轻
水泥混凝土 28 d 设计抗折强度标准值/MPa	≥5.0	4.5	4.0

5.4.5　影响混凝土强度的主要因素

在混凝土结构形成过程中，多余水分残留在水泥石中形成毛细孔；水分的析出在水泥石中形成泌水通道，或聚集在粗骨料下缘处形成水囊；水泥水化产生的化学收缩以及各种物理收缩还会在水泥石和骨料的界面上形成细微裂缝。上述结构缺陷的存在，实际上都是混凝土在受外力作用时引起破坏的内在因素。当混凝土受力时，这些界面上的细微裂缝会随着外力的增大而逐步扩大、延伸并汇合连通直至混凝土破坏。混凝土在外力作用下的破坏过程，实质上是其内部裂缝发生、发展直至连通的过程。混凝土中裂缝的起源通常有三种可能：水泥石中首先出现裂缝、在水泥石与骨料间界面处首先出现裂缝(这是最常见的一种)、骨料中首先出现裂缝。因此，所有影响水泥石强度、水泥石与骨料界面黏结及骨料性能的因素都影响着混凝土的强度。

影响混凝土强度的主要因素有水泥强度等级和水灰比、外加剂和掺合料、骨料、施工条件、养护温度和湿度、养护龄期和试验方法等。

5.4.5.1　水泥强度等级和水灰比的影响

水泥强度等级和水灰比直接影响着水泥石的强度及其与骨料的黏结力，是影响混凝土强度最主要的因素。在混凝土配合比相同的情况下，水泥强度等级愈高，硬化水泥石的强度愈大，对骨料的黏结力就愈大，配制的混凝土强度也就愈高。在水泥强度等级相同的条件下，混凝土的强度主要取决于水灰比。这是因为，虽然水泥水化的理论需水量为水泥质量的23%左右，但在拌制混凝土时，为了获得施工所要求的流动性，常需多加水，通常混凝土的水灰比在0.4～0.8之间，当混凝土硬化后，多余的水分就残留在混凝土内部，蒸发后形成了许多气孔和通道，大大减少了混凝土抵抗荷载的有效断面，而且可能在孔隙周围引起应力集中，从而使混凝土强度降低。因此，水灰比越大，多余水分越多，留下的孔隙也越多，混凝土强度越低；反之，则混凝土强度越高。需要指出的是，此规律仅适用于混凝土拌合物能被充分振捣密实的情况下；如混凝土水灰比过小，导致在特定施工条件下无法振捣密实时，反而导致混凝土强度严重下降，如图 5－12 中的虚线所示。

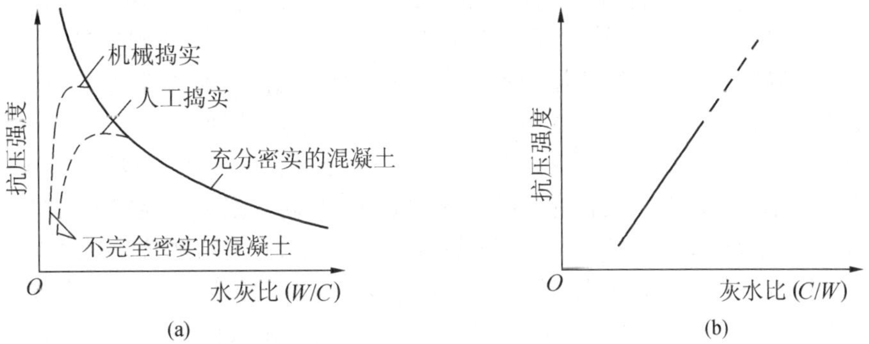

图 5－12　混凝土强度与水灰比及灰水比的关系
(a)强度与水灰比的关系；(b)强度与灰水比的关系

大量试验证明，对于纯水泥混凝土，其强度与水灰比、水泥强度等级等因素间保持近似恒定的关系，一般采用下面的经验公式(也称鲍罗米公式)表示：

$$f_{cu} = \alpha_a f_{ce}\left(\frac{C}{W} - \alpha_b\right) \tag{5-4}$$

式中　f_{cu}——混凝土 28 d 龄期的抗压强度，MPa；

$\frac{C}{W}$——混凝土的灰水比；

f_{ce}——水泥 28 d 实际抗压强度，MPa；

α_a，α_b——回归系数，与骨料品种及水泥品种等因素有关，其数值需通过试验求得。

以上经验公式一般只适用于 C60 以下的混凝土。利用混凝土强度公式，可以解决混凝土配合比设计中的两个问题：

(1)根据所用的水泥强度和水灰比，估算所配制的混凝土强度。

(2)根据水泥强度和要求的混凝土强度等级来计算应采用的水灰比。

5.4.5.2　外加剂和掺合料的影响

在混凝土中加入减水剂，可使拌合物拌和水量减少，水泥颗粒的分散度提高，水泥的水化程度也相应提高，混凝土内部的结构缺陷减少，因而混凝土强度有较大幅度提高，一般可提高 10%～30%。在混凝土中加入引气剂，使混凝土中形成了许多独立的微小气泡，黏聚性、保水性得到了改善，提高了混凝土的耐久性，但混凝土的强度有所降低。掺入早强剂或缓凝剂可加快或延缓水泥的水化，但早强剂使混凝土产生过快的水化速度会影响混凝土后期强度，掺多时对耐久性也会造成一定的影响。

在混凝土中掺入矿物掺合料可以改善硬化水泥浆体的结构，并改善界面过渡区的结构，从而提高混凝土的强度。如掺入优质粉煤灰能提高混凝土的后期强度，掺入矿渣粉能提高混凝土的28 d强度，硅粉能制备高强和超高强混凝土。

5.4.5.3 骨料的影响

骨料的强度、级配、粒径、形状和表面状况等性质都不同程度地影响着混凝土的强度。

对于普通混凝土而言，骨料的强度一般大于水泥石的强度，骨料强度越高，所能配制的混凝土强度也越高。对于高强混凝土，粗骨料的强度是影响混凝土强度的关键因素之一。

骨料级配良好、砂率适当时，由于组成了坚硬紧密的骨架，有利于混凝土强度的提高。如果骨料中骨料品质较差、级配不好且有害杂质较多时，所配制的混凝土强度较低。

骨料的颗粒粒径愈大，需要湿润的比表面积愈小。因此，增大骨料最大粒径可以降低混凝土的需水量，在混凝土和易性不变的情况下，可相应地降低水灰比，从而提高混凝土强度。对于水灰比较低的中强和高强混凝土，由于粒径效应，随着骨料颗粒粒径的增大，混凝土强度有下降的趋势，故在配制高强混凝土时，应选用最大粒径较小的粗骨料。

碎石表面粗糙且富有棱角，与水泥石的黏结力较大，且骨料颗粒间有嵌固作用，所以在配合比相同的条件下，碎石混凝土的强度比卵石混凝土的强度高。当水灰比小于0.4时，碎石混凝土的强度可较卵石混凝土高约1/3，但随着水灰比增大，两者的差异逐渐减小。骨料表面的粗糙程度对混凝土抗压强度的影响要比对抗拉及抗折强度的影响小。另外，骨料的形状以接近球形或正多面体为好，若含有较多的针片状颗粒，将会使混凝土内部的孔隙率增大，导致混凝土强度下降。

5.4.5.4 施工条件的影响

在施工过程中，必须将混凝土拌合物搅拌均匀，浇筑后必须捣振密实，才能使混凝土有达到预期强度的可能。

机械搅拌和捣实的力度比人力要强，因而，采用机械搅拌比人工搅拌的拌合物更均匀，采用机械捣实比人工捣实的混凝土更密实。强力的机械捣实可适用于更低水灰比的混凝土拌合物，获得更高的强度。图5－12a中虚线部分显示在低水灰比时机械捣实比人工捣实有更高的强度。

改进施工工艺可提高混凝土强度，如采用分次投料搅拌工艺、高速搅拌工艺、高频或多频振捣器、二次振捣工艺等都会有效地提高混凝土强度。

5.4.5.5 养护温度和湿度的影响

温度及湿度对混凝土强度的影响，本质上是对水泥水化过程的影响。

养护温度对混凝土的强度，尤其是早期强度有显著的影响。当养护温度降低时，水泥水化速度减慢(见图5－13)；若温度降到0 ℃以下，混凝土中的水分大部分会结冰，使水泥的水化反应终止，导致混凝土的强度停止发展，并且孔隙内水分结冰膨胀，会导致混凝土内部结构破坏，强度降低。所以，冬季施工的混凝土尤其要重视对混凝土的早期养护，避免受冻破坏。当温度在5～40 ℃范围内，随着温度的提高，水泥的初期水化速度加快，混凝土早期强度提高。应当指出，不同品种的水泥对温度有着不同的适应性。对于硅酸盐水泥和普通硅酸盐水泥，若早期养护温度过高(40 ℃以上)，水泥水化速率加快，生成的水化物大量聚集在未水化的水泥颗粒周围，妨碍水泥的进一步水化，后期的水化速度反而减慢；而对于掺了大量混合材料的水泥，提高养护温度不但有利于早期水泥水化，而且对混凝土后期强度增长也非常有利。

为了使混凝土中水泥的水化能够顺利进行，混凝土的强度得以充分发展，在混凝土成型后的一定时间内，必须维持周围环境有较高的湿度。实际工程施工中的混凝土多为自然养护，为保持混凝土潮湿状态，在混凝土终凝后（一般在 12 h 以内），表面应覆盖麻袋或塑料薄膜，并不断浇水，尤其在夏季更应注意浇水保湿，浇水次数以能保证混凝土表面湿润为宜。当日平均温度低于 5 ℃时，不得浇水。使用硅酸盐水泥、普通水泥或矿渣水泥时，混凝土浇水养护应不少于 7 d；使用火山灰水泥和粉煤灰水泥或在施工中掺用缓凝型外加剂或有抗渗要求的混凝土，浇水养护应不少于 14 d；道路路面水泥混凝土宜为 14 ～ 21 d；使用铝酸盐水泥时，不得少于 3 d；水利工程的混凝土，宜为 28 d。

5.4.5.6　*养护龄期的影响*

龄期是指混凝土在正常养护条件下所经历的时间(从加水搅拌开始计算)。在正常养护条件下，混凝土的强度将随着龄期的增加而不断发展。最初 7 ～ 14 d 内强度增长较快，以后增长缓慢，28 d 达到设计强度。所以，混凝土强度通常以 28 d 为标准龄期。28 d 后强度仍在发展，其增长过程可延续数十年之久。由普通水泥配制的中等强度的混凝土，在标准条件养护下，其强度发展大致与其龄期的对数成正比关系，其经验估算公式为：

$$f_{28}=f_n\frac{\lg 28}{\lg n} \tag{5-5}$$

式中　f_{28}——龄期为 28 d 时混凝土的抗压强度，MPa；

f_n——龄期为 n d 时混凝土的抗压强度，MPa；

n——养护龄期，d，$n \geqslant 3$。

标准养护条件下的混凝土，可根据式(5－5)由早期强度大致地估计出 28 d 的强度。但是由于影响混凝土强度的因素很多，式(5－5)仅适用于中等强度(C20 ～ C30)的混凝土，对于更高强度等级的混凝土和掺外加剂的混凝土，用该式估算会产生较大的偏差。

当混凝土的养护温度变化时，混凝土的强度与龄期的关系较为复杂。在实际工程中，可根据温度、龄期对混凝土强度的影响曲线，从某一龄期的强度推算出另一龄期的强度，如图 5－13 所示。

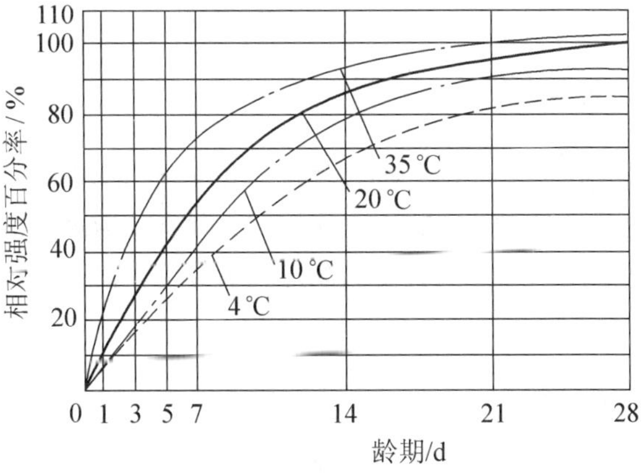

图 5－13　温度、龄期对混凝土强度的影响曲线

5.4.5.7 试验条件的影响

由于混凝土的强度是在一定的试验条件下通过对具体的混凝土试件测定而得，因此，试件的尺寸、形状、表面状况和加荷速度将在一定程度上也影响着混凝土强度的测试结果。

对于同一配合比的混凝土而言，试件尺寸越大，则测得的强度越低，这一方面是环箍效应的影响，另一方面是由于大试件中存在的孔隙等缺陷的概率较大所致；加荷速度越快，测得的强度越高；试件表面粗糙时，测得的强度较低；试件表面异常光滑时，其强度较低；试件含水率较高时，其强度较低。

为保证混凝土强度测定结果准确性，试验操作必须严格按有关标准的规定进行。

5.4.6 提高混凝土强度的措施

综上所述，通过对混凝土强度影响因素的分析，提高混凝土强度的措施有：

(1)采用高强度等级水泥或早强型水泥。在混凝土配合比不变的情况下，采用高强度等级水泥可提高混凝土强度等级；采用早强型水泥可提高混凝土的早期强度。

(2)掺入合适的矿物掺合料。在混凝土配合比不变的情况下，以合适的矿物掺合料种类和数量取代部分水泥，可提高混凝土的后期强度。

(3)采用有害杂质少、级配良好的集料。

(4)降低混凝土的水灰比。通过掺加减水剂的方法，在保持水泥用量和混凝土工作性不变的情况下，可减少用水量，从而降低水灰比，提高混凝土强度。

(5)采用机械搅拌和振捣工艺。

(6)保持合理的养护温度和一定的湿度，可能的情况下采用蒸汽养护和蒸压养护等湿热养护措施。蒸汽养护是将混凝土放在近100℃的常压蒸汽中进行养护，以加速水泥的水化作用，经16 h左右，其强度可达到正常条件下养护28 d强度的70%～80%，多用于混凝土制品的生产，以提高模板和场地的周转率，有效提高生产量和降低成本；需要注意的是，养护温度不宜超过80℃，且应在混凝土静置一段时间后才能开始升温，升降温的速度不宜过快，以免混凝土开裂。蒸压养护是将混凝土放在175℃和0.81 MPa(8个大气压)的压蒸釜中进行养护，在此养护条件下，可生成结晶良好的水化硅酸盐，可有效地提高混凝土的强度，高强混凝土管桩多用蒸汽加蒸压的二次养护方法生产。

5.5 混凝土的变形性能

混凝土在硬化和使用过程中，由于受到物理、化学及力学等因素的影响，常会发生各种变形，当变形引起的应力超过了混凝土强度极限，便会使混凝土结构内部产生裂缝，进而影响到混凝土的强度和耐久性。混凝土的变形主要分为非荷载作用下的变形和荷载作用下的变形两大类。

5.5.1 非荷载作用下的变形

非荷载作用下的变形主要是由混凝土本身及环境因素引起的各种物理化学变化而产生的变形，主要包括塑性收缩、化学收缩、干湿变形、温度变形以及碳化收缩等几种。

5.5.1.1　塑性收缩

塑性收缩是混凝土拌合物在硬化前处于塑性阶段时，由于固体颗粒下沉，表面产生泌水而引起的混凝土体积减小。塑性收缩值较大，一般为混凝土体积的1%左右。

当塑性收缩较大或受到水平钢筋、大颗粒骨料的阻碍时，将可能在混凝土表面形成塑性收缩裂缝。工程实践表明，混凝土早期的塑性收缩一般发生在浇筑后的 1 ～ 4 h，此后收缩平缓。影响混凝土塑性收缩的主要因素有风速、环境温度和湿度等。因此，混凝土在浇注完成后尤其是在气温高、风速大的干燥天气时，应特别注意混凝土表面的保湿养护，严格按有关规范规定的养护制度进行施工，防止塑性收缩裂缝的产生。

5.5.1.2　化学收缩

由于水泥水化生成物的固相体积比反应前物质的总体积(包括水的体积)小，而使混凝土产生的收缩称为化学收缩，属不可恢复的变形。混凝土的化学收缩随硬化龄期的延长而增加，大致与时间的对数成正比，一般在混凝土成型后 40 多天内增长较快，以后逐渐稳定。混凝土的化学收缩值为(4×10^{-6})～(100×10^{-6})，对结构物一般没有破坏作用，但化学收缩是混凝土中微细原生裂缝产生的原因之一。水泥的水化温度越高、水泥用量越大以及水泥细度越细时，其化学收缩值就越大。

5.5.1.3　干湿变形

混凝土因周围环境湿度的变化而产生的体积变化，包括干缩和湿胀，统称为干湿变形，这种变形是由混凝土中水分的变化所致。混凝土中的水分包括自由水、毛细管水和凝胶粒子表面的吸附水三种，当后两种水发生变化时，混凝土就会产生干湿变形。

混凝土在水中硬化时，由于凝胶体中的胶体粒子表面的吸附水膜增厚，胶体粒子间距离增大，引起混凝土产生微小的膨胀，即湿胀。湿胀对混凝土没有危害。

混凝土在空气中硬化时，首先失去自由水；继续干燥时毛细管水蒸发，使毛细孔中形成负压产生收缩；再继续干燥则吸附水蒸发，引起凝胶体失水而紧缩。以上这些作用就导致混凝土干缩变形。混凝土在空气中经干燥后再置于水中，则部分干缩可以恢复，但并非所有的干缩都能恢复，即使长期置于水中也不可能完全恢复。这种不可逆的收缩值通常为收缩量的 30%～50%。混凝土的干缩特性如图 5－14 所示。

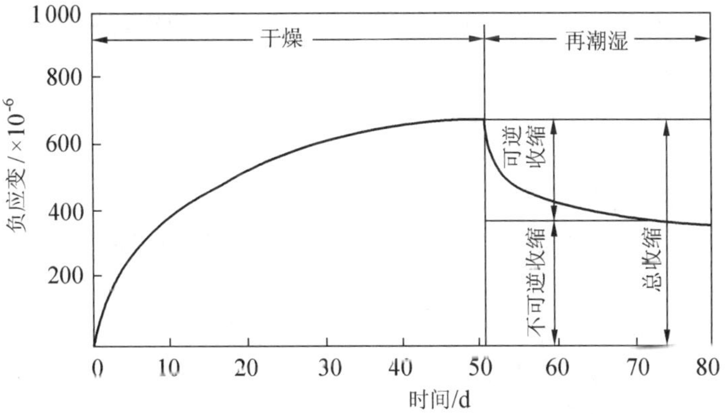

图 5－14　混凝土的干缩特性

混凝土的干缩值较大，极限干缩率可达(5×10^{-4})～(9×10^{-4})，干缩是混凝土收缩的主要形式。当收缩受到约束（包括混凝土构件受到的外部约束和内部约束）时，由于混凝土抗拉强度低，往往引起混凝土的开裂，从而严重影响混凝土的耐久性。

由于干缩值的测量是采用100 mm×100 mm×515 mm的小试件，而实际构件的尺寸要大得多，构件内部的干燥过程较为缓慢，故实际混凝土构件的干缩率远较试验值低。在一般工程设计中，混凝土的线收缩值通常取(1.5×10^{-4})～(2.0×10^{-4})，即每米收缩0.15～0.20 mm。

影响混凝土干缩的因素很多，主要有以下几个方面：

(1)单位用水量与水灰比。混凝土单位用水量是影响其干缩的重要因素，用水量越大，则干缩值也越大。由于混凝土的干缩主要是水泥石的干缩所引起的，因此在同样的水泥用量的情况下，水灰比越大，则水泥浆量越大，混凝土干缩值越大。

(2)水泥与外加剂品种。不同的水泥品种由于其组成和细度的不同，产生的干缩值有所不同，如火山灰水泥的收缩比粉煤灰水泥大，采用高强或早强水泥，由于水泥细度较高，混凝土的收缩也较大。外加剂品种对干缩也有重要影响，掺入氯化钙会使干缩增大，掺入萘系高效减水剂会使混凝土的早期干缩明显增加，掺入减缩剂则可显著减少混凝土的干缩。

(3)骨料。混凝土所用骨料的弹性模量较大，则其干缩较小。混凝土采用吸水率较大的骨料时，其干缩较大。骨料的含泥量较高时，会增加混凝土的干缩。骨料最大粒径较大、级配良好时，由于能减少混凝土中水泥浆数量，故混凝土干缩值较小。

(4)构件形状与尺寸。构件的形状对混凝土的干缩有一定影响，构件体积与表面积的比值小，则干缩小，大体积混凝土构件的干缩就较薄壁构件的干缩小。构件尺寸增大，干缩减小。

(5)环境湿度。混凝土周围介质的相对湿度对混凝土的干缩影响很大，相对湿度越小，则干缩越大。延长湿养护时间可推迟干缩的发生和发展，但对最终的干缩率无显著影响。

工程中常采用降低用水量、合理选用水泥和外加剂品种、尽量减少水泥用量、合理选用骨料、加强养护、合理设置伸缩缝或分段浇筑等措施减小干缩，避免出现干缩裂缝。

5.5.1.4　温度变形

混凝土同其他固体物质一样呈现热胀冷缩变形。混凝土的温度膨胀系数为(0.7×10^{-5})～(1.4×10^{-5})/℃，一般取1.0×10^{-5}/℃，即温度每升高或降低1℃，1 m长的混凝土将产生0.01 mm的膨胀或收缩变形。

混凝土是热的不良导体，传热很慢，因此在大体积混凝土（截面最小尺寸在1 m以上的混凝土，如大坝、桥墩、底板和大型设备基础等）硬化初期，水泥水化将产生大量的水化热，水化热在混凝土内部蓄积导致混凝土温度升高。

在升温阶段，在混凝土内部和外部的约束下，混凝土温度升高引起压应力，但此时混凝土的弹性模量较小，而徐变较大，通常不会引起破坏，除非混凝土内外温差过大，可能引起表面裂缝。在降温阶段，混凝土从约束下的膨胀转为约束下的收缩，混凝土内部产生拉应力，当拉应力大于混凝土的抗拉强度时，混凝土将产生温度裂缝，这种裂缝通常是贯穿性裂缝，对结构的安全性和耐久性影响很大。

温度变形对大体积混凝土及超长结构混凝土极为不利，在设计和施工中应充分注意。应从妥善选择材料、合理进行配比及采取特种措施等方面控制混凝土的发热量，减少裂缝的发生。通常采用以下方法：

(1)合理选用水泥品种，采用低热水泥(如矿渣水泥、中热水泥、低热水泥等)。

(2)采用大粒径骨料和掺入矿物掺合料的方法，减少水泥用量，降低水化热。

(3)采取预冷原材料、加冰、在混凝土中埋设冷却水管等人工降温措施。

(4)注意混凝土的保温养护，采用妥善保温，徐徐降温的养护。

(5)采用跳仓浇筑、设置伸缩缝等措施来减少约束。

(6)在结构物中设置温度钢筋等措施来增加混凝土的抗裂性。

5.5.1.5　碳化收缩

混凝土的碳化是指水泥石中的水化产物 $Ca(OH)_2$ 与空气中的 CO_2，在湿度适宜的条件下发生化学反应，生成 $CaCO_3$ 和 H_2O 的过程，也称为中性化。

混凝土的碳化引起的体积收缩称为碳化收缩。碳化收缩的程度与空气的相对湿度有关，当相对湿度为30%～50%时，收缩值最大。碳化收缩过程常伴随着干燥收缩，在混凝土表面产生拉应力，导致混凝土表面产生微细裂缝。

5.5.2　在荷载作用下的变形

5.5.2.1　混凝土在短期荷载作用下的变形

混凝土是一种多相复合材料，它是一种弹塑性体。混凝土在静力受压时产生弹塑性变形，既产生可恢复的弹性变形，同时又产生不可恢复的塑性变形，其应力与应变之间的关系不是直线而是曲线，如图5－15所示。

在静力试验的加荷过程中，若加荷至应力为 σ、应变为 ε 的 A 点，然后将荷载逐渐卸去，则卸荷时的应力-应变曲线如 AC 所示。卸荷后能恢复的应变 $\varepsilon_{弹}$ 是由混凝土的弹性变形引起的，称为弹性应变；剩余的不能恢复的应变 $\varepsilon_{塑}$ 则是由于混凝土的塑性变形引起的，称为塑性应变。

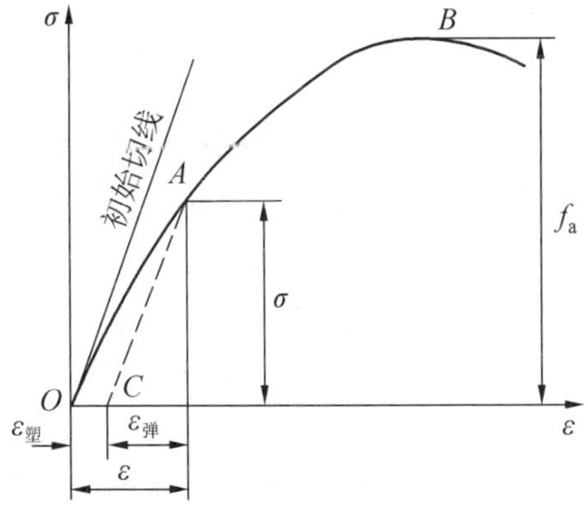

图5－15　混凝土在压力作用下的应力-应变曲线

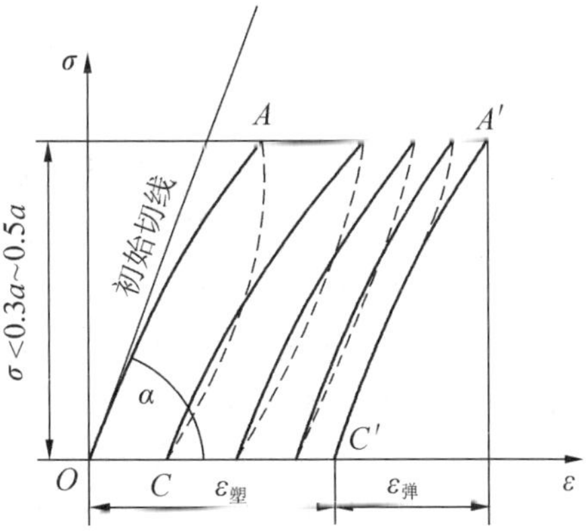

图5－16　低应力下重复荷载的应力-应变曲线

在重复荷载作用下的应力-应变曲线，因作用力的大小而有不同的形式。当应力小于30%～50%的轴心抗压强度时，每次卸荷都残留一部分塑性变形($\varepsilon_{塑}$)，但随着重复次数的增加(3～5次)，$\varepsilon_{塑}$ 的增量逐渐减小，最后曲线稳定于 $A'C'$ 线，它与初始切线大致平行，如图5－16所示。若所加应力 σ 在50%～70%的轴心抗压强度以上重复时，随着重复次数的增加，塑性应变逐渐增加，将导致混凝土疲劳破坏。

在应力-应变曲线上任一点的应力 σ 与其应变 ε 的比值，叫作混凝土在该应力下的变形模量，它反映混凝土所受应力与所产生应变之间的关系。通常采用割线模量(应力-应变曲线上任一点与原点的连线的斜率)来表示混凝土的弹性模量。在计算钢筋混凝土的变形、裂缝扩展及大体积混凝土的温度应力时，均需用到混凝土的弹性模量。

混凝土的强度越高，弹性模量越高，两者存在一定的相关性。当混凝土的强度等级由C10增高到C60时，其弹性模量大致是由 1.75×10^4 MPa 增至 3.60×10^4 MPa。

混凝土的弹性模量随其骨料与水泥石的弹性模量而异。由于水泥石的弹性模量一般低于集料的弹性模量，所以混凝土的弹性模量一般略低于其集料的弹性模量。在材料质量不变的条件下，混凝土的集料含量较多、水灰比较小、养护较好及龄期较长时，混凝土的弹性模量就较大。蒸汽养护的混凝土弹性模量比标准养护的低。

5.5.2.2　混凝土在长期荷载作用下的变形

混凝土在长期荷载作用下会发生徐变现象。徐变是指在长期恒定荷载作用下，随着时间的延长，沿着作用力的方向发生的变形，一般要延续2～3年变形才逐渐趋于稳定。混凝土在长期荷载的作用下，其变形与持荷时间的关系如图5-17所示。

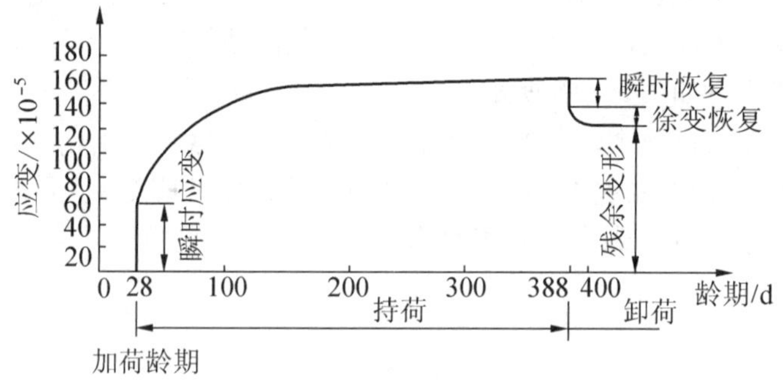

图5-17　混凝土的徐变曲线

由图5-17可知，混凝土在加荷后立即产生瞬时变形，这时主要是弹性变形；随后则产生徐变变形，此时以塑性变形为主。在荷载作用初期，徐变变形增长较快，以后逐渐变慢且稳定下来。混凝土的徐变一般可达 $3\times10^{-4}\sim15\times10^{-4}$，即0.3～1.5 mm/m。当变形稳定以后卸掉荷载，将产生瞬时变形，这个瞬时变形的符号与原来的弹性变形相反，而绝对值则较原来的小，称为瞬时恢复；在卸荷后的一段时间内变形还会继续恢复，称徐变恢复，最后剩下的是大部分不能恢复的残余变形。

混凝土产生徐变的原因，一般认为是由于水泥石凝胶体在长期荷载作用下的黏性流动，并向毛细孔中移动，或者凝胶体中的吸附水或者结晶水向内部毛细孔迁移渗透的结果。从水泥凝结硬化过程可知，随着水泥的逐渐水化，新的凝胶体逐渐填充毛细孔，使毛细孔的相对体积逐渐减小。在荷载初期或硬化初期，由于未填满的毛细孔较多，凝胶体的移动较易，故徐变增长较快。以后由于内部移动和水化的进展，毛细孔逐渐减小，徐变速度因而愈来愈慢。

混凝土的徐变和许多因素有关。混凝土的水灰比较小或混凝土在水中养护时，同龄期的水泥石中未填满的孔隙较小，故徐变较小。水灰比相同的混凝土，其水泥用量愈多，即水泥石相对质量分数愈大，其徐变愈大。此外，徐变与混凝土的弹性模量也有密切关系，一般弹性模量大者，徐变小。

混凝土不论是受压、受拉或受弯时，均有徐变现象。混凝土的徐变对结构物的影响既有有利方面，也有不利方面。有利的是徐变能消除钢筋混凝土内的应力集中，使应力较均匀地重新分布，从而使结构物中局部集中应力得到缓和；对大体积混凝土来说，徐变能消除一部分由于温度变形所产生的破坏应力。不利的是预应力钢筋混凝土结构中，混凝土的徐变将使钢筋的预加应力受到损失。

5.6　混凝土的耐久性

混凝土的耐久性是指在所处环境及使用条件下，混凝土建筑物能满足各项设计功能要求，并能达到无须大修或全面补强加固而安全运行的能力。

用于建筑物和构筑物的混凝土，不仅应具有设计要求的强度，以保证其能安全承受荷载作用，还应具有足够的耐久性，以保证在所处环境和使用条件下使用年限的要求。

5.6.1　混凝土耐久性问题的重要性

混凝土以其在性能、施工、经济等方面的显著优点成为当今世界上用途最广、用量最大的土木工程材料。长期以来，人们通常认为混凝土是一种具有优良耐久性的材料，形成了单纯追求混凝土强度的倾向，而对混凝土的耐久性关注不够。

随着混凝土建筑物使用时间的延长，很多钢筋混凝土结构发生了过早破坏，其原因不是由于混凝土强度不足，而是由于混凝土耐久性不足引起的，这使人们日益意识到混凝土耐久性的重要。近年来，随着混凝土结构的更广泛应用，其使用环境日益多样化，环境污染日益加剧，混凝土建筑物受环境侵蚀的危害性也日益增加，其耐久性和使用寿命问题，逐渐成为土木工程界普遍关注的问题。随着建筑物使用时间的增长，旧建筑物日益增多，结构的耐久性问题将更加引人关注。

据统计，结构的维修投资在发达国家逐年增加，有的已达到或超过新建工程的投资。如美国 20 世纪 90 年代初期用于旧建筑物维修加固上的投资就占建设投资的 50%，德国则达 80%。涉及维修加固的结构，除有一部分是由于工程事故或偶然灾害造成的损伤和破坏外，剩下的都是经常性或阶段性的修复加固。修复加固的目的主要是弥补结构由于环境因素而受到的损伤与破坏，提高其耐久性和使用寿命。美国每年上千亿美元的工程腐蚀损失中，与钢筋锈蚀相关的损失就达 40%；瑞典用于桥梁耐久性修复上的投资每年达 2 800万美元之多。我国在“一五”期间，用于建设工程更新改造的投资仅为同期基本建设投资的 4.2%，“三五”期间达到 27%，“四五”和“七五”期间分别达到 31.7% 和 54%。当大规模的建设活动达到顶峰后，在 21 世纪初我国出现混凝土结构的维修高潮，并持续相当一段时间，每年所需的维修费用可能高达数千亿元之巨。

在 21 世纪，混凝土材料仍然是最主要的土木工程材料，对用混凝土建造的结构工程来说，混凝土的耐久性与长期工作性能显得更加重要，甚至比强度更重要。在未来的几十年里，海底隧道、海上采油平台、水工建筑物、污水管道、核反应堆外壳、有害化学物的容器等恶劣环境下的结构物，对混凝土的使用寿命要求为几百年，而不是普通混凝土的50年，对材料的耐久性能要求更高。因此，加强混凝土耐久性研究，提高建筑物的使用寿命显得特别的迫切和必要。

5.6.2　混凝土常见的耐久性问题

混凝土耐久性主要包括抗渗性、抗冻性、抗侵蚀性、碳化、碱-骨料反应、耐磨性、耐火性以及混凝土的钢筋锈蚀等。

5.6.2.1　混凝土的抗渗性

抗渗性是指混凝土抵抗压力液体（水、油、溶液等）渗透作用的性能。它是决定混凝土耐久性的主要因素。因为外界环境中任何有害介质对混凝土的侵蚀，必须首先渗透到混凝土内部，才能产生破坏作用。在受压力液体作用的工程，如地下建筑、水池、水塔、压力水管、水坝、油罐以及港口工程、海洋工程等，要求混凝土必须具有一定的抗渗性能。

混凝土在压力液体作用下产生渗透的主要原因，是其内部存在连通的渗水孔道。这些孔道来源于水泥浆中多余水分蒸发留下的毛细管道、混凝土浇筑过程中泌水产生的通道、混凝土拌合物振捣不密实、混凝土变形产生的裂缝等。

影响混凝土的抗渗性因素有：

(1)水灰比。混凝土水灰比大小，对其抗渗性能起决定性作用。水灰比越大，其抗渗性越差。成型密实的混凝土，水泥石本身的抗渗性对混凝土的抗渗性影响最大。

(2)骨料的最大粒径。在水灰比相同时，混凝土骨料的最大粒径越大，其抗渗性能越差。这是由于骨料和水泥浆的界面处易产生裂隙和较大骨料下方易形成孔穴。

(3)养护方法。蒸汽养护的混凝土，其抗渗性较潮湿养护的混凝土要差。在干燥条件下，混凝土早期失水过多，容易形成收缩裂隙，因而降低混凝土的抗渗性。

(4)水泥品种。水泥的品种、性质也影响混凝土的抗渗性能。

(5)外加剂。在混凝土中掺入某些外加剂，如减水剂等，可减小水灰比，改善混凝土的和易性，从而可改善混凝土的密实性，即提高混凝土的抗渗性能。

(6)掺合料。在混凝土中加入掺合料，如掺入优质粉煤灰，可提高混凝土的密实度、细化孔隙，改善孔结构和骨料与水泥石界面的过渡区结构，提高混凝土的抗渗性。

(7)龄期。混凝土龄期越长，其抗渗性越好。因为随着水泥水化的进行，混凝土的密实度逐渐增大。

由上可知，提高抗渗性的关键是增强混凝土的密实度、改善混凝土的孔隙结构。具体措施有：采用较低的水灰比；掺加外加剂及掺合料；采用致密、干净、级配良好的骨料；采用机械搅拌、机械振捣；加强养护以及采用表面涂层或覆盖层等。

工程上用抗渗等级来表示混凝土的抗渗性。测定混凝土抗渗等级采用顶面直径为175 mm，底面直径为185 mm，高度为150 mm的圆台体标准试件，在规定的试验条件下，加水压至6个试件中有3个试件端面渗水时为止，则混凝土的抗渗等级以6个试件中4个试件未出现渗水时的最大水压力计算，计算公式为：

$$P = 10H - 1 \qquad (5-6)$$

式中　P——混凝土的抗渗等级；

H——6 个试件中 3 个试件表面渗水时的水压力，MPa。

混凝土抗渗等级分为 P4、P6、P8、P10、P12 五级，相应表示混凝土能抵抗 0.4 MPa、0.6 MPa、0.8 MPa、1.0 MPa 及 1.2 MPa 的水压力而不渗漏。设计时应按工程实际承受的水压选择抗渗等级。

5.6.2.2　混凝土的抗冻性

混凝土的抗冻性是指硬化混凝土在水饱和状态下，经受多次冻融循环作用，能保持强度和外观完整性的性能。对于寒冷地区经常与水接触的结构物，如水位变化的海工、水工混凝土结构物，水池，发电站冷却塔，与水接触的道路、建筑物勒脚等，以及寒冷环境下的建筑物，如冷库等，都要求混凝土必须有一定的抗冻性。

混凝土冻融破坏的机理主要是由于其内部毛细孔中水结冰产生膨胀应力，当这种膨胀应力超过混凝土局部抗拉强度时，就可能产生裂缝。在反复冻融作用下，混凝土内部的细微裂缝逐渐增多和扩大，导致混凝土产生疏松剥落，直至破坏。

影响混凝土抗冻性的主要因素有混凝土的密实度、孔隙率、孔隙构造及混凝土的强度。此外，混凝土的抗冻性能还与混凝土中孔隙的充水饱和程度有关。当混凝土的水灰比小、密实度高、含封闭小孔多，或开口孔中不充满水时，混凝土的抗冻性较好。因此，提高混凝土抗冻性的关键也是提高其密实度，为此对于要求抗冻的混凝土，其水灰比不应超过 0.60。另外，在混凝土中掺加引气剂或引气减水剂，可显著提高混凝土的抗冻性。

混凝土抗冻性以抗冻标号或抗冻等级表示。抗冻标号可通过慢冻法试验来确定，即以标准养护 28 d 的立方体试块在浸水饱和状态下，承受 $-18 \sim 18$℃反复冻融循环，最后以抗压强度下降不超过 25%，质量损失不超过 5% 时所承受的最大冻融循环次数来确定混凝土的抗冻等级。混凝土的抗冻标号按混凝土能够承受的反复冻融循环次数分为 D50、D100、D150、D200 和 D200 以上五个等级。

以上测定混凝土抗冻性的方法称为慢冻法，对抗冻性要求高的混凝土，可采用快冻法。快冻法采用 100 mm × 100 mm × 400 mm 的棱柱体试件，以快速冻融循环后，相对动弹性模量值不小于 60%，质量损失不超过 5% 时的最大循环次数来表示，其抗冻等级分为 F50、F100、F150、F200、F250、F300、F350、F400、F400 以上九个等级。

工程中应根据气候条件或环境温度、混凝土所处部位及经受冻融循环次数的不同，对混凝土提出不同的抗冻等级要求。

5.6.2.3　混凝土的抗侵蚀性

环境介质对混凝土的侵蚀主要是化学侵蚀，通常有软水侵蚀、硫酸盐侵蚀、镁盐侵蚀、碳酸侵蚀等。若是海水侵蚀，通常还伴随着干湿、结晶、冲击等物理作用对混凝土的侵蚀。

环境介质主要是通过对水泥石的侵蚀使混凝土性能劣化，其侵蚀机理详见第 3 章。提高混凝土抗侵蚀性的主要措施是：选择适用的水泥品种；提高混凝土的密实程度，如降低水胶比、掺加外加剂和掺合料、加强振捣等。

5.6.2.4　混凝土的碳化

混凝土的碳化是指环境中的 CO_2 与水泥水化产生的 $Ca(OH)_2$ 在一定湿度条件下发生化学反应，生成碳酸钙和水的过程，也称混凝土的中性化。

碳化对混凝土的不利影响首先是减弱了混凝土对钢筋的保护作用。通常情况下，钢筋混凝土结构中的钢筋处于水泥石的碱性环境中(混凝土中 pH 值常达 12 以上)，钢筋的表面能够形成一层保护钢筋不致锈蚀的钝化膜，但由于混凝土的碳化，钝化膜对钢筋的保护作用将被削弱或破坏，促使锈蚀反应的发生，产生体积膨胀，致使混凝土产生顺筋开裂。此外，碳化作用还使混凝土的收缩增大，混凝土表面产生拉应力，从而降低了混凝土的抗拉、抗折强度，严重时也可导致混凝土的开裂。

碳化作用对混凝土也有一些有利影响。表层混凝土碳化生成的 $CaCO_3$ 能填充混凝土的孔隙，使表面硬度和密实度有所提高，对阻止有害介质的侵入起到一定的作用；同时碳化作用放出的水分有助于水泥的水化，使得混凝土的抗压强度略有提高。但总的来说，碳化对混凝土性能的影响是弊多利少。

影响混凝土碳化速度的主要因素有：

(1)环境中二氧化碳的浓度。二氧化碳浓度越大，混凝土碳化作用越快。

(2)环境湿度。当环境的相对湿度在 50%～75% 时，混凝土碳化速度最快，当相对湿度小于 25% 或达 100% 时，碳化停止。这是由于环境水分太少时，碳化不能发生；而混凝土孔隙中充满水时，二氧化碳又不能渗入。

(3)水灰比。水灰比愈小，混凝土愈密实，二氧化碳和水不易渗入，碳化速度慢。

(4)水泥品种。普通水泥、硅酸盐水泥水化产物碱度高，其抗碳化能力优于矿渣水泥、火山灰水泥和粉煤灰水泥，且碳化速度随水泥中混合材料掺量的增多而加快。

(5)外加剂。在混凝土中掺入减水剂、引气剂或引气型减水剂时，由于可以降低水灰比或改善孔隙结构，可使混凝土碳化速度明显减慢。

由于混凝土的碳化过程是二氧化碳向混凝土内部扩散的过程，因此，混凝土的碳化速度受气体扩散规律的控制。有关研究和试验表明，在正常的大气条件下，混凝土的碳化深度大致与碳化时间的平方根成正比。

在实际工程中，为减少碳化作用对钢筋混凝土结构的不利影响，可采取以下措施：

(1)在可能的情况下，尽量降低水灰比，提高混凝土密实性。

(2)根据工程所处环境的使用条件，合理选择水泥品种。

(3)使用减水剂、引气剂，改善混凝土的和易性或引入封闭气孔改善孔结构。

(4)在钢筋混凝土结构中采用足够的混凝土保护层厚度，使碳化深度在建筑物设计年限内达不到钢筋表层。

(5)必要时在混凝土表面涂刷保护层或粘贴面层材料，以防止二氧化碳侵入。

在设计钢筋混凝土结构，尤其当确定采用钢丝网薄壁结构时，必须考虑混凝土的抗碳化问题。

5.6.2.5 混凝土的碱-骨料反应

碱-骨料反应是指硬化混凝土中所含的碱(氢氧化钠和氢氧化钾)与骨料中的活性成分发生反应，其反应产物吸水膨胀，从而导致混凝土产生膨胀而开裂的现象。碱-骨料反应不同于其他混凝土病害，其开裂破坏是整体性的，目前尚无有效措施进行补救，因而称为混凝土的“癌症”。

1. 碱-骨料反应的类型

自发现碱-骨料反应(简称 AAR)问题以来，目前已经发现 AAR 有三种类型，即碱-硅酸反应、碱-硅酸盐反应和碱-碳酸盐反应。

碱-硅酸反应：碱与骨料中活性二氧化硅发生反应，生成碱硅酸盐凝胶，吸水膨胀，引起混凝土膨胀、开裂。活性骨料有蛋白石、玉髓、鳞石英、玛瑙、安山岩、凝灰岩等，其反应积累期为 10 ～ 20 年，即工程建成投入使用 10 ～ 20 年就发生膨胀开裂。

碱-硅酸盐反应：碱与某些层状硅酸盐骨料，如粉砂岩和含蛭石的黏土岩类等加工成的骨料反应，产生膨胀性物质。其反应积累期比上述碱-硅酸长，一般工程建成 40 ～ 50 年才发生膨胀开裂。

碱-碳酸盐反应：碱与白云岩或白云岩质石灰岩加工而成的骨料发生作用，生成膨胀物质而使混凝土开裂破坏。这种反应速度更快，一般工程建成 2 ～ 3 年即膨胀开裂。

2. 碱-骨料反应的特征

混凝土发生碱-骨料反应的特征如下：

(1)混凝土表面有无序的网状裂缝。不过应注意与收缩裂缝的区别。混凝土的收缩裂缝也会出现网状裂缝，但出现时间较早，多在施工后若干天内。而碱-骨料反应裂缝出现较晚，多在施工后数年甚至一二十年后。收缩裂缝环境愈干燥，裂缝愈扩大，而碱-骨料反应裂缝随环境湿度增大而增大。另外，碱-骨料反应在开裂时会出现局部膨胀，以致裂缝的两边缘出现不平状态。这些都是碱-骨料反应裂缝所特有的现象。

(2)碱-硅酸反应会在骨料周围形成一个深色的薄层，称为反应环，有时活性骨料会有一部分被反应掉。同时，在骨料界面凝胶中的 Na^+、K^+ 浓度也较高。但碱-碳酸盐反应则无反应环，孔隙中主要是 $CaCO_3$、$Ca(OH)_2$ 及水化硫铝酸钙晶体。

(3)混凝土内部有裂缝。碱-骨料反应裂缝是由骨料的膨胀引起的，当骨料因反应造成的膨胀应力超过水泥石及骨料的极限应力时，在混凝土中就形成与骨料相连的网状裂缝。这也是区分由其他因素如冻融破坏、化学侵蚀、干缩、碳化、荷载造成裂缝的重要特征，因为上述因素裂缝一般不会使骨料开裂，除非使用质量较差的骨料。

3. 碱-骨料反应的防治

混凝土中发生碱-骨料反应必须具备如下三个条件：混凝土中碱的含量高，使用了活性骨料和有水的存在。

针对上述反应条件，在实际工程中为防止碱 - 骨料反应的发生，可采取如下几种措施：

(1)选用非活性骨料。使用非活性骨料是防止碱 - 骨料反应最安全的措施，但由于活性骨料特别是硅质活性骨料的分布比较广泛，要完全不用则很难做到。

(2)控制混凝土中碱含量。当水泥中总的碱质量分数低于 0.6%，或混凝土碱量低于 3.0 kg/m^3时，混凝土液相中的 Na^+、K^+和 OH^- 浓度便低于临界值，碱-骨料反应便难以发生或反应程度较轻，不足以使混凝土开裂。但碱含量的控制并非是一定的，还与骨料的活性有关。骨料活性高，混凝土的碱的质量分数即便低于 3.0 kg/m^3，也可能发生严重的碱-骨料反应。

(3)使用矿物掺合料。在混凝土中加入某些磨细的活性混合材，如粉煤灰、火山灰、硅灰、高炉矿渣等，不仅能延缓或抑制碱-骨料反应，而且对混凝土的其他性能也有一定改善，同时有利于节约资源、保护环境。其原因是活性掺合料与混凝土中的 $Ca(OH)_2$ 作用，使体系中的 $Ca(OH)_2$ 的含量减少，密实度提高，所生成的 Ca/Si 的水化产物吸附、滞留了混凝土中的碱，从而抑制了碱-骨料反应。在掺用粉煤灰时，它们对水泥的取代率应控制在25%～40%以内，矿渣粉对水泥的取代率在40%～50%之间。

(4)在混凝土中掺入引气剂或引气减水剂。引气剂可以产生许多分散的气泡，当发生碱-骨料反应时，反应生成的胶体可渗入或被挤入这些气泡内，降低了膨胀破坏应力和渗透压力，也能减缓碱-骨料反应造成的破坏。

(5)防止水的渗入。碱-骨料反应的一个条件是水，因此防止外界水分的渗入，保持混凝土的干燥，可以减轻反应造成的危害。

混凝土碱-骨料反应是一种世界范围的混凝土病害，许多国家因碱-骨料反应的危害不得不拆除大坝、桥梁、海堤、学校和住宅等建筑，造成了巨大的经济损失。现在我国正处于建设高潮时期，如果不重视碱-骨料反应的预防工作，则若干年后将造成难以估量的损失。因此，应特别重视混凝土的碱-骨料反应问题。

5.6.2.6 混凝土的耐磨性

混凝土表面的磨损有三种情况：一是机械磨耗，如路面、机场跑道、厂房地坪等处的混凝土受到反复摩擦、冲击而造成的磨耗；二是冲磨，如桥墩、水工泄水结构物、沟渠等处的混凝土受到高速水流中夹带的泥沙、石子颗粒的冲刷、撞击和摩擦造成的磨耗；三是空蚀，如水工泄水结构物受到水流速度和方向改变形成的空穴冲击而造成的磨耗。

影响混凝土耐磨性的因素有以下几个方面：

(1)混凝土的强度。混凝土抗压强度越高，耐磨性越好。通过降低水灰比、掺高效减水剂等方法来提高混凝土强度的措施均对提高混凝土耐磨性有利。

(2)粗骨料的品种和性能。粗骨料硬度越高，韧性越高，混凝土的耐磨性越好。辉绿石、铁矿石的硬度和韧性最好，用这些骨料配制的混凝土抗冲击耐磨性能较好；花岗岩、闪长岩次之；石灰岩、白云岩耐磨性较差。卵石表面光滑，碎石表面粗糙，从骨料本身来讲，前者的耐磨性更好些。但是在相同条件下，卵石与水泥石之间的黏结强度比碎石的低，因此碎石更适合于配制高耐磨性混凝土。

(3)细骨料与砂率。细骨料按耐磨性排列的顺序为：铁粉 > 河砂 > 石灰石砂 > 矾土砂 > 水淬矿渣砂。砂中石英等坚硬的矿物含量多，黏土等有害杂质含量少，则混凝土的抗冲磨性好；级配良好的中砂配制的混凝土比用细砂或特细砂配制的混凝土的抗冲磨性好得多。当水泥用量小于400 kg/m^3 时，混凝土的磨损系数随砂率的降低而降低；当水泥用量大于450 kg/m^3 时，混凝土的磨损系数在砂率为30%左右时最低。

(4)水泥和掺合料。水泥中 C_3S 的抗冲磨性最好，C_3A 和 C_4AF 次之，C_2S 最低。配制抗冲磨混凝土应尽量选用 C_3S 和 C_3A 含量高、强度等级高的水泥，水泥中不得掺煤矸石、火山灰、黏土等混合材料。在混凝土中掺入硅灰和矿渣粉等掺合料，可使混凝土耐磨性大幅度提高。

(5)养护和施工方法。防止表面混凝土离析、泌水，充分养护混凝土，均有利于提高混凝土耐磨性。混凝土表面经真空脱水和机械二次抹面，可使耐磨性提高30%～100%。

5.6.2.7 混凝土的耐火性

混凝土本身是不会燃烧的，可以认为具有良好的耐火性。但是在高温下，由于混凝土各组分的物理化学变化，使混凝土体积变形，可导致强度降低和开裂。

1. 高温对混凝土性能的影响

混凝土受热温度低于 300 ℃时，短时间的温度升高对强度的影响比较小；当温度超过 300 ℃后，抗压强度随温度的上升而基本上呈直线下降；当温度达 600 ℃时，混凝土的抗压强度仅是常温下强度的 45%；而当温度上升到1 000 ℃时，强度值变为零，如图 5－18 所示。

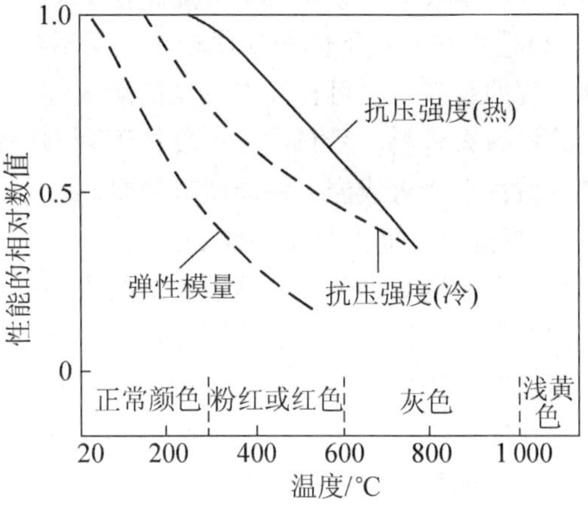

图 5－18　高温对混凝土强度和弹性模量的影响

混凝土抗拉强度在 50～600 ℃之间的下降规律基本上可用一直线表示，当温度达到 600 ℃时，混凝土的抗拉强度为 0。与抗压相比，抗拉强度对温度的敏感度更高。

混凝土的弹性模量在 50 ℃以下的温度范围内基本不下降；在 50～200 ℃混凝土弹性模量下降最为明显；在 200～400 ℃下降速度减缓；而 400～600 ℃时变化幅度已经很小，可这时的弹性模量也基本上接近 0。

对于用含硅质或石灰岩的骨料配制的混凝土，随温度升高将发生颜色的变化。因此，在高温火灾时，混凝土所经受最高温度和强度损失可近似地从颜色上加以估计。一般情况下，混凝土变成粉红色时就值得怀疑了，变成灰色时，混凝土可能变脆和多孔了。

混凝土耐火性差的原因如下：

(1) 高温导致水泥水化产物的脱水以及水泥浆体与骨料产生热性能不匹配等。例如 149 ℃以上 C－S－H 凝胶脱水，超过 500 ℃时脱水的凝胶发生龟裂；水化铝酸钙在 540～570 ℃、$Ca(OH)_2$ 在 560～590 ℃时脱水分解，晶格受到破坏。水化产物的脱水将使水泥石发生体积收缩，而同时混凝土中的骨料受热则发生体积膨胀。这两种相反作用的结果，将使包裹着骨料的水泥石开裂。当混凝土温度降至常温时，在有水存在的条件下，高温脱水的 CaO 又会再次与水反应生成 $Ca(OH)_2$，并伴随有 14% 的体积膨胀。

(2) 混凝土中采用的骨料（如石灰石、石英砂等）在高温下会发生较大的体积变形，如含有石英的骨料，在 573 ℃时发生晶型转变，由低温型石英转变为高温型石英，体积可膨胀为原来的 1.3～1.5 倍。还有一些含碳酸盐的骨料在高温下会发生分解，这些都直接导致混凝土结构的破坏。

可通过如下措施提高混凝土的耐火性：

(1) 改善胶结材的组成或选择耐火性好的胶结材料，可提高混凝土的耐火性。例如，加入适量的粉煤灰或矿渣等掺合料，一是可以用来分散水泥水化产生的凝胶，减少骨料间凝胶层的平均厚度。掺合料越细，这种作用越明显，整个水泥石的收缩就越小，降低了高温下因水泥石和骨料间因热性能不匹配而造成的破坏作用。二是这些掺合料中的 Al_2O_3、SiO_2 与水泥水化产物 $Ca(OH)_2$ 的脱水产物 CaO 反应，生成耐热性好的无水硅酸钙和无水铝酸钙，避免了因 $Ca(OH)_2$ 再次生成引起的体积变化。高铝水泥也具有很好的耐火性，但是由于其水化产物在常温下易发生转变，一般不适宜用于结构混凝土。通常，普通混凝土的使用温度在 200～250 ℃。当加入掺合料及采用耐火骨料，混凝土的耐火温度可提高到 700 ℃。而采用铝酸盐水泥可配制在 1 300 ℃以上工作的混凝土。

(2)选用在高温下体积变化较小，又不会发生化学分解，并且在常温和高温下均具有较高强度的骨料，也可提高混凝土的耐火性。目前，常采用碎黏土砖、黏土熟料、碎高铝耐火砖作耐火骨料。骨料的耐火度按下列顺序递减：膨胀矿渣、页岩、板岩、黏土、气冷矿渣、碱性细晶火成岩、钙质或硅质骨料。

2. 高温对钢筋混凝土性能的影响

对于钢筋混凝土来说，高温对混凝土的破坏可能更严重。

首先是因为钢筋良好的热膨胀性和热传导性所致。和骨料一样，钢筋与周围水泥石热膨胀性能的不匹配导致水泥石开裂。而良好的导热性使钢筋的温度迅速升高，周围的水泥石先于其他部位产生脱水，造成与钢筋的黏结强度下降。

其次，钢筋的屈服强度会随着温度的升高而降低。有资料显示，温度在 370℃时，屈服强度约降低 15%；593℃时，屈服强度约降低 50%；而在 760℃时，屈服强度仅为原始强度的 20%。严重的强度损失将造成混凝土结构的变形甚至倒塌。

第三，钢筋混凝土构件和预应力钢筋混凝土构件在火灾中会发生爆裂。混凝土的突然爆裂，导致构件丧失原有的力学强度；或使钢筋暴露在火中，或使构件出现穿透裂缝或孔洞，失去隔火作用，并最终使结构丧失整体稳定或失去承载能力而倒塌破坏。构件承受的压应力是发生爆裂的主要因素之一，从理论上讲，爆裂可认为是内力释放。这个内力由两部分组成。一是外部施加的荷载应力，二是混凝土内部所含水分在温度作用下产生的热应力，这两项应力是导致混凝土爆裂的主要原因。

可通过如下措施提高钢筋混凝土构件的耐火性：

(1)适当增厚预应力钢筋混凝土楼板的保护层，对提高耐火性是十分有效的。

(2)在客观条件允许的情况下，也可以在楼板的受火(拉)面抹一层防火涂料，可较大幅度地延长构件的耐火时间。

(3)采用非预应力构件。一般来说，预应力钢筋混凝土构件要比非预应力构件的耐火时间短。这主要是因为在同等配筋的情况下，预应力构件在使用阶段承受的荷载要大于非预应力构件。即在受火作用时，预应力筋是处于高应力状态，而高应力状态一定会导致高温下钢筋的徐变。

5.6.2.8 混凝土中钢筋的锈蚀

除上述混凝土耐久性的几方面问题外，混凝土中钢筋的锈蚀也被认为是引起混凝土结构破坏和耐久性不足的重要原因。与碳化相似，进入混凝土的氯离子也能够破坏钝化膜对钢筋的保护，促使锈蚀反应的发生。为防止此类锈蚀的发生，在配制混凝土时应注意以下几个方面：

(1)严格控制混凝土中的氯化物总含量(以氯离子质量计)。

(2)增加混凝土的密实度，以提高混凝土抵抗氯离子渗入的能力。

(3)设置厚度足够的混凝土钢筋保护层，以保证在结构物的使用年限内钢筋附近的氯离子浓度不超过临界值。

(4)必要时掺加钢筋阻锈剂。

5.6.3　提高混凝土耐久性的措施

GB/T 50476—2019《混凝土结构耐久性设计标准》提出结构设计使用年限有 100 年、50 年和 30 年三种，结构所处环境按劣化机理分为五类，见表 5-17；并按环境对配筋混凝土结构的作用程度分为 A、B、C、D、E 和 F 六个环境作用等级，环境作用严重程度从 A 到 F 依次递增。

表 5-17　环境类别

环境类别	名称	腐蚀机理
Ⅰ	一般环境	正常大气作用引起钢筋锈蚀
Ⅱ	冻融环境	反复冻融导致混凝土损伤
Ⅲ	海洋氯化物环境	氯盐侵入引起钢筋锈蚀
Ⅳ	除冰盐等其他氯化物环境	
Ⅴ	化学腐蚀环境	硫酸盐等化学物质对混凝土的腐蚀

根据不同的环境类别以及环境作用程度，GB/T 50476—2019《混凝土结构耐久性设计标准》中也分别给出了混凝土最小强度等级、最大水胶比和最小保护层厚度的规定，并有针对性地提出了原材料要求、混凝土耐久性指标、构造与措施等。

总的看来，虽然混凝土遭受各种环境作用的破坏机理不同，但提高混凝土耐久性的措施却有很多共同之处，即选择适当的原材料、提高混凝土密实度和改善混凝土内部的孔结构。一般提高混凝土耐久性的措施有：

(1)选用质量稳定、低水化热和含碱量偏低的水泥，尽可能避免使用早强水泥和 C_3A 含量偏高的水泥。

(2)使用优质粉煤灰、矿渣粉等矿物掺合料或复合矿物掺合料；一般情况下，矿物掺合料应作为耐久混凝土的必需组分。

(3)尽量降低拌合水用量，采用高性能减水剂。

(4)选用坚固耐久、级配合格、粒形良好的洁净骨料，高度重视骨料级配。

(5)限制每立方米混凝土中胶凝材料的最低和最高用量，控制胶凝材料中的水泥用量。

(6)保证混凝土施工质量，即混凝土要搅拌均匀、浇捣密实、加强养护，避免产生次生裂缝。

5.7　混凝土的质量控制与评定

混凝土作为土木工程最重要的结构材料，其质量的优劣将严重影响建筑物或构筑物的结构安全性。混凝土的质量受到原材料质量、计量、搅拌、运输、成型和养护等诸多环节的影响。因为强度等重要技术指标不能在短期内知晓，一旦后期发现质量问题，处理起来将会增加工程投资、拖延工程进度和造成工程事故。为保证工程质量，必须进行混凝土质量控制；为了掌握混凝土的质量水平，必须进行混凝土质量评定。

5.7.1 混凝土的质量控制

混凝土质量控制的目的是要生产出质量合格的混凝土，即所生产的混凝土应能按规定的保证率满足设计要求的技术性质。混凝土质量控制包括生产前的质量控制和生产中的质量控制两个方面。

5.7.1.1 混凝土生产前的质量控制

生产前的质量控制主要包括原材料的质量控制和设备的检查。

原材料质量控制的方式一是检查原材料生产厂家提供的产品检验报告，二是对原材料按批次和数量进行抽样检验。原材料抽样检验的数量和项目应符合相关标准的要求。

原材料质量控制的目的：一是保证原材料质量符合相关标准要求；二是保证原材料质量波动在较小范围内，并与进行混凝土配合比设计时采用的原材料质量一致，以保证混凝土配合比的适用性。原材料质量控制的重点是水泥的强度、粉煤灰的烧失量、矿物掺合料的活性、骨料的级配和含泥量、液体外加剂的固含量以及减水剂的减水率等。如发现原材料质量与进行配合比设计时的质量差异较大时，应及时调整混凝土配合比。

设备的检查主要包括计量装置和搅拌装置的检查。目前大批量混凝土的制备多采用混凝土拌合楼的方式进行，采用自动计量装置和强制性搅拌机。混凝土生产前应检查计量装置的准确性，以保证混凝土配合比的实施；还应检查搅拌机叶片的磨损情况，以保证混凝土拌和均匀。

5.7.1.2 混凝土生产过程中的质量控制

混凝土的生产过程包括原材料称量和混凝土搅拌、运输、浇筑、振捣、养护及拆模等过程。其中任何环节的失控都可能导致严重的混凝土质量事故。

原材料称量的允许误差见表5－18，应定期检查计量装置的计量准确性以免出现大的计量误差。

表5－18 混凝土原材料计量允许误差 %

原材料品种	水泥	细骨料	粗骨料	水	矿物掺合料	外加剂
每盘计量允许误差	±2	±3	±3	±1	±2	±1
累计计量允许误差	±1	±2	±2	±1	±1	±1

混凝土应搅拌均匀，宜采用强制式搅拌机搅拌。混凝土的搅拌时间（指从全部材料装入搅拌筒中起，到开始卸料时止的时间段）应根据搅拌机形式、原材料情况、混凝土配合比和坍落度通过试拌确定，其最短搅拌时间可参考表5－19。

表5－19 混凝土搅拌的最短时间 s

混凝土的坍落度/mm	搅拌机机型	搅拌机容量/L		
		<250	250～500	>500
≤40	强制式	60	90	120
>40，且<100	强制式	60	60	90
≥100	强制式	60		

当掺有外加剂与矿物掺合料时，搅拌时间应适当延长。当采用自落式搅拌机时，搅拌时间宜延长 30 s。

混凝土搅拌完成后，应尽快进行运输和浇筑，应保证混凝土连续浇筑。混凝土从运输到输送入模的延续时间不宜超过表 5－20 的规定，且不应超过表 5－21 的规定。

表 5－20　混凝土运输到输送入模的延续时间　　min

条　件	气　温	
	≤25 ℃	＞25 ℃
不掺外加剂	90	60
掺外加剂	150	120

表 5－21　混凝土运输、输送入模及其间歇总的时间限值　　min

条　件	气　温	
	≤25 ℃	＞25 ℃
不掺外加剂	180	150
掺外加剂	240	210

根据实际情况，在混凝土出搅拌机、到达工地现场和到达施工面后，应取样进行混凝土坍落度和含气量等性能的测试。对混凝土含气量的测试应考虑施工振捣对含气量的影响，以免出现实验室含气量实验合格，而现场抽芯混凝土抗冻性不足的情况。

混凝土浇筑时，应采取适当的施工工艺，避免混凝土的离析和泌水。混凝土浇筑后应及时进行振捣，使新拌混凝土密实，在模板内成型，并消除孔洞、蜂窝结构和气泡，但不应大量消除引气混凝土中有意识引入的气泡。可采用人工或机械方法捣实混凝土，应根据混凝土的工作性能和构件形式采用适当的振捣方法进行振捣，应避免过振和漏振。

混凝土浇筑和振捣完成后，应尽早进行养护。养护温度、湿度和养护时间是养护过程中控制的三大要素。混凝土养护方法通常分为自然养护和加热养护两类。自然养护适用于当地当时气温在 5 ℃以上的条件下现场浇筑整体式结构工程，有覆盖浇水养护、薄膜布养护、养护剂养护和蓄水养护等具体方法；加热养护适用于预制厂生产预制构件和混凝土冬季施工，有蒸汽养护、热模养护、电热养护、红外线养护和太阳能养护等具体方法。加热养护时应注意混凝土升温和降温速度以及最高养护温度不应超过相关标准的限定，具体养护方法应根据本地区气温情况、设备条件和生产方式选用。

混凝土必须养护至表面强度达到 1.2 MPa 以上，方可准许在其上行人或安装模板和支架。否则将损伤构件边角，严重时可能破坏混凝土的内部结构而造成工程质量事故。底模及其支架拆除时的混凝土强度应符合设计要求，当无设计要求时，同条件养护的混凝土立方体试件抗压强度应符合表 5－22 的要求。

表 5-22　底模拆除时的混凝土强度要求

构件类型	构件跨度/m	达到设计混凝土强度等级值的百分率/%
板	≤2	≥50
	>2，≤8	≥75
	>8	≥100
梁、拱、壳	≤8	≥75
	>8	≥100
悬臂构件	—	≥100

混凝土质量的生产控制，必须贯穿于生产的全过程。要做到这一点，必须有组织上和制度上的保证，必须建立混凝土质量保证体系，并应制定必要的混凝土质量管理制度。

5.7.2　混凝土的质量评定

混凝土的质量评定包括试件(含标准养护试件和同条件养护试件)的质量评定和实体的质量评定。目前我国混凝土质量评定以标准养护试件的质量评定为主，以同条件养护试件和实体的质量评定为辅。

根据工程的质量要求，质量评定的指标包括力学性能指标和耐久性能指标。考虑到影响混凝土质量的因素是随机变化的，因此工程中常采用数理统计的方法评定混凝土的质量。在混凝土生产管理过程中，由于混凝土的强度与其他性能有较好的相关性，能较好地反映混凝土整体的质量情况，因此，工程上常以混凝土试件抗压强度(公路路面多用弯拉强度)作为评定和控制混凝土质量的主要指标。

5.7.2.1　混凝土强度的波动规律——正态分布

在正常生产施工条件下，混凝土的强度是随机分布的。对同一种混凝土进行随机取样，制作 n 组试件，测定其一定龄期的强度。以强度为横坐标、以强度出现的概率为纵坐标，可绘制出混凝土强度概率分布曲线。实验证明，混凝土的强度分布曲线是符合正态分布的，如图 5-19 所示。

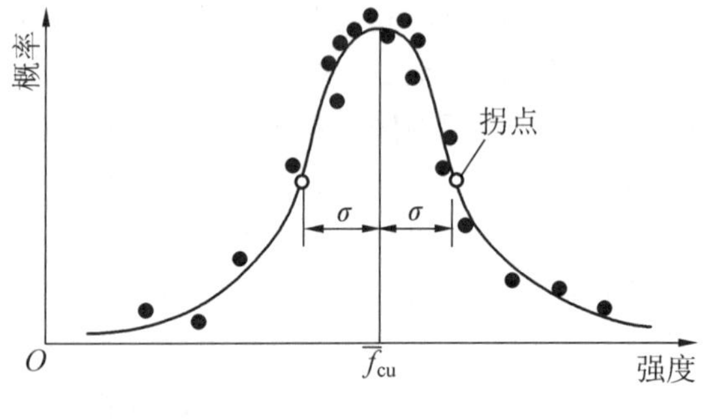

图 5-19　混凝土强度正态分布曲线

由图 5-19 可见，混凝土强度正态分布曲线有以下特点：

(1)曲线呈钟形，两边对称。对称轴和曲线的最高峰均出现在平均强度处。这表明混凝土强度接近其平均强度时出现的次数最多，远离对称轴的强度测定值出现的概率逐渐减小，最后趋近于零。

(2)曲线和横坐标之间所包围的面积为概率的总和等于 100%；对称轴两边出现的概率相等，各为 50%。

(3)在对称轴两边的曲线上各有一个拐点。两拐点间的曲线向下弯曲，拐点以外的曲线向上弯曲，并以横坐标轴为渐近线。

当混凝土强度正态分布曲线高而窄时，表示强度数据的分布集中，说明施工控制水平高。反之，当曲线矮而宽时，表示强度数据的离散程度大，说明施工控制水平差。如图 5-20所示。

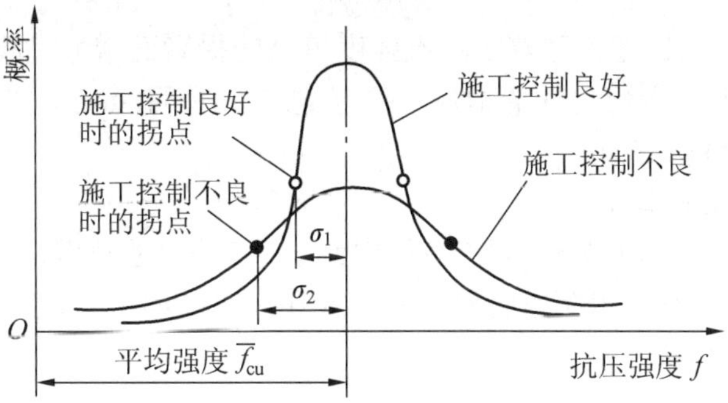

图 5-20　混凝土强度离散性不同的正态分布曲线

5.7.2.2　混凝土强度的质量评定

混凝土强度的质量评定，是通过求出正常生产控制条件下混凝土强度的平均值、标准差、变异系数和强度保证率等参数，并以此进行综合评定。

1. 混凝土强度平均值($\overline{f}_{cu}$)

混凝土强度平均值按下式计算：

$$\overline{f}_{cu} = \frac{\sum_{i}^{n} f_{cu,i}}{n} \tag{5-7}$$

式中　$f_{cu,i}$——第 i 组试件的抗压强度，MPa；

$\overline{f}_{cu}$——n 组试件抗压强度的算术平均值，MPa。

混凝土强度平均值只能反映混凝土总体强度的平均水平，但不能反映混凝土强度的波动情况。

2. 混凝土强度标准差(σ)

混凝土强度标准差又称均方差，按下式计算：

$$\sigma = \sqrt{\frac{\sum_{i=1}^{n}(f_{cu,i} - \overline{f}_{cu})^2}{n-1}} = \sqrt{\frac{\sum_{i=1}^{n} f_{cu,i}^2 - n\overline{f}_{cu}^2}{n-1}} \tag{5-8}$$

式中　n——试件组数，$n \geqslant 30$；

$f_{cu,i}$——第 i 组试件的抗压强度，MPa；

$\overline{f}_{cu}$——n 组试件抗压强度的算术平均值，MPa；

σ——n 组试件抗压强度的标准差，MPa。

标准差 σ 值是正态分布曲线上拐点至对称轴的水平距离，是评定混凝土质量均匀性的一种指标，如图 5-20 所示。由图可见，σ 值小，曲线高而窄，说明混凝土质量控制较稳定，生产管理水平较高；σ 值大，曲线矮而宽，表明强度值离散性大，施工质量控制差。因此，标准差可作为评定混凝土质量均匀性的一种指标。

3. 变异系数(C_v)

变异系数又称离散系数，按下式计算：

$$C_v = \frac{\sigma}{\overline{f}_{cu}} \tag{5-9}$$

由于混凝土强度的标准差随着混凝土强度等级的提高而增大，故也可采用变异系数(C_v)作为评定混凝土质量均匀性的指标。C_v 值越小，表明混凝土质量越稳定；C_v 值越大，表明混凝土质量越不稳定。

4. 混凝土强度保证率(P)

强度保证率 P(%)是指混凝土强度总体中大于等于设计强度等级($f_{cu,k}$)的概率，在混凝土强度正态分布曲线图中以阴影面积表示，如图 5-21 所示。低于设计强度等级的强度所出现的概率为不合格率。

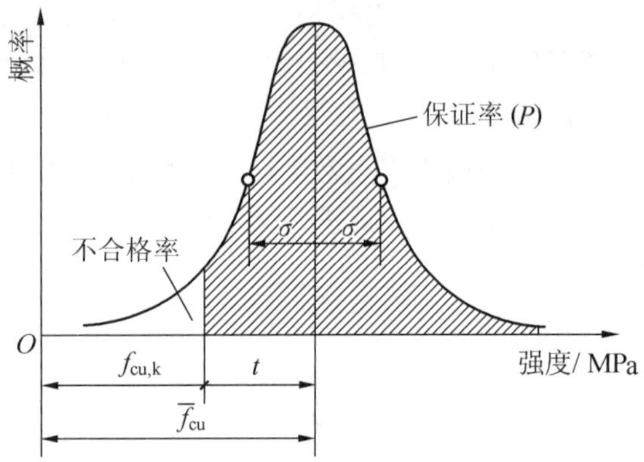

图 5-21　混凝土强度保证率

对于确定的强度保证率，可查表确定 t 值，见表 5-23。

表 5-23　不同强度保证率对应的 t 值

P/%	50	80	90	95	98	99
t	0	0.84	1.28	1.645	2.05	2.33

由表 5-23 可见，对于一定强度等级的混凝土，混凝土强度保证率越高，则混凝土强度平均值越高。考虑到强度是关系到建筑物安全性的重要因素，因此通常采用95%的强度保证率。

当混凝土的配制强度为设计强度时，混凝土的强度保证率只有 50%。为保证工程混凝土具有 95% 的强度保证率，在进行混凝土配合比设计时，必须使混凝土的配制强度大于等于设计强度与 1.645 倍的强度标准差的和。

实际工程的强度保证率(P)可根据统计周期内混凝土试件强度不低于要求强度等级的组数 n_0 与试件总数 n($n \geqslant 30$)之比求得，即

$$P = \frac{n_0}{n} \times 100\% \tag{5-10}$$

实际工程中应分批对混凝土质量进行评定，构成同一验收批的混凝土应满足下列要求：强度等级相同，试验龄期相同，生产工艺条件(搅拌方式、运输条件和浇筑形式)基本相同，配合比基本相同。

根据同一验收批标准养护混凝土强度试件的强度平均值和最小值对混凝土质量进行合格评定。

根据混凝土强度试件的标准差、变异系数、强度保证率等对混凝土的生产管理水平进行评价，混凝土强度标准差宜符合表 5－24 的要求，强度保证率不应低于 95%。

表 5－24　混凝土强度标准差　MPa

生产场所	混凝土强度标准差 σ		
	< C20	C20 ～ C40	≥C45
预拌混凝土搅拌站 预制混凝土构件厂	≤3.0	≤3.5	≤4.0
施工现场搅拌站	≤3.5	≤4.0	≤4.5

当混凝土标准养护试件的强度评定为不合格或对试件的代表性有怀疑时，应进行混凝土强度实体检测，检测方法包括无损检测方法(如回弹法)和微损检测方法(如抽芯法等)。

5.8　普通混凝土的配合比设计

混凝土配合比设计就是通过计算、实验的方法和步骤确定混凝土中各组分用量比例的过程。混凝土配合比的合理与否直接影响着混凝土的性能和造价。

5.8.1　混凝土配合比设计的基本要求与资料准备

5.8.1.1　混凝土配合比设计的基本要求

虽然不同工程对混凝土性能的具体要求不同，但通常情况下，混凝土配合比设计应满足下列 4 项基本要求：

(1)满足施工要求的混凝土拌合物的和易性。混凝土拌合物应满足拌和、运输、浇筑、捣实等操作要求，要考虑结构物断面尺寸和形状、配筋的疏密以及施工方法等，具体确定工作性(坍落度、扩展度或维勃稠度)。

(2)满足结构设计要求的混凝土强度等级。硬化后的混凝土应满足结构设计或施工进度所要求的强度和其他有关力学性能的要求。设计时，要考虑到结构物的重要性、施工水平等因素，采用一个适当的、比设计强度高的“配制强度”，以满足设计强度的要求。

(3)满足结构设计要求的混凝土耐久性指标。硬化后的混凝土必须满足建筑物所处环境的耐久性设计要求。为保证结构的耐久性，按有关规范要求，配合比设计中必须考虑允许的“最大水胶比”和“最小水泥用量或最小胶凝材料用量”两个因素。

(4)在满足上述要求的前提下降低混凝土的成本。在全面保证混凝土质量的前提下，尽量节约高价材料(水泥)，合理利用地方原材料，以降低混凝土的生产成本。

5.8.1.2　混凝土配合比设计的资料准备

混凝土配合比设计的任务是根据原材料的技术性能及混凝土性能要求等，合理选择混凝土组成材料，并计算出满足工程要求的混凝土各项组成材料的用量。因此，在进行混凝土配合比设计前，应掌握以下资料：

(1)了解施工单位的施工水平，以确定混凝土的强度标准差；了解设计要求的混凝土强度等级和强度保证率，以确定混凝土配制强度。

(2)了解结构种类、配筋情况和施工方法等，以确定混凝土工作性要求和骨料最大粒径。

(3)了解工程所处环境对混凝土耐久性的要求，以便确定混凝土的最大水胶比和最小水泥用量或最小胶凝材料用量。

(4)掌握混凝土原材料的性能指标。根据要求的混凝土性能，确定使用的原材料品种，并测定其技术数据，以便在配合比设计时使用。原材料的情况主要包括以下内容：

①水泥　根据混凝土强度、耐久性要求选用水泥品种和强度等级，通过试验测定水泥实际强度、凝结时间、安定性和密度等指标。

②骨料　掌握粗细骨料的品种、规格、含水率、最大粒径、级配、表观密度、堆积密度、含泥量、泥块含量、针片状颗粒含量及压碎指标等。

③拌和用水　水源及水质等。

④化学外加剂　根据施工要求及混凝土性能选用外加剂品种，进行性能指标检测，确定其适宜掺量以及与水泥的相容性等。

⑤矿物掺合料　根据工程需要确定是否采用，并测定其细度、活性指数、密度、需水量比等指标。

5.8.2　普通混凝土配合比设计步骤

5.8.2.1　混凝土配合比设计中的重要参数

水胶比、砂率和单位用水量是混凝土配合比设计中的三个重要参数，只有合理确定这三个参数，才能够获得满足上述四项基本要求的混凝土配合比。在确定这三个参数时应注意以下几点：

(1)在组成材料一定的情况下，水胶比对混凝土的强度和耐久性起着关键性作用，水胶比的确定必须同时满足混凝土的强度和耐久性的要求。在满足混凝土强度与耐久性要求的前提下，为了节约水泥，可采用较大的水灰比。

(2)在水胶比一定的条件下，单位用水量是影响混凝土拌合物流动性的主要因素，单位用水量可根据施工要求的流动性及粗骨料的最大粒径来确定。在满足施工要求的流动性前提下，单位用水量取较小值，可用较小的水泥浆数量满足和易性的要求，并使混凝土相对密实，具有较好的经济性。

(3)砂率对混凝土拌合物的和易性，特别是其中的黏聚性和保水性有很大影响，适当提高砂率有利于保证混凝土的黏聚性和保水性。但在保证混凝土拌合物和易性的前提下，可选用较小的砂率，以节约水泥，降低成本。

5.8.2.2　混凝土配合比设计步骤

按照JGJ 55—2011《普通混凝土配合比设计规程》的规定，在对原材料进行正确选择和严格的质量检验后，普通混凝土配合比设计首先应按照要求的技术指标进行混凝土配合比的初步计算，得出“计算配合比”；然后经实验室试拌调整，得出“基准配合比”；再经强度复核(如有其他性能要求，则需作相应的检验项目)，定出“实验室配合比”；最后根据现场原材料的实际情况(如砂、石含水率等)修正实验室得出的“实验室配合比”，从而得出“施工配合比”。具体步骤如下：

1. 混凝土计算配合比的确定

(1)确定混凝土配制强度($f_{cu,o}$)

考虑到现场实际施工条件与实验室的差异、原材料质量的波动等因素，为使混凝土的强度保证率达到95%的要求，混凝土的配制强度($f_{cu,o}$)应高于混凝土的设计强度等级值。

当混凝土的设计强度等级小于C60时，配制强度应按下式进行计算：

$$f_{cu,o} \geqslant f_{cu,k} + 1.645\sigma \tag{5-11}$$

式中 $f_{cu,o}$——混凝土的配制强度，MPa；

$f_{cu,k}$——混凝土立方体抗压强度标准值，取混凝土的设计强度等级值，MPa；

1.645——对应于95%强度保证率的保证率系数；

σ——混凝土强度标准差，MPa。

当设计强度等级不小于C60时，配制强度应按下式进行计算。

$$f_{cu,o} \geqslant 1.15 f_{cu,k} \tag{5-12}$$

当具有近1～3个月的同一品种、同一强度等级混凝土的强度资料，且试件组数不少于30时，其混凝土强度标准差按式(5-8)计算确定。当混凝土强度等级不大于C30，若强度标准差计算值低于3.0MPa时，标准差应取3.0MPa；当混凝土强度等级大于C30且小于C60，若强度标准差计算值低于4.0 MPa时，标准差应取4.0MPa。

当没有近期的同一品种、同一强度等级混凝土强度资料时，其强度标准差可按表5-25取用。

表5-25　σ取值表

混凝土强度等级	≤C20	C25～C45	C50～C55
σ/MPa	4.0	5.0	6.0

(2)确定水胶比$\left(\frac{W}{B}\right)$

当混凝土强度等级小于C60时，水胶比宜按下式计算。

$$\frac{W}{B} = \frac{\alpha_a \cdot f_b}{f_{cu,o} + \alpha_a \cdot \alpha_b \cdot f_b} \tag{5-13}$$

式中 α_a，α_b——回归系数，应根据工程所使用的原材料，通过试验建立的水胶比与混凝土强度关系式确定。当不具备上述试验统计资料时，碎石可取$\alpha_a = 0.53$，$\alpha_b = 0.20$；卵石可取$\alpha_a = 0.49$，$\alpha_b = 0.13$。

f_b——胶凝材料28d胶砂抗压强度，MPa。可实测，且试验方法应按现行国家标准GB/T 17671—2021《水泥胶砂强度检验方法(ISO法)》执行；当无实测值时，可按下式计算：

$$f_b = \gamma_f \cdot \gamma_s \cdot f_{ce} \tag{5-14}$$

式中 γ_f，γ_s——粉煤灰影响系数和粒化高炉矿渣粉影响系数，可按表5－26选用；

f_{ce}——水泥28d胶砂抗压强度，MPa。可实测，也可按式(5－15)确定。

表5－26 粉煤灰影响系数和粒化高炉矿渣粉影响系数

掺量/%	粉煤灰影响系数 γ_f	粒化高炉矿渣粉影响系数 γ_s
0	1.00	1.00
10	0.85～0.95	1.00
20	0.75～0.85	0.95～1.00
30	0.65～0.75	0.90～1.00
40	0.55～0.65	0.80～0.90
50	—	0.70～0.85

注：①采用Ⅰ级、Ⅱ级粉煤灰宜取上限值；

②采用S75级粒化高炉矿渣粉宜取下限值，采用S95级粒化高炉矿渣粉宜取上限值，S105级粒化高炉矿渣粉可取上限值加0.05；

③超出表中的掺量时，应经试验确定。

$$f_{ce} = \gamma_c \cdot f_{ce,g} \tag{5-15}$$

式中 γ_c——水泥强度等级值的富余系数，可按实际统计资料确定；当缺乏实际统计资料时，32.5级水泥取1.12，42.5级水泥取1.16，52.5级水泥取1.10。

$f_{ce,g}$——水泥强度等级值，MPa。

矿物掺合料在混凝土中的掺量应通过试验确定。采用硅酸盐水泥或普通硅酸盐水泥时，钢筋混凝土中矿物掺合料最大掺量宜符合表5－27的要求，预应力混凝土中矿物掺合料最大掺量宜符合表5－28的要求。采用其他通用硅酸盐水泥时，宜将水泥混合材料掺量20%以上的混合材料量计入矿物掺合料。复合掺合料各组分的掺量不宜超过单掺时的最大掺量。在复合使用两种或两种以上矿物掺合料时，矿物掺合料总掺量应符合表中复合掺合料的规定。对基础大体积混凝土，粉煤灰、粒化高炉矿渣粉和复合掺合料的最大掺量可增加5%。采用掺量大于30%的C类粉煤灰的混凝土应以实际使用的水泥和粉煤灰掺量进行安定性检验。

表5－27 钢筋混凝土中矿物掺合料最大掺量

矿物掺合料种类	水胶比	矿物掺合料最大掺量/%	
		采用硅酸盐水泥时	采用普通硅酸盐水泥时
粉煤灰	≤0.40	45	35
	>0.40	40	30
粒化高炉矿渣粉	≤0.40	65	55
	>0.40	55	45
钢渣粉	—	30	20
磷渣粉	—	30	20
硅灰	—	10	10
复合掺合料	≤0.40	65	55
	>0.40	55	45

表 5－28　预应力混凝土中矿物掺合料最大掺量

矿物掺合料种类	水胶比	矿物掺合料最大掺量/%	
		采用硅酸盐水泥时	采用普通硅酸盐水泥时
粉煤灰	≤0.40	35	30
	>0.40	25	20
粒化高炉矿渣粉	≤0.40	55	45
	>0.40	45	35
钢渣粉	—	20	10
磷渣粉	—	20	10
硅灰	—	10	10
复合掺合料	≤0.40	55	45
	>0.40	45	35

为了保证混凝土的耐久性要求，对于设计使用年限为 50 年的混凝土结构，若计算所得的水胶比大于表 5－29 中规定的相应环境类别的最大水胶比时，宜取规定的最大水胶比。

表 5－29　不同环境条件下最大水胶比和最低强度等级要求

环境类别	条　件	最大水胶比	最低强度等级
Ⅰ	①室内干燥环境； ②无侵蚀性静水浸没环境	0.60	C20
Ⅱa	①室内潮湿环境； ②非严寒和寒冷地区的露天环境； ③非严寒和非寒冷地区与无侵蚀性的水或土壤直接接触的环境； ④严寒和寒冷地区的冰冻线以下与无侵蚀性的水或土壤直接接触的环境	0.55	C25
Ⅱb	①干湿交替环境； ②水位频繁变动环境； ③严寒和寒冷地区的露天环境； ④严寒和寒冷地区冰冻线以上与无侵蚀性的水或土壤直接接触的环境	0.50(0.55)	C30(C25)
Ⅲa	①严寒和寒冷地区冬季水位变动区环境； ②受除冰盐影响环境； ③海风环境	0.45(0.50)	C35(C30)
Ⅲb	①盐渍土环境； ②受除冰盐作用环境； ③海岸环境	0.40	C40

注：①预应力构件最低混凝土强度等级宜按表中的规定提高两个等级；

②素混凝土构件的水胶比及最低强度等级的要求可适当放松；

③有可靠工程经验时，Ⅱ类环境中的最低混凝土强度等级可降低一个等级；

④处于严寒和寒冷地区Ⅱb、Ⅲa 类环境中的混凝土应使用引气剂，并可采用括号中的有关参数。

(3) 确定混凝土的单位用水量(m_{wo})

当混凝土水胶比在0.40～0.80范围时，塑性和干硬性混凝土的单位用水量根据所要求的混凝土工作性及骨料种类、粒径，按表5-30选定。当混凝土水胶比小于0.40时，可通过试验确定。

表5-30　塑性和干硬性混凝土单位用水量　　kg/m^3

拌合物稠度		卵石最大公称粒径/mm				碎石最大公称粒径/mm			
项目	指标	10.0	20.0	31.5	40.0	16.0	20.0	31.5	40.0
坍落度/mm	10～30	190	170	160	150	200	185	175	165
	35～50	200	180	170	160	210	195	185	175
	55～70	210	190	180	170	220	205	195	185
	75～90	215	195	185	175	230	215	205	195
维勃稠度/s	16～20	175	160	—	145	180	170	—	155
	11～15	180	165	—	150	185	175	—	160
	5～10	185	170	—	155	190	180	—	165

注：①本表用水量系采用中砂时的取值。采用细砂时，混凝土用水量可增加5～10 kg/m^3；采用粗砂时，可减少5～10 kg/m^3。

②掺用各种外加剂或掺合料时，用水量应作相应调整。

③当混凝土中采用几种石子搭配使用时，取最大粒级的骨料最大公称粒径。

流动性和大流动性混凝土的用水量应以表5-30中90 mm坍落度的用水量为基础，按每增大20 mm坍落度相应增加5 kg用水量(当坍落度增加到180 mm以上时，随坍落度相应增加的用水量可减少)，计算出未掺外加剂时混凝土的单位用水量。对于掺外加剂混凝土的单位用水量可按下式计算：

$$m_{wo} = m'_{wo}(1-\beta) \tag{5-16}$$

式中　m_{wo}——掺外加剂混凝土每立方米混凝土的用水量，kg；

m'_{wo}——未掺外加剂时每立方米混凝土的用水量，kg；

β——外加剂的减水率,%，应通过试验确定。

(4) 确定混凝土的单位胶凝材料用量(m_{bo})

根据已选定的每立方米混凝土用水量(m_{wo})和得出的水胶比(W/B)值，可求出单位胶凝材料用量(m_{bo})为

$$m_{bo} = \frac{m_{wo}}{W/B} \tag{5-17}$$

为了保证混凝土的耐久性指标要求，若计算所得的胶凝材料用量小于表5-31中规定的最小胶凝材料用量时，应取规定的最小胶凝材料用量。

表 5－31　混凝土的最小胶凝材料用量　kg/m³

最大水胶比	最小胶凝材料用量		
	素混凝土	钢筋混凝土	预应力混凝土
0.60	250	280	300
0.55	280	300	300
0.50	320		
≤0.45	330		

再根据选用的矿物掺合料种类和数量，分别计算出矿物掺合料的用量。矿物掺合料的用量为单位胶凝材料用量乘以矿物掺合料的掺量。胶凝材料用量减去各种矿物掺合料的用量，即得到水泥用量。

(5) 计算混凝土外加剂用量(m_{ao})

外加剂掺量以胶凝材料质量百分比表示，应经混凝土试验确定。

故在已知胶凝材料用量(m_{bo})和外加剂掺量(β_a)的情况下，外加剂用量按下式计算：

$$m_{ao} = m_{bo} \cdot \beta_a \qquad (5-18)$$

(6)确定合理的砂率值(β_s)

砂率是指砂占砂石骨料总量中的质量百分率。砂率应根据骨料的技术要求、混凝土拌合物的性能要求，参考当地的历史资料来确定。如无历史资料可参考时，对于坍落度为10～60 mm的混凝土，可按骨料种类、粒径及水胶比从表5－32 中选用。

表 5－32　混凝土的砂率　%

水胶比	卵石最大公称粒径/mm			碎石最大公称粒径/mm		
	10.0	20.0	40.0	16.0	20.0	40.0
0.40	26～32	25～31	24～30	30～35	29～34	27～32
0.50	30～35	29～34	28～33	33～38	32～37	30～35
0.60	33～38	32～37	31～36	36～41	35～40	33～38
0.70	36～41	35～40	34～39	39～44	38～43	36～41

注：①本表数值系中砂率的选用，对细砂或粗砂，可相应地减少或增大砂率。
②采用人工砂配制混凝土时，砂率可适当增大。
③只用一个单粒级粗骨料配制混凝土时，砂率应适当增大。
④当混凝土中采用几种石子搭配使用时，取最大粒级的骨料最大公称粒径。

对于坍落度大于60 mm 的混凝土，其砂率可经试验确定，也可在表5－32 的基础上，按坍落度每增大20 mm，砂率增大1% 的幅度予以调整。对于坍落度小于10 mm 的混凝土，其砂率应经试验确定。

(7) 计算粗、细骨料的用量(m_{go}、m_{so})

计算粗、细骨料用量的方法有质量法和体积法两种，用质量法和体积法计算出的砂石用量 m_{go}、m_{so} 基本一致。

根据经验，如果原材料质量比较稳定，所配制的混凝土拌合物的表观密度将接近一个固定值，可先根据工程经验估计每立方米混凝土拌合物的质量，按下列方程组计算粗、细骨料用量：

$$\begin{cases} m_{co} + m_{fo} + m_{go} + m_{so} + m_{wo} = m_{cp} \\ \beta_s = \dfrac{m_{so}}{m_{so} + m_{go}} \times 100\% \end{cases} \tag{5-19}$$

式中 m_{co}——计算配合比每立方米混凝土的水泥用量，kg；

m_{fo}——计算配合比每立方米混凝土的矿物掺合料用量，kg；

m_{go}——计算配合比每立方米混凝土的粗骨料用量，kg；

m_{so}——计算配合比每立方米混凝土的细骨料用量，kg；

m_{wo}——计算配合比每立方米混凝土的用水量，kg；

β_s——砂率，%；

m_{cp}——每立方米混凝土拌合物的假定质量，一般可取 2 350 ～ 2 450 kg，混凝土强度等级较高时取较大值。

体积法是根据混凝土拌合物的体积等于各组成材料绝对体积和混凝土拌合物中所含空气的体积总和来计算，可按下列方程组计算粗、细骨料用量：

$$\begin{cases} \dfrac{m_{co}}{\rho_c} + \dfrac{m_{fo}}{\rho_f} + \dfrac{m_{go}}{\rho_g} + \dfrac{m_{so}}{\rho_s} + \dfrac{m_{wo}}{\rho_w} + 0.01a = 1 \\ \beta_s = \dfrac{m_{so}}{m_{so} + m_{go}} \times 100\% \end{cases} \tag{5-20}$$

式中 ρ_c——水泥密度，kg/m^3，试验测定，也可取 2 900 ～ 3 100 kg/m^3；

ρ_f——矿物掺合料密度，kg/m^3，试验测定；

ρ_g——粗骨料的表观密度，kg/m^3，试验测定；

ρ_s——细骨料的表观密度，kg/m^3，试验测定；

ρ_w——水的密度，kg/m^3，可取 1 000kg/m^3；

α——混凝土含气量百分数，在不使用引气剂或引气型外加剂时，α 可取为 1。

当混凝土中采用几种石子搭配使用时，计算得到的粗骨料用量为几种石子的总用量；应根据各种石子的筛分试验结果，以使组合后的石子级配符合级配要求来确定各种石子的用量。

（8）写出混凝土计算配合比

通过以上 7 个步骤，即可求得混凝土计算配合比。

混凝土的配合比有两种表示方法，一种是直接以 1 m^3 混凝土中各组成材料的用量来表示；另一种是以混凝土各组成材料间的质量比例关系来表示，其中以胶凝材料质量为 1，如水泥：矿物掺合料：砂：石 =0.8：0.2：x：y，$W/B=z$。

需要注意的是，以上混凝土配合比计算公式和表格，均以干燥状态骨料（指含水率小于 0.5% 的细骨料和含水率小于 0.2% 的粗骨料）为基准。当以饱和面干状态骨料为基准时，应按 DL/T 5330—2015《水工混凝土配合比设计规程》进行混凝土配合比设计。

2. 混凝土试拌配合比的确定

混凝土计算配合比是借助经验公式算得或利用经验资料查得的，其目的是将试配工作量压缩到一个较小的合理范围。得到计算配合比后，必须通过试配试验，调整确定拌合物性能、力学性能和耐久性能等，使混凝土性能满足工程设计和施工的要求，同时，在技术和经济方面，将配合比优化到最佳。

进行混凝土配合比试配时应采用实际试验的原材料，混凝土的搅拌方法宜与生产时使用的方法相同。

必须注意，混凝土计算配合比中的单方用水量为全部水的用量，其中也包含了液体外加剂中的水；当采用液体外加剂时，实际加入水量应减去液体外加剂中的水。液体外加剂的水量用外加剂的质量与其含水率（等于 1 减去固含量）的乘积得到。

混凝土配合比试配时，当骨料最大粒径≤31.5 mm 时，每盘混凝土的最小拌合量为 20 L；骨料最大粒径为 40.0 mm 时，每盘混凝土的最小拌合量为 25 L；当采用机械搅拌时，其搅拌量不应小于搅拌机公称容量的 1/4 且不应大于搅拌机公称容量。

按计算配合比进行试配时，首先应进行试拌，以检查拌合物的和易性。当试拌的混凝土拌合物和易性不好时，应根据拌合物的坍落度、黏聚性和保水性情况，宜在计算水胶比不变的情况下，对混凝土配合比进行调整：

（1）坍落度调整。实测坍落度小于设计要求时，宜保持水胶比不变，增加水泥浆用量，每增大 10 mm 坍落度，需增加水泥浆 5%～8%；实测坍落度大于设计要求时，保持砂率不变，增加骨料，每减少 10 mm 坍落度，增加骨料 5%～10%。

（2）黏聚性调整。黏聚性不好有两个原因，一是粗骨料过多，水泥砂浆不足；二是水泥砂浆过多。宜在水胶比不变的条件下，通过调整砂率的方法来调整。

（3）保水性调整。保水性差，特别是出现严重离析泌水时，通常是减水剂掺量过多，解决办法是适当减少减水剂用量；或用调整砂率的办法来解决。

进行调整时，若一次未能解决，则应多次逐步进行，直至符合要求，并应按前述流程重新计算用量。注意，调整液体外加剂的掺量时，应同时调整实际加入水量。

通过上述过程，使得混凝土拌合物性能符合要求的配合比，测定其实际表观密度 $\rho_{c,t}$，并利用下列公式计算混凝土试拌配合比。

$$\left.\begin{aligned}
m_{ca} &= \frac{m_{c拌}}{m_{c拌}+m_{f拌}+m_{g拌}+m_{s拌}+m_{w拌}}\times\rho_{c,t}\\
m_{fa} &= \frac{m_{f拌}}{m_{c拌}+m_{f拌}+m_{g拌}+m_{s拌}+m_{w拌}}\times\rho_{c,t}\\
m_{ga} &= \frac{m_{g拌}}{m_{c拌}+m_{f拌}+m_{g拌}+m_{s拌}+m_{w拌}}\times\rho_{c,t}\\
m_{sa} &= \frac{m_{s拌}}{m_{c拌}+m_{f拌}+m_{g拌}+m_{s拌}+m_{w拌}}\times\rho_{c,t}\\
m_{wa} &= \frac{m_{w拌}}{m_{c拌}+m_{f拌}+m_{g拌}+m_{s拌}+m_{w拌}}\times\rho_{c,t}
\end{aligned}\right\}\qquad(5-21)$$

式中　$m_{c拌}$，$m_{f拌}$，$m_{g拌}$，$m_{s拌}$，$m_{w拌}$——分别指试拌的混凝土拌合物性能符合要求后，水泥、矿物掺合料、粗骨料、细骨料和水的实际拌和用量，kg；

m_{ca}，m_{fa}，m_{ga}，m_{sa}，m_{wa}——分别表示混凝土试拌配合比中，水泥、矿物掺合料、粗骨料、细骨料和水的用量，kg/m³；

$\rho_{c,t}$——混凝土表观密度实测值，kg/m³。

3. 混凝土实验室配合比的确定

用试拌配合比配制的混凝土虽满足和易性的要求，但其强度和耐久性等是否符合设计要求，还须按下列方法来进行确定。

(1) 调整水胶比，进行强度检验

进行强度检验时，应采用三个不同的配合比；其中一个为试拌配合比，另外两个配合比的水胶比宜较试拌配合比分别增加和减少 0.05，用水量应与试拌配合比相同，砂率可分别增加和减小 1%。混凝土拌合物性能应符合设计和施工要求。

每个配合比至少按标准方法制作一组(3 块)试件，并应标准养护到28 d 或设计规定龄期试压；需要时，可同时制作几组试件，供快速检验或较早龄期试压，以便尽早提出混凝土配合比供施工使用。在制作混凝土强度试件时，应检验混凝土拌合物的表观密度。

(2) 确定达到配制强度时的材料用量

根据上述混凝土抗压强度试验结果，宜绘制强度和胶水比的线性关系图或用插值法确定略大于配制强度对应的胶水比。

在试拌配合比的基础上，用水量和外加剂用量应根据确定的胶水比作调整。胶凝材料用量应以用水量乘以确定的胶水比计算得出。粗、细骨料用量应根据用水量和胶凝材料用量进行调整。

(3) 确定实验室配合比

按下式计算混凝土拌合物的计算表观密度：

$$\rho_{c,c} = m_c + m_f + m_g + m_s + m_w \tag{5-22}$$

式中 $\rho_{c,c}$——混凝土拌合物计算表观密度值，kg/m^3；

m_c，m_f，m_g，m_s，m_w——分别表示达到配制强度时每立方米混凝土中，水泥、矿物掺合料、粗骨料、细骨料和水的用量，kg/m^3。

根据确定达到配制强度时的材料用量，进行混凝土的试拌，测定混凝土拌合物的实际表观密度，并按下式计算混凝土配合比校正系数：

$$\delta = \frac{\rho_{c,t}}{\rho_{c,c}} \tag{5-23}$$

式中 $\rho_{c,t}$——混凝土拌合物实测表观密度值，kg/m^3；

$\rho_{c,c}$——混凝土拌合物计算表观密度值，kg/m^3。

当混凝土拌合物表观密度实测值与计算值之差的绝对值不超过计算值的 2% 时，配合比无须校正；当二者之差超过 2% 时，应将配合比中每项材料用量均乘以校正系数。

4. 混凝土施工配合比的确定

实验室得出的设计配合比，是以干燥骨料(砂含水率小于 0.5%，石子含水率小于 0.2%)为基准计算的，而搅拌现场存放的砂、石材料都含有一定的水分，所以现场材料的实际称量应按砂、石的含水情况进行换算，换算后得到的配合比称作施工配合比。与实验室配合比相比，施工配合比中水的用量减少，砂石用量增加。

设实验室配合比中水泥、矿物掺合料、石、砂和水的用量分别为 m_c、m_f、m_g、m_s 和 m_w，施工配合比中水泥、矿物掺合料、石、砂和水的用量分别为 m_c'、m_f'、m_g'、m_s' 和 m_w'，现场测出砂的含水率为 $a\%$、石子的含水率为 $b\%$，则施工配合比的计算公式如下：

$$m_c' = m_c \tag{5-24}$$

$$m'_f = m_f \tag{5-25}$$

$$m'_s = m_s(1 + a\%) \tag{5-26}$$

$$m'_g = m_g(1 + b\%) \tag{5-27}$$

$$m'_w = m_w - m_s a\% - m_g b\% \tag{5-28}$$

例题 5－1　某办公大楼采用现浇混凝土梁板结构，环境类别为Ⅰ类，混凝土设计强度等级为 C30，施工要求坍落度为 35～50 mm(采用机械搅拌、机械振捣)，该施工单位无历史统计资料。试确定该混凝土的施工配合比。

所用原材料为：水泥：32.5 粉煤灰水泥，28 d 实测胶砂强度 38.0 MPa，表观密度 ρ_c = 2.90 g/m³；中砂：μ_f =2.8，级配合格，表观密度 ρ_s =2.65 g/cm³，堆积密度 ρ_s'=1 500 kg/m³，施工现场含水率为 2.5%；碎石：表观密度 ρ_g =2.70 g/cm³，堆积密度 ρ_g'=1 550 kg/m³，最大公称粒径为 40 mm，连续级配 5～40 mm，施工现场含水率为 1.5%；粗、细骨料的品质均符合规范要求，配合比设计时含水率以干燥状态为基准。

解　(1)混凝土配合比计算

①确定配制强度($f_{cu,o}$)

$$f_{cu,o} = f_{cu,k} + 1.645\sigma$$

查表 5－25，当混凝土强度等级为 C30 时，σ =5.0 MPa，则

$$f_{cu,o} = 30 + 1.645 \times 5.0 = 38.2(\text{MPa})$$

②确定水胶比 $\dfrac{W}{B}$

该混凝土所用水泥 28 d 实测胶砂强度 f_{ce} =38.0 MPa，未掺加掺合料，粗骨料为碎石，回归系数 α_a =0.53，α_b =0.20。按下式计算 $\dfrac{W}{B}$：

$$\frac{W}{B} = \frac{\alpha_a f_b}{f_{cu,o} + \alpha_a \alpha_b f_b} = \frac{0.53 \times 38.0}{38.2 + 0.53 \times 0.20 \times 38.0} = 0.48$$

查表 5－29，根据耐久性要求最大水胶比规定为 0.60，符合设计要求，取 $\dfrac{W}{B} = 0.48$。

③初步确定单位用水量

已知混凝土所用碎石的最大粒径为 40 mm，坍落度要求为 35～50 mm，查表 5－30 取 m_{wo} =175 kg/m³。

④计算水泥用量(m_{co})

$$m_{co} = \frac{m_{wo}}{W/B} = \frac{175}{0.48} = 365(\text{kg/m}^3)$$

查表 5－31 根据耐久性要求最小水泥用量为 320 kg/m³，所以取 m_{co} =365 kg/m³。

⑤初步选取砂率(β_s)

混凝土所用碎石最大粒径为 40 mm，计算水胶比为 0.48，查表 5－32，取砂率 β_s =34%。

⑥计算砂、石用量(m_{so}、m_{go})

可采用两种方法即质量法和体积法计算。

方法一：质量法

$$\begin{cases} m_{co}+m_{go}+m_{so}+m_{wo}=m_{cp} \\ \beta_s=\dfrac{m_{so}}{m_{so}+m_{go}}\times 100\% \end{cases}$$

假定混凝土表观密度 $m_{cp}=2\,400\ kg/m^3$，则

$$\begin{cases} 365+m_{so}+m_{go}+175=2\,400 \\ \dfrac{m_{so}}{m_{so}+m_{go}}\times 100\%=34\% \end{cases}$$

解得砂、石用量分别为 $m_{so}=632\ kg/m^3$，$m_{go}=1\,228\ kg/m^3$。

按质量法算得该混凝土初步配合比为：

$$m_{co}:m_{so}:m_{go}=365:632:1\,228=1:1.73:3.36, W/B=0.48$$

方法二：体积法

$$\begin{cases} \dfrac{m_{co}}{\rho_c}+\dfrac{m_{so}}{\rho_s}+\dfrac{m_{go}}{\rho_g}+\dfrac{m_{wo}}{\rho_w}+0.01\alpha=1 \\ \beta_s=\dfrac{m_{so}}{m_{so}+m_{go}}\times 100\% \end{cases}$$

代入砂、石、水泥、水的表观密度数据，取 $\alpha=1$，则

$$\begin{cases} \dfrac{365}{2.90\times 10^3}+\dfrac{m_{so}}{2.65\times 10^3}+\dfrac{m_{go}}{2.7\times 10^3}+\dfrac{175}{1\times 10^3}+0.01\times 1=1 \\ \dfrac{m_{so}}{m_{so}+m_{go}}\times 100\%=34\% \end{cases}$$

求解方程得：$m_{so}=628\ kg/m^3$，$m_{go}=1\,220\ kg/m^3$。

按体积法算得该混凝土初步配合比为：

$$m_{co}:m_{so}:m_{go}=365:628:1\,220=1:1.72:3.34, W/B=0.48$$

从上述结果可以看出，采用体积法计算得出的混凝土初步配合比与质量法相近。

(2)计算试拌配合比

由于混凝土所用碎石的最大粒径为40 mm，故试拌混凝土用量不少于25 L，取混凝土搅拌量为30 L，按质量法计算得出的混凝土试拌试配。其材料用量如下：

水泥：$365\times 0.03=10.95$(kg)

中砂：$632\times 0.03=18.96$(kg)

碎石：$1\,228\times 0.03=36.84$(kg)

水：$175\times 0.03=5.25$(kg)

将上述原材料搅拌均匀后进行坍落度试验，测得坍落度为15 mm，小于坍落度为30～50 mm 的设计要求；保持水胶比不变，增加水泥浆用量 10%，即水泥用量增加到12.05 kg，水用量增加到5.78 kg，测出拌合物的坍落度为40 mm，黏聚性、保水性均良好。经调整后各材料用量为：水泥12.05 kg，砂18.96 kg，碎石36.84 kg，水5.78 kg，实测混凝土的表观密度 $\rho'_{c,t}$ 为2 380 kg/m³，按式(5－21)计算得出混凝土的试拌配合比。

$$m_{ca}=\frac{2\,380}{12.05+18.96+36.84+5.78}\times 12.05=32.32\times 12.05=389(kg/m^3)$$

$$m_{sa} = 32.32 \times 18.96 = 613(kg/m^3)$$

$$m_{ga} = 32.32 \times 36.84 = 1\,191(kg/m^3)$$

$$m_{wa} = 32.32 \times 5.78 = 187(kg/m^3)$$

(3)确定实验室配合比

按照试拌配合比配制混凝土，采用水胶比为0.43、0.48、0.53三个不同的配合比(水胶比为0.43和0.53的两个配合比也经坍落度试验调整，均满足坍落度要求)，测得混凝土拌合物的表观密度及28 d抗压强度见表5－33。

表5－33 混凝土拌合物的表观密度及28d抗压强度试验结果

水胶比(W/B)	胶水比(B/W)	表观密度/($kg \cdot m^{-3}$)	28d抗压强度f_{cu}/MPa
0.43	2.33	2 390	44.1
0.48	2.08	2 380	40.8
0.53	1.89	2 370	37.5

根据表5－33的结果，采用作图法(见图5－22)，求得略大于试配强度(取38.5MPa)对应的胶水比为1.95，即水胶比为0.51。

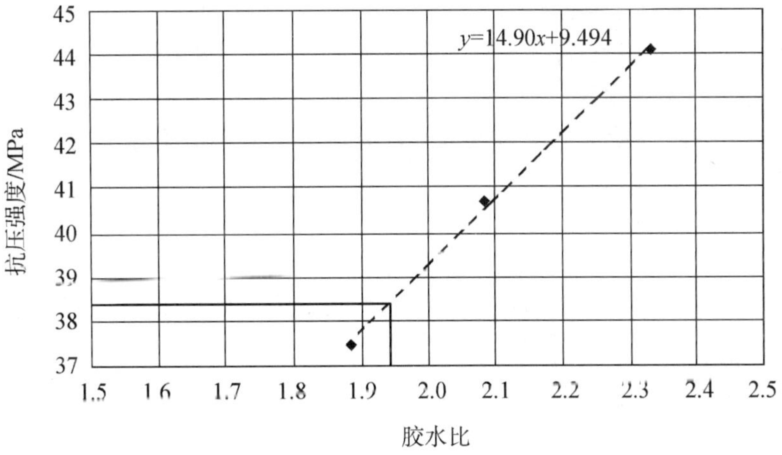

图5－22 作图法计算胶水比示意图

初步定出混凝土配合比为：

$$m_w = 187\ kg/m^3$$

$$m_c = 187/0.51 = 367\ kg/m^3$$

$$m_s = 613\ kg/m^3$$

$$m_g = 1\,191\ kg/m^3$$

计算该混凝土表观密度$\rho_{c,c} = 2\,358\ kg/m^3$，根据此配合比下料，测得其拌合物的表观密度为$\rho_{c,t} = 2\,370\ kg/m^3$，其校正系数：

$$\delta = \frac{2\,370}{2\,358} = 1.005\,1$$

混凝土表观密度的实测值与计算值之差 ξ 为：

$$\xi = \frac{\rho_{c,t} - \rho_{c,c}}{\rho_{c,c}} \times 100\% = \frac{2\,370 - 2\,358}{2\,358} \times 100\% = 0.51\%$$

由于混凝土表观密度的实测值与计算值之差不超过计算值的2%，所以前面的计算配合比为确定的实验室配合比，即

$$m_c : m_s : m_g = 367 : 613 : 1\,191 = 1 : 1.67 : 3.25, W/B = 0.51$$

(4)计算施工配合比

将实验室配合比换算为现场施工配合比，水泥用量不变，用水量应扣除砂、石所含水量，而砂石量则应增加砂、石的含水量，施工配合比计算过程如下：

$m'_c = m_c = 367(\text{kg/m}^3)$

$m'_s = m_s(1 + a\%) = 613 \times (1 + 2.5\%) = 628(\text{kg/m}^3)$

$m'_g = m_g(1 + b\%) = 1\,191 \times (1 + 1.5\%) = 1\,209(\text{kg/m}^3)$

$m'_w = m_w - m_s a\% - m_g b\% = 187 - 613 \times 2.5\% - 1\,191 \times 1.5\% = 153(\text{kg/m}^3)$

5.8.3 其他混凝土配合比设计

5.8.3.1 耐久性混凝土配合比设计

耐久性混凝土配合比设计基本步骤与普通混凝土一致，其主要区别在于计算配合比部分的胶凝材料组成、最大水胶比等参数的选取需满足GB/T 50476—2019《混凝土结构耐久性设计标准》中对不同环境下的具体要求，且应参考类似环境条件下的实际工程进行选取。其具体配合比设计步骤如下：

1. 混凝土设计指标的确定

根据工程结构类型与部位，确定环境类别和环境作用等级。

根据工程设计使用年限、构件类型、环境作用等级，确定工程混凝土的最小强度等级、最大水胶比、最小保护层厚度等参数。

在此基础上，根据结构受力情况、施工条件等，确定具体的混凝土性能指标(工作性能、强度等级、耐久性指标)。

2. 混凝土计算配合比的确定

主要步骤与普通混凝土配合比设计相同，主要区别在于：

(1)胶凝材料的组成应按照GB/T 50476—2019《混凝土结构耐久性设计标准》中对不同环境下的具体要求，且应参考类似环境条件下的实际工程进行选取。

(2)确定水胶比时，除按式(5－13)计算水胶比外，还应满足设计指标中最大水胶比的要求，并应参考类似环境条件下的实际工程综合考虑进行选取。

(3)单位用水量和砂率的选取，除参考普通混凝土配合比设计的表格外，还应参考类似原材料和环境条件下的实际工程综合考虑进行选取。

3. 混凝土试拌配合比的确定

主要步骤与普通混凝土配合比设计相同，主要区别在于：

(1)由于胶凝材料组成复杂、水胶比相对较低，宜适当延长搅拌时间。

(2)需特别注意胶凝材料与外加剂的相容性，必要时更换外加剂品种。

(3)需特别注意外加剂掺量对混凝土工作性能的影响。

4. 混凝土实验室配合比的确定

主要步骤与普通混凝土配合比设计相同，主要区别在于：

(1)强度检验时，另外两个配合比的水胶比宜较试拌配合比分别增加和减少 0.02。

(2)除进行强度检验外，必须进行相应耐久性指标的检验。

(3)可直接从三个配合比中选取一个强度和耐久性均满足要求的配合比作为实验室配合比。

5. 混凝土施工配合比的确定

与普通混凝土配合比设计相同。

5.8.3.2　道路混凝土配合比设计

道路混凝土是指用于浇筑路面的水泥混凝土。由于道路路面常年受到行驶车辆的重力作用和车轮的冲击、磨损，同时还要经受日晒风吹、雨水冲刷和冰雪冻融的侵蚀，因此要求路面混凝土必须具有较高的弯拉强度(不低于 4.0MPa)和耐久性(含耐磨性)。

道路混凝土的配合比设计应按 JTG/T F30—2014《公路水泥混凝土路面施工技术细则》的有关规定进行。各级公路路面混凝土配合比设计宜采用正交试验法，二级及二级以下公路可采用经验公式法。

混凝土配合比设计包括目标配合比设计和施工配合比设计两个阶段。目标配合比设计应确定混凝土的水泥用量、集料用量、水灰(胶)比、外加剂掺量，纤维混凝土还应确定纤维掺量。施工配合比设计应通过拌合楼试拌确定拌合参数。配合比设计的基本要求是工作性、弯拉强度、耐久性(含耐磨性)和经济性四项指标符合要求。

不同施工工艺混凝土拌合物施工时的工作性宜符合表 5－34 的要求，拌合楼出口拌合物坍落度值，应根据不同工艺摊铺时的坍落度值加上运输过程中坍落度损失值确定；弯拉强度标准值应符合表 5－16 的规定；各级公路面层混凝土的最大水灰(胶)比和最小单位水泥用量应符合表 5－35 的规定；混凝土磨损量宜符合表 5－36 的规定；处于冻融以及在海水、海风、酸雨、除冰盐或硫酸盐等腐蚀环境中的混凝土，还应满足其相应耐久性要求。

表 5－34　不同施工方法的混凝土拌合物工作性要求

施工工艺	滑模摊铺		三辊轴机组摊铺	小型机具摊铺
	碎石混凝土	卵石混凝土		
坍落度/mm	10 ～ 30	5 ～ 20	20 ～ 40	20 ～ 40
振动黏度系数/($N \cdot s \cdot m^{-2}$)	200 ～ 500	—	—	—

表 5－35　各级公路面层混凝土最大水灰(胶)比和最小单位水泥用量

公路等级	高速、一级公路	二级公路	三、四级公路
最大水灰(胶)比	0.44	0.46	0.48
有抗冻要求时最大水灰(胶)比	0.42	0.44	0.46

续表 5－35

公路等级		高速、一级公路	二级公路	三、四级公路
有抗盐冻要求时最大水灰(胶)比		0.40	0.42	0.44
最小单位水泥用量/($kg \cdot m^{-3}$)	52.5 级	300	300	290
	42.5 级	310	310	300
	32.5 级	—	—	315
有抗冰冻、抗盐冻要求时最小单位水泥用量/($kg \cdot m^{-3}$)	52.5 级	310	310	300
	42.5 级	320	320	315
	32.5 级	—	—	325
掺粉煤灰时最小单位水泥用量/($kg \cdot m^{-3}$)	52.5 级	250	250	245
	42.5 级	260	260	255
	32.5 级	—	—	265
有抗冰冻、抗盐冻要求时掺粉煤灰最小单位水泥用量/($kg \cdot m^{-3}$)	52.5 级	265	260	255
	42.5 级	280	270	265

注：①掺粉煤灰，并有抗冰(盐)冻性要求时，不得使用 32.5 级水泥。

②处在除冰盐、海风、酸雨或硫酸盐等侵蚀性环境中，或在大纵坡等加减速车道上的混凝土，最大水灰(胶)比宜比表中数值降低 0.01 ～ 0.02。

表 5－36　各级公路面层混凝土磨损量要求

公路等级	高速、一级公路	二级公路	三、四级公路
磨损量/($kg \cdot m^{-2}$)	≤3.0	≤3.5	≤4.0

使用正交试验法时，道路混凝土配合比设计方法如下：

1. 混凝土目标配合比的确定

(1) 按式(5－29)计算配制 28 d 弯拉强度均值(f_c)：

$$f_c = \frac{f_r}{1 - 1.04C_v} + ts \tag{5-29}$$

式中 f_c——混凝土配制 28 d 弯拉强度均值，MPa；

f_r——设计弯拉强度标准值，MPa；

t——保证率系数，按表 5－37 取值；

s——弯拉强度试验样本的标准差，MPa，有试验数据时应使用试验样本的标准差；无试验数据时可参考表 5－38 的规定范围确定；

C_v——弯拉强度变异系数，应按统计数据取值，小于 0.05 时取 0.05；无统计数据时，可在表 5－39 的规定范围内取值，其中高速公路、一级公路变异水平应为低，二级公路变异水平应不低于中。

表5-37　保证率系数 t

公路等级	判别概率 p	样本数 n/组			
		6～8	9～14	15～19	≥20
高速公路	0.05	0.79	0.61	0.45	0.39
一级公路	0.10	0.59	0.46	0.35	0.30
二级公路	0.15	0.46	0.37	0.28	0.24
三、四级公路	0.20	0.37	0.29	0.22	0.19

表5-38　各级公路混凝土面层弯拉强度试验样本的标准差 s

公路等级	高速公路	一级公路	二级公路	三级公路	四级公路
目标可靠度/%	95	90	85	80	70
目标可靠指标	1.64	1.28	1.04	0.84	0.52
样本的标准差/MPa	$0.25 \leqslant s \leqslant 0.50$		$0.45 \leqslant s \leqslant 0.67$	$0.40 \leqslant s \leqslant 0.80$	

表5-39　变异系数 C_v 的范围

弯拉强度变异水平等级	低	中	高
弯拉强度变异系数 C_v 的范围	$0.05 \leqslant C_v \leqslant 0.10$	$0.10 \leqslant C_v \leqslant 0.15$	$0.15 \leqslant C_v \leqslant 0.20$

(2)试验可变因素应根据混凝土的性能要求和材料变化情况依经验确定。水泥混凝土可选水泥用量、用水量、砂率或粗集料填充体积率4个因素，掺粉煤灰的混凝土可选用水量、基准胶材总量、粉煤灰掺量、粗集料填充体积率4个因素。每个因素至少应选定3个水平，并宜选用 $L_9(3^4)$ 正交表安排试验方案。

(3)在实验室进行试拌，实测各项性能指标。对正交试验结果进行直观及回归分析，回归分析的考察指标应包括坍落度、弯拉强度、磨损量。有抗冻性、抗盐冻要求的地区，还应包括抗冻等级、抗盐冻性。对满足要求的正交配合比，可确定为目标配合比。

(4)根据拌合楼(机)试拌情况，对试拌配合比进行性能检验和调整，直至符合目标配合比要求。

(5)采用密度法计算的配合比，应实测拌合物表观密度，并应按表观密度调整配合比，调整时水灰(胶)比不得增大，单位水泥用量、各种纤维掺量不得减小。调整后的拌合物表观密度允许偏差应在调整前的±2.0%之内。

2. 混凝土施工配合比的确定

(1)施工配合比应符合目标配合比的实测数据，并应按下列要求进行：

①施工配合比中的水泥用量可根据拌和过程中的损耗情况，较目标配合比适当增加5～10 kg。

②根据目标配合比计算各种原材料用量，按照实际生产要求进行试拌。注意，目标配

合比中粗、细骨料是以饱和面干状态为基准的，现场材料的称量应按粗、细骨料实际含水情况进行修正。

③进行混凝土的弯拉强度、工作性和耐久性检验，确定是否满足要求。

各种混凝土应实测7 d和28 d弯拉强度均值和抗压强度均值。掺粉煤灰水泥混凝土还应实测56 d弯拉强度均值。实测弯拉强度后，宜利用其试件完好部分实测抗压强度与劈裂强度。强度实测结果应符合其质量标准。

应检验混凝土拌合物工作性是否满足相应摊铺工艺的要求。检验项目应包括含气量、坍落度及经时损失、振动黏度系数等。

各级公路面层与桥面混凝土设计配合比应实测耐磨性；有抗冰冻要求时，应实测拌合物含气量、硬化混凝土最大气泡间距系数和抗冻性；有抗盐冻要求时，除应检验含气量和最大气泡间距系数外，尚应实测抗盐冻性。

④总结试验数据，提出施工配合比，确定设备参数，明确施工中根据集料实际含水率调整拌合楼(机)上料参数和加水量的有关要求。

(2)施工期间配合比的微调与控制应符合下列要求：

①应根据砂石料实际含水量变化，微调加水量，同时微调砂石料称量，其他配合比参数不得变更，维持施工配合比基本不变。雨天或砂石料变化时应加强控制，保持现场拌合物工作性始终适宜摊铺和稳定。

②可根据施工季节、气温和运距等的变化，微调高效减水剂、引气剂、缓凝剂或早强剂的掺量，保持摊铺现场的坍落度始终适宜于铺筑，减小摊铺前混凝土拌合物的工作性波动。

(3)二级及二级以下公路采用经验公式法时，道路混凝土配合比设计方法与正交试验法基本相同，主要区别在于配合比参数按下列方法进行计算得到。

①计算水灰比

无掺合料时，根据粗集料的类型，水灰比可分别按下列统计公式计算：

$$\text{碎石或破碎卵石混凝土：}\frac{W}{C}=\frac{1.5684}{f_c+1.0097-0.3595f_s} \tag{5-30}$$

$$\text{卵石混凝土：}\frac{W}{C}=\frac{1.2618}{f_c+1.5492-0.4709f_s} \tag{5-31}$$

式中 $\frac{W}{C}$——水灰比；

f_s——水泥实测28d抗折强度，MPa；

f_c——混凝土配制28d弯拉强度均值，MPa。

②计算水胶比

掺用粉煤灰、硅灰、矿渣粉等掺合料时，应计入超量取代法中代替水泥的那一部分掺合料用量(代替砂的超量部分不计入)计算水胶比。

计算水胶比(或水灰比)大于表5－35的规定时，应按表5－35取值。

③砂率的选择(S_p)

砂率宜根据砂的细度模数和粗骨料种类，按表5－40取值。软做抗滑槽时，砂率在表5－40的基础上可增大1%～2%。

表 5－40　混凝土的砂率

砂细度模数		2.2～2.5	2.5～2.8	2.8～3.1	3.1～3.4	3.4～3.7
砂率 S_p /%	碎石	30～34	32～36	34～38	36～40	38～42
	卵石	28～32	30～34	32～36	34～38	36～40

注：①相同细度模数时，机制砂的砂率宜偏低限取用；
②破碎卵石可在碎石和卵石混凝土之间内插取值。

④计算单位用水量（W_o）

根据粗骨料种类和坍落度要求，分别按下列经验公式计算单位用水量。计算单位用水量大于表 5－41 的规定时，应通过采用减水率更高的外加剂降低单位用水量。

$$\text{碎石}: W_o = 104.97 + 0.309S_L + 11.27\frac{C}{W} + 0.61S_p \quad (5-32)$$

$$\text{卵石}: W_o = 86.89 + 0.370S_L + 11.24\frac{C}{W} + 1.00S_p \quad (5-33)$$

掺外加剂的混凝土单位用水量：

$$W_{ow} = W_o\left(1 - \frac{\beta}{100}\right) \quad (5-34)$$

式中　W_o——不掺外加剂和掺合料混凝土的单位用水量，kg/m³；

S_L——混凝土拌合物的坍落度，mm；

S_p——砂率，%；

$\frac{C}{W}$——灰水比，水灰比的倒数；

W_{ow}——掺外加剂混凝土单位用水量，kg/m³；

β——所用外加剂剂量时的实测减水率，%。

表 5－41　面层混凝土最大单位用水量　kg/m³

施工工艺	碎石混凝土	卵石混凝土
滑模摊铺机摊铺	160	155
三辊轴机组摊铺	153	148
小型机具摊铺	150	145

⑤确定水泥用量（C_o）

水泥用量可由下式计算，计算结果小于表 5－35 规定值时，应取表 5－35 的规定值。

$$C_o = W_o \cdot \frac{C}{W} \quad (5-35)$$

式中　C_o——单位水泥用量，kg/m³。

⑥计算粗、细骨料的用量 G_o 及 S_o

粗、细骨料的用量按普通混凝土配合比中的质量法或体积法计算。按质量法计算时，混凝土单位质量可取 2 400～2 450 kg；按体积法计算时，应计入设计含气量。

经计算得到的配合比，应验算单位粗骨料填充体积率，且不宜小于70%。

⑦掺合料用量计算

掺用矿渣粉或硅灰时，配合比设计应采用等量取代水泥法，掺量应通过试验确定，并应扣除相同数量的水泥。

掺用粉煤灰时，配合比设计宜按超量取代法进行，取代水泥的部分应扣除等量水泥量；超量部分应代替砂，并折减用砂量。

Ⅰ、Ⅱ级粉煤灰的超量取代系数可按表5－42初选。粉煤灰最大掺量：Ⅰ型硅酸盐水泥不宜大于30%；Ⅱ型硅酸盐水泥不宜大于25%；道路硅酸盐水泥不宜大于20%；粉煤灰总掺量应通过试验最终确定。

表5－42 各级粉煤灰的超量取代系数

粉煤灰等级	Ⅰ	Ⅱ	Ⅲ
超量取代系数 k	1.1～1.4	1.3～1.7	1.5～2.0

5.9 特种混凝土

特种混凝土种类有很多，主要包括三大类：一是采用与普通混凝土相同的原材料生产的，但具有特殊性能的混凝土，如高性能混凝土；二是通过使用特殊原材料生产的混凝土，如纤维混凝土等；三是采用特殊工艺制备的混凝土，如泵送混凝土、喷射混凝土、碾压混凝土等。下面介绍几种常见的特种混凝土。

5.9.1 高性能混凝土

高性能混凝土简称HPC，1990年5月由美国国家标准与技术研究所(NIST)和美国混凝土协会(ACI)首先提出。对于高性能混凝土的定义，各国学者有不同的意见。

ACI于1998年提出的HPC的定义是：能同时满足性能和通过传统的组成材料、拌合工艺、浇注和养护而达到的特殊要求的混凝土。因此，HPC应具有满足特殊应用和环境的某些性能，如易于浇注、不离析、早强、密实、长期强度和力学性能高、渗透性和水化热低、韧性和体积稳定性好、寿命长等。

《高性能混凝土应用技术指南》对HPC的定义是：以建设工程设计、施工和使用对混凝土性能特定要求为总体目标，选用优质常规原材料，合理掺加外加剂和矿物掺合料，采用较低水胶比并优化配合比，通过预拌和绿色生产方式以及严格的施工措施，制成具有优异的拌合物性能、力学性能、耐久性能和长期性能的混凝土。

综合各国学者的意见，高性能混凝土是在普通混凝土的基础上，在某一个或多个方面具有更高性能的混凝土，其包含多种混凝土，如高工作性混凝土、高强混凝土、高体积稳定性的混凝土以及在特殊环境条件下具有较高耐久性的混凝土等。

高性能混凝土需要采用优质原材料，在混凝土的计量、搅拌、浇注和养护过程中的要求也高于普通混凝土，因此其价格高于普通混凝土，但从工程综合造价考虑，采用高性能混凝土往往能够节约成本。如采用高耐久性的混凝土，虽然其初次投资略有增加，但从建筑物长期使用寿命考虑，其总造价可大幅降低。下面介绍几种较常见的高性能混凝土。

5.9.1.1　自密实混凝土

自密实混凝土简称 SCC，是指混凝土拌合物具有良好的工作性，即使在密集配筋条件下仅靠混凝土自重作用而无须振捣便能均匀密实成型的高性能混凝土。

自密实混凝土可用于采用普通混凝土难以浇注甚至无法浇注的结构，解决普通混凝土施工中的漏振、过振以及钢筋密集难以振捣的问题，可保证钢筋、预埋件、预应力孔道的位置不因振捣而移位；有效地提高了混凝土的品质，具有良好的密实性、力学性能和耐久性。自密实混凝土适用于密集配筋的混凝土结构、异型混凝土结构、薄壁混凝土结构和结构的加固与维修等。采用自密实混凝土，一方面能够降低施工噪声，减少工人劳动强度；另一方面还能大量利用工业废渣。

1. 原材料要求

粗骨料最大粒径一般不宜小于 20 mm，针片状颗粒质量分数宜小于 8%。细骨料宜选用Ⅱ区中砂，砂的含泥量应小于 3%。外加剂除采用高效减水剂外，还可能需要采用增稠剂。

2. 配合比设计

与普通混凝土相比，自密实混凝土的配合比具有粗骨料用量低、浆体含量高、高效减水剂掺量高、有时使用增稠剂的特点。

自密实混凝土的配合比设计采用体积法，其中每立方混凝土中粗骨料的体积为 $0.28\sim0.35\,m^3$，砂浆中砂的体积分数为 42%～45%，胶凝材料总用量宜为 $400\sim550\,kg/m^3$，水胶比宜小于 0.45。

3. 性能

自密实混凝土的工作性优异，流动性、保水性和黏聚性均较好，泌水和离析较少。

对自密实混凝土的工作性的检测包括填充性检测、间隙通过性检测和抗离析性检测。其中填充性由坍落扩展度或 T500 流动时间检测，间隙通过性由坍落扩展度与 J 环扩展度差值检测，抗离析性由离析率和粗骨料振动离析率检测，具体试验方法见 JGJ/T 283—2012《自密实混凝土应用技术规程》。

在单位用水量或水灰比相同的条件下，由于自密实混凝土不需要振捣，浆体与集料的界面得到改善，自密实混凝土的强度略高于普通混凝土，浆体与钢筋的黏结强度也比普通混凝土高。自密实混凝土的强度发展规律与普通混凝土一致。

由于自密实混凝土中浆体用量高于普通混凝土，其干燥收缩和温度收缩均高于普通混凝土，弹性模量则略低，徐变系数略高于同强度的普通混凝土。当用水量或水胶比相同时，自密实混凝土的徐变略低于普通混凝土，由徐变和收缩引起的总变形则与普通混凝土接近。掺加有机纤维和钢纤维可降低自密实混凝土的早期塑性收缩和后期干燥收缩及提高韧性，但纤维的加入会降低其工作性和间隙通过性。由于自密实混凝土的均匀性好，其耐久性较普通混凝土高。

4. 使用注意事项

由于自密实混凝土保水性好，其表面泌水量很少，甚至没有泌水，为了减少混凝土的水分散失和塑性开裂，应加强养护，必须从混凝土入模开始就进行湿养护。

由于自密实混凝土的干燥收缩和温度收缩较大，因此必须采用较长时间的湿养护措施，并控制混凝土的温度变化速度。

5.9.1.2 高强混凝土

作为土木工程的主要结构材料，混凝土的高强化一直是其性能改善的一个重要研究方向。混凝土强度的提高，使构件截面尺寸大为减小，改变了高层和大跨度建筑“肥梁胖柱”的状况，减轻了建筑物的自重，简化了地基处理，也使高强钢筋的效能得以充分利用；高强混凝土早期强度高，可提高施工速度；高强混凝土较高的弹性模量，可使结构具有较高的刚度。随着现代工程结构向超高、大跨、重载方向发展，对混凝土的强度要求会越来越高。

强度等级大于等于 C60 的混凝土称为高强混凝土，大于等于 C100 的混凝土称为超高强混凝土。

1. 原材料要求

粗骨料应选用质地坚硬、级配良好的花岗岩、石灰岩和辉绿岩等碎石和碎卵石，骨料母岩的立方体抗压强度应为混凝土强度等级的 1.3 倍以上。粗骨料的最大粒径不宜大于 25 mm；配制 C80 及以上强度等级的混凝土时，最大粒径不宜大于 20 mm，粗骨料宜采用二级级配。粗骨料针片状颗粒质量分数不宜大于 5%，含泥量不应大于 0.5%，泥块的质量分数不应大于 0.2%。

细骨料宜选用质地坚硬、级配良好的河砂或人工砂，细度模数宜为 2.6 ～ 3.0，含泥量不应大于 2.0%，泥块的质量分数不应大于 0.5%。

水泥应选用不低于 42.5 强度等级的硅酸盐水泥和普通硅酸盐水泥。矿物掺合料可采用粉煤灰、磨细矿渣、硅灰和磨细天然沸石岩等品种，其中粉煤灰应选用Ⅰ级或Ⅱ级粉煤灰。

2. 配合比设计

高强混凝土的配合比，应根据施工工艺要求的拌合物工作性和结构设计要求的强度，充分考虑施工运输和环境温度等条件进行设计，通过试配并经现场试验确认满足要求后方可正式使用。高强混凝土的配合比应有利于减少温度收缩、干燥收缩、自生收缩引起的体积变形，避免早期开裂。对处于有侵蚀性作用介质环境的结构物，所用高强混凝土的配合比应考虑耐久性的要求。

混凝土的配制强度必须大于设计要求的强度标准值的 1.15 倍。

配制高强混凝土所用的水胶比（水与胶凝材料的质量比）宜采用 0.24 ～ 0.34。强度等级愈高，则水胶比应愈低。

配制 C60 和 C70 高强混凝土所用的胶凝材料总量不宜大于 560 kg/m^3。配制 C80 和 C90 高强混凝土所用的胶凝材料总量不宜大于 580 kg/m^3。配制 C100 高强混凝土所用的胶凝材料总量不宜大于 600 kg/m^3。

胶凝材料中矿物掺合料掺量宜为 25% ～ 40%，硅灰掺量不宜大于 10%。

混凝土的砂率宜为 35% ～ 42%。

配制高强混凝土所用高效减水剂的品种和掺量，应通过与水泥的相容性试验选定。为提高拌合物的工作性和减少混凝土坍落度在运输、浇筑过程中的损失，可采用复合缓凝高效减水剂、载体流化剂，或滞水后掺加、多次掺加等方法。

3. 性能

高强混凝土通过使用高效减水剂，虽然水胶比很低，新拌混凝土的坍落度仍可达到

220 mm。由于胶凝材料用量高，很少出现离析和泌水现象。

由于胶凝材料用量较大，高强混凝土的自收缩值较大，即使在浸水养护条件下，由于高强混凝土内部结构密实，自收缩现象仍不可避免。另外高强混凝土的水化热大，绝热温升高，用于大体积混凝土时易产生开裂。高强混凝土的徐变较小，通常为普通混凝土的 1/3 ～ 1/2。高强混凝土的弹性模量较高，通常为 40 ～ 50 GPa。

由于水灰比低，高强混凝土结构致密，具有较高的抗渗性和抗溶液腐蚀能力。

4. 使用注意事项

高强混凝土泌水少，自收缩值较大，应特别注意养护，以防出现裂缝。

高强混凝土结构致密，在受到火灾作用时，混凝土保护层会爆裂，应特别重视高强混凝土的防火设计。

随着混凝土强度等级的提高，其拉压比降低，混凝土的脆性增大，韧性下降，设计时应有较高的材料分项系数使受压构件有更大的目标可靠指标。

5.9.1.3 高耐久性混凝土

高耐久性混凝土是以耐久性为基本要求并满足工程其他特殊性能和匀质性要求，用常规材料和常规工艺制造的水泥基混凝土。高耐久性混凝土在配合比上的特点是掺加合格的矿物掺合料和高效减水剂，取用较低的水胶比和较少的水泥用量，并在制作上通过严格的质量控制，以达到良好的工作性、均匀性、密实性和体积稳定性。

1. 原材料要求

粗骨料应选用质地均匀坚固、粒形和级配良好的碎石。粗骨料最大粒径不应超过钢筋保护层厚度的 2/3。应采用无碱活性的粗骨料品种。

细骨料应选用中砂，并严格控制砂中的氯离子质量分数(砂中的氯离子质量分数不宜超过砂干重的 0.02%)，重要的配筋混凝土工程和预应力混凝土严禁采用海砂。砂的含泥量应低于1.0%，应采用无碱活性的细骨料品种。

水泥可采用硅酸盐水泥和普通硅酸盐水泥，水泥的强度等级宜为 42.5 级，也可采用专门制备的特种水泥。矿物掺合料可采用粉煤灰、磨细矿渣、硅灰和磨细沸石岩粉等品种，其中粉煤灰应选用Ⅰ级或Ⅱ级粉煤灰，磨细矿渣比表面积宜为 350 ～ 500 m^2/kg。

2. 配合比设计

高耐久性混凝土的配合比设计应根据环境条件选择水胶比和胶凝材料组成，对于不同的环境条件和等级采用不同的水胶比和胶凝材料组成。混凝土的设计使用年限较长时，需采用较低的水灰比。

在氯盐环境(如受到海水和除冰盐影响的环境等)下，混凝土水胶比应小于 0.40，胶凝材料中应掺加大掺量矿物掺合料。当掺合料以粉煤灰为主时，其掺量应不低于 30%；当掺合料以磨细矿渣为主时，其掺量应不低于 50%。

与普通混凝土配合比设计不同，高耐久性混凝土配合比设计时首先需根据耐久性和强度选择水胶比、胶凝材料用量和组成，再根据工作性要求选择砂率，通过试配测定混凝土的工作性、强度和耐久性指标后，择优选择配合比。

3. 性能

高耐久性混凝土的特点在于高的耐久性，因此其评价指标中除了工作性和强度外，还包括耐久性指标。在不同的环境条件下，其耐久性评价指标不同。

对于氯盐环境下的高耐久性混凝土，其耐久性评价指标为混凝土中氯离子质量分数以及硬化混凝土的抗氯离子侵入性指标。钢筋混凝土中氯离子质量分数不应超过胶凝材料重的0.1%，预应力混凝土中氯离子质量分数不应超过胶凝材料重的0.06%。硬化混凝土的抗氯离子侵入性指标可用电通量或者氯离子扩散系数来表示，对于高耐久性的混凝土，其84 d龄期混凝土氯离子迁移系数应小于$3.0\times10^{-12}m^2/s$。

4. 使用注意事项

提高混凝土的耐久性除了采用优质原材料和适宜的混凝土配合比外，良好的养护以及在早龄期避免受到环境介质的侵蚀也是必需的。对于氯盐环境下的高耐久性混凝土，其湿养护龄期不宜低于28 d；混凝土浇筑后6周内应避免受到氯离子的作用，在可能的情况下，应采用混凝土制品。

当混凝土所处环境非常恶劣时，除了应采用高耐久性混凝土、提高混凝土保护层厚度外，还应采用混凝土表面涂层和防腐蚀面层、环氧涂层钢筋和阴极保护等防腐蚀附加措施。

5.9.2 轻混凝土

凡是干表观密度不大于1 950 kg/m^3 的混凝土称为轻混凝土。按其表观密度减少的途径不同，可将其分为轻骨料混凝土、大孔混凝土和多孔混凝土三种。

5.9.2.1 轻骨料混凝土

用轻粗骨料、轻砂或普通砂、胶凝材料、外加剂和水配制成的干表观密度不大于1 950 kg/m^3的混凝土，称为轻骨料混凝土。根据采用的骨料不同，轻骨料混凝土可分为全轻混凝土(粗细骨料全部采用轻集料)、砂轻混凝土(粗骨料为轻骨料，细集料全部或部分采用普通砂)、大孔轻骨料混凝土(粗骨料为轻骨料，不使用或少用细骨料)。在轻骨料中掺入适量普通粗骨料，制备的干表观密度大于1 950 kg/m^3 且小于或等于2 300 kg/m^3 的混凝土称为次轻混凝土。

轻骨料混凝土按用途分为保温轻骨料混凝土、结构保温轻骨料混凝土和结构轻骨料混凝土三类。由于自重小、保温性能好，轻骨料混凝土适用于高层和多层建筑、大跨度结构、耐火等级要求高的建筑、有节能要求的建筑、抗震结构、漂浮式结构和旧建筑的加层等。

1. 原材料要求

轻粗骨料的粒径大于5 mm，堆积密度不大于1 200 kg/m^3。轻细骨料的粒径小于5 mm，堆积密度不大于1 200 kg/m^3，也称轻砂。

轻骨料按性能可分为超轻骨料(堆积密度不大于500 kg/m^3 的保温用或结构保温用的轻粗集料)、普通轻骨料(堆积密度大于500 kg/m^3 的轻粗集料)和高强轻骨料(强度标号不小于25 的结构用轻粗集料)。轻骨料按产源可分为工业废渣轻骨料，如自燃煤矸石、煤渣；天然轻骨料，如浮石、火山渣及其轻砂；人造轻骨料，如陶粒、陶砂。

轻骨料的技术性质，除了要求其有害物质含量、耐久性符合规定外，主要要求其堆积密度和颗粒级配符合要求。轻粗骨料还应符合强度和吸水率要求。

轻骨料混凝土中的水泥、矿物掺合料、化学外加剂、砂和水的要求同普通混凝土。

2. 配合比设计

由于轻骨料种类繁多，性能差异很大，且轻骨料本身强度对混凝土强度有较大影响，因此轻骨料混凝土的配合比设计主要是依靠经验和通过试验、试配来确定。轻骨料混凝土配合比设计除了要考虑工作性、强度、耐久性和经济性外，还应满足表观密度的要求。在满足强度和耐久性的前提下，应尽量减少水泥用量，以降低混凝土的表观密度。

轻骨料应根据混凝土要求的强度等级、混凝土的用途，确定粗细骨料的种类和粗骨料的最大粒径。保温和结构保温轻骨料混凝土用的轻骨料，最大粒径不宜大于 40 mm；结构轻骨料混凝土用的轻骨料，最大粒径不宜大于 20 mm。

轻骨料混凝土的胶凝材料种类和用量以及用水量通过查表确定。由于轻骨料具有吸水的特性，使一部分水被轻骨料吸收(这部分水称为“附加水量”)，只有一部分水能够供水泥水化和起润滑作用(这部分水称为“净用水量”)，配合比设计时可查表选择净用水量，附加水量通过轻骨料用量乘以轻骨料 1 h 吸水率求得。当采用预湿饱和轻骨料时，可不考虑附加水量。

轻骨料混凝土粗细骨料用量的计算有绝对体积法和松散体积法两种。绝对体积法是将混凝土的体积减去水泥和水的绝对体积，求得粗细骨料所占的绝对体积，再查表得到体积砂率求得粗细骨料的绝对体积，然后乘以各自的表观密度即可求得粗细骨料的用量。松散体积法是先查表确定粗细骨料总松散体积，再查表得到体积砂率求得粗细骨料各自的松散体积，然后乘以各自的堆积密度即可求得粗细骨料的用量。砂轻混凝土和全轻混凝土宜采用松散体积法进行配合比计算，砂轻混凝土也可采用绝对体积法。配合比计算中粗细骨料用量均应以干燥状态为基准。

3. 性能

轻骨料混凝土按立方体抗压强度标准值分为 CL5. 0、CL7. 5、CL10、CL15、CL20、CL25、CL30、CL35、CL40、CL45、CL50、CL55、CL60 等 13 个强度等级。按干表观密度可分为 600、700、800、900、1 000、1 100、1 200、1 300、1 400、1 500、1 600、1 700、1 800、1 900 kg/m^3 等 14 个密度等级。

轻骨料混凝土的表观密度较小而强度较高。轻骨料混凝土的表观密度主要取决于轻骨料的表观密度和用量；而强度除受到水灰比和胶凝材料的影响外，轻骨料的性质和用量也是重要的影响因素。对于较高强度等级的轻骨料混凝土，混凝土的破坏往往是由轻骨料本身先遭到破坏开始，最后导致混凝土的脆性破坏。

与普通混凝土相比，轻骨料混凝土的表观密度小、弹性模量低、极限应变大、热膨胀系数小、收缩和徐变大，具有自重轻、保温性能优、抗震和耐火性能好的特点。

4. 使用注意事项

轻骨料混凝土施工时，可采用干燥轻骨料，也可采用预湿轻骨料。采用预湿轻骨料拌制的混凝土，其和易性和水灰比较稳定；采用干燥轻骨料则可省去预湿处理的过程。当轻骨料露天堆放时，受气候影响其含水率变化较大，施工中应及时测定骨料含水率和调整加水量。

轻骨料混凝土拌合物中轻骨料易上浮，不易拌匀，应使用强制式搅拌机搅拌，搅拌时间较普通混凝土略长。对于强度低而易破碎的轻骨料，应严格控制混凝土的搅拌时间。

由于轻骨料混凝土的表观密度较普通混凝土小，故对于和易性相同的这两种混凝土拌合物，前者的坍落度要小于后者。

轻骨料混凝土浇筑成型时，振捣时间应适宜，以防轻骨料上浮，造成分层现象。

轻骨料混凝土因干缩值大，易产生干缩裂缝，在浇筑成型后应及时覆盖和浇水养护。

5.9.2.2 大孔混凝土

大孔混凝土也称无砂大孔混凝土，混凝土中不含细骨料。根据采用粗骨料的品种，可分为普通大孔混凝土和轻骨料大孔混凝土两类。有时为了提高大孔混凝土的强度，也可掺入少量细骨料，这种混凝土称为少砂混凝土。

大孔混凝土适用于制作墙体用小型空心砌块和各种板材，也可用于现浇墙体。普通多孔混凝土还可制成滤水管、滤水板等，广泛用于市政工程。

1. 原材料要求

大孔混凝土需采用单一级配的粗骨料，如粒径为 10 ～ 20 mm 或 10 ～ 30 mm，不允许采用小于 5 mm 和大于 40 mm 的骨料。水泥宜采用强度等级为 32. 5 或 42. 5 级。

2. 配合比设计

大孔混凝土的单位体积质量应为 1 m^3 密实状态的粗骨料质量和单方混凝土水泥用量及水用量的总和。

粗骨料用量取粗骨料堆积密度。水泥用量根据经验取得。水灰比(对轻骨料大孔混凝土为净用水量的水灰比)根据经验可在 0. 30 ～ 0. 42 之间取用，应以水泥浆能均匀包裹在骨料表面并呈油状光泽而不流淌为准。

3. 性能

普通大孔混凝土的表观密度在 1 500 ～ 1 900 kg/m^3 之间，抗压强度为 3. 5 ～ 10 MPa。轻骨料大孔混凝土的表观密度在 500 ～ 1 500 kg/m^3 之间，抗压强度为 1. 5 ～ 7. 5 MPa。

大孔混凝土的导热系数小，保温性能好，吸湿性小，耐火性好。收缩一般较普通混凝土小 30%～50%，抗冻性可达 15 ～ 20 次冻融循环。

5.9.2.3 多孔混凝土

根据制造方法，多孔混凝土可分为加气混凝土和泡沫混凝土两类。近年来，也有用压缩空气经过充气介质弥散成大量微小气泡，均匀地分散在料浆中而形成多孔结构，这种多孔混凝土称为充气混凝土。根据养护方法不同，多孔混凝土又分为蒸压多孔混凝土、蒸养多孔混凝土和自然养护多孔混凝土三种。

由于蒸压加气混凝土在生产上有较多优越性，以及可以更多地利用工业废渣，故发展应用较为迅速，主要用于墙体材料。

泡沫混凝土是通过机械方法将发泡剂产生的泡沫混入由胶凝材料、水及外加剂组成的混合浆中，再经浇注、养护形成的多孔混凝土。泡沫混凝土中的气孔分布越是均匀、尺寸越小，则混凝土强度越高，其材质性能越好。

配制自然养护的泡沫混凝土时，宜采用早强型水泥。当生产中采用蒸汽养护或蒸压养护时，不仅可缩短养护时间，提高强度，并能采用粉煤灰等工业废渣取代部分，甚至全部水泥。用于混凝土的发泡剂种类较多，目前常用的发泡剂主要是各种表面活性剂。现时国内发泡剂主要是松香胶发泡剂、废动物毛发泡剂、树脂皂类发泡剂、木质素磺酸盐、水解血胶发泡剂、石油磺酸铝发泡剂、蛋白质水解物及高分子表面活性剂等，近年来国内已开发出一批性能较好的固体树脂泡沫剂和蛋白质泡沫剂。

泡沫混凝土除可生产制品外，还可在现场直接浇注，用作屋面保温层、墙体材料。

多孔混凝土质轻，其干密度不超过 1 350 kg/m^3，干密度低时保温性能优良，其导热系数随着干密度降低而下降；可加工性好，可锯、可刨、可钉，并可用胶黏剂黏结；因强度较低，通常用作非承重材料。

5.9.3　纤维混凝土

纤维混凝土也称纤维增强混凝土，是指以普通混凝土为基体，掺入非连续的短纤维或连续的长纤维而组成的复合材料。其中连续纤维增强的混凝土通常用作墙板等混凝土制品，短纤维增强的混凝土多用于现浇混凝土。

纤维混凝土目前主要用于对抗冲击、抗裂性能要求较高的工程和具有复杂应力结构的构件，如路面、桥面、机场道面、断面较薄的轻型结构、压力管道及屋面、地下、游泳池等刚性防水结构等。

5.9.3.1　纤维品种与性能

纤维的品种很多，按材料的组成可分为金属纤维、无机非金属纤维、天然有机纤维和合成有机纤维。金属纤维包括钢纤维、不锈钢纤维和钢棉等；无机非金属纤维包括石棉、矿棉、玻璃纤维、碳纤维、陶瓷纤维和玄武岩纤维等；天然有机纤维包括纤维素纤维、木质素纤维、麻纤维等；合成有机纤维包括聚丙烯纤维、聚丙烯腈纤维、尼龙纤维、芳纶纤维和高弹模聚乙烯纤维等。其中最常用的是钢纤维和合成有机纤维。

纤维按弹性模量的大小可分为高弹模纤维和低弹模纤维两类。其中高弹模纤维是指弹性模量高于混凝土材料的纤维，如钢纤维、石棉纤维、玻璃纤维、碳纤维、碳化硅纤维、硼纤维、玄武岩纤维、芳纶纤维和高弹模聚乙烯纤维等；低弹模纤维是指弹性模量低于混凝土材料的纤维，如聚丙烯纤维、尼龙纤维、聚丙烯腈纤维、聚乙烯纤维、纤维素纤维等。常用的这两类纤维的基本参数和性能见表 5－43 和表 5－44。

表 5－43　高弹模纤维和混凝土的基本性能

纤维品种	密度/($g \cdot cm^{-3}$)	直径/μm	弹性模量/GPa	抗拉强度/MPa	极限延伸率/%
钢纤维	7.85	100～1 200	200	380～1 300	3～30
玻璃纤维	2.7	8～15	70～80	1 500～3 500	2～8
蛇纹石石棉	2.55	0.02～30	164	200～1 800	2～3
角闪石石棉	3.37	0.1～20	196	3 500	2～3
碳纤维	1.7～1.9	7～20	380	2 400～4 500	1.2～2.5
碳化硅纤维	2.55	—	200～210	2 500～3 000	1.3
硼纤维	2.6	—	410	3 500	0.8～1.2
玄武岩纤维	2.8	13～22	93.1～110	4 100～4 840	3.1
芳纶纤维	1.4～1.5	10～15	69～140	2 800～3 200	2.1～4.4
高弹模聚乙烯纤维	0.97	30	80～100	1 500～3 500	3～4
普通混凝土	23～24.5	—	25～35	1.5～3	—

表5-44 低弹模纤维的基本性能

纤维品种	密度 /(g·cm^{-3})	直径 /μm	弹性模量 /GPa	抗拉强度 /MPa	极限延伸率 /%	熔点 /℃
聚丙烯纤维(PP)	0.91	15～80	4～9	270～700	7～9	170
聚酰胺纤维(PA)	1.16	5～50	2～6	400～900	13～20	224
聚丙烯腈纤维(PAN)	1.18	12～60	16～19	400～950	9～11	240
聚乙烯醇纤维(PVA)	1.30	10～16	16～20	700～850	5.5～8	—
聚酯纤维(PET)	1.38	14	14.5	650～1 100	7～14	257
纤维素纤维	1.20	—	10	300～500	10～20	200

高弹模纤维掺入混凝土后，可使混凝土获得较高的韧性，并显著提高抗拉强度、刚度和承受动荷载的能力。而低弹模纤维掺入混凝土后，主要作用是提高混凝土早期的抗裂性，增加韧性和抗冲击能力，对强度的贡献很小。

纤维的用量通常用纤维所占体积分数表示，根据体积掺量的不同，可将纤维混凝土分为低掺量纤维混凝土、中掺量纤维混凝土和高掺量纤维混凝土。其中，低掺量纤维混凝土中纤维体积掺量小于1%，纤维的作用主要是减少收缩裂缝，主要用于暴露面积大、易于产生收缩开裂的混凝土板和路面；中掺量纤维混凝土中纤维掺量为1%～2%，纤维的作用是使混凝土的断裂模量、韧性和抗冲击性能显著提高，多用于喷射混凝土以及要求能量吸收能力强、抗分层剥落和耐疲劳的结构；高掺量纤维混凝土中纤维掺量大于2%，这种混凝土具有极强的承受动荷载的能力，通常又称为高性能或超高性能纤维增强复合材料。

在纤维混凝土中，纤维的种类、掺量、几何形状、长径比、弹性模量等，对其性能有着很大的影响。各种纤维混凝土的最佳纤维掺量和纤维长径比，应通过试验确定。将不同种类、不同长度的纤维复合掺加可制备性能优良的混杂纤维混凝土。

5.9.3.2 钢纤维混凝土

钢纤维按外形可分为长直型、压痕型、波浪型、弯钩型、哑铃型和扭曲型等，按生产工艺又分为切断型、剪切型、铣削型及熔抽型等。

钢纤维的长度一般为20～60 mm，长度与直径或等效直径的比(简称长径比)一般为30～80，体积掺量通常为0.5%～2.0%。

钢纤维混凝土的配合比与普通混凝土相比，具有如下特点：砂率大，一般为40%～50%；胶凝材料用量较多，一般为360～450 kg/m^3，且纤维体积掺量越大，胶凝材料用量越大；粗骨料最大粒径一般不大于25 mm，宜为10～15 mm；水胶比较低，通常为0.40～0.50；为减少水泥用量，提高混凝土拌合物性能，通常需掺入粉煤灰和高效减水剂。

钢纤维加入混凝土中会降低新拌混凝土的工作性，纤维掺量越大，工作性下降越多。

对于低、中掺量钢纤维混凝土，其抗拉强度比普通混凝土提高25%～50%，抗弯强度提高40%～80%，而弯曲韧性比普通混凝土高一个数量级。钢纤维对混凝土的弹性模量、干燥收缩和受压徐变影响较小，但抗疲劳寿命明显提高，在各种物理因素作用下的耐久性如抗冻融性、耐热性和抗气蚀性也显著提高。

钢纤维混凝土主要用于公路路面、桥面、水坝覆面、薄壁结构、桩头、桩帽等要求高耐磨、高抗冲击、结构受力复杂易于开裂的部位、构件及国防工程。喷射钢纤维混凝土还可用于隧道内衬和护坡加固。

5.9.3.3　合成有机纤维混凝土

钢纤维对阻止硬化混凝土裂缝扩展有良好的效果，而合成纤维混凝土在解决混凝土早期塑性开裂、减少混凝土干燥收缩变形方面具有十分独特的作用。高弹模合成纤维因生产工艺复杂、成本较高，仅用于加固等特殊工程。一般为了提高混凝土早期抗裂性，使用价廉物美的低模量合成纤维就能满足要求，最常用的纤维品种是聚丙烯纤维。

合成纤维按形状分为单丝、束状单丝和膜裂网状等几种，按粗细分为细纤维(直径为5～100 μm)和粗纤维(直径大于0.1 mm)两种，常用的是细纤维。

纤维的直径越细，则根数越多，阻裂性能越好。纤维间距存在临界值，当纤维间距大于临界值时，纤维的阻裂效果显著下降。单丝或束状的聚丙烯纤维和聚丙烯腈纤维的掺量一般为0.5～1.5 kg/m^3，不宜超过2 kg/m^3，否则将影响纤维的分散性和混凝土抗压强度。

膜裂网状纤维在混凝土中不易结团，便于在混凝土中分散。网状纤维经搅拌撕裂为单丝，其掺量为0.7～3 kg/m^3，较高掺量的膜裂网状纤维对混凝土裂缝扩展具有一定的阻裂能力，高掺量时能提高混凝土的韧性，增加混凝土抗变形能力，有效抵抗温度应力。

如果使用纤维的目的是解决混凝土早期抗裂、抑制混凝土塑性裂缝的扩展，则所用纤维的抗拉强度应不低于350 MPa。如果纤维的用途是既希望解决早期开裂问题，又希望提高硬化混凝土的韧性和抗变形能力，则应选用抗拉强度不低于500 MPa，同时弹性模量较高的合成纤维，或将低弹模合成纤维与钢纤维混杂使用。

5.9.4　水下不分散混凝土

传统的水下混凝土是指进行水下浇筑施工的普通混凝土。因为普通混凝土拌合物在与水接触或受水流冲刷的情况下，易发生浆体与集料分散、水泥浆体流失，从而使混凝土的结构强度得不到保证。为了保证水下浇筑混凝土的质量，应采取必要的隔水浇筑措施(如常用导管法)尽可能避免混凝土在浇筑过程中与水的接触。

传统的水下混凝土施工主要存在以下问题：并非所有的水下结构均可以采取立模隔水浇筑进行施工，对于施工面积大或结构造型难以实施隔水浇筑的水下混凝土工程，为保证水下混凝土的质量，只能采取围堰后干法施工，施工难度大，对工程工期、成本的影响大；普通混凝土流动性和自密实能力差，必须借助振捣工艺才能填充、密实，显然对于实施隔水浇筑的水下普通混凝土是难以使用此工艺的。为了达到结构的整体均匀性和结构强度，只能在配制时尽量加大混凝土的流动性，并将配制强度比设计强度提高40%～50%，但这样不仅不经济，也往往不能保证混凝土整体结构的均匀性。

而水下不分散混凝土是掺加了絮凝剂后具有水下抗分散性的混凝土。水下不分散混凝土是于20世纪70年代由西德和日本先后研制开发的。

1. 原材料要求

粗骨料粒径过大时，混凝土在水下浇筑容易离析，一般情况下粗骨料最大粒径宜控制在不大于20 mm；同时，为保证较好的流动性，减少运输及水下浇筑中发生的分层离析现象，粗骨料应采用连续级配。细骨料采用连续级配的中粗砂，细度模数宜为2.6～2.9。

水下不分散混凝土需采用絮凝剂。絮凝剂是一种具有长链结构和较强吸附能力的水溶性高分子化合物，它能够将水泥颗粒、集料等吸附在一起，提高混凝土拌合物颗粒间的凝聚作用，大大提高混凝土拌合物的抗水洗能力，使其能够直接在水中浇筑，提高水下混凝土强度和保证水下混凝土工程质量。絮凝剂有丙烯类和纤维素类两大类，其中纤维素类的用量较多。

2. 配合比设计

水下不分散混凝土的试配强度应考虑设计强度、水陆强度比及现场浇注时的混凝土质量不均匀等情况，应以空气中成型的试块强度作为配制强度。

水下不分散混凝土的流动性，在满足施工要求的范围内应尽量小些，表5－45给出了几种施工方法坍落扩展度推荐范围。

表5－45　水下不分散混凝土扩展度推荐范围　　mm

施工条件	扩展度范围
水下滑道施工	300～400
利用混凝土导管施工	360～450
利用混凝土泵施工	450～550
必需极好流动性时	550以上

水下不分散混凝土的水胶比应根据强度和耐久性要求通过实验确定。

在满足流动性要求的同时，单位用水量应尽量减少，可通过调整砂率及加减水剂等方法来实现。一般来说，坍落扩展度为450 mm左右的水下不分散混凝土的单位用水量为210～250 kg/m^3。水下不分散混凝土所用的液体减水剂中的含水量，应计入单位用水量。

胶凝材料用量由单位用水量及水胶比确定。胶凝材料用量应不低于500 kg/m^3；可用粉煤灰、矿渣、硅灰等矿物掺合料取代部分水泥。

砂率应在适宜流动性的范围之内，以单位用水量最少来确定，宜为38%～42%。

絮凝剂掺量按水下不分散混凝土施工方法和施工条件等通过试验来确定，一般絮凝剂掺量为胶凝材料质量的1.5%～3.0%。其他外加剂掺量应通过试验确定。

3. 性能

新拌水下不分散混凝土具有良好的抗分散性、流动性和保水性。其中抗分散性可用称重法测水泥流失量（水下不分散混凝土在水中浇注前后的水泥流失量，应小于1.5%）、悬浊物含量（水下不分散混凝土在水中自由落下产生的悬浊物，应小于150 mg/L）和pH值（水下不分散混凝土在水中自由落下后水的pH值，应小于12）评价。流动性可用坍落度或扩展度评价，坍落度通常大于210 mm。混凝土的保水性较好，很少出现泌水和浮浆现象。掺加絮凝剂后，混凝土的凝结时间延长，且随掺量增加和养护温度下降而延长，可通过掺加调凝剂调节凝结时间。

随着絮凝剂掺量的增加，在陆上制作的水下不分散混凝土的抗压强度与普通混凝土相同或略低，但水下制作试件的强度却随絮凝剂掺量的增加而增加。由于水下不分散混凝土的保水性好，可改善混凝土与钢筋的黏结强度。水下不分散混凝土的静弹性模量与浇注环境有关，陆上浇注静弹性模量偏低，水下浇注比普通混凝土略高。

水下不分散混凝土的抗冻性一般比普通混凝土略差。水下不分散混凝土的干缩率比普通混凝土大，但湿胀率比普通混凝土小。

4. 使用注意事项

水下不分散混凝土的搅拌应使用卧轴强制式或行星式搅拌机，宜采用粗骨料、水泥、絮凝剂和砂先干拌再加入水搅拌的加料方式。水下不分散混凝土的搅拌时间，应根据试验决定，一般为 2 ~ 5 min。

水下不分散混凝土的运输和浇筑，必须选择材料离析少及损失少的方法，快速运输，立即浇注。当发现有显著离析时，必须重新搅拌，使混凝土质量均匀。水下不分散混凝土的浇筑，原则上应采用导管、混凝土泵或开底容器，使用其他方法浇筑时，应适当增加絮凝剂的掺量。

水下不分散混凝土以在静水中浇筑为宜；当在动水中浇筑时，动水速度应小于 3 m/s。混凝土的水中落差一般应控制在 0.5 m 以内，水中落差要进行严格管理，以防混凝土质量下降及水质污染。

水下不分散混凝土在水中浇筑很难进行振捣，需要自流平和自密实，在施工时要控制好混凝土的流动性。

为防止水下不分散混凝土在硬化过程中受动水、波浪等冲刷造成的水泥浆流失及混凝土被淘空，应设置安全可靠的模板或用苫布把混凝土表面保护起来。

5.9.5　泵送混凝土

泵送混凝土是以混凝土泵为动力，通过管道将搅拌好的混凝土拌合物输送到建筑物模板中去的混凝土。

混凝土的泵送施工已经成为高层建筑和大体积混凝土施工过程中的重要方法。泵送施工不仅具有施工速度快、生产效率高的特点，而且可以改善混凝土施工性能，提高混凝土质量，改善劳动条件，降低工程成本。随着预拌混凝土应用的普及，泵送混凝土在土木工程中应用日益广泛。

1. 原材料要求

泵送混凝土一般由水泥、水、砂、石、外加剂和掺合料等 6 种组分构成。水泥应选用硅酸盐水泥、普通水泥、矿渣水泥和粉煤灰水泥，不宜采用火山灰水泥。泵送混凝土应掺用泵送剂或减水剂，并宜掺用粉煤灰或其他活性矿物掺合料，其质量应符合国家现行有关标准的规定。

细骨料宜采用中砂，其通过 0.315 mm 筛孔的颗粒质量分数不应少于 15%。粗骨料宜采用连续级配，且针片状颗粒质量分数不宜大于 10%，粗骨料的最大公称粒径与输送管径之比宜符合表 5 - 46 的规定。

表 5－46　粗骨料的最大公称粒径与输送管径之比

石子种类	泵送高度/m	粗骨料最大公称粒径与输送管径比
碎石	<50	≤1∶3.0
	50～100	≤1∶4.0
	>100	≤1∶5.0
卵石	<50	≤1∶2.5
	50～100	≤1∶3.0
	>100	≤1∶4.0

2. 配合比设计

泵送混凝土设计除了考虑工程设计所需的强度和耐久性外，还应考虑泵送工艺对混凝土拌合物流动性和工作性的要求。

由于泵送混凝土要求坍落度大，故其中浆体量较大。泵送混凝土中胶凝材料用量不宜小于 300 kg/m^3，宜掺加粉煤灰等矿物掺合料；砂率通常比普通混凝土高 7%～9%，宜为 35%～45%。

3. 性能

泵送混凝土拌合物应具有好的流动性、不离析、不泌水，同时必须具有可泵性。

泵送混凝土的坍落度不应小于 100 mm，不宜大于 200 mm。坍落度太小，摩擦阻力大，混凝土泵容易磨损，泵送时易发生堵管现象；坍落度太大，集料易分离沉淀，使结构物上下部位质量不匀。泵送混凝土的入泵坍落度，可按表 5－47 选用。

表 5－47　混凝土入泵坍落度与泵送高度关系

最大泵送高度/m	50	100	200	400	400 以上
入泵坍落度/mm	100～140	150～180	190～220	230～260	—
入泵扩展度/mm	—	—	—	450～590	600～740

对于混凝土可泵性评定和检验，目前尚没有统一的标准。一般来说，石子粒径适宜、流动性和黏聚性比较好的混凝土，其泵送性能也较好。我国对混凝土的可泵性，采用压力泌水试验结合施工经验进行控制，一般 10 s 时的相对压力泌水率不宜超过 40%。

4. 使用注意事项

由于泵送混凝土原材料种类多，故宜采用预拌混凝土，也可在现场设搅拌站。供应泵送混凝土，不得采用手工搅拌的混凝土进行泵送。

当采用预拌混凝土时，应考虑混凝土在运输过程中的坍落度损失，以防到达现场时混凝土坍落度不能满足泵送要求。

应根据混凝土工程特点、施工场地特点以及要求的最大输送距离、最大输出量及混凝土浇筑计划等来确定混凝土泵的类型以及混凝土输送管的布置方案。

由于泵送混凝土流动性大，其对模板的侧压力也大，因此必须确保模板和支架有足够的强度、刚度和稳定性。

混凝土泵启动后，应先泵送适量水以湿润混凝土泵的料斗、活塞及输送管的内壁等直接与混凝土接触部位。经泵送水检查，确认混凝土泵和输送道中无异物后，应采用泵送水泥浆、泵送 1∶2 水泥砂浆和泵送与混凝土内除粗骨料外的其他成分相同配合比的水泥砂浆等方法之一，润滑混凝土泵和输送管内壁，润滑用的水泥浆或水泥砂浆应分散布料，不得集中浇注在同一处。

开始泵送时，混凝土泵应处于慢速、匀速并随时可反泵的状态。泵送速度，应先慢后快，逐步加速。同时应观察混凝土泵的压力和各系统的工作情况，待各系统运转顺利后，方可以正常速度进行泵送。泵送过程中，如输送管内吸入了空气，应立即反泵吸出混凝土，放在料斗中重新搅拌，排出空气后再泵送。

泵送混凝土中浆体量较大，故混凝土收缩值较大，应加强养护，以防混凝土开裂。

5.9.6　喷射混凝土

喷射混凝土是指利用压缩空气或其他动力，将按一定比例配合的混凝土拌合料，通过管道输送并以高速(约 100 m/s)高压喷射到受喷面，依赖喷射过程中水泥与骨料的连续撞击，压密而形成的一种混凝土。

按喷射混凝土在喷嘴处的状态，喷射混凝土可分为干式喷射混凝土和湿式喷射混凝土两种。干式喷射混凝土是指将水泥、砂、石按一定配比拌和而成的混合料装入喷射机中，混凝土在“微湿”状态下($W/C=0.1\sim0.2$)输送至喷嘴处加水加压喷出。干式喷射混凝土施工时，粉尘大，工作条件恶劣，且喷射回弹量较大。湿式喷射混凝土是先将混凝土拌和，再将混凝土拌合料加压喷出，在喷嘴处加入速凝剂。湿式喷射混凝土的回弹量可以减少 5%～10%，且可改善施工条件，但需注意防止混凝土拌合物在输送管中凝固和堵塞。

喷射混凝土施工简便，可以不用模板或只用单面模板，可使混凝土的输送、浇注和捣振合为一道工序，可通过输料软管在高空或狭小工作区间向任意方向施作薄壁结构。它广泛应用于地下工程、薄壁结构工程、维修加固工程、岩土工程、防护工程等领域。

1. 原材料要求

水泥宜采用硅酸盐水泥或普通硅酸盐水泥；有特殊要求时，可采用特种水泥。

粗骨料应选用坚硬耐久的卵石或碎石，粒径不宜大于 12 mm；当使用碱性速凝剂时，不得使用含有活性二氧化硅的石料。细骨料应选用坚硬耐久的中砂或粗砂，细度模数宜大于 2.5；干拌法喷射时，骨料的含水率应保持恒定并不大于 6%。

速凝剂宜采用无碱或低碱速凝剂，可掺加粉煤灰、硅灰、矿渣粉等掺合料。

钢纤维的抗拉强度不低于 1 000 MPa 时，直径宜为 0.40 ～ 0.80 mm，长度宜为 25 ～ 35 mm，并不得大于混合料输送管内径的 0.7 倍，长径比为 35 ～ 80；合成纤维的抗拉强度不应低于 280 MPa，直径宜为 10 ～ 100 μm，长度宜为 4 ～ 25 mm。

2. 配合比设计

喷射混凝土的配合比宜通过试配试喷确定。喷射混凝土除强度和凝结时间应满足要求外，还应满足节约水泥、回弹量少、黏附性好等要求。在特殊情况下，还应满足抗冻性和抗渗性等要求。

胶凝材料用量不宜低于 400 kg/m^3，其中水泥用量不宜低于 300 kg/m^3。干拌法混合时水胶比不宜大于 0.45，湿拌法混合时水胶比不宜大于 0.55，用于有侵蚀介质的地层时，水胶比不得大于 0.45。胶凝材料与骨料的比宜为 1∶4.0 ～ 1∶4.5，砂率宜为 50% ～

60%。掺加钢纤维时，钢纤维掺量不宜低于25 kg/m^3，掺加硅灰时，硅灰掺量宜为水泥质量的5%～10%。

3. 性能

混凝土在高速喷射时，使水泥和骨料受到连续冲击而得到压实，加之选用较小的水灰比，因而有较高的强度。特别是喷射混凝土与混凝土基层、岩石、砖和钢材都有很高的黏结力，可以在结合面上传递一定的拉应力和剪应力。其强度与水泥品种、强度等级和用量、混凝土配合比、外加剂种类和掺量、水胶比等有关。在喷射混凝土中使用速凝剂时，混凝土早期强度较快增长，一般在2 h后具有强度，8 h抗压强度为1～2 MPa，24 h可达到8 MPa以上，其28 d强度可达20 MPa以上。

喷射混凝土具有良好的抗冻性，主要原因是高速喷射的过程中会自动带入一部分空气，引入的气泡一般是不贯通的，并且有适宜的尺寸和分离状态。

喷射混凝土的施工工艺特点提高了混凝土的密实性。喷射混凝土中孔隙率较小，且互不连通，再加上拌合物的高水泥用量及低水胶比，因此喷射混凝土具有较好的抗渗性。但在实际喷射过程中往往由于岩面还有点滴渗水及混凝土水灰比控制不好等原因，喷射混凝土难以达到稳定的抗渗指标。

4. 使用注意事项

喷射混凝土中多掺加速凝剂，需特别注意水泥与速凝剂的相容性，以免造成“闪凝”现象(使喷射混凝土变得干稠，重新搅拌后也不会恢复塑性)，或引发破坏、凝结速度慢、初凝与终凝时间间隔长等不利因素而增大回弹量，也会影响喷射混凝土强度的增长。

速凝剂极易吸潮变质，变质后的速凝剂使用效果将显著降低，甚至完全失效。因此，在运输和存放速凝剂过程中，应特别注意防潮。

由于喷射混凝土水泥用量较多，用水量相对较大，砂率高，加之速凝剂的影响和表面系数大，故干缩率较普通混凝土大，应加强养护，保持混凝土在早期处于潮湿状态。

回弹既浪费材料，又在一定程度上改变了混凝土的配合比，影响混凝土的强度。因此应尽量减少回弹值。

5.9.7 碾压混凝土

碾压混凝土是指将干硬性的混凝土拌合料薄层摊铺，并经振动碾压密实的混凝土。与普通混凝土相比，碾压混凝土用水量少、稠度低，能节约大量水泥，并且施工速度快、养护时间短，造价较低。主要用于水工大坝工程和道路路面工程。

1. 原材料要求

粗骨料最大粒径与用途有关，在碾压混凝土坝中，骨料最大粒径一般为50～80 mm；在碾压混凝土路面中，骨料最大粒径一般为19 mm。应采用单粒级骨料进行搭配，并严格控制各级骨料的超逊径颗粒和针片状颗粒含量。

砂料宜质地坚硬，级配良好。人工砂细度模数宜在2.2～2.9之间，天然砂细度模数宜在2.0～3.0之间，应严格控制超径颗粒含量。人工砂的石粉(小于等于0.16 mm的颗粒)质量分数宜控制在12%～22%，其中小于0.08 mm的微粒质量分数不宜小于7%，最佳石粉质量分数应通过试验确定。天然砂的含泥量(小于0.08 mm的颗粒)应不大于5%。

碾压混凝土中应掺入适量优质粉煤灰、粒化高炉矿渣粉、磷渣粉、火山灰、石灰石粉等掺合料。

碾压混凝土宜掺用复合外加剂，夏天施工宜选用缓凝减水为主的外加剂，有抗冻要求的混凝土应选用引气型外加剂。

2. 配合比设计

碾压混凝土配合比设计应考虑工作性、强度和耐久性，配合比应由试验确定。

在碾压混凝土坝中，碾压混凝土中总胶凝材料用量不宜低于 140 kg/m³；掺合料用量在外部碾压混凝土中不宜超过总胶凝材料的 55%，在内部碾压混凝土中不宜超过总胶凝材料的 65%，当掺合料掺量超过 65% 时，应通过专门试验论证；水胶比宜小于 0.65，并应进行试验论证。使用天然粗骨料时，三级配碾压混凝土的砂率宜为 28% ～ 32%，二级配时为 32% ～ 37%；使用人工粗骨料时，砂率应增加 3% ～ 6%。浆砂比宜为 0.40 ～0.49。

在碾压混凝土路面中，碾压混凝土强度采用弯拉强度控制。掺用粉煤灰时，应采用超量取代法；粉煤灰超量取代系数，Ⅰ级灰可取 1.4 ～ 1.8，Ⅱ级灰可取 1.6 ～ 2.0。混凝土中最小单位水泥用量和最大水胶比应满足耐久性要求。

3. 性能

碾压混凝土具有独特的性能，未凝固前碾压混凝土的性能完全不同于常规混凝土，凝固后又与常规混凝土的性能非常相近。

碾压混凝土拌合物比工业民用建筑的干硬性混凝土还要干，是一种坍落度为零的超干硬性混凝土，黏聚性小，一般不泌水。干硬性混凝土采用的维勃稠度仪，测定碾压混凝土稠度在 150 ～ 200 s，已不适用于测定碾压混凝土稠度。碾压混凝土采用改良型维勃稠度仪，在该仪器上达到液化所需要的时间(s)，定义为碾压混凝土的稠度，又称 VC 值。水工碾压混凝土中采用的改良型维勃稠度仪为增加配重 15 kg，从振动开始到圆盘下的试样表面泛浆所经历的时间为 VC 值。道路碾压混凝土中采用的改良型维勃稠度仪为增加配重 8.7 kg，从振动开始到圆盘下的试样有一半的面积出浆所经历的时间为改进 VC 值。

碾压混凝土坝中的碾压混凝土拌合物工作度(VC 值)可选用 2 ～ 12 s，出机口 VC 值应根据施工现场的气候条件变化动态选用和控制，机口值可在 2 ～ 8s 范围内。碾压混凝土路面中的碾压混凝土拌合物出机口的改进 VC 值宜为 5 ～ 10 s，碾压时的改进 VC 值宜控制在 20 ～ 30 s。

碾压混凝土坝中的碾压混凝土抗压强度宜采用 180 d(或 90 d)龄期抗压强度，通常设计抗压强度为 C10 ～ C20。碾压混凝土路面中的碾压混凝土 28 d 弯拉强度通常高于 4.5 MPa，相应抗压强度为 30 ～ 40 MPa。

4. 使用注意事项

碾压混凝土稠度服从“恒用水量定则”，当用水量不变时，稠度恒定不变，即稠度不随水灰比改变而变动。碾压混凝土稠度要与施工机械相适应，既不能太稀，以免施工机械下沉而无法作业；又不能太稠，使振动碾的能量不足以使混凝土液化。因此施工时必须严格控制用水量，才能保证碾压混凝土正常作业。为控制混凝土的用水量，必须严格控制砂石骨料的含水率稳定，通常石子的含水率允许偏差为 0.2%，搅拌前砂的含水率应小于 6.0%，砂子的含水率允许偏差为 0.5%。

与普通混凝土依赖水泥的水化反应产生的凝聚力来获得强度不同，碾压混凝土是依赖粗骨料之间的嵌锁作用来获得强度，因此其对骨料的级配要求较普通混凝土严格得多。施工时应严格控制各级粗骨料超逊径颗粒的质量分数，超径（指大于公称粒径上限）小于5%，逊径（指小于公称粒径下限）小于10%。砂子细度模数允许偏差为0.2，超过时应调整碾压混凝土的配合比。

5.9.8 超高性能混凝土

超高性能混凝土（Ultra－High Performance Concrete，简称UHPC），因为一般需掺入短切钢纤维或聚合物纤维，也被称作超高性能纤维增强混凝土（Ultra－High Performance Fiber Reinforced Concrete，简称UHPFRC）。

UHPC不同于传统的高强混凝土（HSC）和钢纤维混凝土（SFRC），也不是传统意义"高性能混凝土（HPC）"的高强化，而是性能指标明确的新品种水泥基结构工程材料，其采用组成材料紧密堆积、低水胶比和纤维增强的技术路线制备，具有超高的强度、韧性和耐久性。

UHPC可大幅度提高钢在混凝土中的强度利用效率，形成混凝土、钢纤维、钢筋更加协调的钢－混凝土复合的新模式，实现混凝土结构的轻质高强和高韧性；此外，还可制备具有优良耐磨、抗冲击、抗爆和耐高温等性能的UHPC。

从强度/质量比（比强度）和刚度/质量比（比刚度）以及可建造的轻质高强结构来分析对比，UHPC应归入"轻质高强"材料。与钢结构对比，在比强度和比刚度上，钢筋UHPC梁能够达到钢梁的水平，在耐久与耐火性能方面，UHPC结构则具有显著优势。

UHPC在20世纪70年代起源于丹麦，八九十年代欧洲对其进行了比较系统深入的研究，并开始在小型工程和制品上应用。进入21世纪，UHPC在世界范围内成为研究与应用的热点，目前在桥梁、桥面板、结构连接、维修加固、幕墙、电力构件、军事工程等方面有较多应用。

1. 原材料要求

水泥采用高强度的硅酸盐水泥、普通硅酸盐水泥，制备白色制品时采用白水泥；矿物掺合料采用硅灰、粉煤灰、粒化高炉矿渣粉、偏高岭土、磨细石英砂等。

骨料可仅采用细骨料，也可采用最大粒径小于16 mm的粗骨料。细骨料通常采用石英砂，也可采用河砂、机制砂、烧结铝矾土等高强骨料；粗骨料通常选用花岗岩、玄武岩等高强粗骨料。

外加剂通常采用高减水率的聚羧酸高性能减水剂。

纤维通常采用镀铜微丝钢纤维，其直径通常为0.1～0.3 mm，长度为6～20 mm，抗拉强度大于2 000 MPa。有时也采用聚乙烯醇（PVA）等有机纤维。

2. 配合比设计

UHPC配合比设计的基础是胶凝材料和骨料颗粒的紧密堆积理论，其用充分分散的超细颗粒（硅灰）填充在水泥颗粒堆积体系的空隙中，可以实现胶凝材料体系颗粒堆积致密化和非常低的水胶比，从而使UHPC基体混凝土或砂浆具备超高抗压强度。

UHPC的水胶比低于0.24，通常采用的水胶比为0.16～0.20，为了使UHPC具有足够的流动性，必须采用高减水率的减水剂。

为了提高UHPC的抗拉性能、韧性和抗裂性，必须掺加钢纤维，通常采用的钢纤维体积掺量为 2%～3%；在一些装饰构件中，为避免钢纤维外露造成的锈斑，则仅采用有机纤维。

3. 性能

根据工程需要，UHPC 的工作性能有很大的变化范围，可实现自流平施工，也可制备喷射 UHPC。UHPC 的性能特点可以用“超高强、高韧性和高耐久性”来概括。

“超高强”指 UHPC 可实现水泥基材料强度(抗压、抗拉、抗弯、抗剪、抗冲击等强度)跨越式的提高，国外常用的 UHPC 抗压强度范围是 150～250 MPa，国内标准中最低的抗压强度为 100 MPa，常用的为 120～180 MPa。但 UHPC 的抗压强度通常只有质量指标的意义，因为在结构应用中，主要关注的是 UHPC 抗拉或抗弯强度以及应变硬化。

“高韧性”指 UHPC 能够有效利用钢纤维的强度及其与胶凝材料浆体的紧密黏结来实现拉伸的“应变硬化”行为(如图 5－23 所示，类似钢材的“屈服”)，有较大的变形能力；钢纤维体积掺量 1%～2% 的 UHPC 就能跨入韧性材料的行列(见表 5－48，断裂能超过 1 000 N/m 的材料被划分为韧性材料)。

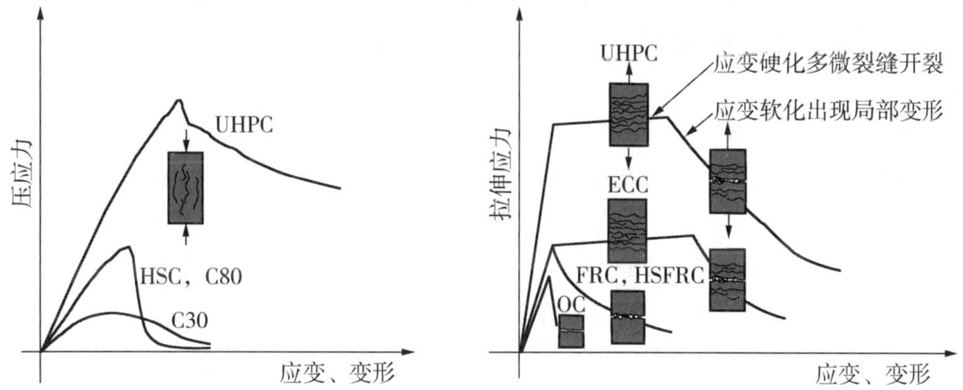

(a) 单轴压缩　　(b) 单轴拉伸

图 5－23　单轴拉伸和压缩 UHPC 的典型应力－应变特征与其他材料对比

OC/HSC—普通/高强混凝土；FRC/HSFRC—普通/高强纤维混凝土；ECC—高延性水泥基复合材料

表 5－48　高强混凝土、UHPC、钢筋增强 UHPC 和高强韧性钢材的性能对比

	普通高强混凝土	UHPC		钢筋增强 UHPC	高强韧性钢材
		0～2%钢纤维	4%～12%钢纤维		
抗压强度/MPa	80	120～270	160～400	160～400	
抗拉强度(f_t)/MPa	5	5～15	10～30	100～300	500
抗弯强度(f_b)/MPa	7			100～400	～600
抗剪强度/MPa				15～150	
密度(ρ)/($kg \cdot m^{-3}$)	2 500	2 500～2 800	2 600～3 200	3 000～4 000	7 800
弹性模量(E)/GPa	50	60～100	60～100	60～100	210

续表 5－48

	普通高强混凝土	UHPC		钢筋增强 UHPC	高强韧性钢材
		0～2%钢纤维	4%～12%钢纤维		
断裂能(*N*)/m	150	150～1 500	5 000～40 000	$2\times10^5\sim4\times10^6$	2×10^5
强度/质量比(f_b/ρ)/($m^2\cdot s^{-2}$)				$3\times10^4\sim10^5$	7.7×10^4
刚度/质量比(E/ρ)/($m^2\cdot s^{-2}$)				$2\times10^7\sim3\times10^7$	2.7×10^7
抗冻性	中等/好	不用引气，绝对抗冻			
抗腐蚀性能	中等/好	仅需要 5～10 mm 钢筋保护层，抗腐蚀优良			差

“高耐久性”指在无裂缝的状态下，UHPC 的气体、液体渗透性非常低；而在高应变和微裂缝状态下，UHPC 的渗透性也能够保持在很低的水平，而微裂缝还具备良好的自愈合能力，因此 UHPC 结构拥有高耐久性的潜力，UHPC 的耐久、耐候性能远远超越其他结构工程材料(钢材、铝材、塑料等)。

4. 使用注意事项

在实验室配制出 UHPC 不难，但工业化生产制备性能优良、稳定的 UHPC 并不容易。因此目前 UHPC 通常以干混料的方式供应，而不是在混凝土搅拌站进行生产。

由于 UHPC 的水胶比很低，其自收缩较大且早期发展很快，必须注意其可能的开裂风险。对 UHPC 进行早期热养护(90℃热养护 48 h)能够迅速完成收缩过程，且能够大幅提高强度，因此目前 UHPC 应用以预制构件为主。

与普通、高强/高性能混凝土相比，UHPC 制备、施工技术的复杂性和较高的成本，决定了 UHPC 不会是普遍适用的工程材料，而是现代工程材料的有益补充，是用于解决工程中遇到的难题，建造性能更好、更美观的工程结构。

然而 UHPC 的价值和潜力，现在还远远没有得到充分挖掘和有效利用，还有巨大的发展空间。UHPC 的价值将体现在：

(1)用于创新轻质高强韧性混凝土结构；在一些场合，降低结构或工程的综合建造成本；

(2)建造超高耐久性和超长工作寿命的工程结构，低养护维修费用，获得比传统结构低的全寿命周期成本；

(3)应用 UHPC 建造的结构，具有显著的节材、节能和减排效果，有利于可持续发展。

5.9.9 功能和智能混凝土

混凝土作为土木工程主要的结构材料，被利用的性能基本上是力学性能。然而，随着社会经济的发展，现代化智能型建筑物对混凝土提出了新的挑战，要求混凝土在安全承载的同时，最好还应具有声、光、电、磁、热等功能。因此，多种具有特殊功能和智能特性的混凝土应运而生。

5.9.9.1　导电混凝土

混凝土本身是不导电的，但若在普通混凝土中掺入各种导电组分(石墨、碳纤维、金属纤维、金属片、金属网等)可使混凝土具有导电功能。纤维状的导电组分(如碳纤维或金属纤维)不仅可以使混凝土具有良好的导电性，还能够改善其力学性能，增加其延展性。因此，根据实际应用的要求，可以选择合适的导电组分、掺量和复合方法，生产出既满足需要又经济的导电混凝土。导电混凝土的应用领域主要有工业防静电结构，公路路面、机场道面等部位的化雪除冰，钢筋混凝土结构中钢筋的阴极保护，住宅及养殖场的电热结构等。此外，采用高铝水泥和石墨、碳纤维等耐高温导电组分，可以制备出耐高温的导电混凝土，用作新型发热源。

5.9.9.2　屏蔽磁场混凝土

地下电力传输线和变压器、开关等电力设施可以产生强磁场，对人的健康有不利的影响。为了使路面和建筑物具有屏蔽磁场的功能，可在混凝土中加入钢丝网。钢丝网可以有效地屏蔽磁场，但钢丝网的加入严重影响了混凝土的施工。在混凝土中掺加钢质的曲别针同样可达到屏蔽磁场的目的，且由于曲别针为分散的、互不相连的个体，不会明显影响新拌混凝土的工作性及混凝土的施工。同时，曲别针具有相互连接的倾向，在混凝土的搅拌和浇筑过程中，可以形成由曲别针连接的屏蔽磁场的金属网。在混凝土中掺入体积分数为 5% 的钢质曲别针(曲别针长 3.18 cm、宽 0.64 cm，钢丝直径 0.79 mm)即可以获得足以和钢丝网(钢丝直径 0.6 mm，钢丝网孔间距为 5.64 mm)混凝土相媲美的磁场屏蔽效果。

5.9.9.3　屏蔽电磁波混凝土

随着电子信息时代的到来，各种电器及电子设备的广泛使用，导致电磁波泄漏问题越来越严重，而且电磁波泄漏场的频率从超低频(ELF)到毫米波，分布极宽，它可能干扰正常的通信和导航，甚至危害人体健康。因此具有屏蔽电磁波的建筑材料越来越受到重视。混凝土本身既不能反射也不能吸收电磁波，但通过掺入导电粉末(如碳、石墨、铝、铀或镍等)、导电纤维(如碳、铝、钢或铜—锌等)或导电絮片(如石墨、锌、铝或镍等)等功能性组分后，可使其具有屏蔽电磁波的功能。例如，采用铁氧体粉末或碳纤维毡作为吸收电磁波的功能组分，制作的幕墙对电磁波的吸收可达 90% 以上，而且幕墙壁薄质轻。将长度 100 μm 以上、直径为 0.1 μm 的碳纤维掺入混凝土中，则可通过反射电磁波的方式实现屏蔽电磁波的功能。该种混凝土不仅能够用于屏蔽电磁波，还能用于其他领域。

5.9.9.4　应力、应变和损伤自检混凝土

将一定形状、尺寸和掺量的短切碳纤维掺入混凝土中，可以使材料具有自感知内部应力、应变和损伤程度的功能。通过对材料的宏观行为和微观结构变化进行观测，发现混凝土的电阻变化与其内部结构变化是相对应的，如电阻率的可逆变化对应于可逆的弹性变形，而电阻率的不可逆变化对应于非弹性变形和断裂，其测量范围很大。而且这种混凝土可以敏感有效地监测拉、弯、压等工况及静态和动态荷载作用下材料的内部情况。当在水泥净浆中掺加体积分数为 0.5% 的碳纤维时，它作为应变传感器的灵敏度可达 700，远远

高于一般的电阻应变片。

在疲劳试验中还发现，无论是在拉伸或是压缩状态下，混凝土的体积电阻率会随疲劳次数的增加而发生不可逆的降低。因此，可以应用这一现象对混凝土的疲劳损伤进行监测。

5.9.9.5 温度自测混凝土

将长 5mm 的 PAN 基短切碳纤维掺入混凝土中，会使材料产生热电效应(Seebeck 效应)。在最高温度为 70 ℃、最大温差为 15 ℃的范围内，温差电动势 E 与温差 Δt 之间具有良好稳定的线性关系。随着养护龄期的延长，温差电动势率趋于稳定。

当水泥净浆中掺入相对水泥用量 10 mg/g 的碳纤维时，其温差电动势率有极大值，为 18 μV/℃，相当于铜/康铜热电偶的温差电动势率的 1/2，敏感性较高。因此可以利用这种材料实现对建筑物内部和周围环境温度变化的实时监控。此外，尚存在通过混凝土的热电效应利用太阳能和室内外温差为建筑物提供电能的可能性。

5.9.9.6 调湿混凝土

有些建筑物对其室内的温度和湿度有严格的要求，如各类展览馆、博物馆及美术馆等。自动调节环境湿度的混凝土不需任何温度和湿度传感器和控制系统，自身即可完成对室内环境湿度的探测和调控，基本上具有传感、反馈和控制等功能，可以认为是智能混凝土的雏形。调湿混凝土中的关键组分是沸石粉。沸石中的硅钙酸盐含有 $3\times10^{-10}\sim9\times10^{-10}$m 的孔隙，这些孔隙可以对水分、$NO_x$ 和 SO_x 气体进行选择性吸附。通过对沸石种类进行选择(天然的沸石有 40 多种)，可以制备符合实际应用需要的自动调节环境湿度的混凝土，这种调湿混凝土用于室内墙壁，可取得很好的调湿效果。

5.9.9.7 仿生自愈合混凝土

仿生自愈合混凝土是指将内含黏结剂的空心玻璃纤维或胶囊掺入混凝土中，一旦材料在外力作用下发生开裂，空心玻璃纤维或胶囊就会破裂而释放黏结剂，黏结剂流向开裂处，使之重新黏结起来，具有与动物骨骼相似的自愈合效果。仿生自愈合混凝土中的黏结剂是影响其性能的主要因素，黏结剂的固化时间是控制结构在受到损伤时变形的关键因素。此外，可通过选择不同种类和性能的黏结剂，制备出适合于不同场合的混凝土，如刚度较小的黏结剂，可以起吸振作用，用于减轻地震、风害对建筑物的损坏比较合适；而刚度较大的黏结剂，可以有效恢复结构的刚度和强度。

【课外调查】

调查内容：调查本地区商品混凝土的主要原材料品种、质量和价格；预拌混凝土的厂家、搅拌机类型和产量；混凝土运输车的厂家、型号和装载量；常用强度等级混凝土的配合比和价格；绿色生产技术和废弃混凝土利用等信息。

调查目的：通过调查，掌握本地区商品混凝土生产和销售的基本状况。

复习思考题

5－1　名词解释：

混凝土外加剂；混凝土拌合物和易性；坍落度；混凝土水灰比；混凝土强度等级；混凝土强度保证率；混凝土耐久性；混凝土碱-骨料反应；混凝土徐变；混凝土配合比；混凝土配制强度；混凝土施工配合比。

5－2　普通混凝土的主要组成有哪些？它们在硬化前后各起什么作用？

5－3　为什么不宜用低强度等级水泥配制高强度等级的混凝土？

5－4　为什么普通混凝土用砂不宜太细也不宜太粗，而是采用中砂较理想？

5－5　砂率对混凝土和易性有何影响？什么是合理砂率(最佳砂率)？

5－6　某钢筋混凝土工程，原混凝土配合比采用的是中砂，后因工地无中砂而用细砂代替。在保持原流动性、砂石用量、水泥用量及强度等级不变条件下施工，最后混凝土强度比要求的低很多，你能指出造成这种情况的原因吗？如何做才是正确的？

5－7　什么是石子的最大公称粒径？为什么要限制最大公称粒径？工程上如何确定最大公称粒径？

5－8　为什么工地或混凝土预制厂有时用水冲洗或淋洗砂、石？

5－9　哪些情况下允许用海水来拌制混凝土？哪些情况下不允许用海水来拌制混凝土？

5－10　在混凝土中掺入减水剂可获得哪些经济技术效果？

5－11　请提出三种可以提高混凝土拌合物的流动性而又不降低混凝土强度的办法。

5－12　为什么不能仅采用增加用水量的方式来提高混凝土拌合物的流动性？

5－13　分析水灰比对普通混凝土技术性质的影响。

5－14　现场浇注混凝土时，能否随意向混凝土拌合物中加水？为什么？成型后能否洒水？为什么？

5－15　混凝土强度是如何测定的？其强度等级是如何划分的？

5－16　分析影响混凝土强度的主要因素。

5－17　由混凝土的强度公式(鲍罗米公式)说明决定混凝土强度的主要因素是什么？该公式有哪些应用？

5－18　什么是混凝土耐久性？提高混凝土耐久性的措施有哪些？

5－19　钢筋混凝土构件中，钢筋为什么要埋在混凝土中有一定的厚度(称为保护层)？

5－20　在普通混凝土配合比设计中，如何计算混凝土的配制强度(要列出计算公式)？为什么要这样计算？

5－21　在确定混凝土配合比时，为何有最大水胶比和最小胶凝材料用量的限制？

5－22　某钢筋混凝土柱，设计要求强度等级 C40，Ⅰ类环境，采用 42.5 级的普通水泥，强度富余系数为 1.13，密度为 3.1 g/cm^3；中砂表观密度为2.65 g/cm^3；碎石的最大粒径为 40 mm，表观密度为 2.68 g/cm^3，采用机械施工，坍落度为 30～50 mm，已知用水量为 170 kg，砂率为 35%，$\alpha_a=0.53$，$\alpha_b=0.20$，$t=1.645$，混凝土强度标准差为 5.0 MPa，请计算混凝土配合比。

5－23　已知混凝土配合比设计中的三个参数 $W/C=0.55$，$W=190$ kg，$\beta_s=32\%$，用普通硅酸盐水泥，其密度为 3.1 g/cm^3，中砂表观密度为 2.65 g/cm^3，碎石的表观密度为 2.68 g/cm^3。(1)请用绝对体积法计算每立方米混凝土的材料用量。(2)施工时砂子的含水率为 3.2%；石子的含水率为 2.4%，问每次拌和 400 L 的混凝土，需称多少公斤的湿砂、湿石、水和水泥？此配合比选用 42.5 级的普通水泥，其强度富余系数为 1.13，采用碎石，$\alpha_a=0.53$，$\alpha_b=0.20$，请计算混凝土的强度。

5－24　某一混凝土预制厂，要配制钢筋混凝土梁，其混凝土设计强度等级为 C35，坍落度 110 mm，采用 32.5 级粉煤灰硅酸盐水泥，实测强度值为 41.7 MPa，密度为 2.90 g/cm^3；中砂表观密度为 2.68 g/cm^3，堆积密度为1.46 g/cm^3；采用 5～20 mm 花岗岩碎石，表观密度为 2.70 g/cm^3，堆积密度为 1.56 g/cm^3。请用体积法设计混凝土配合比，并求出每立方米各种材料用量及其重量配合比值(系数 $\alpha_a=0.53$，$\alpha_b=0.20$，$\sigma=5$ MPa，$\alpha=1$，$t=1.645$，用水量 185 kg，$\beta_s=34\%$)。

第 6 章　沥青与沥青混合料

【学习要点】

1. 掌握沥青材料的基本组成和结构特点、工程性质及测定方法；
2. 了解沥青的改性及主要沥青制品及其用途；
3. 熟悉沥青混合料设计(包括矿质材料的设计)与配制方法及其在工程中的使用要点。

6.1　沥青材料

沥青是暗棕色至黑色固体、半固体或黏稠状物，由天然或人工制造而得，主要由一些极其复杂的高分子碳氢化合物和这些碳氢化合物的非金属(氧、硫、氮)衍生物所组成，可完全溶解于二硫化碳。

沥青属于有机胶凝材料，与矿料有优良的黏附性，是铺装工程中的常用材料。沥青属于憎水性材料，结构致密，几乎完全不溶于水和不吸水，因此广泛用于土木工程的防水、防潮和防渗；对酸、碱和盐的作用还具有高的抗力，因此还用于防腐工程。

天然沥青是石油在自然界长期受地壳挤压等作用，并与空气、水接触逐渐变化而形成的，以天然状态存在的石油沥青，其中常混有一定比例的矿物质。其按形成的环境可以分为湖沥青、岩沥青、海底沥青、油页岩等。

天然沥青天然下卧于地质层，以较软沥青材料或硬脆黑色材料产生于脉状岩体构造或浸渍于各种石灰岩、砂岩构造或同类物，如著名的特立尼达湖相沉积沥青(含沥青、火山灰、惰性有机物)，采于美国犹他州脆而硬的黑沥青为含有无杂质(淤泥、黏土等)固体沥青的高熔点天然沥青。

石油沥青在原油中为胶态分散的碳氢化合物，由原油提炼而得，现今使用的沥青材料几乎都来自原油加工。

根据生产方法，石油沥青可分为直馏沥青、溶剂脱沥青、氧化沥青、调和沥青、乳化沥青、改性沥青等。

直馏沥青是原油经常减压蒸馏方法直接得到的产品，在常温下是黏稠液体或半固体。

溶剂脱沥青是减压渣油经溶剂抽提沉淀法得到的脱油沥青产品或半成品，在常温下是半固体或固体。

氧化沥青是以减压渣油(或加入其他组分)为原材料经吹气氧化得到，在常温下是固体。

调和沥青是由 2 种或 2 种以上原油残留物混合而成。

乳化沥青(亦简称乳液)是沥青胶结料、水和乳化剂的混合物。

改性沥青是指掺加橡胶、树脂、高分子聚合物、天然沥青、磨细的橡胶粉或者其他材料等外掺剂(改性剂)，使沥青或沥青混合料的性能得以改善而制成的沥青结合料。

焦油沥青是利用各种有机物(煤、泥炭、木材等)干馏加工得到的焦油，经再加工得到的产品。焦油沥青按其加工的有机物名称而命名，如由煤干馏所得的煤焦油经再加工后得到的沥青，称为煤沥青。

6.1.1　石油沥青的组成

6.1.1.1　元素和组分

1. 石油沥青的元素组成

石油沥青是十分复杂的烃类和非烃类的混合物，是石油中相对分子质量最大、组成及结构最为复杂的部分，除含碳(80%～87%)、氢(10%～15%)外，还有少量的硫、氮、氧等(<3%)。此外，沥青中还富集了原油中的大部分微量金属元素，如镍、铁、铅、钙、镁、钠等，但含量都很少。

沥青是由多种化合物组成的混合物，由于它的结构复杂，将其分为纯粹的化合物单体，过于繁杂(例如有人认为石油沥青可分离为3000多种化合物)。目前的研究尚不能直接搞清沥青元素含量与工程性能之间的关系，在生产应用中，也并没有这样的必要。目前对沥青组成和结构的研究主要集中在组分理论、胶体理论和高分子溶液理论。

2. 沥青的化学组分

化学组分分析就是将沥青分离为化学性质相近，而且与其工程性能有一定联系的几个化学成分组，这些组就称为组分。

沥青的化学组分极为复杂，对沥青的组分划分和分离分析非常烦琐。最常用于组分分离的基础是利用各组分对不同溶剂的溶解度和不同吸附剂的吸附性能的差异，将其按分子的大小、分析极性或分子构型划分成不同组分。组分分析方法还在不断修正和发展中，比较成熟的有三组分和四组分两种分析法。

(1)三组分分析法

将石油沥青分离为油分、树脂和沥青质三个组分。对于石蜡基和中间基沥青，在油分中往往含有蜡，在分析时还应进行油蜡分离。这种组分分析方法兼容了选择性溶解和选择性吸附的方法，故又称为溶解-吸附法。

该方法的分析流程是用正庚烷沉淀沥青质，继而将溶于正庚烷中的可溶组分用硅胶吸附，装于抽提仪中抽提油蜡，再用苯乙醇抽出树脂。最后对抽出的油蜡，以丁酮-苯为脱蜡溶剂，在-20℃的条件下，冷冻过滤分离油、蜡。按三组分分析法所得各组分的性状见表6-1。

油分为无色液体，可溶于大多数溶剂，赋予沥青可流动性，可分离出蜡(石蜡基沥青)。油分含量的多少直接影响沥青的柔软性、抗裂性及施工难度。油分经氧化产生沥青质和树脂分子。

树脂加热后为液体，冷却时变脆。其作用如分散剂，通过油分分散沥青质以提供均匀液体。它可溶于正戊烷，但吸附于硅藻土或矾土。氧化的树脂产生沥青质类的分子。树脂又分为中性树脂和酸性树脂，中性树脂使沥青具有一定塑性、可流动性和黏结性，其质量分数增加，沥青的黏结力和延伸性也增加。沥青中含有少量的酸性树脂即沥青酸和沥青酸酐，为树脂状黑褐色黏稠状物质，密度大于1.0 g/cm^3，是油分氧化后的产物，呈固态或半固态，具有酸性。酸性树脂是沥青中活性最大的组分，能改善沥青对矿质材料的浸润性，提高了与碳酸盐类岩石的黏附性，增加了沥青的可乳化性。

表6-1　石油沥青三组分分析法的各组分性状

组　分	性　状				
	外观特征	平均相对分子质量	碳氢比	质量分数/%	物化特征
油分	无色或白色液体	200～700	0.5～0.7	45～60	几乎溶于大部分有机溶剂，具有光学活性，常发现有荧光，相对密度为0.7～1.0
树脂	深色黏稠半固体	800～3000	0.7～0.8	15～30	温度敏感性高，熔点低于100，相对密度大于1.0～1.1
沥青质	暗棕色固体微粒	1000～5000	0.8～1.0	5～30	加热不融化而碳化，相对密度1.1～1.5

沥青质对沥青的黏度、黏结力、温度稳定性、沥青硬度、软化点等都有很大的影响；沥青中的沥青质含量增加时，沥青黏度、硬度和温度稳定性提高，软化点上升。

三组分分析法的优点是组分界限很明确，组分含量能在一定程度上说明它的工程性能，但它的主要缺点是分析流程复杂，分析时间很长。

(2)四组分分析法

我国现行的四组分分析法是对沥青试样先用正庚烷沉淀“沥青质(At)”，再将可溶分(即软沥青质)吸附于氧化铝谱柱上，先用正庚烷冲洗，所得组分称为“饱和分(S)”；继用甲苯冲洗，所得组分称为“芳香分(Ar)”；最后用甲苯-乙醇冲洗，所得组分称为“胶质(R)”，如图6-1所示。对于含蜡沥青，可将分离所得的饱和分与芳香分，以丁酮-苯为脱蜡溶剂，在-20℃下冷冻分离固态烃烷，确定含蜡量。

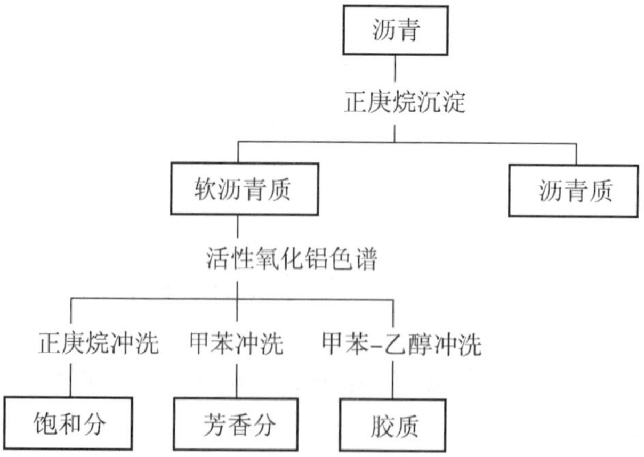

图6-1　四组分分析法流程

石油沥青按四组分分析法所得各组分的性状见表6-2。

表 6-2　石油沥青四组分分析法的各组分性状

组　分	性　状			
	外观特征	平均相对分子质量	平均相对密度	主要化学结构
饱和分 S	无色或白色液体	625	0.89	纯链烷烃，纯环烷，混合链烷，环烷烃
芳香分 Ar	黄色至红色液体	730	0.99	混合链烷 - 环烷 - 芳香烃 + 芳香烃 + 含 S 化合物
胶质 R	棕色黏稠液体	970	1.09	链烷 - 环烷 - 芳香烃，多环结构含 S、O、N 化合物
沥青质 At	暗棕色至黑色固体	3400	1.15	链烷 - 环烷 - 芳香烃，缩合环结构含 S、O、N 化合物

①沥青质

沥青质是高极性复杂混合物，平均相对分子质量为 1000 ～ 10000，颗粒的粒径为 5 ～ 30 nm，H/C 原子比例为 1.16 ～ 1.28。沥青质在沥青中的质量分数一般为 5% ～ 25%，我国石蜡基原油炼制的沥青中沥青质的质量分数较低，一般在 1% 左右，中东原油生产的沥青质的质量分数可达 5% 以上。

②胶质

胶质也称为树脂或极性芳烃，有很强的极性，平均相对分子质量为 600 ～ 1000，颗粒的粒径为 1 ～ 5 nm，H/C 原子比为 1.30 ～ 1.47，其在沥青中的质量分数为 15% ～ 30%。胶质溶于石油醚、汽油、苯等有机溶剂。

胶质是沥青的扩散剂或胶溶剂，胶质与沥青质的比例在一定程度上决定沥青的胶体结构的类型。

胶质赋予沥青可塑性、流动性和黏结性，对沥青的延伸性、黏结力有很大的影响。

③芳香分

芳香分是由沥青中最低相对分子质量的环烷芳香化合物组成的，是胶溶沥青质的分散介质，起到溶胶和软化作用。芳香分在沥青中占 40% ～ 65%，H/C 原子比为 1.56 ～ 1.67，平均相对分子质量为 300 ～ 600。

④饱和分

饱和分是由直链和支链脂肪属烃以及烷基环烃和一些烷基芳香烃所组成的，是一种非极性稠状油类，H/C 原子比在 2 左右，平均相对分子质量为 300 ～ 600，饱和分在沥青中占 5% ～ 20%，其成分包括蜡质及非蜡质的饱和物。饱和分对温度较为敏感。

芳香分和饱和分都作为油分，在沥青中起着润滑和柔软作用。油分含量愈多，沥青的软化点愈低，针入度愈大，稠度愈低。

油分经丁酮-苯脱蜡，在 -20℃ 下冷冻，会分离出固态的烷烃，即为蜡。

⑤蜡分

蜡的化学组成以纯正构烷烃或其熔点接近纯正构烷烃的长烷基侧链的少环烃类为主。

蜡有石蜡和地蜡之分，地蜡是微晶蜡，沥青中的蜡主要是地蜡。在常温下，蜡都以固体状态存在，其融化温度约为50℃，在零下低温时以结晶状态存在。蜡对沥青的性能有较大的影响：蜡在高温时融化，使沥青的黏度降低，沥青的温度敏感性强，抗滑性下降；蜡在低温时容易结晶析出，使沥青的脆性增大，抗滑性下降；蜡的存在会降低沥青对石料界面的黏附力，蜡会集中在沥青的表面从而使沥青失去光泽，并影响沥青路面的摩阻性能；蜡的结晶网格会促使沥青的胶体结构发生变化，但变化后的胶体系统不稳定。

由于蜡对沥青的性能有一定的影响，而沥青中蜡的含量主要与原油的基本属性有关，因此应对生产沥青的原油进行选择，或采取除蜡工艺，使所生产的沥青的蜡含量低于容许限量。

6.1.1.2 沥青的胶体结构

沥青组分不能全面反映沥青的性质。根据现代胶体理论的研究，由于沥青的苯溶液具有丁铎尔现象，证明沥青溶液也是一种胶体溶液。用超级显微镜对沥青溶液进行观察，认为沥青质是分散相，而油分是分散介质，但沥青质与油分不亲和，而且沥青质与油分这两种组分混合后不能形成稳定的体系，沥青质极易发生絮凝。

胶质对沥青质是亲和的，胶质对油分也是亲和的，胶质包裹沥青质形成胶团，分散在油分中，形成稳定的胶体。可以认为，在胶团结构中，从核心到油分是均匀的、逐步递变的，并无明显的分界层。

沥青各个组分的数量及胶体芳香化的程度，决定了胶体的三种结构类型。

1. 溶胶型沥青

当油分和胶质足够多时，沥青质形成的胶团全部分散，胶团能在分散介质的黏度许可范围内自由运动，这种沥青称为溶胶型沥青。其特点是胶体结构中的沥青质较少，芳香树脂较多，因此具有良好的黏结性和流动性，开裂后自行愈合能力较强，但对温度的敏感性较强，高温时黏度很小，低温时由于黏度增大而使流动性变差，冷却时变为脆性固体。溶胶型沥青结构见图6－2，通常大部分直馏沥青都属于溶胶型沥青。

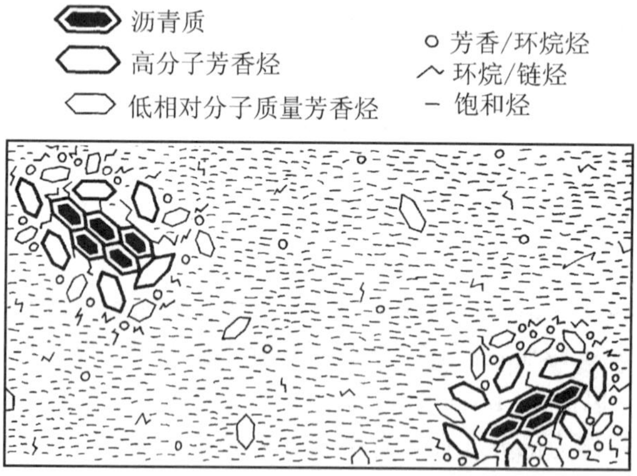

图6－2 溶胶型沥青结构示意图

2. 凝胶型沥青

当油分与树脂很少时，胶团浓度相对增加，相互之间靠拢较近，胶团会形成不规则的骨架结构，胶团移动比较困难。这种沥青称为凝胶型沥青，见图6－3。其特点是弹性好，温度稳定性好，而且具有触变现象。在工程性能上，虽具有较好的温度稳定性，但低温变形能力较差。如果沥青中含有较多的芳香树脂，则即使沥青质含量大、胶团吸引力小，也不能形成凝胶型结构。

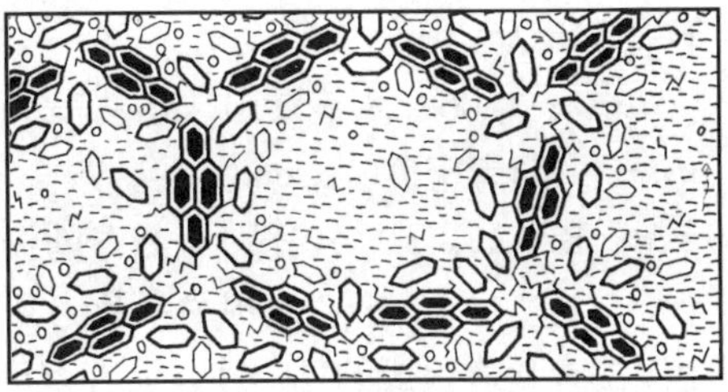

图6-3　凝胶型沥青结构示意图

3. 溶-凝胶型沥青

介于这两者之间的沥青就称为溶-凝胶型沥青。当沥青或沥青质中含有较多的烷基侧链，生成的胶团结构比较松散，可能含有一些开式网状结构。网状结构的形成与温度密切相关。在常温时，在变形的最初阶段显出明显的弹性效应，但在变形增加至一定阶段时，则表现为牛顿液体状态。这种沥青比溶胶型沥青稳定，黏结性和感温性都较好，修筑现代高等级沥青路面的沥青，都属于这类胶体结构类型。

有些学者认为，应用溶液的胶体理论尚不能很好地解释沥青的各种现象，转而用高分子溶液进行研究，将沥青作为高分子溶液看待，即可以认为沥青是以沥青质为分散相，软沥青质(油分+胶质)为分散介质，两者亲和而形成分子溶液。这种高分子溶液的特点是对电解质稳定性较大，而且是可逆的。也就是说，在沥青高分子溶液中，加入电解质并不能破坏沥青的结构。当软沥青质减少、沥青质增加时，为浓溶液，即凝胶型沥青；反之，沥青质较少、软沥青质含量较多时，为稀溶液，如溶胶型沥青就可以认为是稀溶液。溶-凝胶型沥青则介于两者之间。

有的学者应用溶解度参数理论来分析高分子溶液的相溶性，认为相溶性好的沥青，其性能也好。

沥青的胶体结构与沥青的技术性质有密切的关系，但从化学角度分析沥青的胶体结构是很困难的，而根据胶体的流变性质来评价则要方便得多，常采用针入度指数(PI)法、容积度法、絮凝比-稀释度法等来评价胶体结构类型及其稳定性。

6.1.2　石油沥青的技术性质

6.1.2.1　沥青的物理性质

1. 密度

沥青的密度是沥青在规定温度下单位体积的质量，以 g/cm^3 或 t/m^3 计。密度是沥青的基本参数，在沥青使用、储运和沥青混合料设计时都要用到这一参数。有时，沥青的密度也用相对密度表示，它是在规定温度下沥青的密度与水密度的比值。

沥青的密度一般在1.00左右，但是由于沥青的化学成分不同，其密度又有所差别。许多研究表明，关于沥青的密度大体有以下几条规律：

(1)沥青密度与其芳香族含量有关，芳香族含量越高，沥青的密度越大；

(2)沥青密度与各组分之间的比例有关，沥青质含量越高，其密度越大；

(3)沥青密度与含蜡量有关，由于蜡的密度较低，故含蜡量高的沥青其密度较低；

(4)沥青中硫的含量对其密度有一定影响，硫的含量增加，沥青的密度随之增大。

此外，沥青的密度还与其稠度有关，稠度高的沥青密度也大。通常黏稠沥青的相对密

度波动在0.96～1.05之间，见表6-3。密度与沥青各组分之间有良好的相关性，其关系可用下式表示为

$$\rho = 1.06 + 8.5 \times 10^{-4}At - 7.2 \times 10^{-4}R - 8.7 \times 10^{-5}Ar - 1.6 \times 10^{-3}S \quad (6-1)$$

式中　ρ——沥青密度，g/cm^3；

At，R，Ar，S——分别为沥青的沥青质、胶质、芳香分和饱和分的百分数，该式的相关系数为0.89。

由于沥青化学组成的复杂性，沥青密度与路用性能之间并不存在绝对的相关性。例如，我国新疆克拉玛依所产的沥青，其密度就小于1.00，但克拉玛依沥青的路用性能却很好。

表6-3　黏稠沥青的密度

沥青品种	克拉玛依90号	北方沥青90号	埃索70号	泰国TPI70号
15℃密度/$(g\cdot cm^{-3})$	0.9822	1.0107	1.0398	1.0490
25℃相对密度	0.9783	1.0006	1.0356	1.0440

2. 热胀系数

沥青材料在温度升高时，体积将发生膨胀。温度上升1℃，沥青单位体积或单位长度几何尺寸的增大被称为体膨胀系数或线膨胀系数。

沥青的体膨胀系数并非常数，而是随品种不同而有所变化，大体在2×10^{-4}～6×10^{-4}/℃范围内。沥青的体膨胀系数对沥青路面的路用性能有很大影响，体膨胀系数越大，则夏季沥青路面越容易产生泛油，而冬季又容易出现收缩开裂。

沥青的体膨胀系数可以通过测定不同温度下的密度按下式求得：

$$\alpha = \frac{\rho_{T_2} - \rho_{T_1}}{\rho_{T_1}(T_1 - T_2)} \quad (6-2)$$

式中　α——沥青的体膨胀系数，1/℃；

ρ_{T_1}，ρ_{T_2}——分别为温度T_1和T_2时沥青的密度，g/cm^3；

T_1，T_2——密度测试温度，℃。

体膨胀系数是线膨胀系数的三倍。

3. 表面张力

一般表面张力是液体与空气之间的力。沥青的表面张力与温度等因素有关（见表6-4）。沥青的表面张力对于研究沥青与石料的黏附性具有重要的意义。

表6-4　沥青的表面张力

沥青种类	针入度/(0.1mm)	软化点/℃	表面张力/$(10^{-3}N\cdot m^{-1})$		
			100℃	120℃	150℃
委内瑞拉渣油	200	39	28.8	27.7	26.0
墨西哥直馏沥青	50	58	29.4	28.1	26.2
墨西哥渣油	190	42	28.7	27.4	25.5
墨西哥氧化沥青	34	85	—	26.1	24.8

各种液体的表面张力可采用毛细管法或滴重法测定。由于沥青的黏度大，在室温下无法测试，必须在较高的温度(如 100℃以上)下测定。沥青的表面张力随温度上升而减小，两者之间有良好的线性关系。因此，当测得高温下沥青的表面张力时，可以通过延长关系线求得常温下的表面张力。

一般认为，沥青-水的界面张力为 $25 \times 10^{-3} \sim 40 \times 10^{-3}$ N/m。如在沥青或水中加入磺酸盐或含有—COOH、—OH 基之类的化合物，界面张力可下降至 5×10^{-3} N/m。

4. 介电常数

沥青的介电常数是沥青的电性质，其值按下式确定：

$$\varepsilon = C_m / C_o \tag{6-3}$$

式中　ε——沥青的介电常数；

C_m——沥青作为介质时电容器的电容；

C_o——电容器介质为真空时的电容。

英国运输与道路研究所(TRRL)研究认为，沥青在阳光的紫外线、氧气、雨水和车辆油滴的影响下，其耐候性与沥青的介电常数有关；同时认为，路面的抗滑性也与沥青的介电常数有关，从这一要求出发，沥青的介电常数应大于 2.65。

根据物质的介电常数可以判别高分子材料的极性大小。通常，介电常数大于 3.6 的为极性物质；介电常数在 2.8 ～ 3.6 范围内的为弱极性物质；介电常数小于 2.8 的为非极性物质。沥青材料的介电常数在 2.6 ～ 3.0 范围内，25℃时为 2.7，在 100℃时增大为 3.0，故属于非极性或弱极性材料。

5. 沥青的比热容

沥青的比热容与它的稠度、温度有关。在 0℃时，沥青的比热容为 1.672 ～ 1.797 4 J/(g · ℃)。沥青温度每升高 1℃，比热容增加 $1.672 \times 10^{-3} \sim 2.508 \times 10^{-3}$ J/(g · ℃)。

6. 沥青的导热系数

沥青的导热系数是表示在温度平衡过程中热传导的速率。它与沥青的导热性成正比，与沥青的比热容、密度成反比。不同的沥青，其导热系数有所差别，一般在 0.034 8 ～ 0.174 2 W/(m^2 · K)之间。

7. 纯度与含水量

精炼沥青几乎完全由纯沥青组成，定义的纯沥青可完全溶解于二硫化碳。一般只有极少量杂质存在于精炼沥青胶结料中。为确定沥青胶结料的纯度，要进行溶解度试验(JTJ 052—2000《公路工程沥青及沥青混合料试验规程》)。将已知质量的沥青胶结料试样在三氯乙烯(而不是二硫化碳，二硫化碳容易着火，存在安全危险)中进行溶解，然后通过玻璃纤维垫进行过滤。残留在垫上的不可溶材料被冲洗、干燥与称重。不可溶材料构成沥青胶结料中的杂质。铺路沥青胶结料规范一般要求在三氯乙烯中的最小溶解度为 99.0%。还期望沥青胶结料不含水分(含水量试验)，因为水会在加热到 100℃以上时引起沥青胶结料发泡。

6.1.2.2　沥青的工程性能

1. 黏滞性(黏性)

(1)沥青黏滞性定义

沥青的黏滞性是指在外力作用下沥青粒子产生相互移位的抵抗剪切变形的能力。沥青作为胶结料，应将松散的矿质材料黏结起来形成具有一定强度的结构物，故黏滞性是沥青材料最为重要的性质。

如图6-4所示，设在两个平行的平面之间填满沥青材料，当其受到简单剪切变形而产生的流动速度较小时，牛顿流动表现为层流，各层间以一定速度相对运动。面积为 A，相对距离为 dy 的两个平面以速度差 dv 相对移动时，平面间将产生阻碍流动的内部抵抗，这种内部抵抗产生的阻力即为剪应力。如果剪应力 $\tau = F/A$ 与剪变率 $D = \frac{dv}{dy} = \frac{dx}{dt}\frac{1}{dy} = \frac{d\gamma}{dt} = \dot{\gamma}$ 之间具有线性的比例关系（图6-5），则牛顿定律可记为

$$\eta = \frac{\tau}{\dot{\gamma}} \tag{6-4}$$

式(6-4)中的比例常数 η 称为牛顿流体的黏度，其单位为 Pa·s，即在流体内每1 m长度上，在1 m/s的速度梯度方向垂直的面上，在速度方向上产生0.1 N/m^2 应力时的黏度。显然，动力黏度的大小表征了材料在外力作用下抵抗流动变形的能力，黏度越大，材料在相同外力作用下产生的流动变形越小。

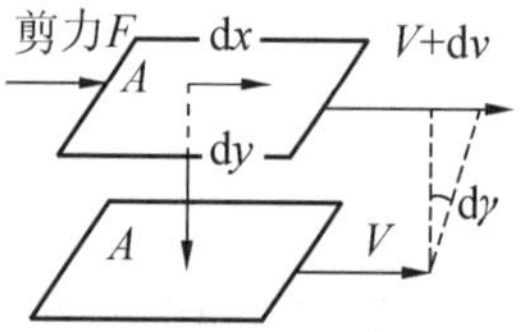

图6-4　牛顿流体的层流

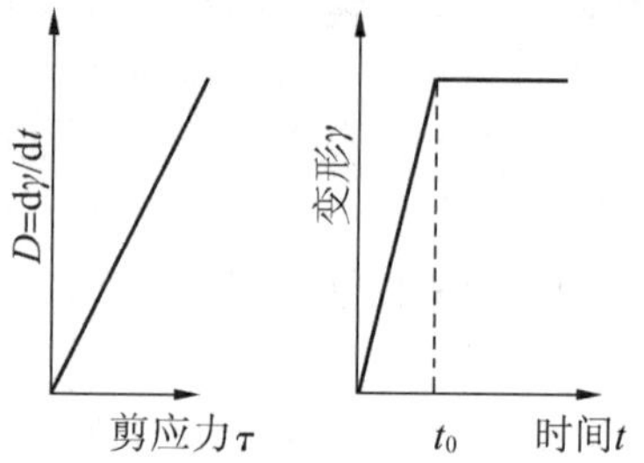

图6-5　牛顿流体的变形特性

凡符合牛顿定律的液体为牛顿液体。沥青在高温状态下接近牛顿液体，而在工程使用温度范围内，沥青则呈黏-弹-塑性，剪应力与剪变率之间呈非线性关系，为了形象地描述不同剪应力水平时的 $\tau - \dot{\gamma}$ 比例关系和其所代表的黏性流动抵抗能力，可以将黏度的概念加以外延，称 $\tau - \dot{\gamma}$ 曲线上某一点处的切线斜率或割线斜率为该应力水平下的表观黏度。表观黏度依赖于剪应力水平，通常记为

$$\eta(\tau) = \tau/\dot{\gamma}$$

或

$$\eta^* = \frac{\tau}{\dot{\gamma}^c} \tag{6-5}$$

式中　η^*——沥青的表观黏度，Pa·s，即在某一剪变率 $\dot{\gamma}$ 时的黏度；

c——复合流动度，与沥青的黏流性质有关，也称牛顿流动反常系数或流变指数。

沥青的复合流动度 c 值是评价沥青材料流变性能的一个重要指标，c 值的大小代表了非牛顿流体偏离牛顿流动特性的样式和程度。多数沥青的 $c<1$，其数值在(0，1)区间内可以用 c 值的大小评价不同沥青的流变特性，并通过 c 值确定沥青由牛顿流体变为非牛顿流体的温度，描述沥青对温度的依赖关系。

这种黏度为沥青的绝对黏度，又称为动力黏度。

运动状态的黏度用运动黏度表示，运动黏度为动力黏度除以其密度，运动黏度由下式表示，计量单位为 m^2/s，常用 mm^2/s。

$$\nu = \frac{\eta}{\rho} \tag{6-6}$$

式中 ν——沥青的运动黏度，mm^2/s；

η——沥青的动力黏度，Pa·s；

ρ——沥青材料的密度，g/cm^3。

(2)沥青黏度的测定方法

沥青的黏度随温度而变化，变化的幅度很大(黏度由低温的 10^{12} Pa·s 到高温的 10^{-3} Pa·s)，因而需要不同的仪器和方法来测定。现代测定沥青黏度的仪器种类繁多，但就其结构特点分类，主要包括旋转黏度计和毛细管黏度计两大类，其中布洛克菲尔德旋转黏度计用于测定沥青的表观黏度。

①毛细管法

毛细管法是用毛细管黏度计测试沥青运动黏度的一种方法。该法是沥青试样在严格控制温度条件下，于规定温度(通常为135℃)，通过选定型号的毛细管黏度计(通常采用的坎-芬式，如图6-6所示)，流经规定体积所需要的时间(以s计)，按式(6-7)计算运动黏度：

$$\nu_T = \frac{C_C \times t_C + C_J \times t_J}{2} \tag{6-7}$$

式中 ν_T——在温度 T℃时测定的沥青运动黏度，mm^2/s；

C_C，C_J——C球、J球的黏度计标定常数，mm^2/s^2；

t_C，t_J——沥青流经C球、J球所需要的时间，s。

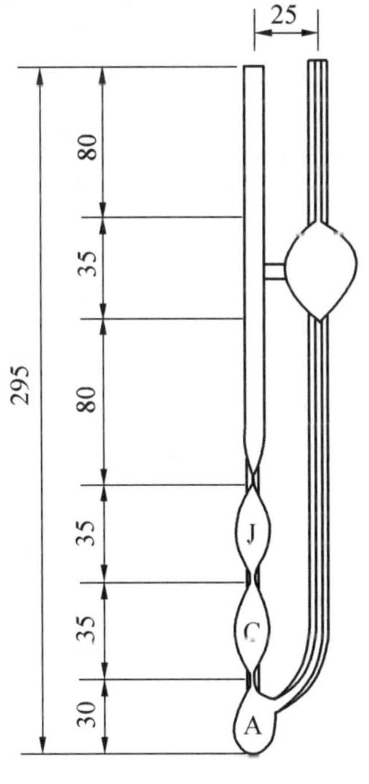

图6-6 坎-芬式逆流毛细管黏度计

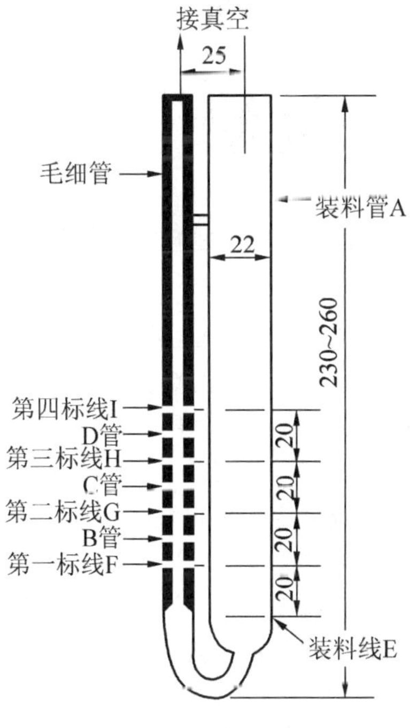

图6-7 美国沥青学会式真空减压毛细管黏度计

②真空减压毛细管法

真空减压毛细管法是测试沥青动力黏度的一种方法。该法是沥青试样在严密控制的真空装置内，保持一定的温度(通常为 60 ℃)，通过选定型号毛细管黏度计(通常采用的有美国沥青学会式，如图 6－7 所示)，流经规定的体积所需要的时间(以 s 计)，按式(6－8)计算动力黏度：

$$\eta_T = kt \tag{6-8}$$

式中 η_T——在温度 T 时测定的沥青动力黏度，Pa·s；

k——黏度计常数，Pa·s/s；

t——沥青流经规定体积所需要的时间，s。

因为 60 ℃沥青黏度直接反映沥青路面的高温抗车辙能力，因此得到广泛应用。此外，在测定沥青软化点附近的黏度时常采用双筒旋转黏度计、锥板旋转黏度计，在中温、低温条件下较多采用滑板式黏度计。

③布洛克菲尔德法

美国战略公路研究计划(SHRP)在沥青胶结料路用性能规范中采用布洛克菲尔德(Brookfield)黏度计测量道路沥青在 45 ℃以上的表观黏度，以 Pa·s 计，可以看成简化的双筒旋转黏度计，见图 6－8。该法适用于测定牛顿流体或非牛顿流体的剪应力与剪变率之比。

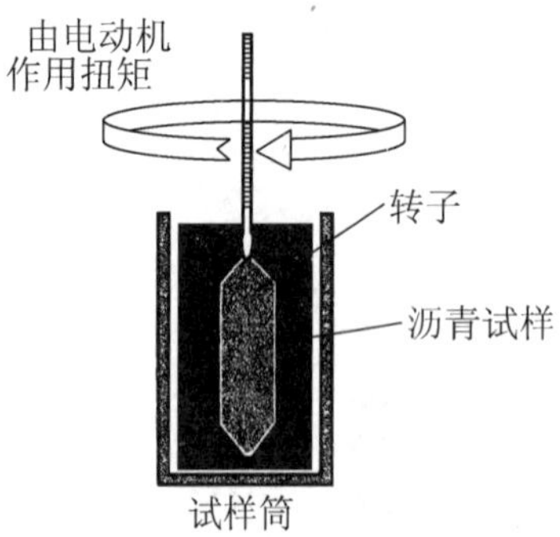

图 6－8　旋转黏度试验模式示意图

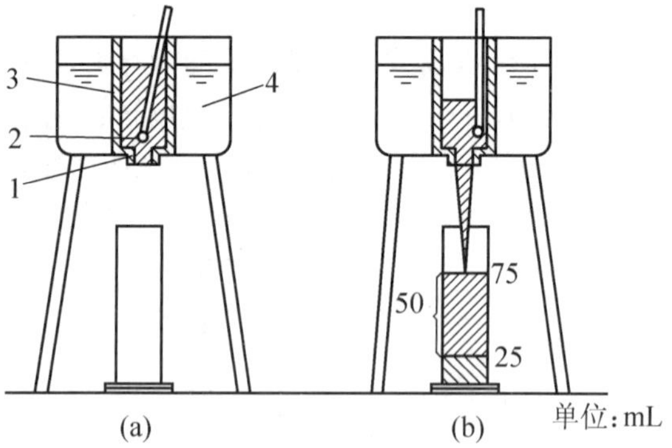

图 6－9　沥青标准黏度试验示意图

1—流孔；2—钢球；3—试样；4—恒温浴

上面这些测定黏度的方法，都是采用仪器为绝对黏度单位的黏度计，称为绝对黏度法。沥青绝对黏度的测定方法精密度要求高，操作复杂。工程中也常采用条件黏度反映沥青的黏性，如恩格拉黏度计法、赛氏黏度计法、道路沥青标准黏度计法、针入度和软化点等。

④沥青标准黏度试验

我国标准规定：测定液体石油沥青、煤沥青和乳化沥青等的黏度，采用道路标准黏度计法。试验模式见图 6－9，方法为：在标准黏度计中，于规定的温度条件下，通过规定的流孔直径，流出 50 mL 液体状态沥青所需要的时间，以 s 计，表示为 $C_{T,\mathrm{d}}$。

在相同温度和相同流孔条件下，流出时间愈长，表示沥青黏度愈大。

⑤针入度法

针入度试验是国际上普遍采用的测定黏稠沥青稠度的一种方法，也是划分沥青标号采用的一项指标。针入度试验模式如图 6－10 所示，该法是沥青材料在规定温度条件下，以规定质量的标准针经过规定的时间贯入沥青试样的深度，以 0.1 mm 计。针入度以 $P_{T,m,t}$ 表示，P 表示针入度，脚标表示试验条件，其中 T 为试验温度，m 为标准针（包括连杆及砝码）的质量，t 为贯入时间，如常用的试验条件：$P_{25℃,100\,g,5\,s}$。实质上，针入度是等温相对黏度，在相同试验条件下，沥青的针入度值愈大，表示沥青的黏度愈小。

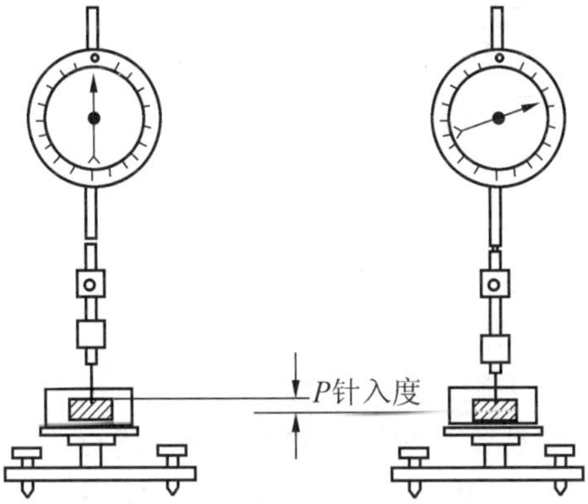

图 6－10　沥青针入度试验示意图

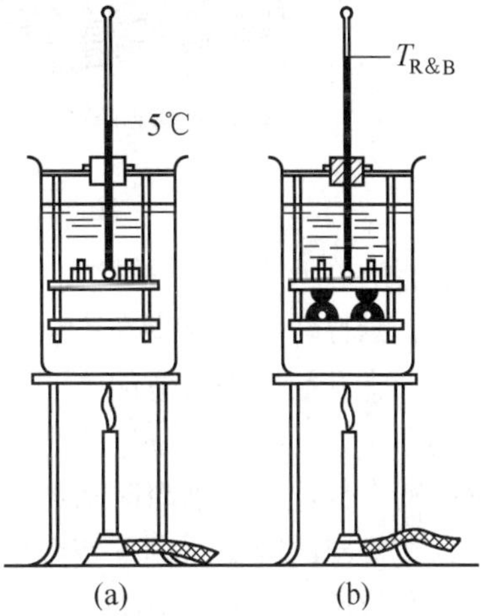

图 6－11　沥青软化点试验示意图

⑥软化点

沥青材料是一种非晶质高分子的混合材料，没有固定的熔点。沥青材料在由固态转变为液态的温阶段是一种黏滞流动状态，在工程施工和使用中为保证沥青不致由于温度升高而产生流动的状态，常常采用软化点来表示沥青的温度敏感性。

软化点的数值随所采用的仪器不同而异，我国标准是采用环球法软化点，如图 6－11 所示。该法是将沥青试样注于内径为 18.9 mm 的铜环中，环上置一重 3.5 g 的钢球，在规定的加热速度（5 ℃/min）下，沥青试样逐渐软化，直至在钢球荷重作用下，沥青产生 25.4 mm 垂度（即接触底板），此时的温度称为软化点，以℃计。实质上，软化点是人为选定的沥青由固态到液态的转变温度范围中的一个条件黏度（等黏温度——等黏度条件下以温度表示的一种黏度），沥青软化点越高，沥青的温度稳定性越好。

2. 沥青的低温性能

沥青的低温性能与沥青的低温抗裂性有密切关系，沥青的低温延性和低温脆点是重要性能，多以沥青的低温延度试验和脆点试验来表征。

（1）延性

沥青的延性是指当沥青材料受到外力拉伸作用时，所能承受的塑性变形的总能力，是沥青内聚力的衡量，通常用延度作为条件延性指标来表征。延度试验方法是将沥青试样制成 8 字形标准试件，采用延度仪，在规定拉伸速度和温度下拉断时的长度，以 cm 计，称为延度，见图 6－12。

沥青延度与其流变特性、胶体结构和化学组分等有着密切的关系。研究表明：沥青胶体结构发育成熟度的提高，含蜡量的增加，以及饱和蜡和芳香蜡的比例增大等，都会使沥

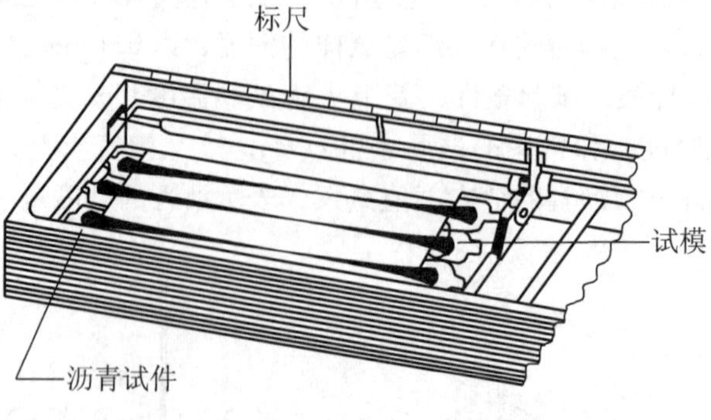

图6-12　沥青延度试验示意图

青的延度值相对降低。

常温下，延性较好的沥青在产生裂缝时，也可能由于特有的黏塑性而自行愈合，故延性还反映了沥青开裂后的自愈能力。延性也决定了柔性防水材料的性能。

(2)脆点

沥青材料在低温下受到瞬时荷载作用时，常表现为脆性破坏。将一定数量的沥青涂于金属片上，在规定的降温速率下使金属片弯曲，沥青膜出现裂缝时的温度即为脆点。该试验方法是由费拉斯(Frass)提出的，故称为费拉斯脆点。脆点是测量沥青在低温不引起破坏时的温度，反映沥青材料的低温性能。

(3)弯曲梁流变试验

大量研究结果表明，沥青混合料的低温劲度是反映抗裂性能的重要指标，而沥青混合料的低温劲度主要取决于沥青的低温劲度。美国SHRP研究开发了一种能准确评价沥青劲度和蠕变速率的方法，即弯曲梁流变试验(BBR)。可采用经过模拟老化后的沥青进行试验，沥青先经过旋转薄膜烘箱模拟短期老化(施工的热老化)，再经过压力老化试验模拟沥青路面经过5～9年的使用期老化。

弯曲试验在弯曲流变仪器上进行(见图6-13)。小梁试件在蠕变荷载作用下的劲度，用蠕变荷载模拟温度下降时路面中产生的应力，试验曲线见图6-14。通过试验获得两个评价指标：①蠕变劲度模量 S；②蠕变曲线的斜率 m。

沥青材料的蠕变劲度越大，脆性越强，路面越容易开裂；而表征沥青低温劲度随时间变化的 m 值越大，则沥青开裂的可能性会随之减小，即 m 值越大越好。

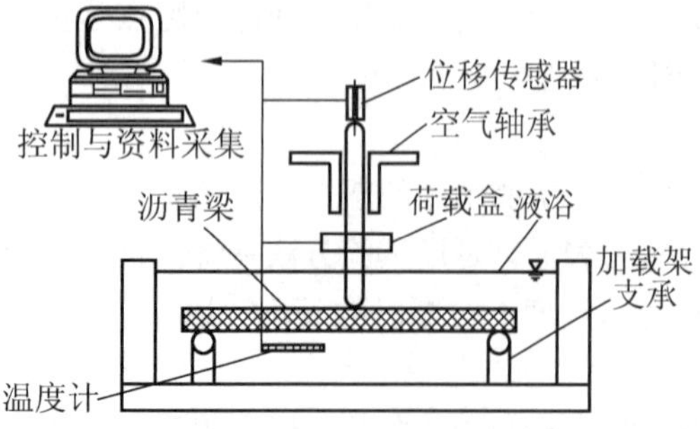

图6-13　弯曲梁流变试验模式示意图

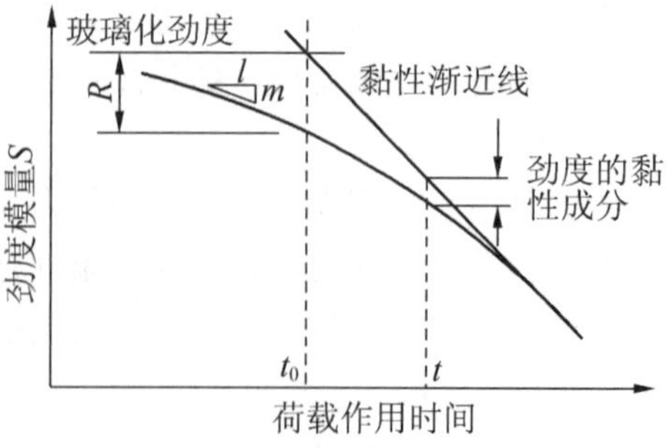

图6-14　蠕变劲度与时间关系示意图

(4) 直接拉伸试验

直接拉伸试验(DDT)是 SHRP 为测试沥青的拉伸性能而开发的，用以测试沥青在低温时的极限拉伸应变(图 6－15)。图 6－16 所示为不同温度下直接拉伸试验的破坏应变与试验应力关系，相应于低温状态脆性破坏的试件的应变通常不大于 1%，因此 SHRP 规范要求直接拉伸试验的破坏应变大于 1%。

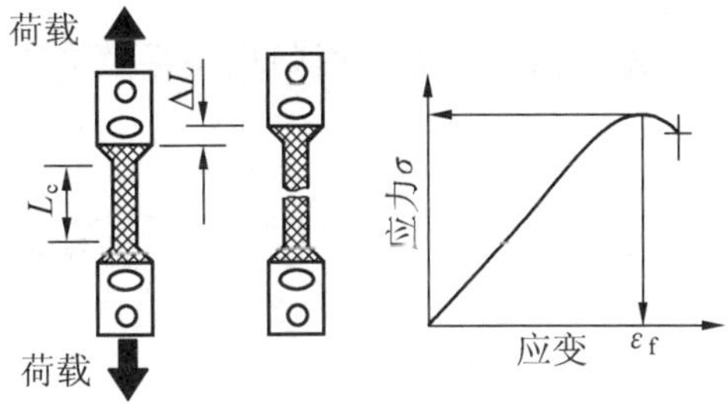

图 6－15　直接拉伸试验示意图

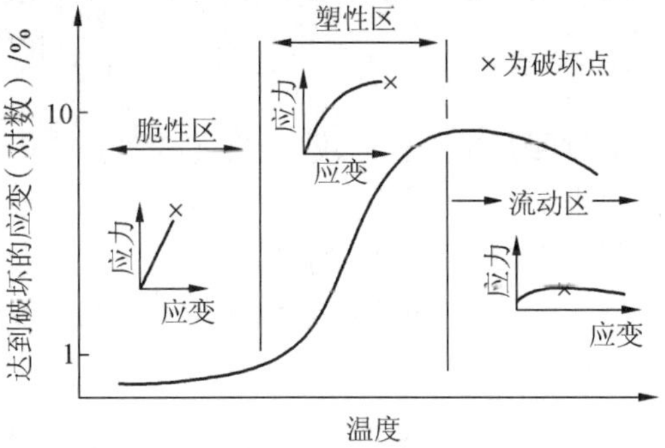

图 6－16　直接拉伸试验破坏应变与应力关系示意图

3. 沥青的感温性

沥青是复杂的胶体结构，黏度随温度的不同而产生明显的变化，这种黏度随温度变化的感应性称为感温性。对于沥青，黏度和温度的关系是极其重要的性能。不同的使用温度区间，对沥青的黏度有不同的要求。

由于沥青胶体结构的差异，沥青的黏度-温度曲线变化是很复杂的，人们采用不同的方法进行研究，常用的方法有针入度指数(PI)法、针入度-黏度指数(PVN)法等。

(1) 针入度指数(PI)

针入度指数是应用针入度和软化点的试验结果来表征沥青感温性的一种指标，同时也可用来判别沥青的胶体结构状态。

①针入度温度感应性系数 A

P. Ph·普费(Pfeifer)和范·德·玻尔等研究认为沥青的黏度随温度变化，当以对数纵坐标表示针入度，以横坐标表示温度时，可以得到如图 6－17 所示的直线关系，表达式为

$$\lg P = AT + K \qquad (6-9)$$

式中　P——沥青的针入度，0.1mm；

A——直线斜率，称为针入度-温度感应性系数；

K——回归系数。

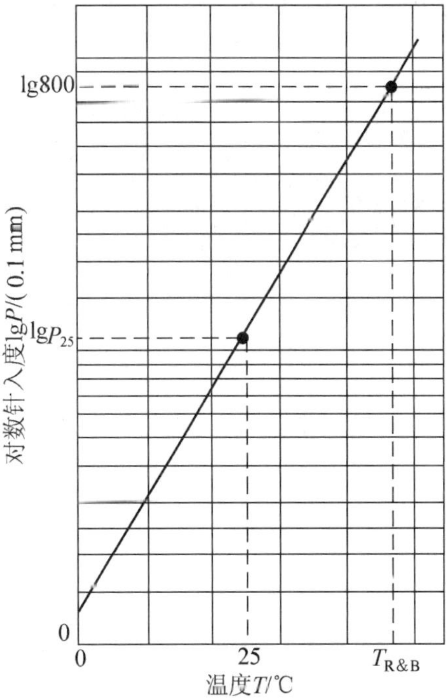

图 6－17　沥青的针入度温度关系曲线

普费等人根据对多种普通沥青的研究，认为沥青在软化点温度时，针入度在 600～1000

之间，假定为800，由此，针入度-温度感应性系数 A 可由下式求得：

$$A = \frac{\lg 800 - \lg P_{25℃,100g,5s}}{T_{R\&B} - 25} \tag{6-10}$$

式中 $T_{R\&B}$——环球法测定的软化点温度，℃。

由于软化点温度时的沥青实际针入度与800相差较大，因此斜率 A 应根据不同温度的针入度确定，常采用的温度为15℃、25℃及30℃（或5℃），由下式计算：

$$A = \frac{\lg P_1 - \lg P_2}{T_1 - T_2} \tag{6-11}$$

通过回归求取针入度-温度感应性系数 A 值，为避免试验误差，回归相关系数应满足相应要求。

②针入度指数（PI）的确定

针入度-温度感应性系数 A 值为小数，为使用方便，普费等作了一些处理，改用针入度指数（PI）表示，按下式计算：

$$PI = \frac{20 - 500A}{1 + 50A} \tag{6-12}$$

按针入度指数可将沥青划分为三种胶体结构类型：

PI < -2 者，属溶胶型沥青，沥青的温度敏感性强；

PI 在 -2 ~ +2 之间者，属溶-凝胶型沥青，适宜修筑沥青路面；

PI > +2 者，属凝胶型沥青，耐久性差。

表6-5 列出几种沥青采用3个温度针入度测定PI的试验结果。

针入度指数愈大，表示沥青对温度的敏感性愈低；在工程使用时，往往加入石灰石矿粉或其他矿物填料来降低其温度敏感性。

表6-5 沥青感温性指标的试验结果

沥青品种	不同温度的针入度/(0.1mm)			A	K	PI值	回归相关系数
	15℃	25℃	30℃				
克拉玛依	40	90	148	0.0375	1.0339	0.44	0.9986
SBS改性沥青	21.8	48	68.5	0.0333	0.8412	1.26	0.9997
台湾中油	19.3	62.8	108.3	0.0501	0.5365	-1.44	0.9998
泰国TPI	22	65	102.8	0.045	0.6729	-0.77	0.9997

③当量软化点 T_{800} 与当量脆点 $T_{1.2}$

当量软化点 T_{800} 与当量脆点 $T_{1.2}$ 分别定义为与沥青针入度800和1.2对应的温度，它们可以代替软化点和脆点反映沥青高温性能和低温性能，由下列公式计算：

$$T_{800} = \frac{\lg 800 - K}{A} \tag{6-13}$$

$$T_{1.2} = \frac{\lg 1.2 - K}{A} \tag{6-14}$$

式中，A，K 的意义同式（6-9）。

(2)针入度-黏度指数(PVN)

针入度指数值通常仅能表征低于软化点温度的沥青感温性，在使用沥青时，还需要了解高于软化点温度时的沥青的感温性。麦克里奥德(Mcleod)提出以25℃针入度和135℃运动黏度确定针入度黏度指数PVN_{25-135}，其计算式为

$$PVN_{25-135} = \left(\frac{10.258 - 0.7967\lg P - \lg \nu}{1.050 - 0.2234\lg P}\right) \times (-1.5) \tag{6-15}$$

式中　ν——沥青135℃运动黏度，mm^2/s。

同样，用25℃针入度和60℃绝对黏度按下式计算：

$$PVN_{25-60} = \left(\frac{5.489 - 1.590\lg P - \lg \eta}{1.050 - 0.2234\lg P}\right) \times (-1.5) \tag{6-16}$$

式中　η——沥青60℃绝对黏度，Pa·s。

麦克里奥德按表6-6标准划分沥青的温度敏感性等级和适用场合。

表6-6　按PVN评价沥青的感温性

组　别	PVN	温度敏感性等级	适用场合
A	0～-0.5	低	重交通道路
B	-0.5～-1.0	中	中等交通道路
C	-1.0～-1.5	高	轻交通道路

4. 沥青的黏附性

沥青的黏附性是指沥青与石料之间相互作用所产生的物理吸附和化学吸附的能力，而黏结力则是指沥青本身内部的黏结能力，黏结性好的沥青一般黏附能力也强。沥青对石料黏附性的优劣，对沥青路面的强度、水稳性以及耐久性都有很大影响，故黏附性是沥青的重要性质之一。

(1)黏附机理

沥青与石料的黏附过程是一个复杂的物理、化学过程。黏附力的产生不仅与沥青本身的性质有关，而且与石料的性质、表面结构及状态有关，还与沥青混合料拌制工艺的条件有关。

沥青中所含的表面活性物质，如沥青酸和酸酐与碱性岩石的干燥表面有良好的黏附性，但与酸性石料却黏附不好。集料的性质对黏附性的影响也很大。集料的矿物组成、表面纹理、孔隙率、含尘量、表面积、含水量、形状和风化程度等都对黏附性产生不同程度的影响。

在沥青混合料中，沥青以薄膜形式包敷于集料表面，在干燥状态下，沥青与集料黏附是不成问题的。但在潮湿状态下，由于交通荷载的反复作用使路面变形，沥青混合料空隙增大，集料松散，浸水和动水压力使沥青膜与集料发生剥离，当集料失去沥青的黏结作用时，路面就出现松散，这就是雨季沥青路面经常出现松散的原因。因此，沥青剥落的机理可以通过表面张力理论来说明。在有水的条件下，沥青对集料的黏附，可以用沥青-集料-水三相体系来讨论，见图6-18。

如图6-18所示，设沥青与水的接触角为θ，集料-沥青、集料-水、沥青-水多相界面的界面张力为σ_{ab}、σ_{wa}、σ_{bw}，表面张力平衡状态在沥青-集料-水体系达到平衡时，必须

满足杨格和杜布尔方程，得

$$\sigma_{wa} = \sigma_{ab} + \sigma_{bw}\cos\theta \qquad (6-17)$$

$$\cos\theta = \frac{\sigma_{wa} - \sigma_{ab}}{\sigma_{bw}} \qquad (6-18)$$

在通常情况下，$\sigma_{wa} > \sigma_{ab}$，$\theta > 90°$，这表明集料表面的沥青将要被水所剥离。为了改善沥青与集料的黏附能力，应改善沥青与集料的浸润性。研究表明，在沥青中掺入某些化学添加剂，可以使 σ_{ab} 和 θ 得以改变。例如，将阳离子表面活性剂加入沥青中，沥青就会被强力吸附在集料表面，而使接触角 θ 随之减小，而沥青与水之间的界面张力也随之减小，这样，沥青取代水而黏附在集料表面。

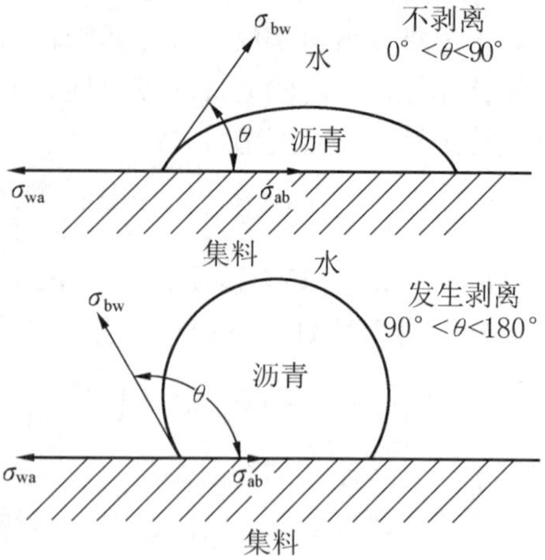

图 6－18　表面张力说明沥青剥落机理示意图

(2)评价方法

评定沥青与集料的黏附性至今尚无公认完善的标准方法，目前采用的方法有以下几种：

①水煮法。水煮法是用 13.2～19 mm 的碎石，经 140℃左右的沥青所浸润，取出冷却后在沸水中煮 3 min，观察碎石表面沥青膜被水移动剥落的程度，分五个等级评定其黏附性。

②水浸法。浸水法是采用 9.5～13.2 mm 的碎石，用沥青拌和成混合料，待冷却后在 80℃水中浸泡 30 min，剔除已剥落的石料颗粒，以完全被沥青裹覆石料颗粒占原试样的质量百分率表示其黏附性。

③光电分光光度法。该法是采用对集料吸附但对沥青不吸附的染料为载体，通过染料的吸附量值对比确定黏附性。

④马歇尔残留稳定度试验、冻融劈裂试验、浸水轮辙试验等(后述)。

5. 沥青的耐久性

沥青在运输、施工和沥青路面的使用过程中，经受温度、光照、雨水以及交通荷载等各种因素的作用，会发生一系列物理、化学变化，如蒸发、氧化、脱氢、缩合等，沥青的化学组分发生了变化，使沥青老化，路面脆硬、开裂。沥青性质随时间而变化的现象，通常称为沥青的老化，也就是沥青的耐久性。

(1)老化的特征与原因

沥青老化最显著的特征是针入度变小、软化点增大、延度减小、脆点上升。经受老化的沥青，其化学组分发生了变化，沥青质明显增加，饱和分、芳香分含量变化不大，胶质含量有所降低。组分发生的变化引起胶体结构的变化，主要表现为溶胶向溶凝胶转化，溶凝胶向凝胶转化，同时也引起了流变性质的变化，沥青的黏度和复合流动度也有较大的变化。

引起沥青老化的因素很多，其中沥青被氧化是主要原因，沥青的氧化与温度有直接关系。在一定温度下，沥青各组分与空气中的氧发生作用而被氧化。温度愈高，氧与沥青化合后留在沥青中的氧愈少，而且沥青发生脱氢生成了水和二氧化碳；但当温度较低时，氧化反应较为缓慢，则生成极性含氧基团，所吸收的氧结合在沥青中。吸氧的多少还与沥青的组成有关，如芳香分含量高，吸氧量就多；饱和分含量高，吸氧量就少，因为饱和分较稳定，不易氧化。在沥青混合料生产过程中，石料与沥青都处于高温状态，这时会使沥青剧烈地老化。

在自然界，阳光的照射也是沥青老化的重要因素，故光-氧的联合作用是造成沥青老化的重要原因。在光的照射下，沥青的氧化要比在黑暗中快得多。在这种情况下，沥青中的各种组分都能吸收氧而被氧化。当然，芳香分氧化的速度更快，吸收的氧更多。

虽然沥青是憎水性材料，但在雨水的作用下，沥青中的可溶性物质被冲洗掉，也是引起老化的原因之一。汽车交通荷载对沥青老化的影响，可以认为是反复荷载的疲劳作用造成了沥青的不可逆的塑性变形，引起了结构的破坏。因此，机械力也是沥青老化的一种因素。

(2)耐久性评价方法

现行评价沥青耐久性的试验方法分为模拟沥青在拌和过程中的热老化条件以及在使用过程中的老化条件，然后根据老化后试样的性质加以评定，目前采用的方法主要有以下几种：

①蒸发损失、薄膜(或旋转薄膜)烘箱加热试验

主要用于模拟在热拌和、热施工过程中沥青的老化。通过测定沥青的蒸发或加热后的质量损失、沥青加热前和加热后性能指标如针入度、延度、黏度等的变化，评定沥青的耐老化性。薄膜加热试验和旋转薄膜加热试验装置见图 6－19 和图 6－20。

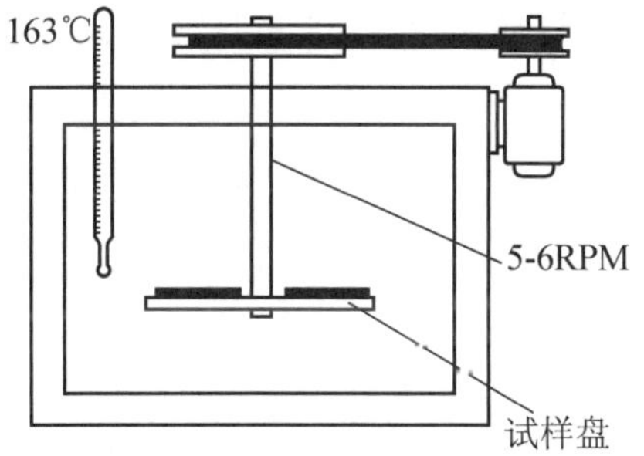

图 6－19　薄膜加热试验

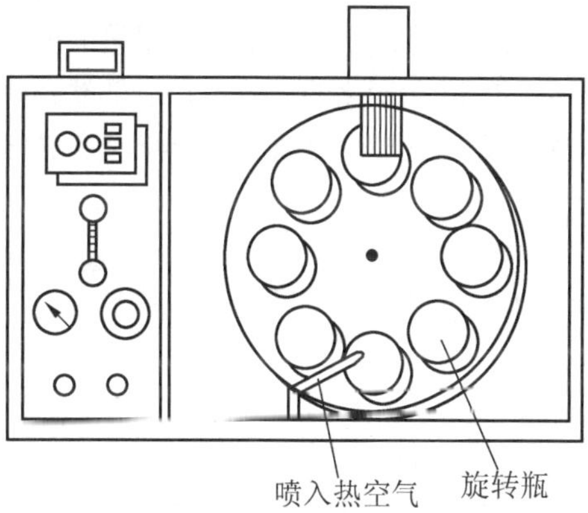

图 6－20　旋转薄膜加热试验

②压力老化试验

美国 SHRP 为模拟沥青路面长期使用过程中的老化，开发了压力老化容器试验法(PAV，见图 6－21)。该法是将旋转薄膜烘箱试验后的沥青残渣倒入 PAV 盘中，每盘试样重 50 g，放入压力老化容器中再老化 20 h，容器中的压力为 2070 kPa，温度由道路所在地区的气候条件决定，一般为 90 ～ 110 ℃。然后再进行沥青的动态剪切流变试验、低温弯曲蠕变试验以及直接拉伸试验等评价其抗老化性能。

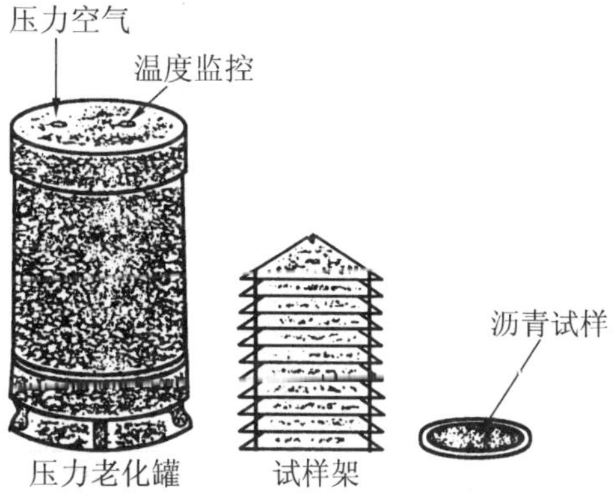

图 6－21　压力老化试验示意图

6. 沥青的黏弹性

沥青在低温或瞬间荷载作用下，表现为明显的弹性性质；而在高温或长时间荷载作用下，又表现为较强的黏性性质。在常温下表现为弹性和黏性并存，是一种典型的黏弹性材料。黏弹性材料在受力状态下有其特殊的应力、应变特性，这就是蠕变和松弛。

黏弹性物体在应力保持不变的情况下，应变随时间的延长而增加的现象，称为蠕变。蠕变是不可恢复的变形，其变形大小与荷载作用时间的长短有关，这部分变形主要是由于材料的黏性流动所引起的塑性变形；另一种变形虽然可以恢复，但恢复迟缓，这是材料的弹性后效现象。通常将黏性流动和弹性后效变形称为蠕变现象。例如交叉口处沥青路面因受汽车荷载长时间作用而产生凹陷就是蠕变的过程。

与蠕变现象相反，在恒定的应变条件下，应力随时间的增加而逐渐减小的现象，称为应力松弛。在日常生活和工程结构中应力松弛的现象是经常遇到的。例如，沥青路面在冬季温度降低时，由于收缩变形而产生温度应力，但沥青混合料因有应力松弛能力，使温度应力逐渐衰减直至消失，沥青路面不致因温度应力而开裂。这也是沥青路面一般不设伸缩缝的主要原因。

(1)沥青的劲度模量

在荷载作用下，沥青材料的应力和应变关系呈现非线性关系，为了描述沥青处于黏弹性状态下的力学性质，采用了劲度模量的概念。劲度模量与弹性模量不同，它是取决于温度和荷载作用时间而变化的参数，是表征沥青黏性和弹性联合效应的指标。范·德·波尔采用温度 T 和荷载时间 t 为函数的应力与应变之比来表示黏弹性沥青抵抗变形的性能，表达式为

$$S = \left(\frac{\sigma}{\varepsilon}\right)_{T,t} \tag{6-19}$$

式中 S ——沥青的劲度模量，Pa；

σ ——应力，Pa；

ε ——应变；

t ——荷载作用时间，s。

由图6－22可见，黏弹性材料的劲度模量并不是常数，而是随温度和时间而改变的，因而它是随试验方法、环境条件以及边界条件的变化而变化的。范·德·波尔的研究表明，温度、加荷时间以及沥青品种对其劲度模量有明显影响。沥青劲度模量实际上与其胶体结构、感温性有密切联系。

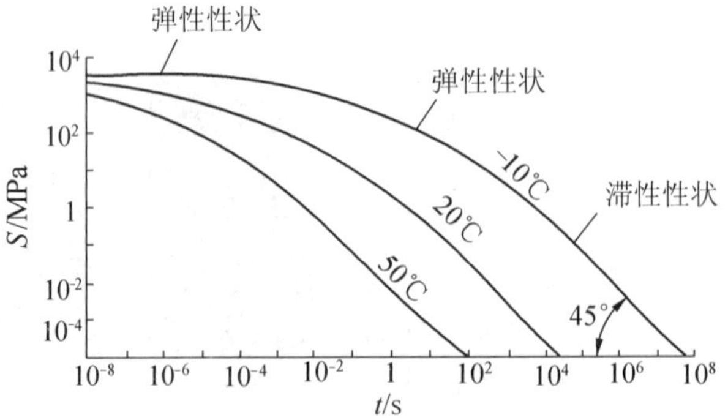

图6－22 沥青劲度模量随温度时间变化曲线

沥青材料的劲度模量 S 可以采用"微膜滑板黏度计"或"微弹性仪"等仪器来测定，也可通过经验公式或范·德·波尔诺谟图确定。

(2)沥青的动态剪切流变试验(DSR)

作用于道路上的车辆荷载是连续不断的反复荷载，在振动荷载作用下，沥青的黏度通常小于静载时的黏度。美国SHRP沥青胶结料路用性能规范评价沥青高温稳定性的指标采用动态剪切流变试验，对原样沥青和旋转薄膜烘箱后残留沥青试样分别进行两次动态剪切流变试验，通过测定沥青材料的复数剪切模量(G^*)和相位角(δ)来表征沥青材料的黏性和弹性。

动态剪切流变试验如图6－23所示，是将沥青夹在一个固定板和一个能左右振荡的板之间，振荡板围绕着板中心轴来回转动，转动频率为10 rad/s(相当于88 km/h车速)。沥青的应变由传感器记录，如图6－24所示，通过计算可得到复数剪切模量 G^* 和相位角 δ。沥青试样的剪应力 τ、剪变率 γ、复数剪切模量 G^* 和相位角 δ 分别按式(6－20)～式(6－23)计算：

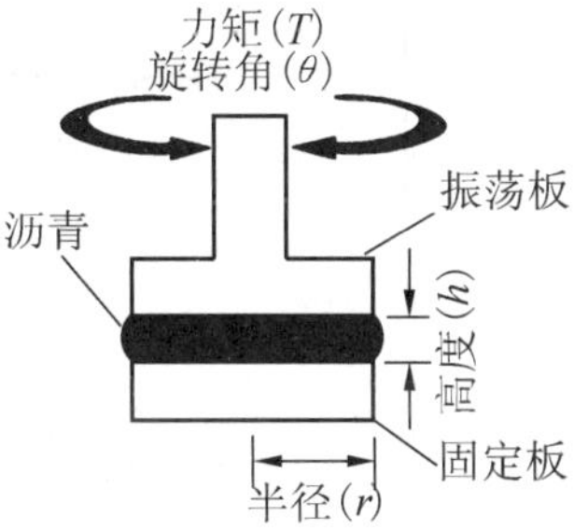

图6－23　沥青动态剪切流变试验模式

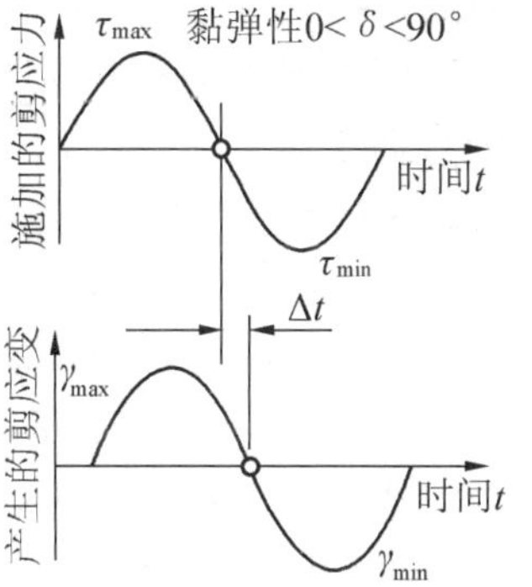

图6－24　沥青动态剪切流变试验曲线

$$\tau = \frac{2T}{\pi r^3} \qquad (6-20)$$

$$\gamma = \frac{\theta r}{h} \qquad (6-21)$$

$$G^* = \frac{\tau_{max} - \tau_{min}}{\gamma_{max} - \gamma_{min}} \qquad (6-22)$$

$$\delta = 2\pi f \cdot \Delta t \qquad (6-23)$$

式中　T——最大扭矩，N·m；

r——振荡板半径(12.5 mm或4 mm)；

θ——振荡板旋转角，rad；

h——沥青试样高度(1 mm或2 mm)；

τ_{max}，τ_{min}，γ_{max}，γ_{min}——试样承受的最大、最小剪应力，最大、最小剪应变；

f——振荡板频率，10 rad/s；

Δt——应变滞后时间，s。

复数剪切模量 G^* 是材料重复剪切变形时总阻力的度量，包括弹性(可恢复)部分和黏性(不可恢复)部分。相位角 δ 是可恢复与不可恢复变形的相对指标，对于绝对弹性材料，发生荷载作用时，变形同时产生，其相位角 δ 等于 0°；纯黏性材料在加载和应变响应之间有较大的滞后，相位角 δ 接近 90°。在大多数情况下，沥青呈现黏弹性特性。美国 SHRP 规范定义 $G^*/\sin\delta$ 为车辙因子，其值大表示沥青的弹性性质显著，表征沥青材料的抗永久变形能力强。沥青路面的车辙变形主要出现在夏天高温季节，美国通过对 50 多条试验路的观察和研究，对沥青材料提出的作为抗永久变形的车辙因子指标如下（在相应的路面设计最高温度条件下）：

原样沥青　　　　　　　　　　$G^*/\sin\delta > 1.0\ \text{kPa}$

旋转薄膜烘箱试验后的沥青　　$G^*/\sin\delta > 2.2\ \text{kPa}$

6.1.2.3　*施工安全性*

黏稠沥青使用时必须加热，当加热到足够高的温度，挥发出的油分蒸气与周围的空气组成混合气体，当遇到火焰会发生闪火，此时的温度称为闪点。若继续加热，挥发的油分饱和度增加，与空气组成的混合气体遇火极易燃烧，而引发火灾，燃烧时的温度称为燃点。虽然石油沥青的闪点高于生产正常使用温度，但从安全考虑，对其进行量测与控制是必要的。

一般用克利夫兰开口杯法（简称 COC 法）确定铺路沥青胶结料的闪点（图 6－25）。将装有部分沥青胶结料的铜环以规定速度进行加热。间歇性地将微小火焰通过杯的表面，释放足够蒸气，产生瞬时火焰的温度被称为闪点；继续加热，产生着火的温度被称为燃点。

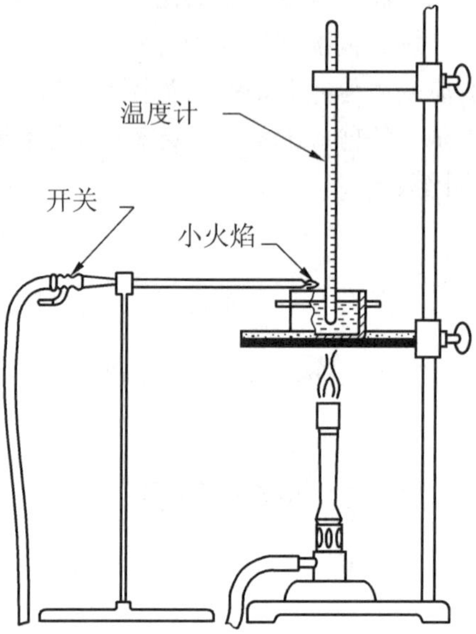

图 6－25　克利夫兰开口杯法闪点试验

闪点和燃点是保证沥青安全加热和施工的一项重要指标。

6.1.2.4　*石油沥青的技术标准*

根据我国现行石油沥青标准，在工程建设中常用的石油沥青分为道路石油沥青、建筑石油沥青、防水防潮石油沥青和液体石油沥青四种，各品种按不同的工程要求和技术性质划分牌号。

1. 道路石油沥青的技术标准

国内外对道路石油沥青的分级体系有三类：

（1）针入度分级—— P 级

按所测得的沥青 25 ℃针入度所处水平来划分沥青牌号。表 6－7 为我国现行道路石油沥青技术要求，按 25 ℃针入度将沥青分为 7 个标号，并结合气候条件和使用条件再细分。

沥青等级适用范围：

A 级沥青：各个等级的公路，适用于任何场合和层次。

B 级沥青：①高速公路、一级公路沥青下面层及以下的层次，二级及二级以下公路的各个层次；②用作改性沥青、乳化沥青、改性乳化沥青、稀释沥青的基质沥青。

C 级沥青：三级及三级以下公路的各个层次。

表 6－7　道路石油沥青技术要求

指　标	单位	等级	沥青标号																
			160 号	130 号	110 号			90 号					70 号					50 号	30 号
针入度（25 ℃，100 g，5 s）	0.1mm		140 ～ 200	120 ～ 140	100 ～ 120			80 ～ 100					60 ～ 80					40 ～ 60	20 ～ 40
适用的气候分区					2－1	2－2	3－2	1－1	1－2	1－3	2－2	2－3	1－3	1－4	2－2	2－3	2－4	1－4	
针入度指数 PI		A	－1.5 ～ +1.0																
		B	－1.8 ～ +1.0																
软化点（环球法），不小于	℃	A	38	40	43			45			44		46		45			49	55
		B	36	39	42			43			42		44		43			46	53
		C	35	37	41			42					43					45	50
60 ℃动力粘度，不小于	Pa·s	A	—	60	120			160			140		180		160			200	260
10 ℃延度，不小于	cm	A	50	50	40			45	30	20	30	20	20	15	25	20	15	15	10
		B	30	30	30			30	20	15	20	15	15	10	20	15	10	10	8
15 ℃延度，不小于		A、B	100															80	50
		C	80	80	60			50					40					30	20
含蜡量（蒸馏法），不大于	%	A	2.2																
		B	3.0																
		C	4.5																
闪点（COC），不小于	℃		230					245					260						
溶解度，不小于	%	99.5																	
密度（15 ℃）	g/cm^3		实测记录																
薄膜烘箱加热试验（163℃，5h）或旋转薄膜烘箱加热试验（163℃，75min）																			
质量变化，不大于	%		±0.8																
残留针入度比，不小于	%	A	48	54	55			57					61					63	65
		B	45	50	52			54					58					60	62
		C	40	45	48			50					54					58	60
残留物延度（10 ℃），不小于	cm	A	12	12	10			8					6					4	—
		B	10	10	8			6					4					2	—
残留物延度（15 ℃），不小于	cm	C	40	35	30			20					15					10	—

对高速公路、一级公路，夏季温度高、高温持续时间长、重载交通、山区及丘陵区上坡路段、服务区、停车场等行车速度慢的路段，尤其是汽车荷载剪应力大的层次，宜采用稠度大、60 ℃黏度大的沥青，也可提高高温气候分区的温度水平选用沥青等级；对冬季寒冷的地区或交通量小的公路、旅游公路宜选用稠度小、低温延度大的沥青；对日温差、年温差大的地区宜选用针入度指数大的沥青。当高温要求与低温要求发生矛盾时，应优先考虑满足高温性能的要求。

(2)黏度分级—— A 级

按所测得沥青 60 ℃黏度所处水平来划分沥青牌号，分为 AC 级(按新鲜沥青 60 ℃黏度分级)和 AR 级别(按 TFOT 或 RTFOT 试验后残余物 60 ℃黏度分级)，主要为美国、日本、英国等采用，如表 6 - 8 所示。

(3)性能分级—— PG 级

按沥青所能够适应的最高和最低环境温度来划分沥青牌号，以 PG X - Y 表示，PG 表示路用性能等级，X 代表路面设计最高温度(考虑可靠度的路表 7 d 最高平均温度)，Y 代表路面设计最低温度(考虑可靠度的路表年极端最低温度)。按照路面的设计温度，将沥青分为 7 个高温等级以及相应的低温等级，高温等级的温度范围为 46 ～ 82 ℃，每 6 ℃为一级；低温等级的温度范围为 - 10 ～ - 46 ℃，每 - 6 ℃为一级。例如，PG 64 - 28，表示该沥青适用于路面最高设计温度不超过 64 ℃，路面最低设计温度不低于 - 28 ℃的地区。Superpave 沥青胶结料路用性能标准见表 6 - 9。

路面最高设计温度和最低设计温度按照式(6 - 24)和式(6 - 25)计算：

$$T_{20mm} = (T_{air,max} - 0.003\,18L_{at}^2 + 0.228\,9L_{at} + 4.22) \times 0.954\,5 - 17.78 \quad (6-24)$$

$$T_{min} = 0.859T_{air,min} + 1.7 \quad (6-25)$$

式中 T_{20mm}——位于 20 mm 深处的路面最高设计温度,℃；

$T_{air,max}$——7 d 平均最高气温,℃；

L_{at}——地理纬度，(°)；

T_{min}——路面最低设计温度,℃；

$T_{air,min}$——平均年极端最低气温,℃。

2. 建筑石油沥青、防水防潮石油沥青技术标准

建筑和防水防潮石油沥青技术标准见表 6 - 10。建筑石油沥青黏性较大，耐热性较好，但塑性较小，主要用作制造防水涂料、油毡、油纸和防腐材料以及沥青嵌缝膏。它们绝大部分用于建筑屋面及地下防水、沟槽防水防腐蚀、管道防腐工程。为避免夏季高温流淌，屋面用沥青材料的软化点还应比当地气温下屋面可能达到的最高温度高 20℃以上，但软化点也不宜过高，否则冬季低温易发生硬脆甚至开裂。对一些不易受温度影响的部位，可选用标号较大的沥青。

防水防潮石油沥青的温度稳定性较好，特别适于用作油毡的涂覆材料及建筑屋面和地下防水的黏结材料。其中 3 号沥青温度敏感性一般，质地较软，用于一般温度下的室内及地下结构部分的防水；4 号沥青温度敏感性较小，用于一般地区可行走的缓坡屋面防水；5 号沥青温度敏感性小，用于一般地区暴露屋顶或气温较高地区的屋面防水；6 号沥青温度敏感性最小且质地较软，除一般地区外，主要用于寒冷地区的屋面及其他防水防潮工程。

表6-8　美国以60℃黏度分级的黏稠沥青标准

试验项目	黏度等级(以原样沥青为基准分级)					黏度等级(以薄膜烘箱试验残渣为基准分级)				
	AC-2.5	AC-5	AC-10	AC-20	AC-40	AR-10	AR-20	AR-40	AR-80	AR-160
黏度(60℃)/(Pa·s)	25±5	50±10	100±20	200±40	400±80	100±25	200±50	400±100	800±200	1600±400
黏度(135℃)/($mm^2 \cdot s^{-1}$),≥	80	110	150	210	300	140	200	275	400	550
针入度(25℃,100 g,5 s)/(0.1 mm),≥	200	120	70	40	202	65	40	25	20	20
占原始沥青针入度的百分数(25℃),≥	—	—	—	—	—	—	40	45	50	52
延度(25℃,5 cm/min)/cm,≥	—	—	—	—	—	100	100	75	75	75
闪点(克利夫兰开口杯)/℃,≥	163	177	219	232	232	205	219	227	232	238
溶解度(三氯乙烯)/%,≥	99.0					99.0				
	薄膜烘箱试验残渣试验									
黏度(60℃)/(Pa·s)≤	100	200	400	800	1600	—	—	—	—	—
延度(25℃,5 cm/min)/cm,≥	100	100	50	20	10	—	—	—	—	—

注:AR分级沥青的闪点和溶解度试验采用原始沥青。

表6-9　Superpave 沥青胶结料 PG 等级的技术要求 (ASTM D6373)

沥青使用性能等级	PG46			PG52							PG58					PG64						PG70						PG76					PG82				
	-34	-40	-46	-10	-16	-22	-28	-34	-40	-46	-16	-22	-28	-34	-40	-10	-16	-22	-28	-34	-40	-10	-16	-22	-28	-34	-40	-10	-16	-22	-28	-34	-10	-16	-22	-28	-34
7 d平均最高设计温度/℃	<46			<52							<58					<64						<70						<76					<82				
最低设计温度/℃，>	-34	-40	-46	-10	-16	-22	-28	-34	-40	-46	-16	-22	-28	-34	-40	-10	-16	-22	-28	-34	-40	-10	-16	-22	-28	-34	-40	-10	-16	-22	-28	-34	-10	-16	-22	-28	-34
原样沥青																																					
闪点/℃	230																																				
黏度，最大值	135																																				
动态剪切DSR $G^*/\sin\delta$最小值 1.0 kPa@10 rad/s，试验温度/℃	46			52							58					64						70						76					82				
旋转薄膜烘箱试验残留沥青																																					
质量损失/%，≤	1.0																																				
动态剪切DSR $G^*/\sin\delta$最小值 2.20 kPa@10 rad/s，试验温度/℃	46			52							58					64						70						76					82				
PAV 残留沥青																																					
PAV 老化温度/℃	90			90							100					100						100(110)						100(110)					100(110)				
动态剪切DSR $G^*/\sin\delta$最大值 5 MPa@ 10 rad/s，试验温度/℃	10	7	4	25	22	19	16	13	10	7	25	22	19	16	13	31	28	25	22	19	16	34	31	28	25	22	19	37	34	31	28	25	40	37	34	31	28
蠕变劲度，S最大值300 MPa；m最小值0.3@60 s，试验温度/℃	-24	-30	-36	0	-6	-12	-18	-24	-30	-36	-6	-12	-18	-24	-30	0	-6	-12	-18	-24	-30	0	-6	-12	-18	-24	-30	0	-6	-12	-18	-24	0	-6	-12	-18	-24
直接拉伸破坏应变最小值1.0% @1.0 mm/min，试验温度/℃	-24	-30	-36	0	-6	-12	-18	-24	-30	-36	-6	-12	-18	-24	-30	0	-6	-12	-18	-24	-30	0	-6	-12	-18	-24	-30	0	-6	-12	-18	-24	0	-6	-12	-18	-24

注：①设计温度由大气温度资料按式 (6–24) 和式(6–25) 计算，也可由制定的机构提供；
②@代表试验条件；
③PAV 老化温度为模拟气候条件，括号内 110℃ 为沙漠地区选用。

表 6－10 建筑和防水防潮石油沥青技术标准

质量指标	单位	建筑石油沥青（GB/T 494—2010）			防水防潮石油沥青（SH/T 0002—1990）			
		10 号	30 号	40 号	3 号	4 号	5 号	6 号
针入度(25 ℃，100 g，5 s)	0.1 mm	10～25	26～35	36～50	25～45	20～40	20～40	30～50
针入度(46 ℃，100 g，5 s)	0.1 mm	报告	报告	报告	—	—	—	—
针入度(0 ℃，100 g，5 s)	0.1 mm	3	6	6	—	—	—	—
针入度指数 PI，≥		—	—	—	3	4	5	6
延度(25 ℃，5 cm/min)	cm	1.5	2.5	3.5	—	—	—	—
软化点(环球法)，≥	℃	95	75	60	85	90	100	95
溶解度(三氯乙烯，四氯化碳)，≥	%	99			98	98	95	92
闪点，≥	℃	260			250	270	270	270
脆点，≤	℃	—			－5	－10	－15	－20
垂度，≤	mm	—			—	—	8	10
加热安定性，≤	℃	—			5	5	5	5
蒸发损失试验(163 ℃,5 h) 质量损失，≤	%	1			1			
蒸发损失试验(163 ℃,5 h) 针入度比，≥	%	65			—	—	—	—

3. 液体石油沥青的技术标准

按照液体石油沥青的凝结速度分为快凝 AL(R)、中凝 AL(M)、慢凝 AL(S)三个标号，每个等级按照黏度又分几个亚级。液体石油沥青的黏度采用道路标准黏度计测定，其质量标准见表 6－11。

表 6－11 道路液体石油沥青技术标准

试验项目		单位	快凝 AL(R)		中凝 AL(M)						慢凝 AL(S)					
			1	2	1	2	3	4	5	6	1	2	3	4	5	6
黏度	$C_{25,5}$	s	<20	—	<20	—	—	—	—	—	<20	—	—	—	—	—
黏度	$C_{60,5}$	s	—	5～15	—	5～15	16～25	26～40	41～100	101～200	—	5～15	16～25	26～40	41～100	101～200
蒸馏体积	225 ℃前	%	>20	>15	<10	<7	<3	<2	0	0	—	—	—	—	—	—
蒸馏体积	3156℃前	%	>35	>30	<35	<25	<17	<14	<8	<5	—	—	—	—	—	—
蒸馏体积	360 ℃前	%	>45	>35	<50	<35	<30	<25	<20	<15	<40	<35	<25	<20	<15	<5
蒸馏后残留物	针入度(25 ℃)	dm	60～200		100～300						—	—	—	—	—	—
蒸馏后残留物	延度(25 ℃)	cm	>60	>60	>60	>60	>60	>60	>60	>60	—	—	—	—	—	—
蒸馏后残留物	浮漂度(5 ℃)	s		—	—	—	—	—	—	—	<20	>20	>30	>40	>45	>50
闪点(TOC 法)		℃	>30	>30	>65	>65	>65	>65	>65	>65	>70	>70	>100	>100	>120	>120
含水量，不大于		%	0.2	0.2	0.2	0.2	0.2	0.2	0.2	2.0	2.0	2.0	2.0	2.0	2.0	2.0

6.1.3 改性沥青

沥青材料无论用作屋面防水材料还是用作路面胶结材料，都是直接暴露于自然环境中，而沥青的性能又受环境因素影响较大；同时，现代土木工程不仅要求沥青具有较好的使用性能，还要求具有较长的使用寿命。单纯依靠自身性质，很难满足现代土木工程对沥青的多方面要求。如现代道路交通的特点是车流量大、轴载重、高速和交通渠化等。这些特点造成沥青路面高温出现车辙，低温产生裂缝，表面层抗滑性能衰减，使用年限不长等。因此为满足工程要求，需要对沥青性能加以改善。

通过对沥青材料的改性，可以改善以下几方面性能：提高高温抗变形能力，增强沥青路面的抗车辙性能；提高沥青的弹性性能，增强沥青的抗低温和抗疲劳开裂能力；改善沥青与集料的黏附性；提高沥青的抗老化能力，延长沥青路面的使用寿命。

6.1.3.1 改性沥青的分类与技术要求

1. 改性沥青的分类

所谓改性沥青，是指掺加橡胶、塑料等高分子聚合物、磨细的橡胶粉或其他填料型外掺剂，与沥青均匀混合，从而使沥青的某些性质得到改善而制成的沥青混合物。关于改性沥青的分类，按照改性剂所起的作用，从广义上可以划分为四大类，如图 6-26 所示。

改性沥青
- 掺加改性剂
  - 改善力学性能（高温稳定性、耐疲劳性、低温抗裂性）——聚合物
    - 橡胶类：SBS、CR、EPDM
    - 热塑性橡胶类：SBS
    - 热塑性树脂类：PE、EVA
  - 改善黏附性——抗剥离剂：金属皂（有机锰等）、有机胺、消石灰等
  - 耐老化性——抗老化剂：受阻酚、受阻胺等
- 物理改性
  - 矿物填料（炭黑、硫黄、石棉、木质素纤维等）
  - 玻璃纤维格栅、塑料格栅、土工布等
  - 废橡胶粉
- 调和沥青：掺和天然沥青（湖沥青、岩石沥青、海底沥青）
- 沥青工艺：半氧化沥青、泡沫沥青等

图 6-26 改性沥青分类

不同的改性剂可以在不同程度上改善沥青混合料某方面的使用性能。聚合物的加入，可以有效地改善沥青的高温抗车辙能力、抗疲劳开裂能力以及抵抗低温开裂能力，提高路面使用寿命，所以在道路工程和屋面防水工程中被广泛应用。下面主要介绍聚合物改性沥青。

2. 改性沥青的评价指标

由于改性沥青具有不同的技术特点，除沥青常规试验针入度、软化点、黏度、延度等指标外，还采用了几项与评价原样沥青性能不同的技术指标，如聚合物改性沥青离析试验、沥青弹性恢复试验、黏韧性试验以及测力延度试验等。

(1) 聚合物改性沥青的离析试验

在聚合物改性沥青停止搅拌、冷却过程中，聚合物可能从沥青中离析，当聚合物改性沥青在生产后不能立即使用，而需经过储运再加热等过程后才使用时，需进行离析试验。

不同的改性沥青的离析状况有所不同。丁苯橡胶(SBR)、苯乙烯-丁二烯-苯乙烯嵌段共聚物(SBS)类改性沥青，离析时表现为聚合物上浮，采用的试验方法是先将热熔的改性沥青注入一管内(管的直径约25mm，长约20cm)，然后垂直地放在163℃烘箱中，保持48h；加热结束后从烘箱中取出，令其冷却；用切割刀将沥青切成长度相等的三段，以上部和下部试样的软化点之差来判定；对聚乙烯(PE)、乙烯-醋酸乙烯共聚物(EVA)类聚合物改性沥青，根据改性沥青在135℃存放24h过程中是否结皮，或凝聚在容器表面四壁的情况进行判定。

(2)改性沥青弹性恢复试验

SBS等热塑性弹性体改性沥青，弹性恢复能力是其显著的特点，在使用过程中，对荷载作用下产生的变形，具有良好的自愈性。试验方法是采用类似延度试件拉伸10cm后停止，立即剪断，保持1h，测量恢复率，恢复性越大，则其弹性越好。

(3)沥青黏韧性试验

黏韧性和韧性是橡胶沥青最具代表性的特性。本森所设计的黏韧性试验是将金属半球埋在沥青中、在25℃温度下以500 mm/min速度拉拔，取纵坐标表示试样的拉力，横坐标表示拉拔的长度，画出拉拔图线(图6-27)。开始拉拔时，图中出现峰值，这时拉力为最大。随着沥青被拉细长后，拉力急剧减小，但不同的材料拉力减小的速度是有差别的，很大程度上反映沥青材料的弹性和黏性性质，称为黏韧性(曲线包围面积)，曲线后半部所包围的面积反映沥青材料的韧性，称为韧度。

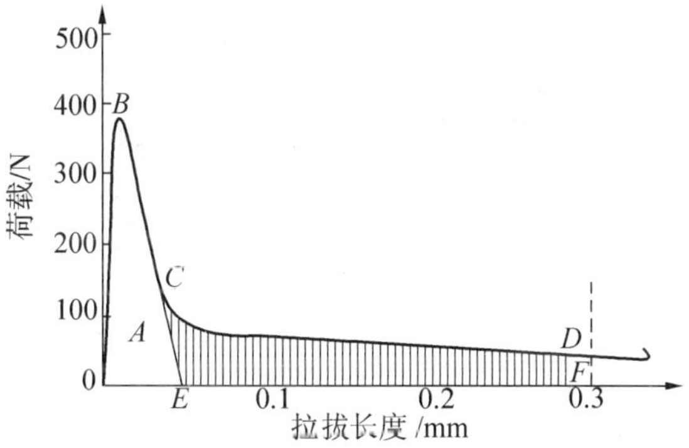

图6-27 黏韧性试验荷载-变形曲线

(4)测力延度试验

测力延度试验在延度试验时加一只测力传感器并接上记录仪即可。几种不同的改性沥青在测力延度试验图上有完全不同的表现。在较低温度下，SBS改性沥青并不强硬，不用很大力就能被拉伸，故拉力强度不大，拉伸的线很粗，而且其显著特点是拉伸曲线逐渐向上移动，说明在拉伸过程中，其拉伸的线可以承受很大的拉应力而不断裂，这充分显示出在较低温度下SBS改性沥青具有很好的黏韧性。PE改性沥青拉力强度最大，这表明在较低温度下，需要很大的力才能将它拉伸，表现为强硬的性质，而且拉伸曲线很快向下移动而断裂，黏韧性很差。EVA改性沥青的性质则介于二者之间。

3. 改性沥青的技术要求

我国聚合物改性沥青性能评价方法基本沿用了道路石油沥青质量标准体系，并增加了一些评价聚合物性能的指标。首先根据聚合物类型将改性沥青分为Ⅰ、Ⅱ、Ⅲ类，按照软化点的不同，再细分为A、B、C、D等级，以适应不同气候条件。聚合物改性沥青的技术标准见表6－12。对于采用几种不同类型改性剂制备的复合改性沥青，可以根据所掺各种改性剂的种类和剂量比例，按照工程对改性沥青的使用要求，参照表6－12，综合确定应该达到的质量要求。

表6－12　JTG F40—2004 聚合物改性沥青的技术要求

技术标准	SBS类(Ⅰ类)				SBR类(Ⅱ类)			EVA，PE类(Ⅲ类)			
	Ⅰ－A	Ⅰ－B	Ⅰ－C	Ⅰ－D	Ⅱ－A	Ⅱ－B	Ⅱ－C	Ⅲ－A	Ⅲ－B	Ⅲ－C	Ⅲ－D
针入度(25℃，100 g，5 s)/(0.1 mm)	>100	80～100	60～80	40～60	>100	80～100	60～80	>80	60～80	40～60	30～40
针入度指数PI，≥	－1.2	－0.8	－0.40	0	－1.0	－0.8	－0.6	－1.0	－0.8	－0.6	－0.4
延度(5℃，5 cm/min)/cm，≥	50	40	30	20	60	50	40	—	—	—	—
软化点 $T_{R\&B}$/℃，≥	45	50	55	60	45	48	50	48	52	56	60
运动黏度(135℃)/(Pa·s)，≤	3										
闪点/℃，≥	230				230			230			
溶解度/%，≥	99				99			—			
贮存稳定性，离析48 h软化点/℃，≤	2.5				—			无改性剂明显析出、凝聚			
弹性恢复(25℃)，≥	55	60	65	75	—			—			
黏韧性/(N·m)，≥	—				5			—			
韧性/(N·m)，≥	—				2.5			—			
TFOT(或RTFOT)残留物											
质量变化/%，≤	±1.0										
针入度比(25℃)/%，≥	50	55	60	65	50	55	60	50	55	58	60
延度(5℃)/cm，≥	30	25	20	15	30	20	10	—			

6.1.3.2　常用聚合物改性沥青

1. 常用聚合物改性沥青的技术特性

(1)热塑性橡胶类改性沥青

热塑性弹性体是由橡胶类弹性体热塑化和弹性体与树脂熔融共混热塑化技术而产生的热塑性弹性体材料和弹性材料，品种牌号繁多，性能优异，其中苯乙烯-二烯烃嵌段共聚物广泛用于沥青改性。共聚物中二烯烃称为软段，苯乙烯称为硬段。当二烯烃采用丁二烯时，得到苯乙烯嵌段-丁二烯-苯乙烯嵌段共聚物，简称SBS，还有苯乙烯-聚乙烯/丁基-聚乙烯(SE/BS)，苯乙烯-异戊二烯-苯乙烯嵌段共聚物(SIS)等系列产品，都可用于沥青改性，使用最多的为SBS。SBS高分子链具有串联结构的不同嵌段，即塑性段和橡胶段，形成类似合金的组织结构，按聚合物的结构可分为线型、星型两种。SBS的改性效果与SBS品种、相对分子质量密切相关，星型SBS对沥青的改性效果优于线型SBS；SBS的相对分子质量越大，改性效果越明显，但越难加工；沥青中芳香分含量高则较易加工；各种型号的SBS中苯乙烯含量高的能显著提高改性沥青的黏度、韧度。SBS改性沥青可以同时改善沥青的高温性能和低温性能。

(2)橡胶类改性沥青

橡胶即聚合物弹性体，橡胶有天然橡胶、合成橡胶、再生橡胶。橡胶类改性材料中用得最多的是丁苯橡胶(SBR)和氯丁橡胶(CR)。这类改性剂常以胶乳的形式加入沥青之中，制成橡胶沥青，可以提高沥青的黏度、韧性、软化点，降低脆点，使沥青的延度和感温性得到改善。这是由于橡胶吸收沥青中的油分子产生溶胀，改变了沥青的胶体结构。

丁苯橡胶是丁二烯-苯乙烯聚合物，SBR的性能与结构随苯乙烯与丁二烯的比例和聚合工艺而变化，选择沥青改性剂时应通过试验加以确定。目前常采用SBR胶乳或SBR沥青母体作为改性剂，用于改善沥青的低温性能和降低路面噪声；此外，还用SBR胶乳与沥青乳液制成水乳型建筑用防水涂料和改性乳化沥青，用于道路工程。

(3)热塑性树脂改性沥青

热塑性树脂是聚烯烃类高分子聚合物，多数为线性结晶物，加热时变软，冷却后变硬，因而能使沥青结合料的常温黏度增大，从而使高温稳定性提高，有利于提高沥青的强度和劲度，但与各种沥青调和时需有一定的选择，否则热贮存时分层较快，分散的聚合物在熔点以下容易成团。可以通过精心选择树脂的品种与沥青匹配，这在沥青改性中应用较多。常采用的品种有低密度聚乙烯(LDPE)、乙烯-醋酸乙烯共聚物(EVA)，还有乙烯-丙烯-丁烯共聚物(APAO)等。

①低密度聚乙烯(LDPE)改性沥青

低密度聚乙烯的柔软性、伸长率和耐冲击性都较高密度聚乙烯好，而且由于密度小，其熔点较低，结晶度小，溶解度参数较宽，在溶解分解区呈液态，易与沥青共混。当沥青处于160℃以上温度区间时，通过剪切、挤压、碾磨等机械作用，LDPE可被粉碎为5～7 μm的细微颗粒，均匀地分散、混融在沥青中。

聚乙烯改性沥青可提高沥青的黏度和软化点，使沥青的高温性能得到改善，沥青混合料的强度提高，抗流动变形和车辙的能力也提高，但低温性能有所变差。

②乙烯-醋酸乙烯共聚物(EVA)改性沥青

乙烯-醋酸乙烯共聚物(EVA)在常温下为透明颗粒状，品种繁多，其性能取决于醋酸乙烯(VA)含量、相对分子质量和融体指数(MI)。由于乙烯支链上引入了醋酸基团，因此EVA较PE富有弹性和柔韧性，与沥青相容性好。表6-13列出了采用不同型号EVA，以及PE、SBR和SBS对胜利100号沥青进行改性对比试验的结果。不同牌号EVA的改性效果是：随MI和VA含量的降低，改性沥青的黏度和软化点增大，低温延度下降；PE对黏度的提高较大，而低温延度比基质沥青还差；SBR对沥青黏度提高有限，而低温延度得到很大改善；SBS高温黏度和低温延度都有较大改善。因此，EVA使沥青的高温强度、低温柔性和弹性以及耐老化性能得到比较全面的改善，而且有较好的施工性能，可以通过不同牌号的EVA对改性效果加以调整。

由乙烯、丙烯和丁烯共聚生成的APAO，外观为乳白色鸡蛋状固体，有一定韧性。APAO与沥青的相容性很好，只需一般的机械搅拌即可与沥青混合均匀，对沥青的改性效果与PE相似，掺量可以更少。

表6-13 几种改性沥青性质

技术性质	原样沥青	EVA，VA/% （MI）			PE	SBR	SBS
		30(30)	30(5)	35(40)			
针入度(25℃，100 g，5 s)/(0.1 mm)	86	54	47	57	52	68	68
针入度指数 PI	-1.8	-0.35	0.13	-0.45	-0.82	-0.73	0.5
延度(10℃，5 cm/min)/cm	4.5	8	6.5	12	4	70	65
软化点 $T_{R\&B}$/℃，≥	45.5	60	64	52	52	50	75
薄膜加热试验后							
针入度比/%	58.1	71.2	70.0	67.7	62.9	75.4	72.3
延度(10℃，5 cm/min)/cm	3.0	4	2.5	5	2	52	48

(4)热固性树脂改性沥青

热固性树脂有环氧树脂(EP)、聚氨酯(PU)、不饱和聚酯树脂(UP)等类。其中环氧树脂已应用于改性沥青。环氧树脂是指含有两个或两个以上环氧或环氧基团的醚或酚的低聚物或聚合物。我国生产的环氧树脂大部分是双酚A类，配置环氧改性沥青的关键在于选择合适的混合沥青作基料，并需要选择适合此类环氧树脂的固化剂，比较便宜的固化剂以芳香胺类为主。环氧树脂改性沥青的延伸性不好，但其强度很高，具有优越的抗永久变形能力，并具有特别高的耐燃料油和润滑油的能力，适用于公共汽车停靠站、加油站等。其工艺比较复杂、施工难度大。

表6-14大体反映了几种聚合物对沥青性能的改善程度，图6-28大体反映了几种聚合物的使用比例。

表6-14 几种聚合物用于沥青改性的效果

聚合物材料	高温稳定性	低温柔软性	温度敏感性	弹性	黏韧性	耐久性
SBS(星型)	优	优	优	优	优	优
SBS(线型)	优	中	中	中	优	优
EVA	优	中	中	中	中	中
PE	优	差	中	差	差	中
SBR	中	优	优	优	优	优

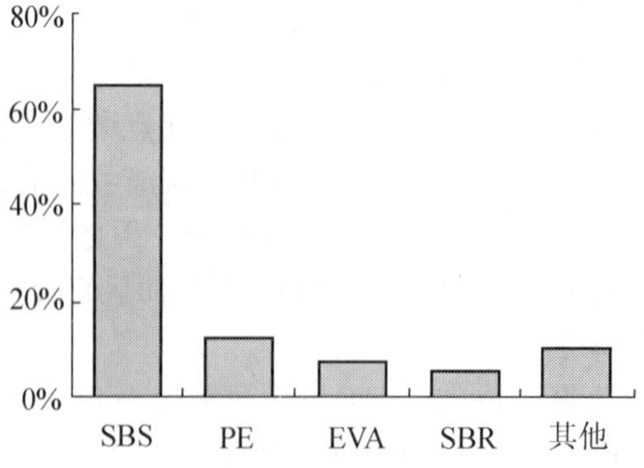

图6-28 国外不同改性剂的使用比例

2. 聚合物改性剂与基质沥青的相容性

聚合物若要均匀地分散在沥青中，就必须与沥青相容，但并非热力学概念上以任何比例都能形成稳定的均相体系，而是要求聚合物以细小颗粒均匀地分布在沥青中形成稳定的混溶体，不发生凝聚和离析，这就是物理意义上的相容。

研究表明，聚合物是否与沥青相容，主要与沥青中沥青质的相对分子质量和含量、软沥青质相位的芳香度、聚合物的相对分子质量与结构、聚合物的剂量等因素有关。当聚合物的相对分子质量接近或大于沥青质的相对分子质量时，就会破坏沥青的相位的平衡。聚合物与沥青质争夺软沥青质的相位，如果没有足够的软沥青质，相位就可能分离，也就造成聚合物与沥青不相容。学者 Brule 提出，当沥青组分比例为饱和分 8%～12%、芳香分与树脂 85%～89%、沥青质 1%～5% 时，与聚合物相容性好。当聚合物加入沥青中时，聚合物首先要吸收油分而溶胀，使体积增大 5～10 倍。在聚合物添加剂量较高的情况下，吸收的油分也将增加。只有聚合物充分溶胀，它才有可能分散成细小颗粒。聚合物的分子结构与相容性也有很大的关系。试验表明，对于热塑性弹性聚合物 SBS，线型结构较星型结构易分散。因此，在制备聚合物改性沥青时，要精心选择基础沥青的品种，并对聚合物的相对分子质量、分子结构、分散状态加以选择，使它们能很好地配伍。

聚合物在沥青中的分散度对改性沥青性质有很大影响。所谓分散度，是指聚合物在沥青中的分布状态及聚合物粒子的大小。改性沥青的制备过程，就是使聚合物尽可能地充分分散，分散度的好坏是加工质量的主要标准。聚合物只有充分分散在沥青中，才能真正发挥改性作用。

3. 改性沥青生产工艺

改性沥青是采用一定的工艺将改性剂加入沥青，使之均匀、稳定地分散于沥青之中，因此改性工艺是改性剂发挥改性效果的保证。改性工艺根据改性剂的种类而有所不同。

(1) 直接混溶法

采用直接混溶法制备改性沥青，采用的共混设备有搅拌机和胶体磨两种。由于聚合物分子和化学结构的不同，在沥青中的溶解速度相差很大，对于 SBS、PE 等改性剂，不宜采用螺旋叶片搅拌设备，而对于 EVA、APAO 等聚合物，则可以采用。

对于不宜采用螺旋搅拌法生产改性沥青的聚合物，需要采用胶体磨或高速剪切设备，在高温高速运转状态下将聚合物研磨成很细的颗粒以增加沥青与聚合物的接触面积，从而促使聚合物的溶胀，使聚合物与沥青更好地混溶。一般需要经过聚合物的溶胀、分散磨细、继续发育三个过程。每一阶段的工艺流程和时间随改性剂、沥青和加工设备的不同而异。聚合物经过溶胀后，更易剪切磨细，经过一定时间的继续发育，改性沥青体系可更加稳定。

由于 SBS 与沥青的相容性不良，故改性沥青容易发生离析，主要表现为 SBS 上浮在表面形成一层皮。添加稳定剂或采用经过处理的特殊沥青来制备改性沥青，能够解决离析问题。

直接混溶法是目前制作改性沥青的主要方式，可固定工厂化生产或采用移动式设备。

(2) 母料法

在炼胶机中将橡胶、沥青及添加剂混炼，可制成含胶量高达 50% 的橡胶沥青混合物，即橡胶母体。使用时将橡胶母体加入热沥青中，采用简单的搅拌设备加以搅拌即可实现母料与沥青的混溶。母体生产改性沥青的过程有两个关键因素需要注意，一是改性沥青母体的稳定性问题，另一个是改性沥青母体与掺配沥青的相容性和稳定性问题。

(3)胶乳法

采用丁苯胶乳(要求)直接投入沥青混合料拌合机与矿料、基质沥青拌合制作改性沥青混合料。该改性沥青工艺大大简化，缺点是在拌制沥青混合料时会放出大量的蒸汽，易使机械设备锈蚀，而沥青混合料中含有水分，对混合料的压缩性也有所影响，另外，输送胶乳的管道常会出现挂壁现象而导致管道阻塞。

6.1.4 乳化沥青

乳化沥青是将黏稠沥青加热熔融，在机械搅拌作用力下，以细小的微粒(粒径为2～5 μm)分散于含有乳化剂-稳定剂的水溶液中形成均匀稳定的水包油型(O/W)乳液。

乳化沥青始于20世纪初，最早被用于喷洒以减少粉尘，经历了由阴离子乳化沥青到阳离子乳化沥青的过程。由于阳离子乳化沥青具有许多良好的应用特性，发达国家在20世纪50年代就已经对其进行了研究、开发、生产及应用，我国也于20世纪70年代后期对乳化沥青进行研究开发。国内阳离子乳化沥青是1977年试制成功的，近年来，已广泛应用于铺路、土壤改良、固沙和水利建设中的防渗透、建筑防水、防腐、防潮等领域。

乳化沥青的优越性主要有以下几点：

(1)可冷态施工，节约能源，减少环境污染；

(2)常温下具有较好的流动性，能保证洒布的均匀性，提高施工质量；

(3)扩大了沥青使用范围，如水性涂料，路面中的稀浆封层、沥青混合料的冷再生等；

(4)乳化沥青与矿料表面良好的工作性和黏附性，可节约沥青；

(5)可延长施工季节，温度、湿度对施工影响较少。

6.1.4.1 乳化沥青的组成材料

1. 乳化沥青的基本组成材料

乳化沥青由沥青、水、乳化剂组成，需要时可加入少量助剂。

(1)沥青

生产乳化沥青用的沥青应适宜乳化。一般针入度为10～30(以0.1 mm计)的石油沥青多用来制备建筑防水用乳化沥青，针入度为100～300(以0.1 mm计)的石油沥青多用来制备路用乳化沥青，根据需要也采用改性沥青进行乳化。由于石油沥青的油源和生产方式的不同，其组分的化学结构和特性有很大差异，乳化的难易程度也不同，应通过试验加以选择。

(2)水

水是沥青分散的介质，水的硬度和离子对乳化沥青具有一定的影响，水中存在的镁、钙或碳酸氢根离子，分别对阴离子乳化剂或阳离子乳化剂有不同影响。应根据乳化剂的类型确定对水质的要求。

(3)乳化剂

乳化剂在乳化沥青中的用量很小，但对乳化沥青的形成、应用及贮存稳定性都有重大的影响。乳化剂一般是表面活性物质，称为表面活性剂。

(4)助剂

单靠乳化剂不可能完全满足成分复杂的不同种类沥青乳化的要求，从施工方面考虑，乳化沥青有不同的技术要求，例如透层油、黏层油、稀浆封层中的慢裂快凝等，所以必须使用助剂。助剂主要采用无机盐类和高分子化合物，用以提高乳化剂的乳化效果、沥青乳液的稳定性。稳定效果最好的无机盐类是氯化铵和氯化钙，常与各类阳离子乳化剂配合使用，加入量常为0.2%～0.6%，可节省乳化剂用量20%～40%。高分子助剂如淀粉、明胶、聚乙二醇等，在沥青微粒表面可形成保护膜，有利于微粒的分散，可与各类阳离子和非离子乳化剂配合使用，加入量为0.1%～0.15%。添加不同助剂得到的沥青乳液，在改善乳液稳定性、黏度以满足施工需要的同时，会对沥青乳液蒸发残留物的物理力学性能有不同程度的影响，所以应该严格控制其加入量。

2. 乳化剂分类和乳化能力 HLB

从结构来看，乳化剂是由非极性的疏水基和极性的亲水基组成的两基性分子，这种结构使乳化剂在溶液表(界)面形成定向、紧密的排列，改变了体系的表(界)面化学性质。当乳化剂的浓度超过其临界胶束浓度(CMC)时，表(界)面张力降至最低，从而具有乳化、消泡、分散等功能。

(1)乳化剂的分类

按照亲水基性质的不同，乳化剂分为离子型和非离子型两类。能在溶液中离解生成离子或离子胶束的称为离子型乳化剂，凡不能电离成离子胶束的称为非离子型乳化剂。乳化剂细分为阴离子型、阳离子型、两性离子型、非离子乳化型以及复合离子型等。各类乳化剂的简单介绍如下：

①阴离子乳化剂

此类乳化剂原料便宜易得，工艺简单，技术成熟，不必调节 pH 值就可直接使用，在乳化沥青的发展初期受到了重视。主要包括羧酸盐类、磺酸盐类、硫酸酯盐类、磷酸酯盐类等，但是阴离子乳化沥青与矿料特别是潮湿矿料以及碱性矿料的黏结性较差。

②阳离子乳化剂

此类乳化剂发展较晚，但实践发现它具有与各种矿料黏附性更好、用量少等优点，因此得到了更广泛的应用。主要有烷基胺类、酰胺类、咪唑啉类、季铵盐类、环氧乙烷双胺、胺化木质素等。其中二烷基或三烷基胺类一般没有乳化性，含有 C_{12}～C_{22}的单烷基胺类乳化剂效果较好，但是单烷基胺缺乏足够的乳化能力，所以现在常用含有 C_{12}～C_{22}烷基、2～4 个亚甲基的 *N*－烷基聚亚甲基二胺盐类乳化剂。烷基丙烯二胺常由丙烯腈与伯胺加成还原得到，而卤代烷同乙二胺反应也是合成 *N*－烷基乙二胺的最普通方法。同样，卤代烷与多亚甲基多胺(二亚甲基三胺、三亚甲基四胺等)反应，可以得到 *N*－烷基多胺。实践证明，有 C_{16}～C_{20}的脂肪烃基取代的乙撑或丙撑二胺是性能良好的阳离子乳化剂。季铵盐类乳化剂是应用最为广泛的阳离子乳化剂。主要有烷基季铵盐(如 1831、18331、1621 等)，杂环结构的季铵盐，通过酰胺、酯、醚等基团连接的季铵盐(如 $ArOC_2H_4OC_2H_4N^+MeEtCl^-$)等。特别是含氯烷基季铵盐类，如烷基吡啶氯化物，用于稀浆封层中能减少快裂型沥青乳液的流失。连有 C_8～C_{22}链的芳基或环烷基季铵盐，可以减慢沥青的破乳，并有改善与石料、混凝土等黏附性的作用。尽管季铵盐类的乳化能力与二胺类相当，但与石料等基体结合破乳后形成的覆盖膜层较薄。

酰胺类乳化剂常由脂肪酸(酯)胺解得到，其单酰胺化合物是一类重要的表面活性剂，反应过程中通入 CO_2 可防止二酰胺的生成。由脂肪酰胺的盐酸盐得到的乳液具有良好的贮存稳定性和对各种基体的黏附性能。脂肪酸的衍生物，特别是妥尔油与二乙烯三胺或四乙烯五胺的产物，是一种很有用的沥青乳化剂。另外，烷基酰胺多胺 RCO－NH$(C_3H_6NH)_nC_3H_6NH_2$ 中含有多个亲水性氨基，所以能通过调节 pH 值，得到性能各异的沥青乳液。但是酰胺类乳化剂在水中有水解现象。酰胺类乳化剂经进一步加热脱水可以形成咪唑啉类阳离子乳化剂，它的无机酸盐也是很好的乳化剂。

③两性离子乳化剂

它的分子结构与氨基酸相似，即分子中同时存在酸性基和碱性基，易形成“内盐”。主要有甜菜碱型、氨基酸型、咪唑啉型等，也有杂元素代替 N、P 的，如以 S 为阳离子基团活性中心的两性表面活性剂。其耐硬水、钙分散能力较强，与其他各类型的乳化剂有良好的配伍性，但价格较高。除甜菜碱型乳化剂外，表面活性剂的性质一般与溶液的 pH 值有关。

④非离子型乳化剂

非离子型乳化剂大多是由环氧乙烷与带活泼氢的化合物（如酚、醇、羧酸、胺等）反应得到的，其活性不仅与疏水烷基有关，还与聚氧乙烯链的长短有关。它具有高表面活性、稳定性以及良好的乳化能力，与其他乳化剂及其助剂的配伍性较好，并对金属离子有一定的螯合作用。它的活性与溶液的 pH 值无关，当形成沥青乳液时与集料的黏结力较弱，是靠水分蒸发破乳后，才能使沥青附着在集料表面上。非离子型乳化剂单独使用不多，主要是与阴离子乳化剂、阳离子乳化剂配合用于制造乳化沥青。非离子型乳化剂有以下作用：可以延长乳液与石料接触时的破乳时间；用于稀浆封层时，可以改善混合料的和易性；可以提高乳化能力。

(2)乳化能力 HLB

表面活性剂亲水基团和亲油基团的强弱，影响乳化剂的表面活性作用，对如何选择乳化剂是十分重要的。通常用亲水亲油平衡值（Hydrophilic－Lipophile Balance－HLB）的大小来表示亲水亲油能力的相对大小，HLB 值越小越亲油，越大越亲水，沥青用乳化剂的 HLB 值一般为 10～18 。由于沥青乳液中沥青的比表面积很大，所以乳化剂的浓度要远大于 CMC，才能达到充分乳化的目的，乳化剂用量一般控制在乳液的 0.13%～3%（质量分数）之间。

(3)乳化剂的复配体系

在实际应用中，往往采用不同种类的乳化剂混合物，以实现单一的乳化剂难以达到的效果，同时可以降低成本。

①非离子型与离子型乳化剂复配

离子型乳化沥青中的粒子，由于静电斥力而产生一定的张力，使沥青乳液的稳定性降低。而与非离子型乳化剂复合使用时，两者将交替吸附在颗粒表面上，大大降低了颗粒之间的静电张力，另外，非离子型乳化剂水化作用形成的水化层，对乳液的稳定性也有一定的协同效应。例如向季铵盐类中裂型乳化剂加入烷基聚氧乙烯醚，调节非离子型乳化剂的用量，可得到用于稀浆封层的慢裂快凝型的乳化剂。

②阴/阳离子乳化剂的复配

一般阴/阳离子乳化剂在水溶液中不能混合，否则会生成沉淀或发生絮凝，活性降低甚至消失。研究发现在一定条件下，阴/阳离子乳化剂的复配体系有很高的活性，显示出极大的增效作用，但乳化剂浓度超过体系的 CMC 后，阴/阳离子由于强烈的静电引力可能发生絮凝或沉淀，现有多种方法来提高复配体系的溶解性：①非等摩尔配比复配，以价格较低的阴离子乳化剂为主，配以少量高活性的阳离子乳化剂，阴/阳离子表面活性剂的摩尔比一般为4∶1～50∶1；②降低疏水链的对称性，如$C_8N-C_{12}S$和$C_{12}N-C_8S$体系的溶解能力高于$C_{10}N-C_{10}S$，但是对称性降低可能会使表面张力γ_{CMC}升高；③增大极性亲水基的体积，空间位阻的增加能减少阴、阳离子间的静电引力，使复合体系的溶解性增大；④引入聚氧乙烯基，即在离子型乳化剂中引入聚氧乙烯基形成混合型的乳化剂，有利于降低分子间的电荷密度、减弱阴/阳离子间的引力，同时聚氧乙烯链的弱亲水性也增大了复配体系的溶解度；⑤加入第三活性组分，非离子型乳化剂、两性离子乳化剂和离子型乳化剂有较好的配伍性，所以常用来改善阴/阳离子复配体系的溶解性，并可获得稀浆封层用的慢裂型乳化沥青。另外，发现用烷基磺酸盐代替烷基硫酸盐也能提高复配体系的溶解能力。并非直接混合就能得到活性很高的复配体系，其制造过程、包裹方法、阴/阳离子乳化剂以及第三活性剂的种类选择都很重要。一般先将阳离子表面活性剂经适当处理后再与阴离子表面活性剂复配使用。利用复合乳化剂的沥青乳液，与石料等基体的黏附性、抗剥落性等有明显的改善。

(4)乳化剂的选择

制备性能优良的乳液，乳化剂的选择很重要。HLB适合的乳化剂不一定是最佳的乳化剂，还要考虑乳化能力、乳化成本及乳化后的性能是否满足要求等。根据经验，常遵循以下原则：①优先选择离子型乳化剂；②选择与沥青组分中有相近结构的乳化剂；③使用复合乳化剂往往能达到更好的乳化效果。

世界各国常用的沥青乳化剂，见表6-15。

表6-15 世界各国沥青乳化剂的应用概况

类 型	国家	常用乳化剂	产品或代号
阴离子型	美国	妥尔油、松香、木质素	—
	俄罗斯	木焦油、石油环烷皂	康泰克特、阿西多尔
	捷克	烷基芳基磺酸盐	
	中国	肥皂、皂角、环烷酸铝皂、十二烷基磺酸钠	2301
阳离子型	美国	季铵盐	Enlphalt
	日本	丙烯二胺	Asfier
	加拿大	烷基二胺	Duomeet
	法国	酰胺	Neolastic
		季铵盐、烷基酰胺基多胺、咪唑啉、胺化木质素	JSA-1，2，3 CRS，ASF
两性离子型	美国	氨基酸类、甜菜碱类、咪唑啉类	—
	中国	氨基酸钠、磷脂	—
非离子型	美国	聚乙二醇、多元醇、聚氧乙烯醚	PEN-5
	中国	平平加、烷基聚环氧乙烯醚	OP

6.1.4.2 乳化沥青的技术性质与技术要求

1. 乳化沥青的技术性能与评价指标

(1)筛上剩余量

乳液中沥青微粒的均匀程度，是确定乳化沥青质量的重要指标，其测量方法是将乳液过1.18 mm孔筛，求出筛上残留物的质量分数。

(2)蒸发残留物含量及残留物性质

将一定量的乳液脱水后，求出其蒸发残留物含量(沥青含量)。沥青含量过高会使乳液黏度变大，贮存稳定性不好，不利于施工和贮存；沥青含量过低，乳液黏度较低，施工时容易流失，不能保证要求的沥青用量，同时增加乳液的运输成本，增加乳化剂用量。

蒸发残留物性质以针入度、延度和软化点表征，比较沥青乳化前后技术性质的变化。

(3)黏度

不同的施工方法、施工季节和使用目的，对乳化沥青的黏度要求不同。乳液黏度选择不当就可能造成过早损坏，可采用沥青标准黏度计或恩氏黏度计测定乳液的黏度。

(4)黏附性

阳离子乳化沥青的黏附性是将干净的石料放在水中浸泡1 min后，放入乳液中浸泡1 min，取出后置于空气中存放20 min，再于水中摆洗3 min，然后观察石料颗粒表面沥青膜的覆盖面积。阴离子乳化沥青是将干净的粒径为13.2～31.5 mm的碎石50 g排列在滤筛上，将滤筛连同石料一起浸入阴离子乳液中1 min，取出在室温下放置24 h，然后在40 ℃温水中浸泡5 min，观察乳液与石料表面的黏附情况。

(5)储存稳定性

储存稳定性是检验乳液的存放稳定性，将乳液在容器中置放规定的储存时间后，检测容器上下乳液的浓度变化。一般采用5 d的储存稳定性，如时间紧迫也可采用1 d的稳定性。

(6)低温储存稳定性

低温储存稳定性是检测乳液经受冰冻后，其状态发生的变化。将乳液加热到25 ℃，然后在-5 ℃温度下放置30 min，再在25 ℃温度下放置10 min，循环两次后，将试样过1.18 mm孔筛，如果筛上没有结块等残留物，则低温储存稳定性合格。

(7)微粒子电荷性

该指标用于确定乳液属于阳离子或阴离子类型。在乳液中放入两块电极板，通入6 V直流电，3 min后观察电极板上沥青微粒的黏附量。如果负极板上吸附大量沥青微粒，表明沥青微粒带正电荷，则该乳液为阳离子型，反之亦然。

(8)破乳速度

破乳速度试验是将乳液与规定级配的矿料拌和后，由矿料表面被乳液薄膜覆盖的均匀程度判断乳液的拌和效果，并鉴别乳液属于快裂、中裂或慢裂类型。乳化沥青的破乳速度按照表6-16的标准分级。

表6-16 乳化沥青的破乳速度分级

代号	破乳速度	A组矿料拌和结果	B组矿料拌和结果
RS	快裂	混合料呈松散状态，一部分矿料颗粒未裹覆沥青，沥青分布不均匀，并有些凝聚成块	乳液中的沥青在拌和后立即凝聚成团块，不能拌和均匀
MS	中裂	混合料混合均匀	混合料呈松散状态，一部分矿料颗粒未裹覆沥青，沥青分布不均匀，并有些凝聚成块
SS	慢裂		混合料成糊状，沥青乳液分布均匀

(9)水泥拌合试验与矿料的拌合试验

水泥拌合试验的目的是评价慢裂型乳液在与水泥的拌合过程中的凝结情况，是乳化沥青用于加固稳定砂石土基层、稀浆封层等施工的一项重要性能。将50 g水泥和碎石与50 g乳液试样拌和均匀后，加入150 mL蒸馏水拌匀，然后过1.18 mm孔筛，结果用筛上残留物占水泥和沥青总质量的百分比表示。

拌合试验是乳液试样与规定级配的混合料在室温下拌和后，以矿料裹覆乳液均匀状态来判断乳液类型的另一种试验方法，也是检验乳化沥青的拌和稳定性的方法。

2. 乳化沥青技术标准

按照施工方法，分为喷洒型和拌合型乳化沥青两大类。喷洒型乳化沥青，代号P，主要用于透层、黏层、表面处置或贯入式沥青路面；拌合型乳化沥青，代号B，主要用于稀浆封层、冷拌沥青混合料或再生路面基层。道路用乳化沥青技术要求见表6－17。

表6－17　道路用乳化沥青技术要求

试验项目		品种及代号					
		阳离子/阴离子				非离子	
		PC－1/PA－1	PC－2/PA－2	PC－3/PA－3	BC－1/BA－1	PN－2	BN－2
破乳速度		快裂	慢裂	快裂或中裂	快裂或中裂	慢裂	慢裂
粒子电荷		阴离子(－)/阳离子(＋)				非离子	
筛上残留物/%，≤		0.1					
黏度	恩格拉黏度计 E_{25}	2～10	1～6	1～6	2～30	1～6	2～30
	道路标准黏度计 $C_{25,3}$/s	10～25	8～20	8～20	10～60	8～20	10～60
蒸发残留物性质	残留物质量分数/%，≥	50			55	50	55
	溶解度/%，≥	97.5					
	25℃针入度/(0.1 mm)	50～200	50～300	45～150	45～150	50～300	60～300
	15℃延度/cm，≥	40					
与粗集料的黏附性(裹覆面积)，≥		2/3			—	2/3	—
与粗、细粒式集料拌合试验		—			均匀	—	
水泥拌合试验×筛上剩余量/%，≤		—			—	—	3
常温储存稳定性/%	1 d，≤	1					
	5 d，≤	5					
适用范围		表处、贯入、封层	透层油、基层再生用	黏层油用	稀浆封层、冷拌沥青混合料	透层油	基层再生

注：P为喷洒型，B为拌合型，C、A、N分别表示阳离子、阴离子、非离子乳化沥青。

6.1.4.3 改性乳化沥青

改性乳化沥青是用高分子聚合物对乳化沥青进行改性或者以高分子聚合物改性沥青进行乳化得到的产品。

随着工程要求越来越高，工程建设处于建设与维修养护并重的局面，特别是高等级道路预防性养护概念的提出，导致沥青稀浆封层和微表处的大量使用，使改性乳化沥青用量不断增加。

聚合物改性乳化沥青的生产工艺一般有三种：

第一种，将聚合物改性材料加入沥青中，将沥青改性，然后再将其乳化。这种工艺制备过程所需设备较多，工艺流程长，改性沥青黏度大，流动困难，消耗热能多，添加的聚合物一般需要研磨和高速剪切，消耗功率大，时间和人力投入大并造成环境污染和成本增加。

第二种，先制备乳化沥青然后掺配胶乳。这种工艺有两个工序，即沥青乳化和胶体混合，由于沥青颗粒和胶乳在机械强力搅拌下混合，有密度差、电荷、酸碱度、极性、相对分子质量、黏度区别，对改性乳化沥青的均匀性和稳定性影响很大，储存时会发生分离、沉淀、聚合物析出结块等现象，效果不理想。

第三种，将改性材料加入乳化剂水溶液中，然后与沥青同时进入乳化机进行乳化。这种工艺将乳化剂、改性剂和添加剂配制成水溶液，与热融的沥青同时进入乳化机制备乳化沥青。但出于所选择的配方和工艺方法的不同，产品性能有所改进，但性能质量及成本差别较大，而且一般需要添加酸类以将 pH 值调至 2 ～ 3，这对乳化沥青性能影响很大，并且会腐蚀设备和造成环境污染。

改性乳化沥青技术要求见表 6 - 18。

表 6 - 18　改性乳化沥青技术要求

试验项目		品种及代号	
		PCR	BCR
破乳速度		快裂或中裂	慢裂
粒子电荷		阳离子(+)	阳离子(+)
筛上剩余量(1.18 mm)/%，≤		0.1	0.1
黏度	恩格拉黏度计 E_{25}	1 ～ 10	3 ～ 30
	道路标准黏度计 $C_{25,3}$/s	8 ～ 25	12 ～ 60
蒸发残留物性质	残留物质量分数，≥/%	50	60
	针入度(100 g,25 ℃,5 s)/(0.1 mm)	40 ～ 120	40 ～ 100
	软化点/℃，≥	50	53
	5 ℃延度/cm，≥	20	20
	溶解度(三氯乙烯)/%，≥	97.5	97.5
与粗集料的黏附性(裹覆面积)，≥		2/3	—
储存稳定性/%	1 d，≤	1	1
	5 d，≤	5	5
适用范围		黏层、封层、防水黏结层	微表处

6.2　沥青混合料

6.2.1　沥青混合料的应用与分类

沥青混合料是由矿质混合料与沥青结合料经拌制而成的混合料的总称，其中矿料起骨架作用，沥青或沥青与填料形成的沥青胶浆起胶结和填充作用。沥青混合物经摊铺、碾压成型后成为沥青路面。沥青混合料是现代铺装结构的主要材料之一，主要有以下特点：

(1)沥青混合料具有良好的力学性质和使用性能，铺筑的路面表面平整，无接缝，减震，低噪声，行车舒适平稳。表面层具有一定的粗糙度，且无强烈反光，有利于行车安全。

(2)沥青路面可采用机械化施工，施工速度快，有利于施工质量控制，施工后即可开放交通。

(3)维修养护方便，便于分期修建和再生利用。

(4)与水泥混凝土、无机结合料稳定材料相比，其对荷载敏感性小。

因此，沥青混合料广泛用于高速公路、城市道路路面、机场跑道、高速铁路路基等。但是沥青混合料也存在高温稳定性和低温抗裂性不足、不适宜履带车通行、怕油(汽油、柴油、机油等)污染、怕水(容易出现水损害）等问题。

沥青混合料可按矿质混合料的级配、集料的最大粒径、混合料制造工艺、沥青特性和用途等进行分类。

1. 按矿质混合料的级配组成分类

矿料由适当比例的粗集料、细集料及填料组成，按材料组成及结构分为连续级配、间断级配混合料，按矿料级配组成及压实后剩余空隙率分为密级配、半开级配、开级配混合料。

(1)连续密级配沥青混合料

按密实级配原理设计组成，由各种粒径颗粒的矿料与沥青结合料拌合而成，设计空隙率为3%～6%(对不同交通及气候情况、层位可作适当调整)的混合料，分为密实式沥青混凝土混合料(AC)和密实式沥青稳定碎石混合料(ATB)。按关键性筛孔通过率的不同又可分为细型(AC－F)、粗型(AC－C)密级配沥青混合料等。粗集料嵌挤作用较好的也称嵌挤密实型沥青混合料。

(2)连续半开级配沥青混合料

由适当比例的粗集料、细集料及少量填料(或不加填料)与沥青结合料拌和而成，经马歇尔标准击实成型试件的剩余空隙率在6%～12%的半开式沥青混合料，也称沥青碎石混合料(AM)。

(3)开级配沥青混合料

矿料级配主要由粗集料嵌挤组成，细集料及填料较少，设计空隙率18%以上的混合料，分为使用高黏度沥青结合料的排水式沥青磨耗层混合料(OGFC)，排水式沥青稳定碎石基层(ATPB)。

(4)间断级配沥青混合料

矿料级配组成中缺少1个或几个档次(或用量很少)而形成的级配间断的沥青混合料，典型类型有沥青玛蹄脂碎石混合料(SMA)。

2. 按矿料的最大公称粒径分类

集料的最大粒径是指通过率为100%的最小标准筛筛孔尺寸，集料的最大公称粒径是指全部通过或允许少量不通过(一般容许筛余不超过10%)的最小标准筛筛孔尺寸，通常比最大粒径小一个粒级。例如，混合料在26.5 mm筛孔的通过率为100%，在19 mm筛孔上的筛余量小于10%，则此集料的最大粒径为26.5 mm，最大公称粒径为19 mm。

根据集料的最大公称粒径，沥青混合料分为特粗式、粗粒式、中粒式、细粒式和砂粒式，与之对应的集料尺寸见表6-19。

表6-19 热拌沥青混合料类型汇总表

沥青混合料类型	最大公称粒径尺寸/mm	最大粒径尺寸/mm	密级配			半开级配	开级配		间断级配
			粗型沥青混凝土	细型沥青混凝土	沥青稳定碎石	沥青碎石混合料	排水式沥青磨耗层	排水式沥青稳定碎石	沥青玛蹄脂碎石混合料
特粗式	37.5	53.0	—	—	ATB-40	—	—	ATPB-40	—
粗粒式	31.5	37.5	—	—	ATB-30	—	—	ATPB-30	—
	26.5	31.5	AC-25C	AC-25F	ATB-25	—	—	ATPB-25	—
中粒式	19	26.5	AC-20C	AC-20F	—	AM-20	—	—	SMA-20
	16	19	AC-16C	AC-16F	—	AM-16	OGFC-16	—	SMA-16
细粒式	13.2	16	AC-10C	AC-10F	—	AM-13	OGFC-13	—	SMA-13
	9.5	13.2	AC-10C	AC-10F	—	AM-10	OGFC-10	—	SMA-10
砂粒式	4.75	9.5	AC-5		—	—	—	—	—
设计空隙率/%	—	—	3～5	3～5	3～6	6～12	>18	>18	3～4

3. 按混合料制造工艺分类

(1)热拌热铺沥青混合料

采用沥青胶结料与矿料在热态下拌成沥青混合料，并在热态下铺筑施工的沥青混合料。由于在高温下拌和，沥青与矿质集料能形成良好的黏结，因而具有较高的强度。高等级公路和城市干道多采用这种沥青混合料。

(2)冷拌冷铺沥青混合料

采用乳化沥青、液体沥青，或者其他低黏度的液态沥青材料，在常温下与集料直接拌和、铺筑的沥青混合料。这种沥青混合料由于沥青与集料裹覆性差，黏结不良，路面成型慢，强度低，一般只适用于低交通道路，或者路面局部维修。

(3)热拌冷铺沥青混合料

沥青胶结料与集料在热态下拌和成混合料(通常使用冷铺添加剂)，在常温下储存起来，使用时在常温下直接在路面上摊铺压实。这种混合料一般用作沥青路面的养护材料。

(4)再生沥青混合料

将老化后的旧沥青混合料通过现场加热翻松或铣刨破碎运回拌合楼，再添加新集料和沥青或同时掺加再生剂，重新拌和成混合料，使其恢复性能再用于铺筑路面，这种混合料称为再生沥青混合料。

4. 按沥青的特性和用途分类

在道路工程中主要采用热拌热铺沥青混合料，称之为路用沥青混合料。如用于机场道面，则称为机场道面沥青混合料；用于大桥桥面铺装，则称为桥面铺装用沥青混合料。由于机场道面、桥面铺装的工作状态与道路路面有所区别，其合理的沥青混合料的组成与路用沥青混合料有一定差异。下面介绍各种沥青混合料的组成与性能。

防滑式沥青混合料：用于高等级公路和城市干道路面的表面层，粗集料较多，以提高沥青路面的抗滑性能。

排水性沥青混合料：为提高路面的雨天排水性能，以减少高速行车而产生喷雾、溅水，增强路面的抗滑性，拌制成多孔性沥青混合料，使雨水从路面内部排走。因为这种沥青混合料透水，所以又称为透水性沥青混合料。

沥青玛蹄脂碎石：由高含量的粗碎石和少量细集料形成骨架，用沥青、矿粉、纤维组成的玛蹄脂填充骨架的空隙，形成密实结构，以提高沥青混合料的路用性能。

浇注式沥青混合料：由高沥青含量、高矿粉含量和高细集料含量，在高温下经过较长时间拌和，成为一种流态的沥青混合料，摊铺后不用碾压即可成型。由于其在高温下操作，又称为高温摊铺式沥青混合料。

高强沥青混合料：在沥青中添加热固性树脂材料和固化剂，拌制成混合料，压实固化即形成具有很高强度的混合料。用于需要高强、耐久、耐油等场所。

改性沥青混合料：用改性沥青与集料拌和而成的沥青混合料，以提高其路用性能。根据改性沥青品种的不同而有各种不同性能的改性沥青混合料。

彩色沥青混合料：采用彩浅色胶结料、集料(或有色集料)、颜料拌和而成的混合料，用于铺筑彩色路面。由于浅色胶结料具有与沥青一样的性能，故也将它归类为沥青混合料。

再生沥青混合料：将旧沥青混合料经过破碎，筛分，添加再生剂、新集料和沥青，重新加热拌和成混合料，使其恢复性能再用于铺筑路面，这种混合料称为再生沥青混合料。

储存式沥青混合料：将集料与沥青拌和而成的混合料储存起来，有需要可随时在常温下摊铺压实。这种混合料多用于路面维修。

用适当级配的石屑或砂、填料(水泥、石灰、粉煤灰、石粉等)、乳化沥青、外掺剂和水，按一定比例拌和而成的流动状态的沥青混合料，将其均匀地摊铺在路面上形成的沥青封层叫稀浆封层。

用适当级配的石屑或砂、填料(水泥、石灰、粉煤灰、石粉等)，采用聚合物改性乳化沥青、外掺剂和水，按一定比例拌和而成的流动状态的沥青混合料，将其均匀地摊铺在路面上形成的沥青封层叫微表处。

6.2.2 沥青混合料的技术性质

6.2.2.1 沥青混合料的强度构成

1. 沥青混合料的组成结构

沥青混合料是由粗集料、细集料、矿粉与沥青或外加剂所组成的一种复合材料。粗集料分布在沥青与细集料形成的沥青砂中，细集料又分布在沥青与矿粉或掺剂料构成的沥青胶浆中，形成具有一定内摩擦力和黏结力的多级网络结构。由于各组成材料用量比例的不同，压实后沥青混合料内部的矿料颗粒的分布状态、剩余空隙率也呈现出不同的特征，形成不同的组成结构，而具有不同组成结构特征的沥青混合料在使用时则表现出不同的性能。按照沥青混合料的矿料级配组成特点，可将沥青混合料分为悬浮密实结构、骨架空隙结构和骨架密实结构。

（1）悬浮密实结构

在连续密级配的沥青混合料中，细集料较多，粗集料较少，粗集料颗粒彼此分离悬浮于细集料和沥青胶浆之间，不能形成嵌挤骨架，形成了所谓悬浮密实结构，见图6-29a。

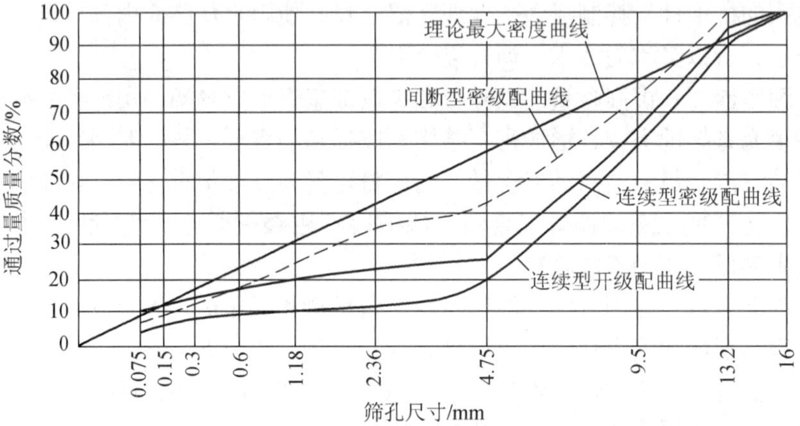

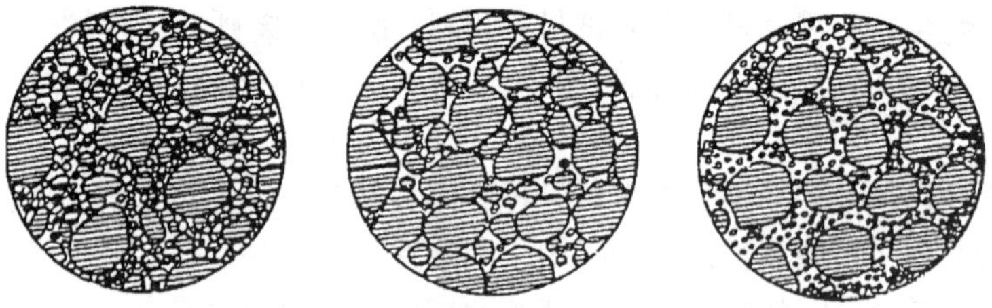

(a) 悬浮密实结构　　(b) 骨架空隙结构　　(c) 骨架密实结构

图6-29　三种类型矿质混合料级配曲线及其典型组成结构

悬浮密实结构的沥青混合料经施工压实和交通荷载搓揉压实后，密实度较高，水稳定性、低温抗裂性和耐久性较好。由于受沥青性质及其状态的影响较大，在高温条件和重载作用下，可能导致高温强度不足或高温稳定性下降。典型混合料：细级配沥青混合料（如AC-13F）。

（2）骨架空隙结构

采用间断密级配，粗集料形成骨架，细集料充分填充骨架空隙，形成密实、骨架嵌挤结构，见图6-29b。

此类混合料的强度和稳定性主要源于粗集料之间的嵌挤力，因而高温稳定性较好，但由于压实后混合料剩余空隙率较大、渗透性较好，在使用过程中，空气和水分容易进入混合料内部，引发沥青老化，如有积水，则易诱发沥青从集料表面剥落从而引起水损害，因此耐久性较差。典型混合料有沥青碎石混合料和开级配磨耗层沥青混合料。

(3)骨架密实结构

采用间断密级配或连续密级配，有足够数量的粗集料形成完全嵌挤或较强嵌挤骨架，又有足够的细集料和沥青胶浆充分填充骨架空隙，形成较高密实度的骨架结构，称为骨架密实结构，见图 6－29c。这种结构兼具上述两种结构的优点，是一种较为理想的混合料结构类型。典型混合料有沥青玛蹄脂碎石 SMA 和粗级配沥青混合料。

2. 沥青混合料的结构强度及其影响因素

(1)沥青混合料结构强度的构成

沥青混合料的力学强度是由矿质集料颗粒之间的嵌挤力(内摩阻力)和沥青与集料之间的黏结力以及沥青的内聚力所构成的。

无论沥青混合料属于哪一种类型，其力学强度都可以按库仑定律予以表征，即在外力作用下材料不发生剪切滑移时应满足下列条件：

$$\tau \leqslant c + \sigma \tan\varphi \tag{6-26}$$

式中　τ——沥青混合料的抗剪强度，MPa；

c——沥青混合料的黏结力，MPa；

φ——沥青混合料的内摩擦角，(°)；

σ——试验时的正应力，MPa。

沥青混合料的黏结力和内摩擦角可以通过三轴剪切试验确定。在规定条件下，对沥青混合料试件实施不同的侧向应力和测试法向应力，可以得到一组摩尔应力圆，如图 6－30 所示。图中应力圆的公切线为摩尔-库仑应力包络线，即抗剪强度曲线，该包络线与纵轴的截距表示沥青混合料的黏结力 c，与横轴的交角为沥青混合料的内摩擦角 φ。

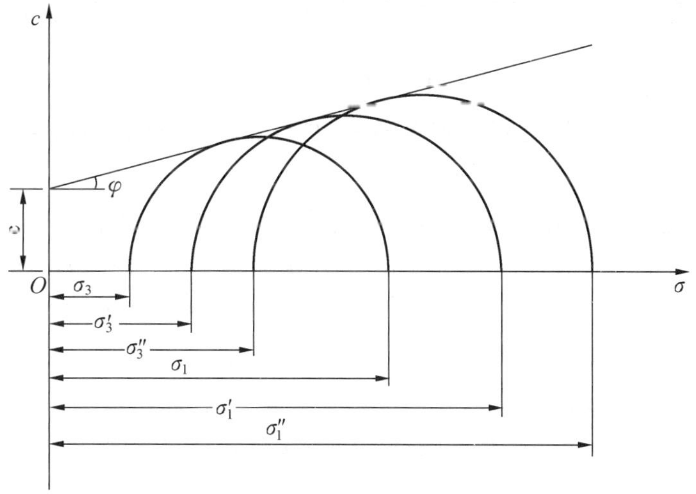

图 6－30　三轴试验摩尔圆包络线图

(2)沥青混合料结构强度的影响因素

①沥青混合料的黏度

沥青混合料的黏度反映沥青的内聚力。沥青的黏度越高，则沥青混合料黏结力越大，并可以保持矿料的相对嵌挤作用，抗变形能力相对越高。图 6－31 为沥青黏度对沥青混合料黏结力和内摩擦角的影响。多孔性沥青混合料主要依靠沥青的黏结性而形成强度，故常用高稠度沥青或改性沥青作为黏结料。日本就采用高黏度沥青拌制多孔性混合料。

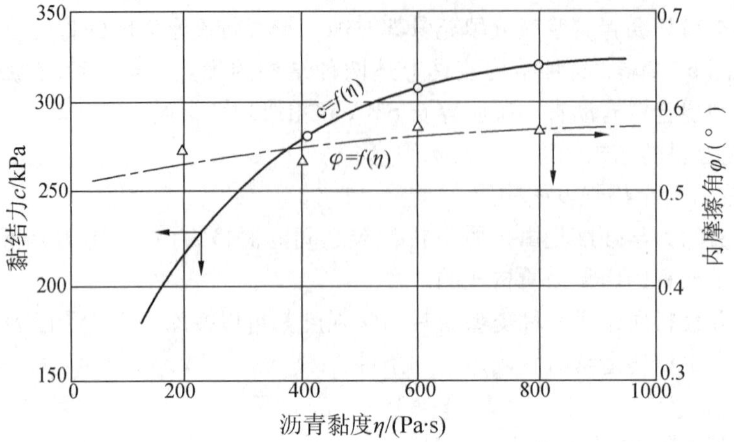

图 6-31　沥青混合料黏结力和内摩擦角与沥青黏度关系示意图

②矿质混合料性能的影响

矿料的岩石种类、级配组成、颗粒形状和表面粗糙度等特性对沥青混合料的嵌挤作用或内摩擦角影响较大。

集料岩石的岩性影响着沥青的黏附性。沥青充分浸润石料的表面，形成良好的黏附，是混合料获得良好黏结力的重要条件。沥青与酸性石料，如花岗岩、石英岩的黏附性较差，而如果在沥青中添加抗剥落剂，提高沥青与石料的黏附性，则有利于提高沥青混合料的强度。

集料间嵌挤作用分为三个层次：粗集料间嵌挤作用最强，粗细集料间嵌挤作用次之，细集料间嵌挤作用最弱。因此沥青混合料的内摩擦角随其组成结构与公称最大粒径而变化。

集料表面粗糙，形成凹凸的微表面，经过压实后，颗粒之间能形成良好的齿合嵌锁，使混合料具有较高的内摩擦力。故配制沥青混合料要求采用轧制碎石。如采用河卵石，则要求将河卵石加以破碎，卵石颗粒至少有两个破碎面。采用棱角非常丰富的集料拌制沥青混合料，往往拌和与压实比较困难，就是因为内摩擦力大，但压实后能形成较高的强度。

集料颗粒的形状宜接近立方体，呈多棱角，以承受荷载而不折断、不破碎，嵌挤后能形成较高的内摩擦力；而表面光滑的颗粒，则易引起滑移而导致路面变形；针状、片状的集料，在荷载作用下极易断裂破碎，从而易造成沥青路面的内部损伤和缺陷。

③沥青与矿料之间的相互作用

沥青混合料黏结力除了与沥青材料自身的内聚力有关外，还取决于沥青与矿料的交互作用。矿质集料颗粒对于包裹在表面的沥青分子具有一定的化学吸附作用，这种吸附作用比矿料与沥青的分子间吸附(物理吸附)要强得多，并使矿料表面吸附沥青组分重新分布，形成一层吸附溶化膜，称为结构沥青。结构沥青膜层较薄，黏度较高(见图 6-32)，与矿料之间有着较强的黏结力。在结构沥青之外，未与矿料发生交互作用的沥青称为自由沥青，保持着沥青的初始内聚力。沥青与矿料颗粒间的化学吸附是有选择性的，碱性石料化学吸附强，酸性石料化学吸附弱。

④矿料比表面积和沥青用量的影响

根据沥青与矿料之间的交互作用原理，沥青混合料的黏结力既取决于结构沥青的比例，也取决于矿料颗粒之间的距离，如图 6 - 32 所示。当矿料颗粒之间距离很近，并与黏度增加的结构沥青相互黏结时，具有较高的黏结力；反之，当矿料颗粒与自由沥青相互黏结时，则黏结力较低。

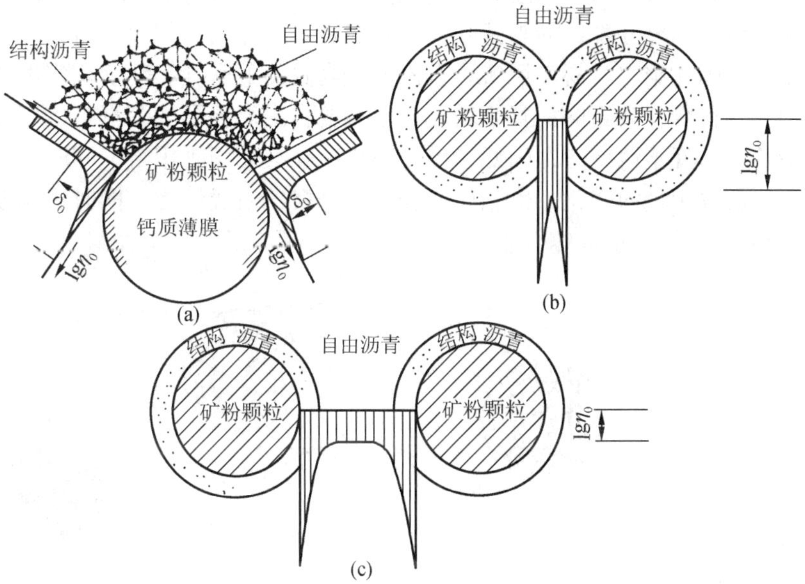

图 6 - 32　沥青与矿料交互作用结构示意图

在相同的沥青用量条件下，与沥青产生交互作用的矿料表面积愈大，则形成的沥青膜愈薄，在沥青中结构沥青所占的比率愈大，因而沥青混合料的黏聚力也愈高。通常在工程中，以单位质量集料的总表面积来表示表面积的大小，称为比表面积，表 6 - 20 为集料的比表面积系数计算示例。矿料比表面积随粒度变小而显著增大。由于混合料中矿粉的比表面积比重较大，因此矿粉的品种与用量对混合料的强度影响较大，由于石灰石或强基性岩石等憎水性石料磨细得到的矿粉与沥青亲和良好，能形成较强的黏结性能，而由酸性石料磨成的矿粉则与沥青亲和不良；提高矿粉细度可增加比表面积，所以希望小于 0.075 mm 的矿粉含量不要过少，但是小于 0.005 mm 部分的含量亦不宜过多，否则将使沥青混合料结成团块，不易施工且影响使用性能。在沥青用量一定的情况下，适当提高矿粉用量，可提高沥青胶浆的黏度，使胶浆的软化点明显上升，有利于提高混合料强度；但矿粉用量过多，则又会使混合料过于干涩，影响沥青与集料的裹覆和黏附，反而影响沥青混合料的强度，因此，矿粉与沥青之比（粉胶比）依不同混合料类型有其适宜范围，如密级配 AC 类混凝土以 0.8 ～ 1.2 为宜。

表 6-20 集料的比表面积系数计算示例

筛孔尺寸/mm	19	16	13.2	9.5	4.75	2.36	1.18	0.6	0.3	0.15	0.075	集料比表面积总和 SA /($m^2 \cdot kg^{-1}$)
比表面积系数 FA_i	0.0041	—	—	—	0.0041	0.0082	0.0164	0.0287	0.0614	0.1229	0.3277	
通过百分率 P_i/%	100	92	85	76	60	42	32	23	16	12	6	
比表面积 $FA_i \times P_i$ /($m^2 \cdot kg^{-1}$)	0.41	—	—	—	0.25	0.34	0.52	0.66	0.98	1.47	1.97	6.60

图 6-33 反映了沥青用量对沥青混合料黏结力 c 和内摩擦角 φ 的影响趋势。沥青用量过少，混合料干涩，混合料内聚力差；适当增加沥青用量，将会改善混合料的胶结性能，便于拌合，使集料表面充分裹覆沥青薄膜，以形成良好的黏结。与此同时，由于混合料的和易性得到改善，因此施工时易于压实，有助于提高路面的密度和强度。当沥青用量进一步增加时，则使集料颗粒表面的沥青膜增厚，多余的自由沥青形成润滑剂，以致在高温时易形成推挤滑移，出现塑性变形，因此，混合料中存在最佳沥青用量。同时，在矿料级配不变的前提下，沥青用量的变化，也相应改变了混合料的组成结构，同时影响沥青混合料的 c、φ 值，对混合料强度造成综合叠加影响。

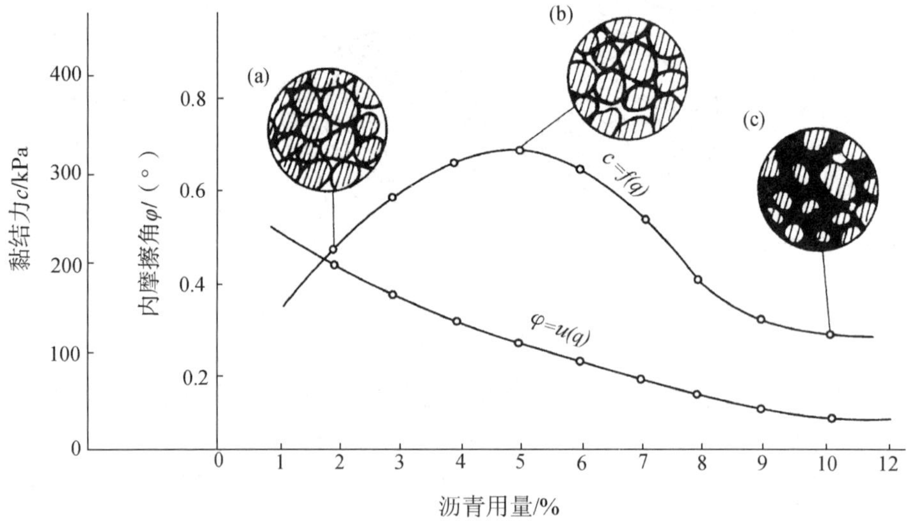

图 6-33 沥青用量对混合料 c、φ 的影响

⑤使用环境的影响

使用环境温度和荷载条件对沥青混合料的强度有很大影响(主要影响沥青结合料黏结力 c)，当温度升高时，沥青的黏度降低，流动性增大，从而使混合料强度降低。反之，温度降低，则混合料变硬，刚度增大，强度提高；但当温度进一步降低时，混合料发脆，强度反而降低。沥青混合料在瞬时荷载作用下，表现为弹性性质，强度高；在长时间荷载作用下，强度低。

综上所述，高强度沥青混合料的基本条件是：多级嵌挤密实的矿料骨架；高黏度的沥青结合料及针对使用条件确定的拌和、压实工艺条件下的最佳沥青用量与粉胶比；能与沥青起化学吸附的矿料。

6.2.2.2　沥青混合料应力应变特性

道路沥青路面，尤其是在半刚性基层上的沥青面层、桥面沥青的铺装，在使用过程中所出现的车辙、推挤等永久变形，主要是由于沥青本身强度和稳定性不足所引起的。如果假设沥青混合料中的矿质集料是不可变形的刚性材料，那么，沥青混合料的变形则是由于矿质颗粒之间的沥青膜在外力作用下产生了剪切变形，以致引起集料颗粒发生相对位移的结果。因此，沥青混合料的变形性质与其结合料的性质有密切关系。

沥青结合料是典型的黏弹性材料。虽然由一定级配和适量沥青拌和而成的沥青混合料中所含的沥青仅占百分之几，但是沥青混合料的黏弹性性质受沥青的影响。它与沥青材料的变形特性一样，沥青混合料在外力作用下的变形不仅与荷载的大小、荷载的作用时间有关，而且受温度的影响极大，完全表现为黏弹性性质。总的来说，沥青混合料的力学特性既相似又有别于沥青和集料。

沥青劲度的概念同样适用于沥青混合料，劲度的表达式同样是应力与应变的比值。有时为方便应用，用劲度模量倒数的表达方式，称其为柔量：

$$J(T,t) = \frac{\varepsilon(t)}{\sigma_0} \tag{6-27}$$

沥青混合料的变形随荷载作用时间的长短而不同，因而在研究其变形性质时必须说明变形所处的时间。另一方面，沥青混合料的变形随温度的变化而变化。高温时其弹性效应降低，黏性性质增强；相反，低温时沥青混合料刚度增大，弹性效应明显，黏性性质减弱。故评价沥青混合料的力学性质时还必须说明其所处的温度。图 6－34 给出了沥青混合料在高温或长时间荷载作用条件下的蠕变变形特性、低温温缩时的温度应力松弛特性。

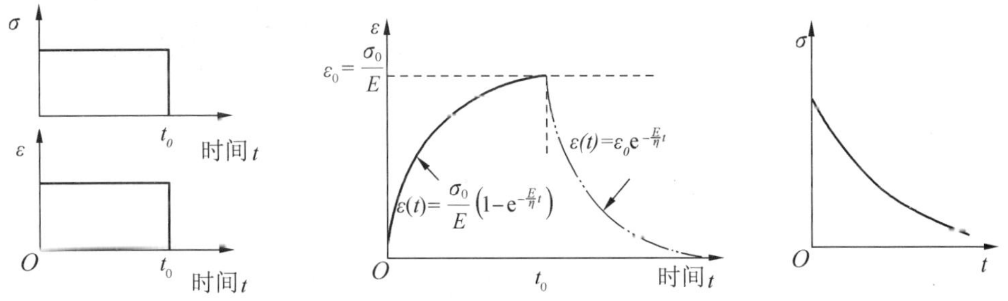

（a）加载模式　　（b）蠕变曲线示意图　　（c）松弛曲线示意图

图 6－34　沥青混合料蠕变和应力松弛曲线示意图

6.2.2.3　沥青混合料的路用性能

沥青混合料是公路、城市道路以及机场道路等的主要铺面材料，它直接承受车轮荷载和各种自然因素——日照、温度、空气、雨水等的作用，其性能和状态都会发生变化，以致影响路面的使用性能和使用寿命。为了保证沥青路面长期保持良好的使用状态，沥青混合料应具有足够的高温稳定性、低温抗裂性、耐久性、水稳定性、抗滑性以及施工和易性等路用性能。

1. 高温稳定性

随着社会与经济的发展，客货运量迅速增加，道路交通量增大，特别是重型车辆的增多和高压轮胎的使用，交通流的渠化，使沥青路面车辙日趋严重(图6-35)。在重交通道路，尤其是行驶载重汽车的车道、城市道路的交叉口、公共汽车停车站等部位，车辙是经常可见的。车辙不仅使路面变形，而且似轨道状的车辙将严重危及行车安全，这是因为车槽中的积水会引起水漂；同时车辙加深，使方向盘难以控制，增加行车的危险性。车辙是沥青路面的主要破坏形式。

高温稳定性是指沥青混合料在高温条件下，能够抵抗荷载的反复作用，不发生显著永久变形(不可恢复变形如车辙、波浪及推移拥包等)，保持路面平整的特性。

(1)高温稳定性的评价方法和评价指标

沥青混合料的高温稳定性的评价试验方法较多，如圆柱体试件的单轴静载、动载、重复荷载压缩或蠕变试验；三轴静载、动载、重复荷载压缩试验；简单剪切的静载、动载、重复荷载试验等；模拟轮胎反复作用试验如多轮车辙试验、全自动沥青路面分析仪、德国汉堡车辙试验等车辙试验；此外，还有马歇尔稳定度、维姆稳定度等工程试验。本节主要介绍工程中常用的两个试验及其评价指标。

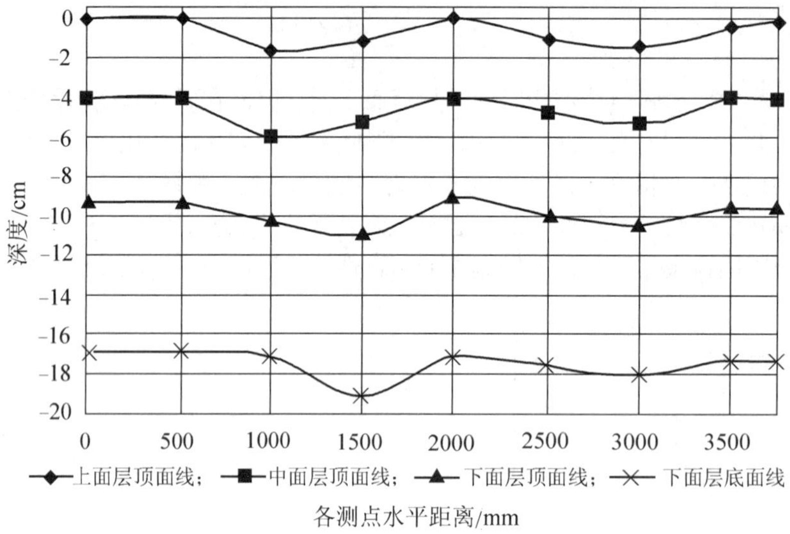

图6-35 某高速公路沥青路面车辙断面图

①马歇尔稳定度试验

马歇尔试验是美国密西西比州公路局工程师马歇尔提出来的。起初是为修建沥青道路确定沥青混合料油石比用的，后来逐渐推广至道路中应用。该法试验设备简单、操作方便，被世界许多国家所引用。我国于20世纪70年代引进，现在广为应用。

马歇尔试验是将沥青混合料制备成 ϕ101.6 cm × 6.35 cm 的试件，将试件侧向置于半圆状的压模中，使试件受到一定的侧限。压缩试件至破坏的压力称为马歇尔稳定度，以N计；以破坏时试件的压缩量表征试件的变形性能，称为流值，以0.1 mm计。试验温度为60℃，模拟夏季沥青路面的最高温度。

马歇尔稳定度和流值既是我国沥青混合料配合比设计的主要指标，也是沥青路面施工质量控制的重要试验项目。但应当提出的是，马歇尔稳定度和流值是一种经验指标，它不能确切地反映沥青混合料永久变形产生的机理。实践表明，沥青混合料的马歇尔稳定度、流值与沥青路面的抗车辙性能相关性不好。

②车辙试验

车辙试验方法首先是由英国运输与道路研究所(TRRL)开发的，并经过法国道路与桥梁研究中心(LCPC)和日本道路协会的改进与完善。车辙试验是模拟车轮荷载在路面上行驶而形成车辙的工程试验方法。室内小型往复式轮辙试验、大型环道试验以及直道行走试验等都属于车辙试验。小型往复式轮辙试验设备简单，试验方便，原理直观，它虽然并不给出材料的力学参数，也不能预估沥青混合料车辙变形的发展，但易于被人们理解和接受，同时轮辙试验的结果与实际沥青路面的车辙之间有良好的相关性，因而国内外应用广泛。

车辙试验是将沥青混合料在专用的轮辙成型机上成型(尺寸为 30 cm × 30 cm × (5 ~ 10cm))的试件。轮压成型的线压力为 0. 3 kN/cm，轮压 12 个往返使混合料达到马歇尔试件密度的 100% 。试验轮直径为 200 mm，轮宽 50 mm，实心橡胶轮厚 15 mm，橡胶轮的硬度有一定要求。橡胶轮在混合料试件上行走的距离为 230 mm ± 10 mm，行走速度为 42 次/min。橡胶轮的接地压力为 0. 7 MPa，但有的国家，如美国战略公路研究计划(SHRP)采用0. 65 MPa，日本沥青协会采用 0. 645 MPa。试验温度主要根据各地的气温决定，因而各个国家有很大的差别，如英国道路研究所规定试验温度为 45 ℃；日本道路协会规定为 60 ℃,但北海道地区因为气温较低，试验温度可为 45 ℃；我国沥青路面规范规定为 60 ℃。

车辙试验结果得到车辙变形随时间变化的曲线，如图 6 - 36 所示。由于车辙试验开始时机械装置有一调整过程，会有虚假变形，故一般不以试件的总变形(车辙)来评价混合料的抗车辙性能，而以变形趋于稳定的 45 min 到 60 min 这段时间的轮辙变形计算混合料的抗永久变形能力，以动稳定度 DS 表示：

$$\mathrm{DS} = \frac{(60-45)\times 42}{D_{60}-D_{45}} \times C_1 C_2 \quad (次/\mathrm{mm}) \tag{6-28}$$

式中　D_{45}，D_{60}——分别为 45 min 和 60 min 时的轮辙变形量，mm；

C_1——轮辙试验机类型系数，曲柄连杆驱动加载轮往返运行方式为 1. 0；

C_2——试件系数，实验室制备的宽 30 cm 的试件为 1. 0。

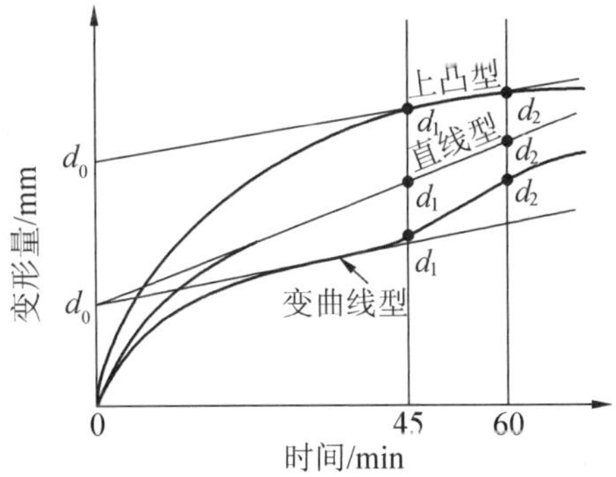

图 6 - 36　混合料车辙变形随时间的变化曲线

(2)影响高温稳定性的主要因素分析

沥青混合料的高温稳定性的形成主要来源于矿料的嵌挤作用和沥青的高温黏度，有研究认为，沥青混合料的高温抗车辙性能，集料的因素约占 70% ，而沥青约占 30% 。矿料颗粒的嵌挤作用主要与集料级配的颗粒特性有关，多级嵌挤混合料组成结构显然比密实悬浮结构高温稳定性优越，破碎的碎石具有丰富的棱角和发达的纹理构造，经压实后颗粒之间能形成紧密的嵌锁作用，有利于增强混合料的稳定性。沥青高温黏度大，与集料的黏附性好，在高温下仍能保持足够的黏滞性，使混合料具有一定的强度和劲度，而不致出现过大的变形；含蜡量高的沥青，当温度接近软化点温度时，蜡的熔融会引起沥青黏度的明显降低而失稳；沥青中沥青质的含量对其热稳定性也有一定影响，一般沥青质含量高的沥青，热稳定性也好；在沥青中添加聚合物，能有效地提高高温稳定性。

混合料中的沥青含量对其热稳定性有明显的影响。因为当沥青用量过少时，集料表面沥青膜过薄，混合料呈干枯状而缺乏足够的黏结力，不能形成高的强度，稳定度不高。增加沥青用量，混合料黏结力增强，稳定度随之提高。然而当沥青用量进一步增加，集料表面沥青膜增厚，自由沥青增多，从而使稳定度降低。混合料中沥青用量过多往往是产生车辙的重要原因。

混合料剩余空隙率为3%～5%的密实型沥青混合料具有较高的力学强度。随着空隙率的增大，混合料强度降低。因此尽可能降低混合料的空隙率有利于提高沥青路面的强度和耐久性，但是混合料空隙率过低，如低于3%，则当温度升高时，混合料中的沥青发生体积膨胀，软化的沥青无空隙可容，则会从路面中挤出来而形成泛油或产生推移变形。

道路的环境条件对沥青路面的高温稳定性有直接的影响。夏天的持续高温常使沥青路面过于软化，而导致路面的变形加剧。交通量的猛增，尤其集装箱车辆的增加也加速路面的损坏，这种现象在高温季节将更为严重。

表6－21 汇总了各种因素对沥青混合料高温稳定性的影响。

表6－21　沥青混合料高温稳定性的影响因素

因素		因素变化	因素变化对车辙的影响
集料	表面纹理	光滑→粗糙	减小
	级配	连续→间断	减小
	形状	圆滑→棱角	减小
	粒径	最大粒径增大	减小
沥青结合料	黏度	增大	减小
	劲度	增大	减小
	敏感性	增强	增大
混合料	沥青含量	增加	增大
	空隙率	增加	增大
	集料间隙率(VMA)	增加	增大
环境	温度	升高	增大
	应力/应变状态	增大	增大
	交通量	增加	增大
	交通渠化	严重	增大
	基层强度	增大	减小
	雨水	干燥→潮湿	增大

2. 低温抗裂性

当冬季气温降低时，沥青面层将产生温度收缩应力。但是在一般情况下，由于沥青混合料具有应力松弛的能力，所产生的温度应力会随时间的延长而逐渐松弛减小，不会对沥青路面产生较大的危害。然而，如果气温急剧降低，沥青路面的温度在短时间内降低过快，沥青路面层内会产生较大的收缩应力，而且随着温度的下降，沥青路面的刚度增大(沥青老化同样引起混合料刚度增大)，松弛能力降低，使层内的温度收缩应力来不及松弛释放，当收缩拉应力超过混合料的容许拉应力或容许拉应变时，沥青面层就会发生断裂，使路面产生自上而下发展的横向裂缝，简称低温裂缝。

沥青路面低温开裂是世界各地普遍存在的问题，在北欧、北美、俄罗斯、日本以及我国北方等国家和地区，沥青路面低温开裂的现象更为突出。然而在温暖的地区，当沥青路面采用了较高黏度的沥青，或者吸水率较大的集料，突然的降雨会引起路面温度的急剧下降，从而引起路面的开裂。

因此要求沥青混合料应具备一定的低温抗裂性能。温度收缩应力与沥青混合料低温区线收缩系数、劲度模量、降温速率线性相关。良好的低温抗裂性能要求沥青混合料具有较高的低温强度、较大的低温变形能力或较小的线收缩系数、较低的低温劲度模量、较大的低温松弛模量。

(1)低温抗裂性能的评价方法与指标

目前用于研究和评价沥青混合料低温抗裂性能的方法可以分为三类：预估混合料的开裂温度；评价沥青混合料的低温变形能力或应力松弛能力；评价沥青混合料断裂能力。相关的试验主要包括：等应变加载的破坏试验，如间接拉伸试验、直接拉伸试验、低温收缩试验、低温蠕变弯曲试验、受约束试件温度应力试验、应力松弛试验等。

①预估混合料的开裂温度

通过间接拉伸或直接拉伸试验，建立沥青混合料低温抗拉强度与温度的关系，如图 6－37 所示；再根据理论方法，由沥青混合料低温区温度收缩系数、劲度模量、降温幅度计算沥青面层可能出现的温度应力与温度关系。根据温度应力与抗拉强度的关系预估沥青面层出现低温缩裂的温度 T_p。T_p 越低，沥青混合料的开裂温度越低，低温抗裂性越好。

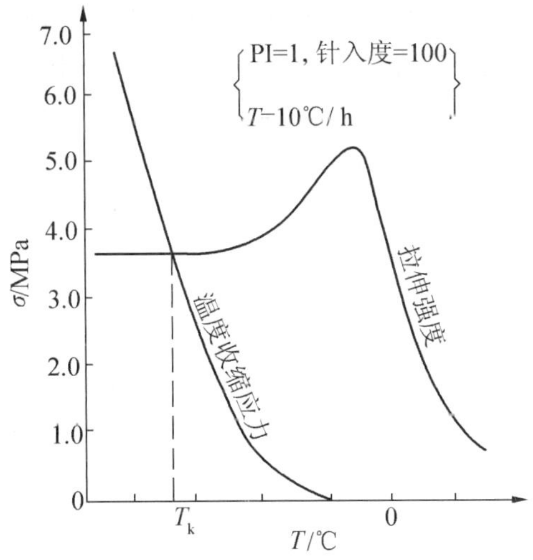

图 6－37　沥青混合料低温开裂判据

②低温蠕变试验

在“八五”科技攻关中，提出了用控制沥青混合料的蠕变速率来达到避免路面开裂的目的。蠕变试验中应变与时间的关系曲线与在较高温度下的蠕变曲线一样，但从防止沥青路面低温开裂的角度出发，则要求混合料在低温下有较快的蠕变速率，以便使应力得到松弛释放。

蠕变试验可以采用弯曲蠕变或拉伸蠕变的试验方法，但弯曲蠕变试验相对比较方便。弯曲蠕变试验试件的尺寸为 30 mm × 35 mm × 250 mm，试验温度为 0℃，弯拉应力为 1 MPa，试验结果得到蠕变稳定阶段的蠕变速率。沥青混合料的蠕变速率与沥青的性质、沥青的用量以及混合料的级配组成有关。蠕变速率越大，沥青混合料在低温下的变形能力越大，松弛能力越强，低温抗裂性能越好。

③低温弯曲试验

低温弯曲试验主要测定沥青混合料的低温极限弯拉应变，是我国沥青混合料的低温抗裂性的设计控制指标。沥青混合料在低温下的极限变形能力，反映了黏弹性材料的低温黏性和塑性性质，所以低温的极限弯拉应变也是评价低温性能的一种指标。显然极限应变越大，则其抗裂性越好。沥青混合料在低温下具有足够的弯拉应变能力，则路面有可能避免出现低温收缩开裂的。沥青混合料在低温下的极限弯拉应变与其沥青结合料的性质有很大的关系，为了提高沥青路面的抗裂性，使用橡胶类或热塑性橡胶类改性沥青是有效的措施。

(2)影响沥青混合料低温性能的主要因素

沥青混合料在低温下的抗拉强度、松弛能力以及收缩性质等，对沥青混合料的断裂特性有着直接的影响，而影响上述三方面特性的因素，既有沥青混合料本身也有外界环境的各种因素。

沥青混合料的抗拉强度与温度有密切关系，随着温度的降低，抗拉强度增大，当低于某一温度之后，抗拉强度又随之降低，抗拉强度与温度的关系曲线出现一峰值。峰值所对应的温度被定义为沥青混合料的脆化温度。沥青混合料由于黏弹性性质，存在着应力松弛，故抗拉强度随着荷载作用时间的延长而降低。因此，确定沥青混合料的强度还必须规定荷载作用时间。沥青混凝土的强度比沥青碎石要高得多，这说明密级配比开级配的抗拉强度高。同时也不难理解，沥青黏滞度高的强度高，黏滞度低的则强度低。在沥青中掺加 SBS 改性剂后，混合料具有较高的低温应力松弛能力，故在低温下其抗拉强度反而有所降低。

沥青混合料的收缩系数是一个复杂的物理常数，这不仅与沥青混合料的材料性质及组成有关，而且还与降温的速率及所处的温度条件等因素有关。日本菅原照雄测得沥青混合料的收缩系数在 -20 ～ 10℃ 内约为 3.30×10^{-5}/℃，而在 10 ～ 25℃ 内为 2.21×10^{-5}～3.25×10^{-5}/℃。罗斯(B. E. Ruth)等人对沥青质量分数为 7.5%，沥青相对密度为 1.03，集料相对密度为 2.65，沥青体胀系数为 4.5×10^{-4}/℃，集料体胀系数为 2.70×10^{-5}/℃的沥青混合料进行测试，测得其线收缩系数为 3.334×10^{-5}/℃。在冷却速率为 5℃/h 和 2.5℃/h 的条件下测得收缩系数为 2.0×10^{-5}～4.0×10^{-5}/℃。

影响沥青混合料低温劲度的最主要因素是沥青的低温劲度，而沥青黏度和温度敏感性是决定沥青劲度的主要指标。对于相同油源的沥青，针入度较大、温度敏感性较低的沥青低温劲度较小，抗裂能力较强，所以在寒冷地区，可采用稠度较低、劲度较低的沥青，或采用稠度更低、劲度更低的基质沥青，再用橡胶类或热塑性橡胶类改性从而获得松弛能力、变形能力更强的改性沥青。

3. 沥青混合料的耐久性

耐久性有两层意思：一是沥青路面在反复荷载的作用下，有良好的耐疲劳性能，能够经受车辆千万次的作用而不过早地出现疲劳裂缝；二是沥青路面在阳光和大气自然因素的作用下，有良好的抗老化能力。

(1)沥青混合料的抗老化性

沥青混合料在拌制过程中将发生明显的老化，其中，包括沥青热态运输、储存、配油釜中调配、加热升温以及在拌缸内与热集料混合过程中引起的老化；沥青路面在长期使用过程中，受到各种自然因素，如空气中的氧、水、紫外线以及车辆荷载等的作用，使沥青混合料产生许多复杂的物理、化学变化，沥青逐渐老化而硬化，最终路面出现开裂而损坏。沥青路面的老化，主要是所含沥青的老化，这表现为回收沥青针入度增大、软化点提高、延度大幅度降低。

研究表明，沥青路面中不同部位的沥青老化程度是有明显差别的，在承受重交通荷载作用的路中车道上，沥青老化速度反而比不承受交通荷载作用的路边慢；沥青路面的老化速率与外界条件和沥青混合料的组成结构有关。在日照时间长、气温又高的地区，沥青路面老化速度较快，而在气温较低、日照又短的地区，沥青路面的老化速度则较慢。沥青混合料的空隙率对其老化的速率有很大影响，空隙率越大，老化得越快；沥青混合料集料表面沥青膜的厚度对混合料的老化也有影响，增加混合料的沥青用量，提高沥青膜的厚度，可有效地增强混合料的耐久性。

(2)抗老化性评价方法

单纯沥青的老化不能对沥青混合料的老化给予恰当的评价，这是因为单纯沥青与沥青混合料的老化状态不同。只有充分研究沥青混合料的老化，才能正确评价和预测沥青路面的耐久性。目前我国尚没有评价沥青混合料老化的标准试验方法，但国内外许多学者根据沥青混合料生产和沥青路面使用过程中的老化现象认为，在室内研究和评价沥青混合料的老化可以分为短期老化和长期老化两种方式。

①沥青混合料的短期老化试验

沥青混合料的短期老化是模拟混合料在生产和拌和、储存、运输、摊铺压实直至冷却过程中的受热和氧化效应，反映沥青混合料在施工阶段的老化程度。美国 SHRP 通过几年的研究提出三种试验方法，即烘箱老化法、延时拌和法、微波加热法。常用的为短期烘箱老化法，即将拌好的混合料摊薄放入 135℃ ±1℃烘箱中加热 4h ±5 min 作为沥青混合料的短期老化条件。研究发现，在这样的老化条件下所测得的沥青混合料的回弹模量与野外现场芯样的回弹模量相近。为此，老化后以静载回弹模量、动载回弹模量或其他试验进行评价。试验结果表明，沥青混合料经过短期老化后，抗拉强度和劲度模量增大，而极限应变减小，混合料呈硬化趋势。

②沥青混合料的长期老化试验

沥青混合料长期老化试验，是模拟沥青路面在使用过程中经受日照、雨水、温度以及行车荷载综合作用而引起沥青混合料的老化。美国 SHRP 通过研究提出了三种长期老化试验方法，即加压氧化处理(三轴仪压力室内)、延时烘箱加热和红外线/紫外线处理。其中以延时烘箱加热老化(混合料试件放入 85℃烘箱中放置 5 d)和加压氧化处理对模拟沥青混合料长期老化为最有效的试验方法。相关研究表明，85 ℃、5 d 室内的延时烘箱加热试验能表征使用6～9 年沥青路面老化的程度。

老化试验后，再进行相关试验如回收沥青的性能试验，除包括针入度、黏度、延度以及组分分析等之外，在混合料力学性能方面还可选择回弹模量试验、劈裂试验、蠕变试验和动态模量试验等，通过对比技术指标从而评价混合料的耐老化性能。

(3) 沥青混合料疲劳性能

沥青路面材料的耐疲劳性能与许多因素有关。沥青的黏性、沥青的用量、混合料集料的级配、集料的性状、混合料的密实度、沥青路面结构层承受的拉应力水平或拉应变水平等都会影响沥青路面的使用寿命。

沥青用量对混合料的疲劳寿命有显著影响，沥青用量越多，混合料的柔韧性越好，对于薄层路面来说其应变能力越大，故疲劳寿命也就越长；在最佳沥青用量的情况下，混合料集料表面越粗糙，则其疲劳寿命也越长。沥青混合料的空隙率对其疲劳寿命有显著影响，空隙率大，沥青混合料疲劳寿命缩短；沥青混合料的空隙率与集料的级配和沥青用量有关，不难理解，密级配比开级配的沥青混合料疲劳寿命长，集料表面纹理粗糙，棱角丰富，且沥青含量较大的沥青混合料要比粒料表面光滑、无棱角，且沥青含量低的沥青混合料疲劳寿命长。劲度模量集中表现沥青混合料各种参数的特性，温度越高，沥青的劲度模量越小；黏度大的沥青，其劲度模量也大，因此，沥青混合料的劲度模量对其疲劳寿命有显著影响。路面疲劳性能除取决于混合料本身疲劳特性之外，还与混合料在结构层中的受力状态相关，承受的拉应力水平或拉应变水平高，则疲劳寿命相对较短，因此进行合理的结构设计以降低混合料结构层的受力水平也是提高其疲劳性能的重要举措。

4. 沥青混合料水稳定性

沥青路面在雨水冰雪的作用下，尤其是在雨季过后，沥青路面往往会出现脱粒、松散，进而形成坑洞。出现这种现象的原因是在水的侵蚀作用下，沥青从集料表面发生剥落，使集料颗粒失去黏结作用，这就是沥青路面的水损害。在南方潮湿多雨地区和北方冰雪地区，沥青路面的水损害是很普遍的，一些高等级公路路面在通车不久就出现破损，很多是由水损害造成的。

水、车辆荷载动的水压力与温度共同作用，循环反复，使沥青和矿料剥离，造成强度下降。其发展过程大致为沥青的剥落造成矿料颗粒松散或压碎的石粉浆在动水压力作用下挤出，进而形成小坑洞、坑槽(图 6－38)。

水损害造成的危害主要有以下两个方面：

①水损坏引起的路面唧浆。行车挤压作用下滞留在基层顶面的自由水产生很大的压力，冲刷基层表面的细料，形成灰白色泥灰浆，灰浆被行车荷载挤压到路表面形成唧浆。

②水损坏引起的坑槽。路面结构性破坏，随着混合料松散造成的抗剪和抗拉强度下降，结构层有效厚度减薄，诱发裂缝和车辙之类病害，使用功能降低，最终导致路面结构层破坏。

(1) 水稳定性评价方法和指标

①沥青与集料黏附性试验

内容详见本章第一节相关内容。这类试验主要用于初步评价沥青与集料的黏附性，试验结果存在一定局限性，比如改性沥青与集料黏附性依本法难以正确评价，同时试验评级

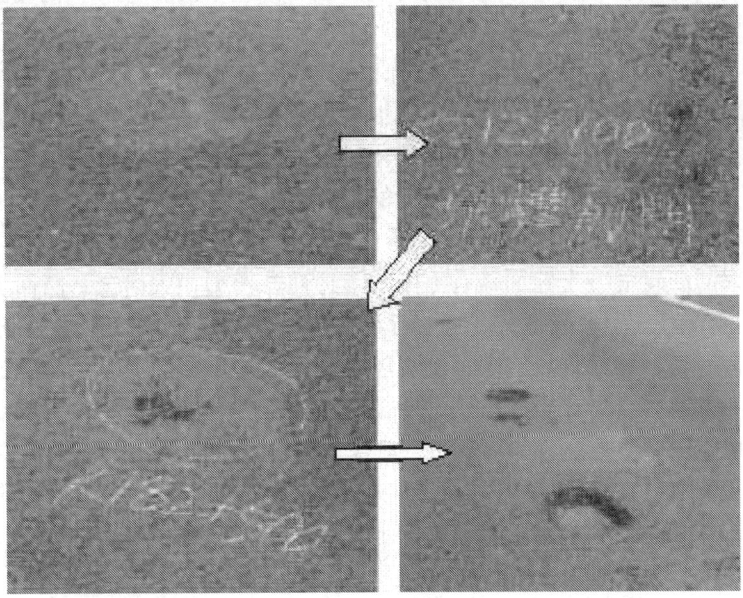

图6－38　水损害发生、发展示意图

与混合料水稳定性相关性不是非常显著。为更客观评价水稳定性能，还需进行沥青混合料的水稳定性试验。

②混合料试件浸水试验

浸水试验是根据沥青混合料试件浸水前后物理、力学性能的降低程度来表征其水稳性的一类试验。常用的方法有浸水马歇尔稳定度试验、浸水车辙试验、浸水劈裂强度试验和浸水抗压强度试验等。在浸水条件下，由于沥青与集料之间的黏附性降低，最终表现为沥青混合料整体力学强度的损失，以浸水前后的技术指标的比值如马歇尔稳定度的比值评价沥青混合料的水稳定性。

③冻融劈裂试验

冻融劈裂试验是采用简化的洛特曼（Lottman）试验，用两面击实50次的马歇尔试件（试件的空隙率达6%～8%）在常温水中浸泡20 min，真空饱水后放入－18℃冰箱中冷冻16 h，然后在60℃水浴中放置24 h，完成一次冻融循环。然后在25℃水中浸泡4 h后测试其劈裂强度，将此强度与未经冻融循环试件的25℃劈裂强度相比，求出劈裂强度比，以此指标作为沥青混合料的水稳性指标。在冻融过程中，集料颗粒表面的沥青膜经历了冰的冻胀作用，导致沥青混合料容易松散，劈裂强度降低，因此试验条件比浸水试验苛刻些，试验结果更接近于实际情况，是目前国内外使用较为广泛的水损害评价试验方法。

(2)沥青混合料水稳定性的影响因素

水损害的根源在于水的存在——层间滞水、自由水、水蒸气凝固水，因此水的阻隔与排除对于结构防水、排水设计至关重要，营运过程中对裂缝的及时封堵、对初期病害的及时养护也很关键。

沥青与集料的黏附性与黏结力很大程度上取决于集料性质——酸碱性、洁净程度、表面粗糙度、吸水率等。沥青与矿料之间的黏附作用主要是化学吸附的结果，主要取决于沥青中阴离子表面活性物质和骨料中重金属与碱土金属阳离子的含量。不同类型酸性石料的矿物成分与组成比例不同，骨料中重金属与碱土金属盐酸度值会有差异，而不同沥青，其各组分的比例不同，沥青酸酐含量存在差异，因此在可能情况下筛选与拟用酸性石料有较好黏结力或黏附性的沥青品种；在沥青中添加抗剥落剂或用消石灰粉或水泥取代部分矿粉拌制沥青混合料是改善集料与沥青黏附性的比较方便且有效的方法；清洁的石料表面有利于沥青的浸润，从而形成良好的黏结；粗糙的集料表面具有微观空隙，有利于集料与沥青的结合，增加结构沥青膜厚度。

不同空隙率的沥青混凝土路面具有不同的渗透性，根据相关研究，路面渗水的临界空隙率为7%～8%，为减少水损害，需将沥青混合料压实后的剩余空隙率控制在8%以内。当然，对水损害而言，路面现场空隙率越小越有利，但由于路面沥青层需考虑多种路用性能的平衡，对南方地区，另一重要路用性能是高温稳定性，高温稳定性要求沥青层空隙率不能太小，现场空隙率宜控制在4%以上。综合各种路用性能要求，路面沥青层现场空隙率宜为4%～8%。施工过程中应加强压实，控制好路面压实度，更为重要的是路面的损坏是由薄弱环节开始的，剩余空隙率较大的地方容易出现水损害，因此提高沥青混合料剩余空隙率的均匀性是关键。

5. 表面层沥青混合料的抗滑性

沥青路面在雨天的滑溜是发生道路交通事故的主要原因，在高等级公路行车速度高的情况下，保证路面有足够的粗糙度，增强抗滑性是非常重要的。沥青路面表面的纹理构造分为微观构造和宏观构造。微观构造是指路面集料表面水平方向0～0.5 mm、垂直方向0～0.2 mm的微小构造。微观构造的尖峰值对于在潮湿条件下穿透表面的水膜是必要的，以便使轮胎与路面保持紧密的接触。集料颗粒之间的凹凸则为宏观构造。

沥青路面的抗滑性与所用矿料的表面构造深度、颗粒性状与尺寸、抗磨光性有着密切关系。矿料的表面构造深度取决于矿料的矿物组成、化学成分及风化程度；颗粒形状和尺寸与矿物组成和加工方法相关；抗磨光性则受到上述所有因素以及矿物成分硬度的影响。因此用于沥青路面表层的粗集料应选用表面粗糙、坚硬、耐磨、抗冲击性好的碎石或破碎砾石集料。

微观构造用集料的磨光值表征，宏观构造用压实后的路表构造深度试验评价。构造深度试验是将25 mL的0.15～0.3 mm标准干砂摊铺在路面上，然后用底面贴有橡胶片的推平板仔细地将砂摊平成一圆形，量取其平均直径。砂的体积与砂摊铺的平均面积的比值TD即为路面宏观构造深度，也称路面纹理深度。

$$TD = \frac{1\,000V}{\pi D^2/4} = \frac{31\,831}{D^2} \tag{6-29}$$

式中 TD——沥青路面的表面构造深度，mm；

V——标准砂的体积，25 mL；

D——摊成近似圆的平均直径，mm。

铺砂法在潮湿天气不能测试，且重现性差，速度慢。因此，也可采用摩擦系数法间接测定，常用的有摆式仪法、摩擦系数测定车-横向力系数法。

混合料沥青含量过高，多余的自由沥青在高温季节会在车轮反复作用下被挤到路面表面上来，形成光面，使纹理深度减小；混合料中所含的沥青黏度太低，容易自由流动，往往也是路面形成光面的原因；沥青混合料的级配对宏观构造有极大的影响(见图6－39)，是所有影响因素中最为重要的因素。传统的密级配沥青混凝土表面光滑，纹理构造深度浅。近年发展起来的多孔性排水路面、沥青玛蹄脂碎石路面，在集料级配上与传统的密级配相比发生了很大的变化，粗集料比例大大增加，形成了骨架结构，因而有良好的宏观构造。

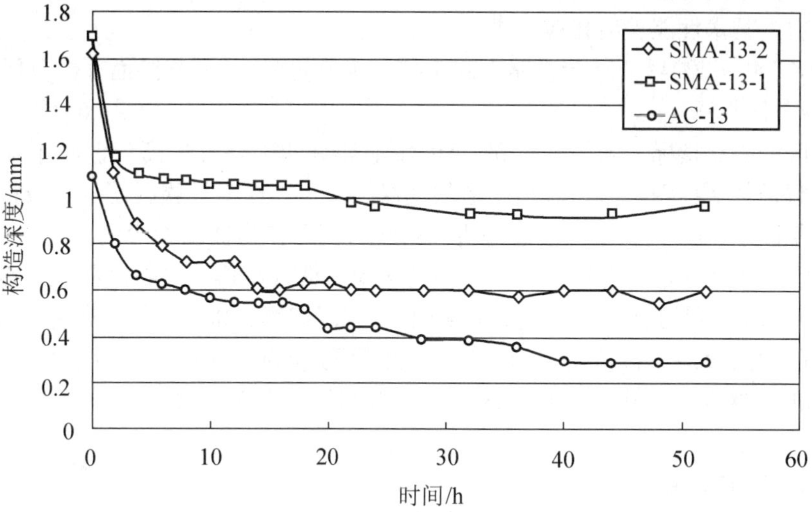

图6－39　级配对宏观构造深度耐久性的影响

6. 施工和易性

沥青混合料应具备良好的施工和易性，能够在拌和、摊铺与碾压过程中，使集料颗粒保持分布均匀，表面被沥青膜完整均匀地覆盖，并能被压实到适宜的密度。

沥青路面离析是水损坏发生的主要根源。一种可能是离析处混合料空隙率显著增大，疲劳寿命大幅度缩短，长期浸水和车轮荷载造成的动水压力使得离析处材料松散破碎，最后成长为坑槽。沥青路面离析定义为三种类型：级配离析、温度离析(温差)和碾压离析。级配离析是指沥青路面上一些区域粗料集中，另一些区域细料集中，使得表面颗粒分布变得非常不均匀，背离了混合料的设计(级配、沥青含量)，导致路面的性能发生较大的变化。温度离析是指沥青混合料在储存、运输及摊铺中温度采用不当或受天气、施工机械影响，由于不同的热量损失而出现温度差异的状况，影响路面压实的均匀性。

级配离析源于不同规格原材料颗粒的组成变异性大，材料组成设计不当，实际采用的沥青用量不合适，不适当的集料堆积方式、集料运输、混合料拌和、输送、储存、装卸料、摊铺机摊铺等。

沥青混合料需要充分拌和，以保证各组成材料在混合料中分布均匀、无花白料、无结团成块、无严重的粗细料分离、全部矿料颗粒被均匀裹覆为原则。沥青混合料的拌和时间为干拌0～10 s，加沥青后再拌30～50 s。改性沥青混合料拌和时间较长，其实际拌和时间在试拌时确定。

此外，拌和设备、摊铺机械和压实设备的配置对沥青混合料的施工和易性有一定影响，应结合施工环境、施工方式和施工水平综合考虑。

6.2.3 热拌沥青混合料的组成设计

6.2.3.1 沥青路面使用性能的气候分区

沥青混合料的物理力学性质与使用环境(如气温和湿度)关系密切，因此选择沥青结合料等级，进行沥青混合料配合比设计，检验沥青混合料的使用性能时，应考虑公路环境条件的需要，能承受高温、低温、雨(雪)水的考验。所以，应按照不同气候分区的特点对沥青混合料的技术性能提出相应要求。

我国 JTG F40—2004《公路沥青路面施工技术规范》提出了沥青路面气候分区图。

1. 气候分区指标

气候分区的高温指标：采用最近 30 年内年最热月的平均日最高气温的平均值作为反映高温和重载条件下出现车辙等流动变形的气候因子，并作为气候区划的一级指标，分为三个区。全年高于 30℃的积温及连续高温的持续时间可作为辅助参考值。

气候分区的低温指标：采用最近 30 年内的极端最低气温作为反映路面温缩裂缝的气候因子，并作为气候区划的二级指标，分为四个区。温降速率、冰冻指数可作为辅助参考值。

气候分区的雨量指标：采用最近 30 年内年降雨量的平均值作为反映沥青路面受雨(雪)水影响的气候因子，并作为气候区划的三级指标，分为四个区。雨日数可作为辅助参考值。

2. 气候分区的确定

沥青路面气候分区由一、二、三级区划组合而成，以综合反映该地区的气候特征，见表 6-22。每个气候分区用 3 个数字表示：第一个数字代表高温分区，第二个数字代表低温分区，第三个数字代表雨量分区，每个数字越小，表示气候因素对沥青路面的影响越严重。如广州市属于 1-4-1 气候分区，为夏炎热冬温潮湿区，对沥青混合料的高温稳定性和水稳定性要求较高。

表 6-22 沥青路面沥青及沥青混合料气候分区

气候分区指标	气候分区			
高温气候区	1	2	3	
气候区名称	夏炎热区	夏热区	夏凉区	
最热月平均日最高气温/℃	>30	20～30	<20	
低温气候区	1	2	3	4
气候区名称	冬严寒区	冬寒区	冬冷区	冬温区
极端最低气温/℃	< -37.0	-37.0～-21.5	-21.5～-9.0	> -9.0
雨量气候区	1	2	3	4
气候区名称	潮湿区	湿润区	半干区	干旱区
年降雨量/mm	>1000	1000～500	500～250	<250

6.2.3.2　沥青混合料组成材料的技术要求

沥青混合料的技术性质取决于组成材料的质量、用量比例及沥青混合料的制备工艺等因素，其中组成材料的质量是首要因素。

1. 沥青

沥青的性能直接影响沥青混合料的各种技术性质，沥青路面所用沥青应按照公路等级、气候条件、沥青混合料类型、交通条件、路面类型及在结构层中的层位及受力特点、施工方法等，结合当地的使用经验，经技术论证后确定。

对高速公路、一级公路，夏季温度高、高温持续时间长、重载交通、山区及丘陵区上坡路段、服务区、停车场等行车速度慢的路段，尤其是汽车荷载剪应力大的层次，宜采用稠度大、60℃黏度大的沥青，也可提高高温气候分区的温度水平选用沥青等级；对冬季寒冷的地区或交通量小的公路、旅游公路宜选用稠度小、低温延度大的沥青；对日温差、年温差大的地区宜选用针入度指数大的沥青。当高温要求与低温要求发生矛盾时，应优先考虑满足高温性能的要求。

对以下情况宜选用改性沥青：

①当用道路石油沥青拌制的沥青混合料的技术指标达不到高温稳定性、水稳定性、低温抗裂性能指标要求时；

②对交通量繁重、重载车较多的公路，沥青表面层宜选用改性沥青，视实际情况，中面层也可选用改性沥青或稠度低一号的沥青；

③温差变化较大，高温或低温持续时间较长的气候条件严酷的公路；

④铺筑特殊结构的表面层，如开级配抗滑层、沥青玛蹄脂碎石、超薄罩面层、排水路面、彩色路面等；

⑤路线线形处于连续长纵坡、陡坡及半径较小匝道，制动、起动频繁的路段，停车场以及有特殊要求的公路。

2. 粗集料

(1)粗集料的物理力学性能

沥青路面的粗集料可以采用碎石、破碎砾石、筛选砾石、钢渣、矿渣等。用于高速公路和一级公路、城市快速路、主干路沥青路面表层的粗集料应该选用形状方正、坚硬、耐磨、洁净的碎石或破碎砾石，不得使用筛选砾石和矿渣及软质集料。该类集料应符合表 6-23 对磨光值和黏附性的要求。除沥青玛蹄脂碎石混合料(SMA)、开级配抗滑磨耗层混合料(OGFC)路面外，允许在硬质粗集料中掺加部分较小粒径的磨光值达不到要求的粗集料，其最大掺加比例由磨光值试验确定。当粗集料与沥青的黏附性达不到要求时，宜掺加消石灰、水泥或用饱和石灰水处理后使用，必要时可同时在沥青中掺加耐热、耐水、长期性能好的抗剥落剂，也可采用改性沥青的措施，使沥青混合料的水稳定性检验达到要求。掺加外加剂的剂量由沥青混合料的水稳定性检验确定。

表 6-23　粗集料与沥青的黏附性、磨光值的技术要求

雨量气候区		1(潮湿区)	2(湿润区)	3(半干区)	4(干旱区)
年降雨量/mm		>1000	1000～500	500～250	<250
粗集料的磨光值 PSV	高速公路、一级公路表面层，≥	42	40	38	36
粗集料与沥青的黏附性	高速公路、一级公路表面层，≥	5	4	4	3
	高速公路、一级公路的其他层次及其他等级公路的各个层次，≥	4	4	3	3

粗集料应该洁净、干燥、表面粗糙，质量应符合表 6-24 的规定。当单一规格集料的质量指标达不到表中要求，而按照集料配比计算的质量指标符合要求时，工程上允许使用。对受热易变质的集料，宜采用经拌合机烘干后的集料进行检验。

表 6-24　沥青混合料用粗集料质量技术要求

指　标	单位	高速公路及一级公路		其他等级公路
		表面层	其他层次	
石料压碎值，≤	%	26	28	30
洛杉矶磨耗损失，≤	%	28	30	35
表观相对密度，≥	—	2.60	2.50	2.45
吸水率，≤	%	2.0	3.0	3.0
坚固性，≤	%	12	12	—
针片状颗粒质量分数(混合料)，≤	%	15	18	20
其中粒径大于 9.5 mm，≤	%	12	15	—
其中粒径小于 9.5 mm，≤	%	18	20	—
水洗法 <0.075 mm 颗粒质量分数，≤	%	1	1	1
软石质量分数，≤	%	3	5	5

注：①坚固性试验可根据需要进行；

②用于高速公路、一级公路时，多孔玄武岩的表观密度可放宽至 2 450kg/m^3，吸水率可放宽至 3%，但必须得到建设单位的批准，且不得用于 SMA 路面；

③对 S14 即 3～5 规格的粗集料，针片状颗粒质量分数可不予要求，<0.075mm 质量分数可放宽到 3%。

(2)粗集料的粒径规格

粗集料的粒径规格应按表 6-25 的规定进行生产和使用。

表 6－25　沥青混合料用粗集料规格

规格名称	公称粒径/mm	通过下列筛孔(mm)的质量分数/%												
		106	75	63	53	37.5	31.5	26.5	19.0	13.2	9.5	4.75	2.36	0.6
S1	40～75	100	90～100	—	—	0～15	—	0～5						
S2	40～60		100	90～100	—	0～15	—	0～5						
S3	30～60		100	90～100	—	—	0～15	—	0～5					
S4	25～50			100	90～100	—	—	0～15	—	0～5				
S5	20～40				100	90～100	—	—	0～15	—	0～5			
S6	15～30					100	90～100	—	—	0～15	—	0～5		
S7	10～30					100	90～100	—	—	—	0～15	0～5		
S8	10～25						100	90～100	—	0～15	—	0～5		
S9	10～20							100	90～100	—	0～15	0～5		
S10	10～15								100	90～100	0～15	0～5		
S11	5～15								100	90～100	40～70	0～15	0～5	
S12	5～10									100	90～100	0～15	0～5	
S13	3～10									100	90～100	40～70	0～20	0～5
S14	3～5										100	90～100	0～15	0～3

3. 细集料

(1)细集料的物理力学性能

沥青路面的细集料，可以采用天然砂、机制砂、石屑。细集料应有一定的棱角、洁净、干燥、无风化、无杂质，并有适当的颗粒级配，其质量应符合表 6－26 的规定。细集料的洁净程度，天然砂以小于 0.075 mm 颗粒的质量分数表示，石屑和机制砂以砂当量(适用于0～4.75 mm)或亚甲蓝值(适用于 0～2.36 mm 或 0～0.15 mm)表示。热拌密级配沥青混合料中天然砂的用量通常不宜超过集料总量的 20%，SMA 和 OGFC 混合料不宜使用天然砂。

表6-26 沥青混合料用细集料质量要求

项　　目	单位	高速公路、一级公路	其他等级公路
表观相对密度，≥	—	2.50	2.45
坚固性（>0.3 mm 部分），≥	%	12	—
含泥量（小于0.075mm 的质量分数），≤	%	3	5
砂当量，≥	%	60	50
亚甲蓝值，≤	g/kg	25	—
棱角性（流动时间），≥	s	30	—

注：坚固性试验可根据需要进行。

(2)细集料的粒径规格

①天然砂

天然砂可采用河砂或海砂，通常宜采用粗、中砂，其规格应符合表6-27的规定，砂的含泥量超过规定时应水洗后使用，海砂中的贝壳类材料必须筛除。

表6-27 沥青混合料用天然砂规格

筛孔尺寸/mm	通过各孔筛的质量分数/%		
	粗　砂	中　砂	细　砂
9.5	100	100	100
4.75	90～100	90～100	90～100
2.36	65～95	75～90	85～100
1.18	35～65	50～90	75～100
0.6	15～30	30～60	60～84
0.3	5～20	8～30	15～45
0.15	0～10	0～10	0～10
0.075	0～5	0～5	0～5

②石屑

石屑是采石场破碎石料时通过4.75 mm 或2.36 mm 的筛下部分，其规格应符合表6-28 的要求。采石场在生产石屑的过程中应配备抽吸设备，高速公路和一级公路的沥青混合料，宜将S14与S16组合使用，S15可在沥青稳定碎石基层或其他等级公路中使用。

机制砂宜采用专用的制砂机制造，并选用优质石料生产，其级配应符合S16的要求。

表6-28 沥青混合料用机制砂或石屑规格

规格	公称粒径/mm	水洗法通过下列筛孔（mm）的质量分数/%							
		9.5	4.75	2.36	1.18	0.6	0.3	0.15	0.075
S15	0～5	100	90～100	60～90	40～75	20～55	7～40	2～20	0～10
S16	0～3	—	100	80～100	50～80	25～60	8～45	0～25	0～15

注：当生产石屑采用喷水抑制扬尘工艺时，应特别注意含粉量不得超过表中要求。

细集料的级配在沥青混合料中的适用性，应将其与粗集料及填料配制成矿质混合料后，判定其是否符合矿料设计级配的要求再做决定。当一种细集料不能满足级配要求时，可改变碎石加工工艺或采用两种以上的细集料掺合使用。

4. 填料

填料虽用量较少，但在沥青混合料中的作用非常重要，沥青混合料主要是依靠沥青与矿粉的交互作用形成较高黏结力的沥青胶浆，将粗细集料结合成一个整体。用于沥青混合料的填料必须采用石灰岩或岩浆岩中的强基性岩石等憎水性石料经细磨得到的矿粉，原石料中的泥土杂质应除净。矿粉应干燥、洁净，能自由地从矿粉仓流出，其质量应符合表 6－29的技术要求。

表 6－29　沥青混合料用矿粉质量要求

项　　目	单位	高速公路、一级公路	其他等级公路
表观密度，≥	kg/m^3	2 500	2 450
含水量，≤	%	1	1
粒度范围 <0.6mm	%	100	100
<0.15mm	%	90～100	90～100
<0.075mm	%	75～100	70～100
外观		无团粒结块	
亲水系数		<1	
塑性指数	%	<4	
加热安定性		实测记录	

拌合机采用干法除尘回收的粉尘可作为矿粉的一部分回收使用，湿法除尘得到的回收粉应经干燥粉碎处理，且不得含有杂质。回收粉尘首先应鉴别粉、尘的含量，如以粉为主则用量不得超过填料总量的 25%，如尘土的成分较多，则应弃用；如粗细集料均为酸性石料，则建议不使用回收粉。掺有粉尘的填料的塑性指数不得大于 4%。

粉煤灰作为填料使用时，粉煤灰的烧失量应小于 12%，与矿粉混合后的塑性指数应小于 4%，其余质量要求与矿粉相同。用量不得超过填料总量的 50%，高速公路、一级公路的沥青面层不宜采用粉煤灰作为填料。

为了改善沥青混合料的水稳定性，可以采用干燥的磨细生石灰粉、消石灰粉或水泥作为填料，并取代部分矿粉。从分散均匀的角度，其用量不宜少于矿料的 1.5%；从对沥青混合料长期性能影响考虑，用量不宜过多，用量超过 2% 时应慎重。

6.2.3.3　热拌沥青混合料配合比设计标准

1. 沥青混合料类型的选择

沥青面层一般采用双层式或三层式结构，各层所用沥青混合料类型应根据道路等级、交通状况、所处的层位功能等要求进行选择。一般而言，沥青面层集料的最大粒径宜从上至下逐渐增大，并应与压实层厚度相匹配，一般沥青层的最小压实厚度不宜小于混合料公称最大粒径的 2.5～3 倍，对断级配或以粗集料为主的嵌挤型级配的沥青混合料，其一层压实最小厚度不宜小于公称最大粒径的 2.5 倍，以利于碾压密实，提高其耐久性、水稳定性，同时考虑拌合能力、摊铺的均匀性，压路机压实的最大厚度限制。最大层厚应控制在压路机可压实的最大厚度内，同时不宜过厚。

沥青混合料矿料级配范围见表 6－30～表 6－35。

表6-30　密级配沥青混凝土混合料矿料级配范围

级配类型		通过下列筛孔(mm)的质量分数/%												
		31.5	26.5	19	16	13.2	9.5	4.75	2.36	1.18	0.6	0.3	0.15	0.075
粗粒式	AC-25	100	90～100	75～90	65～83	57～76	45～65	24～52	16～42	12～33	8～24	5～17	4～13	3～7
中粒式	AC-20		100	90～100	78～92	62～80	50～72	26～56	16～44	12～33	8～24	5～17	4～13	3～7
	AC-16			100	90～100	76～92	60～80	34～62	20～48	13～36	9～26	7～18	5～14	4～8
细粒式	AC-13				100	90～100	68～85	38～68	24～50	15～38	10～28	7～20	5～15	4～8
	AC-10					100	90～100	45～75	30～58	20～44	13～32	9～23	6～16	4～8
砂粒式	AC-5						100	90～100	55～75	35～55	20～40	12～28	7～18	5～10

表6-31　沥青玛蹄脂碎石混合料矿料级配范围

级配类型		通过下列筛孔(mm)的质量分数/%											
		26.5	19	16	13.2	9.5	4.75	2.36	1.18	0.6	0.3	0.15	0.075
中粒式	SMA-20	100	90～100	72～92	62～82	40～55	18～30	13～22	12～20	10～16	9～14	8～13	8～12
	SMA-16		100	90～100	65～85	45～65	20～32	15～24	14～22	12～18	10～15	9～14	8～12
细粒式	SMA-13			100	90～100	50～75	20～34	15～26	14～24	12～20	10～16	9～15	8～12
	SMA-10				100	90～100	28～60	20～32	14～26	12～22	10～18	9～16	8～13

表6-32　开级配排水式磨耗层混合料矿料级配范围

级配类型		通过下列筛孔(mm)的质量分数/%									
		19	16	13.2	9.5	4.75	2.36	1.18	0.6	0.3	0.15	0.075
中粒式	OGFC-16	100	90～100	70～90	45～70	12～30	10～22	6～18	4～15	3～12	3～8	2～6
	OGFC-13		100	90～100	60～80	12～30	10～22	6～18	4～15	3～12	3～8	2～6
细粒式	OGFC-10			100	90～100	50～70	10～22	6～18	4～15	3～12	3～8	2～6

表6-33 密级配沥青碎石混合料矿料级配范围

级配类型		通过下列筛孔(mm)的质量分数/%														
		53	37.5	31.5	26.5	19	16	13.2	9.5	4.75	2.36	1.18	0.6	0.3	0.15	0.075
特粗式	ATB-40	100	90～100	75～92	65～85	49～71	43～63	37～57	30～50	20～40	15～32	10～25	8～18	5～14	3～10	2～6
	ATB-30		100	90～100	70～90	53～72	44～66	39～60	31～51	20～40	15～32	10～25	8～18	5～14	3～10	2～6
粗粒式	ATB-25			100	90～100	60～80	48～68	42～62	32～52	20～40	15～32	10～25	8～18	5～14	3～10	2～6

表6-34 半开级配沥青碎石混合料矿料级配范围

级配类型		通过下列筛孔(mm)的质量分数/%											
		26.5	19	16	13.2	9.5	4.75	2.36	1.18	0.6	0.3	0.15	0.075
中粒式	AM-20	100	90～100	60～85	50～75	40～65	15～40	5～22	2～16	1～12	0～10	0～8	0～5
	AM-16		100	90～100	60～85	45～68	18～40	6～25	3～18	1～14	0～10	0～8	0～5
细粒式	AM-13			100	90～100	50～80	20～45	8～28	4～20	2～16	0～10	0～8	0～6
	AM-10				100	90～100	35～65	10～35	5～22	2～16	0～12	0～9	0～6

表6-35 开级配沥青稳定碎石混合料矿料级配范围

级配类型		通过下列筛孔(mm)的质量分数/%														
		53	37.5	31.5	26.5	19	16	13.2	9.5	4.75	2.36	1.18	0.6	0.3	0.15	0.075
特粗式	ATPB-40	100	70～100	65～90	55～85	43～75	32～70	20～65	12～50	0～3	0～3	0～3	0～3	0～3	0～3	0～3
	ATPB-30		100	80～100	70～95	53～85	36～80	26～75	14～60	0～3	0～3	0～3	0～3	0～3	0～3	0～3
粗粒式	ATPB-25			100	80～100	60～100	45～90	30～82	16～70	0～3	0～3	0～3	0～3	0～3	0～3	0～3

2. 马歇尔试验配合比设计技术标准

(1)沥青混合料的体积特性指标

沥青混合料是由沥青和矿质混合料组成的复合材料，其组成材料质量与体积关系见图6-40，体积特征参数由密度、空隙率、矿料间隙率和沥青饱和度等指标表征，它们反映了压实后沥青混合料各组成材料之间质量与体积的关系。这些参数取决于沥青混合料中沥青与集料性质、组成材料用量比例、沥青混合料成型条件等因素，并对沥青混合料的路用性能有显著影响，也是沥青混合料配合比设计的重要参数。

<table>
<tr><th>质　量</th><th></th><th colspan="3">体　积</th></tr>
<tr><td></td><td>空隙</td><td>VV</td><td rowspan="2">VMA</td><td rowspan="3">VCA</td></tr>
<tr><td>P_b 或 P_a</td><td>有效沥青</td><td>VB</td></tr>
<tr><td>$\sum_{1}^{n} F_j$</td><td>细集料</td><td>$\sum_{1}^{n} \frac{F_j}{\rho_j}$</td><td></td></tr>
<tr><td>$\sum_{1}^{n} P_i$</td><td>粗集料</td><td>$\sum_{1}^{n} \frac{P_i}{\rho_i}$</td><td></td><td></td></tr>
</table>

图6-40　沥青混合料组成材料质量与体积关系示意图

(2)沥青混合料的密度与相对密度

沥青混合料的密度是指压实沥青混合料试件单位体积的干质量。在实际使用中，沥青混合料各组成材料之间的相互关系和空间位置较为复杂，其密度的测定方法是一个非常重要而又有一定难度的问题，工程上常用的密度计算或测试方法如下。

①沥青混合料的理论最大相对密度

理论最大密度是假设沥青混合料试件被压至完全密实，在没有空隙的理想状态下的最大密度，即压实沥青混合料试件全部为矿料(包括矿料内部孔隙)和沥青所占有，空隙率为零时的最大密度。沥青混合料的理论最大密度可以通过实测法或计算法确定(考虑测试介质水密度的影响后则变为相对密度)，实测法有真空法和溶剂法，计算法则是根据沥青混合料的配合比及组成材料密度按照下面的方法进行计算。

工程中常采用油石比(即沥青与矿料的质量百分比)表示沥青混合料配合比，此时，理论最大相对密度按式(6-30)计算。而当采用沥青质量分数(即沥青与沥青混合料的质量百分比)表示沥青混合料配合比时，理论最大相对密度按式(6-31)计算。

$$\gamma_{ti} = \frac{100 + P_{ai}}{\dfrac{100}{\gamma_{se}} + \dfrac{P_{ai}}{\gamma_b}} \tag{6-30}$$

$$\gamma_{ti} = \frac{100}{\dfrac{P_{si}}{\gamma_{se}} + \dfrac{P_{bi}}{\gamma_b}} \tag{6-31}$$

式中　γ_{ti}——相对于计算沥青用量 P_{bi} 时沥青混合料的最大理论相对密度；

P_{ai}——所计算的沥青混合料中的油石比，%；

P_{bi}——所计算的沥青混合料的沥青用量，$P_{bi} = P_{ai}/(1 + P_{ai})$，%；

P_{si}——所计算的沥青混合料的矿料质量分数，$P_{si}=100-P_{bi}$，%；

γ_{se}——合成矿料的有效相对密度，按式(6－32)或式(6－33)计算；

γ_b——沥青的相对密度(25℃/25℃)。

对非改性沥青混合料，宜以预估的最佳油石比拌合 2 组混合料，采用真空法实测最大相对密度，取平均值为 γ_t，然后由式(6－32)计算合成矿料的有效相对密度 γ_{se}。

$$\gamma_{se}=\frac{100-P_b}{\dfrac{100}{\gamma_t}-\dfrac{P_b}{\gamma_b}} \tag{6-32}$$

对改性沥青及 SMA 等难以分散的混合料，有效相对密度宜直接由矿料的合成毛体积相对密度与合成表观相对密度按式(6－33)计算确定，其中沥青吸收系数 C 值根据材料的吸水率由式(6－34)求得，材料的合成吸水率按式(6－35)计算：

$$\gamma_{se}=C\times\gamma_{sa}+(1-C)\times\gamma_{sb} \tag{6-33}$$

$$C=0.033\omega_X^2-0.2936\,\omega_X+0.9339 \tag{6-34}$$

$$\omega_X=\left(\frac{1}{\gamma_{sb}}-\frac{1}{\gamma_{sa}}\right)\times 100\% \tag{6-35}$$

式中　γ_{se}——合成矿料的有效相对密度；

C——合成矿料的沥青吸收系数，可按矿料的合成吸水率用式(6－34)求取；

ω_X——合成矿料的吸水率，按式(6－35)求取，%；

γ_{sa}——材料的合成表观相对密度，按式(6－36)求取；

γ_{sb}——材料的合成毛体积相对密度，按式(6－37)求取。

$$\gamma_{sa}=\frac{100}{\dfrac{P_1}{\gamma'_1}+\dfrac{P_2}{\gamma'_2}+\cdots+\dfrac{P_n}{\gamma'_n}} \tag{6-36}$$

$$\gamma_{sb}=\frac{100}{\dfrac{P_1}{\gamma_1}+\dfrac{P_2}{\gamma_2}+\cdots+\dfrac{P_n}{\gamma_n}} \tag{6-37}$$

式中　P_1，P_2，…，P_n——各种矿料成分的配比，其和为 100；

γ'_1，γ'_2，…，γ'_n——各种矿料按试验规程方法测定的表观相对密度；

γ_1，γ_2，…，γ_n——各种矿料相应的毛体积相对密度，粗集料按 T0304 方法测定，机制砂及石屑可按 T0330 方法测定，也可以用筛出的 2.36～4.75 mm部分的毛体积相对密度代替，矿粉(含消石灰、水泥)以表观相对密度代替。

②沥青混合料试件的毛体积相对密度

毛体积相对密度是指沥青混合料相对单位毛体积(含沥青混合料实体矿物成分体积、不吸收水分的闭口孔隙、能吸收水分的开口孔隙等颗粒表面轮廓所包围的全部毛体积)的干质量。

沥青混合料的毛体积是指试件在饱和面干状态下表面轮廓水膜所包裹的全部体积，此时，试件内部与外界流通的所有开口孔隙均已被水填满。在工程中，常根据试件的空隙率大小，选择用表干法、蜡封法或体积法等测试方法测定沥青混合料的毛体积相对密度。

表干法测定的毛体积相对密度又称为饱和面干毛体积相对密度，适用于较密实且吸水率小于2%的试件，根据测试结果，按式(6-38)计算。

$$\gamma_f = \frac{m_a}{m_f - m_w} \tag{6-38}$$

式中 γ_f——用表观法测定的试件毛体积相对密度；

m_a——干燥试件的空中质量，g；

m_f——试件的水中质量，g；

m_w——试件饱和面干状态的空中质量，g。

蜡封法采用蜡封条件测试沥青混合料的毛体积，包括了试件在蜡封状态下实体体积与闭口孔隙、开口孔隙之和，但不计入蜡被吸入混合料的部分，按式(6-39)计算，适用于吸水率大于2%的试件。

$$\gamma_f = \frac{m_a}{m_p - m_c - (m_p - m_a)/\gamma_p} \tag{6-39}$$

式中 m_p——蜡封试件的空中质量，g；

m_c——蜡封试件的水中质量，g；

γ_p——常温条件下蜡对水的相对密度。

其余参数定义同前。

(3)沥青混合料试件的空隙率

沥青混合料试件的空隙率是指压实状态下沥青混合料内矿料及沥青以外的空隙(不包括矿料自身内部的孔隙或已被沥青封闭的孔隙)的体积占试件总体积的百分率，以 VV (volume of air voids)表示，由式(6-40)计算。

$$VV = \left(1 - \frac{\gamma_f}{\gamma_t}\right) \times 100\% \tag{6-40}$$

空隙率是沥青混合料最重要的体积特征参数，其大小对沥青混合料路用性能有显著影响，是沥青混合料配合比设计的主要指标之一。研究与工程实践表明，空隙率的大小对沥青混合料各项路用性能技术要求是互相矛盾的，如当沥青路面现场空隙率过低时，高温季节由于沥青的热胀没有多余空间容纳，则会引发沥青侧向流动变形或出现车辙，但空隙率过大可能造成沥青混合料老化，低温性能、疲劳性能变差，抗水损害能力降低。因此，应根据沥青混合料使用条件(水温条件、交通条件、使用层位等)，从满足各方面路用性能出发，确定沥青混合料设计空隙率的合理范围，并确保在较长的使用寿命周期内空隙率能够稳定，不会衰减过快。

(4)沥青混合料有效沥青体积分数

压实沥青混合料试件中有效沥青实体体积(扣除被集料吸收的沥青体积)占试件总体积的百分率，以 VB 表示，按式(6-41)~式(6-43)计算。

$$VB = \frac{\gamma_f \times P_{be}}{\gamma_b} \times 100\% \tag{6-41}$$

$$P_{be} = P_b - \frac{P_{ba}}{100} \times P_s \tag{6-42}$$

$$P_{ba} = \frac{\gamma_{se} - \gamma_{sb}}{\gamma_{se} \times \gamma_{sb}} \times \gamma_b \times 100\% \tag{6-43}$$

式中　P_{ba}——沥青混合料中被集料吸收的沥青结合料比例，%；

P_{be}——沥青混合料中的有效沥青用量，%；

γ_b——沥青的相对密度(25℃)；

P_b——沥青质量分数，%；

P_s——各种矿料占沥青混合料总质量的百分率之和，即 $P_s = 100 - P_b$，%。

其余符号同前。

(5)沥青混合料试件的矿料间隙率

矿料间隙率是指压实沥青混合料试件中全部矿料部分以外的体积占试件总体积的百分率，是试件空隙率、有效沥青体积之和，以 VMA(voids in mineral aggregatc) 表示，按式(6-44)计算。

$$\text{VMA} = \left(1 - \frac{\gamma_f}{\gamma_{sb}} \times P_s\right) \times 100\% \tag{6-44}$$

(6)粗集料骨架间隙率

粗集料骨架间隙率是指压实沥青混合料试件的粗集料骨架部分以外的体积占试件总体积的百分率，是 VMA、填料与细集料实体体积之和，以 VCA_{mix}(voids in coarse aggregate of asphalt mix)表示，由式(6　45)计算，设计状态下粗集料骨架间隙率是指捣实状态下的粗集料松装间隙率，以 VCA_{DRC} 表示，由式(6-46)和式(6-47)计算。

$$\text{VCA}_{mix} = \left(1 - \frac{\gamma_f}{\gamma_{ca}} \times P_{ca}\right) \times 100\% \tag{6-45}$$

$$\text{VCA}_{DRC} = \left(1 - \frac{\gamma_s}{\gamma_{ca}}\right) \times 100\% \tag{6-46}$$

$$\gamma_{ca} = \frac{P_1 + P_2 + \cdots + P_n}{\dfrac{P_1}{\gamma_1} + \dfrac{P_2}{\gamma_2} + \cdots + \dfrac{P_n}{\gamma_n}} \tag{6-47}$$

式中　P_{ca}——沥青混合料中粗集料的比例，即大于 4.75mm 的颗粒质量分数，%；

γ_{ca}——粗集料骨架部分的平均毛体积相对密度；

γ_f——沥青混合料试件的毛体积相对密度；

γ_s——粗集料骨架的松方毛体积相对密度；

P_1，P_2，…，P_n——粗集料骨架部分各种集料在全部矿料级配混合料中的配比；

γ_1，γ_2，…，γ_n——各种粗集料相应的毛体积相对密度。

(7)沥青混合料试件的有效沥青饱和度

有效沥青饱和度是指压实沥青混合料试件中矿料间隙中扣除被集料吸收的沥青以外的有效沥青结合料部分的体积在 VMA 中所占的百分率，以 VFA 表示(voids filled with asphalt)，由式(6-48)计算。

$$\text{VFA} = \frac{\text{VMA} - \text{VV}}{\text{VMA}} \times 100\% \tag{6-48}$$

(8)马歇尔试验技术标准

热拌沥青混合料，采用马歇尔试验方法进行配合比设计，沥青混合料技术要求应符合表 6-36～表 6-38 的规定，并有良好的施工性能。

表 6-36　密级配沥青混凝土混合料马歇尔试验技术标准

试验指标		单位	高速公路、一级公路				其他等级公路	行人道路
			夏炎热区（1-1、1-2、1-3、1-4 区）		夏热区及夏凉区（2-1、2-2、2-3、2-4、3-2 区）			
			中轻交通	重载交通	中轻交通	重载交通		
击实次数（双面）		次	75				50	50
试件尺寸		mm	ϕ101.6×63.5					
空隙率 VV	深约 90 mm 以内	%	3～5	4～6②	2～4	3～5	3～6	2～4
	深约 90 mm 以下	%	3～6		2～4	3～6	3～6	—
稳定度，MS≥		kN	8				5	3
流值 FL		mm	2～4	1.5～4	2～4.5	2～4	2～4.5	2～5

矿料间隙率 VMA/%，≥	设计空隙率/%	相应于以下公称最大粒径（mm）的最小 VMA 及 VFA 技术要求					
		26.5	19	16	13.2	9.5	4.75
	2	10	11	11.5	12	13	15
	3	11	12	12.5	13	14	16
	4	12	13	13.5	14	15	17
	5	13	14	14.5	15	16	18
	6	14	15	15.5	16	17	19
沥青饱和度 VFA/%		55～70	65～75			70～85	

注：①本表适用于公称最大粒径≤26.5 mm 的密级配沥青混凝土混合料。

②对空隙率大于 5% 的夏炎热区重载交通路段，施工时应至少提高压实度 1%。

③当设计的空隙率不是整数时，由内插确定要求的 VMA 最小值。

④对改性沥青混合料，马歇尔试验的流值可适当放宽。

表 6-37　沥青稳定碎石混合料马歇尔试验配合比设计技术标准

试验指标	单位	密级配基层（ATB）		半开级配面层（AM）	排水式开级配磨耗层（OGFC）	排水式开级配基层（ATPB）
公称最大粒径	mm	26.5	等于或大于 31.5	等于或小于 26.5	等于或小于 26.5	所有尺寸
马歇尔试件尺寸	mm	ϕ101.6×63.5	ϕ152.4×95.3	ϕ101.6×63.5	ϕ101.6×63.5	ϕ152.4×95.3
击实次数（双面）	次	75	112	50	50	75
空隙率 VV①	%	3～6		6～10	不小于 18	不小于 18
稳定度，≥	kN	7.5	15	3.5	3.5	—
流值	mm	1.5～4	实测	—	—	—
沥青饱和度 VFA	%	55～70		40～70	—	—

续表 6-37

	设计空隙率/%	ATB-40	ATB-30	ATB-25
密级配基层 ATB 的矿料间隙率 VMA/%，≥	4	11	11.5	12
	5	12	12.5	13
	6	13	13.5	14

注：①在干旱地区，可将密级配沥青稳定碎石基层的空隙率适当放宽到 8%。

表 6-38 SMA、OGFC 混合料马歇尔试验配合比设计技术要求

试验项目	单位	SMA 技术要求		OGFC 技术要求
		不使用改性沥青	使用改性沥青	
马歇尔试件尺寸	mm	$\phi 101.6 \times 63.5$		
马歇尔试件击实次数[①]		两面击实 50 次		
空隙率 VV[②]	%	3～4		18～25
矿料间隙率 VMA[②]，≥	%	17.0		—
粗集料骨架间隙率 VCA_{mix}[③]，≤		VCA_{DRC}		—
沥青饱和度 VFA	%	75～85		—
稳定度[④]，≥	kN	5.5	6.0	3.5
流值	mm	2～5	—	—
谢伦堡沥青析漏试验的结合料损失	%	≤0.2	≤0.1	<0.3
肯塔堡飞散试验的混合料损失或浸水飞散试验	%	≤20	≤15	<20

注：①对集料坚硬不易击碎，通行重载交通的路段，也可将击实次数增加为双面 75 次。
②对高温稳定性要求较高的重交通路段或炎热地区，设计空隙率允许放宽到 4.5%，VMA 允许放宽到 16.5%（SMA-16）或 16%（SMA-19），VFA 允许放宽到 70%。
③试验粗集料骨架间隙率 VCA 的关键性筛孔，对 SMA-19、SMA-16、SMA-13 是指 4.75 mm，对 SMA-10 是指 2.36 mm。
④SMA 稳定度难以达到要求时，允许放宽到 5.0 kN（非改性）或 5.5 kN（改性），但动稳定度检验必须合格。

3. 沥青混合料的高温稳定性指标

对用于高速公路、一级公路、城市快速路、主干路的公称最大粒径等于或小于 19 mm 的密级配沥青混合料（AC）及 SMA、OGFC 混合料在进行配合比设计时，应进行车辙试验检验。

沥青混合料动稳定度应符合表 6-39 的要求。对于交通量特别大，超载车辆、重载车特别多或纵坡较大的长距离上坡路段、厂矿专用道路等，可酌情提高对动稳定度的要求。对因气候寒冷确需使用针入度很大的沥青（如大于 100），动稳定度难以达到要求，或因采用石灰岩等不很坚硬的石料，改性沥青混合料的动稳定度难以达到要求等特殊情况，可酌情降低要求。

表 6－39　沥青混合料车辙试验动稳定度技术要求

气候条件与技术指标		相应于下列气候分区所要求的动稳定度/(次·mm^{-1})								
七月平均最高气温(℃)及气候分区		>30				20～30				<20
		夏炎热区				夏热区				夏凉区
		1－1	1－2	1－3	1－4	2－1	2－2	2－3	2－4	3－2
普通沥青混合料，≥		800		1 000		600	800			600
改性沥青混合料，≥		2 400		2 800		2 000	2 400			1 800
SMA 混合料	非改性，≥	1 500								
	改性，≥	3 000								
OGFC 混合料		1 500(一般交通路段)、3 000(重交通路段)								

4. 沥青混合料的低温抗裂性指标

为了提高沥青路面的低温抗裂性，密级配沥青混合料宜在温度－10℃、加载速率50 mm/min的条件下进行弯曲试验，测定破坏强度、破坏应变、破坏劲度模量，并根据应力应变曲线的形状，综合评价沥青混合料的低温抗裂性能。其中沥青混合料的破坏应变应不小于表 6－40 的要求。

表 6－40　沥青混合料低温弯曲试验破坏应变技术要求

气候条件与技术指标	相应于下列气候分区所要求的破坏应变($\mu\varepsilon$)								
年极端最低气温(℃)及气候分区	<－37.0		－21.5～－37.0			－9.0～－21.5		>－9.0	
	冬严寒区		冬寒区			冬冷区		冬温区	
	1－1	2－1	1－2	2－2	3－2	1－3	2－3	1－4	2－4
普通沥青混合料，≥	2 600		2 300			2 000			
改性沥青混合料，≥	3 000		2 800			2 500			

5. 沥青混合料的水稳定性指标

沥青混合料应具有良好的水稳定性，除了对沥青与集料的黏附性等级进行检验外，还应在规定条件下进行沥青混合料的浸水马歇尔试验和冻融劈裂试验，并同时符合表 6－41 中的两个要求。达不到要求时必须采取抗剥落措施，调整最佳沥青用量后再次试验。

表 6－41　沥青混合料水稳定性检验技术要求

气候条件与技术指标	相应于下列气候分区的技术要求/%			
年降雨量(mm)及气候分区	>1 000	500～1 000	250～500	<250
	潮湿区	湿润区	半干区	干旱区
浸水马歇尔试验残留稳定度/%，≥				
普通沥青混合料	80		75	
改性沥青混合料	85		80	

续表 6－41

浸水马歇尔试验残留稳定度/%，≥			
SMA 混合料	普通沥青	75	
	改性沥青	80	
冻融劈裂试验的残留强度比/%，≥			
普通沥青混合料		75	70
改性沥青混合料		80	75
SMA 混合料	普通沥青	75	
	改性沥青	80	

6. 沥青混合料的渗水性指标

宜利用轮碾机成型的车辙试验试件，脱模架起进行渗水试验，并符合表 6－42 的要求。

表 6－42　沥青混合料试件渗水系数技术要求

级配类型	渗水系数要求/(mL·min^{-1})
密级配沥青混凝土，≤	120
SMA 混合料，≤	80
OGFC 混合料，≥	实测

6.2.3.4　热拌沥青混合料配合比设计方法

沥青混合料配合比设计与沥青路面的使用性能、材料用量及工程造价有密切关系。全过程的沥青混合料配合比设计包括三个阶段：目标配合比设计阶段、生产配合比设计阶段和生产配合比验证阶段，即试验段试铺阶段。后两个阶段是在目标配合比的基础上进行的，需借助于施工单位的拌和、摊铺和碾压设备完成。通过三个阶段的配合比设计过程，确定沥青混合料中组成材料品种、矿质集料级配和沥青用量，同时确定合理的施工方案。本节主要介绍热拌沥青混合料的目标配合比设计过程，其设计流程图见图 6－41。

1. 矿质混合料组成设计

(1)沥青混合料类型和矿料级配的确定

根据道路等级、路面结构层位等选择适用的沥青混合料类型，并按照表 6－30～表 6－35 确定相应的矿质混合料级配范围，也可以根据试验研究结果选择其他类型的沥青混合料类型及其相应的级配范围，经技术经济论证后确定。

(2)矿质混合料配合比计算

①组成材料的原始数据测定

按照规定方法对实际工程使用的原材料进行取样，测试其表观相对密度、吸水率和毛体积相对密度，并进行水筛分试验，为衡量各规格集料的级配组成的代表性与波动性，应尽可能取得材料足够批次筛分试验结果，在控制好级配波动情况下取其平均值作为各规格集料的级配组成结果。

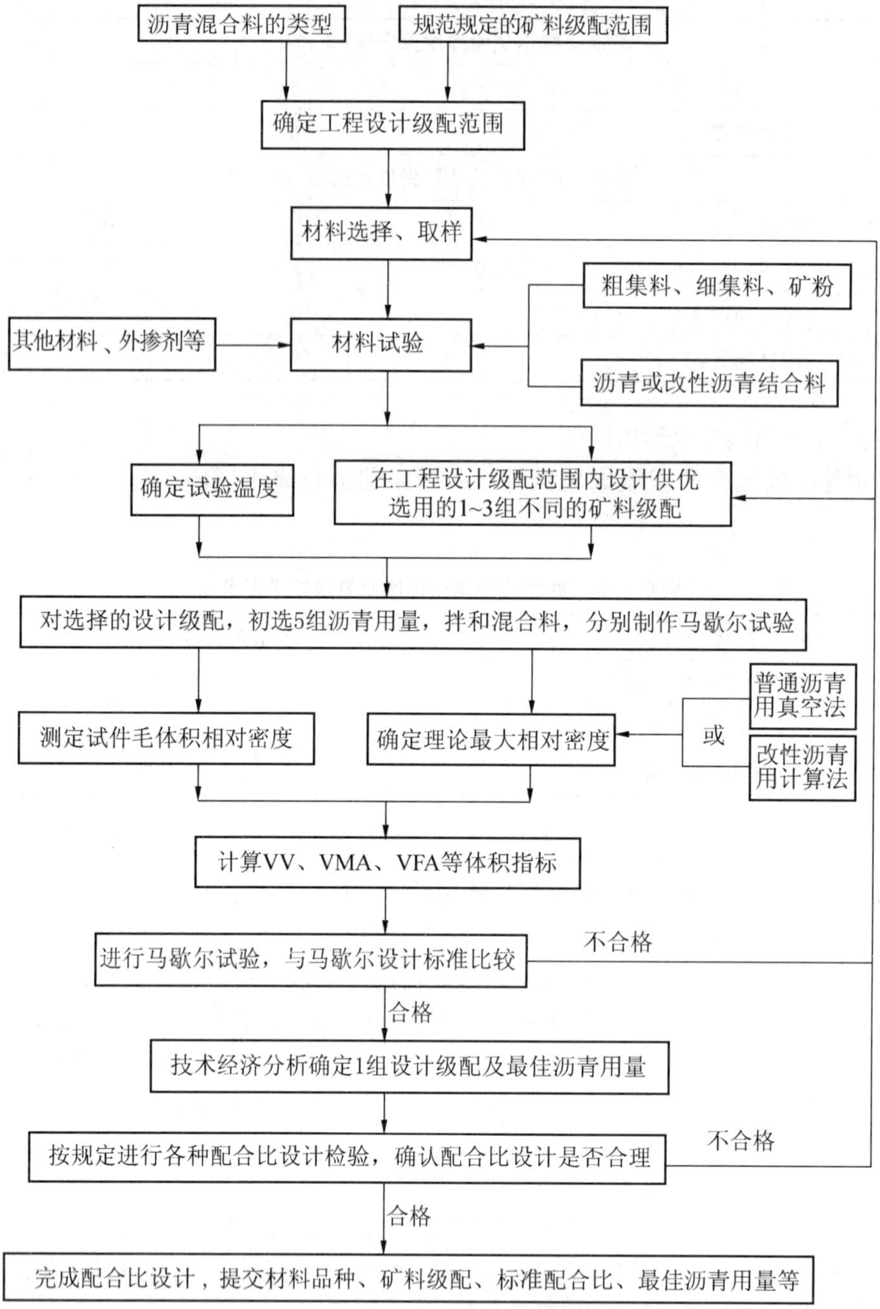

图 6－41　密级配沥青混合料目标配合比设计流程图

②确定各档集料的用量比例

根据各档集料的筛分结果，采用图解法或计算法，确定各档集料的用量比例，计算矿质混合料的合成级配。矿质混合料的合成级配曲线必须符合设计级配范围的要求，否则，需采取调整原材料、更换部分原材料、重新换料等措施后重新设计。

目标配合比设计的主要原则：

其一是通过级配中粗、细集料颗粒的合理分布，使混合料形成稳定的与工程要求相适应的组成结构，如对于高温稳定性要求高的高速公路沥青路面表层混合料，可充分利用多级嵌挤骨架密实结构，对于高温稳定性要求不高的城市道路沥青混合料，则可使用密实部分悬浮结构。

其二是良好的级配组成，使得混合料具有良好的体积性质。各项路用性能要求混合料应具有相当的沥青用量，应有合适、稳定的空隙率，因此混合料应有足够大的矿料间隙率。在 0.45 次方级配曲线图中，对角线代表最大理论密度线(对应级配混合料的 VMA 最小)，因此偏离最大理论密度线则可以得到较大的矿料间隙率；调整级配时，适当减少靠近最大粒径的粗集料和细集料中较细部分的比例，控制矿粉比例，适当增加中间档次的粗集料，这种 S 型级配的沥青混合料属于嵌挤密实型级配，具有较高的 VMA、适宜的空隙率，渗水性小，有较好的高温稳定性，表面还具有较大的构造深度；提高粗细集料的加工水平(集料棱角性增大、针片状减少等)，同样可以提高 VMA。

其三是对级配中粗、细集料部分的合理组成进行分析，减少混合料施工过程中的离析现象。通过对集料总体分布，粗集料粗粒、细粒，细集料粗粒、细粒的分布评价(如美国的贝雷法)，分析该合成级配的施工特性、填充特性和性能特性。简单的如最粗的集料部分含量过多，级配曲线最大筛孔附近过于陡直，则混合料容易离析。

其四是评价合成级配在施工过程的和易性和压实的稳定性等问题。如果粒径 0.075 ~ 0.6 mm部分含量过高，属于驼峰级配，沥青含量稍多就会造成混合料的不稳定，因为天然砂颗粒组成有此特性，所以基于这方面也需要限制天然砂用量；如果粒径 0.15 ~ 2.36 mm 部分含量过低，混合料孔隙过大，缺乏抗拉强度；级配曲线最大筛孔附近过于平缓，粗集料相对较细，表面均匀易于修整。

2. 沥青混合料马歇尔试验

沥青混合料马歇尔试验的主要目的是确定最佳沥青用量，以 OAC 表示。沥青用量可以通过各种理论公式计算得到，但由于实际材料性质的差异，计算得到的最佳沥青用量仍然需要通过试验进行修正。我国目前采用马歇尔试验确定沥青混合料中的最佳沥青用量。

沥青混合料马歇尔试验的步骤是：按确定的矿质混合料配合比，计算各种规格集料的用量；根据当地实践经验的沥青用量或估算的沥青用量为中值，按 0.5% 间隔变化，取五个不同的沥青用量，按规定的击实次数成型马歇尔试件；测定试件的物理力学指标(毛体积相对密度，并计算 VV、VMA、VFA 等体积特性参数，在马歇尔试验仪上，按照标准方法测定沥青混合料试件的马歇尔稳定度和流值)。

3. 最佳沥青用量的确定

以油石比或沥青用量为横坐标，以马歇尔试验的各项指标为纵坐标，将试验结果作图，连成圆滑的曲线，如图 6 - 42 所示。

(1)根据试验曲线的走势，按下列方法确定沥青混合料的最佳沥青用量 OAC_1

在曲线图 6 - 42 上求取相应于密度最大值、稳定度最大值、目标空隙率(或中值)、沥青饱和度范围的中值的沥青用量 a_1、a_2、a_3、a_4。按式(6 - 49)取平均值作为 OAC_1。

$$OAC_1 = (a_1 + a_2 + a_3 + a_4)/4 \tag{6-49}$$

如果所选择的沥青用量范围未能涵盖沥青饱和度的要求范围，则按式(6 - 50)求取三者的平均值作为 OAC_1。

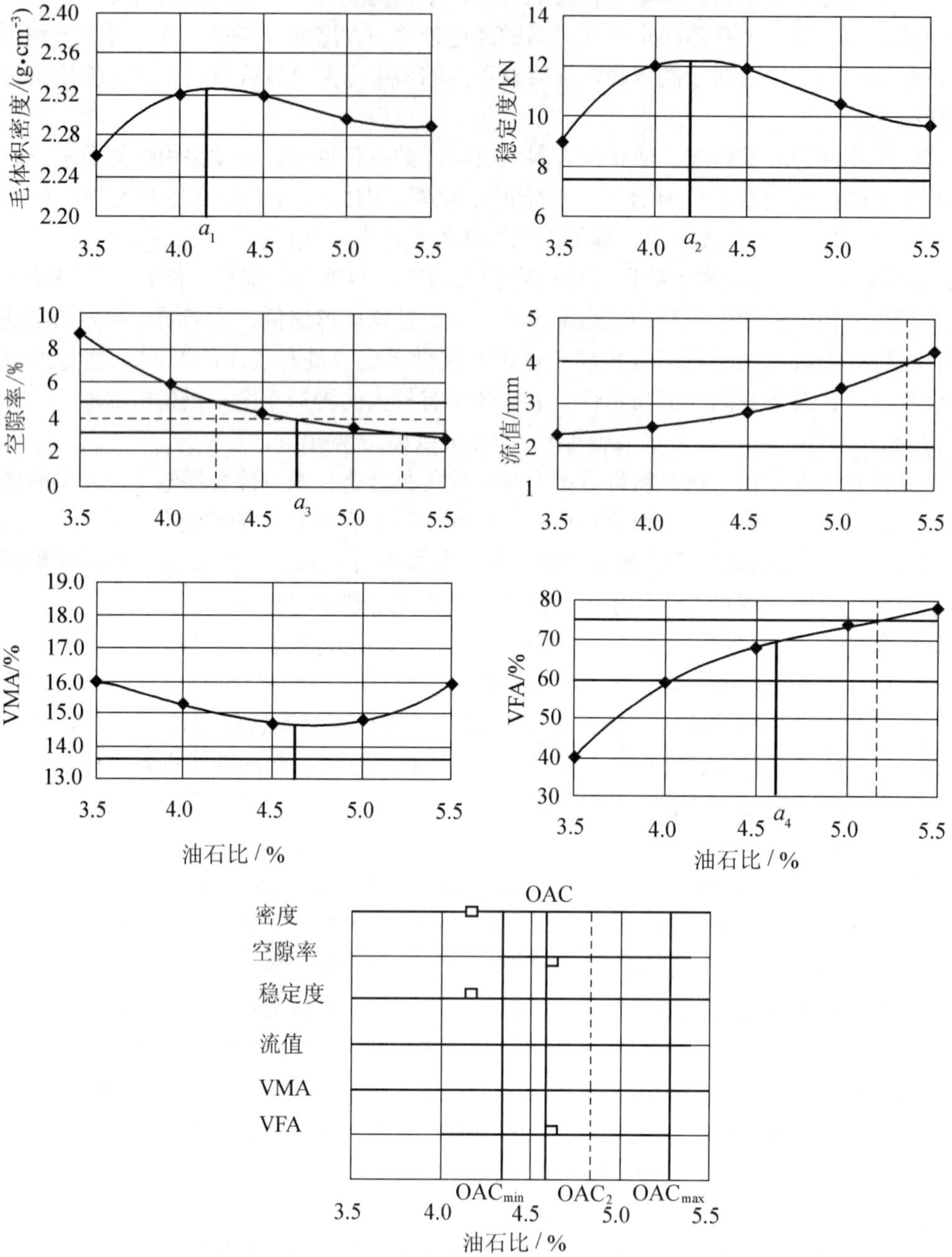

图6－42　马歇尔试验结果

$$OAC_1 = (a_1 + a_2 + a_3)/3 \tag{6-50}$$

在所选择试验的沥青用量范围，当密度或稳定度没有出现峰值(最大值经常在曲线的两端)时，可直接以目标空隙率所对应的沥青用量 a_3 作为 OAC_1，但 OAC_1 必须在 OAC_{min} ～ OAC_{max} 的范围内，否则应重新进行配合比设计。

(2)确定最佳沥青用量的初始值 OAC_2

以各项指标均符合技术标准(不含 VMA)的沥青用量范围 $OAC_{min} \sim OAC_{max}$ 的中值作为 OAC_2。

$$OAC_2 = (OAC_{min} + OAC_{max})/2 \tag{6-51}$$

(3)根据 OAC_1 及 OAC_2 综合确定最佳沥青用量 OAC

最佳沥青用量 OAC 的确定应考虑沥青路面的工程实践经验、道路等级、气候条件、交通情况等因素。

通常情况下取 OAC_1 及 OAC_2 的中值作为计算的最佳沥青用量 OAC。对炎热地区公路以及高速公路、一级公路的重载交通路段、山区公路的长大坡度路段，预计有可能产生较大车辙时，宜在空隙率符合要求的前提下将计算的最佳沥青用量减少 0.1%～0.5% 作为设计沥青用量。此时，除空隙率外的其他指标可能会超出马歇尔试验配合比设计技术标准，施工时必须要求采用重型轮胎压路机和振动压路机组合等方式加强碾压，以使施工后路面的空隙率达到未调整前的原最佳沥青用量时的水平，且渗水系数符合要求。如果试验段试拌试铺达不到此要求，应调整所减少的沥青用量的幅度。对寒区公路、旅游公路、交通量很少的公路，最佳沥青用量可以在 OAC 的基础上增加 0.1%～0.3%，以适当减小设计空隙率，但不得降低压实度要求。

确定的最佳沥青用量 OAC，从图 6－42 中得出所对应的空隙率和 VMA 值，检验是否能满足关于最小 VMA 值的要求。OAC 宜位于 VMA 凹形曲线最小值的贫油一侧。当空隙率不是整数时，最小 VMA 按内插法确定，并将其画入图中。

美国按马歇尔试验方法确定最佳沥青用量，就是 OAC_1；而日本则是以满足稳定度、流值、空隙率、饱和度等几个指标共同范围的中值为最佳沥青用量 OAC_2。我国现行的方法则两种情况都考虑到，比较完善。但是对于最佳沥青用量 OAC_2，在有些情况下，却得不到公共的沥青用量范围，或者公共范围非常狭窄，这主要是由于所配合而成的矿料间隙率 VMA 存在问题。VMA 大体有以下三种情况：

①VMA 偏小。VMA 偏小，混合料极易压密。在这种情况下，即使沥青用量不多，也能达到空隙率标准值的下限和饱和度标准的上限。这样，在沥青用量适合的范围内，确定不了公共范围的下限值，即使求出下限值，其沥青用量也明显偏小。

②VMA 大。VMA 大，混合料不能压实。在这种情况下，即使增加沥青用量，空隙率仍然过大，而饱和度还是不足，这样也不能确定公共范围，即使有公共范围，其范围也很窄。而且这种混合料，即使沥青用量少，流值还是大。对于 VMA 大的情况，有时即使是密级配沥青混合料，其 VMA 也可能大 18%～19%。

③VMA 偏大。VMA 偏大，并不是混合料难以压实，而是由于使用了吸水率大的集料。在这种情况下，由于集料吸收沥青量大，有时即使增加沥青用量，空隙率仍然大，而饱和度还是偏小，但其流值不会太大，这种情况也没有公共范围。

上述三种情况，就需要根据混合料的具体情况来调整集料的配合比，或者更换集料。

调整的方法是改变 VMA。具体的做法是改变集料的配合比，即在规定的级配范围内修正合成级配，使合成级配线与理论最大密度线上下偏离以获得目标 VMA。

在更换材料时，要注意的是在粗集料中，棱角大的碎石比圆形的碎砾石更能增大 VMA，而在细集料中，河砂有利于减少 VMA，而使用棱角性好的细集料，则有利于增大

VMA。增加矿粉用量可以达到减小 VMA 的目的。

4. 沥青混合料的性能检验

按最佳沥青用量 OAC 制作试件进行试验，检验沥青混合料水稳定性(残留稳定度和冻融劈裂强度比)、高温稳定性(动稳定度)、低温抗裂性(低温破坏应变)、渗水性(渗水系数)。同时尚应检验最佳沥青用量时的粉胶比和有效沥青膜厚度。

按式(6-52)计算沥青混合料的粉胶比(FB)，宜符合 0.6～1.6 的要求。对常用的公称最大粒径为 13.2～19 mm 的密级配沥青混合料，粉胶比宜控制在 0.8～1.2 范围内。

$$FB = \frac{P_{0.075}}{P_{be}} \tag{6-52}$$

式中 FB——粉胶比，沥青混合料的矿料中 0.075 mm 筛孔通过率与有效沥青质量分数的比值；

$P_{0.075}$——矿料级配中 0.075 mm 筛孔的通过率(水洗法),%；

P_{be}——有效沥青质量分数,%。

按式(6-53)的方法计算集料的比表面积(SA)，按式(6-54)估算沥青混合料的沥青膜有效厚度。各种集料粒径的表面积系数按表 6-20 采用。根据国外的资料介绍，通常情况下连续密级配沥青混合料的沥青膜有效厚度宜不小于 6 μm，密实式沥青碎石混合料的有效沥青膜厚度宜不小于 5 μm。

$$SA = \sum (P_i \times FA_i) \tag{6-53}$$

$$DA = \frac{P_{be}}{\gamma_b \times SA} \times 10 \tag{6-54}$$

式中 SA——集料的比表面积，m^2/kg；

P_i——各种粒径的通过百分率,%；

FA_i——相应于各种粒径的集料的表面积系数，如表 6-20 所列；

DA——沥青膜有效厚度，μm；

P_{be}——有效沥青的质量分数,%；

γ_b——沥青的相对密度(25 ℃)。

6.2.3.5 热拌沥青混合料配合比设计示例

例题 6-1 某高速公路沥青路面中面层沥青混合料 AC-20 配合比设计。

气候条件：七月最热平均气温为 28.9 ℃，最高气温为 38.5 ℃，年极端最低气温为 -1.9℃，年总雨量在 1 600～2 000 mm。沥青为 SBS 改性沥青(25 ℃相对密度 1.03)，经检验各项技术性能指标均符合要求。矿质集料：7 种规格档材料的级配组成与密度资料见表 6-43，其他技术指标满足要求。根据上述条件，确定沥青混合料类型，进行矿质混合料配合比设计；确定最佳沥青用量；进行配合比性能检验。

表 6－43　矿料级配与密度资料

筛孔/mm	通过筛孔(方孔筛)的质量分数/%						
	花岗岩					矿粉	消石灰
	15～22	11～15	6～11	3～6	石　屑		
31.5							
26.5	100						
19	69.16	100					
16	16.04	100					
13.2	1.4	82.73	100				
9.5	0.2	3.12	80.04	100			
4.75	0.2	0.25	0.61	55.6	100		
2.36	0.2	0.25	0.29	0.6	93.3		
1.18	0.2	0.25	0.29	0.6	71.9	100	
0.6	0.2	0.25	0.29	0.56	50.64	100	
0.3	0.2	0.25	0.29	0.56	31.54	99.19	100
0.15	0.2	0.25	0.29	0.56	19.26	95.56	99.55
0.075	0.2	0.25	0.29	0.56	11.9	81.73	94.39
配合比/%	19.0	17.0	25.0	7.0	27.5	2.5	2.0
表观相对密度	2.664	2.668	2.676	2.683	2.67	2.711	2.375
毛体积相对密度	2.638	2.634	2.634	2.633	2.609	2.711	2.375
吸水率/%	0.37	0.49	0.6	0.71	0.88	—	—

解　(1)矿质混合料配合比设计

根据高温要求，采用粗级配类型 AC－20C，经过优化设计后各规格集料比例见表 6－43，合成配合比见表 6－44 和图 6－43。

表 6－44　AC－20C 沥青混合料矿料级配组成

结　构　层		通过下列筛孔(方孔筛，mm)的质量分数/%												
		31.5	26.5	19	16	13.2	9.5	4.75	2.36	1.18	0.6	0.3	0.15	0.075
AC－20C	级配上限	100	100	100	92	80	72	56	44	33	24	17	13	7
	级配下限	100	100	90	78	62	50	26	16	12	8	5	4	3
	目标配合比	100	100	94.1	84.0	78.3	59.6	36.1	30.4	24.5	18.5	13.1	9.5	5.4
关键筛孔要求								<45						

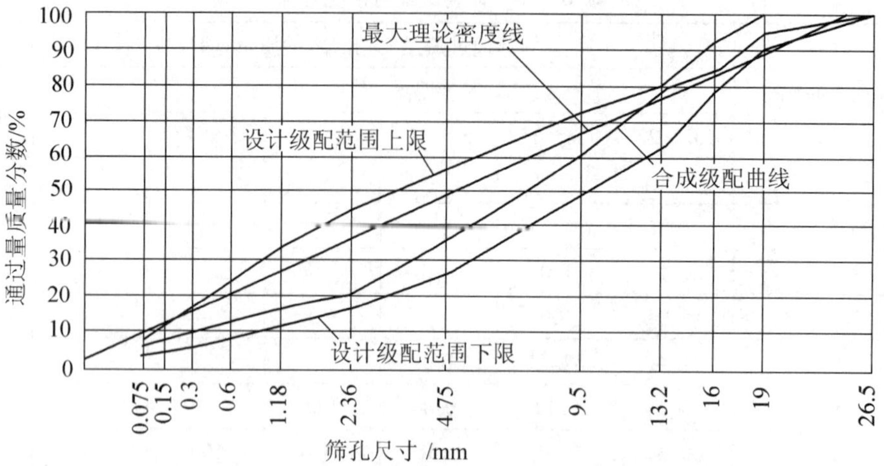

图 6－43　AC－20C 目标配合比合成级配曲线

(2)沥青混合料的马歇尔试验

试验结果见表 6－45，技术指标与沥青用量关系曲线见图 6－44。

表 6－45　马歇尔试验结果汇总表

沥青用量 /%	毛体积相对密度	理论最大相对密度	空隙率 /%	VMA/%	VFA/%	稳定度 /kN	流值 /mm
4.0	2.324	2.504	7.181	14.83	51.58	11.88	3.20
4.5	2.359	2.487	5.152	13.97	63.13	12.82	3.10
5.0	2.377	2.470	3.773	13.72	72.50	13.70	3.07
5.5	2.383	2.454	2.905	13.92	79.14	12.63	3.18

(3)最佳沥青用量的确定

①确定沥青混合料的最佳沥青用量 OAC_1

由图 6－44 得沥青用量：求取相应于密度最大值、稳定度最大值、目标空隙率(或中值)、沥青饱和度范围的中值的沥青用量分别为 $a_1=5.5\%$，$a_2=5.0\%$，$a_3=4.6\%$，$a_4=4.85\%$，得：

$$OAC_1=(5.5\%+5.0\%+4.6\%+4.85\%)/4=5.0\%$$

②确定最佳沥青用量的初始值 OAC_2

以上各项指标均符合技术标准的沥青用量范围 $OAC_{min}=4.5\%$，$OAC_{max}=4.9\%$，则：

$$OAC_2=(4.5\%+4.9\%)/2=4.7\%$$

③根据 OAC_1 及 OAC_2 综合确定最佳沥青用量 $OAC=4.7\%$。

(4)性能检验

按最佳沥青用量 4.7% 成型试件，进行性能检验。主要结果如下：

①水稳定性检验：残留稳定度＝14.16/15.64＝90.5%＞85%(要求值)，冻融劈裂强度比＝1.101/1.295＝85.0%＞80%(要求值)

②高温稳定性：车辙动稳定度 DS＝7 278 次/mm＞2 800 次/mm(要求值)

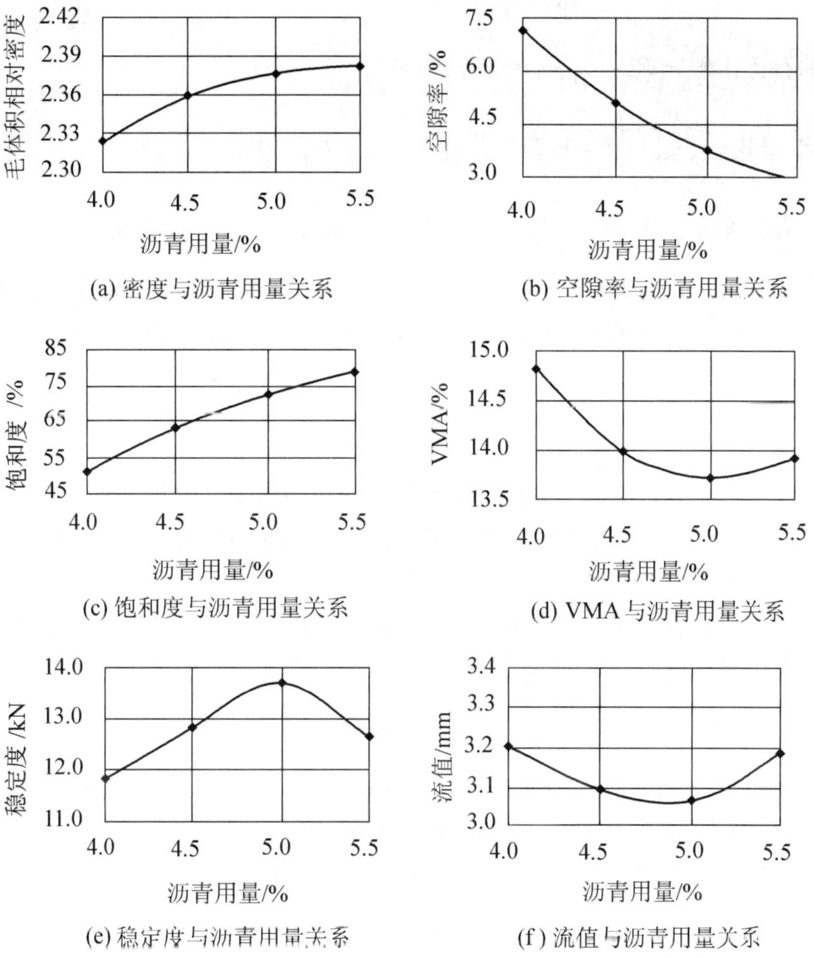

(a) 密度与沥青用量关系　(b) 空隙率与沥青用量关系

(c) 饱和度与沥青用量关系　(d) VMA 与沥青用量关系

(e) 稳定度与沥青用量关系　(f) 流值与沥青用量关系

图 6 - 44　马歇尔试验技术指标与沥青用量关系曲线图

③渗水系数：渗水系数 23 mL/min < 120 mL/min(要求值)

④最佳沥青用量时的粉胶比和有效沥青膜厚检验计算参数见表 6 - 46。

表 6 - 46　粉胶比和有效沥青膜厚检验计算参数

代号	符　号　含　义	单位	计算结果
γ_{se}	集料的有效相对密度		2.655 8
γ_{sb}	材料的合成毛体积相对密度		2.635
γ_{b}	沥青的相对密度(25 ℃)		1.03
P_{b}	沥青质量分数	%	4.489
P_{s}	各种矿料占沥青混合料总质量的百分率之和，即 $P_s = 100 - P_b$	%	95.511
$P_{0.075}$	矿料级配中 0.075 mm 筛孔通过率	%	5.40
SA	集料的比表面积	m^2/kg	5.483

矿料的沥青吸收率：$P_{ba}=\dfrac{\gamma_{se}-\gamma_{sb}}{\gamma_{se}\times\gamma_{sb}}\times\gamma_b\times100\%=0.306\%$

有效油石比：$P_{be}=P_b-\dfrac{P_{ba}}{100}\times P_s=4.197\%$

粉胶比：$FB=\dfrac{P_{0.075}\times P_s}{P_{be}}=1.23$，符合0.6～1.6的要求。

有效沥青膜厚度：$DA=\dfrac{P_{be}}{\gamma_b\times SA}\times10=7.43(\mu m)$，符合大于6 μm的建议要求。

由以上结果可见，当沥青用量为4.7%时，各项检验指标都能满足配合比性能检验要求，因此可以选择沥青用量4.7%作为最佳沥青用量(实际施工时也可以适度降低沥青用量)。

【课外调查】

调查内容：调查本省高速公路沥青路面面层使用的沥青类型与主要品牌。

调查目的：通过调查，掌握本省沥青路面面层使用的沥青类型与主要品牌及其使用的原因。

调查内容：调查本省高速公路或城市道路沥青路面早期损坏的某一种主要类型。

调查目的：通过调查，掌握沥青混合料路用性能要求及探索解决早期损坏的对策。

复习思考题

6-1　采用沥青化学组分分析方法可将沥青分离为哪几个组分？与沥青技术性质有何关系？

6-2　沥青可分为几种胶体结构？与其技术性质有何关联？

6-3　沥青常用的技术指标有哪些？各反映沥青的哪些性能？

6-4　何为沥青三大指标？简述主要试验条件。

6-5　沥青的感温性能最常采用哪些指标来表征？

6-6　影响沥青与集料黏附性的因素有哪些？

6-7　为什么要对沥青进行改性？常用的聚合物改性沥青有哪几种？改性沥青的技术指标有何特点？

6-8　沥青在15 ℃和30 ℃下测定的针入度分别为25和80(0.1 mm)，求出沥青的针入度-温度敏感系数A，由此计算沥青的针入度指数PI，并判别沥青的胶体结构类型。

6-9　沥青混合料按其组成结构可分为哪几种类型，各种结构类型的特点是什么？

6-10　符号AC-16C、AM-20、ATB-25、SMA-10、OGFC-13、ATPB-25分别表示哪种类型的沥青混合料？

6-11　简述沥青混合料应具备的路用性能及其主要影响因素。

6-12　简述沥青混合料高温稳定性的评价方法和评定标准。

6-13　简述沥青含蜡量对沥青路用性能的影响。

6-14　试述我国现行热拌沥青混合料配合组成的设计方法。矿质混合料的组成和最佳沥青用量是如何确定的？

6-15　采用马歇尔法设计沥青混凝土配合比时，为什么还要进行浸水马歇尔残留稳定度和车辙等试验？

6-16　沥青混合料的空隙率是如何确定的？

6－17　根据表 6－47 给出的测定结果，计算沥青混合料的各项体积特征参数。沥青 25℃ 相对密度为 1.04，集料平均表观相对密度为 2.730 5，集料平均毛体积相对密度为 2.692，集料有效相对密度为 2.722 4。

表 6－47　习题 6－17 用数据

沥青质量分数/%	空中重/g	水中重/g	表干重/g	毛体积相对密度	理论最大相对密度	空隙率/%	VMA/%	VFA/%
3.5	1 172.7	695.0	1 182.6					
4.0	1 182.22	701.97	1 189.26					
4.5	1 191.29	707.67	1 194.91					

6－18　根据下列资料，设计高速公路沥青路面中面层沥青混凝土配合比组成。

【原始资料】(1) 道路等级：高速公路；路面类型：沥青混凝土；结构层位：中面层，设计厚度 6cm；气候条件：7 月份平均最高气温大于 30℃，年极端最低气温大于 －5℃。(2) 材料性能：沥青材料，25℃ 相对密度为1.038，其他技术指标符合要求；各档花岗岩粗细集料密度资料见表 6－48，除与沥青黏附性为 3 级外，其他技术指标符合要求；矿粉：石灰石粉，抗剥落技术措施为用 2% 消石灰部分取代矿粉；各档料级配组成见表 6－49。沥青混合料马歇尔试验结果见表 6－50。

【设计要求】(1) 根据道路等级、路面类型和结构层次确定沥青混凝土的类型和矿质混合料级配范围。根据矿料筛分结果，确定各档集料的用量比例，对矿质混合料的合成级配进行校核与调整。(2) 根据沥青混凝土的技术要求，通过对马歇尔试验体积参数和力学指标 (表 6－50) 进行分析，确定最佳沥青用量。

表 6－48　矿料密度与吸水率检验结果

筛孔/mm	矿料密度							
	花岗岩碎石 (规格单位为 mm)					河砂	矿粉	消石灰
	10～25	10～20	5～10	3～6	0～3			
表观相对密度	2.721	2.736	2.733	2.752	2.766	2.638	2.702	2.365
毛体积相对密度	2.704	2.711	2.702	2.707	0.577	2.695		
吸水率/%	0.23	0.34	0.42	0.60	0.90	0.95		

表 6－49　沥青混合料用矿料的筛分结果

材料名称	通过下列各尺寸筛孔 (mm) 的质量分数/%											
	26.5	19	16	13.2	9.5	4.75	2.36	1.18	0.6	0.3	0.15	0.075
22～30 mm 集料	100	64.7	28.7	10.5	0.5	0.2	0.2	0.2	0.2	0.2	0.2	0.1
15～22 mm 集料	100	95	73.4	44.6	6.4	0.4	0.3	0.3	0.3	0.3	0.3	0.1
11～15 mm 集料	100	100	100	100	93.6	4.3	0.6	0.6	0.6	0.6	0.6	0.2
3～6 mm 集料	100	100	100	100	100	92.9	10.9	2	0.7	0.7	0.7	0.3
河砂	100	100	100	100	100	97.4	86.7	71.2	43.5	14	1.7	0.6
0～3 mm 集料	100	100	100	100	100	100	90.6	65.1	44.4	29.1	19.4	12.7
矿粉	100	100	100	100	100	100	100	100	100	100	99.8	89.8
消石灰	100	100	100	100	100	100	100	100	100	100	98.6	82.6

表6－50　马歇尔试验体积参数和力学指标测定结果汇总表

试件组号	沥青用量/%	技术性质					
		毛体积相对密度	空隙率/%	VMA/%	VFA/%	稳定度/kN	流值/mm
1	4	2.406	5.984	13.94	57.1	9.8	2.63
2	4.5	2.426	4.544	13.65	66.7	12.5	2.97
3	5	2.446	3.09	13.34	76.9	11.3	3.23
4	5.5	2.448	2.351	13.68	82.8	10.8	3.58
5	6	2.423	1.89	13.92	90.0	9.6	4.2

第7章 建筑砂浆

【学习要点】

1. 掌握砌筑砂浆的性质、组成、检测方法及其配合比设计方法；
2. 掌握抹灰砂浆的主要品种、性能要求及其配制方法；
3. 了解预拌砂浆的品种及其在土木工程中的应用。

7.1 概述

建筑砂浆是指由胶凝材料、细骨料和水，有时也掺加掺合料和外加剂，按一定比例配制而成的土木工程材料，在土木工程中起黏结、衬垫和传递应力的作用，通常简称为砂浆。

7.1.1 砂浆用途

砂浆在土木工程中的用途很广，主要有如下六个方面的用途：

(1)将块状的砖、石、砌块等胶结起来构成砌体；

(2)建筑物内外表面(墙面、地面、天棚)的抹面；

(3)在建筑物表面粘贴其他材料，如石材、瓷砖、锦砖等；

(4)填补建筑物表面和内部的空隙，如填补构件、瓷砖间的孔隙；

(5)增加建筑物外观的美感，如装饰砂浆等；

(6)赋予建筑物某种特种功能，如防水、保温等。

7.1.2 砂浆分类

1. 按所用的胶凝材料分类

水泥砂浆：以水泥为胶凝材料，加入细骨料和水按一定比例配制而成的砂浆。

石灰砂浆：以石灰为胶凝材料，加入细骨料和水按一定比例配制而成的砂浆。

石膏砂浆：以半水石膏或Ⅱ型无水石膏单独或两者混合后作为胶凝材料，加入细骨料、水和多种外加剂按一定比例配制而成的砂浆。

水玻璃砂浆：以水玻璃为胶凝材料，以氟硅酸钠等为固化剂，加入耐酸细骨料按一定比例配制而成的砂浆。

混合砂浆：以水泥为胶凝材料，加入石灰膏、细骨料和水按一定比例配制而成的砂浆。

聚合物砂浆：以水泥为胶凝材料，加入细骨料、水和适量聚合物按一定比例配制而成的砂浆。

2. 按用途分类

砌筑砂浆：将砖、石、砌块等黏结成为砌体，起黏结、衬垫和传力作用的砂浆。

抹灰砂浆：大面积涂抹于建筑物墙、顶棚、柱等表面的砂浆。

特种砂浆：除满足基本的砂浆性能要求外，还具有某种特殊功能的砂浆。常用的特种砂浆包括装饰砂浆、防水砂浆、保温砂浆、吸音砂浆、耐酸砂浆、防辐射砂浆和聚合物砂浆等品种。

3. 按生产方式分类

现场搅拌砂浆：在施工现场将水泥等胶凝材料、细骨料、掺加料、外加剂和水等原材料按一定比例配制的砂浆。

预拌砂浆：专业生产厂家生产的湿拌砂浆或干混砂浆。

7.2 现场搅拌砂浆

现场搅拌砂浆是传统的砂浆生产方式。现在主要应用的是水泥砂浆和水泥混合砂浆。

7.2.1 砌筑砂浆

砌筑砂浆是将砖、石、砌块等黏结成为砌体，起黏结、衬垫和传力作用的砂浆。砌筑砂浆是砌体的重要组成部分。

7.2.1.1 砌筑砂浆的原材料

砌筑砂浆所用原材料不应对人体、生物及环境造成有害的影响，并应符合现行国家标准 GB 6566—2010《建筑材料放射性核素限量》的规定。

1. 水泥

水泥宜采用通用硅酸盐水泥或砌筑水泥，且应符合现行国家标准 GB 175—2007《通用硅酸盐水泥》和 GB/T 3183—2017《砌筑水泥》。

水泥的强度等级应根据设计要求进行选择。为合理利用资源、节约材料，在配制砂浆时宜选用低强度等级的通用硅酸盐水泥或砌筑水泥，M15 及以下强度等级的砌筑砂浆宜选用 32.5 级的通用硅酸盐水泥或砌筑水泥；M15 以上强度等级的砌筑砂浆宜选用 42.5 级通用硅酸盐水泥。

2. 掺合料

掺合料是为改善砂浆和易性而加入的无机材料，如石灰膏、粉煤灰、电石膏等。为了使石灰膏、电石膏等材料的含水率有一个统一可比的标准，石灰膏和电石膏试配时的稠度应为 120 mm ± 5 mm。

(1) 石灰膏

为了保证砂浆质量，需将生石灰熟化成石灰膏后方可使用。生石灰熟化成石灰膏时，应用孔径不大于 3 mm 的网过滤，熟化时间不得少于 7 d；磨细生石灰粉的熟化时间不得少于2 d。生石灰和生石灰粉的质量应满足行业标准 JC/T 479—2013《建筑生石灰》的要求。

为了保证石灰膏质量，沉淀池中贮存的石灰膏，应采取防止干燥、冻结和污染的措施。由于脱水硬化的石灰膏不但起不到塑化作用，还会影响砂浆强度，故严禁使用脱水硬化的石灰膏。

消石灰粉是未充分熟化的石灰，颗粒太粗，起不到改善砂浆和易性的作用，还会大幅度降低砂浆强度，因而消石灰粉不得直接用于砌筑砂浆中。

(2)粉煤灰

粉煤灰应符合国家现行标准 GB/T 1598—2017《用于水泥和混凝土中的粉煤灰》的规定，粉煤灰不宜采用Ⅲ级粉煤灰。高钙粉煤灰使用时，必须检验其安定性是否合格，合格后方可使用。

3. 砂

砂宜选用中砂，并应符合现行行业标准 JGJ 52—2006《普通混凝土用砂、石质量及检验方法》的规定，且应全部通过 4.75 mm 的筛孔。采用中砂拌制砂浆既能满足和易性要求，又能节约水泥。毛石砌体宜选用粗砂。

砂的含泥量过大，不但会增加砂浆的水泥用量，还可能使砂浆的收缩值增大、耐水性降低，影响砌筑质量，因此砂的含泥量不应超过5%。

4. 水

配制砂浆用水，应符合现行行业标准 JGJ 63—2006《混凝土拌合用水标准》的规定。

5. 外加剂

砂浆外加剂是在拌制砂浆过程中掺入的，用以改善砂浆性能的物质。

外加剂应符合国家现行有关标准的规定，引气型外加剂还应有完整的型式检验报告。

6. 保水增稠材料

保水增稠材料是改善砂浆可操作性及保水性能的非石灰类材料。

保水增稠材料应在使用前进行试验验证，并应有完整的型式检验报告。

7.2.1.2 *砌筑砂浆的性质*

1. 砂浆拌合物的表观密度

由砂浆拌合物捣实后的质量密度，可以确定每立方米砂浆拌合物中各组成材料的实际用量。砌筑砂浆拌合物的表观密度宜符合表7－1的规定。

表7－1 砌筑砂浆拌合物的表观密度

砂浆种类	表观密度/($kg\cdot m^{-3}$)
水泥砂浆	≥1900
水泥混合砂浆	≥1800

2. 新拌砂浆的和易性

和易性是指新拌砂浆拌合物的工作性，砂浆在硬化前应具有良好的和易性，即砂浆在搅拌、运输、摊铺时易于流动并不易失水的性质，和易性包括流动性和保水性。

(1)流动性

砂浆的流动性是指砂浆在重力或外力的作用下流动的性能。砂浆的流动性用“稠度”来表示。砂浆稠度的大小用沉入量表示，用砂浆稠度仪测定，单位为 mm。沉入量大的砂浆流动性好。

砌筑砂浆稠度的选择与砌体基材、施工气候有关。一般情况下，吸水性强的砌体材料和在高温环境下，应选择较大的稠度值；吸水性弱的砌体材料和在寒冷环境下，应选择较小的稠度值。砂浆流动性选择可参考表 7-2。

表 7-2 砌筑砂浆的施工稠度

砌体种类	施工稠度/mm
烧结普通砖砌体、粉煤灰砖砌体	70 ～ 90
混凝土砖砌体、普通混凝土小型空心砌块砌体、灰砂砖砌体	50 ～ 70
烧结多孔砖砌体、烧结空心砖砌体、轻集料混凝土小型空心砌块砌体、蒸压加气混凝土砌块砌体	60 ～ 80
石砌体	30 ～ 50

(2)保水性

砂浆的保水性是指新拌砂浆保持水分的能力。保水性好的砂浆在运输、存放和施工过程中，不易失去水分，能保持一定的稠度，易于施工，形成均匀密实的连接层。保水性优良的砂浆，其黏结强度较好。

以前砂浆的保水性用分层度来表示，单位为 mm。保水性好的水泥砂浆，分层度不应大于 30 mm，水泥混合砂浆一般不超过 20 mm。分层度过大，砂浆易产生离析和分层，不便于施工；但分层度过小，接近于零时，砂浆易发生干缩裂缝，因此，砂浆的分层度一般应控制在10 ～ 30 mm。

目前砂浆的保水性多用保水率(%)表示，砌筑砂浆的保水率应符合表 7-3 的规定。

表 7-3 砌筑砂浆的保水率

砂浆种类	保水率/%
水泥砂浆	≥80
水泥混合砂浆	≥84

在拌制砂浆时，为提高砂浆的保水性，常加入一定的掺合料或保水增稠材料。为保证砂浆的保水性，应使用足够数量的胶凝材料和掺合料。砌筑砂浆中的水泥和石灰膏、电石膏等材料的用量可按表 7-4 选用。砌筑砂浆中保水增稠材料的掺量应经试配后确定。

表7-4 砌筑砂浆的材料用量

砂浆种类	材料用量/($kg\cdot m^{-3}$)
水泥砂浆	≥200
水泥混合砂浆	≥350

注：①水泥砂浆中的材料用量是指水泥用量；

②水泥混合砂浆中的材料用量是指水泥和石灰膏、电石膏的材料总量。

3. 砂浆的凝结时间和使用时间

砂浆的凝结时间，以贯入阻力达到0.5 MPa为评定的依据。水泥砂浆的凝结时间不宜超过8 h，水泥混合砂浆的凝结时间不宜超过10 h；掺入外加剂时应满足工程设计和施工的要求。

砂浆应随拌随用，水泥砂浆和水泥混合砂浆应分别在拌和后3 h和4 h内使用完毕；当施工期间最高温度超过30℃时，应分别在拌和后2 h和3 h内使用完毕；对于掺缓凝剂的砂浆，其使用时间可根据具体情况延长。

4. 硬化砂浆的性质

(1)砂浆的抗压强度及强度等级

砂浆在砌体中，主要是传递荷载，因此要求砂浆要有一定的抗压强度。砂浆抗压强度是以边长为70.7 mm的立方体试件，在标准成型和养护条件下，测定其28 d的抗压强度值而得到的。水泥砂浆的强度等级可分为M5、M7.5、M10、M15、M20、M25、M30；水泥混合砂浆的强度等级可分为M5、M7.5、M10、M15。砌体中选用的砂浆强度应与砌体材料相适应，通常选用强度等级低于或等于砌体材料的砂浆。

砂浆的强度除了与水泥的强度和用量有关外，还与基层材料的吸水性有关。当基层为石材等致密的材料时，由于它们一般不吸水，砂浆强度取决于水泥强度和水灰比；当基层为砌筑砖、多孔混凝土或其他一些多孔材料时，由于基层能吸水，砂浆中保留水分的多少取决于砂浆的保水性，而与水灰比的关系不大。砂浆强度等级主要取决于水泥用量和水泥强度。

(2)砂浆的黏结强度

砌体是通过砂浆将砌体材料胶结为一个整体的，因此为了提高砌体的整体性，保证砌体的强度，要求砂浆和砌体材料有足够的黏结力。

随着砂浆抗压强度的提高，砂浆与砌体材料的黏结力提高。砂浆与充分润湿、干净、粗糙的砌体材料的黏结力较大。施工操作水平以及养护水平较高时，砂浆的黏结力较大。

(3)砂浆的抗冻性

受冻融影响较多的建筑部位，应在设计中提出抗冻性的要求，砌筑砂浆必须进行冻融试验。砌筑砂浆的抗冻性应符合表7-5的规定，且当设计对抗冻性有明确要求时，尚应符合设计规定。

表7-5 砌筑砂浆的抗冻性

使用条件	抗冻指标	质量损失率/%	强度损失率/%
夏热冬暖地区	F15	≤5	≤25
夏热冬冷地区	F25		
寒冷地区	F35		
严寒地区	F50		

7.2.1.3 *砌筑砂浆的配合比设计*

在进行配合比设计前，首先应根据砂浆使用的部位、使用的砌体材料的种类和强度等级确定砌筑砂浆的技术要求，至少应提出稠度、保水性和抗压强度的技术指标。

按 JGJ/T 98—2010《砌筑砂浆配合比设计规程》要求，对水泥混合砂浆和水泥砂浆的配合比的确定过程简述如下。

1. 水泥混合砂浆配合比计算

水泥混合砂浆配合比的计算，可按下列步骤进行：

(1)计算砂浆试配强度

砂浆的试配强度应按下式计算：

$$f_{m,o} = kf_2 \tag{7-1}$$

式中 $f_{m,o}$——砂浆的试配强度，MPa，精确至0.1 MPa；

f_2——砂浆强度等级值，MPa，精确至0.1 MPa；

k——系数，按表7-6取值。

当有统计资料时，砌筑砂浆现场强度标准差 σ 可按下式计算：

$$\sigma = \sqrt{\frac{\sum_{i=1}^{n} f_{m,i}^2 - n\mu_{f_m}^2}{n-1}} \tag{7-2}$$

式中 $f_{m,i}$——统计周期内同一品种砂浆第 i 组试件的强度，MPa；

μ_{fm}——统计周期内同一品种砂浆 n 组试件强度的平均值，MPa；

n——统计周期内同一品种砂浆试件的总组数，$n \geqslant 25$。

根据表7-6中的强度标准差数值确定水泥混合砂浆的 k 系数。当无统计资料时，根据施工水平确定水泥混合砂浆的 k 系数。

表7-6 砂浆强度标准差 σ 及 k 值

施工水平	强度标准差 σ(MPa)							k
	M5	M7.5	M10	M15	M20	M25	M30	
优良	1.00	1.50	2.00	3.00	4.00	5.00	6.00	1.15
一般	1.25	1.88	2.50	3.75	5.00	6.25	7.50	1.20
较差	1.50	2.25	3.00	4.50	6.00	7.50	9.00	1.25

(2)计算每立方米砂浆中的水泥用量

每立方米砂浆的水泥用量，应按下式计算：

$$Q_c = \frac{1\,000\,(f_{m,o} - \beta)}{\alpha \cdot f_{ce}} \tag{7-3}$$

式中 Q_c——每立方米砂浆的水泥用量，精确至1 kg；

$f_{m,o}$——砂浆的试配强度，精确至0.1 MPa；

f_{ce}——水泥的实测强度，精确至0.1 MPa；

α，β——砂浆的特征系数，其中$\alpha = 3.03$，$\beta = -15.09$。各地区也可用本地区试验资料确定α、β值，统计用的试验组数不得低于30组。

在无法取得水泥的实测强度值f_{ce}时，可按下式计算：

$$f_{ce} = r_c \cdot f_{ce,k} \tag{7-4}$$

式中 $f_{ce,k}$——水泥强度等级值，MPa；

r_c——水泥强度等级值的富余系数，宜按实际统计资料确定，无统计资料时取1.0。

(3)计算每立方米砂浆石灰膏用量

石灰膏用量应按下式计算：

$$Q_D = Q_A - Q_c \tag{7-5}$$

式中 Q_D——每立方米砂浆的石灰膏用量，精确至1 kg；石灰膏使用时的稠度为120 mm ±5 mm；

Q_c——每立方米砂浆的水泥用量，精确至1 kg；

Q_A——每立方米砂浆中水泥和石灰膏的总量，精确至1 kg，可为350 kg。

当石灰膏的稠度不是120 mm时，其用量应乘以换算系数，换算系数见表7-7。

表7-7 石灰膏稠度换算系数表

石灰膏稠度/mm	120	110	100	90	80	70	60	50	40	30
换算系数	1.00	0.99	0.97	0.95	0.93	0.92	0.90	0.88	0.86	0.85

(4)确定每立方米砂浆中的砂用量

砂浆中的水、胶结料和掺合料是用来填充砂子的空隙的，1 m^3 砂子就构成了1 m^3 砂浆。因此，每立方米砂浆中的砂用量，应以干燥状态(含水率小于0.5%)的堆积密度值作为计算值。

(5)确定每立方米砂浆中的用水量

水泥砂浆中的用水量，应根据砂浆稠度要求来决定，由于用水量的多少对其强度影响不大，因此一般可根据经验以满足施工所需稠度即可。每立方米砂浆中的用水量，可根据砂浆稠度等要求选用210～310 kg。

选取水泥混合砂浆用水量时应注意以下问题：混合砂浆中的用水量，不包括石灰膏中的水；当采用细砂或粗砂时，用水量分别取上限和下限；稠度小于70 mm时，用水量可小于下限；施工现场气候炎热或干燥季节，可酌量增加用水量。

2. 水泥砂浆配合比计算

水泥砂浆如按水泥混合砂浆同样计算水泥用量，则水泥用量普遍偏少，因为水泥与砂浆相比，其强度太高，计算后会出现不太合理的结果。因而，水泥砂浆材料用量可按表7－8选用，避免由于计算带来的不合理情况。表7－8中每立方米水泥砂浆用水量范围仅供参考，不必加以限制，仍以达到稠度要求为根据。

表7－8　每立方米水泥砂浆材料用量

强度等级	水泥/($kg\cdot m^{-3}$)	砂/($kg\cdot m^{-3}$)	用水量/($kg\cdot m^{-3}$)
M5	200～230	砂的堆积密度值	270～330
M7.5	230～260		
M10	260～290		
M15	290～330		
M20	340～400		
M25	360～410		
M30	430～480		

注：①M15及M15以下强度等级水泥砂浆，水泥强度等级为32.5级；M15以上强度等级水泥砂浆，水泥强度等级为42.5级；
②当采用细砂或粗砂时，用水量分别取上限或下限；
③稠度小于70mm时，用水量可小于下限；
④施工现场气候炎热时或在干燥季节，可酌量增加用水量；
⑤试配强度应按式(7－1)计算。

3. 水泥粉煤灰砂浆配合比计算

水泥粉煤灰砂浆材料用量可按表7－9选用。

表7－9　每立方米水泥粉煤灰砂浆材料用量

强度等级	水泥和粉煤灰总量/($kg\cdot m^{-3}$)	粉煤灰/($kg\cdot m^{-3}$)	砂/($kg\cdot m^{-3}$)	用水量/($kg\cdot m^{-3}$)
M5	210～240	粉煤灰掺量可占胶凝材料总量的15%～25%	砂的堆积密度值	270～330
M7.5	240～270			
M10	270～300			
M15	300～330			

注：①表中水泥强度等级为32.5级；
②当采用细砂或粗砂时，用水量分别取上限或下限；
③稠度小于70 mm时，用水量可小于下限；
④施工现场气候炎热时或在干燥季节，可酌量增加用水量；
⑤试配强度应按式(7－1)计算。

4. 配合比试配、调整与确定

试配时应采用工程中实际使用的材料，砂浆应采用机械搅拌。砂浆搅拌时间应自开始加水算起，并应符合下列规定：对于水泥砂浆和水泥混合砂浆，不得小于120 s；对于掺加粉煤灰和外加剂的砂浆，不得小于180 s。

按计算或查表所得配合比进行试拌时，应测定其拌合物的稠度和保水率，当不能满足要求时，应调整材料用量，直到符合要求为止。然后确定为试配时的砂浆基准配合比。

为了使砂浆强度能在计算范围内，试配时至少应采用三个不同的配合比，其中一个配合比应为基准配合比，其余两个配合比的水泥用量应按基准配合比分别增加及减少10%。在保证稠度、保水率满足要求的条件下，可将用水量、石灰膏、保水增稠材料或粉煤灰等活性掺合料用量做相应调整。

对三个不同的配合比进行调整后，应按JGJ/T 70—2009《建筑砂浆基本性能试验方法标准》测定配合比砂浆的表观密度及强度；并应选定符合试配强度及和易性要求、水泥用量最低的配合比作为砂浆的试配配合比。

5. 配合比校正

根据确定的砂浆配合比材料用量，按下式计算砂浆的理论表观密度值：

$$\rho_t = Q_C + Q_D + Q_S + Q_W \tag{7-6}$$

式中　ρ_t——砂浆的理论表观密度，kg/m^3，应精确至10 kg/m^3。

根据砂浆的实测表观密度，按下式计算砂浆配合比校正系数δ：

$$\delta = \rho_c / \rho_t \tag{7-7}$$

当砂浆的实测表观密度值与理论表观密度值之差的绝对值不超过理论值的2%时，可将试配配合比确定为砂浆设计配合比；当超过2%时，应将试配配合比中每项材料用量均乘以校正系数δ后，确定为砂浆设计配合比。

例题7－1　某砌砖墙所用的水泥石灰混合砂浆，砂浆强度等级为M10，稠度为70～90 mm。所用原材料为32.5 R强度等级的粉煤灰硅酸盐水泥，水泥强度等级值的富余系数为1.1；石灰膏的稠度为100 mm；砂的粒径小于2.5 mm，干燥状态堆积密度为1500 kg/m^3，含水率3%；施工水平一般。试计算砂浆的质量配合比。

解　(1)计算试配强度

$$f_{m,o} = kf_2$$

式中，$f_2 = 10$MPa，$k = 1.20$。

故
$$f_{m,o} = 1.20 \times 10 = 12(\text{MPa})$$

(2)计算水泥的用量

$$Q_c = \frac{(f_{m,o} - \beta)}{\alpha \cdot f_{ce}} \times 1\,000$$

式中，$\alpha = 3.03$，$\beta = -15.09$，$f_{ce} = 32.5 \times 1.1 = 35.8(\text{MPa})$。

故

$$Q_c = \frac{(f_{m,o} - \beta)}{\alpha \cdot f_{ce}} \times 1\,000 = \frac{(12 + 15.09)}{3.03 \times 35.8} \times 1\,000 = 250(\text{kg/m}^3)$$

(3)计算石灰膏的用量

$$Q_D = (350 - 250)\ \text{kg/m}^3 = 100\ \text{kg/m}^3$$

石灰膏的稠度为100 mm，将其换算为120 mm，查表可知石灰膏的换算系数为0.97。

$$Q_D = 0.97 \times 100\ \text{kg/m}^3 = 97\ \text{kg/m}^3$$

(4)计算用砂量

砂的含水率为3%，则$S = 1\,500 \times (1 + 0.03) = 1\,545(\text{kg/m}^3)$。

(5)选择用水量

选择用水量为285 kg/m^3，扣除砂中的含水量45 kg/m^3，则实际用水量为240 kg/m^3。

(6)质量配合比

水泥：石灰膏：砂：水 =250：97：1545：240 =1：0. 39：6. 18：0. 96

7. 2. 2 抹灰砂浆

抹灰砂浆是指大面积涂抹于建筑物墙、顶棚、柱等表面的砂浆，具有保护和找平基层、满足使用要求和增加美观的作用。

与砌筑砂浆相比，抹灰砂浆的强度要求不高，但要求保水性好、与基底的黏结力好，并具有较强的抗干缩开裂能力。

7. 2. 2. 1 抹灰砂浆的原材料

抹灰砂浆所用原材料不应对人体、生物及环境造成有害的影响，并应符合现行国家标准 GB 6566—2010《建筑材料放射性核素限量》的规定。抹灰砂浆的组成材料要求与砌筑砂浆的基本相同，略有差异，详述如下。

1. 水泥

为了节约资源，在配制抹灰砂浆时宜选用通用硅酸盐水泥或砌筑水泥。配制强度等级不大于 20 MPa 的抹灰砂浆，宜用 32. 5 级通用硅酸盐水泥或砌筑水泥；配制强度等级大的抹灰砂浆，宜用强度等级不低于 42. 5 级的通用硅酸盐水泥。水泥除了满足现行国家标准规定外，尚应符合以下规定：①应分批复验水泥的强度和安定性，并应以同一生产厂家、同一编号的水泥为一批；②当对水泥质量有怀疑或水泥出厂超过三个月时，应重新复验，复验合格的，可继续使用；③不同品种、不同登记、不同厂家的水泥，不得混合使用。

用通用硅酸盐水泥拌制抹灰砂浆时，可掺入适量的石灰膏、粉煤灰等；用砌筑水泥拌制抹灰砂浆时，不得再掺入粉煤灰等矿物掺合料。

2. 掺合料

掺合料是为改善砂浆和易性而加入的无机材料，如石灰膏、建筑石膏、粉煤灰等。

(1)石灰膏

为了保证砂浆质量，需将生石灰熟化成石灰膏方可使用。石灰膏在储灰池中熟化时间不应少于 15 d，且用于罩面抹灰砂浆时不应少于 30 d，并应用孔径不大于 3 mm 的网过滤；磨细生石灰粉熟化时间不应少于 3 d，并应用孔径不大于 3 mm 的网过滤。未熟化的生石灰粉及消石灰粉不得直接使用。生石灰的质量应满足 JC/T 479—2013《建筑生石灰》的规定。

为了保证石灰膏质量，沉淀池中储存的石灰膏，应采用防止干燥、冻结和污染的措施。由于脱水硬化石灰膏不但起不到塑化作用，还会影响砂浆质量，故严禁使用脱水硬化的石灰膏。

(2)建筑石膏

建筑石膏宜采用半水石膏，并应符合 GB/T 9776—2022《建筑石膏》的规定。

(3)粉煤灰

粉煤灰应符合国家现行标准 GB/T 1598—2017《用于水泥和混凝土中的粉煤灰》的规定。

3. 砂

砂宜选用中砂，并应符合 JGJ 52—2006《普通混凝土用砂、石质量及检验方法》的规定，且应全部通过 4. 75mm 的筛孔。人工砂、山砂及细砂经试配试验证明能满足抹灰砂浆要求后方可使用。

4. 水

抹灰砂浆的拌合用水应符合 JGJ 63—2006《混凝土用水标准》。

5. 纤维和外加剂

为改善抹灰砂浆的施工性，减少裂缝、空鼓的出现，纤维、聚合物、缓凝剂等改性材料被应用于抹灰砂浆中。纤维、聚合物、缓凝剂等应具有产品合格证、产品性能检测报告。

7.2.2.2 抹灰砂浆的性质

1. 新拌砂浆的表观密度

由砂浆拌合物捣实后的质量密度，可以确定每立方砂浆拌合物中各组成材料的实际用量。抹灰砂浆拌合物的表观密度见表7－10。

表7－10 抹灰砂浆拌合物的表观密度

砂浆种类	表观密度/($kg \cdot m^{-3}$)
水泥抹灰砂浆、水泥粉煤灰抹灰砂浆	≥1900
水泥石灰抹灰砂浆、掺塑化剂水泥抹灰砂浆	≥1800

2. 新拌砂浆的和易性

和易性是指新拌砂浆拌合物的工作性，砂浆在硬化前应具有良好的和易性。和易性包括流动性和保水性。

(1)流动性

为保证抹灰层表面平整，避免开裂和脱落，常采用分层薄涂的方法，一般分为底层、中层和面层三层。不同层的抹灰砂浆稠度宜按表7－11选取。聚合物水泥抹灰砂浆的施工稠度宜为50～60 mm，石膏抹灰砂浆的施工稠度宜为50～70 mm。

表7－11 抹灰砂浆的施工稠度

抹灰层	施工稠度/mm
底层	90～110
中层	70～90
面层	70～80

(2)保水性

砂浆的保水性是指新拌砂浆保持水分的能力。

抹灰砂浆的保水性用分层度或保水率来表示。当采用分层度表示时，单位为mm。为了提高抹灰砂浆的黏结力，且易于操作，其和易性要优于砌筑砂浆，因此抹灰砂浆的分层度应小于20 mm，但分层度过小，砂浆容易发生干缩裂缝，因此抹灰砂浆的分层度应控制在10～20 mm。

当采用保水率表示时，各种砂浆的保水率应符合表7－12的规定。

表 7－12　抹灰砂浆的保水率

砂浆种类	保水率/%
水泥抹灰砂浆、水泥粉煤灰抹灰砂浆	≥82
水泥石灰抹灰砂浆、掺塑化剂水泥抹灰砂浆	≥88
聚合物水泥抹灰砂浆	≥99

3. 硬化砂浆的性质

(1)砂浆的强度等级

抹灰砂浆强度不宜比基体材料强度高出两个及以上强度等级，并应符合下列规定：①对于无粘贴饰面砖的外墙，底层抹灰砂浆宜比基体材料高一个强度等级或等于基体材料强度；②对于无粘贴饰面砖的内墙，底层抹灰砂浆宜比基体材料低一个强度等级；③对于有粘贴饰面砖的内外墙，中层抹灰砂浆宜比基体材料高一个强度等级且不宜低于 M15，并宜选用水泥抹灰砂浆；④孔洞填补和窗台、阳台抹面等宜采用 M15 或 M20 的水泥抹灰砂浆。

(2)砂浆的黏结强度

由于抹灰砂浆的主要技术指标是保水性和与基层的黏结力，因此，抹灰砂浆的拉伸黏结强度平均值应大于或等于表 7－13 中的规定值，且最小值应大于或等于表 7－13 中规定值的 75%。当同一验收批抹灰砂浆拉伸黏结强度试验少于 3 组时，每组试件拉伸黏结强度均应大于或等于表 7－13 中的规定值。

表 7－13　抹灰层拉伸黏结强度的规定值

抹灰砂浆品种	拉伸黏结强度/ MPa
水泥抹灰砂浆	0.20
水泥粉煤灰抹灰砂浆、水泥石灰抹灰砂浆、掺塑化剂水泥抹灰砂浆	0.15
聚合物水泥抹灰砂浆	0.30
石膏抹灰砂浆	0.40

7.2.2.3　抹灰砂浆的种类及选用

抹灰砂浆根据所用的材料可分为水泥抹灰砂浆、水泥粉煤灰抹灰砂浆、水泥石灰抹灰砂浆、掺塑化剂水泥抹灰砂浆、聚合物水泥抹灰砂浆及石膏抹灰砂浆等。

抹灰砂浆的品种宜根据使用部位或基体种类按表 7－14 选用。

表 7－14　抹灰砂浆的品种选用

使用部位或基体种类	抹灰砂浆品种
内墙	水泥抹灰砂浆、水泥石灰抹灰砂浆、水泥粉煤灰抹灰砂浆、掺塑化剂水泥抹灰砂浆、聚合物水泥抹灰砂浆、石膏抹灰砂浆
外墙、门窗洞口外侧壁	水泥抹灰砂浆、水泥粉煤灰抹灰砂浆

续表7-14

使用部位或基体种类	抹灰砂浆品种
温(湿)度较高的车间和房屋、地下室、屋檐、勒脚等	水泥抹灰砂浆、水泥粉煤灰抹灰砂浆
混凝土板和墙	聚合物水泥抹灰砂浆、石膏抹灰砂浆
混凝土顶棚、条板	聚合物水泥抹灰砂浆、石膏抹灰砂浆
加气混凝土砌块(板)	水泥抹灰砂浆、水泥粉煤灰抹灰砂浆、掺塑化剂水泥抹灰砂浆、聚合物水泥抹灰砂浆、石膏抹灰砂浆

7.2.2.4 抹灰砂浆的配合比

在进行配合比设计前，首先应根据工程实际需求提出抹灰砂浆的稠度、抗压强度和黏结强度的技术指标。

按JGJ/T 220—2010《抹灰砂浆设计规程》要求，现将抹灰砂浆配合比确定过程简述如下。

1. 砂浆试配抗压强度

砂浆的试配抗压强度应按下式计算：

$$f_{m,o} = kf_2 \tag{7-8}$$

式中 $f_{m,o}$——砂浆的试配抗压强度，MPa，精确至0.1 MPa；

f_2——砂浆抗压强度等级值，MPa，精确至0.1 MPa；

k——砂浆生产(拌制)质量水平系数，取1.15～1.25。当砂浆生产(拌制)质量水平为优良、一般、较差时，k值分别取为1.15、1.20、1.25。

2. 查表选取抹灰砂浆配合比的材料用量

(1)水泥抹灰砂浆

水泥抹灰砂浆的强度等级为M15、M20、M25、M30，配合比的材料用量可按表7-15选用。

表7-15 水泥抹灰砂浆配合比的材料用量

强度等级	水泥/(kg·m^{-3})	砂/(kg·m^{-3})	用水量/(kg·m^{-3})
M15	330～380	1m^{3}砂的堆积密度值	250～300
M20	380～450		
M25	400～450		
M30	460～530		

(2)水泥石灰抹灰砂浆

水泥石灰抹灰砂浆的强度等级为M2.5、M5、M7.5、M10，配合比的材料用量可按表7-16选用。

表7-16 水泥石灰抹灰砂浆配合比的材料用量

强度等级	水泥/($kg·m^{-3}$)	石灰膏/($kg·m^{-3}$)	砂/($kg·m^{-3}$)	用水量/($kg·m^{-3}$)
M2.5	200～230	(350～400)-C	$1m^3$ 砂的堆积密度值	180～280
M5	230～280			
M7.5	280～330			
M10	330～380			

注：表中 C 为水泥用量。

(3)掺塑化剂水泥抹灰砂浆

掺塑化剂水泥抹灰砂浆强度等级为M5、M10、M15，配合比的材料用量可按表7-17选用。

表7-17 掺塑化剂水泥抹灰砂浆配合比的材料用量

强度等级	水泥/($kg·m^{-3}$)	砂/($kg·m^{-3}$)	用水量/($kg·m^{-3}$)
M5	260～300	$1m^3$ 砂的堆积密度值	250～280
M10	330～360		
M15	360～410		

(4)聚合物水泥抹灰砂浆

聚合物水泥抹灰砂浆强度等级不应小于M5.0，宜为专业工厂生产的干混砂浆，抗压强度试验方法应符合GB/T 17671—2021《水泥胶砂强度检验方法(ISO法)》。用于面层时宜采用不含砂的水泥基腻子。具有防水性能要求时，抗渗性能不应小于P6级。

(5)石膏抹灰砂浆

石膏抹灰砂浆强度等级不应小于4.0 MPa，宜为专业工厂生产的干混砂浆。

3. 配合比试配、调整和确定

试配时应采用工程中实际使用的材料，砂浆应采用机械搅拌。砂浆搅拌时间应自开始加水算起，并应符合下列规定：对水泥抹灰砂浆和水泥混合砂浆，搅拌时间不得少于120 s；预拌砂浆和掺有粉煤灰、添加剂等的抹灰砂浆，搅拌时间不得少于180 s。

按查表所得配合比进行试拌时，应按JGJ/T 70—2009《建筑砂浆基本性能试验方法标准》测定砌筑砂浆拌合物的稠度和分层度(或保水率)。当稠度和保水率不能满足要求时，应调整材料用量，直到符合要求为止。

为了使砂浆强度能在计算范围内，试配时至少应采用三个不同的配合比，其中一个配合比应为查表得出的基准配合比，其余两个配合比的水泥用量应按基准配合比分别增加及减少10%。在保证稠度、分层度(或保水率)满足要求的情况下，可对用水量或石灰膏、粉煤灰等矿物掺合料用量做相应调整。

对三个不同的配合比进行调整后，应按JGJ/T 70—2009《建筑砂浆基本性能试验方法标准》测定配合比砂浆的抗压强度、分层度(或保水率)及拉伸黏结强度。符合要求且水泥用量最低的配合比即为抹灰砂浆的配合比。

4. 配合比校正

根据确定的砂浆配合比材料用量，按下式计算砂浆的理论表观密度值：

$$\rho_t = \sum Q_i \tag{7-9}$$

式中 ρ_t——砂浆的理论表观密度，kg/m^3；

Q_i——每立方米砂浆中各种材料用量，kg。

根据砂浆的实测表观密度，按下式计算砂浆配合比校正系数δ：

$$\delta = \rho_c / \rho_t \tag{7-10}$$

式中 ρ_c——砂浆的实测表观密度，kg/m^3。

当砂浆的实测表观密度值与理论表观密度值之差的绝对值不超过理论值的2%时，可将试配配合比确定为砂浆设计配合比；当超过2%时，应将试配配合比中每项材料用量均乘以校正系数δ后，确定为砂浆设计配合比。

7.2.3 特种砂浆

除满足基本的砂浆性能要求外，还将具有某种特殊功能的砂浆称为特种砂浆。常用的特种砂浆包括装饰砂浆、防水砂浆、保温砂浆、吸音砂浆、耐酸砂浆、防辐射砂浆和聚合物砂浆等品种。

7.2.3.1 装饰砂浆

装饰砂浆是指用作建筑物饰面的砂浆。它除了具有抹灰砂浆的功能外，还兼有装饰的效果。装饰砂浆底层和中层多与抹灰砂浆相同，只改变面层的材料和处理方法。

装饰砂浆的组成材料包括胶凝材料、骨料和着色剂。胶凝材料可采用石膏、石灰、白水泥、彩色水泥、高分子胶凝材料、硅酸盐系列水泥等。骨料可采用由石英砂、普通砂、彩釉砂、着色砂、大理石或花岗石加工而成的石渣等。着色剂应选用耐候性较好的矿物颜料，常用的着色剂有氧化铁红、氧化铁黄、氧化铁棕、氧化铁黑、氧化铁紫、铬黄、铬绿、甲苯胺红、群青、钴蓝、锰黑、炭黑等。

根据所用材料种类的不同，装饰砂浆可分为灰浆类和石渣类两类。

灰浆类装饰砂浆是用各种着色剂使水泥砂浆着色，或对水泥砂浆表面形态进行艺术处理，获得一定色彩、线条、纹理质感的表面装饰砂浆。常用的灰浆类装饰砂浆有拉毛灰、甩毛灰、假面砖、喷涂、弹涂和拉条等。

石渣类装饰砂浆是用各种石渣，有时也可掺加着色剂，并对水泥砂浆表面形态进行特定的工艺处理得到的装饰砂浆。常用的石渣类装饰砂浆有水刷石、干粘石、水磨石和轧假石等。

7.2.3.2 防水砂浆

防水砂浆是用作防水层的砂浆，适用于不受振动和具有一定刚度的混凝土或砖石的表面，例如地下室和水池等。

防水砂浆是用特定的施工工艺或在普通水泥中加入防水剂、膨胀剂等以提高砂浆的密实性或改善抗裂性，使硬化后的砂浆层具有防水、抗渗等性能。

根据使用材料的不同，防水砂浆可分为普通水泥防水砂浆、掺防水剂的防水砂浆和掺膨胀剂的防水砂浆三种。防水砂浆通常的配合比为水泥：砂等于1：2.5(体积比)，水灰比为0.50左右。防水剂和膨胀剂的掺量按生产厂推荐的最佳掺量掺入。根据砂浆试配结果确定适宜的配合比和外加剂掺量。

随着防水剂产品的不断增多和防水剂性能的不断提高，在普通水泥砂浆内掺入一定量的防水剂而制成的防水砂浆，是目前应用最广泛的防水砂浆品种，常用的防水剂有硅酸钠类、金属皂类、氯化物金属盐类及有机硅类等。

防水砂浆的防水效果除与材料有关外，还受施工操作的影响。根据使用的工具不同，施工方法可分为两种：第一种是利用高压喷枪将砂浆以100 m/s的高速喷到建筑物的表面，砂浆被高压空气压实，但由于施工条件的限制，目前应用还不广泛；第二种是人工多层抹压法，将砂浆分4～5层人工压实，这种防水层的做法，对施工操作的技术要求很高。

7.2.3.3 保温砂浆

保温砂浆也称隔热砂浆，是以水泥、石灰膏、石膏等胶凝材料与轻质骨料(珍珠岩砂、浮石、陶粒等)按一定的比例配制的砂浆。保温砂浆具有轻质、保温等特性，其导热系数为0.07～0.10 W/(m·K)。一般用于屋顶隔热层、隔热墙壁、冷库以及工业窑炉、供热管道隔热层等处。

7.2.3.4 吸音砂浆

吸音砂浆是用水泥、石膏、砂、锯末等按一定比例配制的砂浆。轻骨料配成的保温砂浆一般也具有吸音性。如果在吸音砂浆内掺入玻璃纤维、矿物棉等松软的材料能获得更好的吸音效果。吸音砂浆通常用于有吸声要求的室内墙面和顶棚的抹灰。

7.2.3.5 耐酸砂浆

耐酸砂浆是在钠水玻璃和氟硅酸钠中加入石英砂、花岗岩砂、铸石，按适当比例配制的具有耐酸性的砂浆。耐酸砂浆可用于耐酸地面和耐酸容器的内壁防护层。

7.2.3.6 防辐射砂浆

防辐射砂浆是在水泥中加入重晶石粉和重晶石砂，按适当比例配制的具有防X射线的砂浆。配制砂浆时加入硼砂、硼酸，可制成具有防中子辐射的砂浆。此类砂浆用于射线防护工程。

7.2.3.7 聚合物砂浆

聚合物砂浆是在水泥砂浆中加入有机物乳液配制而成的。聚合物砂浆一般具有黏结力强、干缩率小、脆性低、耐蚀性好等特性，适用于修补和防护工程。常用的聚合物乳液有氯丁橡胶乳液、丁苯橡胶乳液、丙烯酸树脂乳液等。

7.3 预拌砂浆

预拌砂浆是由专业生产厂家生产的湿拌砂浆或干混砂浆，用于建筑物的砌筑、抹灰、地面工程、装饰装修工程及其他特种用途。

7.3.1 预拌砂浆的优点

与现场搅拌砂浆相比，预拌砂浆具有如下优点。

1. 质量稳定

现场搅拌砂浆由于受原材料质量波动以及配合比波动较大的影响，产品质量不稳定。而预拌砂浆由专业生产厂家生产，采用自动化生产，可以对原材料和配合比进行严格控制，保证砂浆质量的稳定。

2. 性能优异

现场搅拌砂浆受场地和设备条件的限制，能够采用的原材料品种和数量非常有限，砂浆的性能只能满足一般的要求。而预拌砂浆采用自动化生产，可添加多种功能性掺合料和外加剂，砂浆的性能可满足较高要求。

3. 品种齐全

现场搅拌砂浆的品种较为单一，主要是砌筑砂浆和抹灰砂浆。而预拌砂浆的产品范围很广，包括砌筑砂浆、抹灰砂浆、修补砂浆、瓷砖黏结剂、自流平砂浆、内外墙腻子、防水砂浆、堵漏砂浆等，几乎可满足建筑工程对砂浆的所有要求，并可根据工程需要对产品性能进行调节。

4. 工效提高

预拌砂浆采用大规模的商业化生产，不仅提高了砂浆的生产效率，还便于采用泵送和机械喷涂工艺，提高施工效率。

5. 文明施工

预拌砂浆采用散装和袋装形式运送到工地，工地现场不需要堆放各种原材料，避免了材料在运输堆放过程中造成的环境污染；采用新型搅拌和施工设备，从根本上消除了砂浆搅拌时的噪声、粉尘、污水等污染现象，实现了文明施工。

6. 绿色环保

部分预拌砂浆采用粉煤灰等固体废弃物作为原材料，减少废弃物对环境的污染；还可利用纳米技术，使内外墙具有吸收空气中废气的能力。

预拌砂浆使用散装水泥，生产砂浆时水泥等原材料损耗少；且预拌砂浆的工作性能好，使用过程中的砂浆损耗少，能够节约原材料。

7.3.2 预拌砂浆的原材料

预拌砂浆所用原材料不应对人体、生物及环境造成有害的影响，并应符合现行国家标准 GB 6566—2010《建筑材料放射性核素限量》的规定。

1. 水泥

通用硅酸盐水泥应符合现行国家标准 GB 175—2007《通用硅酸盐水泥》的规定。硫铝酸盐水泥、铝酸盐水泥、白色硅酸盐水泥应分别符合 GB/T 20472—2006《硫铝酸盐水泥》、GB/T 201—2015《铝酸盐水泥》、GB/T 2015—2017《白色硅酸盐水泥》的规定。

2. 骨料

细骨料应符合 GB/T 14684—2022《建设用砂》的规定，且不应含有粒径大于 4.75 mm 的颗粒。天然骨料的含泥量应小于 5.0%，泥块含量应小于 2.0%。

再生细骨料、铁尾矿砂应分别符合 GB/T 25176—2010《混凝土和砂浆用再生细骨料》、GB/T 31288—2014《铁尾矿砂》的规定或通过试验验证，且不应对砂浆性能产生不良影响。铁尾矿砂不宜用于抹灰砂浆。

细骨料的最大粒径、颗粒级配等应满足相应品种砂浆的要求。

3. 矿物掺合料

粉煤灰、粒化高炉矿渣微粉、天然沸石粉、硅灰应分别符合 GB/T 1598—2017《用于水泥和混凝土中的粉煤灰》、GB/T 18046—2017《用于水泥、砂浆和混凝土中的粒化高炉矿渣粉》、JG/T 566—2018《混凝土和砂浆用天然沸石粉》、GB/T 27690—2023《砂浆和混凝土用硅灰》的规定。

矿物掺合料的掺量应符合相关标准的规定，并应通过试验确定。

4. 添加料

保水增稠材料、可再分散乳胶粉、颜料、纤维等应符合相关标准的规定或通过试验验证。

砌筑砂浆增塑剂应符合 JG/T 164—2004《砌筑砂浆增塑剂》的规定。

5. 填料

重质碳酸钙、轻质碳酸钙、石英粉、滑石粉等应符合相关标准的规定或通过试验验证。

6. 拌合水

拌制砂浆用水应符合现行行业标准 JGJ 63—2006《混凝土用水标准》。

可根据预拌砂浆需要的性能和使用部位，选择适当的原材料品种和掺量。原材料品种的多样性是预拌砂浆具有多样性的物质基础，选择适当品种和掺量的外加剂是预拌砂浆具有优异性能的保障。

7.3.3 预拌砂浆的种类

按出厂时是否已经加水搅拌，预拌砂浆可分为湿拌砂浆和干混砂浆(也称干拌砂浆)两大类。

湿拌砂浆是指水泥、细骨料、矿物掺合料、外加剂、添加剂和水，按一定比例，在专业生产厂经计量、搅拌后，运至使用地点，并在规定时间内使用的拌合物。

湿拌砂浆按用途分为湿拌砌筑砂浆、湿拌抹灰砂浆、湿拌地面砂浆和湿拌防水砂浆。湿拌砂浆的性能应符合表 7-18 的规定。

表 7-18 湿拌砂浆的分类和性能要求

项目	湿拌砌筑砂浆	湿拌抹灰砂浆		湿拌地面砂浆	湿拌防水砂浆
		普通抹灰砂浆(G)	机喷抹灰砂浆(S)		
强度等级	M5、M7.5、M10、M15、M20、M25、M30	M5、M7.5、M10、M15、M20		M15、M20、M25	M15、M20
抗渗等级	—	—		—	P6、P8、P10
稠度*/mm	50、70、90	70、90、100	90、100	50	50、70、90
保塑时间/h	6、8、12、24	6、8、12、24		4、6、8	6、8、12、24

* 可根据现场气候条件或施工要求确定。

干混砂浆是指胶凝材料、干燥细骨料、添加剂以及根据性能确定的其他组分，按一定比例，在专业生产厂经计量、混合而成的干态混合物，在使用地点按规定比例加水或配套组分拌和使用的干混拌合物。

干混砂浆按用途主要分为干混砌筑砂浆、干混抹灰砂浆、干混地面砂浆、干混普通防水砂浆、干混陶瓷砖黏结砂浆等。干混砌筑砂浆按施工厚度分为普通砌筑砂浆和薄层砌筑砂浆，干混抹灰砂浆按施工厚度或施工方法分为普通抹灰砂浆、薄层抹灰砂浆和机喷抹灰砂浆。

部分干混砂浆的性能应符合表7－19的规定。

表7－19 部分干混砂浆的分类和性能要求

项目	干混砌筑砂浆		干混抹灰砂浆			干混地面砂浆	干混普通防水砂浆
	普通砌筑砂浆(G)	薄层砌筑砂浆(T)	普通抹灰砂浆(G)	薄层抹灰砂浆(T)	机喷抹灰砂浆(S)		
强度等级	M5、M7.5、M10、M15、M20、M25、M30	M5、M10	M5、M7.5、M10、M15、M20	M5、M7.5、M10	M5、M7.5、M10、M15、M20	M15、M20、M25	M15、M20
抗渗等级	—		—			—	P6、P8、P10

【课外调查】

调查内容：调查预拌砂浆的种类、用途和价格。

调查目的：通过调查，掌握预拌砂浆的主要品种、标准、主要生产厂家和价格。

复习思考题

7－1 名词解释

砌筑砂浆；抹灰砂浆；砂浆强度等级；砂浆和易性；砂浆流动性；砂浆保水性。

7－2 请叙述砂浆的组成、用途和分类。

7－3 砂浆的和易性包括哪些含义？各用什么技术指标来表示？

7－4 配制砂浆时，为什么除水泥外常常还要加入一定量的其他胶凝材料？

7－5 抹灰砂浆与砌筑砂浆相比，各有何特点？

7－6 为什么一般砌筑工程多采用水泥混合砂浆？

7－7 配制强度等级为M5的水泥石灰混合砌筑砂浆，稠度为50～70 mm。采用堆积密度为1 200 kg/m^3，强度等级为32.5级的粉煤灰硅酸盐水泥，强度富余系数为1.12；含水率为2%，干燥状态堆积密度为1 450 kg/m^3 的中砂；石灰膏的稠度为90 mm，表观密度为1 400 kg/m^3；施工水平一般。请计算25 m^3 水泥石灰混合砂浆需要的水泥、石灰膏、中砂和水的用量。

第 8 章 砌体材料和屋面材料

【学习要点】

1. 熟悉砌墙砖(包括各种烧结砖及蒸养砖)的性质和应用特点;
2. 掌握各种砌块(包括混凝土及加气混凝土砌块)的性质和应用特点;
3. 了解板材的种类、性质和应用特点;
4. 掌握砌筑用石材的分类和应用情况;
5. 了解屋面材料的种类,常用屋面材料的性质与应用特点。

砌体材料也称砌筑材料,在土木工程尤其是房屋建筑工程中广泛使用,在砌体中主要起结构承重、分隔围护、保温隔热、隔声降噪等作用,其类型主要有砖、砌块(板材)和石材等。屋面材料用于屋面,主要起防水作用,同时可兼有保温、隔热等功能。

8.1 砌体材料

砌体材料主要有砖、砌块、板材和石材等。砖按生产所用原料可分为黏土砖、灰砂砖、粉煤灰砖、炉渣砖、页岩砖和煤矸石砖等;砌块可分为混凝土砌块、硅酸盐砌块、加气混凝土砌块等;板材可分为混凝土大板、石膏板、加气混凝土板、玻纤水泥板、植物纤维板和各种复合板等。

8.1.1 砖

砖是指砌筑用的人造小型块材,外形多为直角六面体,其长度不超过 365 mm,宽度不超过 240 mm,高度不超过 115 mm。

制砖的原料相当普遍,除了黏土、页岩和天然砂以外,还有一些工业废料如粉煤灰、煤矸石和炉渣等,也可以用来制砖。砖的形式有实心砖、多孔砖和空心砖。制砖的工艺有两类:一类是通过烧结工艺获得的,称为烧结砖;另一类是通过蒸养(压)方法获得的,称为蒸养(压)砖。烧结砖性能好,还可采用淤泥等余泥制砖,不仅不破坏耕地,还可减少环境污染。

8.1.1.1 烧结砖

凡通过焙烧而制得的砖,称为烧结砖。

1. 烧结普通砖

烧结普通砖(实心砖)是使用最多的墙体材料,按主要原料分为黏土砖(N)、粉煤灰砖(F)、煤矸石砖(M)、页岩砖(Y)、建筑渣土砖(Z)、淤泥砖(U)、污泥砖(W)及固体废弃物砖(G)。过去以黏土砖使用最为广泛，近年来由于国家产业政策的调整，逐渐被其他墙体材料替代。

(1)生产工艺

烧结普通砖的生产工艺流程为：采制原料→配料调制→制坯→干燥→焙烧→成品。

在温度低于 900℃时烧成的砖，称为欠火砖，此时砖的孔隙率大。欠火砖的色浅、声哑、强度低。当温度高于 1200℃时生产出的砖，称为过火砖。过火砖的色深、声脆、强度高、尺寸不规则。上述两种砖均不符合国家标准对砖的质量要求。

当生产黏土砖时，砖坯在氧化环境中焙烧并出窑时，生产出红砖。如果砖坯先在氧化环境中焙烧，然后再浇水闷窑，窑内形成还原气氛，会使砖内的红色的三氧化铁还原为氧化亚铁，制得青砖。从性能来说，青砖的耐久性比红砖好。

(2)主要技术性质

①形状、尺寸及允许偏差。根据国家标准 CB/T 5101—2017《烧结普通砖》的规定：烧结砖为矩形，尺寸为 240 mm × 115 mm × 53 mm，其中 240 mm × 115 mm 的面称为大面，240 mm × 53 mm 的面称为条面，115 mm × 53 mm 的面称为顶面。加上 10 mm 的砌筑灰缝，1 m^3 砖砌体需要 512 块砖。砖的尺寸允许偏差应符合表 8 - 1 的规定(样本数为 20 块)。

表 8 - 1　GB/T 5101—2017 烧结普通砖尺寸允许偏差　　mm

公称尺寸	指　标	
	样本平均偏差	样本极差≤
240	±2.0	6.0
115	±1.5	5.0
53	±1.5	4.0

②外观质量。烧结普通砖的颜色应基本相同。其外观质量应符合表 8 - 2 的规定。

表 8 - 2　GB/T 5101—2017 烧结普通砖外观质量要求　　mm

项　目		指　标
两条面高度差		≤2
弯曲		≤2
杂质凸出高度		≤2
缺棱掉角的三个破坏尺寸		不得同时大于 5
裂纹长度	a. 大面上宽度方向及其延伸至条面的长度	≤30
	b. 大面上长度方向及其延伸至顶面的长度或条面上水平裂纹的长度	≤50
完整面		不得少于一条面和一顶面

③强度等级。取 10 块砖测定其抗压强度。根据抗压强度平均值和标准值将砖分为 5 个强度等级，MU30、MU25、MU20、MU15、MU10，各等级烧结普通砖的强度应符合表 8 - 3 的要求。

表 8-3 GB/T 5101—2017 烧结普通砖的强度等级 MPa

强度等级	抗压强度平均值$\overline{f}$≥	强度标准值f_k≥
MU30	30.0	22.0
MU25	25.0	18.0
MU20	20.0	14.0
MU15	15.0	10.0
MU10	10.0	6.5

烧结普通黏土砖的抗压强度的标准差 s 按下列方法计算：

$$s = \sqrt{\frac{1}{9}\sum_{i=1}^{10}(f_i - \overline{f})^2} \qquad (8-1)$$

式中 $\overline{f}$——10 块砖的抗压强度算术平均值，MPa；

s——10 块砖的抗压强度标准差，MPa；

f_i——单块砖的抗压强度值，MPa。

按表 8-3 中抗压强度平均值、强度标准值指标评定砖的强度等级。样本量 $n=10$ 时的强度标准值按下式计算：

$$f_k = \overline{f} - 1.83s \qquad (8-2)$$

式中 f_k——烧结普通砖抗压强度标准值，MPa。

④耐久性

a. 泛霜。泛霜是指黏土原料中的可溶性盐类（如硫酸钠等），随着砖内水分蒸发而在砖表面产生的盐析现象，一般在砖表面形成絮团状斑点的白色粉末。轻微泛霜就能对清水墙建筑外观产生较大的影响。中等程度泛霜的砖用于建筑中的潮湿部位时，7～8 年后盐析结晶膨胀将使砖体的表面产生粉化剥落，在干燥的环境中使用约 10 年后也将脱落。严重泛霜对建筑结构的破坏性更大。GB/T 5101—2017《烧结普通砖》规定，每块砖不允许有严重泛霜现象。

b. 石灰爆裂。当生产黏土砖的原料含有石灰石时，则焙烧砖时石灰石会煅烧成生石灰留在砖内，这时的生石灰为过烧生石灰，会吸收外界的水分，消化并产生体积膨胀，导致砖发生膨胀性破坏，这种现象称为石灰爆裂。石灰爆裂对砖砌体的危害很大，轻者影响外观，缩短使用寿命，重者将使砖砌体强度下降，甚至破坏。

GB/T 5101—2017《烧结普通砖》规定砖的石灰爆裂应符合：①破坏尺寸大于 2 mm 且小于或等于 15 mm 的爆裂区域，每组砖不得多于 15 处；其中大于 10 mm 的不得多于 7 处。②不准许出现最大破坏尺寸大于 15 mm 的爆裂区域。③试验后抗压强度损失不得大于 5 MPa。

c. 抗风化性能。抗风化性能是烧结普通砖重要的耐久性之一，对砖的抗风化性能要求应根据各地区风化程度的不同而定。烧结普通砖的抗风化性能通常以抗冻性、吸水率和饱和系数等指标判定。

根据风化指数将我国的各省市划分为严重风化区和非严重风化区，见表 8-4。

表 8－4　我国风化区划分

严重风化区		非严重风化区	
1. 黑龙江省	8. 青海省	1. 山东省	10. 湖南省
2. 吉林省	9. 陕西省	2. 河南省	11. 福建省
3. 辽宁省	10. 山西省	3. 安徽省	12. 台湾地区
4. 内蒙古自治区	11. 河北省	4. 江苏省	13. 广东省
5. 新疆维吾尔自治区	12. 北京市	5. 湖北省	14. 广西壮族自治区
6. 宁夏回族自治区	13. 天津市	6. 江西省	15. 海南省
7. 甘肃省	14. 西藏自治区	7. 浙江省	16. 云南省
		8. 四川省	17. 上海市
		9. 贵州省	18. 重庆市

注：风化指数是指日气温从正温降至负温或从负温升至正温的每年平均天数，与每年从霜冻之日起至消失霜冻之日这一期间降雨总量(mm)的平均值之乘积。风化指数大于 12 700 者为严重风化区，小于这个值的为非严重风化区。

GB/T 5101—2017《烧结普通砖》规定：严重风化区中的 1、2、3、4、5 地区的砖必须进行冻融试验。

其他地区砖的抗风化性能符合表 8－5 规定时可不做冻融试验，否则，必须进行冻融试验。淤泥砖、污泥砖及固体废弃物砖必须进行冻融试验。冻融后，每块砖样不允许出现分层、掉皮、缺棱、掉角等冻坏现象；冻后裂纹长度不得大于表 8－2 中第 5 项裂纹长度的规定。

表 8－5　烧结普通砖抗风化性能

砖种类	严重风化区				非严重风化区			
	5h 沸煮吸水率/%，≤		饱和系数≤		5h 沸煮吸水率/%，≤		饱和系数 ≤	
	平均值	单块最大值	平均值	单块最大值	平均值	单块最大值	平均值	单块最大值
黏土砖、建筑渣土砖	18	20	0. 85	0. 87	19	20	0. 88	0. 90
粉煤灰砖*	21	23			23	25		
页岩砖 煤矸石砖	16	18	0. 74	0. 77	18	20	0. 78	0. 80

* 粉煤灰掺入量(体积比)小于 30% 时，按黏土砖规定判定。

在烧结砖中不允许有欠火砖、酥砖和螺纹砖。酥砖是由于在生产中砖坯被雨水淋、受潮、受冻，或在焙烧过程中受热不均等原因，砖产生大量的网状裂纹，使砖的强度和抗冻性严重降低。螺纹砖是在生产砖坯时，从挤泥机挤出的砖坯上存在螺旋纹，它在烧结时不易消除，导致砖受力时易产生应力集中，使砖的强度下降。

(3)烧结普通砖的应用

烧结普通砖的表观密度为1800～1900 kg/m^3，孔隙率为30%～35%，吸水率为8%～16%，导热系数为0.78 W/(m·K)。

烧结普通砖具有较高的强度和较好的建筑性能(如保温绝热、隔声和耐久性等)，被大量用作墙体材料，还可用来砌筑柱、拱、窑炉、烟囱、沟道及基础等，以及在砌体中配置适当的钢筋或钢丝网以代替钢筋混凝土柱、梁等。由于烧结普通砖大多采用黏土制作，破坏耕地，故各地方有关部门对其使用有一定的限制规定。如上海地区，允许在标高±0.000以下使用烧结普通砖；在标高±0.000以上只允许砌筑三皮，以上部位必须采用其他材料如烧结多孔砖、加气混凝土砌块等。

除黏土外，还可利用一些工业废料及地方性材料(如粉煤灰、煤矸石和页岩等)为原料生产烧结普通砖。这些原料的化学成分与黏土相似，但有的颗粒细度较粗，有的塑性较差，可以通过破碎、磨细、筛分和配料(如掺入黏土等材料)等手段来解决。生产工艺与以黏土为原料生产的烧结砖相同，形状和尺寸规格、强度等级和产品等级的要求与黏土砖相同。这样，不仅为废物利用找到了有效途径，还可以节省大量的黏土，减少环境污染，降低成本，是墙体材料改革的方向之一。

2. 烧结多孔砖和多孔砌块

烧结多孔砖和多孔砌块均以黏土、页岩、煤矸石、粉煤灰、淤泥、固体废弃物等为主要原料，经焙烧而成。其生产过程与普通烧结砖基本相同，只是在生产砖坯时要形成孔洞，因此，要求原料的可塑性较高。

多孔砖和多孔砌块为大面有孔洞的砖，多孔砖的孔洞率大于等于28%，多孔砌块的孔洞率大于等于33%，孔尺寸小而数量多，使用时孔洞垂直于承压面，主要用于承重部位。

在建筑施工中用多孔砖和多孔砌块替代普通砖，可以使建筑物自重降低1/3左右，节约燃料10%～20%，工效提高40%，改善了墙体的热工性能，在相同的隔声条件下，可以使墙体的厚度减薄半砖左右，因此大力推广多孔砖和多孔砌块，发展高强多孔砖和多孔砌块是墙体材料改革的方向之一。

(1)烧结多孔砖和多孔砌块的技术性能

根据GB/T 13544—2011《烧结多孔砖和多孔砌块》的规定，其技术要求如下：

①形状和尺寸

烧结多孔砖和多孔砌块的形状为直角六面体，在与砂浆的接合面上应设有增加结合力的粉刷槽(混水墙用)和砌筑砂浆槽，其形状见图8-1。

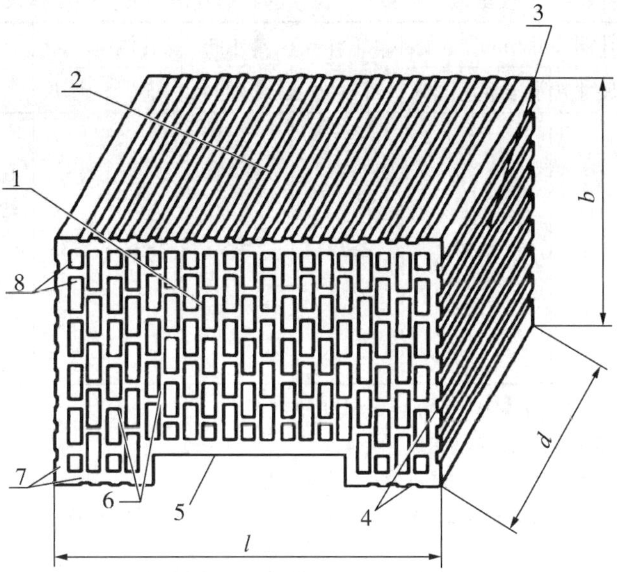

图 8－1　烧结多孔砖和多孔砌块

1—大面(坐浆面)；2—条面；3—顶面；4—粉刷沟槽；5—砂浆槽；
6—肋；7—外壁；8—孔洞；l—长度；b—宽度；d—高度

烧结多孔砖和多孔砌块不允许有欠火砖(砌块)、酥砖(砌块)，其外观质量要求见表 8－6，孔型孔结构及孔洞率要求见表 8－7。

表 8－6　烧结多孔砖和多孔砌块的外观质量要求　　mm

项　目		要　求	指　标
完整面		不得少于	一条面和一顶面
缺棱掉角的三个破坏尺寸		不得同时大于	30
裂纹长度	大面(有孔面)上深入孔壁 15 mm 以上宽度方向及其延伸到条面的长度	不大于	80
	大面(有孔面)上深入孔壁 15 mm 以上长度方向及其延伸到顶面的长度	不大于	100
	条顶面上的水平裂纹	不大于	100
杂质在砖或砌块面上造成的凸出高度		不大于	5

注：凡有下列缺陷之一者，不能称为完整面：

①缺损在条面或顶面上造成的破坏面尺寸同时大于 20 mm × 30 mm；

②条面或顶面上裂纹宽度大于 1 mm，其长度超过 70 mm；

③压陷、焦花、黏底在条面或顶面上的凹陷或凸出超过 2 mm，区域最大投影尺寸同时大于 20 mm × 30 mm。

表8－7　烧结多孔砖和多孔砌块的孔形孔结构及孔洞率要求

<table>
<tr><th rowspan="2">孔形</th><th colspan="2">孔洞尺寸/mm</th><th rowspan="2">最小外壁厚/mm</th><th rowspan="2">最小肋厚/mm</th><th colspan="2">孔洞率/%</th><th rowspan="2">孔洞排列</th></tr>
<tr><th>孔宽度尺寸 b</th><th>孔长度尺寸 L</th><th>砖</th><th>砌块</th></tr>
<tr><td>矩形条孔
或
矩形孔</td><td>≤13</td><td>≤40</td><td>≥12</td><td>≥5</td><td>≥28</td><td>≥33</td><td>①所有孔宽应相等，孔采用单向或双向交错排列；
②孔洞排列上下、左右应对称，分布均匀，手抓孔的长度方向尺寸必须平行于砖的条面</td></tr>
</table>

注：①矩形孔的孔长 L、孔宽 b 满足 $L \geq 3b$ 时，为矩形条孔；

②孔四个角应做成过渡圆角，不得做成直尖角；

③如设有砌筑砂浆槽，则砌筑砂浆槽不计算在孔洞率内；

④规格大的砖和砌块应设置手抓孔，手抓孔尺寸为(30～40 mm)×(75～85 mm)。

烧结多孔砖的长度、宽度、高度尺寸应符合下列要求：290，240，190，180，140，115，90(单位：mm)。多孔砌块的尺寸应符合下列要求：490，440，390，340，290，240，190，180，140，115，90(单位：mm)。其他规格尺寸由供需双方协商确定。

烧结多孔砖和多孔砌块的尺寸允许偏差应符合表8－8的规定。

表8－8　烧结多孔砖和多孔砌块的尺寸允许偏差要求　mm

尺　寸	样本平均偏差	样本极差≤
>400	±3.0	10.0
300～400	±2.5	9.0
200～300	±2.5	8.0
100～200	±2.0	7.0
<100	±1.5	6.0

②密度等级和强度等级

烧结多孔砖的密度等级分为1000、1100、1200和1300四个等级，多孔砌块的密度等级分为900、1000、1100和1200四个等级，其密度应符合表8－9的规定。

表8－9　烧结多孔砖和多孔砌块的密度要求　kg/m^3

<table>
<tr><th colspan="2">密度等级</th><th rowspan="2">3块砖或砌块干燥表观密度平均值</th></tr>
<tr><th>砖</th><th>砌块</th></tr>
<tr><td>—</td><td>900</td><td>≤900</td></tr>
<tr><td>1000</td><td>1000</td><td>900～1000</td></tr>
<tr><td>1100</td><td>1100</td><td>1000～1100</td></tr>
<tr><td>1200</td><td>1200</td><td>1100～1200</td></tr>
<tr><td>1300</td><td>—</td><td>1200～1300</td></tr>
</table>

烧结多孔砖和多孔砌块的强度等级分为 MU30、MU25、MU20、MU15、MU10 等五个等级，其强度应符合表 8－10 的规定。

表 8－10　烧结多孔砖和多孔砌块的强度要求　　MPa

强度等级	抗压强度平均值 $\bar{f}$ ≥	强度标准值 f_k ≥
MU30	30.0	22.0
MU25	25.0	18.0
MU20	20.0	14.0
MU15	15.0	10.0
MU10	10.0	6.5

注：$f_k=\bar{f}-1.83s$，s 为 10 块试样的抗压强度标准差。

③耐久性

a. 泛霜。每块烧结多孔砖和多孔砌块不允许出现严重泛霜。

b. 石灰爆裂。破坏尺寸大于 2 mm 且小于等于 15 mm 的爆裂区域，每组砖和砌块不得多于 15 处，其中大于 10 mm 的不得多于 7 处。不允许出现破坏尺寸大于 15 mm 的爆裂区域。

c. 抗风化性能。严重风化区中的 1、2、3、4、5 地区的砖、砌块和其他地区以淤泥、固体废弃物为主要原料生产的砖和砌块必须进行冻融试验；其他地区以黏土、粉煤灰、页岩、煤矸石为主要原料生产的砖和砌块的抗风化性能符合表 8－11 的规定时可不做冻融试验，否则必须进行冻融试验。15 次冻融循环试验后，每块砖和砌块不允许出现裂纹、分层、掉皮、缺棱掉角等冻坏现象。

表 8－11　烧结多孔砖和多孔砌块的抗风化性能要求

<table>
<tr><th rowspan="4">种　类</th><th colspan="8">项　　目</th></tr>
<tr><th colspan="4">严重风化区</th><th colspan="4">非严重风化区</th></tr>
<tr><th colspan="2">5h 沸煮吸水率/%，≤</th><th colspan="2">饱和系数≤</th><th colspan="2">5h 沸煮吸水率/%，≤</th><th colspan="2">饱和系数≤</th></tr>
<tr><th>平均值</th><th>单块最大值</th><th>平均值</th><th>单块最大值</th><th>平均值</th><th>单块最大值</th><th>平均值</th><th>单块最大值</th></tr>
<tr><td>黏土砖和砌块</td><td>21</td><td>23</td><td rowspan="2">0.85</td><td rowspan="2">0.87</td><td>23</td><td>25</td><td rowspan="2">0.88</td><td rowspan="2">0.90</td></tr>
<tr><td>粉煤灰砖和砌块</td><td>23</td><td>25</td><td>30</td><td>32</td></tr>
<tr><td>页岩砖和砌块</td><td>16</td><td>18</td><td rowspan="2">0.74</td><td rowspan="2">0.77</td><td>18</td><td>20</td><td rowspan="2">0.78</td><td rowspan="2">0.80</td></tr>
<tr><td>煤矸石砖和砌块</td><td>19</td><td>21</td><td>21</td><td>23</td></tr>
</table>

注：粉煤灰掺入量（质量比）小于 30% 时按黏土砖和砌块规定判定。

（2）烧结多孔砖和多孔砌块的应用

烧结多孔砖和多孔砌块由于其强度较高，在土木工程中可以代替普通砖，用于六层以下的承重墙体。

3. 烧结空心砖和空心砌块

烧结空心砖和空心砌块均以黏土、页岩、煤矸石、粉煤灰、淤泥、建筑渣土、其他固体废弃物等为主要原料，经焙烧而成。其生产过程与烧结多孔砖和多孔砌块基本相同。

空心砖和空心砌块为顶面有孔洞的砖，孔洞率大于等于 40%，孔洞大而数量多，使用时孔洞平行于承压面，主要用于非承重部位。

(1)烧结空心砖和空心砌块的技术性能

根据 GB/T 13545—2014《烧结空心砖和空心砌块》的规定，其技术要求如下：

①形状和尺寸

烧结空心砖和空心砌块的形状为直角六面体，混水墙用烧结空心砖和空心砌块应在大面和条面上设有均匀分布的粉刷槽或类似结构，其形状见图 8-2。在外壁内侧宜设置有序排列的宽度或直径不大于 10 mm 的壁孔，壁孔的孔型可为圆孔或矩形孔。

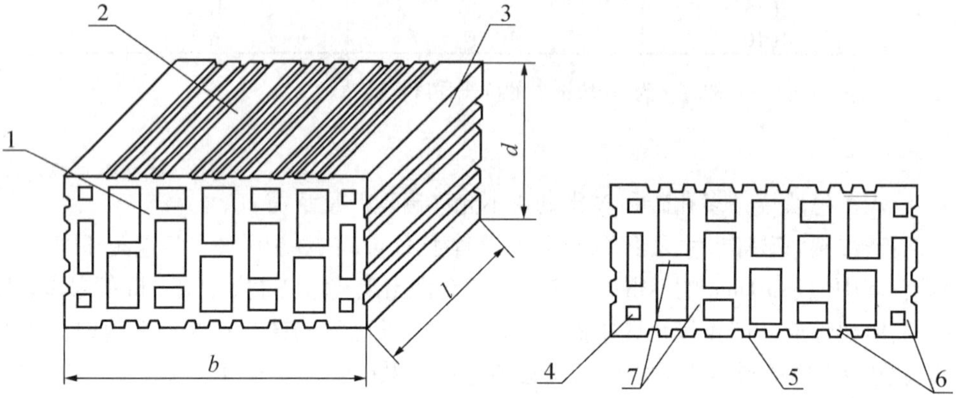

图 8-2　烧结空心砖和空心砌块

1—顶面；2—大面；3—条面；4—壁孔；5—粉刷槽；6—外壁；7—肋；l—长度；b—宽度；d—高度

烧结空心砖和空心砌块不允许有欠火砖(砌块)、酥砖(砌块)，其外观质量要求见表 8-12，孔洞排列及其结构要求见表 8-13。

表 8-12　烧结空心砖和空心砌块的外观质量要求　mm

项　目		要　求	指　标
弯曲		不大于	4
缺棱掉角的三个破坏尺寸		不得同时大于	30
垂直度差		不大于	4
未贯穿裂纹长度	大面上宽度方向及其延伸到条面的长度	不大于	100
	大面上长度方向或条面上水平面方向的长度	不大于	120
贯穿裂纹长度	大面上宽度方向及其延伸到条面的长度	不大于	40
	壁、肋沿长度方向、宽度方向及其水平方向的长度	不大于	40
肋、壁内残缺长度		不大于	40
完整面*		不少于	一条面或一大面

*注凡有下列缺陷之一者，不能称为完整面：

①缺损在大面、条面上造成的破坏面尺寸同时大于 20 mm × 30 mm；

②大面、条面上裂纹宽度大于 1 mm，其长度超过 70 mm；

③压陷、黏底、焦花在大面、条面上的凹陷或凸出超过 2 mm，区域尺寸同时大于 20 mm × 30 mm。

表 8－13　烧结空心砖和空心砌块的孔洞排列及其结构要求

孔洞排列	孔洞排数/排		孔洞率/%	孔型
	宽度方向	高度方向		
有序或交错排列	≥4（b≥200mm） ≥3（b＜200mm）	≥2	≥40	矩形孔

烧结空心砖和空心砌块的长度规格尺寸应符合下列要求：390，290，240，190，180（175），140（单位：mm）。宽度规格尺寸应符合下列要求：190，180（175），140，115。高度规格尺寸应符合下列要求：180（175），140，115，90。其他规格尺寸由供需双方协商确定。

烧结空心砖和空心砌块的尺寸允许偏差应符合表 8－14 的规定。

表 8－14　烧结空心砖和空心砌块的尺寸允许偏差要求　mm

尺寸	样本平均偏差	样本极差≤
＞300	±3.0	7.0
200～300	±2.5	6.0
100～200	±2.0	5.0
＜100	±1.7	4.0

②密度等级和强度等级

烧结空心砖和空心砌块的密度等级分为 800、900、1000 和 1100 四个等级，其密度应符合表 8－15 的规定。

表 8－15　烧结空心砖和空心砌块的密度要求　kg/m^3

密度等级	5 块试样体积密度平均值
800	≤800
900	801～900
1000	901～1000
1100	1001～1100

烧结空心砖和空心砌块的强度等级分为 MU10.0、MU7.5、MU5.0、MU3.5 等四个等级，其强度应符合表 8－16 的规定。

表 8－16　烧结空心砖和空心砌块的强度要求　MPa

强度等级	抗压强度		
	抗压强度平均值	变异系数 $\delta \leq 0.21$	变异系数 $\delta > 0.21$
	$\bar{f} \geq$	强度标准值 $f_k \geq$	单块最小抗压强度值 $f_{min} \geq$
MU10.0	10.0	7.0	8.0
MU7.5	7.5	5.0	5.8
MU5.0	5.0	3.5	4.0
MU3.5	3.5	2.5	2.8

注：$f_k = \bar{f} - 1.83s$，s 为 10 块试样的抗压强度标准差；

变异系数 $\delta = s/\bar{f}$。

③耐久性

a. 泛霜。每块烧结空心砖和空心砌块不允许出现严重泛霜。

b. 石灰爆裂。最大破坏尺寸大于 2 mm 且小于等于 15 mm 的爆裂区域，每组砖和砌块不得多于 10 处，其中大于 10 mm 的不得多于 5 处。不允许出现破坏尺寸大于 15 mm 的爆裂区域。

c. 抗风化性能。严重风化区中的 1、2、3、4、5 地区的空心砖和空心砌块应进行冻融试验，其他地区空心砖和空心砌块的抗风化性能符合表 8－11 的规定时可不做冻融试验，否则必须进行冻融试验。15 次冻融循环试验后，每块砖和砌块不允许出现分层、掉皮、缺棱掉角等冻坏现象；冻后裂纹长度不应大于表 8－12 的规定。

(2)烧结空心砖和空心砌块的应用

烧结空心砖和空心砌块孔数少，孔径大，孔洞率高，强度较低，具有良好的绝热性能，主要用于非承重墙体或框架结构的填充墙等部位。

8.1.1.2 非烧结砖

没有经过高温烧结的砖称为非烧结砖，如蒸压(养)砖、免烧免蒸砖、碳化砖等。目前在土木工程中应用较多的是蒸压(养)砖。蒸压(养)砖是以石灰、电石废渣等钙质材料和砂、粉煤灰、炉渣等硅质材料经挤压成型，在常压或高压下蒸压而制成的砖。其主要品种有灰砂砖、粉煤灰砖、炉渣砖。

蒸压灰砂砖是以磨细的生石灰粉或消石灰粉和砂子为主要原料，经搅拌混合、陈伏、成型、蒸压养护而成的实心砖。

1. 蒸压灰砂砖的技术要求

蒸压灰砂砖的尺寸规格和普通砖相同，呈矩形，表观密度为 1 800 ～ 1 900 kg/m^3，导热系数为 0.60W/(m·K)。

根据 GB/T 11945—2019《蒸压灰砂实心砖和实心砌块》的规定，蒸压灰砂砖按抗压强度值，分为 MU30、MU25、MU20、MU15、MU10 五个强度等级，见表 8－17。

表 8－17 GB/T 11945—2019 蒸压灰砂砖的强度等级 MPa

强度级别	抗压强度/MPa	
	平均值不小于	单块值不小于
MU30	30.0	25.5
MU25	25.0	21.2
MU20	20.0	17.0
MU15	15.0	12.8
MU10	10.0	8.5

蒸压灰砂砖的抗冻性指标应满足表 8－18 的要求。

表 8－18　GB/T 11945—2019 蒸压灰砂砖的抗冻性指标

使用地区[a]	抗冻指标	干质量损失率[b]/%	抗压强度损失率/%
夏热冬暖地区	D15	平均值≤3.0 单个最大值≤4.0	平均值≤15 单个最大值≤20
温和与夏热冬冷地区	D25		
寒冷地区[c]	D35		
严寒地区[c]	D50		

注：a. 区域划分执行 GB50176 规定。
b. 当某个试件的试验结果出现负值时，按 0.0% 计算。
c. 当产品明确用于室内环境等，供需双方有约定时，可降低抗冻指标要求，但不应低于 D25。

2. 蒸压灰砂砖的应用

蒸压灰砂砖主要用于工业和民用建筑的承重部位，可作为禁用实心黏土砖后的替代砖。但由于灰砂砖中的一些水化产物(氢氧化钙、碳酸钙)不耐酸，不耐热，因此，不得用于长期受热高于 200℃以及承受急冷急热交替作用部位或有酸性介质侵蚀的部位，也不得用于有流水冲刷的部位。

8.1.2　砌块

砌块是指用于砌筑的人造块材，外形多为直角六面体，也有各种异形的。砌块系列中主规格的长度、宽度或高度有一项或一项以上分别大于 365 mm、240 mm 或 115 mm。但高度不大于长度或宽度的 6 倍，长度不超过高度的 3 倍。系列中主规格的高度大于 115 mm 而又小于 380 mm 的砌块，简称为小砌块。系列中的主规格的高度为 380 ～ 980 mm 的砌块，称为中砌块；系列中主规格的高度大于 980 mm 的砌块，称为大砌块。目前，我国以小型砌块使用较多。

砌块是在土木工程中用于砌筑墙体的尺寸较大的块体材料，是常用的新型墙体材料之一。砌块原材料丰富，制作简单，可利用地方材料和工业废料生产，施工灵活、方便，工效高，可以改善墙体的功能，适用面广。

砌块按承重能力分为承重砌块和非承重砌块；按孔洞分为密实砌块和空心砌块；按原材料分为水泥混凝土砌块、粉煤灰砌块、炉渣砌块、加气混凝土砌块、石膏砌块等。

8.1.2.1　混凝土砌块

1. 普通混凝土小型砌块

普通混凝土小型砌块是以水泥、矿物掺合料、砂、石、水等为原料，经搅拌振动成型、养护而成的小型砌块，包括空心砌块和实心砌块。常用混凝土小型砌块外形见图 8－3。

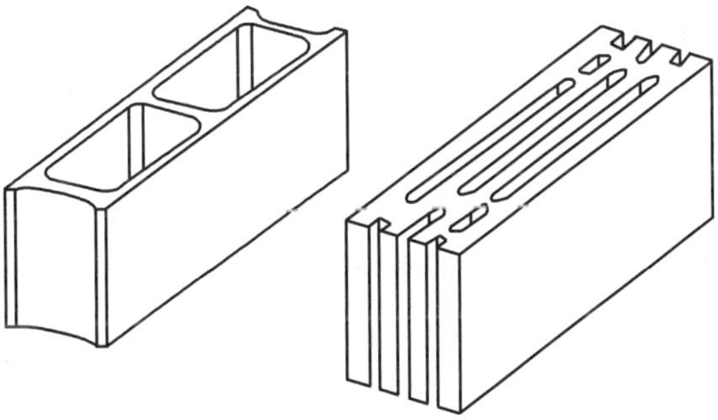

图 8－3　混凝土小型砌块

根据 GB/T 8239—2014《普通混凝土小型砌块》规定：砌块按空心率分为空心砌块(空心率不

小于25%，代号H)和实心砌块(空心率小于25%，代号S)；按使用时砌筑墙体的结构和受力情况，分为承重结构用砌块(简称承重砌块，代号L)和非承重结构用砌块(简称非承重砌块，代号N)。常用砌块的规格尺寸为长度390，宽度90、120、140、190、240、290，高度90、140、190(单位：mm)。

按砌块的抗压强度分级，空心砌块中承重砌块分为7.5、10.0、15.0、20.0、25.0等五个等级，非承重砌块分为5.0、7.5、10.0等三个等级；实心砌块中承重砌块分为15.0、20.0、25.0、30.0、35.0、40.0等六个等级，非承重砌块分为10.0、15.0、20.0等三个等级。各等级的强度要求见表8－19。

表8－19　GB/T 8239—2014普通混凝土小型砌块的强度等级 MPa

强度等级	抗压强度	
	平均值≥	单块最小值≥
MU5.0	5.0	4.0
MU7.5	7.5	6.0
MU10	10.0	8.0
MU15	15.0	12.0
MU20	20.0	16.0
MU25	25.0	20.0
MU30	30.0	24.0
MU35	35.0	28.0
MU40	40.0	32.0

此外，砌块还有吸水率、线性干燥收缩值、抗冻性、碳化系数、软化系数等耐久性指标要求。

2. 轻集料混凝土小型空心砌块

轻集料混凝土小型空心砌块是以轻粗骨料、轻砂(或普通砂)、水泥和水等为原材料配制而成的干表观密度不大于1 950 kg/m^{3}的由轻集料混凝土制成的小型空心砌块。

根据GB/T 15229—2011《轻集料混凝土小型空心砌块》的规定，按砌块孔的排数分为单排孔、双排孔、三排孔和四排孔等，主规格尺寸长×宽×高为390 mm×190 mm×190 mm。

按砌块的干表观密度变动范围的上限将砌块分为700、800、900、1000、1100、1200、1300、1400等八个密度等级，按砌块强度分为MU2.5、MU3.5、MU5.0、MU7.5、MU10.0等五个强度等级。砌块的强度等级应满足表8－20的要求，同一强度等级砌块的抗压强度和密度等级范围应同时满足表8－20的要求。

表 8-20　GB/T 15229—2011 轻集料混凝土小型砌块强度等级

强度等级	抗压强度/MPa		密度等级范围/(kg·m^{-3})
	平均值	最小值	
MU2.5	≥2.5	≥2.0	≤800
MU3.5	≥3.5	≥2.8	≤1000
MU5.0	≥5.0	≥4.0	≤1200
MU7.5	≥7.5	≥6.0	≤1200[a] ≤1300[b]
MU10.0	≥10.0	≥8.0	≤1200[a] ≤1400[b]

注：当砌块的抗压强度同时满足 2 个或 2 个以上强度等级要求时，应以满足要求的最高强度等级为准。

a. 除自燃煤矸石掺量不小于砌块质量 35% 以外的其他砌块；

b. 自燃煤矸石掺量不小于砌块质量 35% 的砌块。

轻集料混凝土小型砌块可用于工业及民用建筑的承重和非承重墙体，还可以用于既承重又保温或专门保温的墙体，特别适合于高层建筑的填充墙和内隔墙。

8.1.2.2　蒸压加气混凝土砌块

蒸压加气混凝土砌块是以粉煤灰或砂(磨细)等硅质材料与石灰、水泥、石膏等按适当的比例，加入少量的发泡剂(铝粉)及外加剂和水，经拌和、浇筑、静停、切割、高压蒸养等工序制成的一种轻质、多孔的墙体材料，具有保温、隔热、质量轻等特点，能大大降低建筑物的自重。

根据 GB/T 11968—2020《蒸压加气混凝土砌块》的规定，砌块的规格尺寸如下：

长度 600，高度 200、240、250、300，宽度 100、120、125、150、180、200、240、250、300(单位：mm)。

蒸压加气混凝土砌块强度有五个级别：A1.5、A2.0、A2.5、A3.5、A5.0。强度等级为 A1.5、A2.0 的砌块适用于建筑保温。蒸压加气混凝土砌块按干密度分为五个等级：B03、B04、B05、B06、B07。干密度等级为 B03、B04 的砌块适用于建筑保温。各等级砌块抗压强度和干密度应符合表 8-21 的规定。砌块按照尺寸偏差分为Ⅰ型和Ⅱ型，Ⅰ型适用于薄灰缝砌筑，Ⅱ型适用于厚灰缝砌筑。

表 8-21　GB/T 11968—2020 蒸压加气混凝土砌块的抗压强度和干密度要求

强度级别	立方体抗压强度/MPa		干密度级别	平均干密度/(kg·m^{-3})
	平均值	单块最小值		
A1.5	≥1.5	≥1.2	B03	≤350
A2.0	≥2.0	≥1.7	B04	≤450
A2.5	≥2.5	≥2.1	B04	≤450
			B05	≤550

续表 8－21

强度级别	立方体抗压强度/MPa		干密度级别	平均干密度/(kg·m^{-3})
	平均值	单块最小值		
A3.5	≥3.5	≥3.0	B04	≤450
			B05	≤550
			B06	≤650
A5.0	≥5.0	≥4.2	B05	≤550
			B06	≤650
			B07	≤750

蒸压加气混凝土砌块适用于民用建筑三层或三层以下的承重墙，可以用于大型的框架结构的间隔墙、屋面的隔热保温层，还可用于钢筋混凝土框架建筑的填充墙、复合墙板、楼板的填充块。无可靠的防护措施时，不得用于处于水中或高湿度和有侵蚀介质的环境中，也不得用于长期处于高温环境中的建筑物。砌块储存堆放应做到场地平整，同品种、同规格、同等级的做好标记，整齐稳妥，宜有防雨措施。

8.1.2.3 蒸压粉煤灰空心砌块和粉煤灰混凝土小型空心砌块

蒸压粉煤灰空心砌块是以粉煤灰和生石灰（或电石渣）为主要原料，可掺加适量石膏、外加剂或其他集料，经坯体制备、压制成型、高压蒸汽养护而制成的。蒸压粉煤灰空心砌块的空心率不小于45%，外形为直角六面体，宜留有手抓孔和定位榫，孔洞应与空心砌块砌筑承受压力方向一致，其主要规格尺寸为390 mm×190 mm×190 mm。

根据GB/T 36535—2018《蒸压粉煤灰空心砖和空心砌块》的规定，强度等级分为MU3.5、MU5.0和MU7.5，密度等级分为600、700、800、900、1000和1100。其强度等级应符合表8－22的要求。

表8－22　GB/T 36535—2018 蒸压粉煤灰空心砌块的强度

强度等级	抗压强度/MPa		密度等级范围/(kg·m^{-3})，≤
	五块平均值≥	单块最小值≥	
MU3.5	3.5	2.8	700
MU5.0	5.0	4.0	900
MU7.5	7.5	6.0	1100

注：抗压强度实验方法参照GB/T 4111—2013《混凝土砌块和砖试验方法》。

蒸压粉煤灰空心砌块适用于工业与民用建筑的非承重结构。蒸压粉煤灰空心砌块的冻害是墙体劣化的主要原因之一，其抗冻性按照GB/T4111—2013《混凝土砌块和砖试验方法》中抗冻性的试验方法进行。抗冻性指标为夏热冬暖地区15个冻融循环，夏热冬冷地区25个冻融循环，寒冷地区35个冻融循环，严寒地区50个冻融循环。蒸压粉煤灰空心砌块上墙后，其收缩变形可能导致墙体开裂，影响建筑物的结构性能。标准中规定线性干燥收缩值为不大于 0.65 mm/m。

粉煤灰混凝土小型空心砌块是以粉煤灰、水泥、各种轻重集料、水为主要组分(也可加入外加剂等)拌和制成的小型空心砌块，其中粉煤灰用量不应低于原材料质量的 20%、水泥用量不应低于原材料质量的 10%。主要规格尺寸为 390 mm×190 mm×190 mm。产品特点：保温、隔音、防渗；可锯、可凿、可钉、吊挂力大；粉刷容易、黏结力强。

根据标准 JC/T 862—2008《粉煤灰混凝土小型空心砌块》规定，砌块按孔的排数分为单排孔(1)、双排孔(2)和多排孔(D)三类，按强度等级分为 MU3.5、MU5.0、MU7.5、MU10.0、MU15.0 和 MU20 六个等级。

粉煤灰小型空心砌块适用于地震设计烈度为 8 度和 8 度以下的一般民用和工业建筑物的墙体；承重墙不得用砌块和砖混合砌筑。堆放时注意防雨、防水；砌筑时不得浇水。

8.1.2.4　*石膏砌块*

石膏砌块是以建筑石膏为主要原料，经加水搅拌、浇注成型和干燥制成的新型轻质隔墙材料，生产中允许加入纤维增强材料或轻集料，也可加入发泡剂。其外形为一平面长方体，纵横四周分别设有凹凸企口(榫与槽)。根据 JC/T 698—2010《石膏砌块》规定，砌块的尺寸规格为公称长度 666 mm、600 mm，公称高度 500 mm，公称厚度 80 mm、100 mm、120 mm、150 mm。

石膏砌块除具有石膏制品质轻、防火、调节室内温湿度、强度高、加工性能好等优点外，还有以下特点：

(1)制品尺寸准确，表面光洁平整，砌筑的墙面不需抹灰就可进行喷刷涂料、粘贴壁纸等装饰工程，省工省料。

(2)制品规格尺寸大，一般四周带有榫槽，配合精密，拼装方便，整体性好，而且不需龙骨，施工效率高，一个工人每天可铺砌 20～40 m^2 石膏砌块隔墙；墙体造价低，在国外，与纸面石膏板、加气混凝土及一般砖墙相比，石膏砌块隔墙最多要便宜 40% 左右，另外，建厂投资也较少。

石膏砌块按结构分为空心和实心两类，按石膏来源分为天然石膏砌块和化学石膏砌块两类，按防潮性能分为普通石膏砌块和防潮石膏砌块两类。

实心砌块的表观密度应不大于 1000 kg/m^3，空心砌块的表观密度应不大于 700 kg/m^3。单块砌块的质量应不大于 30 kg，砌块表面应平整，平整度应不大于 1.0 mm，砌块应有足够的机械强度，断裂荷载值应不小于 2.0 kN。防潮砌块的软化系数应不低于 0.60。

石膏砌块作为非承重的填充墙体材料，主要用于砌筑内隔墙。砌块施工时，先在底部用石膏胶泥作码砌黏结材料，砌块由其四周的榫槽沿自身水平、垂直方向固定，无须砌筑砂浆，填入极少嵌缝材料即可；表面用石膏胶罩面 1～2 遍，干后即可饰面；如有防水要求，可在墙最下部先做一定高度的混凝土，或做防水砂浆踢脚处理。

8.1.2.5　*装饰混凝土砌块*

装饰混凝土砌块(JC/T 641—2008)是一种新型复合墙体材料，它不仅是结构材料，而且还是装饰材料，集砌块的优点及墙体的结构、装饰性、抗渗性甚至保温、隔热、隔音于一体，使墙体在砌筑的同时就已做好装饰，并具有多种功能。装饰混凝土砌块的原料资源丰富，可利用废渣，容易着色，硬化前可塑性好，硬化后容易加工，应用范围广，生产成本低，可谓物美价廉。

装饰混凝土砌块按装饰效果分为彩色砌块、劈裂砌块、凿毛砌块、条纹砌块、磨光砌块、鼓形砌块、模塑砌块、露集料砌块、仿旧砌块，按用途分为砌体装饰砌块和贴面装饰砌块。

8.1.3 板材

随着建筑结构体系的改革和大开间多功能框架结构的发展，各种轻质和复合墙板也蓬勃兴起，以板材为围护或分隔墙体的建筑体系具有质轻、节能、施工方便快捷，使用面积大、开间布局灵活等特点，因此具有良好的发展前景。

目前可用于墙体的板材品种很多，主要分为建筑隔墙用轻质条板、石膏类板材、水泥及硅酸盐制品类板材和复合墙板。

8.1.3.1 建筑隔墙用轻质条板

根据 JG/T 169—2016《建筑隔墙用轻质条板通用技术要求》规定：轻质条板是采用轻质材料或空心构造，用于非承重内隔墙的预制条板。

轻质条板按断面构造分为空心条板、实心条板和复合条板，按板的构件类型，分为普通板、门窗框板、异形板。轻质条板结构示意图见图 8－4。

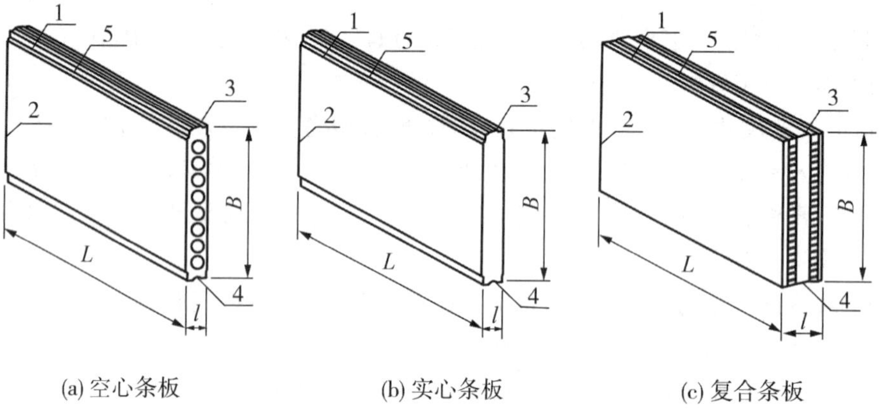

图 8－4 轻质条板结构示意图

1—板边；2—板端；3—榫头；4—榫槽；5—接缝槽

轻质条板长度宜为 2200～3500 mm；宽度宜按 100 mm 递增，常用尺寸为 600 mm；厚度宜按 10 mm 递增，也可按 25mm 递增，常用尺寸为 90 mm、100 mm、120 mm、150 mm、180 mm 和 210 mm。

轻质条板的外观质量应符合表 8－23 的要求，尺寸允许偏差应符合表 8－24 的要求，空心条板的孔间肋厚和面层壁厚应符合表 8－25 的要求。

表 8-23　轻质条板的外观质量要求

序号	项　　目	指　标
1	板面外露筋、露纤；飞边毛刺；板面泛霜返碱；贯通性裂缝	无
2	复合条板面层脱落[a]	无
3	板面裂缝[b]，长度 50～100 mm，宽度 0.5～1.0 mm	≤2 处/板
4	蜂窝气孔[b]，长径 5～30 mm	≤3 处/板
5	缺棱掉角[b]，宽度×长度为(10 mm×25 mm)～(20 mm×30 mm)	≤2 处/板

注：a. 复合夹芯条板检测此项；

b. 序号 3、4、5 项中低于下限值的缺陷忽略不计，高于上限值的缺陷为不合格。

表 8-24　轻质条板的尺寸允许偏差要求　　mm

序号	项　　目	允许偏差
1	长度	±5
2	宽度	±2
3	厚度	±1
4	板面平整度	≤2
5	对角线差	≤6
6	侧向弯曲	L/1000

表 8-25　空心条板的孔间肋厚和面层壁厚要求　　mm

<table>
<tr><th>序号</th><th>项　　目</th><th colspan="2">指　标</th></tr>
<tr><td rowspan="2">1</td><td rowspan="2">单层空心板间肋和面层壁厚</td><td>板厚≤120</td><td>≥12</td></tr>
<tr><td>板厚≥150</td><td>≥20</td></tr>
<tr><td>2</td><td>多层空心板孔间肋和面层壁厚</td><td colspan="2">≥12</td></tr>
</table>

轻质条板不同含水率限值规定对应的的使用地区见表 8-26，轻质条板的物理力学性能应满足表 8-27 的要求，放射性核素限量应符合 GB 6566—2010《建筑材料放射性核素限量》的规定。

表 8-26　轻质条板不同含水率限值对应的使用地区

含水率/%	≤12	≤10	≤8
使用地区	潮湿	中等	干燥

注：潮湿系指年平均相对湿度不小于 75% 的地区；

中等系指年平均相对湿度在 50%～75% 的地区；

干燥系指年平均相对湿度不大于 50% 的地区。

表8－27　轻质条板的物理力学性能要求

序号	项目/类型		指标(板厚)				
			90 mm(100 mm)	120 mm	150 mm	180 mm	210 mm
1	抗冲击性能/次		≥5				
2	抗弯破坏荷载/板自重倍数		≥1.5		≥1.5[a]	≥2	
3	抗压强度/MPa	混凝土条板	≥5				
		水泥、石膏、复合条板	≥3.5				
4	软化系数		≥0.80[b]				
5	面密度/(kg·m^{-2})	水泥、石膏条板	≤90	≤110	≤130		
		混凝土条板	≤110	≤140	≤160	≤180	≤190
		复合条板	≤90	≤110	≤130	≤150	≤160
6	含水率[c]/%		≤12/10/8				
7	吊挂力/N		≥1000				
8	干燥收缩值/(mm·m^{-1})	水泥、石膏条板	≤0.6				
		混凝土、复合条板	≤0.5				
9	空气声计权隔声量/dB		≥35	≥40	≥45	≥50	
10	耐火极限/h		≥1		≥2		
11	传热系数[d]/(W·m^{-2}·K^{-1})			≤2.0	≤1.5		

注：a. 150mm复合条板抗弯破坏荷载/板自重倍数≥2。

b. 防水石膏条板的软化系数应为≥0.60，夹心层为发泡石膏及纸蜂窝材料的条板，可不检测软化系数。

c. 含水率不同限值对应的使用地区见表8－26。

d. 应用于采暖地区的保温分户条板应检此项。

条板短距离运输可用推车，且宜侧立搬运；长距离可使用车船等货运方式运输。长距离运输应打捆，每捆不应多于10块条板，轻吊轻落。运输过程中应用绳索绞紧，支撑合理，不应撞击，避免破损和变形，必要时应用篷布遮盖，防止雨淋。

条板产品在常温常湿条件下贮存，环境条件应保持干燥通风。可库房存放，不宜露天存放。露天贮存应采取防止浸蚀介质和雨水浸害的措施。

产品应按型号、规格分类贮存。存放场地应平整，便于搬运，下部用方木或砖垫高，侧立堆放的条板，板面与铅垂面夹角应不大于15°；堆长不超过4 m，堆层两层。水平堆放的条板，堆高不超过2 m。条板产品成型后，在工厂内存放的时间不宜少于28天，贮存期不宜超过12个月。

8.1.3.2　*石膏类板材*

石膏制品有许多优点，石膏类板材在轻质墙体材料中占很大比例，主要有纸面石膏板、无纸面的纤维石膏板、石膏空心板和纤维增强硬石膏压力板(AP板)等。

(1)纸面石膏板。纸面石膏板以建筑石膏为主要原料，掺入适量的添加剂、纤维和轻集料做板芯，以特制的纸板做护面，经连续成型、切割、干燥等工艺加工而成。板边形状有矩形、楔形、45°倒角形和圆形等。纸面石膏板根据其使用性能分为普通纸面石膏板、耐水纸面石膏板、耐火纸面石膏板三种。

根据 GB/T 9775—2008《纸面石膏板》规定，普通纸面石膏板的规格一般为：公称长度 1500 mm、1800 mm、2100 mm、2400 mm、2440 mm、2700 mm、3000 mm、3300 mm、3600 mm、3660 mm；公称宽度 600 mm、900 mm、1200 mm、1220 mm；公称厚度 9.5 mm、12.0 mm、15.0 mm、18.0 mm、21.0 mm 和 25.0 mm。

纸面石膏板的表观密度为 800 ～ 1000 kg/m^3，导热系数为 0.21 W/(m · K)，隔声指数为 35 ～ 45 dB，表面平整，尺寸稳定，具有隔热、隔声、防火、调湿等功能。重量轻、易加工、施工简便，劳动强度低。但由于用纸量较大，因此成本较高。

普通纸面石膏板适用于建筑物的非承重墙、内隔墙和吊顶，也可用于活动房、民用住宅、商店、办公楼等建筑物的活动隔断，不宜用于厕所、厨房及空气相对湿度经常大于 70% 的场所。耐水型石膏板可用于相对湿度大于 75% 的环境中，耐火型石膏板主要用于有耐火要求的工程中。

(2)纤维增强硬石膏压力板(AP 板)。它是以天然硬石膏和天然或人造纤维为主要原料，经激发、催化，采用打浆工艺经抄取压制、常温湿养护而成的一种新型建筑板材。其英文名为 Anhydrite Pressure Board，故简称 AP 板。AP 板较之一般石膏板具有两方面突出的优点：一是以天然无水石膏为胶结料，无须煅烧，只需掺加少量激发催化剂等即可；生产过程中不需蒸养、干燥，故节能显著，能耗最低；二是 AP 板兼具石膏和水泥制品的共同优点，强度高，耐水性能最显突出，性能好，使用范围广。AP 板可用于建筑物的内隔墙、吊顶等，也可用于外墙、屋面、楼板及卫生间等部位。

8.1.4　砌筑用石材

石材具有抗压强度高、耐久性好、生产成本低等特点，且资源丰富，常用于砌筑结构物、修筑道路和结构基础，是应用广泛的砌筑材料。

1. 毛石

毛石是指岩石经爆破后所得形状不规则的石块。毛石有乱毛石和平毛石之分。乱毛石形状不规则，平毛石虽然形状也不规则，但大致有两个平行的面。建筑上用毛石一般要求中部厚度不小于 15 cm，长度为 30 ～ 40 cm，抗压强度应大于 10 MPa，软化系数应不小于 0.75。致密坚硬的沉积岩可用于一般的房屋建筑，而重要的工程应采用强度高、抗风化性能好的岩浆岩。毛石常用于砌筑基础、勒脚、墙身、桥墩、涵洞、毛挡土墙、堤岸及护坡，还可以用于浇筑毛石混凝土。

2. 料石

料石是指由开采而得到的比较规则的六面体块石，稍加凿琢修整而成。按加工平整程度分，有毛料石、粗料石、半细料石和细料石。料石一般由致密的砂岩、石灰岩、花岗岩加工而成。形状有条石、方石及楔形的拱石。毛料石形状规则，大致方正，正面的高度不小于 20 cm，长度与宽度不小于高度，正表面的凹凸相差不应大于 25 mm；抗压强度不得低于 30 MPa。粗料石形体方正，截面的宽度、高度不应小于 20 cm，且不应小于长度的 1/4，其正面经锤凿加工，正表面的凹凸相差不应大于 20 mm。半细料石和细料石的规格、尺寸与粗料石相同，正表面的凹凸相差：半细料石不应大于10 mm，细料石不大于2 mm。

料石主要用于建筑物的基础、勒脚、墙体等部位，半细料石和细料石主要用作镶面材料。

3. 石材的选用原则

在土木工程中应根据石材的适用性、经济性和安全性等原则选用石材。

(1)适用性

主要考虑石材的技术性能是否满足使用要求。可根据石材在建筑物中的用途和部位及所处环境，选定其主要技术性能满足要求的岩石。如承重用的石材(基础、勒脚、柱、墙等)，主要应考虑其强度等级、耐久性、抗冻性等技术性能；围护结构用的石材应考虑是否具有良好的绝热性能；用作地面、台阶等的石材应坚韧耐磨；对处在高温、高湿、严寒等特殊条件下的构件，还要分别考虑所用石材的耐久性、耐水性、抗冻性及耐化学侵蚀性等。

(2)经济性

天然石材的密度大，运输不便、运费高，应综合考虑地方资源，尽可能做到就地取材。难于开采和加工的石料将使材料成本提高，选材时应加注意。

(3)安全性

由于天然石材是构成地壳的基本物质，因此可能含有放射性的物质，会对人体产生有害影响。花岗石的放射性较高，大理石较低。从颜色上看，红色、深红色的放射超标较多。因此，在选用天然石材时，应有放射性检验合格证明或检测鉴定。根据GB 6566—2010《建筑材料放射性核素限量》的规定，天然石材按放射性水平分为A、B、C三类。A类最安全，可在任何场合下使用；B类的放射性高于A类，除居室以外的建筑物；C类放射性较高，只可用于户外建筑物；放射性超过C类标准的石材，只可用于海堤、桥墩及碑石等远离人群密集的地方。

4. 石材的防护

石材在长期的使用过程中，受到周围自然环境因素的影响而产生物理变化和化学变化，致使岩石逐步风化、破坏。此外，寄生在岩石表面的苔藓和植物根部的生长对岩石也有破坏作用。风化的速度取决于造岩矿物的性质及岩石本身的结构和构造。在建筑物中，石材的破坏主要是水分的渗入及水的作用。为了防止和减轻石材的风化、破坏，可采取下列防护措施：

(1)构造预防。建筑物暴露部分的石材如栏杆、楼梯、勒脚和屋顶等，制成易于排水的形状，使水分不易积存在表面，或在石材上覆盖一层导水材料。

(2)表面磨光。采用致密的岩石，表面加工磨光，尽量使表面平滑无孔。

(3)表面处理。石材表面可用石蜡或涂料进行处理，使其表面隔绝大气和水分，起到防护作用。在石材表面涂刷熔化的石蜡，再将石材加热，使石蜡渗入石材表面孔隙并填充孔隙。对于石灰岩，可用硅氟酸镁溶液涂刷在石材表面，碳酸盐与硅氟酸镁作用生成不溶性化合物，沉积在微孔中并覆盖石材表面，起到防护作用；对于其他岩石，可用硅酸盐来防护，在石材表面涂以水玻璃，硬化后再涂一层氯化钙水溶液，二者作用可使石材表面形成不溶性硅酸钙保护膜层，起到防护效果。此外，也可以使用甲基硅醇钠等疏水剂作表面处理，延缓石材表面风化和避免污染。

8.2　屋面材料

屋面材料主要起防水、保温隔热、防渗漏等作用。随着现代建筑的发展和对建筑物功能要求的提高，屋面材料也由过去较单一的烧结瓦向多材质的瓦和复合板材发展，所起的作用也由过去单一功能向多功能方向发展。目前经常使用的除黏土瓦和水泥瓦以外，还有塑料瓦、沥青瓦以及各种屋面用板材。

8.2.1　瓦

8.2.1.1　烧结类瓦

1. 烧结瓦

烧结瓦是以黏土、页岩为主要原料，经成型、干燥、焙烧而成。成型方式有模压成型和挤压成型两种。生产工艺与烧结普通砖相同。

烧结瓦有平瓦、脊瓦、三曲瓦、双筒瓦、鱼鳞瓦、牛舌瓦、板瓦、筒瓦、滴水瓦、沟头瓦、J 形瓦、S 形瓦和其他异形瓦及配件。根据表面状态可分为有釉和无釉两类，根据吸水率不同分为Ⅰ类瓦、Ⅱ类瓦、Ⅲ类瓦、青瓦。

根据 GB/T 21149—2019《烧结瓦》的规定，平瓦的规格尺寸为：400 mm × 240 mm ～ 300 mm × 200 mm。物理性能合格的瓦按尺寸偏差和外观质量分为优等品和合格品两个产品质量等级。物理性能要求包括抗弯曲性能、抗冻性能、耐急冷急热性、吸水率、抗渗性能等。

烧结瓦自重大，质脆，易破损，在贮运和使用时，应注意避免碰撞。

2. 琉璃瓦

琉璃瓦是用难熔黏土制坯，经干燥、上釉后焙烧而成。这种瓦表面光滑、质地坚密、色彩美丽，常用的有黄、绿、黑、蓝、青、紫、翡翠等色。其造型多样，主要有板瓦、筒瓦、滴水、勾头等，有时还制成飞禽、走兽等形象作为檐头和屋脊的装饰，是一种富有我国传统民族特色的屋面防水与装饰材料。琉璃瓦耐久性好，但成本较高，一般只使用于古建筑修复、纪念性建筑及园林建筑中的亭、台、楼、阁上。

8.2.1.2　水泥类瓦

1. 混凝土瓦

混凝土瓦是以水泥、砂或无机的硬质细骨料为主要原料，经配料混合、加水搅拌、机械滚压或人工挤压成型、养护而成。

根据 JC/T 746—2007《混凝土瓦》的规定，其规格由长度乘以宽度的外形尺寸(mm)表示。

混凝土瓦可用来代替黏土瓦，耐久性好，成本低，但自重大于黏土瓦。如在配料时加入颜料，可制成彩色混凝土平瓦。

2. 钢丝网石棉水泥波瓦

钢丝网石棉水泥波瓦是以温石棉和水泥为基本原料，经制坯、夹一层钢丝网、加压等工艺制成的钢丝网石棉水泥波瓦。根据波纹大小有钢丝网石棉水泥小波瓦和钢丝网石棉水泥中波瓦，主要用于房屋建筑的屋盖，内、外墙及轻型复合屋盖的承重板。根据JC/T 851—2008《钢丝网石棉水泥小波瓦》，产品按抗折力分为三级，按外观质量分为一等品和合格品两级。根据JC/T 447—1991(1996)《钢丝网石棉水泥中波瓦》标准，产品按其抗折力、吸水率分成A级与B级，每一级按外观质量分为优等品、一等品与合格品。规格尺寸按长、宽、厚、波距、波高决定，如钢丝网石棉水泥中波瓦长1 800 mm ± 10 mm，宽745 mm ± 10 mm，厚7.5 mm ± 0.5 mm，波距131 mm ± 3 mm，波高≥31 mm。

生产钢丝网石棉水泥波瓦的石棉纤维应采用符合GB 8071规定的五级和(或)五级以上温石棉纤维。石棉质量分数不得低于原材料总量的12%，亦可掺入少量耐久性好、对制品无害的其他纤维。水泥应采用硅酸盐水泥、普通硅酸盐水泥或矿渣硅酸盐水泥，水泥中不得使用掺有炭粉作助磨剂及页岩、煤矸石作混合材的普通硅酸盐水泥及矿渣硅酸盐水泥。钢丝网应采用不涂防锈油的冷拔低碳钢丝编织的梯形网，也可采用方格网，钢丝网必须平整，能满足成型要求。水应采用淡水或循环水，水中不应有影响制品性能的有害物质。

在外观质量上，产品应表面平整、边缘整齐，不得有断裂、表面露网、伸出边缘的钢丝、分层与夹杂物等疵病；优等品应无掉角、掉边、裂纹，四边方正，一等品、合格品的外观质量应符合相关规定。

钢丝网石棉水泥波瓦的物理力学性能应满足抗折力、吸水率、抗冻性和不透水性的相关规定。

8.2.1.3　高分子类复合瓦

1. 聚氯乙烯波纹瓦

聚氯乙烯波纹瓦又称塑料瓦楞板，是以聚氯乙烯树脂为主体，加入其他材料，经塑化、压延、压波而制成的波形瓦，规格尺寸为2 100 mm ×(1 100 ～ 1 300 mm)×(1.5 ～ 2 mm)。其质量轻，防水，耐腐，透光，有色泽，常用作车棚、凉棚、果棚等简易建筑的屋面，另外也可用作遮阳板。

2. 玻璃钢波形瓦

玻璃钢波形瓦是以不饱和聚酯树脂和玻璃纤维为原料，经手工糊制而成，其尺寸为长1 800 mm、宽740 mm、厚0.8 ～ 2.0 mm。这种瓦质量轻，强度高，耐冲击，耐高温，耐腐蚀，透光率高，色彩鲜艳，生产工艺简单。适用于屋面、遮阳、车站月台和凉棚等。

3. 玻璃纤维沥青瓦

玻璃纤维沥青瓦是以玻璃纤维薄毡为胎料、以改性沥青为涂敷材料而制成的一种片状屋面材料。其特点是质量轻，可减少屋面自重、施工方便，具有互相黏结的功能，有很好的抗风化能力，如在其表面撒以不同色彩的矿物粒料，则可制成彩色沥青瓦，沥青瓦适用于一般民用建筑屋面。

8.2.2　板材

在大跨度结构中，过去使用的钢筋混凝土大型屋面板自重达300 kg/m^{2}以上，且不保温，需另设防水层。现在，彩色涂层钢板、超细玻璃纤维、自熄性泡沫塑料的出现，使轻型保温的大跨度屋盖得以迅速发展。可用于屋面的板材有许多种，如彩色压型钢板、钢丝网水泥夹芯板、预应力空心板、彩色涂层钢板与由隔热芯材组成的复合板等。

1. 金属波形板

金属波形板是以铝材、铝合金或薄钢板轧制而成(亦称金属瓦楞板)。如用薄钢板轧成瓦楞状，涂以搪瓷釉，经高温烧制成搪瓷瓦楞板。金属波形板质量轻，强度高，耐腐蚀，光反射好，安装方便，适用于屋面、墙面。

2. EPS 隔热夹芯板

该板是以厚 0.5～0.75 mm 的彩色涂层钢板为表面板，自熄聚苯乙烯为芯材，用热固化胶在连续成型机内加热加压复合而成的超轻型建筑板材。其质量为混凝土屋面的 1/30～1/20，保温隔热(热导率为 0.034 W/(m·K))，施工简便，是集承重、保温、防水、装修于一体的新型围护结构材料。可制成平面形或曲面形板材，适用于大跨度屋面结构，如体育馆、展览厅、冷库等，以及其他多种屋面形式。

3. 硬质聚氨酯夹心板

该板由镀锌彩色压型钢板面层与硬质聚氨酯泡沫塑料芯材复合而成。压型钢板厚度为 0.5 mm、0.75 mm、1.0 mm。彩色涂层为聚酯型、硅改性聚酯型、氟氯乙烯塑料型，这些涂层均具有极强的耐候性。

该板材的重量为 40 kg/m^2，热导率为 0.022 W/(m·K)，厚度为 40 mm，其平均隔声量为 25 dB，具有质轻、高强、保温、隔音效果好、色彩丰富、施工方便等特点，是集承重、保温、防水、装饰于一体的屋面板材。可用于大型工业厂房、仓库、公共设施等大跨度建筑和高层建筑的屋面结构。

瓦类和板类屋面材料是一种覆盖型防水材料，应用于具有一定坡度的屋面，通过合理的构造搭接达到防水的目的，有时需与其他防水材料共同使用。瓦类和板类屋面材料除了上面提到的，还有油毡瓦、金属和塑料板等。

油毡瓦是以玻璃纤维毡为胎基，经涂抹石油沥青后，一面压盖彩色矿物粒料，另一面撒以隔离材料所制成的瓦状屋面防水片材，适用于坡屋面的多层防水层和单层防水层的面层。油毡瓦单独使用时，可用于防水等级为Ⅲ级的屋面防水；油毡瓦与防水卷材或防水涂膜复合使用时，可用于防水等级为Ⅱ级的屋面防水。

常见的金属屋面材料有镀锌钢板、复合铝板、彩色压型钢板、彩钢复合板材等。金属板材适用于防水等级为Ⅰ级、Ⅱ级和Ⅲ级的屋面防水，需根据防水等级选择性能相适应的板材。

油毡瓦适用于排水坡度大于 20°的屋面，金属板材适用于排水坡度大于 10°的屋面。

【课外调查】

调查了解你所处地区在全面禁止使用实心黏土砖后，替代的新型墙体材料有哪些品种？它们的应用情况如何？

当地有哪些限制或激励政策推广使用环保、节能的新型墙体材料？

调查内容：课本中涉及的墙体材料在哪些工程中和工程中哪些部位使用？技术经济指标如何？包括应用范围、数量、工程质量及存在的问题等。

调查目的：通过调查认识和掌握新型墙体材料及其使用情况，了解国家关于墙体材料方面的政策和推广新型材料方面的措施。

复习思考题

8－1 烧结普通黏土砖有哪些主要用途？其优缺点是什么？为什么要全面禁止使用实心黏土砖？

8－2 与烧结实心砖比较，烧结多孔砖和空心砖有哪些优点？

8－3 非烧结砖的主要品种有哪些？石灰在非烧结砖中起什么作用？

8－4 普通混凝土小型砌块与传统的砌墙砖相比有什么特点？

8－5 什么是蒸压加气混凝土砌块？什么是蒸压粉煤灰空心砌块？它们有何特点？

8－6 蒸压加气混凝土砌块的强度级别和表观密度级别有哪些？级别符号的含义是什么？

8－7 墙体常用的板材有哪些？它们各有什么特点？

8－8 选择天然石材应考虑哪些原则？为什么？

第9章　建筑钢材

【学习要点】

1. 了解建筑钢材的分类；
2. 熟悉建筑钢材的力学性能（包括强度、弹性及塑性变形、疲劳）的意义，测定方法及影响因素；
3. 熟悉建筑钢材的强化机理及强化方法；
4. 掌握土木工程中常用建筑钢材的品种及其选用原则；
5. 了解建筑钢材的腐蚀与保护。

金属材料包括黑色金属和有色金属两大类。黑色金属是以铁元素为主要成分的金属及其合金，如铁、钢和合金钢。有色金属是以其他金属元素为主要成分的金属及其合金，如铜、铝、锌、铅等金属及其合金。

钢材强度高、品质均匀，具有一定的弹性和塑性变形能力，能够承受冲击、振动等荷载，且可加工性好，能进行各种机械加工，也可以通过铸造的方法，将钢铸造成各种形状，还可以通过切割、铆接或焊接等多种方式的连接，进行装配施工。因此，在土木工程中大量使用钢材，如各类钢结构用的型钢（圆钢、角钢、槽钢和工字钢等）、钢板和钢筋（包括混凝土中用的各种钢筋和钢丝等）。钢材广泛使用在建筑工程、市政工程等建设中，除用于钢筋混凝土结构、钢结构、桥梁工程和铁路工程外，还大量用作门窗和建筑五金件等。钢材是最重要的土木工程材料之一。

为满足建筑中的超高层、大跨度结构以及缩短施工周期等的要求，采用重量轻，施工方便的钢结构的比重也越来越大，桥梁和铁路中的钢结构更是占有绝对的地位。但钢材易锈蚀，需要定期维护，因而维护费用大。

9.1　钢的冶炼和分类

9.1.1　钢的冶炼

钢材是以铁为主要元素的铁碳合金，并含有少量的其他合金元素，在GB/T 13304.1—2008《钢分类 第1部分：按化学成分分类》中规定：以铁为主要元素、含碳量一般在2%以下，并含有其他元素的材料为钢。当含碳量大于2%时为铁。

9.1.1.1　炼铁

生铁的冶炼是将铁矿石、石灰石、焦炭和少量锰矿石，在高炉内高温的作用下进行还原反应和其他的化学反应，铁矿石中的氧化铁形成金属铁，然后再吸收碳而成生铁。原料中的杂质则与石灰石等化合成熔渣。

生铁中含有较多的碳和其他杂质，故生铁硬而脆，塑性差，使用受到很大的限制。生铁可用来浇铸成铸铁件，称为铸造生铁。

9.1.1.2　炼钢

钢的冶炼是以生铁作为主要原料，在转炉、平炉或电炉中冶炼。钢的冶炼与生铁的冶炼相反，是用氧化的方法来除去铁中的碳及部分杂质。

氧气转炉法炼钢是由转炉顶部吹入高压纯氧(99.5%)，将铁液中多余的碳和杂质(如磷、硫等)迅速氧化除去，其优点是冶炼时间短(25～45 min)，杂质含量少，质量好。用氧气转炉法炼钢可生产优质碳素钢和合金钢。

平炉法炼钢是以铁液或固体生铁、废钢铁和适量的铁矿石为原料，以煤气或重油为燃料，靠废钢铁、铁矿石中的氧或空气中的氧(或吹入的氧气)，使杂质氧化而被除去。该方法冶炼时间长(4～12 h)，易调整和控制成分，杂质少，质量好。但投资大，需用大量燃料，成本高。用平炉法炼钢可生产优质碳素钢和合金钢或有特殊要求的钢种。

电炉法炼钢则是用来冶炼优质碳素钢及特殊合金钢。该方法炼钢产量低，质量好，但成本最高。

9.1.1.3　脱氧

在炼钢过程中，为保证杂质的氧化，须提供足够的氧。因此，在已经炼成的钢液中尚留有一定量的氧，如氧的质量分数超出0.05%，会严重降低钢的机械性能。为减少它的影响，在浇铸钢锭之前，要在钢液中加入脱氧剂进行脱氧，常用的脱氧剂有锰铁、硅铁和铝等，铝的脱氧效果最佳，其次是硅铁和锰铁。

根据脱氧程度不同，可分为沸腾钢(F)、镇静钢(Z)和特殊镇静钢(TZ)。

沸腾钢脱氧不完全，钢中含氧量较高，浇铸后钢液在冷却和凝固的过程中，氧化铁与碳发生化学反应，生成CO气体外逸，气泡从钢液中冒出呈“沸腾”状，故称沸腾钢。因有部分气泡残留在钢中，故钢的质量较差。

镇静钢和特殊镇静钢脱氧比较完全，在冷却和凝固时，没有气体析出，无“沸腾”现象，称为镇静钢。

沸腾钢中碳和有害杂质(磷、硫等)的偏析较严重，钢的致密程度较差，因此，沸腾钢的冲击韧性和可焊性差，尤其是低温冲击韧性更差，但钢锭收缩孔减少，成品率较高，成本低。镇静钢质量好，但钢锭的收缩孔大，成品率低，成本高。

9.1.1.4　轧钢

钢水铸锭后用来轧制各种型材。轧制方法有冷轧和热轧两种。建筑钢材主要经热轧而成。热轧能提高钢材的质量。通过热轧，能够消除钢材中的气泡，细化晶粒。但轧制次数、停轧温度对钢材性能有一定影响。如轧制次数少，停轧温度高，则钢材强度稍低。

9.1.2　钢的分类

钢的分类常根据不同的需要而采用不同的分类方法。常用的分类方法有以下几种。

1. 碳素钢按照碳的质量分数分

(1)低碳钢　含碳量小于0.25%；

(2)中碳钢 含碳量为0.25%~0.6%;

(3)高碳钢 含碳量大于0.6%。

2. 合金钢按照掺入合金元素(一种或多种)的总量分

(1)低合金钢 合金元素总质量分数小于5%;

(2)中合金钢 合金元素总质量分数为5%~10%;

(3)高合金钢 合金元素总质量分数大于10%。

3. 按钢材品质分

(1)普通碳素钢 含磷量为0.035%~0.045%,含硫量为0.035%~0.050%;

(2)优质碳素钢 含磷量≤0.035%,含硫量≤0.035%;

(3)高级优质钢 含磷量≤0.030%,含硫量≤0.030%;

(4)特级优质钢 含磷量≤0.025%,含硫量≤0.020%。

4. 按用途分

(1)结构钢 建筑工程用结构钢,机械制造用结构钢;

(2)工具钢 用于制造工具、量具、模具等;

(3)特殊钢 不锈钢、耐酸钢、耐热钢、耐磨钢、磁钢等。

目前,在建筑工程中常用的钢种是普通碳素结构钢、优质碳素结构钢和普通低合金结构钢。

9.2 钢材的组成、化学成分及其对钢材性能的影响

任何材料的宏观性能都取决于该材料的组成物质及其微观结构。在详细介绍钢材的各种宏观性能之前,有必要先了解钢材的微观结构及其化学组成。

9.2.1 钢的基本晶体结构及其对钢材性能的影响

钢是一种多晶体材料。单晶体具有各向异性的特征,而多晶体则为各向同性。钢的宏观力学性能由其内部晶体结构和化学成分所决定。

钢是铁碳合金,其中铁元素是最基本的成分,在钢中起着决定作用。

固体金属是晶体或晶粒的聚集体。晶格是晶体结构中的最小单元,是通过金属键把结点上的原子或离子结合在一起形成的。当金属晶体受外力作用时,晶格结点上的原子或离子可在一定条件下产生滑移,而金属键并未断裂。所以,金属键是金属材料具有强度和延性的根本原因。

9.2.2 化学成分对钢性能的影响

影响钢材性能的最主要化学成分是碳元素,除碳元素外,还有少量的硅、锰、磷、硫、氧、氮、钛、钒等元素,其含量虽少,但对钢的性能影响很大,分述如下:

(1)碳 含碳量对热轧碳素钢性质的影响见图9-1。

从图中可看到,钢的抗拉强度 σ_b 随含碳量的增大而提高,当含碳量超过1%时,钢变脆,抗拉强度 σ_b 下降;碳还可降低钢材的塑性,增加钢的冷脆性和时效敏感性;当碳的质量分数超过0.3%时,将显著降低钢材的可焊性。

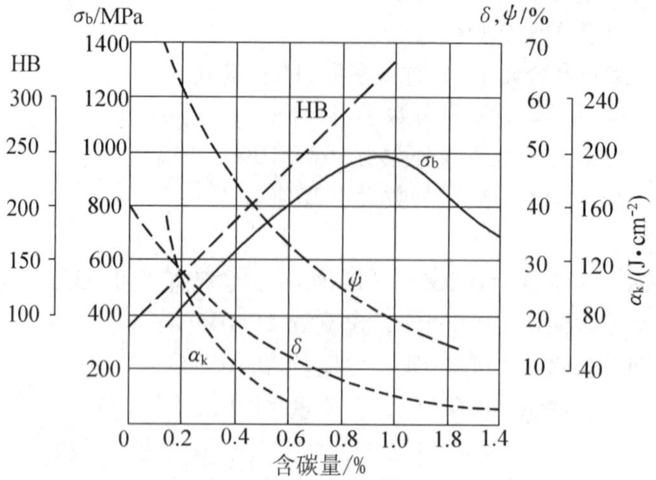

图 9－1　含碳量对热轧碳素钢性质的影响

σ_b—抗拉强度；α_k—冲击韧性；HB—硬度；

δ—伸长率；ψ—面积缩减率

(2)硅　硅是在炼钢时为脱氧而加入的。当钢中含硅量小于 1.0% 时，能显著提高钢的强度，而对塑性及韧性没有明显影响。硅是我国钢筋用钢的主加合金元素。

(3)锰　锰是炼钢时为脱氧去硫而加入的。锰能消除钢的热脆性，改善热加工性。当含锰量为 0.8%～1.0% 时，可显著提高钢的强度和硬度，几乎不降低钢的塑性和韧性。锰为我国低合金钢的主加合金元素。

(4)磷　磷是钢中有害杂质，从炼铁原料中带入，其最大危害是使钢的冷脆性显著增加，低温下的冲击韧性下降，可焊性降低。

(5)硫　硫是危害性很大的杂质，从炼铁原料中带入，能使钢的热脆性显著提高，热加工性和可焊性明显降低。

(6)氧　氧是钢中有害杂质，主要存在于非金属夹杂物内。非金属夹杂物能使钢的机械性能下降，特别是韧性下降。氧还有促进时效倾向的作用。氧化物所造成的低熔点使钢的可焊性变差。

(7)氮　氮对钢性质的影响与碳、磷相似，使钢的强度提高，塑性及韧性显著下降。氮还可加剧钢的时效敏感性和冷脆性，降低可焊性。

(8)钛　钛是强脱氧剂，能细化晶粒，显著提高钢的强度和改善韧性。钛还能减少时效倾向，改善可焊性。

(9)钒　钒是弱脱氧剂，钒加入钢中可减弱碳和氮的不利影响，能细化晶粒，有效地提高钢的强度，减小时效敏感性，但有增加焊接时的淬硬倾向。

9.3　建筑钢材的主要力学性能

建筑钢材的力学性能主要有抗拉、冷弯、冲击韧性、耐疲劳性和硬度等。

9.3.1 抗拉性能

抗拉性能是建筑钢材最重要的性能之一，可用低碳钢(软钢)受拉的应力－应变图来阐明，如图 9－2 所示。图中分为四个阶段。

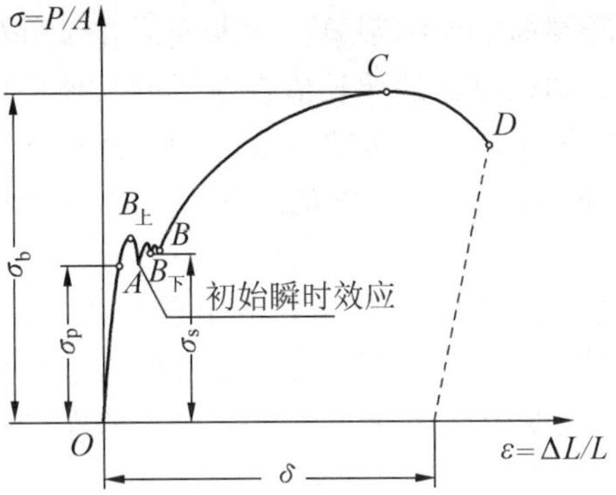

图 9－2　低碳钢(软钢)受拉的应力－应变图

1. 弹性阶段

弹性阶段为 *OA* 范围内，如卸去拉力，试件能完全恢复原状，这种性质称为弹性。与 *A* 点对应的应力称为弹性极限，用 σ_p 表示。此阶段应力与应变的比值为常数，称为弹性模量，用 *E* 表示，即 $E=\frac{\sigma}{\varepsilon}$ 。弹性模量反映钢材的刚度，即产生单位应变时所需应力的大小。它是钢材在受力条件下计算结构变形的重要指标。土木工程中常用的碳素结构钢 Q235 的弹性模量为 $2.0\times10^5 \sim 2.1\times10^5$ MPa。

2. 屈服阶段

在曲线的 *AB* 范围内，当应力超过 σ_p 以后，如果卸去拉力，变形不能立刻恢复，表明已经出现塑性变形。在这一阶段中，应力和应变不再成正比。当应力达到 $B_上$ 点时，试件进入塑性变形阶段。在该阶段中，力不增大，而试件继续伸长。这时相应的应力称为屈服强度(σ_s)或屈服点。如果达到屈服点后应力值发生下降，则应区分上屈服点($B_上$)和下屈服点($B_下$)(图 9－2)。上屈服点是指试样发生屈服而力首次下降前的最大应力。下屈服点是指不计初始瞬时效应时屈服阶段的最小应力。由于下屈服点的测定值对试验条件较不敏感，并形成稳定的屈服平台，所以在结构计算时，以下屈服点作为材料的屈服强度的标准值。Q235 钢的屈服点应在 235 MPa 以上。

3. 强化阶段

强化阶段为 *BC* 范围内在屈服阶段后，由于试件内部组织发生变化，如晶格畸变、错位等，其抵抗塑性变形的能力又重新提高，故称为强化阶段。对应 *C* 点的应力称为抗拉强度，用 σ_b 表示。Q235 的抗拉强度在 375 MPa 以上。

4. 颈缩阶段

颈缩阶段为 *CD* 范围曲线达到最高点 *C* 后，在试件薄弱处截面明显缩小，产生“颈缩现象”。塑性变形迅速增加，拉力下降，直到断裂。

虽然在设计中不能利用抗拉强度，但可用强屈比 σ_b/σ_s 验证钢材受力超过屈服点工作的可靠性。强屈比大，结构安全性高；但强屈比太大，钢材则不能有效地利用。钢材的强屈比一般应大于1.2。

试件拉断后将断裂处对接，测断后标距 l_1(mm)，断裂后标距增加值与原始标距 l_0(mm)的百分比，称为伸长率，以 δ 表示。即

$$\delta = \frac{l_1 - l_0}{l_0} \times 100\%$$

必须指出，由于试件断裂前的颈缩现象，塑性变形在试件标距内的分布是不均匀的，当原标距与直径之比越大，则颈缩处的伸长值在整个伸长值中的比例越小，因而计算的伸长率偏小，通常以 δ_5 和 δ_{10} 分别表示 $l_0=5d_0$ 和 $l_0=10d_0$ 时的伸长率。d_0 为试件的原始直径。对于同一种钢材，δ_5 大于 δ_{10}。

伸长率表明钢材的塑性变形能力，是钢材的重要技术指标。尽管结构通常是在弹性范围内工作，但其应力集中处可能超过屈服强度 σ_s 而产生一定的塑性变形，使应力重新分布，从而避免结构破坏。

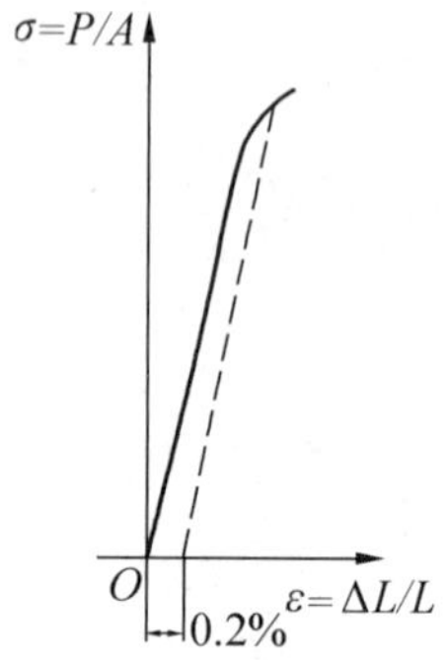

图9－3 硬钢的条件屈服点 $\sigma_{0.2}$

预应力钢筋混凝土用高强度钢筋和钢丝具有抗拉强度高、伸长率小、无明显屈服阶段的特点，我们称其为硬钢。由于硬钢不能测定屈服点，如图9－3所示，这类钢材的屈服点以产生残余应变0.2%时的应力作为规定的屈服极限，用 $\sigma_{0.2}$ 表示。

9.3.2 冷弯性能

冷弯性能是指钢材在常温下承受弯曲变形的能力，也是钢材的重要工艺性能。

钢材的冷弯性能指标，以试件被弯曲的角度和弯心直径对试件厚度(或直径)的比值来表示。试验时采用的弯曲角度愈大，弯心直径对试件厚度(或直径)的比值愈小，表示冷弯性能愈好。钢的技术标准中对各号钢的冷弯性能都有规定：按规定的弯曲角和弯心直径进行试验，试件的弯曲处不发生裂缝、裂断或起层，即认为冷弯性能合格。图9－4为冷弯试验示意图。

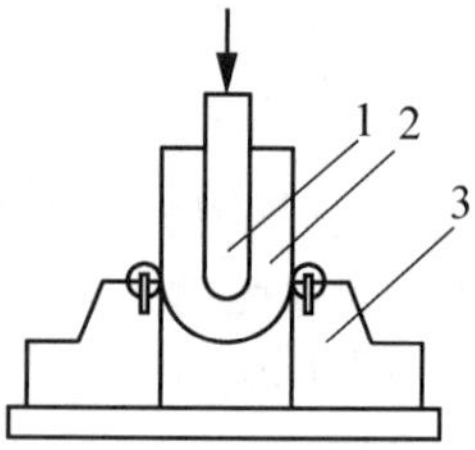

图9－4 冷弯试验示意图($d=a$，180°)

1—弯心；2—试件；3—支座

冷弯试验是通过试件弯曲处的不均匀塑性变形来实现的，它能在一定程度上揭示钢材是否存在内部组织的不均匀、内应力、夹杂物、未熔合和微裂纹等缺陷。因此，冷弯性能也反映了钢材的冶金质量和焊接质量。

9.3.3 冲击韧性

冲击韧性是指钢材抵抗冲击荷载的能力。冲击韧性指标是通过标准试件的冲击韧性试验确定的，如图9－5所示。试验以摆锤打击刻槽的试件，于刻槽处将其打断，以试件单位截面积上打断时所消耗的功作为钢材的冲击韧性值，以 α_k 表示：

$$\alpha_k = A_k/F$$

式中 F——试件断口处的截面积；

A_k——冲断试件所消耗的功($A_k = G_{H_1} - G_{H_2}$，见图9－5)。

α_k 值越大，冲击韧性越好。

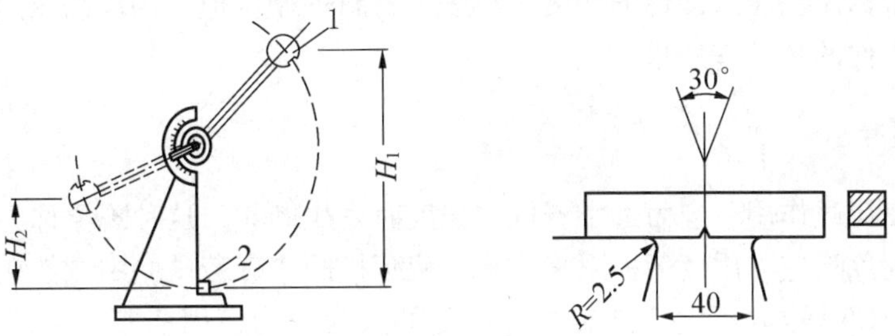

图 9-5　钢材的冲击韧性试验
1—摆锤；2—试件

钢材的冲击韧性对钢的化学成分、内部组织状态，以及冶炼、轧制质量都较敏感。例如，钢中磷、硫含量较高，存在偏析或非金属夹杂物，以及焊接中形成的微裂纹等，都会使 α_k 值显著降低。

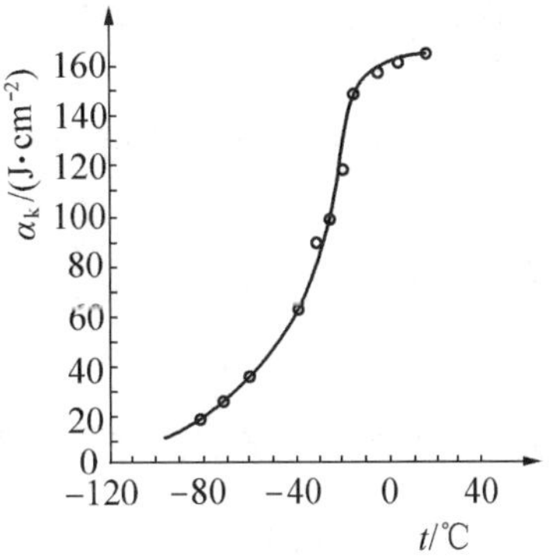

图 9-6　含锰低碳钢 α_k 值与温度的关系

试验表明，冲击韧性随温度的降低而下降，其规律是开始时下降平缓，当达到某一温度范围时，突然下降很多而呈脆性(图 9-6)，这种现象称为钢材的冷脆性，这时的温度称为脆性临界温度。它的数值愈低，钢材的低温冲击性能愈好。所以在负温下使用的结构，应选用脆性临界温度较使用温度低的钢材。由于脆性临界温度的测定工作较复杂，通常是根据使用环境的温度条件规定 -20℃或 -40℃的负温冲击值指标，以保证钢材在脆性临界温度以上使用。

随时间的延长而表现出强度提高，塑性和冲击韧性下降，这种现象称为时效。完成时效变化的过程可达数十年。钢材如经受冷加工变形，或使用中经受振动和反复荷载的影响，时效可迅速发展。

因时效而导致性能改变的程度称为时效敏感性。时效敏感性愈大的钢材，经过时效以后，其冲击韧性和塑性的降低越显著，对于承受动荷载的结构物，如桥梁等，应选用时效敏感性较小的钢材。

9.3.4　硬度

钢材的硬度是指其表面局部体积内抵抗外物压入产生塑性变形的能力。

测定钢材硬度较常用的为布氏法和洛氏法。

布氏法的测定原理是利用直径为 D(mm)的淬火钢球，以 P(N)的荷载将其压入试件表面，经规定的持续时间后卸除荷载，即得直径为 d(mm)的压痕，以荷载 P 除以压痕表面积 F(mm^2)，所得的应力值即为试件的布氏硬度值 HB，以数字表示，不带单位，HB 值越大，表示钢材越硬。图 9-7 为布氏硬度测定示意图。

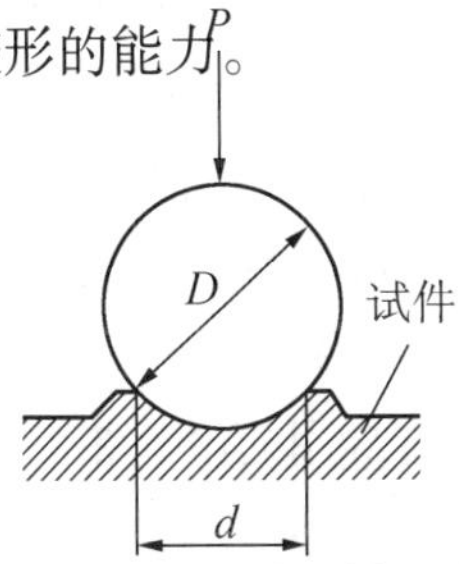

图 9-7　布氏硬度测定示意图

洛氏法是根据压头压入试件的深度大小表示材料的硬度值。洛氏法压痕很小，一般可用于判断机械零件的热处理效果。

9.3.5 疲劳强度

钢材在交变荷载作用下应力远小于抗拉强度时发生断裂，这种现象称为钢材的疲劳破坏。疲劳破坏的危险应力用疲劳极限来表示，疲劳极限指疲劳试验中试件在交变荷载作用下，在规定的周期基数内不发生断裂所能承受的最大应力，周期基数一般为 200 万次或 400 万次以上。

钢材的疲劳破坏，一般认为是由拉应力引起的。因此，钢材的疲劳强度与抗拉强度有关，钢材的抗拉强度高，其疲劳强度也高。

钢材的疲劳强度与钢材的内部组织和表面质量有关，疲劳裂纹是在应力集中处形成和发展的。

设计重复荷载进行疲劳验算的结构时，应了解所用钢材的疲劳极限。

9.4 钢材的加工处理

9.4.1 钢材的冷加工强化及时效处理

将钢材于常温下进行加工(如冷拉、冷拔或冷轧)，使之产生塑性变形，从而提高屈服强度，称为冷加工强化，这个过程称为冷加工强化处理。建筑工地或预制构件厂常应用冷拉或冷拔加工钢筋或低碳钢盘条，以提高屈服强度，节约钢材。

9.4.1.1 冷拉

冷拉是将热轧钢筋用冷拉设备加力进行张拉，使之伸长。钢材经冷拉后，屈服强度可提高 20%～30%，可节约钢材 10%～20%，钢材经冷拉后屈服阶段缩短，伸长率降低，材质变硬。

9.4.1.2 冷拔

冷拔是将光圆钢筋通过硬质合金拔丝模孔强行拉拔。每次拉拔断面缩小应在 10% 以下。钢筋在冷拔过程中，不仅受拉，同时还受到挤压作用，因而冷拔的作用比纯冷拉的作用强烈。经过一次或多次冷拔后的钢筋，表面光洁度高，屈服强度提高 40%～60%，但塑性大大降低，具有硬钢的性质。

经冷加工后钢材的性能变化规律从图 9-8 中可以看出来。图中 *OBCD* 为未经冷拉试件的应力-应变曲线。将试件拉至超过屈服极限的某一点 *K*，然后卸去荷载，由于试件已产生塑性变形，故曲线沿 *KO'* 下降，*KO'* 大致与 *BO* 平行。如重新拉伸，则新的屈服点将高于原来可达到的 *K* 点。可见钢材经冷拉以后屈服点将会提高。经冷加工强化处理后钢材的塑性和韧性降低。由于塑性变形中产生内应力，钢材的弹性模量降低。

目前常用的冷轧带肋钢筋、冷拉钢筋及预应力高强冷拔钢丝等，都是利用这一原理进行加工的产品。钢材屈服强度提高，从而可以达到节约钢材的目的。

产生冷加工强化的原因是：钢材在冷加工时晶格缺陷增多，晶格畸变，对位错运动的

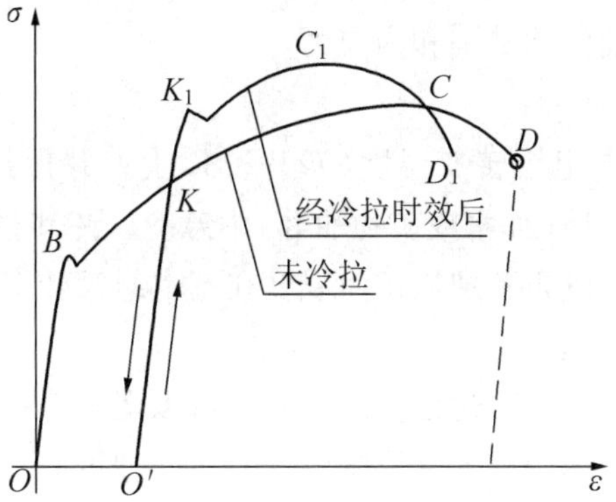

图9－8　钢筋冷拉与时效前后应力-应变图的变化

阻力增大，因而屈服强度提高，塑性和韧性降低。

钢材经冷加工处理后，在常温下存放15～20 d或加热到100～200℃并保持2～3h，其屈服强度会进一步提高，抗拉强度也稍见增长，塑性和韧性继续降低，这种现象称为时效。前者称为自然时效，后者称为人工时效。图9－8中$O'K_1C_1D_1$为冷拉并经时效处理后的试件的应力－应变曲线。由于时效过程中内应力消减，弹性模量可基本恢复到冷加工前的数值。

一般认为，产生时效的原因，主要是α－Fe晶格中的碳、氮原子的移动、集中，甚至呈碳化物或氮化物析出的倾向。时效是普遍而长期的过程，即使未冷加工处理的钢材，长期存放后也会出现时效现象，冷加工只是加速了时效发展。当钢材经冷加工产生塑性变形以后，或在使用中受到反复振动，碳、氮原子的迁移和富集大为加快，晶格畸变加剧，从而屈服强度提高，而塑性韧性下降。

当对冷加工钢筋进行时效处理时，一般强度较低的钢筋可采用自然时效，而强度较高的钢筋则应采用人工时效处理。

经冷加工处理的钢材，不仅力学性能上有所改变，而且可调直和清除锈皮，同时可取得明显的经济效益，当提高钢材屈服强度20%～50%时，可节约钢材20%～30%。在冷加工时，一般钢筋严格控制冷拉率，称为单控。对用作预应力的钢筋，既要控制冷拉率，又要控制冷拉应力，称为双控。

9.4.2　钢材的热处理

热处理是指将钢材按一定规则加热、保温和冷却，以改变其组织，从而获得所需性能钢材的一种工艺措施。建筑钢材一般只在生产厂完成热处理工艺。在施工现场，有时需对焊接件进行热处理。

常用的热处理工艺有退火、淬火和回火等方法。

9.4.2.1　退火

为减少钢材冷加工处理中所产生的各种缺陷和消除内应力，在冷加工后进行退火工艺热处理。退火工艺可分为低温退火和完全退火，低温退火是加热温度在铁素体等基本组织的转变温度(723℃)以下，将少量位错重新排列，从而消除缺陷和内应力；完全退火是加热温度高于钢材基本组织的转变温度，通常可加温至800～850℃，再经适当保温后缓慢冷却，使钢材再结晶，从而消除缺陷和内应力。

9.4.2.2　淬火和回火

淬火是加热温度到基本组织转变温度（723℃）以上，并保持温度使基本组织完全转变，然后投入选定的冷却介质（如水或矿物油等）中急冷，使其转变为不稳定组织。

回火是在淬火后进行，既重新加热，使温度在基本组织转变温度以下（150～650℃），保温后按一定速度冷却至室温。

淬火和回火是两道相连的处理过程，通过回火可以促进淬火后的不稳定组织转变为所需要的组织，消除淬火产生的内应力。我国生产的热处理钢筋，就是采用中碳低合金钢经油浴淬火和铅浴高温（500～650℃）回火制得的，它的组织为铁素体和均匀分布的细颗粒渗碳体。

9.4.2.3　正火

正火是加热温度到基本组织转变温度（723℃）以上，保持相当长时间后，然后在空气中缓慢冷却。

正火可得到均匀细小的显微组织，钢材正火后强度和硬度提高，塑性较退火为小。

9.4.3　钢材的焊接

焊接连接是钢结构的主要连接方式，在工业与民用建筑的钢结构中，焊接结构占90%以上。钢筋混凝土结构中，焊接大量应用于钢筋、钢筋网，钢筋骨架和预埋件之间的连接，以及装配式构件的安装。

建筑钢材的焊接方法最主要的是钢结构焊接用的电弧焊和钢筋连接用的电渣压力焊。焊件的质量主要取决于选择正确的焊接工艺和适当的焊接材料，以及钢材本身的可焊性。

电弧焊的焊接接头是由基体金属和焊缝金属熔合而成。焊缝金属是在焊接时电弧的高温作用下，由焊条金属熔化而成，同时基体金属的边缘也在高温下部分熔化，两者通过扩散作用均匀地熔合在一起。电渣压力焊则不用焊条，而是通过电流所形成的高温使钢筋接头处局部熔化，并在机械压力下使接头熔合。

焊接时由于在很短的时间内达到很高的温度，基体金属局部熔化的体积很小，故冷却速度很快，因此在焊接处必然产生剧烈的膨胀和收缩，易产生变形、内应力和内部组织的变化，因而形成焊接缺陷。焊缝金属的缺陷主要有裂纹、气孔、夹杂物等。基体金属热影响区的缺陷主要有裂纹、晶粒粗大和析出脆化（碳、氮等原子在焊接过程中形成碳化物和氮化物，于缺陷处析出，使晶格畸变加剧所引起的脆化）。由于焊接件在使用过程中所要求的主要力学性能是强度、塑性、韧性和耐疲劳性，因此，对性能最有影响的缺陷是裂纹、缺口、塑性和韧性的下降。

焊接质量的检验方法主要有取样试件试验和原位非破损检测两类。取样试件试验是指在结构焊接部位切取试样，然后在实验室进行各种力学性能的对比试验，以观察焊接的影响。非破损检测则是在不损及结构物使用性能的前提下，直接在结构原位，采用超声、射线、磁力、荧光等方法，对焊缝进行缺陷探伤。

9.5　钢材的防火和防腐蚀

9.5.1　钢材的高温性能

在一般建筑结构中，钢材均在常温条件下工作，但对于长期处于高温条件下的结构物，或遇到火灾等特殊情况时，则必须考虑温度对钢材性能的影响。

钢材属于不燃烧材料，可是在火灾条件下，裸露的钢结构会在十几分钟内发生倒塌破坏。当温度小于 175 ℃时，受热钢材强度略有升高，随后强度伴随温度的升高而急剧地下降；当温度为 500 ℃时，受热钢材强度仅为其常温强度的 30%；而当温度达到 750 ℃时，可认为钢材强度已全部丧失。此外，高温对钢材性能的影响还不能简单地用应力 - 应变关系来评定，而必须加上温度与高温持续时间两个因素。通常钢材的蠕变现象会随温度的升高而愈益显著，蠕变则导致应力松弛。由于在高温下晶界强度比晶粒强度低，晶界的滑动对微裂纹的影响起了重要作用，此裂纹在拉应力的作用下不断扩展而导致断裂，所以随着温度的升高，其持久强度也将显著下降。因此，在钢结构或钢筋混凝土结构遇到火灾时，应考虑高温透过保护层后对钢筋或型钢金相组织及力学性能的影响，尤其是在预应力结构中，还必须考虑钢筋在高温条件下的预应力损失所造成的整个结构物应力体系的变化。

9.5.2　钢材的防火及防火措施

为了避免高温对钢材力学性能的不利影响，在钢结构中应采取防火措施加以预防，特别是对于大跨度钢结构和高层建筑，一般采取包覆措施，其中包括设置防火板或涂刷防火涂料等。在钢筋混凝土结构中，应保证钢筋有一定厚度的保护层。

1. 钢材的防火保护材料

(1) 混凝土作为防火保护材料

从钢筋混凝土结构比钢结构耐火这一事实出发，混凝土是最早、最广泛地用作钢结构的防火保护材料。混凝土可作为防火材料的主要原因是其可以延缓金属构件的升温，并可承受与其面积和刚度成比例的一部分荷载。

耐火性能最佳的混凝土是粗集料为石灰岩卵石集料，花岗岩、砂岩和硬煤渣集料次之，由石英颗粒组成的粗集料最差。

决定混凝土防火能力的主要因素是厚度。

(2) 石膏作为防火保护材料

石膏作为防火材料，既可做成板材，粘贴于钢构件表面，也可制成灰浆，涂抹或喷涂到钢构件表面上。

(3) 矿物纤维作为防火保护材料

矿物纤维是最有效的轻质防火材料，它不燃烧，抗化学侵蚀，导热性低，隔音性能好。矿物纤维可制成涂料或板材使用。

(4) 膨胀涂料作为防火保护材料

膨胀涂料是一种极有发展前景的防火材料，它极似油漆，直接喷涂于金属表面，黏结和硬化与油漆相同。涂料层上可直接喷涂装饰油漆，它不透水，抗机械破坏性能好，当遇到火灾时，涂料在高温下膨胀，有效地保护钢材，耐火极限可达2h，是目前常用的防火材料之一。

2. 钢材的防火措施

根据钢结构耐火等级不同，采用的防火材料不同，施工方法随之而异。英国钢结构协会认为，钢梁喷涂矿物纤维灰浆，钢柱贴轻质防火板，是最经济、最有效的做法。钢结构常用的防火措施见表9－1。

表9－1　钢结构常用的防火措施

施工方法	现场施工		工厂预制		
	浇灌	喷涂(喷射)	板材	异形板	毡子
防火材料	石膏 混凝土*	喷射混凝土蛭石灰浆* 矿物纤维灰浆* 珍珠岩灰浆 蛭石珍珠岩灰浆	石膏板 灰泥板 石棉硅酸盐板* 纤维硅酸盐板 蛭石水泥板	石膏件 珍珠岩石膏件 硅酸钙件	矿物纤维毡
钢柱	很适用	比较适用	很适用	很适用	很适用
实腹钢梁	比较适用	很适用	比较适用		很适用
钢桁架	很适用	很适用		很适用	

注：带＊者为经常采用的材料。

9.5.3　钢材的锈蚀与防止

9.5.3.1　钢材锈蚀的主要原因

钢材的锈蚀是指其表面与周围介质发生化学反应而遭到的破坏。若钢材在存放中出现严重锈蚀，不仅使有效截面积减小，性能降低甚至报废，而且使用前还需除锈。若钢材在使用中出现锈蚀，将使受力面积减小，而且因局部锈坑的产生，可造成应力集中，导致结构承载力下降。尤其在有反复荷载作用的情况下，将产生锈蚀疲劳现象，使疲劳强度大为降低，出现脆性断裂。

根据锈蚀作用的机理，钢材的锈蚀可分为化学腐蚀、电化学腐蚀和应力腐蚀三种。

1. 化学腐蚀

钢材与周围介质直接发生化学反应而引起的腐蚀，称为化学腐蚀。通常是由于氧化作用，钢材中的铁形成疏松的氧化铁而被腐蚀。在干燥环境中，化学腐蚀进行缓慢，但在潮湿环境和温度较高时，腐蚀速度加快，这种腐蚀亦可由空气中的二氧化碳或二氧化硫作用，以及其他腐蚀性物质的作用而产生。

2. 电化学腐蚀

金属在潮湿气体以及导电液体(电解质)中，由于电子流动而引起的腐蚀，称为电化学腐蚀。这是两种不同电化学势的金属之间的电势差，使负极金属发生溶解的结果。就钢材而言，当凝聚在钢铁表面的水分中溶入二氧化碳或硫化物气体时，即形成一层电解质水膜，钢铁本身是铁和铁碳化合物，以及其他杂质化合物的混合物。它们之间形成以铁为负极，以碳化铁为正极的原电池，由于电化学反应生成铁锈。

在钢铁表面，微电池的两极反应如下：

负极反应　　$Fe-2e=Fe^{2+}$

正极反应　　$2H^{+}+2e=H_2\uparrow$

从电极反应中所逸出的离子在水膜中的反应：

$$Fe+2H^{+}=Fe^{2+}+H_2\uparrow$$

$$Fe^{2+}+2OH^{-}=Fe(OH)_2$$

$Fe(OH)_2$ 又与水中溶解的氧发生下列反应：

$$4Fe(OH)_2+O_2+2H_2O=4Fe(OH)_3$$

所以 $Fe(OH)_2$、$Fe(OH)_3$ 及 Fe^{2+}、Fe^{3+} 与 ${CO_3}^{2-}$ 生成的 $FeCO_3$、$Fe_2(CO_3)_3$ 等是铁锈的主要成分，为了方便，通常以 $Fe(OH)_3$ 表示铁锈。

钢铁在酸碱盐溶液及海水中发生的腐蚀，地下管线的土壤腐蚀，在大气中的腐蚀，与其他金属接触处的腐蚀，均属于电化学腐蚀，电化学腐蚀是钢材腐蚀的主要形式。

3. 应力腐蚀

钢材在应力状态下腐蚀加快的现象，称为应力腐蚀。所以，钢筋冷弯处、预应力钢筋等都会因存在应力而加速腐蚀。

9.5.3.2　防止钢材腐蚀的措施

钢材的腐蚀有材质的原因，也有使用环境和接触介质等原因，因此，防腐蚀的方法也有所侧重。目前所采用的防腐蚀方法有如下几种。

1. 合金化

在碳素钢中加入能提高抗腐蚀能力的合金元素，如铬、镍、锡、钛和铜等，制成不同的合金钢，能有效地提高钢材的抗腐蚀能力。

2. 金属覆盖

用耐腐蚀性能好的金属，以电镀或喷镀的方法覆盖在钢材的表面，提高钢材的耐腐蚀能力。如镀锌、镀铬、镀铜和镀镍等。

3. 非金属覆盖

在钢材表面用非金属材料作为保护膜，与环境介质隔离，以避免或减缓腐蚀。如喷涂涂料、搪瓷和塑料等。

钢结构防止腐蚀用得最多的方法是涂刷油漆。

常用底漆有：红丹防锈底漆、环氧富锌漆和铁红环氧底漆等。底漆要求有比较好的附着力和防锈蚀能力。

常用面漆有：灰铅漆、醇酸磁漆和酚醛磁漆等。面漆是为了防止底漆老化，且有较好的外观色彩，因此，面漆要求有比较好的耐候性、耐湿性和耐热性，且化学稳定性要好，光敏感性要弱，不易粉化和龟裂。

4. 混凝土配筋的防锈措施

混凝土配筋的防锈措施有：保证混凝土的密实度，保证钢筋保护层的厚度和限制氯盐外加剂的掺量或使用防锈剂等。由于预应力混凝土用钢筋易被腐蚀，故应禁止使用氯盐类外加剂，详见第5章。

9.6 建筑钢材的品种与选用

土木工程中常用的钢材可分为钢结构用型钢和钢筋混凝土结构用钢筋(丝)两大类。各种型钢和钢筋的性能，主要取决于所用的钢种及其加工方式。本节将简要说明土木工程中常用的钢种及其加工的钢材的力学性能和选用原则。

9.6.1 建筑钢材的主要钢种

在土木工程中，常用的型钢、钢筋(丝)及预应力锚具等，基本上都是碳素结构钢和低合金高强度结构钢等钢种，经热轧或再进行冷加工强化及热处理等工艺加工而成。现将主要常用钢种分述如下。

9.6.1.1 碳素结构钢

根据我国国家标准 GB/T 700—2006《碳素结构钢》的规定，碳素结构钢可分为4个牌号(即 Q195、Q215、Q235 和 Q275)，其含碳量为0.12%～0.24%。每个牌号又根据其硫、磷等有害杂质的含量分成若干等级。碳素结构钢的牌号由下列4个要素标示：

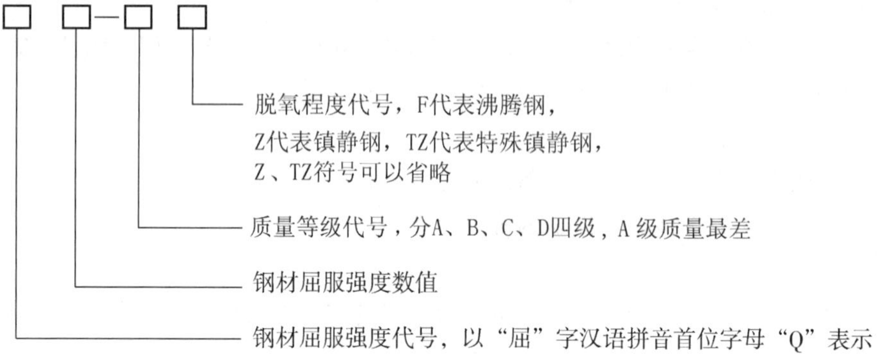

例如 Q235-B，表示这种碳素结构钢的屈服强度 $\sigma_s \geq 235$ MPa(当钢材厚度或直径≤16 mm时)；质量等级为B，即硫、磷均控制在0.045%以下；脱氧程度为镇静钢。

各牌号碳素结构钢的力学性能及工艺性能示于表9-2及表9-3中。

碳素结构钢的屈服强度和抗拉强度随含碳量的增加而增高，伸长率则随含碳量的增加而下降。其中 Q235 的强度和伸长率均居中等，两者得以兼顾，所以是结构钢常用的牌号。

一般而言，碳素结构钢的塑性较好，适宜于各种加工，在冲击及适当超载的情况下也不会突然破坏，它的化学性能稳定，对轧制、加热或骤冷的敏感性较小，因而常用于热轧钢筋。

表9-2 GB/T 700—2006 碳素结构钢的力学性能

牌号	等级	拉伸试验												冲击试验（V型缺口）	
		屈服强度/MPa，$\sigma_s \geqslant$						抗拉强度	断后伸长率/%，$\delta_s \geqslant$					温度/℃	冲击吸收功（纵向）/J，≥
		钢材厚度（直径）/mm						σ_b /（N·mm^{-1}）	钢材厚度（直径）/mm						
		≤16	>16～40	>40～60	>60～100	>100～150	>150～200		≤40	>40～60	>60～100	>100～150	>150～200		
Q195	—	195	185	—	—	—	—	315～430	33	—	—	—	—	—	—
Q215	A	215	205	195	185	175	165	335～450	31	30	29	27	26	—	—
	B													+20	27
Q235	A	235	235	215	215	195	185	370～500	26	25	24	22	21	—	—
	B													+20	27
	C													0	
	D													-20	
Q275	A	275	265	255	245	225	215	410～540	22	21	20	18	17	—	27
	B													+20	
	C													0	
	D													-20	

注：①Q195的屈服强度值仅供参考，不作交货条件。

②厚度大于100 mm的钢材，抗拉强度下限允许降低20 MPa，宽带钢（包括剪切钢板）抗拉强度上限不作交货条件。

③厚度小于25 mm的Q235-B级钢材，如供方能保证冲击吸收功值合格，经需方同意，可不做检验。

表9-3 GB/T 700—2006 碳素结构钢抗弯试验指标

牌号	试样方向	冷弯试验180°，$B=2a$	
		钢材厚度（直径）/mm	
		≤60	>60～100
		弯心直径 d	
Q195	纵	0	—
	横	0.5a	
Q215	纵	0.5a	1.5a
	横	a	2a
Q235	纵	a	2a
	横	1.5a	2.5a
Q275	纵	1.5a	2.5a
	横	2a	3a

注：① B 为试样宽度，a 为钢材厚度（直径）。

②钢材厚度（或直径）大于100 mm时，弯曲试验由双方协商确定。

9.6.1.2　优质碳素结构钢

优质碳素结构钢按国家技术标准 GB/T 699—2015《优质碳素结构钢》的规定，按其含锰量不同，可分为普通含锰量的钢(含锰量 0.35%～0.80%)(共有 17 种牌号)和较高含锰量的钢(含锰量 0.70%～1.20%)(共有 11 种牌号)两大组。

优质碳素结构钢，一般以热轧或热锻状态供应，与普通碳素钢的主要区别在于钢中含杂质元素较少，所含磷、硫的质量分数分别不大于 0.035%，质量稳定，其他缺陷限制也较严格，具有较好的综合性能，但成本较高。

优质碳素结构钢的牌号用两位数字表示，它是表示钢中的平均含碳量的万分数。例如“45Mn”表示钢中的平均含碳量为 0.45%，数字后加注“Mn”表示为含锰量较高的钢；而普通含锰量的钢则不加注“Mn”，如“30”表示平均含碳量为 0.3% 的普通含锰量的钢。

优质碳素结构钢的性能主要取决于含碳量。含碳量高，则强度高，但塑性和韧性降低。在建筑工程中，优质碳素结构钢应用不是很多，30、35、40 和 45 牌号钢可用作高强度螺栓，45 牌号钢用作预应力钢筋的锚具，其强度高($\sigma_b \geqslant 600$ MPa，$\sigma_s \geqslant 355$ MPa)，冲击吸收能量 $KU_2 \geqslant 39$ J。65、70、75、80 牌号钢可生产预应力混凝土用的碳素钢丝、刻痕钢丝和钢绞线。

9.6.1.3　低合金高强结构钢

根据国家标准 GB/T 1591—2018《低合金高强度结构钢》的规定，低合金高强度结构钢可分为 Q355、Q390、Q420、Q460、Q500、Q550、Q620、Q690，钢的牌号由代表屈服强度“屈”字的汉语拼音首字母 Q、规定的最小上屈服强度数值、交货状态代号(N、M)、质量等级符号(B、C、D、E、F)四个部分组成。交货状态为热轧时，交货状态代号 AR 或 WAR 可省略；交货状态为正火或正火轧制状态时，交货状态代号均用 N 表示；交货状态为热机械轧制状态时以 M 表示。低合金钢的合金元素总质量分数一般不超过 5%，所加元素主要有锰、硅、钒、钛、铌、铬、镍及稀土元素。

低合金高强度结构钢的牌号由下列四个要素标示：

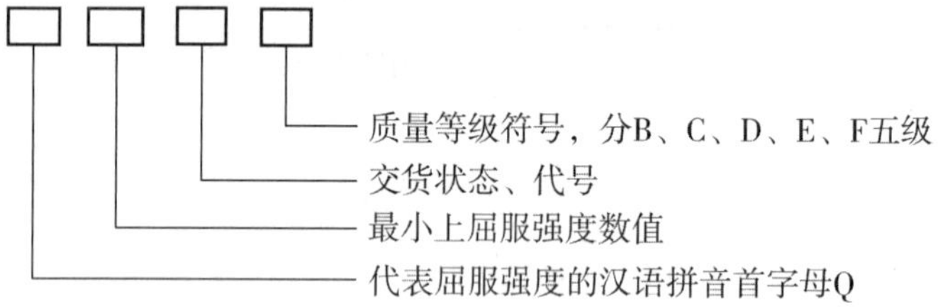

由于低合金钢中合金元素的强化作用，低合金钢不但具有较高的强度，而且也具有较好的塑性、韧性和可焊性。因此，它是综合性能较好的建筑钢材，尤其是对大跨度、承受动荷载和冲击荷载的结构物更为适用。

9.6.2　常用建筑钢材

9.6.2.1　钢筋

钢筋主要用于混凝土结构中，是土木工程中用量最大的钢材之一，主要有以下几种。

1. 热轧钢筋

用加热钢坯轧成的条形成品钢筋，称为热轧钢筋。它是建筑工程中用量最大的钢材品种之一，主要用于钢筋混凝土和预应力混凝土结构的配筋。

热轧钢筋按其轧制外形分为：热轧光圆钢筋、热轧带肋钢筋。带肋钢筋通常为圆形横截面，且表面通常带有两条纵肋和沿长度方向均匀分布的横肋。按肋纹的形状分为月牙肋和等高肋(如图 9 -9 所示)。月牙肋的纵横肋不相交，而等高肋则纵横肋相交。月牙肋钢筋有生产简便、强度高、应力集中敏感性小、疲劳性能好等优点，但其与混凝土的黏结锚固性能稍逊于等高肋钢筋。根据 GB/T 1499. 1—2017《钢筋混凝土用钢　第 1 部分：热轧光圆钢筋》标准和 GB/T 1499. 2—2018《钢筋混凝土用钢　第 2 部分：热轧带肋钢筋》标准，热轧钢筋的力学性能及工艺性能应符合表 9 -4 和表 9 -5 的规定。热轧光圆钢筋的牌号由 HPB 和屈服强度特征值构成，H、P、B 分别为热轧、光圆、钢筋三个词的英文首字母。热轧带肋钢筋分为两种，普通热轧带肋钢筋和细晶粒热轧钢筋，其牌号由 HRB 或 HRBF 和屈服强度特征值构成，H、R、B 分别为热轧、带肋、钢筋三个词的英文首字母，F 为“细粒”的英文首字母，E 为“地震”的英文首位字母，对牌号带 E 的钢筋应进行反向弯曲试验。

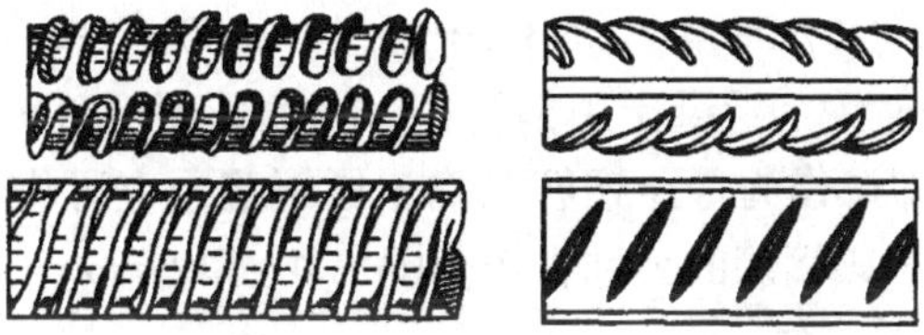

等高肋　　　　月牙肋

图 9 -9　带肋钢筋外形图

表 9 -4　热轧光圆钢筋的力学性能及工艺性能

牌号	下屈服强度 σ_s/MPa, ≥	抗拉强度 σ_b/MPa, ≥	断后伸长率 A/%, ≥	最大力总伸长率/%, ≥	冷弯试 180°, d = 弯芯直径
HPB300	300	420	25. 0	10. 0	$d = a$

注：a = 钢筋公称直径。

表 9 -5　热轧带肋钢筋的力学性能及工艺性质

<table>
<tr><th rowspan="2">牌　号</th><th rowspan="2">公称直径
d/mm</th><th rowspan="2">冷弯实验
弯曲压头
直径</th><th>下屈服强度
σ_S/MPa</th><th>抗拉强度
σ_b/MPa</th><th>断后伸长率
A/%</th><th>最大力总
伸长率
A_{gt}/%</th></tr>
<tr><th colspan="4">≥</th></tr>
<tr><td>HRB400
HRBF400</td><td rowspan="2">6 ～ 25
28 ～ 40
>40 ～ 50</td><td rowspan="2">4d
5d
6d</td><td rowspan="2">400</td><td rowspan="2">540</td><td>16</td><td>7. 5</td></tr>
<tr><td>HRB400E
HRBF400E</td><td>—</td><td>9. 0</td></tr>
</table>

续表 9 - 5

牌　号	公称直径 d/mm	冷弯实验弯曲压头直径	下屈服强度 σ_S/MPa	抗拉强度 σ_b/MPa	断后伸长率 A/%	最大力总伸长率 A_{gt}/%
			≥			
HRB500 HRBF500	6 ～ 25 28 ～ 40 >40 ～ 50	6d 7d 8d	500	630	15	7.5
HRB500E HRBF500E					—	9.0
HRB600	6 ～ 25 28 ～ 40 >40 ～ 50	6d 7d 8d		600	730	14

2. 冷轧带肋钢筋

冷轧带肋钢筋采用热轧圆盘条经冷轧而成，表面带有沿长度方向均匀分布的二面或三面的月牙肋。根据 GB/T 13788—2017《冷轧带肋钢筋》规定，其牌号按照抗拉强度最小值分为 CRB550、CRB650、CRB800、CRB600H、CRB680H 和 CRB800H 六个牌号。CRB550、CRB600H 为普通钢筋混凝土用钢筋；CRB650、CRB800、CRB800H 为预应力混凝土用钢筋；CRB680H 即可作为普通钢筋混凝土用钢筋，也可作为预应力混凝土用钢筋使用。CRB600H、CRB680H 钢筋的公称直径范围为 4 ～ 12 mm。CRB650 及以上牌号钢筋的公称直径为 4 mm、5 mm、6 mm。

各等级的冷轧带肋钢筋力学性能和工艺性能应符合表 9 - 6 的规定。

冷轧带肋钢筋是采用冷加工方法强化的典型产品，冷轧后强度明显提高，但塑性也随之降低，使强屈比变小，但其强屈比 $\sigma_b/\sigma_{0.2}$ 不得小于 1.05。这种钢筋适用于中、小预应力混凝土结构构件和普通钢筋混凝土结构构件。

表 9 - 6　冷轧带肋钢筋的力学和工艺性能

分类	牌号	规定塑性延伸强度 $\sigma_{0.2}$/MPa	抗拉强度 σ_b/MPa	$\sigma_b/\sigma_{0.2}$	断后伸长率 A/%	弯曲试验 180°	反复弯曲次数
		不小于					
普通钢筋混凝土用	CRB550	500	550	1.05	11	$D=3d$	—
	CRB600H	540	600	1.05	14	$D=3d$	—
	CRB680H	600	680	1.05	14	$D=3d$	4
预应力混凝土用	CRB650	585	650	1.05	—	—	3
	CRB800	720	800	1.05	—	—	3
	CRB800H	720	800	1.05	—	—	4

注：D 为弯心直径，d 为钢筋公称直径。

3. 预应力混凝土用钢丝和预应力混凝土用钢绞线

预应力混凝土用钢丝是采用盘条，通过拔丝等减径工艺经冷加工或热处理而制得的高强度钢丝。根据 GB/T 5223—2014《预应力混凝土用钢丝》的规定，预应力混凝土用钢丝按加工状态可分为冷拉钢丝及消除应力钢丝两种，按外形又可分为光圆钢丝、螺旋肋钢丝和刻痕钢丝三种。

压力管道用无涂(镀)层冷拉钢丝的公称直径有 4 mm、5 mm、6 mm、7 mm、8 mm 等 5 种规格，公称抗拉强度在 1470 ～ 1670 MPa。

消除应力钢丝的光圆和螺旋肋钢丝的公称直径有 4 ～ 12 mm 共 13 个规格，公称抗拉强度在 1470 ~ 1860 MPa。

将预应力钢丝经辊压出规律性凹痕，以增强与混凝土的黏结力，降低预应力损失，则为刻痕钢丝。三面刻痕钢丝按公称直径分为≤5. 00 mm 和 >5. 00 mm 两类，公称抗拉强度在 1470 ～ 1860 MPa。

预应力混凝土用钢绞线是由 2 根、3 根、7 根或 19 根钢丝捻成一束而制成，相应的标准是 GB/T 5224—2014《预应力混凝土用钢绞线》。钢绞线的最大负荷随钢丝的根数不同而不同。用 7 根钢丝捻制又经模拔的钢绞线，整根钢绞线的最大力不低于 384 kN，最大力总伸长率不小于 3. 5%，当初始负荷分别相当于实际最大力的 70% 和 80% 时，1000 h 应力松弛率分别不大于 2. 5% 和 4. 5%。

从上述介绍中可知，预应力钢丝、钢绞线等均属于冷加工强化钢材，拉伸试验时没有屈服点，但抗拉强度远远超过热轧钢筋和冷轧钢筋，并具有较好的柔韧性，应力松弛率低。盘条状供应，松卷后可自行弹直，可按要求长度切割。适用于大荷载、大跨度及需曲线配筋的预应力混凝土结构。

9. 6. 2. 2　型钢

钢结构构件一般应直接选用各种型钢。型钢之间可直接连接或附加连接钢板进行连接。连接方式可铆接、螺栓连接或焊接。所以，钢结构所用钢材主要是型钢和钢板。型钢有热轧成型及冷成型两种，钢板也有热轧和冷轧两种。

1. 热轧型钢

常用的热轧型钢有圆钢、方钢、角钢(等边和不等边)、工字钢、槽钢、T 型钢、H 型钢、L 型钢等，相应的国家标准有 GB/T 702—2017《热轧钢棒尺寸、外形、重量及允许偏差》、GB/T 706—2016《热轧型钢》和 GB/T 11263—2017《热轧 H 型钢和剖分 T 型钢》。

钢结构用钢的钢种和钢号，主要根据结构与构件的重要性、荷载的性质(静载或动载)、连接方法(焊接、铆接或螺栓连接)、工作条件(环境温度及介质)等因素予以选择。对于承受动荷载的结构，处于低温环境的结构，应选择韧性好、脆性临界温度低、疲劳极限较高的钢材。对于焊接结构，应选择可焊性较好的钢材。

2. 冷弯薄壁型钢

冷弯薄壁型钢通常用 2 ～ 6 mm 薄钢板冷弯或模压而成，有角钢、槽钢等开口薄壁型钢及方形、矩形等空心薄壁型钢，可用于轻型钢结构。相应的国家标准有 GB/T 6723—2017《通用冷弯开口型钢》、GB/T 6728—2017《结构用冷弯空心型钢》、GB/T 6725—2017《冷弯型钢通用技术要求》。

3. 钢板和压型钢板

用光面轧辊轧制而成的扁平钢材称为钢板。按轧制温度的不同，钢板又可分热轧钢板(GB/T 709—2019)和冷轧钢板(GB/T 708—2019)两类。土木工程用钢板的钢种主要是碳素结构钢，某些重型结构如大跨度桥梁等也采用低合金钢。其种类视厚度的不同，有薄板、厚板、特厚板和扁钢(带钢)之分。按厚度划分的大致界限及其规格为：

(1)薄钢板一般用冷轧法轧制，厚度0.35～4 mm，宽度500～1800 mm，长0.4～6 m。

(2)厚钢板，厚度4.5～60 mm，宽度700～3000 mm，长4～12 m。

(3)特厚板，厚度>60 mm，宽度600～3800 mm，长4～9 m。

(4)扁钢，厚度4～60 mm，宽度12～200 mm，长3～9 m。

钢板的规格表示方法为宽度(mm)×厚度(mm)×长度(mm)。

厚板可用于型钢的连接与焊接，组成钢结构承力构件，薄板可用作屋面或墙面等围护结构，或作为薄壁型钢的原料。

建筑用压型钢板(GB/T 12755—2008)，是指薄钢板经辊压或冷弯可制成截面呈V形、U形、梯形或类似形状的波纹，并可采用有机涂层、镀锌等表面保护层的钢板，在建筑上常用作屋面板、楼板、墙板及装饰板等。还可将其与保温材料等复合，制成复合墙板等，用途十分广泛。

9.6.2.3 桥梁用结构钢

铁路与公路的桥梁除了承受静载外，还要直接承受动载，其中某些部位还承受交变应力的作用。桥梁是全天候的基础设施，它们应能长期在受力状态下经受气候变化和腐蚀介质的严峻考验。因此与一般结构钢相比，桥梁结构钢除了必须具有较高的强度外，还要求有良好的塑性、韧性、可焊性及较高的疲劳强度，具有良好的抗大气腐蚀性。为了满足这些要求，对桥梁结构钢在冶炼质量上提出了更高的要求，要求气体杂质质量分数少，晶粒细化，脱氧完全。桥梁结构钢是专用钢，其要求可查阅GB/T 714—2015《桥梁用结构钢》。

【课外调查】

调查内容：深入当地建筑施工现场，收集工程中所使用的各种钢材，包括：钢板、钢筋、型钢、钢丝、工具钢等，观察其表面和截面形状，以图文的形式总结这些钢材的外观情况、使用场合和性能特点等。

调查目的：加强对建筑钢材的感性认识，了解建筑钢材在当地的使用情况，为以后学习建筑设计和施工的相关课程打下基础。

复习思考题

9-1 金属晶体结构中的微观缺陷有哪几种？它们对金属的力学性能会有何影响？

9-2 金属材料有哪些强化方法？并说明其强化机理。

9-3 试述钢的主要化学成分，并说明钢中主要元素对性能的影响。

9-4 钢中的主要有害元素有哪些？它们造成危害的原因是什么？

9-5 钢材有哪些主要力学性能？试述它们的定义及测定方法。

9-6 何谓钢材的强屈比？其大小对使用性能有何影响？

9－7　钢材的伸长率与试件标距有何关系？为什么？

9－8　钢材的冲击韧性与哪些因素有关？何谓冷脆临界温度和时效敏感性？

9－9　钢的脱氧程度对钢的性能有何影响？

9－10　钢材的冷加工对力学性能有何影响？

9－11　试述钢材锈蚀的原因与防锈蚀的措施。

9－12　建筑工程中主要使用哪些钢材？

9－13　评价建筑钢材的主要技术指标是什么？

9－14　钢材的牌号是如何确定的？

第10章　木　材

【学习要点】

1. 掌握木材的主要种类；
2. 掌握木材的力学性能和应用；
3. 了解木材的防腐和防火技术。

木材是人类建筑史上最早使用的建筑材料之一，在我国木建筑历史悠久，技术高超，是古代重要的建筑材料，如世界闻名的天坛祈年殿、山西应县木塔等都是木结构建筑的代表。在现代建筑中，由于木材资源的枯竭和新型建筑材料的出现，特别是钢材和水泥的出现，木材在土木建筑中的应用也发生了很大的变化，已很少用来做结构材料，只是在装修装饰工程和一些特殊场合使用。

木材作为建筑和装饰材料，由于其组成和构造是由树木的生长而决定的，因此，具有以下的特点：

(1)较好的力学性能。比强度大，具有轻质高强的特点；弹性韧性好，能承受冲击和振动作用。

(2)较好的使用性能。①导热性低，具有较好的保温、隔热性能；②在适当的保养条件下，有较好的耐久性；③纹理美观、色调温和、风格典雅，极富装饰性；④绝缘性好，无毒性。

(3)易于加工，可制成各种形状的产品。

(4)构造不均匀，呈各向异性；湿胀干缩大，若处理不当，易翘曲和开裂；天然缺陷较多，降低了材质和利用率。

(5)耐火性差，易着火燃烧；使用不当易腐朽、虫蛀。

10.1　木材的分类和构造

10.1.1　分类

木材产自木本植物中的乔木，即针叶树和阔叶树。至于棕榈和竹子，虽也是单主干木本植物，但与针叶树和阔叶树有本质的区别。棕榈和竹子在生长上仅由初生生长而长成粗壮的茎，没有次生长活动。棕榈茎干中央部分的组织不结实、松软，而竹子中央部位为空腔。

10.1.1.1　针叶树

针叶树树叶如针状或鳞片状，习惯上也包括宫扇形叶的银杏。针叶树树干通直高大，枝杈较小，分布较密，易得大材，其纹理顺直，材质均匀。大多数针叶材的木质较轻软而易于加工，故针叶材又称软材。针叶材强度较高，胀缩变形较小，耐腐蚀性强，建筑上曾广泛用作承重构件和装修材料。我国常用针叶树树种有杉木、红松、白松和黄花松等。

10.1.1.2　阔叶树

阔叶树树叶多数宽大，叶脉呈网状。阔叶树树干通直部分一般较短，枝杈较大，数量较少。相当数量阔叶材的材质重、硬而较难加工，故阔叶材又称硬材。阔叶材强度高，胀缩变形大，易翘曲开裂。阔叶材板面通常较美观，具有较好的装饰作用，适用于家具、室内装修及胶合板等。我国常用阔叶树树种有水曲柳、栎木、樟木、黄菠萝、榆木、锥木、核桃木、酸枣木、梓木和柞木等。

10.1.2　宏观构造

木材是非均质材料，其构造应从树干的三个主要切面来剖析：

(1)横切面　垂直于树轴的切面。

(2)径切面　通过树轴的纵切面。

(3)弦切面　平行于树轴的切面。

观察图10－1可知，树木由树皮、木质部和髓心所组成。树皮由外皮、软木组织(栓皮)和内皮组成。有些树种(如栓皮栎、黄菠萝)的软木组织较发达，可用作绝热材料和装饰材料。髓心位于树干的中心，由最早生成的细胞所构成；其质地疏松而脆弱，易被腐蚀和虫蛀。木质部位于髓心和树皮之间的部分，是使用的主要部分。

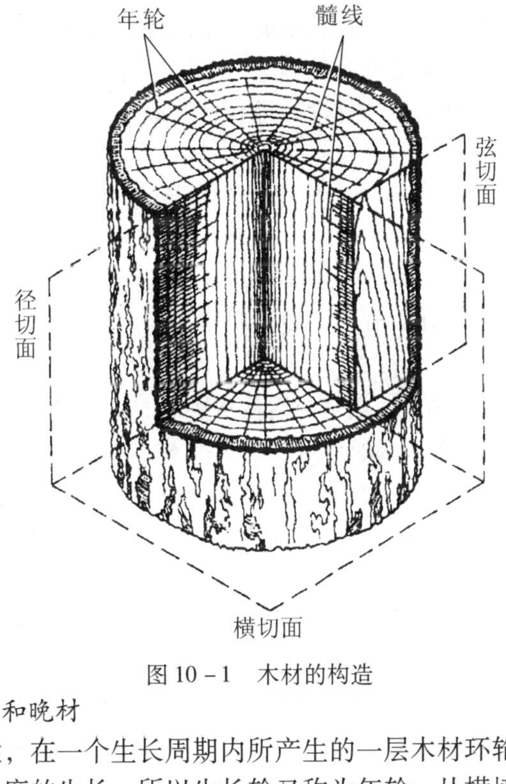

图10－1　木材的构造

10.1.2.1　年轮、早材和晚材

树木生长呈周期性，在一个生长周期内所产生的一层木材环轮称为一个生长轮。树木在温带气候一年仅有一度的生长，所以生长轮又称为年轮。从横切面上看，年轮是围绕髓心、深浅相间的同心环。

在同一生长年中，春天细胞分裂速度快，细胞腔大壁薄，所以构成的木质较疏松，颜色较浅，称为早材或春材；夏秋两季细胞分裂速度慢，细胞腔小壁厚，构成的木质较致密，颜色较深，称为晚材或夏材。

一年中形成的早、晚材合称为一个年轮。相同的树种，径向单位长度的年轮数越多，分布越均匀，则材质越好。同样，径向单位长度的年轮内晚材含量（称晚材率）越高，则木材的强度也越大。

10.1.2.2 边材和心材

有些树种在横切面上，材色可分为内、外两大部分。颜色较浅、靠近树皮部分的木材称为边材，颜色较深、靠近髓心的木材称为心材。在立木时期，边材具有生理功能，能运输和储藏水分、矿物质和营养物，边材逐渐老化而转变成心材。心材无生理活性，仅起支撑作用。与边材相比，心材中有机物积累多，含水量少，不易翘曲变形，耐腐蚀性好。

10.1.2.3 髓心与髓线

髓心是木材最早形成的木质部分，它易于腐朽，故一般不用。髓线（又称木射线）由横行薄壁细胞所组成，它的功能为横向传递和储存养分。在横切面上，髓线以髓心为中心，呈放射状分布；从径切面上看，髓线为横向的带条。髓线与周围组织连接较差，木材干燥时易沿此开裂。阔叶树的髓线一般比针叶树发达。通常，髓线颜色较浅且略带光泽。有些树种（如栎木）的髓线较宽，其径切面常呈现出美丽的纹理。

10.1.2.4 树脂道和导管

树脂道是大部分针叶树所特有的构造。它是由泌脂细胞围绕而成的孔道，富含树脂。在横切面上呈棕色或浅棕色的小点，在纵切面上呈深色的沟槽或浅线条。

导管是一串纵行细胞复合生成的管状构造，起输送养料的作用。导管仅存在于阔叶树中。所以，阔叶材也叫有孔材；针叶材没有导管，因而又称为无孔材。

10.1.3 木材的缺陷

木材在生长、采伐、储运、加工和使用过程中会产生一些缺陷（疵病），如节子、裂纹、夹支、斜纹、弯曲、伤疤、腐朽和虫害等。这些缺陷不仅降低了木材的力学性能，而且还影响了木材的外观质量。其中节子、裂纹和腐朽对材质的影响最大。

10.1.3.1 节子

埋藏在树干中的枝条称为节子。活节由活枝条所形成，与周围木质紧密连生在一起，质地坚硬，构造正常。死节由枯死枝条所形成，与周围木质大部分或全部脱离，质地坚硬或松软，在板材中有时脱落而形成空洞。材质完好的节子称为健全节，腐朽的节子称为腐朽节，漏节不但节子本身已经腐朽，而且深入树干内部，引起木材内部腐朽。木节对木材质量的影响随木节的种类、分布位置、大小、密集程度及木材用途的不同而不同。健全活节对木材力学性能无不利影响，死节、腐朽节和漏节对木材力学性能和外观质量影响很大。

10.1.3.2 裂纹

木材纤维与纤维之间分离所形成的缝隙称为裂纹。在木材内部，从髓心沿半径方向开裂的裂纹称为径裂，沿年轮方向开裂的裂纹称为轮裂，纵裂是沿材身顺纹理方向、由表及里的径向裂纹。木材裂纹主要是在立木生长期因环境或生长应力等因素或伐倒木因不合理干燥而引起的。裂纹破坏了木材的完整性，影响木材的利用率和装饰价值，降低了木材的强度，也是真菌侵入木材内部的通道。

10.2　木材的主要性能

10.2.1　木材的含水率

木材的含水率指木材中所含水的质量占干燥木材质量的百分数。新伐倒的树木称为生材，其含水率一般为70%～140%。

10.2.1.1　木材中的水

纤维素、半纤维素、木质素是木材细胞壁的主要组成，其中纤维素占50%左右。纤维素、半纤维素、木质素的分子均含有羟基(—OH基)，所以木材很容易从周围环境中吸收水分，其含水量随所处环境的湿度变化而不同。木材中所含的水根据其存在形式可分为三类：

(1)自由水　存在于细胞腔和细胞间隙中的水，木材干燥时，自由水首先蒸发。自由水的含量影响木材的体积密度、燃烧性和抗腐蚀性。

(2)吸附水　被吸附在细胞壁基体相中的水分。由于细胞壁具有较强的亲水性，且能吸附和渗透水分，所以水分进入木材后首先被吸入细胞壁。吸附水是影响木材强度和胀缩的主要因素。

(3)化合水　木材化学组成中的结合水。

10.2.1.2　纤维饱和点

水分进入木材后，首先吸附在细胞壁内的微纤间，成为吸附水。吸附水饱和后，其余的水成为自由水。木材干燥时，首先失去自由水，然后才失去吸附水。当木材细胞腔和细胞间隙中的自由水完全脱去为零，而吸附水尚处于饱和的状态时，木材的含水率称为木材的纤维饱和点。纤维饱和点随树种而异，一般在25%～35%之间，平均为30%左右。纤维饱和点的重要意义不在其数值的大小，而在于它是木材许多性质在含水率影响下开始发生变化的起点。在纤维饱和点之上，含水率变化是自由水含量的变化，它对木材强度和体积影响甚微；在纤维饱和点之下，含水率变化即吸附水含量的变化将对木材强度和体积等产生较大的影响。

木材含水率的多少与木材的体积密度、强度、耐久性、加工性、导热性和导电性等有着一定关系，纤维饱和点是木材物理力学性质发生变化的转折点。

10.2.1.3　平衡含水率

潮湿的木材会向较干燥的空气中蒸发水分，干燥的木材也会从湿空气中吸收水分。木材长时间处于一定温度和湿度的空气中，当水分的蒸发和吸收达到动态平衡时，其含水率相对稳定，这时，木材的含水率称为平衡含水率。木材平衡含水率随周围空气的温湿度的变化而变化。各地区、各季节木材的平衡含水率常不相同，南方为15%～20%，北方为10%～15%。各种树种木材的平衡含水率也有差异。

10.2.2　木材的湿胀干缩

木材具有显著的湿胀干缩性。当木材从潮湿状态干燥至纤维饱和点时，自由水蒸发不改变其尺寸；继续干燥，细胞壁中吸附水蒸发，细胞壁基体相收缩，从而引起木材体积收缩。反之，干燥木材吸湿时将发生体积膨胀，直到含水量达纤维饱和点为止。细胞壁愈厚，则胀缩愈大。因而，表观密度大、夏材含量多的木材胀缩变形较大。

由于木材构造不均匀，各方向、各部位胀缩也不同，其中，弦向最大，径向次之，纵向最小；边材大于心材。一般新伐木材完全干燥时，弦向收缩 6% ~ 12%，径向收缩 3% ~ 6%，纵向收缩 0.1% ~ 0.3%，体积收缩 9% ~ 14%。图 10 - 2 是新伐木材的干燥曲线示意图。细胞壁基体相失水收缩时，纤维素束沿细胞轴向排列限制了在该方向时收缩，且细胞多数沿树干纵向排列，所以木材主要表现为横向收缩。由于复杂的构造原因，木材弦向收缩总是大于径向收缩，弦向收缩与径向收缩比率通常为 2 : 1。木材干燥时的横截面变形见图 10 - 3。不均匀干缩会使板材发生翘曲(包括顺弯、横弯、翘弯)和扭曲，见图 10 - 4。

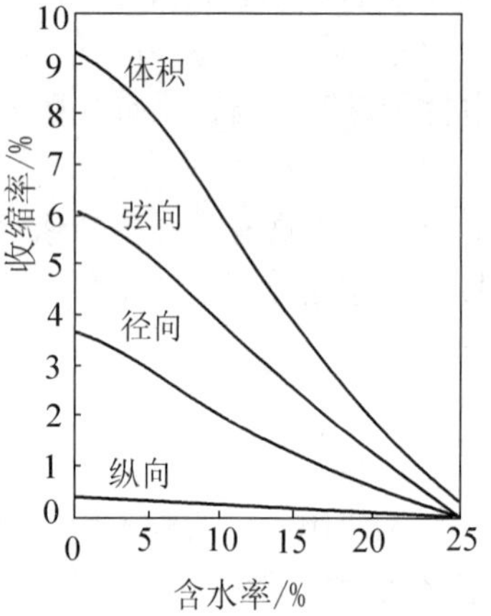

图 10 - 2　新伐木材的干燥曲线示意图

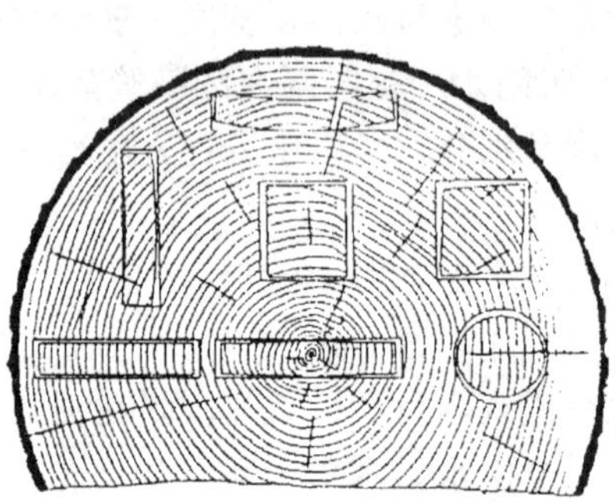

图 10 - 3　木材干燥引起的横截面变形

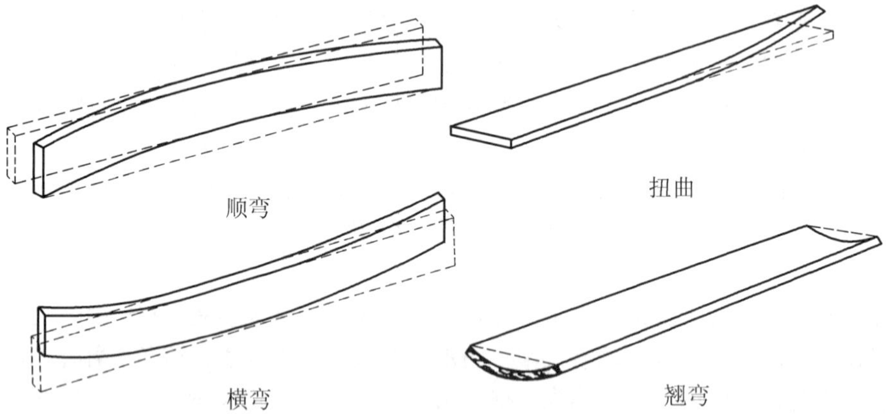

图 10 - 4　木材变形示意图

木材湿胀干缩性将影响到其实际使用。干缩会使木材翘曲开裂、接榫松弛、拼缝不严，湿胀则造成凸起。为了避免这种情况，在木材加工制作前必须预先进行干燥处理，使木材的含水率比使用地区平衡含水率低 2% ~ 3%。

10.2.3　木材的强度

10.2.3.1　木材的各种强度

由于木材构造各向不同，其强度呈现出明显的各向异性，因此，木材强度应有顺纹和横纹之分。由于木材细胞结构及细胞在木材中的排列方式，木材的顺纹抗压、抗拉强度均比相应的横纹强度大。木材各种强度的特征及应用如表 10－1 所示。

表 10－1　木材各种强度的特征及应用

强度类型	受力破坏原因	无缺陷标准试件强度相对值	我国主要树种强度值范围/MPa	缺陷影响程度	应　　用
顺纹抗压	纤维受压失稳甚至折断	1	25～85	较小	木材使用的主要形式，如柱、桩
横纹抗压	细胞腔被压扁，所测为比例极限强度	1/10～1/3		较小	应用形式有枕木和垫木
顺纹抗拉	纤维间纵向联系受拉破坏，纤维被拉断	2～3	50～170	很大	抗拉构件连接处首先因横纹受压或顺纹受剪破坏，难以利用
横纹抗拉	纤维间横向联系脆弱，极易被拉开	1/20～1/3			不允许使用
顺纹抗剪	剪切面上纤维纵向连接破坏	1/7～1/3	4～23	大	木构件的榫、销连接处
横纹抗剪	剪切面平行于木纹，剪切面上纤维横向连接破坏	1/14～1/6			不宜使用
横纹切断	剪切面垂直于木纹，纤维被切断	1/2～1			构件先被横纹受压破坏，难以利用
抗弯	在试件上部受压区首先达到强度极限，产生皱褶；最后在试件下部受拉区因纤维断裂或撕开而破坏	1.5～2	50～170	很大	应用广泛，如梁、桁条、地板等

木材的剪切类型，如图 10－5 所示。

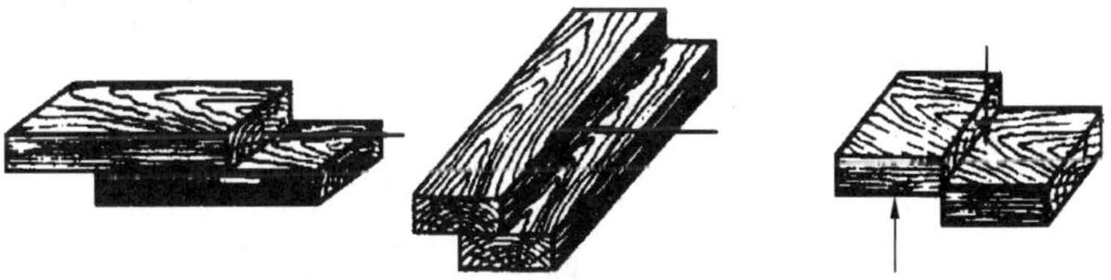

(a)顺纹剪切　　(b)横纹剪切　　(c)横纹切断

图 10－5　木材的剪切

10.2.3.2 影响木材强度的主要因素

1. 含水率的影响

木材的强度受含水量影响很大。当木材含水率在纤维饱和点以下时，随含水率降低，即吸附水减少，细胞壁趋于紧密，木材强度提高；反之，当含水率升高时，由于亲水的细胞壁逐渐软化而使木材强度降低。当木材含水率在纤维饱和点以上变化时，仅是细胞腔内自由水的变化，木材的强度不改变。为了正确判断木材的强度和比较试验结果，应根据木材实测含水率(w)将强度按下式换算成标准含水率(12%的含水率)时的强度值(σ_{12})：

$$\sigma_{12}=\sigma_w[1+\alpha(w-12)]$$

式中 σ_w——含水率为 w 时的木材强度，MPa；

α——含水率校正系数，当木材含水率在9%～15%时，按表10-2取值。

表10-2 α取值表

强　度	抗压强度		顺纹抗拉强度		抗弯强度	顺纹抗剪强度
类　型	顺　纹	横　纹	阔叶材	针叶材		
α值	0.05	0.045	0.015	0	0.04	0.03

2. 负荷时间的影响

木材对长期荷载的抵抗能力不同于短期荷载。木材在长期荷载作用下不致引起破坏的最高强度称为持久强度。木材的持久强度比短期荷载作用下的极限强度低得多，一般为短期极限强度的50%～60%，见图10-6。这是由于木材在外力作用下会产生等速蠕滑，经过长时间负荷后，最后急剧产生大量连续变形而引起破坏。

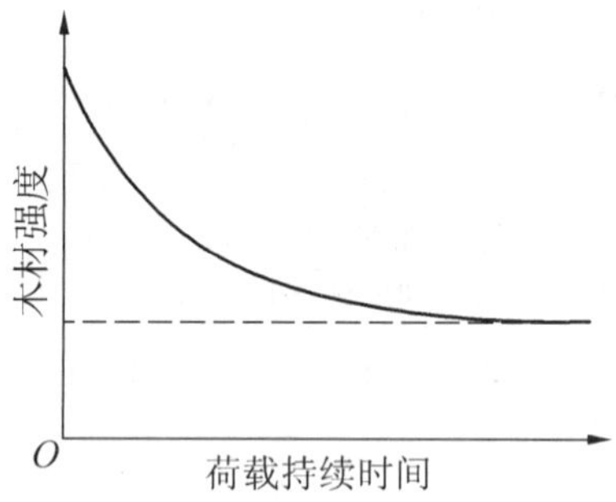

图10-6 木材的持久强度

木结构通常都处于长期负荷状态，因此，在设计时应考虑负荷时间对木材强度的影响。

3. 环境温度的影响

木材的强度随环境温度升高而降低。当温度由25℃升到50℃时，针叶树材抗拉强度降低10%～15%，抗压强度降低20%～24%。若木材长期处于60～100℃，会引起水分和所含挥发物的蒸发，强度下降，变形增大，颜色呈暗褐色。温度超过100℃时，木材中部分成分会分解、挥发，色渐变黑，强度明显下降。因此，长期处于50℃以上的建筑物不宜采用木材。

4. 疵病的影响

木材在生长、采伐、保存的过程中，所产生的内部和外部的缺陷，统称为疵病。木材的疵病主要有木节、斜纹、裂纹、腐朽和虫害等。一般木材或多或少都存在一些疵病，使木材的物理力学性质受到影响。

木节分为活节、死节、松软节、腐朽节等几种，活节影响较小。木节使木材顺纹抗拉强度显著降低，对顺纹抗压强度影响较小。在木材受横纹抗压和剪切时，木节反而增加其强度。

斜纹即木纤维与树轴成一定夹角。斜纹木材严重降低其顺纹抗拉强度，对抗弯强度影响次之，对顺纹抗压影响较小。裂纹、腐朽、虫害等疵病，会造成木材构造的不连续性和破坏其组织，因此严重影响木材的力学性质，有时甚至使木材完全失去使用价值。

10.2.4　木材的装饰性

木材曾经是重要的结构用材，而现在则主要用于室内装饰和装修，因此装饰性好的木材就具有很高的价值。木材的装饰性体现在木材的色泽、纹理和花纹中。

10.2.4.1　木材的颜色

木材颜色以温和色彩如红色、褐色、红褐色、黄色和橙色等最为常见。木材的颜色对其装饰性很重要，但这并非指新鲜木材的“生色”，而是指木材在空气中放置一段时间后的“熟色”。

10.2.4.2　木材的光泽

任何木材都是径切面最光泽，弦切面稍差。若木材的结构密实细致、板面平滑，则光泽较强。通常，心材比边材有光泽，阔叶树材比针叶树材光泽好。

10.2.4.3　木材的纹理

木材纤维的排列方向称为纹理。木材的纹理可分为：直纹理、斜纹理、螺旋纹理、交错纹理、波形纹理、皱状纹理、扭曲纹理等。不规则纹理常使木材的物理和力学性能降低，但其价值有时却比直纹理木材大得多，因为不规则纹理可能使木材具有非常美丽的花纹。

10.2.4.4　木材的花纹

木材表面的自然图形称为花纹。花纹是由于树木中不寻常的纹理、组织和色彩变化引起的，它还与木材的切面有关。美丽的花纹对装饰木材十分重要。

10.2.4.5　结构

木材的结构指木材中各种细胞的大小、数量、分布和排列情况。结构细密和均匀的木材易于刨切，且切面光滑，油漆后光亮。

木材的装饰性并非取决于某单一因素，而是由颜色、结构、纹理、图案、斑纹、光泽等综合效果及其持久性所决定。

10.3　木材的防腐和防火

10.3.1　木材的腐朽与防腐

10.3.1.1　木材的腐朽原因及条件

木材是天然有机材料，易受真菌、昆虫侵害而腐朽变质。真菌的种类很多，木材中常见的有霉菌、变色菌、腐朽菌三种。霉菌生长在木材表面，是一种发霉的真菌，它对木材不起破坏作用，经过抛光后可去除。变色菌以木材细胞腔内含物为养料，不破坏细胞壁。所以霉菌、变色菌只使木材变色，影响外观，而不影响木材的强度。腐朽菌对木材危害严重，腐朽菌以木质素为其养料，并通过分泌酶来分解木材细胞壁组织中的纤维素、半纤维素，使木材腐朽败坏。

真菌的繁殖和生存，必须同时具备适宜的温度、足够的空气和适当的湿度三个条件。温度为25～30℃，含水率在纤维饱和点以上到50%，又有一定量的空气，最适合真菌的繁殖。当温度大于60℃或小于5℃时，真菌不能生长。如含水率小于20%或把木材泡在水中，真菌也难以生存。所以打在地下或水中的木桩不易腐烂；但受到反复干湿作用时，则会加速木材腐朽进程。

木材除受真菌腐蚀外，还会遭受昆虫的蛀蚀，如白蚁、天牛、蠹虫等。它们在树皮或木质部内生存、繁殖，致使木材强度降低，甚至结构崩溃。

10.3.1.2 木材的防腐

无论是真菌还是昆虫，其生存繁殖均需要适宜的条件，如水分、空气、温度、养料等。真菌最适宜的生长繁殖条件是：温度在25～30℃；木材的含水率为30%～60%；有一定量空气存在。当温度高于60℃或低于5℃，木材含水率低于25%或高于150%，隔绝空气时，真菌的生长繁殖就会受到抑制，甚至停止。因此，将木材置于通风、干燥处或浸没在水中或深埋于地下或表面涂油漆等方法，都可作为木材的防腐措施。此外，还可采用化学有毒药剂，经喷淋或浸泡或注入木材，从而抑制或杀死菌类、虫类，达到防腐目的。

防腐剂种类很多，常用的有三类：

(1)水溶性防腐剂　主要有氟化钠、硼砂、亚砷酸钠等，这类防腐剂主要用于室内木构件的防腐。

(2)油剂防腐剂　主要有杂酚油(又称克里苏油)、杂酚油-煤焦油混合液等。这类防腐剂毒杀效力强，毒性持久，但有刺激性臭味，处理后木材表面呈黑色，故多用于室外、地下或水下木构件。

(3)复合防腐剂　主要品种有硼酚合剂、氟铬酚合剂、氟硼酚合剂等。这类防腐剂对菌、虫毒性大，对人、畜毒性小，药效持久，因此应用日益扩大。

10.3.2 木材的防火

木材是易燃材料，易燃性成为其主要缺点之一。木材的防火处理(也称阻燃处理)旨在提高木材的耐火性，使之不易燃烧；或当木材着火后，火焰不致沿材料表面快速蔓延，或当火焰移开后，木材表面上的火焰立即熄灭。

常用的防火处理方法是在木材表面涂刷或覆盖难燃材料和用防火剂浸注木材。

覆盖材料可用各种金属材料。

防火涂层材料有无机涂料(如硅酸盐类、石膏等)、有机涂料(如四氯苯酐醇树脂防火涂料、膨胀型丙烯酸乳胶防火涂料等)。浸注用的防火剂有以磷酸铵为主要成分的磷-氮系列、硼化物系列、卤素系列及磷酸-氨基树脂系列等。

水基型阻燃处理剂是近年来发展起来的一种新型防火产品。这种产品直接以喷涂或浸渍等方式施用于需作防火保护的可燃或易燃基材上，使之达到相应的燃烧性能等级。水基型阻燃处理剂按使用对象可分为木材用水基阻燃处理剂、织物用水基阻燃处理剂及纸和纸板用水基阻燃处理剂。木材用水基型阻燃处理剂可处理各种木材、纤维板、刨花板、竹制品等，经处理后使之成为难燃性材料。

10.4　木材在土木工程中的应用

由于木材有较好的力学性能，轻质高强，弹性韧性好，具有较好的保温、隔热性能，纹理美观、色调温和、风格典雅，极富装饰性，绝缘性好，无毒性，易加工，因此其在土木工程中仍然大量使用，特别是在装饰、装修工程上使用。

10.4.1　木材的初级产品及其应用

采伐后的木材在使用前，通常应经干燥处理。干燥处理可防止木材受细菌等腐蚀，减少木材在使用中的收缩裂缝和翘曲，提高木材的强度和耐久性。干燥方法有自然干燥和人工干燥两种方法。

按加工程度和用途不同，木材分为圆条、原木、锯材三类。承重结构用材可分为原木、方材、板材、规格材、胶合木层板、结构复合木材和木基结构板。承重结构用的木材，根据 GB 50005—2017《木结构设计规范》规定，其材质按缺陷(木节、腐朽、裂纹、夹皮、虫害、弯曲和斜纹等)状况现场目测分为三级。

10.4.2　人造板材及其应用

10.4.2.1　装饰单板(薄木)

装饰单板是以材色花纹美观的珍贵树种，通过蒸煮软化处理，再用旋切、刨切及弧切等方法切制成的薄片状木材，厚度为 0.1～0.9mm。通过漂白、染色、拼花、拼图等处理可使薄木更美丽更适用。装饰单板不能单独使用，主要用作装饰人造板材和各种木制品的饰面层以及微薄木壁纸等。采用薄木贴面的形式，可以用少量珍贵木材制得大量装饰材料。单板切制方法示意图见图 10－7。

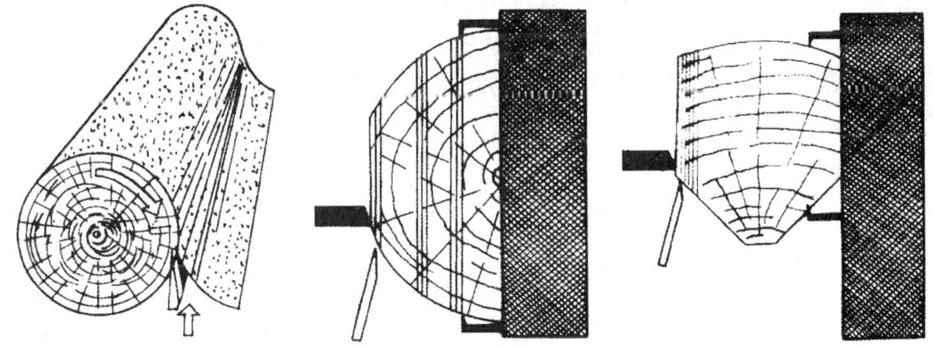

图 10－7　单板切制方法示意图

10.4.2.2　胶合板

胶合板是由一组单板按相邻层木纹方向互相垂直组坯经热压胶合而成的板材，常见的有三夹板、五夹板和七夹板等。图 10－8 是胶合板构造的示意图。胶合板多数为平板，也可经一次或几次弯曲处理制成曲形胶合板。

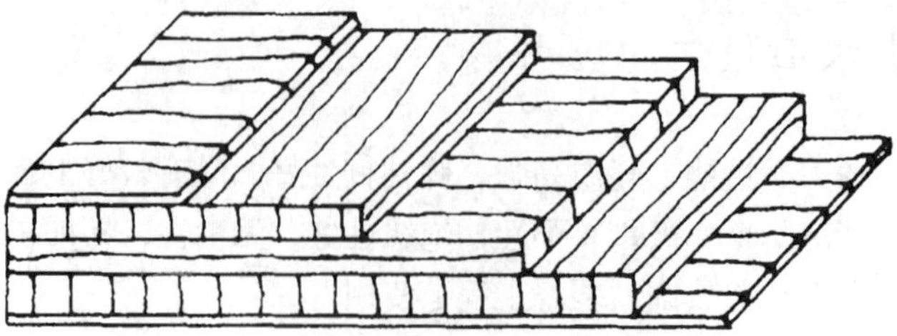

图 10-8　胶合板构造示意图

胶合板的分类、性能及应用见表 10-3。

表 10-3　胶合板的分类、性能及应用

分　类	名　称	性　能	应用环境
Ⅰ类胶合板	耐气候胶合板	通过沸煮试验	室外条件
Ⅱ类胶合板	耐水胶合板	通过(63±3)℃热水浸渍试验	潮湿条件
Ⅲ类胶合板	不耐潮胶合板	通过(20±3)℃冷水浸泡试验	干燥条件

胶合板克服了木材的天然缺陷和局限，大大提高了木材的利用率，其主要特点是：消除了天然疵点、变形、开裂等缺点，各向异性小，材质均匀，强度较高；纹理美观的优质材做面板，普通材做芯板，增加了装饰木材的出产率；因其厚度小、幅面宽大、产品规格化，故使用起来很方便，胶合板常用作门面、隔断、吊顶、墙裙等室内高级装修。

10.4.2.3　纤维板

纤维板是用木材废料，经切片、浸泡、磨浆、施胶、成型及干燥或热压等工序制成。为了提高纤维板的耐燃性和耐腐性，可在浆料里施加或在湿板坯表面喷涂耐火剂或防腐剂。纤维板材质均匀，完全避免了节子、腐朽、虫眼等缺陷，且胀缩性小，不翘曲，不开裂。纤维板按密度大小分为硬质纤维板、中密度纤维板和软质纤维板。

硬质纤维板密度大、强度高，主要用作壁板、门板、地板、家具和室内装修等。中密度纤维板是家具制造和室内装修的优良材料。软质纤维板表观密度小，吸声绝热性能好，可作为吸声或绝热材料使用。

10.4.2.4　刨花板、木丝板和木屑板

刨花板、木丝板和木屑板是利用刨花碎片、短小废料刨制的木丝和木屑，经干燥、拌胶结辅料、加压成型而制得的板材。所用胶结材料有动物胶、合成树脂、水泥、石膏和菱苦土等。表观密度小、强度低的板材主要作为绝热和吸声材料，表面喷以彩色涂料后，可以用于天花板等；表观密度大、强度较高的板材可粘贴装饰单板或胶合板作饰面层，用作隔墙等。

10.4.2.5　细木工板

细木工板是一种夹心板，俗称大芯板，芯板用木板条拼接而成，两个表面胶贴木质单板，经热压黏合制成。大芯板按厚度分为 3 mm 板、5 mm 板、9 mm 板，其竖向(以芯材走向区分)抗弯压强度差，但横向抗弯压强度较高。它集实木板与胶合板之优点于一身，是装修中最主要的材料之一，作为装饰构造材料用于门板、门套、暖气罩、窗帘盒、壁板，做家具和包木门等。它的加工工艺简单，防水防潮性能和握钉力优于刨花板和中密度板。由于细木

工板是由多种杂木组合在一起，密度差别较大，易产生变形；含水率较高；甲醛含量较高；由于表面露出的木纹不美观，很少直接刷漆，通常要经过用胶粘板和刷漆两道工序，造价要高一些。

【课外调查】

调查内容：调查了解目前建筑装修工程使用的天然和人造木材种类、应用范围和技术特点(如含水率)、加工方法和防腐措施。

调查目的：对建筑装修中使用的木材有较直观的认识，能辨别木材的种类，掌握判断木材质量的一般方法和使用要求。

复习思考题

10－1　木材为什么是各向异性材料？

10－2　何谓木材的纤维饱和点、平衡含水率和标准含水率？在实际使用中有何意义？

10－3　木材含水量的变化对木材哪些性质有影响？有什么样的影响？

10－4　从下面三块湿木板的年轮图，试预计干燥后它们将如何变形？

(a)　　(b)　　(c)

10－5　影响木材强度的因素有哪些？是如何影响的？

10－6　木材有哪些主要缺陷？对木质有何影响？

10－7　木材腐朽的原因有哪些？如何防止木材腐朽？

10－8　人造板材主要有哪些品种？与天然板材相比，它们有何特点？

第11章　合成高分子材料

【学习要点】

1. 了解合成高分子材料的分类和一般性质；
2. 了解土木工程中合成高分子材料的种类、特征和应用。

高分子材料是指以高分子化合物为主要组分的材料。高分子化合物是由成千上万个原子以共价键连接的分子量很大的化合物，又称为聚合物或高聚物。高分子材料的相对分子质量很大，但化学组成相对简单，一个大分子往往是由许多相同的、简单的结构单元通过共价键重复连接而成。如聚乙烯的结构为：

$$\left[CH_2 - CH_2 \right]_n$$

高分子材料按其主要原料的来源分为：天然高分子材料(如棉、木、橡胶、天然树脂、沥青等)和合成高分子材料(如合成塑料、合成纤维、合成橡胶等)。本章主要介绍应用广泛的合成高分子材料。

11.1　高分子材料的基本知识

11.1.1　高分子化合物的分类

11.1.1.1　按分子链的几何形状分类

高分子化合物按其分子链在空间排列的几何形状，可分为线型聚合物和体型聚合物两类。

1. 线型聚合物

线型聚合物各分子链连接成一个长链(图11－1a)，或带有支链(图11－1b)。这种聚合物可以溶解在一定溶剂中，可以软化，甚至熔化。属于线型无支链结构的聚合物有：聚苯乙烯(PS)、用低压法制造的高密度聚乙烯(HDPE)和聚酯纤维素分子等。属于线型带支链结构的聚合物有：低密度聚乙烯(LDPE)和聚醋酸乙烯(PVAC)等。

2. 体型聚合物

体型聚合物是线型大分子间相互交联，形成网状的三维结构聚合物(图11－1c)。这种聚合物加热时不软化，也不能流动，不溶于有机溶剂，少数具有溶胀性。属于体型聚合物(网状结构)的有：酚醛树脂(PF)、不饱和聚酯(UP)、环氧树脂(EP)、脲醛树脂(UF)等。

11.1.1.2　按受热时发生的变化分类

按受热时发生的变化不同可分为热塑性聚合物和热固性聚合物两种。

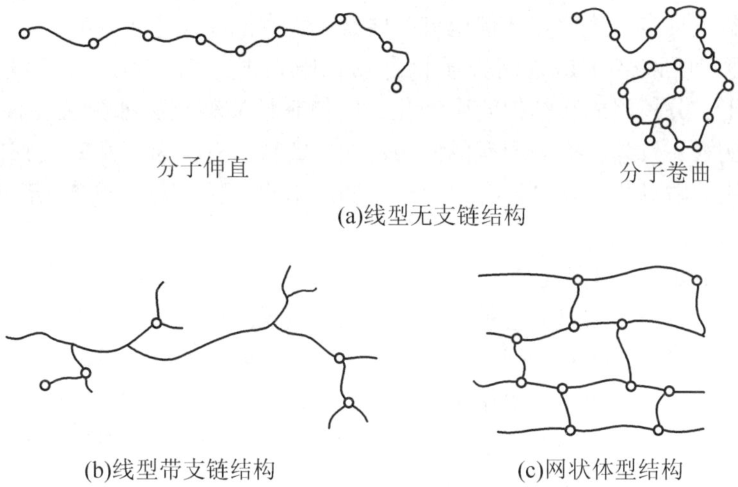

图11-1　高分子化合物结构示意图

1. 热塑性聚合物

热塑性聚合物加热时软化甚至熔化，冷却后硬化，但不起化学变化，经过多次重复仍能保持这种性能。这种聚合物为线型结构，包括所有的加聚物和部分缩聚物。建筑上常用的热塑性聚合物有：聚氯乙烯(PVC)、聚乙烯(PE)、聚苯乙烯(PS)、聚甲基丙烯酸甲酯(PMMA)等。

2. 热固性聚合物

热固性聚合物初次加热可软化，具有可塑性，继续加热会发生化学反应，相邻分子互相连接而固化变硬，最终成为不溶解、不熔化的聚合物。这类聚合物多为体型结构，包括大部分缩聚物。建筑上常用的热固性聚合物有：酚醛树脂(PF)、环氧树脂(EP)、有机硅(OR)等。

11.1.2　高分子材料的一般性质

高分子材料之所以能在土木工程中得到广泛的应用，是由于它与其他土木工程材料相比，具有以下优越性能：

(1)良好的加工性能。高分子材料可以采用比较简便的方法加工成多种形状的产品。

(2)质轻。大多高分子材料密度在0.9～2.2 g/cm^3 之间。

(3)导热系数小。如泡沫塑料的导热系数只有0.02～0.046 W/(m·K)，约为金属的1/1500，混凝土的1/40，是理想的保温绝热材料。

(4)化学稳定性较好。一般塑料对酸、碱、盐及油脂均有较好的耐腐蚀能力。其中最为稳定的聚四氟乙烯，仅能与熔融的碱金属反应，与其他化学物品均不起作用。

(5)电绝缘性好。

(6)功能的可设计性强。可通过改变组成配方与生产工艺，在相当大的范围内制成具有各种特殊性能的工程材料。如强度超过钢材的碳纤维复合材料、密封材料、防水材料等。

(7)出色的装饰性能。如塑料制品不仅可以着色，而且色彩鲜艳耐久。塑料制品可通过照相制版印刷，模仿天然材料的纹理(如木纹、花岗石、大理石纹等)，达到以假乱真的程度。装饰涂料可根据需要调成任何颜色。

高分子材料虽具有上述优点，但也有一些普遍存在的缺点，主要有：

(1)易老化。所谓老化是指高分子化合物在阳光、空气、热以及环境介质中的酸、碱、盐等作用下，分子组成和结构发生变化，致使其性质变化，如失去弹性、出现裂纹、变硬、变脆或变软、发黏，失去原有的使用功能。塑料、有机涂料和有机胶黏剂都会出现老化。目前采用的防老化措施主要有改变聚合物的结构、加入各种防老化剂的化学方法和涂防护层的物理方法。

(2)可燃性及毒性。很多高分子材料属于可燃的材料，但可燃性受其组成和结构的影响有很大差别。如聚苯乙烯遇火会很快燃烧起来，聚氯乙烯则有自熄性，离开火焰会自动熄灭。部分高分子材料燃烧时发烟，产生有毒气体。一般可通过改进配方制成自熄和难燃甚至不燃的产品。不过其防火性仍比无机材料差，在工程应用中应予以注意。

(3)耐热性差。高分子材料的耐热性能普遍较差，如使用温度偏高会促进其老化、变形，甚至分解，在使用中要注意温度的限制。

高分子材料的这些缺点可以通过添加剂加以改良。

11.2 合成高分子材料在土木工程中的应用

由于合成高分子材料具有质轻、功能可设计、应用方便等特性，它在土木工程中的应用非常广泛。使用较为普遍的有塑料门窗、塑料管材等塑料制品、胶黏剂、涂料、合成土工材料、橡胶、有机纤维等。

11.2.1 塑料

塑料是指以合成或天然高分子化合物(树脂)为主要原料，与其他原料在一定条件下经混炼、塑化、成型，且在常温下保持产品形状不变的有机材料。

11.2.1.1 塑料的组成

建筑上常用的塑料制品绝大多数都是以合成高分子化合物(合成树脂)和添加剂组成的多组分材料，但也有少部分建筑塑料制品例外，如有机玻璃是由聚甲基丙烯酸甲酯(PMMA)聚合而成的单组分塑料，在聚合反应中不加入其他组分，可制成具有较高强度和良好抗冲击性能，且具有高透明度的有机高分子材料。

1. 合成树脂

合成树脂在塑料中主要起胶结作用，通过胶结作用把填充料等胶结成坚实的整体。塑料的性质主要取决于树脂的性质。在一般塑料中合成树脂占30%～60%。

2. 添加剂

为了改善塑料的某些性能而加入的物质统称为添加剂。不同塑料所加入的添加剂不同，常用的添加剂有：

(1)填料　填料又称填充剂，它是绝大多数建筑塑料制品中不可缺少的原料，填料占塑料组成材料的40%～70%。其作用有：提高塑料的强度和刚度；减少塑料在常温下的蠕变现象及改善热稳定性；降低塑料制品的成本和增加产量；在某些建筑塑料中，填料还可以提高塑料制品的耐磨性、导热性、导电性及阻燃性，并可改善其加工性能。常用的填料有：木屑、滑石粉、石灰石粉、炭黑、铝粉、玻璃纤维等。

(2)增塑剂　增塑剂在塑料中掺加量不多，但却是不可缺少的添加剂之一。其作用有：提高塑料加工时的可塑性和流动性；改善塑料制品柔韧性。常用的增塑剂有：用于改善加工性能及常温柔韧性的邻苯二甲酸二丁酯(DBP)、邻苯二甲酸二辛酯(DOP)；属于耐寒增塑剂的脂肪族二元酸酯类增塑剂等。

(3)着色剂　用于装饰的塑料制品，常加入着色剂。着色剂除满足色彩要求外，还应能在树脂中分散并稳定存在。着色剂按其在着色介质中或水中的溶解性分为染料(溶于被着色树脂)和颜料(不溶于被着色树脂)两类。颜料按其色彩显示的特性又有珠光颜料(能够产生珠光光泽的颜料)和发光颜料(能发出荧光或磷光的颜料)。

(4)固化剂　固化剂又称硬化剂。主要用于与热固性树脂的线型分子的支链发生交联，转变为立体网状结构，从而制得坚硬的塑料制品。如用于酚醛树脂(PF)固化的六亚甲基四胺，用于环氧树脂固化的乙二胺、己二胺等。

另外，根据建筑塑料用途及成型加工的需要，还有稳定剂、偶联剂、润滑剂、抗静电剂、发泡剂、阻燃剂、防霉剂等添加剂。

11.2.1.2　常用建筑塑料制品

塑料在土木工程中的应用十分广泛，几乎遍及各个角落，建筑上所用的塑料制品有塑料门窗，塑料装饰材料(如塑料地板、塑料墙纸、塑料墙板、塑料天花板、塑料地毯等)，塑料管材及管件，玻璃钢制品，塑料异型材(如塑料门窗拉手配件、楼梯塑料扶手、楼梯塑料踏步、塑料踢脚板和嵌条、塑料窗帘盒、电线塑料护盒等)，屋顶采光板，泡沫塑料等。

1. 塑料门窗

由于塑料具有容易加工成型和拼装的优点，因此其门窗结构形式的设计，有更大的灵活性。塑料门窗与钢木门窗及铝合金门窗相比有以下优点：

(1)隔热性能优异。常用聚氯乙烯(PVC)的导热系数虽与木材相近，但由于塑料门窗框、扇均为中空异型材，密闭空气层导热系数极低，所以它的保温隔热性能非常好。

(2)气密性、水密性好。塑料门窗所用的中空异型材，挤压成型，尺寸准确，而且型材侧面带有嵌固弹性密封条的凹槽，使密封性大为改善。密封性的改善不仅提高了水密性、气密性，还减少了进入室内的尘土，改善了室内的生活和工作环境。

(3)装饰性好。塑料制品可根据需要设计出不同的颜色和样式，门窗尺寸准确，一次成型，具有良好的装饰性。

(4)加工性能好，便于施工。利用塑料易加工成型的优点，只要改变模具，即可挤压出适合不同风压强度要求及建筑功能要求的复杂断面的中空异型材。

(5)隔音性能好。塑料门窗隔音可达 30 dB。

另外，塑料门窗应具有较好的耐老化性能。生产时加入适当的抗老化剂，使其抗老化性有可靠的保证。如德国早期使用的塑料门窗至今已有 30 余年，除光泽有变化外，性能无明显下降。

目前塑料门窗多用中空异型材，为了提高塑料型材刚性，常在中空主腔中补加弯成槽形或方形的镀锌钢板，这种门窗称为塑钢门窗。

2. 塑料地板

本处所指的塑料地板包括用于地面装饰的各类塑料块板和铺地卷材。不同种类的塑料地板性能各有特色，但作为地面装饰材料，应满足如下要求：足够的耐磨性，脚感舒适，耐火和良好的装饰功能。目前常用的主要是聚氯乙烯(PVC)塑料地板。这是由于聚氯乙烯具有较好的耐燃性，并且价格便宜。

按材质的不同，塑料地板分为：硬质片材、半硬质片材和软质卷材。按产品结构划分为单层塑料地板和复合塑料地板。

塑料地板可应用于绝大多数的公用建筑，如办公楼、商店、学校等地面。另外，以乙炔黑作为导电填料的防静电 PVC 地板广泛用于邮电部门、实验室、计算机房、精密仪表控制车间等的地面铺设，以消除静电危害。

3. 塑料墙纸

塑料墙纸是以一定材料(如纸、纤维织物等)为基材，表面进行涂塑后，再经过印花、压花或发泡处理等多种工艺而制成的一种墙面装饰材料。它是目前国内外使用广泛的一种室内墙面装饰材料，也可用于天棚、梁、柱以及车辆、船舶、飞机等装饰。塑料墙纸与传统的墙纸及织物饰面材料相比，具有以下特点：

(1)装饰效果好。

(2)物理性能较好。塑料墙纸可根据需要加工成具有难燃、隔热、吸声消声、防霉等性能的新产品，而且不易结露，可水洗，不易受机械损伤。

(3)粘贴方便。

(4)使用寿命长、易维修保养。表面可清洗，对酸碱有较强的抵抗能力。

塑料墙纸一般分为三类：即普通墙纸、发泡墙纸和特种墙纸。

4. 玻璃钢制品

常见的玻璃钢制品是用玻璃纤维及其织物为增强材料，以热固性不饱和聚酯树脂(UP)或环氧树脂(EP)等为胶黏材料制成的一种复合材料。它的质量轻、强度接近钢材，人们常把它称为玻璃钢。

常见的玻璃钢建筑制品有玻璃钢波形瓦、玻璃钢采光罩、玻璃钢洁具等。

(1)玻璃钢波形瓦　以无捻玻璃纤维布和不饱和聚酯树脂(UP)为原料，用手糊法或挤压工艺成型的一种轻型屋面材料。玻璃钢波形瓦的特点是：质量轻、强度高、耐冲击、耐腐蚀，有较好的电绝缘性和透光性，光彩鲜艳，成型及施工安装方便。玻璃钢波形瓦广泛用于临时商场、凉棚、货栈、摊棚、候车棚和车站月台等一般不接触明火的建筑物屋面。对于有防火要求的建筑物(如货栈)，应采用阻燃型的树脂。

(2)玻璃钢采光罩　以不饱和聚酯树脂为胶黏剂，玻璃纤维布为增强材料，用手糊成型工艺制成的屋面采光用的拱形罩。玻璃钢采光罩具有质量轻、耐冲击、透光好、无眩光、安装方便、耐腐蚀等特点。适用于车间、厂房，配合大型屋面板等屋面结构的采光用。

(3)玻璃钢洁具　玻璃钢洁具包括玻璃钢浴缸、坐便器及洗面器等。特点与其他玻璃钢制品相同。

11.2.2 建筑胶黏剂

胶黏剂是指能在两个物体表面间形成薄膜并能把它们紧密地胶结起来的材料。胶粘与其他连接方法(如焊接、螺接、铆接等)相比，具有许多优越性，如不受被胶结物的形状、材料等限制；基本不增加被胶结结构的重量；胶结后具有良好的密封性；胶结方法简便等。

11.2.2.1　胶黏剂的组成与分类

胶黏剂一般是由多组分物质所组成，不同胶黏剂的组分不同，常用胶黏剂的主要组成成分有：

(1)黏结料　黏结料简称黏料，它是胶黏剂中最基本的组分，它的性质决定了胶黏剂的性能、用途和使用工艺。一般胶黏剂是用黏料的名称来命名的，如环氧树脂胶。

(2)固化剂　有的胶黏剂(如环氧树脂)不加固化剂本身不能变成坚硬的固体。对于这类胶黏剂，固化剂也是主要成分之一，其性质和用量对胶黏剂的性能起着重要作用。

(3)增韧剂　为了提高胶黏剂硬化后的韧性和抗冲击能力，常根据胶黏剂种类加入适量的增韧剂。

(4)填料　填料一般在胶黏剂中不发生化学反应，但加入填料可以改善胶黏剂的机械性能。同时，填料价格便宜，可显著降低胶黏剂的成本。

(5)稀释剂　加稀释剂主要是为了降低胶黏剂的黏度，提高胶黏剂的湿润性和流动性，使其便于操作。

(6)改性剂　为了改善胶黏剂的某些性能，满足特殊要求，常加入一些改性剂。如为提高胶结强度，可加入偶联剂。另外还有防老化剂、稳定剂、防腐剂、阻燃剂等。

胶黏剂品种繁多，用途不同，组成各异。按胶黏剂的化学组成分为有机胶黏剂和无机胶黏剂(如图 11－2 所示)。本节主要介绍有机胶黏剂。

胶黏剂
- 无机胶黏剂：磷酸盐、硼酸盐、硅酸盐等
- 有机胶黏剂
  - 天然胶
    - 动物胶：骨胶、皮胶、虫胶
    - 植物胶：大豆胶、淀粉胶
  - 合成胶
    - 树脂胶：环氧树脂胶、酚醛树脂胶、聚氨酯树脂胶
    - 橡胶胶：氯丁橡胶胶、聚充橡胶胶、硅橡胶胶
    - 混合型：环氧-丁腈胶、酚醛-氯丁胶

图 11－2　胶黏剂按化学组成分类

11.2.2.2　胶黏机理

两个同类或不同类的物体，通过介于两者表面的另一种物质的黏附作用而牢固结合起来，这种现象称为胶结。介于两物体表面间的物质称为胶黏剂。胶黏剂能否把被粘物牢固地结合起来主要取决于界面结合力。胶结界面结合力主要来源于以下几个方面：

1. 机械结合力

由于固体材料是粗糙多孔的，当胶黏剂填满粗糙表面中的凹凸部位并转化成固体后，在界面处形成了许多微小的机械连接。机械结合力的本质是摩擦力。在黏合多孔材料、布、织物及纸等时，机械结合力是很重要的。

2. 物理吸附力

任何物质的质点(分子或原子)之间都存在着范德华力。胶黏剂与被粘物之间的物理吸附力主要是由范德华力和氢键引起的。如环氧树脂胶黏剂固化后分子中含有羟基(—OH)，它能与玻璃、陶瓷、金属氧化层等的氧原子形成氢键。

在各种产生黏结力的因素中，只有范德华力所引起的物理吸附是普遍存在于所有黏结体系，其他作用力仅在特殊情况下成为黏结力的来源。

3. 化学键结合力

某些胶黏剂与被粘物表面之间还能形成化学键，化学键结合力的强度比物理吸附力高，而且对抵抗破坏性环境侵蚀的能力也强得多。高分子材料与金属之间形成化学键的一个典型例子是橡胶与镀黄铜的金属之间的胶结。用电子衍射法可以证明，黄铜表面形成一层硫化亚铜，它通过硫原子与橡胶分子结合在一起。

4. 扩散作用

胶黏剂分子与被粘物表面相互扩散，相互扩散的结果是更多的胶黏剂质点(分子或原子)与被粘物质点之间更加接近，从而增强它们的物理吸附作用，形成牢固的黏结。

胶黏剂与被粘物之间的牢固黏结是以上四种作用的共同结果。当然，由于采用的胶黏剂不同，被粘物体不同，黏结物的表面处理或黏结接头的制作工艺不同，这四种作用对于黏结力的贡献大小也不同。

11.2.2.3 常用胶黏剂

胶黏剂在土木工程上的应用愈来愈广，使用的品种也愈来愈多。以下介绍几种在土木工程中常用的胶黏剂。

1. 环氧树脂胶黏剂

环氧树脂胶黏剂俗称万能胶，是以环氧树脂为主要原料，掺入适量固化剂、增塑剂、填料、稀释剂等配制而成的。环氧树脂本身不能变成不溶的坚硬固体，必须有固化剂的存在才能固化。固化剂是环氧树脂胶黏剂中的重要成分，其性质和用量对胶黏剂的性能起着重要作用。

环氧树脂胶黏剂属于结构用胶黏剂，具有黏结力强、收缩小、稳定性高等特点，固化后有很高的胶黏强度和良好的耐化学稳定性。环氧树脂胶黏剂除了对聚乙烯、聚四氟乙烯、硅树脂、硅橡胶等少数几种塑料黏结能力较差外，对于铁制品、玻璃、陶瓷、木材、塑料、皮革、水泥制品、纤维材料等都具有良好的黏结能力。它被广泛用于黏结金属和非金属材料及建筑物的修补。

2. 聚醋酸乙烯乳液胶黏剂

聚醋酸乙烯乳液胶黏剂俗称白乳胶，是由醋酸乙烯单体聚合而成，是建筑材料工业中用量较大的一种热塑性树脂胶黏剂。聚醋酸乙烯乳液胶黏剂在常温下固化，具有良好的黏结强度，黏结层具有较好的韧性和耐久性。但耐热性差(40℃以下)，耐水性也较差，易蠕变。

聚醋酸乙烯乳液胶黏剂主要用于木材、壁纸、塑料地板及陶瓷饰面材料等的黏结，还可用作水泥增强剂等。

3. 聚氨酯胶黏剂

聚氨酯胶黏剂是以多异氰酸酯和聚氨基甲酸酯(简称聚氨酯)为主体材料的胶黏剂。聚氨酯胶黏剂具有如下优点：胶结力强，适用范围广；可配制不同硬度的胶黏剂；可在常温下固化；具有突出的耐低温性能。

尽管聚氨酯胶黏剂有上述一些优点，但也存在一些缺点：多异氰酸酯单体毒性大，单体易水解，施工时要求环境湿度要小；胶结强度不太高，只能用作非结构胶；耐热性不好。

聚氨酯胶黏剂主要对纸张、木材、玻璃、金属(钢、铝等)、塑料等材料具有良好的黏结力。在土木工程中，主要用来黏结塑料、木材、皮革等，特别适用于防水、耐酸、耐碱工程中。

4. 硅酮密封胶

硅酮密封胶是以有机硅氧烷为黏结料，加入适量硫化剂、硫化促进剂、增强填充料和颜料等组成的。硅酮密封胶有单组分和双组分两类产品，根据其功能分为：

耐候密封胶(简称耐候胶)：是指用于嵌缝的具有较高变形能力的低模数密封胶，主要用于铝合金、玻璃、石材等的嵌缝。

结构密封胶(简称结构胶)：是指用于玻璃幕墙结构中玻璃与铝合金构件、玻璃板与玻璃板等之间黏结的密封胶。

硅酮密封胶具有如下特性：

(1)良好的抗老化性能。硅酮密封胶区别于其他胶黏剂的最大特点是其具有良好的耐久性，使用寿命在 30 年以上。由于硅酮胶结构是以 Si—O 键为主，其他黏结胶多以易老化的 C—O 键或 C—C 键为主。硅酮密封胶几乎不受紫外线、臭氧、雨水、阳光、极低或极高温度的影响，机械和物理性能都不会因老化或暴露于环境下而有重大改变。

(2)良好的变形性能。如嵌缝用耐候胶固化后的变形承受能力为 25%～50%。

(3)良好的压缩循环性能。在长期的外荷载及热胀冷缩作用下多次重复变形移动后，能保持形态完整而不出现残余变形。

(4)耐热、耐寒性能好。固化后的硅酮密封胶可在 150℃以下的温度下使用，低温时也不会像其他密封材料那样变硬脆。

11.2.3　涂料

涂料是指涂敷于物体表面，在一定条件下形成连续完整的薄膜，能均匀地覆盖并良好地附着在被涂物体表面的物质。涂料对被涂物体可起装饰、防锈、防腐、防水、保温、吸声、防辐射等作用。

早期涂料采用的主要原料是天然树脂和干性、半干性油，如松香、牛漆、虫胶、亚麻子油、桐油、豆油等，因此在很长一段时间，涂料被称为油漆。随着石油化工的发展，以人工合成树脂和各种人工合成有机稀释剂为主，甚至以水为稀释剂的乳液型涂膜材料已成为主流产品。油漆这一词已不能代表其确切的含义，故改称为“涂料”。但人们习惯上仍把溶剂型涂料称为油漆，而把乳液型涂料称为乳胶漆。

11.2.3.1　涂料的组成

涂料的种类繁多、功能各异，不同的涂料组成成分不相同。按各组分在涂料中所起的作用不同，可分为主要成膜物质、次要成膜物质、稀释剂和助剂四类。

1. 主要成膜物质

主要成膜物质也称胶黏剂或固着剂。它的作用是将涂料中的其他组分黏结在一起，并能牢固地附着在基层表面形成连续、均匀、坚韧的保护膜。主要成膜物质的性质对形成涂膜的坚韧性、耐磨性、耐候性以及化学稳定性等，起着决定性的影响。涂膜的干燥方式是常温干燥还是固化剂固化干燥，也是由主要成膜物质决定的。

目前，我国建筑涂料所用的成膜物质以合成树脂为主，常用品种有：聚乙烯醇系缩聚物、聚醋酸乙烯及其共聚物、丙烯酸酯及其共聚物、氯乙烯－偏氯乙烯共聚物、环氧树脂、聚氨酯树脂、氯磺化聚乙烯等。应用于土木工程的涂料可按其主要成膜物质命名，如聚氨酯涂料、丙烯酸酯涂料、环氧树脂涂料。

2. 次要成膜物质

次要成膜物质是指涂料中所用的颜料和填料，它是构成涂膜的组成部分。次要成膜物质以微细粉状均匀分散于涂料介质中，赋予涂膜色彩、质感，使涂膜具有一定的遮盖力，减少收缩，还能增加涂膜的机械强度，防止紫外线的穿透，提高涂膜的抗老化性、耐候性等。次要成膜物质不能离开主要成膜物质单独构成涂膜。

颜料在涂料中的作用除了赋予涂膜以色彩外，还有使涂膜具有一定的遮盖力、提高涂膜机械强度、减少收缩、提高涂膜抗老化能力等作用。

填料不能给涂料以颜色，只在涂膜中起填充、骨架作用，减少涂膜的固化收缩，增加涂膜的厚度，加强质感，提高涂膜的耐磨性、抗老化性、耐久性等。因而，在涂料中与上述着色颜料并用，也称为“体质颜料”。填料主要是一些碱土金属盐，硅酸盐和镁、铝的金属盐等。经常使用的有重晶石粉、轻质碳酸钙、重碳酸钙、滑石粉、硅灰石粉、膨润土、云母粉、瓷土、石英石粉或砂等。

3. 溶剂

溶剂又称稀释剂，也是溶剂型涂料的一个重要组成部分，是一种既能溶解油料、树脂，又易于挥发并能使树脂成膜的有机物质。

溶剂的作用是：将油料、树脂稀释并能将颜料和填料均匀分散，调节涂料的黏度，使涂料便于通过涂刷、喷涂等方式涂在物体表面形成连续薄层；增加涂料的渗透力，改善涂料与基面的黏结能力；节约涂料等。常用的溶剂有：松香水、酒精、200 号溶剂汽油、苯、二甲苯、丙酮等。对乳胶型涂料，是借助具有表面活性的乳化剂，以水为稀释剂，而不采用有机溶剂。

4. 辅助材料

有了上述主要成膜物质和次要成膜物质中的颜料和填料以及溶剂，就构成了形成涂膜的涂料，但为了改善涂膜性能，诸如涂膜的结膜干燥时间、柔韧性，抗氧化、抗紫外线作用、耐老化性能等，还常用一些辅助材料。辅助材料又称助剂，它们的用量很少，但种类很多，各有所长，且效果显著。常用的辅助材料有：增塑剂、催干剂、固化剂、抗氧化剂、紫外线吸收剂、防霉剂、乳化剂以及特种涂料中使用的阻燃剂、杀虫剂等。

11.2.3.2 涂料的分类

涂料的品种众多，按主要成膜物质的性质来分，可分为有机涂料、无机涂料和有机无机复合涂料，本节介绍有机涂料。有机涂料根据稀释剂的不同分为溶剂型涂料、水溶性涂料和乳胶涂料。

1. 溶剂型涂料

溶剂型涂料是以高分子合成树脂为主要成膜物质，有机溶剂为稀释剂，加入适量的颜料、填料及辅助材料，经研磨而成的涂料。

溶剂型涂料形成的涂膜细腻光洁，有较好的硬度、光泽、耐水性、耐候性、气密性，耐酸碱，对建筑物有较强的保护性，使用温度可以低于零摄氏度。它的主要缺点是：易燃，溶剂挥发对人体有害，施工时要求基层干燥，涂膜透气性差，而且价格较贵。

2. 水溶性涂料

水溶性涂料是以水溶性合成树脂为主要成膜物质，以水为稀释剂；加入适量的颜料、填料及辅助材料，经研磨而成的涂料。

这类涂料的水溶性树脂，可直接溶于水中形成溶液。但它的耐水性较差，耐候性不强，耐洗刷性差，一般只用于内墙涂料。

3. 乳胶涂料

乳胶涂料又称乳胶漆。它是由合成树脂借助乳化剂的作用，以 0.1 ～ 0.5 μm 的极细微粒分散于水中构成的乳液，并以乳液为主要成膜物，加入适量的颜料、填料、辅助材料经研磨而成的涂料。这种涂料由于省去价格较贵的有机溶剂，以水为稀释剂，价格较便宜，无毒、不燃，对人体无害，有一定的透气性，涂布时不需要基层很干燥，涂膜固化后的耐水、耐擦洗性能较好，是目前应用最广泛的内墙涂料，有些品种也可用于外墙。

另外，应用于土木工程的涂料，按涂膜形态不同，可分为薄型涂料、厚质涂料、复层涂料和砂壁状涂料等；按使用部位不同，可分为内墙涂料、外墙涂料、地面涂料和顶棚涂料等；按使用功能的不同，可分为装饰涂料、防水涂料、防火涂料、保温涂料等。

11.2.3.3　常用建筑涂料

1. 聚醋酸乙烯乳胶漆

聚醋酸乙烯乳胶漆是用聚醋酸乙烯乳液、颜料及其他助剂，经加工而成的乳胶涂料。聚醋酸乙烯乳胶漆以水作分散介质，无毒、不燃、易施工、干燥快、透气性好、耐擦洗、附着力强、装饰效果好、耐碱。该涂料不能用油漆、油墨和水彩画颜料等调色，也不能用汽油等有机溶剂进行稀释。施工时如发现太稠，可加入少量清洁的自来水稀释。聚醋酸乙烯乳胶漆属于内墙涂料，适用于住宅、医院、办公室、商店、学校等的室内墙面或顶棚装饰，不宜用于外墙。

2. 苯丙乳液内墙涂料

苯丙乳液涂料全称为苯乙烯－丙烯酸酯乳液涂料，是以苯丙乳液为主要成膜物质，加入颜料、填料和各种助剂经研磨而成。苯丙乳液涂料具有优异的耐久性、耐水性和耐刷洗性，属于高档内墙涂料。

3. 聚氨酯外墙涂料

聚氨酯外墙涂料是以聚氨酯或与其他合成树脂复合为主要成膜物质，添加颜料、填料、助剂而制成的一种双组分固化型优质外墙涂料。聚氨酯外墙涂料具有一定的弹性，当基层由于某种原因发生变形开裂时，饰面涂层亦随之伸缩。聚氨酯涂料的特点是：固体含量高；不是靠溶剂挥发，而是双组分按比例混合固化成膜；涂膜相当柔软，弹性变形能力大；与混凝土、金属、木材等黏结牢固；耐化学药品的腐蚀性好；耐候性优良；表面光洁度好，呈瓷质状；耐沾污性好。聚氨酯外墙涂料是一种高档外墙涂料，但价格较贵。

4. 丙烯酸酯外墙涂料

丙烯酸酯外墙涂料是以丙烯酸酯类共聚物的乳液为主要成膜物质，加入颜料、填料等配制而成的溶剂型外墙涂料。它可用于水泥砂浆、混合砂浆及混凝土墙面的装饰。施工时可直接涂饰于墙面，也可作为复层涂料的罩面涂料。乳液型丙烯酸外墙涂料的涂膜光泽较好，无毒、不燃、干燥快，施工时不流挂，具有优良的耐沾污性和耐候性能，但在涂料中不能混入杂物和有机溶剂。

5. 聚氨酯地面涂料

聚氨酯地面涂料分薄质罩面涂料与厚质弹性地面涂料两类。前者主要用于木质地板或其他地面的罩面上光。后者用于刷涂水泥地面，能在地面上形成无缝且具有弹性的耐磨涂层，因而称之为弹性地面涂料。聚氨酯弹性地面涂料是双组分常温固化型的橡胶类涂料，甲组分是聚氨酯预聚体，乙组分是由固化剂、颜料、填料及助剂按一定比例混合后，研磨均匀制成。两组分在施工应用时按一定比例搅拌均匀后，即可在地面上涂刷。涂层固化是靠甲、乙两组分反应、交联后而形成具有一定弹性的彩色涂层。

11.2.4　土工合成材料

土工合成材料指土木工程建设中使用的土工织物、土工膜、土工复合材料、土工特种材料的总称。土工合成材料是以人工合成的聚合物，如塑料、化纤、合成橡胶等为原料制成的各种类型产品，置于土体内部、表面或各层土体之间，发挥加强或保护土体的作用。国家标准 GB/T 50290—2014《土工合成材料应用技术规范》将土工合成材料分为四大类(图 11－3)。

- 土工合成材料
  - 土工织物
    - 有纺土工织物
    - 无纺土工织物
  - 土工膜
  - 土工复合材料
    - 复合土工膜
    - 复合土工织物
    - 复合防排水材料：排水带、排水管、排水防水材料等
  - 土工特种材料
    - 土工格栅、土工带、土工格室、土工网、土工模袋、土工网垫、土工织物膨润土垫(GCL)、聚苯乙烯板块(EPS)等

图 11－3　土工合成材料分类

土工合成材料具有其他高分子材料的共同特性，如质量轻、易加工、施工方便。而老化是所有高分子材料面临的问题，土工合成材料也不例外。

1. 土工织物

土工织物是透水性的土工合成材料。按制造方法不同，分为有纺土工织物和无纺土工织物。有纺土工织物是由纤维或长丝按一定方向排列机织的土工织物。无纺土工织物是由短纤维或长丝随机或定向排列制成的薄絮垫，经机械结合、热黏结或化学黏结而成的织物。

用于生产土工织物的聚合物很多，常见的有聚丙烯纤维(或长丝)、聚酯纤维等。也有非高分子的土工织物，主要是玻璃纤维。

土工织物的整体性好，渗滤性强，质地柔软，与土体结合紧密。

2. 土工膜

土工膜是由聚合物或沥青制成的一种不透水薄膜。为了适应工程应用中不同强度和变形的需要，有加筋的和不加筋的土工膜。

用于制造土工膜的聚合物有聚氯乙烯、聚乙烯、丁基橡胶、环氧丙烷橡胶、氯磺化聚乙烯等。沥青土工膜主要是以土工织物为基材经沥青浸润而成。

土工膜有塑性膜和弹性膜，其共同的特征是低透水性。

3. 土工复合材料

土工复合材料是由土工织物、土工膜、土工特种材料和其他材料，以其中两种或两种以上材料复合成的土工合成材料。土工复合材料可将不同构成材料的性质结合起来，更好地满足具体工程的需要。常见的有复合土工膜和土工复合排水材。

4. 土工特种材料

土工特种材料是具有特定功能的土工合成材料。常用的有土工格栅、土工带、土工网等。各土工特种材料有其独特的功能，如土工格栅是由有规则的网状抗拉条带形成的用于加筋的土工合成材料，其开孔可容周围土、石或其他土工材料穿入。

土工合成材料的功能是多方面的，不同类型的土工合成材料有不同的应用特点，概括起来主要有六个方面：

(1)过滤作用　起过滤作用的主要是土工织物。把土工织物置于土体表面或相邻土层之间，可以有效地阻止颗粒通过，从而防止土过量流失而造成土体破坏。同时允许土中的水或气体穿过织物自由流动，避免孔隙水压力的升高造成土体的失稳等不利后果。

(2)排水作用　较厚的针刺型无纺织物、塑料排水管道和部分复合型土工合成材料可起排水作用。在土体中形成排水通道，把土中的水分汇集起来，沿着土工合成材料的表面排出土体外。

(3)隔离作用　土工织物和土工膜都可以起隔离作用。可把两种不同粒径的土、砂、石料，或把土、砂、石料与地基或其他建筑物隔离开，以免相互混杂，失去各种材料和结构的完整性，或避免土粒流失。

(4)加筋作用　土工织物、部分复合型土工合成材料、部分特种土工合成材料(如土工格栅)都具有加筋作用。土工合成材料埋在土体之中，可以限制土体侧向位移，还增加土体和其他材料之间的摩擦力，提高土体及有关土木工程的稳定性。

(5)防渗作用　土工膜和部分复合型土工合成材料具有防渗作用。可防止液体的渗漏，气体的挥发，保护环境或建筑物的安全。

(6)防护作用　土工织物、土工模袋等可起防护作用。防止土体被水冲刷流失、土体冻害。

土工合成材料已广泛应用于建筑、水利、电力、公路、铁路、港口等领域。

11.2.5　橡胶

橡胶是在外力作用下可发生较大变形，外力撤销后又迅速恢复原状，在使用条件下具有高弹性的高分子材料。

土木工程中，橡胶广泛应用于沥青改性、防水卷材、土工合成材料、抗震橡胶垫等。如用丁苯橡胶(SBR)改性的沥青低温抗裂性明显提高，高温稳定性也有所改善；三元乙丙橡胶(EPDM)防水卷材，具有良好的综合性能。

【课外调查】

调查内容：合成高分子材料在土木工程中的应用。

调查目的：掌握合成高分子材料在土木工程中有哪些应用及其优缺点。

自主选择本地有代表性的一座建筑物或构筑物，如表 11－1 中的一种，调查该建筑物或构筑物中使用了哪些合成高分子材料，并分析其选择的依据。

表 11－1　可供选择的土木工程类型

住宅	商场	体育馆	图书馆	酒店
道路	桥梁	大坝	博物馆	其他

可参照表 11－2 或自行设计调查表。

表 11－2　×××　图书馆　使用合成高分子材料调查表

工程部位				
所用合成高分子材料				
使用目的				
分析				

复习思考题

11－1　名词解释：热塑性聚合物；热固性聚合物。

11－2　简述高分子材料的一般性质(优点和缺点)。

11－3　塑料的主要组成成分有哪些？各起何作用？

11－4　建筑塑料的主要性能取决于所采用的(　　)。

A. 填充料　　B. 合成树脂　　C. 固化剂　　D. 增塑剂

11－5　有机胶黏剂的组成成分有哪些？

11－6　简述胶黏剂的胶黏机理。

11－7　硅酮密封胶有何特点？

第 12 章　建筑功能材料

【学习要点】

1. 熟悉防水材料及堵水材料的主要类型及性能特点；
2. 了解灌浆材料的主要类型及性能特点；
3. 熟悉绝热材料的主要类型及性能特点；
4. 熟悉吸声隔声材料的主要类型及性能特点；
5. 了解建筑玻璃的主要类型及性能特点；
6. 了解装饰材料的主要类型及性能特点。

建筑功能材料是以材料的力学性能以外的功能为特征，它赋予建筑物防水、保温、隔热、采光、防腐等功能。随着人们生活水平的提高以及建筑物使用环境的扩展，未来的建筑物需满足越来越高的安全、舒适、美观、耐久的要求，这些建筑功能的实现就必须依赖建筑功能材料。目前常用的建筑功能材料包括防水材料、堵水材料、灌浆材料、绝热材料、吸声隔声材料、装饰材料等。

12.1　防水材料

防水材料的主要作用是防止水对建筑物的破坏、保护建筑物内部空间免受水分干扰和保持蓄水结构的使用功能。

12.1.1　防水材料的分类和性能

防水材料根据其特性可分为柔性和刚性两类。柔性防水材料是指具有一定柔韧性和较大延伸率的防水材料，如防水卷材、有机防水涂料，它们构成柔性防水层。刚性防水材料是指具有较高强度和无延伸能力的防水材料，如防水砂浆、防水混凝土等，它们构成刚性防水层。

防水材料品种繁多，根据材料的品种可分为防水卷材、防水涂料、密封材料、刚性防水材料四大类，此外还有瓦类和板类防水材料。

12.1.1.1　防水卷材

防水卷材是可卷曲成卷状的柔性防水材料。防水卷材是我国使用量最大的防水材料，包括沥青防水卷材、改性沥青防水卷材和高分子防水卷材三个类别。

1. 沥青防水卷材

沥青防水卷材也称油毡，是以沥青为主要浸涂材料所制成的卷材，分有胎卷材和无胎卷材两类。有胎沥青防水卷材是以原纸、纤维毡、纤维布、金属箔、塑料膜等材料中的一种或数种复合为胎基，浸涂沥青，并用隔离材料覆盖其表面所制成的防水卷材，即含有增强材料的油毡。无胎沥青防水卷材是以橡胶或树脂、沥青、各种配合剂和填料为原料，经热熔混合后成型而制成的防水卷材，即不含有增强材料的油毡。

隔离材料是防止油毡包装时卷材各层彼此黏结而起隔离作用的材料，油毡按所用隔离材料分为“粉毡”和“片毡”，分别代表所用的隔离材料为粉状（如滑石粉）和片状（如云母片）。隔离材料在使用前应扫掉。

普通沥青防水卷材包括石油沥青纸胎油毡、油纸、石油沥青玻璃纤维胎油毡、石油沥青玻璃布胎油毡、沥青复合胎柔性防水卷材、铝箔面油毡等品种。GB/T 326—2007《石油沥青纸胎油毡》规定，石油沥青纸胎油毡按卷重和物理性能分为Ⅰ型、Ⅱ型和Ⅲ型。其中Ⅰ型、Ⅱ型油毡适用于辅助防水、保护隔离层、临时性建筑防水、建筑防潮及包装等，Ⅲ型油毡适用于屋面工程的多层防水。其中石油沥青纸胎油毡和沥青复合胎柔性防水卷材由于性能较低，是限制使用材料，不得用于防水等级为Ⅰ、Ⅱ级的建筑屋面及各类地下防水工程。煤沥青等材料制备的防水卷材属于淘汰产品，不得用于工程中。

石油沥青玻璃纤维胎油毡是采用玻璃纤维薄毡为胎基，浸涂石油沥青，在其表面涂撒以矿物材料或覆盖聚乙烯膜等隔离材料所制成的一种防水卷材。GB/T 14686—2008《石油沥青玻璃纤维胎防水卷材》规定，石油沥青玻璃纤维胎防水卷材按上表面材料分为 PE 膜面、粉面和砂面，按每 10 m^2 标称重量分为 15 号和 25 号，按力学性能分为Ⅰ型和Ⅱ型。其中 15 号玻纤胎油毡适用于一般工业与民用建筑的多层防水，并用于包扎管道（热管道除外），作防腐保护层；25 号玻纤胎油毡适用于屋面、地下、水利等工程的多层防水；彩砂面玻纤胎油毡适用于防水层面层和不再做表面处理的斜屋面。

石油沥青玻璃布胎油毡是采用玻璃布为胎基，浸涂石油沥青并在两面涂撒隔离材料所制成的一种防水卷材，适用于铺设地下防水、防腐层，并用于屋面作防水层及金属管道（热管道除外）的防腐保护层。

2. 改性沥青防水卷材

改性沥青防水卷材是以改性沥青为涂覆层，纤维织物或纤维毡为胎体，粉状、片状、粒状或薄膜材料为覆盖层材料制成的可卷曲的片状防水材料。

改性沥青防水卷材改善了普通沥青防水卷材温度稳定性差、延伸率小等缺点，具有高温不流淌、低温不脆裂、拉伸强度较高、延伸率较大等特点。我国常用的改性沥青防水卷材有弹性体改性沥青防水卷材、塑性体改性沥青防水卷材、改性沥青聚乙烯胎防水卷材、自黏橡胶沥青防水卷材、自黏聚合物改性沥青聚氨酯防水卷材等，其中弹性体或塑性体改性沥青防水卷材（Ⅱ型）是推荐使用的产品。

弹性体改性沥青防水卷材是以聚酯毡或玻纤毡为胎体、苯乙烯-丁二烯-苯乙烯（SBS）热塑性弹性体作改性剂，两面覆以隔离材料所制成的防水卷材（简称 SBS 卷材）。塑性体改性沥青防水卷材是以聚酯毡或玻纤毡为胎体、无规聚丙烯（APP）或聚烯烃类聚合物（APAO，APO）作改性剂，两面覆以隔离材料所制成的防水卷材（统称 APP 卷材）。SBS 卷材和 APP 卷材按胎基分为聚酯毡（PY）、玻纤毡（G）和玻纤增强聚酯毡（PYG），按上表面隔离材料分为聚乙烯膜（PE）、细砂（S）与矿物粒料（M），下表面隔离材料为聚乙烯膜

(PE)、细砂(S)，按材料性能分为Ⅰ型和Ⅱ型。细砂为粒径不超过 0.60 mm 的矿物颗粒。

卷材公称宽度为 1 000 mm，每卷卷材公称面积为 7.5 m^2、10 m^2、15 m^2。聚酯毡卷材公称厚度为 3 mm、4 mm、5 mm，玻纤毡卷材公称厚度为 3 mm、4 mm，玻纤增强聚酯毡卷材公称厚度为 5 mm。

SBS 和 APP 改性沥青防水卷材主要适用于工业与民用建筑的屋面和地下防水工程；玻纤增强聚酯毡卷材可用于机械固定单层防水，但需通过抗风荷载试验；玻纤毡卷材适用于多层防水中的底层防水；外露使用采用上表面隔离材料为不透明的矿物粒料的防水卷材；地下工程防水采用表面隔离材料为细砂的防水卷材。

3. 高分子防水卷材

高分子防水卷材是指以合成橡胶、合成树脂或两者共混体为基料，加入适量的化学助剂和填充料等，经不同工序加工而成的可卷曲的片状防水材料；也可将上述材料与合成纤维等复合形成两层或两层以上可卷曲的片状防水材料。

高分子防水卷材具有多方面的优点，如高弹性，高延伸性，良好的耐老化性、耐高温性和耐低温性等，已成为新型防水材料发展的主导方向，其主要产品有聚氯乙烯防水卷材、氯化聚乙烯防水卷材、氯化聚乙烯-橡胶共混防水卷材、高分子防水材料(片材，分为硫化橡胶类、非硫化橡胶类和树脂类三种)等，其中三元乙丙橡胶(硫化型)防水卷材和聚氯乙烯防水卷材(Ⅱ型)是推荐使用的产品。聚乙烯膜层厚度在 0.5 mm 以下的聚乙烯丙纶等复合防水卷材是限制使用的产品，不得用于房屋建筑的屋面工程和地下防水工程；除上述限制外，凡在屋面工程和地下防水工程设计中选用聚乙烯丙纶等复合防水卷材时，必须采用一次成型工艺生产且聚乙烯膜层厚度在 0.5 mm 以上(含 0.5 mm)，并应满足屋面工程和地下防水工程技术规范的要求。S 型聚氯乙烯防水卷材和采用二次加热复合成型工艺生产的聚乙烯丙纶等复合防水卷材属于淘汰产品，禁止用于房屋建筑的防水工程。

三元乙丙橡胶防水卷材是高分子防水材料(片材)中的均质弹性硫化型橡胶类防水材料，其主要特点是：综合性能优越、耐老化性能好、使用寿命长、延伸率大、对基层伸缩或开裂变形的适应性强、接缝技术要求高。适用于耐久性、耐腐蚀性和适应变形要求高的屋面和地下防水工程。

聚氯乙烯防水卷材是热塑性防水材料，GB 12952—2011《聚氯乙烯(PVC)防水卷材》按产品的组成分为均质卷材(代号 H)、带纤维背衬卷材(代号 L)、织物内增强卷材(代号 P)、玻璃纤维内增强卷材(代号 G)和玻璃纤维内增强带纤维背衬卷材(代号 GL)。其主要特点是：拉伸强度高、延伸率大、抗穿孔性好，可焊熔法施工，使用寿命较长。适用于建筑屋面、地下工程的防水，也适用于种植屋面做防水层。

4. 防水卷材施工辅助材料

(1)冷底子油和基层处理剂

冷底子油是把石油沥青直接溶于汽油、煤油、柴油等有机溶剂中制成的溶剂型沥青涂料，它涂刷后涂膜很薄，不宜单独作防水涂料用，但它的黏度小，能渗入到混凝土、砂浆、木材等材料的毛细孔隙中，待溶剂挥发后，便与基材牢固结合，使基层具有一定的憎水性，为黏结同类防水材料创造了有利条件。因多在常温下用作防水工程的打底材料，故名冷底子油。通常是采用30%～40%的30号或10号石油沥青，与60%～70%的有机溶剂(常用汽油)配制而成。

冷底子油是铺贴石油沥青卷材前涂刷在基层上的材料，从广义上说也是一种基层处理剂。

在铺贴合成高分子防水卷材时，根据不同的材性，需选用与其相适应的涂料来做基层处理剂，不能用冷底子油来做基层处理剂。

为了避免混淆，对用沥青和汽油配制成的涂料仍称为“冷底子油”；用于合成高分子防水卷材涂刷基层的涂料，叫作基层处理剂。

(2)沥青玛蹄脂与黏结剂

玛蹄脂又名沥青胶，是在沥青中加入填充料加工而成。沥青可采用10号、30号的建筑沥青和60号的道路石油沥青或其熔合物。粉状填充料可掺加10%～25%，纤维填充料可掺加5%～10%，填充料宜采用滑石粉、云母粉、板岩粉、石棉粉。

玛蹄脂分为冷热两种，前者名冷玛蹄脂，后者名热玛蹄脂，两者又均有石油沥青和煤沥青两类，石油沥青胶适用于粘贴石油沥青类卷材，煤沥青胶适用于粘贴煤沥青类卷材。沥青胶的标号(即耐热度)应根据屋面坡度、历年室外极端最高气温来选定。

对于改性沥青防水卷材和高分子防水卷材，应选用与其相适应的胶黏剂。

12.1.1.2 防水涂料

防水涂料是在常温下呈无定形的黏稠状液态的高分子合成材料，经涂布后，通过溶剂的挥发或水分的蒸发或反应固化后在基体表面可形成坚韧的防水膜的材料的总称。

防水涂料按其成膜物质可分为沥青类、改性沥青类、合成高分子类、聚合物水泥类四大类。按其涂料状态与形式，大致可以分为溶剂型、反应型、乳液型三大类。

防水涂料主要品种是水乳型沥青防水涂料、聚氨酯防水涂料、溶剂型橡胶沥青防水涂料、聚合物乳液建筑防水涂料、聚合物水泥防水涂料等，其中聚氨酯防水涂料和聚合物水泥防水涂料是推荐使用产品。焦油型聚氨酯防水涂料和水性聚氯乙烯焦油防水涂料是淘汰产品，禁止用于房屋建筑的防水工程。

聚氨酯防水涂料便于在形状复杂的基层形成连续、弹性、无缝、整体的涂膜防水层，并具有拉伸强度较高，延伸率大和耐高、低温性能好，对基层伸缩或开裂变形的适应性能好等特点。单组分应按使用部位和需要选择Ⅰ类或Ⅱ类，双组分应选用Ⅱ类。适用于地下室和厕浴间等工程防水，也可用于非暴露型屋面工程防水。

聚合物水泥防水涂料是以丙烯酸酯等聚合物乳液和水泥为主要原料，加入其他外加剂制得的双组分水性建筑防水涂料，主要特点为：水性涂料，生产、应用符合环保要求，能在潮湿基层面上施工、操作简便。适用于建筑非暴露型屋面、厕浴间及外墙面的防水、防渗和防潮工程。

防水涂料在施工固化前为无定型的黏稠状液体或浆膏状材料，不仅能在水平面施工，而且能在立面、阴角、阳角等复杂表面施工，并便于形成黏结牢固、封闭严密的整体涂膜防水层，防水工程质量比较可靠。防水涂料施工属于冷作业，既减少了环境污染，又便于施工操作，改善工作环境。此外，涂布的防水涂料既是防水层的主体，又是黏结剂，因而施工质量容易保证，维修也较简单。尤其是对于基层裂缝、施工缝、雨水斗及贯穿管周围等一些容易造成渗漏的部位，极易进行增强涂刷、涂布等作业。施工时，防水涂料需采用刷子、刮板等逐层涂刷或涂刮，故防水膜的厚度很难做到像防水卷材那样均匀，因此施工时要严格按照操作方法重复进行多遍涂刷。

12.1.1.3 密封材料

密封材料是指嵌填于建筑物的接缝、门窗框四周、玻璃镶嵌部及建筑裂缝等，能起到水密、气密性作用的材料。密封材料应具有良好的变形性能、压缩循环性能和耐气候性以及耐水性。

密封材料可分为不定型和定型两大类：不定型密封材料是指黏稠的膏糊状材料（俗称密封膏或嵌缝膏，也是狭义上的密封材料），定型密封材料是指具有特定形状的密封衬垫（如止水带、遇水膨胀橡胶等）。

按材料组分来分，密封材料的主要品种有硅酮建筑密封胶、聚硫建筑密封胶、丙烯酸酯建筑密封胶、聚氯乙烯建筑防水接缝材料、聚氨酯建筑密封胶、单组分聚氨酯泡沫填缝剂、高分子防水材料（止水带、遇水膨胀橡胶）等，其中硅酮建筑密封胶、聚硫建筑密封胶、聚氨酯建筑密封胶和丙烯酸酯建筑密封胶是推荐使用产品。

硅酮建筑密封胶（以聚硅氧烷为主要成分、室温固化的单组分和多组分密封胶）是以硅橡胶为基料，加入交联剂、填料、助剂等配制而成的一种密封材料，适用于各种建筑防水密封等，但不适用于建筑幕墙和中空玻璃的密封。

GB/T 14683—2017《硅酮和改性硅酮建筑密封胶》将硅酮和改性硅酮建筑密封胶按组分分为单组分（Ⅰ）和多组分（Ⅱ）两个类型。硅酮建筑密封胶（标记为SR）按用途分为F类（建筑接缝用）、Gn类（普通装饰装修镶装玻璃用，不适用于中空玻璃）和Gw类（建筑幕墙非结构性装配用，不适用于中空玻璃），改性硅酮建筑密封胶（标记为MS）按用途分为F类（建筑接缝用）和R类（干缩位移接缝用，常见于装配式预制混凝土外挂墙板接缝）。产品按位移能力分为50、35、25和20四个级别，按拉伸模量分为高模量（HM）和低模量（LM）两个次级别。

GB 16776—2005《建筑用硅酮结构密封胶》适用于建筑幕墙及其他结构黏结装配用硅酮结构密封胶。产品为细腻、均匀膏状物，按组分分为单组分型（1）和双组分型（2）两种类别，按产品适用的基材分类，代号表示为M（金属）、G（玻璃）和R（其他）。

聚硫建筑密封胶是以液态聚硫橡胶为基料的室温硫化双组分建筑密封胶，为均匀膏状物。聚硫建筑密封胶适用于中空玻璃、油库、机场、污水处理池、垃圾填埋场、道桥和门窗等构造接缝的黏结密封处理。

聚氨酯建筑密封胶是以氨基甲酸酯聚合物为主要成分的单组分和多组分建筑密封胶，为细腻、均匀膏状物或黏稠液。聚氨酯建筑密封胶适用于道桥、桥梁、运动场、机场和屋面及地下工程等接缝的黏结密封处理。

丙烯酸酯建筑密封胶是以丙烯酸酯乳液为基料的单组分水乳型建筑密封胶，为无结块、无离析、均匀细腻的膏状物。JC/T 484—2006《丙烯酸酯建筑密封胶》将丙烯酸酯建筑密封胶按产品位移能力分为12.5和7.5（其试验拉伸压缩幅度分别为±12.5%和±7.5%）

两个级别，12.5 级密封胶按其弹性恢复率又分为弹性体(记号 12.5E)和塑性体(记号 12.5P 和 7.5P)两个次级别。

12.5E 级为弹性密封胶，主要用于接缝密封；12.5P 和 7.5P 级为塑性密封胶，主要用于一般装饰装修工程的填缝。三种级别的产品均不宜用于长期浸水的部位。

12.1.1.4 刚性防水材料

刚性防水材料是指以水泥、砂、石为原料或其内掺入少量外加剂、高分子聚合物等材料，通过调整配合比、抑制或减小孔隙率、改变孔隙特征、增加各原材料界面间的密实性等方法，配制成具有一定抗渗透能力的水泥砂浆、混凝土类防水材料。

刚性防水材料可通过三种方法实现：①以硅酸盐水泥为基料，加入无机或有机外加剂配制而成的防水砂浆、防水混凝土。②以膨胀水泥为主的特种水泥作为基材配制的防水砂浆、防水混凝土。③使用水泥基渗透结晶型防水材料，它与水作用后，材料中含有的活性化学物质通过载体向混凝土内部渗透，在混凝土中形成不溶于水的结晶体，填塞毛细孔道，从而使混凝土致密、防水，可用于背水面防水。

12.1.1.5 瓦类和板类防水材料

瓦类和板类防水材料是一种覆盖型防水材料，适用于具有一定坡度的部位，通过合理的构造搭接达到防水的目的，有时需与其他防水材料共同使用。瓦类和板类防水材料主要包括烧结瓦、混凝土瓦、油毡瓦、金属和塑料板等。

烧结平瓦和混凝土平瓦单独使用时，可用于防水等级为Ⅲ级、Ⅳ级的屋面防水；与防水卷材或防水涂料复合使用时，可用于防水等级为Ⅱ级、Ⅲ级的屋面防水。

油毡瓦单独使用时，可用于防水等级为Ⅲ级的屋面防水；油毡瓦与防水卷材或防水涂料复合使用时，可用于防水等级为Ⅱ级的屋面防水。

常见的金属屋面材料有镀锌钢板、复合铝板、彩色压型钢板、彩钢复合板材等。金属板材适用于防水等级为Ⅰ级、Ⅱ级和Ⅲ级的屋面防水，需根据防水等级选择性能相适应的板材。

平瓦和油毡瓦适用于排水坡度大于 20°的屋面，金属板材适用于排水坡度大于 10°的屋面。

12.1.2 防水材料的选用原则

近年来防水材料发展很快，不断有新型防水材料问世。防水材料不但类型多，而且品种多，这一方面给设计人员在防水工程中选用材料提供更多的余地，但另一方面因建筑工程受到诸如用途、地点、环境、设计费用等各种条件的限制，又增加了选择的难度。GB 50345—2012《屋面工程技术规范》和 GB 50208—2011《地下防水工程质量验收规范》规定的防水等级分别见表 12-1 和表 12-2。下面介绍一些防水材料的选用原则供参考。

表 12-1 屋面工程防水等级

防水等级	建筑类别	设防要求
Ⅰ级	重要建筑和高层建筑	两道防水设防
Ⅱ级	一般建筑	一道防水设防

表 12-2 地下工程防水等级

防水等级	地下工程防水标准
1 级	不允许渗水，结构表面无湿渍
2 级	不允许漏水，结构表面可有少量湿渍 房屋建筑地下工程：湿渍总面积不大于总防水面积(包括顶板、墙面和地面)的 1‰；单个湿渍的最大面积不大于 0.1 m^2；任意 100 m^2 防水面积上的湿渍不超过 2 处； 其他地下工程：湿渍总面积不应大于总防水面积的 2‰；单个湿渍的最大面积不大于 0.2 m^2；任意 100 m^2 防水面积上的湿渍不超过 3 处。其中，隧道工程平均渗水量不大于 0.05 L/(m^2·d)，任意 100 m^2 防水面积上的渗水量不大于 0.15 L/(m^2·d)
3 级	有少量漏水点，不得有线流和漏泥沙 单个湿渍最大面积不大于 0.3 m^2，单个漏水点的最大漏水量不大于 2.5 L/d，任意 100 m^2 防水面积上的漏水或湿渍点数不超过 7 处
4 级	有漏水点，不得有线流和漏泥沙 整个工程平均漏水量不大于 2 L/(m^2·d)，任意 100 m^2 防水面积的平均漏水量不大于 4 L/(m^2·d)

1. 按防材料类别选用

卷材类：防水卷材具有施工简便，施工温度范围广，一般可一遍成活等优点，但存在着有接缝、对异形部位(如突起部位)卷材铺贴处理难度大等缺陷。它较适用于大面积基本平直的部位，如屋面、地下室底板和墙面，不宜用于管道较多的部位，如卫生间等。从卷材本身的性能来看，高分子防水卷材一般比改性沥青防水卷材的性能好，但价格较高。因此具体选用哪种卷材，要根据工程的建筑标准决定，像高级宾馆、国家重点工程等可选用高弹性、耐候性优异的三元乙丙橡胶防水卷材，一般工程可选用普通的防水卷材。在屋面上选用耐候性较差的卷材时，应加保护层。

涂料类：防水涂料不仅能在水平面，而且能在立面、阴阳角及各种复杂表面，形成无接缝的完整的防水膜。它适用于各种形状复杂的部位，特别适用于管道较多的部位，如卫生间等。但由于涂料涂层较薄，若将弹性较差的涂料用于屋面，容易因温度变化而产生裂缝，从而导致屋面渗漏，所以必须谨慎。在选用时，建筑标准高的工程，可选用聚氨酯涂膜防水材料，一般工程可选用氯丁胶乳防水涂料，并要严格注意材料质量，保证涂层厚度不小于 2 mm。

密封材料类：密封材料是一种弹塑性材料，施工操作比较方便，材料资源丰富，可一遍成活。它主要用于混凝土建筑物、构筑物及配件的接缝嵌缝防水、补缝防漏，不宜用作大面积的涂层防水，可作为涂料涂刷在板面、地面、墙面起防渗、防潮、防腐蚀作用，而且在作防水层涂料使用时应加玻璃纤维布。

2. 按防水层基层选用

现浇钢筋混凝土基层，宜选用防水卷材或片材，也可选用防水涂料。

混凝土预制板加找平层，宜选用防水卷材或片材，也可选用防水涂料。

大型屋面板板缝用密封材料嵌缝，板面用涂料或用密封材料，不宜用卷材。

保温层加水泥砂浆找平层宜用防水卷材。

3. 按防水部位选用

屋面防水：由于屋面防水工程是大面积的施工，使用温度范围差异较大，防水材料常常直接暴露于大气之中，受大气侵蚀的影响最大，因此屋面防水设计的安全度应比较大（仅次于地下室防水），宜选用性能较好的防水卷材，不宜用防水涂料。但一般工业与民用建筑工程，若受造价限制，也可选用普通防水卷材和冷作业防水涂料，选用普通防水卷材时，卷材厚度不宜小于2 mm；选用冷作业防水涂料时，要特别注意材料质量，并保证涂层厚度不小于2 mm。

卫生间防水：卫生间防水工程，防水面积小，并且防水材料上有较厚的保护层，因此防水设计的安全度比屋面和地下室小。另外，由于它们的施工面积一般比较窄小，拐角与管道较多，因此最好选用防水涂料，不宜使用防水卷材。

地下室防水：地下防水工程工序交叉多，施工期长，因地下水有压力，极易产生渗漏现象，修补也较困难，所以地下室防水设计的安全度应最大，而且要精心施工，认真对待，宜选用性能较高的防水材料，还可采用“防排结合、刚柔并用、多道设防、因地制宜、综合治理”的原则，同时使用两类以上的防水材料，以取得良好的防水效果。地下室如采用卷材防水层，应采用抗菌性能好、耐腐蚀性能强的卷材。

板缝嵌缝防水：宜选用嵌缝密封膏。建筑标准高者应采用聚硫和聚氨酯类密封膏，一般工程可用塑料胶泥等。

防水工程中的重点部位防水：对防水效果有直接影响的特殊部位，如屋面的天沟、檐沟、排水口等；地下室的底板与墙身转角处和其他特殊部位；楼面的踢脚、管道的泛水等部位，在做防水层时，均应加做1～2层，进行加强处理，以增强其防水能力。

4. 按防水工程所处环境选材

防水工程所处环境包括降雨量多少、环境温度高低及水位、水质情况。对于南方多雨地区宜选用耐水性强的材料，如玻纤胎沥青卷材、高分子片材并配套用耐水性强的胶黏剂等，而在西北少雨地区，可选用冷沥青涂料或性能稍差的高分子卷材等；南方高温地区选用改性沥青卷材时，宜选用耐热度高的APP改性塑性体沥青卷材，而在北方低温寒冷地区，则以选用低温性能好的SBS改性弹性体沥青卷材为好。选用其他防水材料时，亦应考虑耐热性和低温性能。在水位较高的地下工程，防水层长期泡水，宜选用能热熔施工的改性沥青防水卷材，或采用耐水性强、可在潮湿基层施工的聚氨酯类防水涂料，不宜采用乳化型防水涂料。对含酸、含碱水质差的地方，应选用较厚的沥青防水卷材或耐腐性能优异的高分子片材，如4 mm厚的沥青卷材、三元乙丙橡胶卷材等。

5. 按建筑功能要求选材

上人屋面因防水层上有地砖或其他材料做成的铺砌层，对防水层有保护作用，因此耐紫外光老化性稍差，而延伸性、防水性、抗拉强度等性能很好的材料均可应用。如聚氨酯类防水涂料、玻纤胎沥青油毡等；不上人屋面，防水层直接暴露，可选用铝箔覆面的卷材，防水层表面不需作保护层；种植屋面的防水层除要求具有良好的防水性外，还需要耐腐性好、耐穿刺、能防止植物根的穿透，宜选用柔性复合防水材料、APP或SBS改性沥青卷材等，也可采用在刚性防水表面加防水涂层的多道防水设防；对有振动的工业厂房大型混凝土屋面，宜选用延伸性好、强度大的材料，以及厚度为 1.5 mm 以上的合成高分子卷材，如三元乙丙橡胶卷材、3 mm以上的聚酯胎改性沥青卷材，不宜选用玻纤胎沥青卷材等。

6. 按工程条件选材

不同的工程等级，应选用相适应的材料才最为经济。对一级、二级建筑，应选用高聚物改性沥青卷材或合成高分子卷材，对三级、四级一般建筑或非永久性建筑，则可采用沥青防水卷材。对等级高的建筑不但要选用高性能的材料，而且要选用高等级的优等品、一等品，一般建筑可选用普通防水材料；对斜屋面，因其排水性好，可选用各色的油毡瓦；对防水层位于保温层之下的倒置屋面，因存在着一旦发生渗漏，修补困难等情况，所以对选用的防水材料更加严格，不宜刚柔结合，而适于用柔性复合材料，又因防水材料长期处在潮湿的环境，所以不宜选用胶黏结合的材料，宜选用热熔型改性沥青卷材或合成高分子防水涂料，如聚氨酯防水涂料等。

12.1.3 防水材料使用注意事项

1. 一道防水设防

一道防水设防是指具有单独防水能力的一道防水层次。“一道”既不是指“一遍”，也不一定指“一层”。譬如“三毡四油”是由三层油毡、四层玛蹄脂组合而成，既不能叫三道，也不能叫七道，因为“三毡四油”才能算是一个具有单独防水能力的防水层次，所以只能叫“一道”。当然如果采用一定厚度的高聚物改性沥青防水卷材或合成高分子防水卷材，因为这种卷材只需铺设一层就具有单独防水的能力，那么虽然只是一层卷材，但也应是“一道”防水层次。

又如，在涂膜防水层中提的“两布六涂”，既不能叫“两道”，也不能叫“六道”，这仅指铺了两层胎体增强材料和涂刷了六遍防水涂料，在确保规范中规定厚度的情况下，才能形成具有单独防水能力的“一道”防水层。

2. 防水层合理使用年限

防水层合理使用年限的定义为：“屋面防水层能满足正常使用要求的年限。”也就是说，在不遭受特殊自然灾害或人为破坏的情况下，防水层在合理使用年限内，屋面不允许出现渗漏。

防水层合理使用年限不是建筑物耐久年限。建筑物的耐久年限是主体结构的耐久年限，有 100 年、50 年等，而防水层合理使用年限最高只有 25 年，即在建筑物耐久年限内通常需进行防水工程的维修。

合理使用年限也不是防水层的保修期。防水层的合理使用年限与防水层的保修期是不同的。屋面防水层合理使用年限，是指防水层在正常使用情况下的寿命。而保修期则是指防水层在合理使用情况下，在一定的时间阶段内，如发生质量问题由原施工单位进行无偿修理。根据《建设工程质量管理条例》，目前规定防水层的最低保修期为 5 年。

12.2 堵水材料

堵水材料也称堵漏止水材料，主要包括灌浆材料、柔性嵌缝材料、刚性止水材料、刚性抹灰材料、渗漏密封材料和粘贴防水材料等，主要用于房屋建筑、构筑物、水工建筑等工程包括带水、带湿、带压的防水堵漏。

堵水材料按施工方式分为灌浆注浆材料、柔性嵌缝材料、刚性止水材料、刚性抹灰材料等，其特点和用途见表 12－3。

表 12－3　常用堵水材料的特点及用途

品　种		特性及用途
灌浆注浆材料	水溶性聚氨酯注浆材料	具有弹性止水和以水止水的双重功能，并有黏度低、可灌性好、毒性低、强度高、对潮湿基面黏结力强等性能；适用于土木工程防水堵漏、大坝基础灌浆、坝体混凝土裂缝防渗补强、松软地基加固等
	硅酸盐水泥超早强外掺剂	具有超早强性能，小时强度高，长期强度稳定，并有微膨胀、抗渗、抗冻、抗硫酸盐、对钢筋无锈蚀等特性；适用于地铁、隧道及其他地下工程的防水、防漏
	硫铝酸盐超早强膨胀水泥	具有速凝、快硬、早强、微膨胀等特性；适用于大型基础和预埋孔灌浆、地质钻探护孔固壁、混凝土构件板柱浆锚，以及隧道、涵洞、地铁、港口、桥梁、机场跑道的加固修补和抗渗堵漏
	硫铝酸盐 R 型地质勘探水泥	具有速凝、早期强度高、微膨胀、抗硫酸盐侵蚀、负温性能好等特性；适用于地质勘探工程中护孔固壁、止涌堵漏、封口止水、固结套管以及应急抢修工程等
	硫铝酸盐 S 型瞬凝水泥	具有凝固时间短、水中迅速固化、早期强度发展快和黏结力强等特性；适用于止漏堵漏、快速封孔、高速喷锚、修补裂缝、水下作业、框架锚固、喷射抗硫酸盐侵蚀保护层等
柔性嵌缝材料	遇水膨胀橡胶	具有耐水性、耐化学介质性、耐久性、回弹性和延伸性等特性，并具有遇水膨胀以水止水的作用；适用于各种混凝土、陶瓷和塑料管道的防水密封，以及隧道、竖井、大坝、房屋基础的接缝、变形缝、施工缝止水
	止水橡皮及橡胶止水带	具有良好的弹性、耐磨、耐老化（－40～＋40 ℃条件下）、抗撕裂和防水等性能；适用于小型水坝、贮水池、地下通道、河底隧道、游泳池及地下工程变形缝处的防水密封
	自黏性橡胶	具有良好的黏结性、延伸性、耐老化性；适用于各种不同规格的缝隙、孔槽的接缝、嵌缝的堵洞防水
	丁基不干性密封材料	具有良好的水密性、气密性、耐高低温性能；适用于混凝土、橡胶塑料、陶瓷、木材、多种金属的黏附和密封，并可用于外墙接缝、刚性屋面伸缩缝、门窗框缝隙和卫生间的防水密封
	塑料止水带	具有良好的耐久性和物理力学性能；适用于工业与民用建筑的地下防水，以及隧道、涵洞、坝体、沟渠等水工构筑物的变形缝防水
	聚乙烯泡沫塑料	具有不吸水、弹性、保温、耐化学腐蚀、耐老化等特性；适用于墙板接缝处的嵌缝密封背衬，各种建筑结构嵌缝密封的衬垫等

续表 12－3

品　　种		特性及用途
刚性止水材料	无机复合堵漏剂	具有快凝快硬、瞬间止水、早强高强、抗渗抗裂、无毒无害、贮存运输方便等特点，而且与新老混凝土及砖、石基层黏结牢固，可带水作业，施工简便，见效快，防水耐久；可用于各种建筑屋面、地下室、水池、管道、人防洞库、国防工事、工矿井巷等工程的防水堵漏及抢修加固
刚性抹灰材料	无机铝盐防水剂	具有抗渗、抗压、抗拉、抗寒、耐高温、耐强碱、耐老化等性能；适用于建筑物、构筑物、水工工程，如隧道、堤坝、桥梁、水池等防渗
	有机硅防水砂浆	具有良好的憎水性、透气性和耐高温、耐高寒、耐燃、耐油、耐老化等性能；适用于内外墙的粉刷层，起到单面防水、防潮、防污等作用
	阳离子氯丁胶乳水泥防水砂浆	具有良好的防水性能；适用于建筑物墙面、屋面、地面的防水、防腐，以及高速公路、飞机跑道、建筑物裂缝的防渗、堵漏修补、嵌缝等

12.3　灌浆材料

12.3.1　灌浆材料概述

灌浆也称注浆，是指利用灌浆泵或浆液自重，通过钻孔、埋管或其他方法把未凝固的防渗材料浆液压送到岩体的裂隙、混凝土裂缝、接缝或空洞内的工程措施。

灌浆的目的是填充地基中岩石的节理裂隙，砂砾石层中的空隙和结构物混凝土中的孔洞、裂缝等空隙，起到固结、黏合、防渗，提高承载强度、抗变形能力以及传递应力等作用。甚至有时在松软的土层中，它也可起到包围固结土粒或穿透挤压土层的作用，达到提高承载能力、改善变形条件和加强防渗的目的。

灌浆工程应用范围很广，在煤炭、石油、冶金、铁路、交通、国防、农业等各部门以及房屋建筑和其他土木工程中均有使用，水利工程中应用得更为广泛。

灌浆的分类较多，按被灌裁体分为裂隙岩体灌浆、松软土体灌浆、混凝土/钢筋混凝土裂缝灌浆、基岩与混凝土/钢筋混凝土面层缝灌浆等；按注浆压力分为静压注浆和高压喷射注浆两大类；按灌浆理论分为渗透灌浆、压密灌浆、充填灌浆、劈裂灌浆、强制灌浆和电动化学灌浆等；根据工程部位分为堤坝基础灌浆、坝体接缝灌浆、混凝土裂缝补强灌浆、土坝坝体裂缝灌浆、隧洞灌浆、隧洞开挖前的超前灌浆、预应力锚筋(索)的填充灌浆以及预填骨料混凝土灌浆、地脚螺栓锚固灌浆、设备基础的二次灌浆、栽埋钢筋、混凝土结构加固和改造等。

灌浆材料基本上可分为两类。一类是无机灌浆材料，是以无机矿物质固体颗粒为基本材料制作的灌浆材料，例如水泥类、水泥－水玻璃类、黏土类、水泥－黏土类等，由这类材料制成的浆液，其颗粒处于分散的悬浮状态，属于悬浮液。另一类是有机灌浆材料，也称化学灌浆材料，例如丙烯酰胺类、木质素类、脲醛树脂类、聚氨酯类、环氧树脂类、糠醛树脂类、聚乙烯醇类、甲基丙烯酸甲酯类、丙烯酸盐类等，这类材料制成的浆液是真溶液。在日常使用中多采用水泥基灌浆材料和化学灌浆材料。

12.3.2 水泥基灌浆材料

水泥基灌浆材料是以由水泥为基本材料，加入适量的细骨料、少量的混凝土外加剂及其他材料组成的灌浆材料，加水拌和后具有大流动度，早强、高强、微膨胀的性能。

水泥基灌浆材料结石体强度高、造价低廉、材料来源广泛、浆液配制方便、操作简单，是使用量最大的浆材。

12.3.2.1 水泥基灌浆材料的组成材料

1. 水泥

一般情况下，水泥宜采用硅酸盐水泥或普通硅酸盐水泥。当有抗侵蚀或其他要求时，应使用特种水泥。使用矿渣硅酸盐水泥或火山灰质硅酸盐水泥灌浆时应得到设计许可，浆液水灰比不宜大于1。水泥应符合相应的标准要求。

灌浆用的水泥细度是非常重要的技术性质之一。普通水泥粒径较粗，除非采用张裂式灌浆方法，通常难以灌入宽度在0.2 mm以下的裂隙。帷幕灌浆和坝体接缝灌浆所用水泥的细度宜为通过80 μm方孔筛的筛余量不大于5%。

对小于0.2 mm宽度的细微型隙，用一般水泥灌浆是没有显著效果的，应采用磨细水泥和超细水泥。磨细水泥最大粒径在35 μm以下，平均粒径为6～10 μm。超细水泥最大粒径在12 μm以下，平均粒径为3～6 μm。磨细水泥和超细水泥可采用干磨形式制备，也可采用湿磨方式在施工现场制备。

2. 细骨料

细骨料应符合GB/T 14684—2022《建设用砂》的规定。在灌注大裂隙或溶洞时，为避免浆液过多扩散和流失，提高结石强度，节省水泥，通常在水泥浆中加入细砂，制成水泥砂浆进行灌注。砂子应质地坚硬，级配均匀，最大粒径以不大于2.5 mm或2.0 mm为宜，砂的细度模数不宜大于2.0。

3. 混凝土外加剂

混凝土外加剂包括速凝剂、减水剂、膨胀剂等，外加剂质量应符合相关标准的规定。

在灌浆中比较常用的外加剂有速凝剂和塑化剂，速凝剂的主要作用是加速水泥浆液的凝结，常用品种有水玻璃和氯化钙，水玻璃的模数宜为2.4～3.0，相对密度宜为1.26～1.45。减水剂的主要作用是改善浆液的流动性，常用品种有萘系高效减水剂、木质素磺酸钙等，主要用于水泥黏土浆，在纯水泥浆中较少使用。

在灌浆浆液中掺入少量外加剂，主要目的是改善浆液的性质，但掺加外加剂并不能取代最优的浆液配比，也不能不加区别地任意使用。掺用外加剂一定要通过配方试验，验证其适用性后再行使用。若要求掺用两种或两种以上外加剂时，必须进行更细致周密的试验。

4. 其他材料

其他材料主要包括粉煤灰、黏土和膨润土。

(1)粉煤灰　可选用Ⅰ、Ⅱ或Ⅲ级粉煤灰，宜选用Ⅰ或Ⅱ级粉煤灰。粉煤灰质量应满足标准要求，且细度宜小于采用的水泥细度。

(2)黏土　水泥浆中加入黏土，除了可节约水泥外，还可改善浆液性能，减少析水，增强稳定性。目前在砂砾石层灌浆中，广泛地使用了水泥黏土浆，但在岩石基础灌浆中极少应用。所用黏土以钠质黏土为好，这类黏土遇水易膨胀，在水中易分散。用于灌浆材料的黏土，一般应满足以下条件：塑性指数不宜小于 14，粒径小于 0.005 mm 的黏粒质量分数不宜少于 25%，含砂量不宜大于 5%，有机物质量分数不宜大于 3%。

(3)膨润土　在水泥浆中加入少量膨润土，主要起稳定剂作用。膨润土掺量一般仅为水泥质量的 2%～3%。要求膨润土中粒径小于 0.002 mm 的颗粒质量分数在 40% 以上，塑性指数大于 40，液限大于 100。

12.3.2.2　水泥基灌浆材料的性能要求

水泥基灌浆材料有许多种，应根据灌浆的目的和地质条件选择适用的灌浆材料。一般来讲，水泥基灌浆材料应具有下述的特性：

(1)颗粒细。作为灌浆材料的首要条件是颗粒细，即具有一定的细度，以便能灌入岩层的裂隙、孔洞中去，这是实现灌浆的前提。一般来讲，浆材的粒径需小于裂隙宽度的 1/3～1/5，灌浆才易奏效。

(2)稳定性好。灌浆材料与水混合后所制成的浆液，其颗粒在一定时间内和一定条件下(如搅拌、流动)在浆液中应能保持呈均匀分散的悬浮状态，使其成为均质的浆液，并具有稳定性好、流动性强的性能。这样才有利于灌注工作，保证获得良好的灌浆质量。

(3)具有一定的强度。浆液灌入岩石缝隙填满后，应能凝固成具有一定强度和抗渗性的结石。浆液的水灰比越大，结石强度就越低。

灌浆用的水泥浆液有稳定浆液和不稳定浆液两种，2 h 内析水率小于 5% 的为稳定浆液。

在水泥浆液中掺入少量膨润土即可制成稳定浆液，其性能特点是析水很少，灌浆后不致因浆液中水分过多析出而留下大量未能填满的空隙，结石密实性好，力学强度高，抗化学溶蚀能力强，与缝隙两壁的黏附力也较高。因此，使用稳定浆液进行灌浆，发生抬动岩体危险的可能性小，也可避免大量的吸浆工序。

纯水泥浆属于不稳定浆液，其缺点是析水量较大，水泥颗粒易沉淀，稳定性差，浆液不宜过稀，且应注意选择适当的水泥品种。

JC/T 986—2018《水泥基灌浆材料》适用于设备基础二次灌浆、柱脚底板、地脚螺栓锚固、混凝土结构加固、修补、钢筋连接套筒等使用的水泥基灌浆材料。该规范将水泥基灌浆材料按流动度分为Ⅰ、Ⅱ、Ⅲ和Ⅳ共四类，按抗压强度分为 A50、A60、A70 和 A85 四个等级。流动度Ⅰ类、Ⅱ类和Ⅲ类水泥基灌浆材料 4.75 mm 筛筛余为 0；流动度Ⅳ类水泥基灌浆材料最大粒径大于 4.75 mm，且不超过 25 mm。水泥基灌浆材料流动度应满足表 12－4 的要求。

表 12－4　水泥基灌浆材料流动度要求

项目		技术指标			
		Ⅰ	Ⅱ	Ⅲ	Ⅳ
截锥流动度	初始值	—	≥340 mm	≥290 mm	≥650 mm[a]
	30 min	—	≥310 mm	≥260 mm	≥550 mm[a]
流锥流动度	初始值	≤35 s	—	—	—
	30 min	≤50 s	—	—	—

注：a. 该数据表示坍落扩展度。

水泥基灌浆材料抗压强度应满足表12－5的要求。

表12－5 水泥基灌浆材料抗压强度要求 MPa

项目	技术指标			
	A50	A60	A70	A85
1 d	≥15	≥20	≥25	≥35
3 d	≥30	≥40	≥45	≥60
28 d	≥50	≥60	≥70	≥85

水泥基灌浆材料其他性能应满足表12－6的要求。

表12－6 水泥基灌浆材料其他性能要求

项 目		技术指标
泌水率		0
对钢筋锈蚀作用		对钢筋无锈蚀作用
竖向膨胀率[a]	3 h	0.1%～3.5%
	24 h与3 h膨胀率之差	0.02%～0.50%

注：a. 抗压强度等级A85的水泥基灌浆材料3h竖向膨胀率指标可放宽至0.02%～3.5%。

12.3.2.3 水泥基灌浆材料使用注意事项

由于普通水泥颗粒大，这种浆液一般只能注入直径或宽度大于0.2 mm的孔隙或裂隙中，使用上受到一定的限制。

纯水泥浆液的搅拌时间，使用高速搅拌机时应大于30 s；使用普通搅拌机时应大于3 min。浆液在使用前应过筛，浆液自制备至用完的时间不宜大于4 h。

拌制细水泥浆液和稳定浆液应使用高速搅拌机并加入减水剂。搅拌时间宜通过试验确定。细水泥浆液自制备至用完的时间宜少于2 h。

寒冷季节施工应做好机房和灌浆管路的防寒保暖工作。炎热季节施工应采取防晒和降温措施。浆液温度应保持在5～40 ℃。若用热水制浆，水温不得超过40 ℃。

12.3.3 化学灌浆材料

水泥基灌浆材料具有结石体强度高，材料来源广泛，价格低，运输、储存方便，以及灌浆工艺比较简单等优点，一直是灌浆工程中应用最多的基本灌浆材料。但是水泥属于颗粒性材料，其浆液为悬浮液，对某些细微裂缝、裂隙或孔隙，有时不能得到满意的灌注效果。此外，在某些有一定流速的漏水部位，灌入的水泥浆在凝固前很容易被水稀释或冲走，这些都使水泥灌浆的应用受到一定的限制。因此，纯液体状、具有快速凝结特性的化学灌浆材料应运而生。

化学灌浆材料按灌浆对象可分为防渗堵漏材料和补强加固材料两类。水玻璃类、木质素类、丙烯酰胺类、丙烯酸盐类、氨基树脂类、聚氨酯类都属于防渗堵漏材料；环氧树脂类、丙烯酸酯类和聚酯树脂类等属于补强加固材料。此外，一些聚氨酯类材料也可作为补强加固材料使用。目前常用的化学灌浆材料有甲凝和环氧树脂等。

甲凝是以甲基丙烯酸甲酯为主要成分配制而成的一种低黏度液体，可灌性好，能灌入 0.05 mm 的细微裂缝，在 0.2 ～0.3 MPa 的应力下，浆液可灌入混凝土内 4 ～6 cm，起到浸渍作用，使混凝土裂缝及其附近的缺陷得到加固，因而黏结强度较高，但是甲凝浆液的配制比较复杂，施工要求高，浆液固化时体积收缩较大。

环氧树脂具有黏结力强、收缩率小、常温固化等特点，由于本身的黏度较大，作为灌浆材料使用时，必须加入稀释剂降低其黏度。按稀释剂的种类，可将环氧树脂浆液分为三类：非活性稀释剂体系的环氧树脂浆液，这类浆液配制简单、黏度较低、使用方便，在建筑工程方面应用较多；活性稀释剂体系的环氧树脂浆液，其优点是克服了溶剂的挥发，提高了其性能，但随之而来的是稀释效果不好、黏度大，影响了使用；糠醛-丙酮稀释体系的环氧树脂浆液，糠醛、丙酮是黏度较小的有机溶剂，它们既可稀释环氧树脂，又可相互发生反应，最后树脂将固化成稳定的高分子化合物，这种体系目前被广泛采用。虽然加入稀释剂可使环氧树脂浆液的初始黏度降低，但是浆液黏度的增长速度较快，适用期短，扩散范围较小，事实上仍难以满足细微裂缝的灌浆要求，加上浆液的硬化期长，因而限制了其应用。

与水泥浆液相比，化学灌浆材料具有如下优点：

(1)黏度低，流动性能好，可灌性能好。水泥浆液难以灌入的微细裂隙，用化学浆液能够很容易地灌入。

(2)浆液的胶凝时间可以准确地控制，有利于施工，特别是处理水压力大、涌水量大的灌浆段和流速快、渗漏量大的部位更为合适。

(3)浆液聚合后形成的聚合体渗透系数小，防渗性能好。

(4)甲凝、环氧树脂等浆材，胶凝后与岩石或混凝土的黏结性好，性能也比较稳定。

化学浆液也存在着如下一些不可避免的缺点：

(1)部分化学浆材含有毒性物质，易引起环境污染，对施工人员的身体健康也不利。

(2)价格较高，且结石体强度比水泥浆液的结石体强度低。

(3)耐久性问题，目前还有待于研究。

化学灌浆材料主要应用于有较大渗流速度的地基或建筑物的防渗堵漏工程；大坝、堤岸的基础帷幕防渗；地下建筑工程和水工建筑物的裂缝防渗堵漏和补强，地基加固，隧洞、矿井在掘进中对软弱土层的止水和固结稳定的预注浆，油井或地质勘探孔的涌水、流沙处理和钻孔护壁，钢板桩连接处的止水处理等工程。

12.3.4　灌浆材料的新发展

水泥基灌浆材料和化学灌浆材料均存在一定缺点，世界各国均展开了改善现有灌浆材料和研制新型灌浆材料的工作，先后推出一批低毒、无毒、高效能的改进型浆材，仅日本市场就出现了 30 多种化学浆材，同时水玻璃浆材的品种达五六十种，至今国内外各种注浆浆材品种多达百余种。

12.4　补强加固材料

因设计、施工、使用管理不当，材料质量不符合要求，使用功能改变，遭受灾害损坏以及耐久性不足等原因导致建筑物的使用性能不能满足要求时，需对旧的建筑物或结构、构件等进行加固改造，使其适应新的使用功能要求。建筑物加固改造所用的材料称为补强加固材料。

建筑物加固的方法很多，常用的有增大截面法、外包钢加固法、预应力加固法、改变受力体系加固法、外部粘钢加固法、黏结纤维片材法、喷射修补法、化学灌浆法、水泥灌浆法等。

12.4.1 补强加固材料的种类

从建筑物补强加固方法来看，常用的补强加固材料包括混凝土、喷射混凝土、砂浆、聚合物砂浆、砌筑材料、钢筋、型钢、灌浆材料、纤维增强塑料片材、黏结剂等。除纤维增强塑料片材外，其他材料均已在相关章节中介绍过。

纤维增强塑料片材是指由连续纤维组成的纤维织物或由连续纤维和树脂基体复合而成的纤维增强复合材料板，包括纤维布和纤维板，也称 FRP 材料。常用纤维种类包括碳纤维、玻璃纤维和芳纶纤维三种，常用树脂有环氧树脂和聚酯树脂。根据纤维不同可将 FRP 材料分为三类：玻璃纤维增强复合材料(GFRP)、碳纤维增强复合材料(CFRP)、芳纶纤维增强复合材料(AFRP)。

在结构加固中，FRP 材料的成型工艺主要有两种，一种是湿贴法，即将纤维布在现场用树脂浸润粘贴；另一种是预制法，即将 FRP 材料预制成各种型材后使用。湿黏法在现场施工的适用性较广，特别是可用于曲面和角部的粘贴，是目前应用最为广泛的一种方法，而预制法则能使质量得到更好的控制。

采用粘贴纤维片材对结构进行加固时，应使用纤维片材、配套黏结树脂和表面防护材料。黏结树脂按实际用途分为底层树脂、找平材料、浸渍树脂和纤维板黏结剂。底层树脂指用于被加固构件表面处理，为增强构件基层或提高黏结力而使用的树脂。找平材料指用于对加固构件表面进行找平处理的材料。浸渍树脂指用于浸透并粘贴纤维布的树脂。纤维板黏结剂指用于粘贴纤维增强复合材料板(简称纤维板)的黏合剂。纤维片材通常与黏结树脂配套供应。

纤维片材最显著的优点在于高比强度(强度与重量之比)和良好的耐腐蚀性。比强度高即轻质高强，使得现场施工操作便捷、降低人工并减小施工对正常使用的影响；良好的耐腐蚀性保证了加固后结构的耐久性。FRP 材料的强度一般至少是钢材的 2 倍，甚至可高达 10 倍，而其重量仅为钢材的 20%。

12.4.2 补强加固材料的选用原则

补强加固材料和方法的选择应综合考虑其经济性，尽量不损伤原结构，并保留有利用价值的结构构件，避免不必要的构件拆除或更换。

各种补强加固材料的选用原则如下：

(1)水泥宜优先选用硅酸盐水泥与普通硅酸盐水泥，或选用矿渣硅酸盐水泥和火山灰质硅酸盐水泥，必要时可选用快硬硅酸盐水泥。

(2)加固用混凝土的强度等级，应比原结构的混凝土强度等级提高一级，且加固上部结构构件的混凝土的强度等级不低于 C20。加固选用树脂混凝土、微膨胀混凝土、喷射混凝土时或加固的混凝土需采用早强剂、防冻剂或其他掺合剂时，宜在施工前进行试配并检验其强度，必要时尚应检验其干缩、抗腐蚀等性能。

(3)混凝土结构加固所用的钢筋宜选用Ⅰ级、Ⅱ级钢筋，必要时可选用Ⅲ级、Ⅳ级钢筋或其他高强度钢材。混凝土结构加固所用的型钢、钢板、扁钢和钢管宜选用 3 号钢或 16 锰钢。钢材的质量应符合现有标准的规定。

(4)混凝土结构加固中，当采用焊缝连接时，焊接采用的焊条质量应符合现行国家标准的规定，焊条的型号应与被焊钢材的强度相适应；当采用螺栓连接时，螺栓可采用 3 号钢制作，其质量应符合现行国家标准的规定。

(5)钢结构加固材料的选择，应符合相关设计规范规定并在保证设计意图的前提下，便于施工，使新老截面、构件或结构能共同工作，并应注意新老材料之间的强度、塑性、韧性及焊接性能匹配，以利于充分发挥材料的潜能。钢结构加固一般宜采用焊缝连接、摩擦型高强度螺栓连接，有依据时亦可采用焊缝和摩擦型高强度螺栓的混合连接。当采用焊缝连接时，应采用经评定认可的焊接工艺及连接材料。

(6)加固所用黏结材料及化学灌浆材料一般宜采用成品，其黏结强度应高于被黏结构件混凝土的抗拉强度和抗剪强度。

(7)喷射混凝土配合比宜通过试配试喷确定，其强度等级应比原结构的混凝土强度等级提高 1～2 级且不低于 C20，在特殊情况下还应满足抗冻性和抗渗性等要求。用于结构构件强度加固时，喷射混凝土的设计厚度不应小于 50 mm；用于结构耐久性修复时，喷射混凝土的设计厚度不宜小于 30 mm。喷射混凝土的配合比应符合下列规定：骨胶比(骨料与胶凝材料质量比)宜为 3.5～4.5，砂率宜为 0.45～0.55，水灰比宜为 0.4～0.5。喷射混凝土中应采用坚硬耐久性好的中粗砂，细度模数不宜小于 2.5，使用时砂子含水率宜控制在 5%～7%；应采用坚硬耐久性好的卵石或碎石，粒径不应大于 12 mm；当使用短纤维材料时，粗骨料粒径不应大于 10 mm。混凝土中可掺加速凝剂、增稠剂和膨胀剂；当掺加速凝剂时，应采用无机盐类速凝剂，速凝剂的掺量宜控制在水泥质量的 2%～4%，最佳掺量应在施工前通过试验确定。喷射混凝土中可掺加钢纤维和有机纤维；钢纤维的直径宜为0.25～0.4 mm，长度宜为 20～25 mm，长径比宜控制在 50～100，体积掺量宜为 1%～1.5%；合成短纤维纤度应大于 13.5dtex，长度为 12～19 mm，掺加量宜为每立方米混凝土 0.6～0.9 kg，短纤维可与水泥、粗细骨料一起搅拌，搅拌时间延长 20 s。

(8)采用纤维片材对混凝土结构加固时，应采用与纤维片材配套的底层树脂、找平材料、浸渍树脂或黏结树脂，黏结树脂层应呈突起状，平均厚度不应小于 2 mm。对已加固完的结构表面应进行防护处理，表面防护材料应与浸渍树脂或黏结树脂可靠黏结。采用粘贴碳纤维片材加固的混凝土结构，长期使用的环境温度不应高于 60 ℃。

(9)由于高温、腐蚀、冻融等原因造成的结构损坏，应在加固设计时提出相应的处理对策，并选择具有较高抗侵蚀能力的加固材料。

12.5　绝热材料

绝热材料是指用于减少结构物与环境热交换的一种功能材料，包括保温材料(控制室内热量外流的材料)和隔热材料(防止室外热量进入室内的材料)两类。

12.5.1　绝热材料的绝热机理

传热是指热量从高温区向低温区的自发流动，是一种由温差而引起的能量转移现象，主要通过导热、对流和热辐射三种方式进行。

1. 导热

导热是依靠物体内分子、原子、自由电子等微观粒子的热运动，在宏观上物体各部分无相对位移的热传递现象。在固体、液体和气体中均可发生，但在地球重力场的作用范围内，单纯的导热过程只会发生于密实的固体中。材料的导热能力可用导热系数表示，导热系数越小，则绝热能力越好。

2. 对流

对流是依靠流体分子的随机运动和流体整体的宏观运动，将热量从一处传递到另一处的现象。主要发生于液体和气体中，但在多孔性的固体绝热材料中，孔隙内的气体也会发生对流传热。

3. 热辐射

热辐射是依靠物体表面对外发射电磁波而传递热量的现象。任何物体，只要其温度大于绝对温度 0 K，都会对外辐射能量，并且不需直接接触或传递介质，当辐射电磁波遇到其他物体时，将有一部分转化为热量。物体的热辐射随着温度的升高而增大，因此热总是从高温物体传递给低温物体。

然而在材料的实际传热过程中，导热、对流和热辐射往往会同时存在，且可相互转换。在热工工况一定的情况下，传热量不仅取决于导热系数，而且受对流换热系数和辐射换热系数的影响。材料的传热性能主要受如下因素的影响：

(1)材料的组成与结构。一般来讲，有机高分子材料的导热系数小于无机材料，在无机材料中，非金属材料的导热系数小于金属材料；气态物质的导热系数小于液态物质，液态物质小于固体物质。就固体物质而言，一般分子结构越复杂、结晶程度越低，导热系数越小。

(2)表观密度。表观密度是指材料在自然状态下单位体积的质量。自然状态下的体积，既包含固体部分的体积，又包含一定的孔隙和空隙。在低温状态下，孔隙或空隙中的气体可看作是无对流的静止空气，仅有导热，没有对流换热，由于所有致密固体的导热系数均高于静止空气的导热系数，因此随着孔隙率的提高或表观密度的减小，其导热系数变小。但通过降低表观密度来减小导热系数并不是无限的，当表观密度小于某一临界值后，由于孔隙率太高，孔隙中的空气即开始产生对流，与此同时，气体对热辐射的阻隔能力极低，如果孔隙率过高，辐射传热也会相应加强，这时材料的总传热系数反而增大。对于多孔绝热材料，只有当导热系数、对流换热系数和辐射换热系数三者之和最小时，才具有最佳的绝热性能，此时的材料表观密度，称为最佳密度。不同种类和结构的材料，具有不同的最佳密度。对于纤维制品，一般为 32 ～ 48 kg/m^3，对于泡沫塑料制品，一般为 16 ～ 40 kg/m^3。另外，最佳密度还与温度有关，温度升高，最佳密度提高。

(3)孔隙的大小与特性。在表观密度相同的条件下，孔隙的尺寸越小，导热系数越小。当孔隙小至一定尺寸后，空气将完全被气孔壁吸附，孔隙接近于真空状态，导热系数降到最小；当孔隙体积大到一定程度后，由于空气对流的出现，导热系数变大。对于相同的孔隙率和孔隙尺寸，当孔隙彼此封闭时，导热系数较小，当孔隙相互连通时，导热系数较大。

(4)含水率。由于孔隙的存在，材料不可避免地要吸收水分。然而水的导热系数为 0.58 W/(m·K)，远大于空气，所以材料的含水率增加后其导热系数将明显增加，若受冻，则导热系数更大。当环境湿度较高时，材料的平衡含水率将相应提高，导热系数相应增大。

(5)热流方向。对于各向异性的材料，不同方向上的导热系数也各不相同，有时差异很大。如对于纤维状材料，热流方向与纤维排列方向垂直时材料的导热系数要小于平行时的导热系数。

(6)温度。由于辐射传热的影响，多孔材料的导热系数一般随着温度的升高而增大。

(7)热反射能力。热反射能力高的材料，能够将大部分的热辐射反射出去，从而减少吸收的热辐射量。

由以上分析可知，要提高材料的绝热性能，可通过如下途径获得：

(1)尽量使用孔隙率较高的材料，并使其表观密度符合绝热最佳密度。

(2)在表观密度一定的情况下，应使材料内部的孔隙数量尽可能地多、单个孔隙体积尽可能地小且互不连通。使用纤维材料绝热时，应尽量减小纤维的直径。

(3)利用干空气夹层绝热时，应使夹层厚度尽量小以防止出现对流。如采用导热系数比大平壁中空结构小的蜂窝结构；夹层内充填微孔材料，由于减少辐射换热，其导热系数又比蜂窝结构小。

(4)在其他条件允许的情况下，尽量使用有机高分子材料或无定形的无机材料。

(5)使用遮热板绝热时，可选择反射率高、发射率低的材料，如与导热系数较小的材料复层使用，效果更佳。

(6)在可能的条件下，采用真空化处理或充填导热系数小于空气的气体，可使多孔材料的传热量降到最低。

12.5.2　绝热材料的基本性能要求

对绝热材料的基本性能要求包括以下几个方面：

(1)较低的导热系数。

(2)具有一定的耐温性，至少能耐受 -40 ~ 60 ℃的温度。

(3)在温度和湿度作用下的形状和尺寸稳定性。

(4)具有适宜的或一定的强度。

(5)具有良好的施工性能。

(6)对健康和安全无不良影响。

(7)具有一定的防火能力和抗腐蚀能力。

建筑工程上对绝热材料的基本要求是：导热系数不宜大于 0.175 W/(m·K)，表观密度不大于 600 kg/m^3，抗压强度则应大于 0.3 MPa。实际应用中，一般用于建筑屋面、围护结构的绝热材料多指导热系数小于 0.23 W/(m·K)的建筑材料。绝热材料的温度稳定性应高于实际使用温度。由于大多数绝热材料都具有一定的吸水、吸湿能力，在实际使用时，通常需在其表面加防水层或隔气层。

12.5.3　绝热材料的分类

绝热材料的品种很多，按绝热机理分为多孔型、纤维型和反射型，按材质可分为无机绝热材料、有机绝热材料和复合绝热材料(见表 12 -7)，按形态有纤维状、散粒状、微孔状、层状等(见表12－8)。

表12－7　绝热材料的成分类型

种类			举例
无机绝热材料	金属	黑色金属	不锈钢板
		有色金属	铝箔、铜箔
	非金属	天然矿物	浮石、火山渣、硅藻土、石棉、海泡石
		加工矿物	膨胀珍珠岩、膨胀蛭石、陶粒与陶砂、泡沫石棉、泡沫石膏、泡沫黏土、泡沫菱苦土、碳化石灰
		合成材料	微孔硅酸钙、微孔铝酸钙、微孔碳酸镁、泡沫玻璃、加气混凝土、泡沫水泥、岩棉、矿棉、玻璃棉、硅酸铝棉、泡沫水玻璃、中空玻璃
		工业废渣	膨胀矿渣、炉渣、粉煤灰、废砖瓦
有机绝热材料	动植物		软木、纸屑、木屑、刨花、麦糠、稻壳、玉米芯、芦苇、蔓草、棉花、羊毛
	矿物		泡沫沥青
	合成高分子		泡沫聚苯乙烯、泡沫聚氯乙烯、泡沫聚氨酯、泡沫脲醛树脂、泡沫酚醛树脂、泡沫橡胶、钙塑绝热板
复合绝热材料	金属与无机非金属结合		镀膜玻璃
	金属与有机材料复合		铝塑反射板、铝箔夹心隔热膜
	有机与无机非金属复合		吸热涂层玻璃板

表12－8　绝热材料的结构类型

种类		举例
纤维状	天然的	石棉与石棉制品、植物纤维、动物纤维
	人造的	岩棉与岩棉制品、矿渣棉及其制品、玻璃棉及其制品、硅酸铝棉及其制品、化学纤维与纤维织物
散粒状	天然的	浮石、火山渣、硅藻土、炉渣、植物碎屑
	人造的	膨胀珍珠岩及其制品、膨胀蛭石及其制品、陶粒与陶砂制品、空心氧化铝球及其制品、防水隔热粉
微孔状	天然的	硅藻土、沸石岩、软木
	人造的	加气混凝土、泡沫水泥、泡沫石膏、泡沫菱苦土、泡沫黏土、泡沫水玻璃、泡沫玻璃、泡沫塑料、微孔硅酸钙、微孔铝酸钙、微孔碳酸镁
层状	天然的	木板
	人造的	塑料板、吸热玻璃板、铝箔、镀膜玻璃、中空玻璃、蜂窝夹心板、空腹门窗

12.5.4　常用的绝热材料

1. 矿物棉

由熔融的岩石经喷吹制成的纤维材料称为岩棉，由熔融矿渣经喷吹制成的纤维材料称为矿渣棉，岩棉和矿渣棉统称矿物棉。将矿物棉与有机胶结剂结合可以制成矿棉板、毡、管壳等制品，其表观密度为 40 ～200 kg/m^3，导热系数为 0.043 ～0.052 W/(m·K)。由于低堆积密度的矿物棉内空气可发生对流而导热，因而堆积密度低的矿物棉导热系数反而略高。最高使用温度约为 600 ℃。矿物棉也可制成粒状棉用作填充材料，其缺点是吸水性大、弹性小。可用于墙体保温、屋面保温、房门保温和地面保温等方面，其中最主要是墙体保温。

2. 玻璃棉

将玻璃融化后从流口流出的同时，用压缩空气喷吹形成乱向玻璃纤维，也称玻璃棉，其纤维直径小于 11 μm，导热系数小于 0.042 W/(m·K)。在玻璃棉纤维中加入一定量的胶黏剂和其他添加剂，经固化、切割等工序后可制得玻璃棉毡、玻璃棉板、玻璃棉带、玻璃棉保温管等制品，制品外观为黄色。玻璃棉制品的表观密度为 10 ～120 kg/m^3，导热系数为 0.042 ～0.062 W/(m·K)，使用温度可达 250 ～400 ℃。玻璃棉除可用作围护结构及管道绝热外，还可用于低温保冷工程。玻璃棉制品吸水性强，不宜露天存放。

3. 膨胀珍珠岩

珍珠岩是一种酸性岩浆喷出而形成的玻璃质熔岩。将珍珠岩破碎、预热后，快速通过煅烧带，可使珍珠岩体积膨胀约 20 倍，膨胀珍珠岩的堆积密度为 70 ～250 kg/m^3，导热系数为 0.047 ～0.072 W/(m·K)，最高使用温度可达 800 ℃，最低使用温度为 -200 ℃，吸湿能力小。膨胀珍珠岩除可用作填充材料外，还可与水泥、水玻璃、沥青、黏土等结合制成膨胀珍珠岩绝热制品，膨胀珍珠岩制品的导热系数为 0.056 ～0.87 W/(m·K)。

4. 膨胀蛭石

蛭石是一种层状的含水镁铝硅酸盐矿物，由云母类矿物经风化而成，具有层状结构。将天然蛭石经破碎、预热后快速通过煅烧带，可使蛭石膨胀 20 ～30 倍，煅烧后的膨胀蛭石表观密度可降至 80 ～200 kg/m^3，导热系数为 0.046 ～0.07 W/(m·K)，使用温度可高达 1000 ～1100 ℃。膨胀蛭石除可直接用于填充材料外，还可用胶结材料(如水泥、水玻璃、沥青等)将膨胀蛭石胶结在一起制成膨胀蛭石制品，水泥膨胀蛭石制品导热系数为 0.090 ～0.142 W/(m·K)。

5. 微孔硅酸钙

微孔硅酸钙是以石英砂、普通硅石或活性高的硅藻土以及石灰为原料经过水热合成的绝热材料。其主要水化产物为托贝莫来石或硬硅钙石。以托贝莫来石为主要水化产物的微孔硅酸钙，其表观密度约为 200 kg/m^3，导热系数约为 0.047 W/(m·K)，最高使用温度约为 650 ℃；以硬硅钙石为主要水化产物的微孔硅酸钙，其表观密度约为 230 kg/m^3，导热系数约为 0.056 W/(m·K)，最高使用温度约为 1 000 ℃。微孔硅酸钙被广泛用作工业保温材料、高层建筑的防火覆盖材料和船用舱室墙壁材料。

6. 泡沫石棉

泡沫石棉是一种新型的、超轻质的绝热材料。它是以温石棉为主要原料，将其在阴离子表面活性剂的作用下，使石棉纤维充分松解制浆、发泡、成型、干燥制成的具有网状结构的多孔毡状材料。与其他绝热材料相比，在同等绝热效果下，其用料量只相当于膨胀珍珠岩的

1/5、膨胀蛭石的1/10，比超细玻璃棉轻1/5，施工效率比上述几种绝热材料高7～8倍，是一种理想的新型保温、隔热、绝冷和吸声材料。还可将泡沫石棉和其他材料复合制成泡沫石棉复合制品，其表观密度为20～60 kg/m^3，常温导热系数为0.046 W/(m·K)。

7. 泡沫玻璃

泡沫玻璃是用玻璃细粉和发泡剂(石灰石、碳化钙和焦炭)经粉磨、混合、装模、煅烧(800 ℃左右)而得到的多孔材料。泡沫玻璃导热系数小、抗压强度高、抗冻性好、耐久性好，并且对水分、水蒸气和其他气体具有不渗透性，还容易进行机械加工，可锯、钻、车及打钉等。表观密度为120～200 kg/m^{3}的泡沫玻璃，其导热系数为0.035～0.087 W/(m·K)，抗压强度达0.5～2.0 MPa，最高使用温度为430 ℃。泡沫玻璃作为绝热材料在建筑上主要用于保温墙体、地板、天花板及屋顶保温，可用于低寒冷地区的低层建筑物。

8. 泡沫塑料

泡沫塑料是以各种树脂为基料，加入一定剂量的发泡剂、催化剂、稳定剂等辅助材料，经加热发泡而制成。泡沫塑料的表观密度通常为20～80 kg/m^3，按孔结构分为闭孔和开孔两类，按表观密度可分为低发泡、中发泡和高发泡三种，按柔韧性分为软质、硬质和半硬质三类，按燃烧性能分为自熄型和非自熄型两类。泡沫塑料以其构成的母体材料命名，目前比较常见的包括聚苯乙烯泡沫塑料、聚乙烯泡沫塑料、聚氨酯泡沫塑料、聚氯乙烯泡沫塑料、脲醛泡沫塑料、酚醛泡沫塑料、环氧树脂泡沫塑料等。该类绝热材料可用作复合墙板、屋面板的夹心层、冷藏和包装等。

12.5.5 绝热材料与建筑节能

建筑节能是指通过采取合理的建筑设计和选用符合节能要求的墙体材料、屋面隔热材料、门窗、空调等措施减少能耗。采用建筑节能措施建造的房屋，与没有采取节能措施的房屋相比，在保证相同的室内热舒适环境条件下，可以提高电能利用效率，减少建筑能耗。

建筑能耗是指建筑使用能耗，其中包括采暖、空调、通风、热水、炊事、照明、家用电器、电梯和建筑有关设备等方面能耗。目前我国这部分能耗约占全国社会终端总能耗的1/3。

我国目前正大力推进节能工作，开展绿色建筑活动。建筑节能的途径有改善围护结构热工性能、提高空调采暖设备和照明设备效率。其中围护结构(包括墙体、门窗、屋面)节能主要依赖采用绝热材料，如加气混凝土等低密度的新型墙体材料、密度等级在1 400 kg/m^{3}以下的保温轻骨料混凝土和结构保温混凝土、节能保温复合墙板、夹层内填充保温材料或在门芯板上加贴保温材料的阳台门、塑钢复合窗、膨胀聚苯乙烯板等。

12.6 吸声隔声材料

12.6.1 吸声材料

由于多孔性、薄膜作用或共振作用而对入射声能具有吸收作用的材料称为吸声材料。在音乐厅、影剧院、大会堂、大教室、播音室等内部的墙面、地面、顶棚部位需采用吸声材料，以保持良好的音响效果。

12.6.1.1　吸声材料的性能要求

吸声材料的吸声性能用吸声系数或降噪系数来表征，并按其进行分级。

吸声系数也称吸声因数，是指在给定频率和条件下，被分界面(表面)或媒质吸收的声功率，加上经过分界面(墙或间壁等)透射的声功率所得的和，与入射声功率之比。吸声因数等于损耗因数与透射因数之和。

材料的吸声特性除与声音的方向有关外，还与声波的频率有关，同一材料对于高频、中频和低频声音的吸声特性不同。通常测定 125 Hz、250 Hz、500 Hz、1 000 Hz、2 000 Hz 和4 000 Hz 六个频率的混响时间，由各频段的混响时间按公式计算得出吸声系数。吸声系数大于 0.2 的材料，可称为吸声材料。材料的吸声系数越高，吸声效果越好。

降噪系数(NRC)是指在 250 Hz、500 Hz、1000 Hz 和 2000 Hz 四个倍频带实用吸声系数的算术平均值，以 0.05 为最小倍数。第 i 个倍频带的实用吸声系数是该倍频带内三个1/3倍频带吸声系数的算术平均值。材料的降噪系数越高，吸声效果越好。

建筑吸声产品的吸声性能采用吸声产品贴实刚性壁安装条件下测量的混响室法吸声系数，以降噪系数作为建筑吸声产品的吸声性能的评价量，按降噪系数的上、下限的范围分级。建筑吸声产品吸声性能分级见表 12-9。

表 12-9　建筑吸声产品吸声性能分级表

等　级	降噪系数(NRC)
Ⅰ	NRC≥0.80
Ⅱ	0.80 > NRC≥0.60
Ⅲ	0.60 > NRC≥0.40
Ⅳ	0.40 > NRC≥0.20

除了吸声性能外，根据材料种类，吸声材料还有外观、体积密度、强度、吸湿率、表面吸水量和不燃性等要求。

12.6.1.2　吸声材料的结构特征

吸声材料按其结构特征分为多孔吸声材料、共振吸声结构和特殊吸声结构等。

1. 多孔吸声材料

多孔吸声材料的构造特征是材料中含有大量互相贯通的微孔。当声波入射到材料表面时，进入材料孔隙内部，引起孔隙内部的空气振动，由于摩擦、空气黏滞阻力和材料内部的热传导作用，相当一部分声能转化为热能而被吸收。因此，只有空洞对外开口、孔隙之间连通且孔较深才能有效吸收声能。一般来说，多孔吸声材料以吸收中、高频声能为主。

影响多孔材料吸声特性的因素，主要有以下几个方面。

(1)材料的表观密度和孔隙构造。表观密度减小，则孔隙率增大，使高频吸声效果提高，但低频吸声效果下降。材料的孔隙率高、孔隙细小，吸声效果好；孔隙过大，则效果变差；封闭孔隙不利于吸声。

(2)材料厚度的影响。材料厚度增加，低频吸声系数增加，对高频吸声系数影响不大。材料过厚，则变化不明显。

(3)吸声材料背后空气层的影响。吸声材料在安装时背后留有一定的空气层，相当于增加了材料的厚度，可以提高吸声效果。当空气层厚度等于 1/4 波长的奇数倍时，可以获得最大的吸声系数。

2. 共振吸声结构

共振吸声结构存在峰值吸声的特性，即吸声系数在某一频率达到最大，离开这个频率而在其附近的吸声系数逐渐降低，远离这个频率的频段则吸声系数很低。共振吸声结构主要有单个共振器、孔板共振吸声结构和薄板共振结构三种，对中低频有很好的吸声特性。

(1)单个共振器是一密闭的、内部为硬表面的容器，通过一个小的开口与外界大气连通，利用声波与开口的摩擦以及进入共振器产生共振克服摩擦阻力而消耗声能。单个共振器可以吸收单一频率的声波，若在腔口蒙一层细布或疏松的棉絮，可以加宽共振频率范围和提高吸声量。为了获得较宽频带的吸声性能，常采用组合共振吸声结构。

(2)孔板式共振吸声结构是在薄板上穿孔并在其后设置空气层，必要时在空腔中添加多孔吸声材料，当入射声波的频率和系统的共振频率一致时，孔板颈处的空气产生激烈振动摩擦，使声能减弱。穿孔板厚度、穿孔率、孔径、背后空气层厚度以及是否填充多孔吸声材料等，都直接影响吸声结构的吸声性能。穿孔板组合共振吸声结构具有适合中频的吸声特性。这种吸声结构由穿孔的胶合板、硬质纤维板、石膏板、铝合金板、薄钢板等，将周边固定在龙骨上，并在背后设置空气层而构成。这种吸声结构在建筑中使用比较普遍。

(3)薄板共振吸声结构是由胶合板、木纤维板、塑料板、金属板等固定在框架上，板后留有一定厚度的空气层而构成。其原理是利用薄板在声波交变压力作用下而振动，使板弯曲变形，将机械能转变为热能而消耗声能。建筑中通常是把胶合板、薄木板、硬质纤维板、石膏板、石棉水泥板或金属板等周边固定在墙或顶棚的龙骨上，并在背后留有空气层，即构成薄板共振吸声结构。由于低频声波比高频声波容易激起薄板产生振动，所以薄板共振吸声结构具有低频的吸声特性。

3. 特殊吸声结构

特殊吸声结构是指该材料(或结构)具有特殊的吸声功能和能适应建筑中某些特殊要求的吸声结构。特殊吸声结构包括吸声尖劈、微穿孔板吸声结构、铝粉末烧结吸声板吸声结构、柔性吸声材料和空间吸声体。其中空间吸声体是应用较广泛的特殊吸声结构，它是一种悬挂于室内的吸声结构，主要包括帘幕吸声体和悬挂空间吸声体。

(1)吸声尖劈在 50～4 000 MHz 的频率范围内，均可达到 0.99 的吸声系数，为建造消声实验室所必需。

(2)微穿孔板吸声结构是在厚度小于 1 mm 的薄板上，穿孔径小于 1 mm 的微孔，穿孔率为 1%～3% 的微孔板，通过龙骨安装在刚性结构上。为了扩展吸声频率范围，常做成双层微穿孔板吸声结构。

(3)铝粉末烧结吸声板吸声结构是利用粒径为 0.2 mm 左右的铝粉，通过加压烧结成的比较紧密的多孔铝粉末板，通过龙骨安装在刚性结构上。板的厚度通常为 1.5～3.0 mm，也是一种多孔结构，其微小颗粒经烧结后会形成微小孔隙，与微穿孔板不同，不但其中的孔细，而且微孔迂回曲折、相互连通直至表面。

(4)柔性吸声材料是具有密闭气孔和一定弹性的材料。如聚氯乙烯泡沫塑料，表面似为多孔材料，但因具有密闭气孔，声波引起的空气振动不易直接传递至材料内部，只能相应地产生振动，在振动过程中由于克服材料内部的摩擦而消耗了声能，引起声波衰减。这种材料的吸声特性是在一定的频率范围内会出现一个或更多个吸收频率。

(5)帘幕吸声体是用具有通气性能的纺织品，安装在离墙面或窗洞一定距离处，背后设置空气层。这种吸声体对中、高频都有一定的吸声效果。帘幕的吸声效果与材料种类和褶纹有关。帘幕吸声体安装、拆卸方便，兼具装饰作用，应用价值较高。

(6)悬挂空间吸声体由于声波与吸声材料的两个或两个以上的表面接触，增加了有效的吸声面积，产生边缘效应，加上声波的衍射作用，大大提高了实际的吸声效果。实际使用时，可根据不同的使用地点和要求，设计成各种形式的悬挂在顶棚下的空间吸声体。空间吸声体有平板形、球形、圆锥形、棱锥形等多种形式。

12.6.1.3　常见的建筑吸声材料

建筑吸声材料的品种很多，目前我国生产使用比较多的主要有石膏装饰吸声板、软质纤维装饰吸声板、硬质纤维装饰吸声板、铝塑装饰吸声板、聚苯乙烯泡沫塑料装饰吸声板、硅钙装饰吸声板、膨胀珍珠岩装饰吸声板、矿物棉装饰吸声板、玻璃棉装饰吸声板、金属装饰吸声板，以及水泥木丝板、水泥刨花板、帘幕等。

12.6.2　隔声材料

建筑上把主要起隔绝声音作用的材料称为隔声材料。隔声材料主要用于建筑围护结构，即内墙、外墙、楼板、顶板以及门、窗等。

声音从声源传至人耳，要通过弹性媒质才能传播，气态的、液态的、固态的物质都可以作为媒质传播声音，没有物质的空间(如真空)就不能传播声音。

声音通过围护结构的传播，按传播规律有两种。一种是振动直接撞击围护结构，并使其成为声源，以围护结构构件作为媒质，使振动沿固体构件传播。这种传播方式，一般称为固体传声、撞击声，或称固体声，声音在固体媒质中的传播比在空气中的传播衰减得慢，传播得远，速度也更快。另一种是空气中的声源发声后，激发周围的空气振动，以空气为媒质，形成声波，传播至构件(大部分被反射)，并激发构件这一媒质的振动，使小部分声能被透射传播到另一空间去。这种传播方式一般称为空气传声或称空气声。实际上，不管是固体传声还是空气传声，最后都是通过空气这一媒质，传至人耳。

根据要隔离的声音传播途径，隔声材料可分为隔绝空气声和隔绝固体声两种，两者的隔声原理截然不同。

对于空气声，根据声学中的“质量定律”，其传声的大小主要取决于墙或板的单位面积质量，质量越大，越不易振动，则隔声效果越好；构件在面密度相同的条件下，声频越高越易被隔绝。对于空气声的隔离，应选择密度大且密实的材料如黏土砖、钢板等作为隔声材料。

对于隔绝固体声，最有效的措施是采用不连续结构处理，即在墙壁和承重梁之间，房屋的框架和墙壁及楼板之间加弹性衬垫。这些衬垫的材料大多可以采用上述的吸声材料，如毛毡、软木等，将固体声转换成空气声后再被吸声材料吸收。

12.7　建筑玻璃

玻璃是用石英砂、纯碱、长石和石灰石等原料于 1550 ～ 1600 ℃高温下烧至熔融，成型后急冷而制成的非结晶固体材料。随着现代建筑的发展，玻璃已不单是采光材料，而是逐渐向多功能方向发展，玻璃的深加工制品已能够具有控制光线、隔热、隔声、节能和装饰等功能，成为现代建筑的重要材料之一。

12.7.1　玻璃的分类与特性

12.7.1.1　玻璃的分类

玻璃的种类很多，按其化学成分可分为硅酸盐玻璃、磷酸盐玻璃、硼酸盐玻璃和铝酸盐玻璃等，其中以硅酸盐玻璃应用最广。硅酸盐玻璃的主要化学成分为 SiO_2（质量分数72%左右）、Na_2O（质量分数15%左右）、CaO（质量分数8%左右），此外还有少量的 Al_2O_3 和 MgO 等，故又称钠钙硅酸盐玻璃，为常用的建筑玻璃。若以 K_2O 代替 Na_2O，并提高 SiO_2 含量，则成为制造化学仪器用的钾硅酸盐玻璃。若引入 MgO，并以 Al_2O_3 替代部分 SiO_2，则成为制造无碱玻璃纤维和高级建筑玻璃的铝硅酸盐玻璃。

按玻璃的用途又可分为建筑玻璃、化学玻璃、光学玻璃、电子玻璃、工艺玻璃、玻璃纤维及泡沫玻璃等。建筑物可根据功能要求选用普通平板玻璃、浮法玻璃、中空玻璃、钢化玻璃、夹层玻璃、加丝玻璃、镀膜玻璃、吸热玻璃、防弹玻璃、防火玻璃等。行业标准JGJ 113—2015《建筑玻璃应用技术规程》对建筑玻璃的应用设计及安装施工做了具体规定。

12.7.1.2　玻璃的特性

1. 密度

玻璃内几乎没有孔隙，属于致密材料。其密度与化学成分有关，含有重金属离子时密度更大，如含有大量PbO的玻璃密度可达6.5 g/cm³，普通玻璃的密度为2.5～2.6 g/cm³。

2. 光学性质

玻璃具有优良的光学性质，透光性好，适用于建筑物的采光、装饰，以及光学仪器和日用器皿。当光线入射玻璃时，表现有反射、吸收和投射三种性能。玻璃的用途不同，要求这三项光学性能的大小有差异。用于采光时要求透光率高，如3 mm厚的普通平板玻璃的透光率≥85%。用于遮光和隔热的热反射玻璃，要求反射率高，可达48%以上。

玻璃对光的吸收与玻璃的组成、厚度及入射光的波长有关。例如在玻璃中加入钴、镍、铜、锰、铬等氧化物，则相应呈现蓝、灰、红、紫、绿等颜色。

3. 热工性质

玻璃是热的不良导体，它的导热系数随温度升高而降低，它还与玻璃的化学组成有关，增加 SiO_2 和 Al_2O_3 含量时其值增大。普通玻璃的导热系数为0.75～0.92 W/(m·K)。由于玻璃传热慢，当玻璃受急冷、急热时易破裂。

4. 力学性质

玻璃具有较高的抗压强度，一般为600～1 200 MPa，而抗拉强度很小，只有40～80 MPa，故玻璃在冲击力作用下易破碎，是典型的脆性材料。一般玻璃的莫氏硬度为6～7。

5. 耐久性

玻璃具有较高的化学稳定性，在通常情况下对水、酸等具有较强的抵抗能力，但不能抵抗氢氟酸的侵蚀。玻璃的耐碱性较差，长期受碱液侵蚀时，玻璃中的 SiO_2 会溶于碱液中。

12.7.2　常用的建筑玻璃品种

建筑玻璃的品种很多，土木工程中最常用的是平板玻璃，此外还有钢化玻璃、夹层玻璃、夹丝玻璃、防火玻璃、镀膜玻璃、中空玻璃、压花玻璃、磨砂玻璃、光栅玻璃、微晶玻璃、空心玻璃砖和玻璃马赛克等常用品种。

12.7.2.1 平板玻璃

平板玻璃包括浮法玻璃和普通平板玻璃，普通平板玻璃是国内即将淘汰的产品，浮法玻璃工艺是当前国际上平板玻璃工业中最先进的生产技术，其工艺发展水平及普及程度已成为衡量一个国家平板玻璃工业水平的重要标志。浮法玻璃具有产品质量好、效率高、能耗低、规格大、生产操作和控制容易等特点，其产品的应用范围很广。

我国强制性平板玻璃标准 GB 11614—2009 按照外观质量分为合格品、一等品和优等品三个等级，不同等级的平板玻璃质量水平不同。按公称厚度分为 2 mm、3 mm、4 mm、5 mm、6 mm、8 mm、10 mm、12 mm、15 mm、19 mm、22 mm、25 mm 十二种规格。按颜色属性分为无色透明平板玻璃和本体着色平板玻璃。

合格品：合格品的平板玻璃主要用在六层以下的一般民用建筑、酒店、写字楼。

一等品：一等品的平板玻璃主要用于汽车玻璃和深加工玻璃的原片，如钢化玻璃、中空玻璃、夹层玻璃、防火玻璃、防爆玻璃等安全玻璃。

优等品：优等品的平板玻璃主要用于镀银玻璃镜、镀铝玻璃镜、离线镀膜玻璃的原片。这些产品主要用在室内装饰和高档建筑门窗，用低辐射镀膜(LOW－E)玻璃还可制作节能性能优越的中空玻璃。

超薄平板玻璃(0.55～2 mm)主要用于电子信息行业，如 ITO 导电膜玻璃、精密仪器、仪表、液晶显示器、光伏玻璃、电子触摸屏等方面。

本体着色平板玻璃是在平板玻璃成分中添加微量着色剂而得的有颜色的平板玻璃。常用的着色剂有氧化钴、氧化锰、氧化铁以及硒等。颜色有茶色、宝石蓝、绿色、青灰色等。着色玻璃能大量吸收可见光和红外线辐射能。

12.7.2.2 钢化玻璃

钢化玻璃也称强化玻璃，它是平板玻璃经物理强化方法或化学方法处理后所得的玻璃制品。物理强化方法也称淬火法，它是将玻璃加热到接近玻璃软化温度(600～650 ℃)后迅速冷却的方法。化学法也称离子交换法，它是将待处理的玻璃浸入钾盐溶液中，使玻璃表面的钠离子扩散到溶液中，而溶液中的钾离子则填充进玻璃表面钠离子的位置。通常钢化玻璃特指物理钢化的钢化玻璃，化学钢化的玻璃称为化学钢化玻璃。

上述两种强化处理方法都可以使玻璃表面产生一个预压的应力，这个表面预压应力使玻璃的机械强度和抗冲击性能大大提高。一旦受损，整块玻璃呈现网状裂纹，破碎后，碎片小且无尖锐棱角，不易伤人。钢化玻璃具有强度高、抗冲击性好、热稳定性高、安全性高等特性，在建筑上主要用作高层建筑的门窗、隔墙与幕墙。

钢化玻璃一旦制成，就不能再进行任何冷加工处理，因此玻璃的成型、打孔必须在钢化前完成，钢化前尺寸为最终产品尺寸。

12.7.2.3 夹层玻璃

夹层玻璃是由一层玻璃与一层或多层玻璃、塑料材料夹中间层而制成的玻璃制品。夹层玻璃的原片可采用普通平板玻璃、钢化玻璃、吸热玻璃或热反射玻璃等。中间层是指介于玻璃之间起黏结和隔离作用的材料，使夹层玻璃具有抗冲击、阳光控制、隔声等性能，多为聚乙烯缩丁醛(PVB)胶片。

夹层玻璃抗冲击性和抗穿透性好，玻璃破碎时，不裂成分离的碎片，只有辐射状的裂纹和少量玻璃碎屑，碎片仍黏附在膜片上，不致伤人。夹层玻璃在建筑上主要用于有特殊安全要求的门窗、隔墙、工业厂房的天窗和某些水下工程。通过设计与选材，夹层玻璃还可以用作电磁屏蔽玻璃、防火玻璃、防盗玻璃等。

12.7.2.4　夹丝玻璃

夹丝玻璃是用压延法生产的、内部夹有金属丝或网的平板玻璃。夹丝玻璃抗折强度高、防火性能好，破碎时即使有许多裂缝，其碎片仍能附着在钢丝上，不致四处飞溅而伤人。夹丝玻璃主要用于厂房天窗、各种采光屋顶和防火门窗等。

因玻璃和金属丝网之间的热膨胀系数相差较大，所以夹丝玻璃不能在两面温差较大、局部受热或者冷热交替的部位使用，否则极易导致玻璃破碎。另外，夹丝玻璃不能在施工现场切割，否则会破坏玻璃边缘，致使金属丝网裸露，接触潮湿的空气会产生锈蚀而导致玻璃脱落。所以，最好是在设计及订货时就严格制定制品规格，直接使用产品。

12.7.2.5　防火玻璃

防火玻璃是指在规定的耐火试验中能够保持其完整性和隔热性的特种玻璃，按用途分为建筑用防火玻璃和船用防火玻璃。

建筑用防火玻璃按结构可分为复合防火玻璃（FFB）和单片防火玻璃（DFB）。复合防火玻璃是由两层或两层以上玻璃复合而成或由一层玻璃和有机材料复合而成，并满足相应耐火等级要求的特种玻璃。单片防火玻璃是由单层玻璃构成，并满足相应耐火等级要求的特种玻璃。

防火玻璃采用膨胀阻燃胶黏剂将玻璃黏结在一起，或者将防火液灌入两层玻璃之间，或者在玻璃基面喷涂防火透明液制成。防火液等物质在高温下膨胀发泡，形成防火隔离层，从而起到防火的作用。

建筑用防火玻璃按耐火性能可分为A类防火玻璃（同时满足耐火完整性、耐火隔热性要求的防火玻璃）、B类防火玻璃（同时满足耐火完整性、热辐射强度要求的防火玻璃）和C类防火玻璃（满足耐火完整性要求的防火玻璃），以上三类防火玻璃按耐火等级可分别分为Ⅰ级（≥90 min）、Ⅱ级（≥60 min）、Ⅲ级（≥45 min）和Ⅳ级（≥30 min）。

12.7.2.6　镀膜玻璃

镀膜玻璃是在玻璃表面涂镀一层或多层金属、合金或金属氧化物薄膜，以改变玻璃的光学性能，满足某种特定要求。镀膜玻璃根据产品的特性可分为阳光控制镀膜玻璃和低辐射镀膜玻璃。

阳光控制镀膜玻璃是指对波长范围为350～1 800 mm的太阳光具有一定控制作用的镀膜玻璃。产品按热处理加工性能分为非钢化阳光控制镀膜玻璃、钢化阳光控制镀膜玻璃和半钢化阳光控制镀膜玻璃。产品光学性能包括：紫外线透射比、可见光透射比、可见光反射比、太阳光直接透射比、太阳光直接反射比和太阳能总透射比，其差值应符合规定。阳光控制镀膜玻璃主要功能是反射室外的太阳能辐射，有效地隔断室外热能进入室内，使室内保持相对低的温度，其可见光透过率低，反射光的颜色丰富。

低辐射镀膜玻璃又称低辐射玻璃、LOW－E玻璃，是一种对波长范围为4.5～25 μm的远红外线有较高反射比的镀膜玻璃。低辐射镀膜玻璃还可以复合阳光控制功能，称为阳光控制低辐射玻璃。低辐射镀膜玻璃可以进一步加工，根据加工的工艺可以分为钢化低辐射镀膜玻璃、半钢化低辐射镀膜玻璃、夹层低辐射镀膜玻璃等。低辐射镀膜玻璃的主要功能是阻止室内的辐射能向室外逸散，而尽可能多地吸收太阳辐射能进入室内。其允许一半以上的太阳辐射能进入建筑物内，被室内物体吸收。进入后的太阳辐射能有90%保留在建筑物内，从而降低室内的热能消耗，维持室内温度，降低采暖开支，并能阻挡紫外线。

12.7.2.7　中空玻璃

中空玻璃又称隔热玻璃，是指两片或多片玻璃以有效支撑均匀隔开并周边黏结密封，使玻璃层间形成有干燥气体空间的玻璃制品。中空玻璃的空隙最初是填充干燥空气，目前多用热导率比空气更低的其他气体，如惰性气体等。为获得更好的声控、光控和隔热等效果，还可在玻璃间填充各种能漫射光线的材料、电介质等。玻璃可采用浮法玻璃、夹层玻璃、钢化玻璃、幕墙用钢化玻璃和半钢化玻璃、着色玻璃、镀膜玻璃和压花玻璃等。

中空玻璃的隔热隔声性能好，导热系数通常小于3.2W/(m·K)，只有普通平板玻璃的50%左右，而且不易结露。对中空玻璃的质量要求为密封性能、露点、耐紫外线辐照性能、气候循环耐久性能和高温高湿耐久性能。随着对建筑节能要求的提高，中空玻璃已经被广泛应用于建筑工程。

12.7.2.8　压花玻璃

压花玻璃是将熔融的玻璃液在快冷中通过带图案花纹的辊轴滚压而成的制品，又称花纹玻璃或滚花玻璃，按照压花面可将其划分成单面压花玻璃和双面压花玻璃，压花玻璃按厚度分为3 mm、4 mm、5 mm、6 mm和8 mm五个规格。

压花玻璃具有透光不透视的特点，这是由于其表面凹凸不平，当光线通过时即产生漫反射，从玻璃的一面看另一面的物体时，物像就显得模糊不清。另外，压花玻璃因其表面有各种图案花纹，所以具有一定的艺术装饰效果。压花玻璃多用于各种建筑物和构筑物的采光门窗、装饰以及家居用品等方面。

使用时应注意的是，如果花纹面安装在外侧，不仅很容易积灰弄脏，而且沾上水后，就能透视。因此，安装时应将花纹朝向室内。

12.7.2.9　磨砂玻璃

磨砂玻璃是用普通平板玻璃、磨光玻璃、浮法玻璃经机械喷砂、手工研磨(磨砂)或氢氟酸溶蚀(化学腐蚀)等方法将表面处理成均匀毛面而制成，又称毛玻璃、暗玻璃。因其表面粗糙，使光线产生漫反射，故只有透光性而不能透视，使室内光线柔和而不刺目。常用于需要隐蔽的浴室、卫生间、办公室的门窗及隔断，还可用作黑板。安装磨砂玻璃时，应注意将毛面朝向室内。

12.7.2.10　光栅玻璃

光栅玻璃(俗称激光玻璃)是以玻璃为基材，用特种材料采用特殊工艺处理玻璃表面构成全息光栅或其他几何光栅。在光源的照射下，产生物理衍射的七彩光。

光栅玻璃按结构分为普通夹层光栅玻璃、钢化夹层光栅玻璃和单层光栅玻璃，按品种分为透明光栅玻璃、印刷图案光栅玻璃、半透明半反射光栅玻璃和金属质感光栅玻璃，按耐化学稳定性分为A类光栅玻璃和B类光栅玻璃。单层非钢化光栅玻璃必须具有普通玻璃的加工性能，即可任意切割、钻孔、磨边，其玻璃与光学结构层仍为一体。

光栅玻璃适用于酒店、宾馆和各种商业、文化、娱乐设施的装饰。

12.7.2.11 微晶玻璃

微晶玻璃是由特定组成的基础玻璃成分，在加热过程中通过控制晶化而制成的含有大量微晶相和玻璃相的多晶材料。

微晶玻璃制品结构致密、纹理清晰，具有玉的质感；外观平滑光亮、色泽柔和典雅、无色差、不褪色；耐磨、耐酸、耐碱、耐污染；热膨胀系数极低；可根据需要设计制造出不同色泽花样、规格的平板及异型板材。

微晶玻璃花色品种以白色为主，还有黄色、灰色、蓝色、绿色、黑色和复合色等。作为一种高档装饰材料，主要用于星级酒店、机场、地铁、别墅等的墙面、地面、圆柱和弧形墙面装饰。

12.7.2.12 空心玻璃砖

空心玻璃砖是由两块压铸成的凹形玻璃，经熔接或胶接成整块的带有密封腔的块状玻璃制品。砖面可为平光，也可在内、外压铸各种花纹。砖内空腔可为空气，也可填充玻璃棉等。砖形有方形、圆形等。

空心玻璃砖透光不透明，光洁明亮，图案精美，保温、隔热、隔声，可用于宾馆、舞厅、体育馆、办公室、浴池等的天棚、内外墙装饰、隔墙、门厅、屏风等场所，可以防太阳眩光，控制透光，提高采光深度。

12.7.2.13 玻璃马赛克

玻璃马赛克也叫玻璃锦砖，是一种小规格的彩色饰面玻璃，分为熔融玻璃马赛克、烧结玻璃马赛克和金星玻璃马赛克三种。

玻璃马赛克色泽柔和、颜色绚丽，可呈现辉煌豪华气派，还具有化学稳定性、热稳定性好，抗污性强，不吸水、不积尘，天雨自洗，经久常新，易于施工，价格便宜等优点，故广泛应用于宾馆、医院、办公楼、住宅等建筑物外墙和内墙，也可用于壁画装饰，通过艺术镶嵌，制得立体感很强的图案、字画及广告等。

玻璃马赛克与陶瓷锦砖在外形和使用方法上有相似之处，但它是半透明的玻璃质材料，呈乳浊或半乳浊状，内含少量气泡和未熔颗粒。

12.8 装饰材料

装饰材料是指主要起装饰作用的材料，根据用途不同，可分为建筑装饰材料、道路装饰材料等。装饰材料除了起装饰作用，满足人们的美感需要外，通常还起着保护建筑物主体结构和改善建筑物使用功能等作用。

12.8.1 装饰材料的性能要求

12.8.1.1 外观要求

外观要求主要包括颜色、光泽、透明性、表面组织、形状和尺寸、立体造型等方面。

(1)颜色 材料的颜色实质上是材料对光谱的反射，并非是材料本身固有的。它主要与光线的光谱组成有关，还与材料的光谱反射和观看者的眼睛对光谱的敏感性有关。

(2)光泽 光泽是材料表面的一种特性，是有方向性的光线反射性质，它对形成于表面的物体形象的清晰程度，即反射光线的强弱起着决定性的作用。在评定材料的外观时，其重要性仅次于颜色。反射包含镜面反射和漫反射两种类型，其中镜面反射则是产生光泽的主要因素。

(3)透明性　材料的透明性也是与光线有关的一种性质。根据透明性的大小，可将材料分为三类：既能透光又能透视物体的称为透明体，只能透光而不能透视物体的称为半透明体，既不能透光又不能透视物体的称为不透明体。

(4)表面组织　所用的原料、组成、配合比和生产加工工艺的不同，材料的表面组织各具特色，有细致或粗糙的，有平整或凹凸的，也有坚实或疏散的，不同的表面组织特征产生了不同的质感。常要求装饰材料具有特定的表面组织，以达到一定的装饰效果。

(5)形状与尺寸　对于块材、板材和卷材等装饰材料的形状、尺寸以及表面的天然花纹(如天然石材)、纹理(如木材)及人造花纹或图案(如壁纸)等都有特定的要求和规格，除卷材的尺寸和形状可在使用时按需要裁剪外，大多数装饰板材和块材都有一定的形状和规格(如长方、正方、多角等几何形状)，以便拼装成各种图案或花纹。

(6)立体造型　预制花饰和雕塑作品，多在纪念性建筑物和大型公共建筑上采用，这些材料的选用应考虑到造型的美观。

12.8.1.2　安全性要求

安全性包含两层含义：一是材料本身中有害物质含量不超过一定限值；二是材料在受到火灾等灾害时，不产生或少产生对人体有害的物质。

为了加强对室内装饰材料污染的控制，保障人民群众的身体健康和人身安全，国家制定了建筑材料放射性核素限量以及关于室内装饰装修材料有害物质限量等 10 项国家标准，见表 12－10。

表 12－10　有害物质限量相关标准

标准名称	标准号
室内装饰装修材料 人造板及其制品中甲醛释放限量	GB 18580—2017
木器涂料中有害物质限量	GB 18581—2020
建筑用墙面涂料中有害物质限量	GB 18582—2020
室内装饰装修材料 胶粘剂中有害物质限量	GB 18583—2008
室内装饰装修材料 木家具中有害物质限量	GB 18584—2001
室内装饰装修材料 壁纸中有害物质限量	GB 18585—2001
室内装饰装修材料 聚氯乙烯卷材地板中有害物质限量	GB 18586—2001
室内装饰装修材料 地毯、地毯衬垫及地毯用胶粘剂中有害物质释放限量	GB 18587—2001
混凝土外加剂中释放氨限量	GB 18588—2001
建筑材料放射性核素限量	GB 6566—2010

12.8.1.3　其他要求

装饰材料除应具有外观要求和安全性要求外，还应根据不同的装饰目的和部位，要求具有一定的强度、硬度、防火性、阻燃性、耐水性、抗冻性、耐污染性、耐腐蚀性、防虫等其他特性要求。

12.8.2 建筑装饰材料的分类与选用

建筑装饰材料是指用于建筑物表面(如墙面、柱面、地面及顶棚等)起装饰作用的材料，也称装修材料或饰面材料。

12.8.2.1 建筑装饰材料的分类

建筑装饰材料品种繁多，通常按照在建筑中的装饰部位分类。

(1)地面装饰材料，如地毯类、塑料地板、地面涂料、陶瓷地砖(包括陶瓷锦砖)、人造石材、天然石材、木地板等。

(2)外墙装饰材料，如天然石材、人造石材、饰面砖、玻璃制品、白水泥、彩色水泥、装饰混凝土、装饰砂浆、铝合金、金属面材、外墙涂料等。

(3)内墙装饰材料，如内墙涂料、壁纸与墙布、织物类、微薄木贴面装饰板、铜浮雕艺术装饰板、玻璃制品、人造石材、天然石材等。

(4)顶棚装饰材料，如塑料吊顶材料、铝合金顶棚、石膏板、矿棉顶棚吸声板、膨胀珍珠岩装饰吸声板、涂料等。

也可按材料的组成将建筑装饰材料分为金属材料(如钢、铁、铝、铜、金、银等)、非金属材料(如天然石材、玻璃、陶瓷、木材、合成高分子材料等)和复合材料(如人造石材、铝塑板等)三类。

12.8.2.2 建筑装饰材料的选用

建筑装饰材料的选用，首先要满足装饰的要求，能够体现设计的意图。优美的装饰艺术效果，绝不是多种材料的堆积，而要在体现材料内在的构造美的基础上，精于选材，善于用材，使材料合理配置，体现和谐的质感。即使光泽相近的不同材料搭配在一起，也会因其质感各异而呈现新颖的效果。特别是那些贵重而富有魅力感的材料，只有运用画龙点睛的手法，才能充分发挥材料的装饰性。反之，再好的材料也会显得华而不实、杂乱无章。

其次，选择建筑装饰材料还应考虑到功能的要求，对不同使用部位的材料有不同的具体要求。对于室外装饰材料，即外墙装饰材料，应兼顾建筑物的美观和对建筑物的保护作用。外墙除需要时承担结构荷载外，主要是根据生产、生活需要作为围护结构，达到遮挡风雨、保温隔热、隔声防水等目的。因所处环境较复杂，直接受到风吹、日晒、雨淋、冻害的袭击，以及空气中腐蚀气体和微生物的作用，因此应选用能耐大气侵蚀、不易褪色、不易沾污、不泛霜的材料。对于室内装饰材料，要妥善处理装饰效果和使用安全的矛盾，优先选用环保型材料和不燃烧或难燃烧等消防安全型材料，尽量避免选用在使用过程中会挥发有毒成分和在燃烧时会产生大量浓烟或有毒气体的材料，努力创造一个美观、整洁、安全、适用的生活和工作环境。对于地面装饰材料，应特别注重其耐磨性能。

第三，选择建筑装饰材料还应考虑色彩的协调。建筑物色彩的选择，要考虑它的规模、环境和功能等因素。由于浓淡不同的色块在一起对比时，淡色块使人感觉庞大和肥胖，而深色块使人感觉瘦小和苗条。因此，庞大的高层建筑宜采用稍深的色调，使之与蓝天衬托显得庄重和深远；小型民用建筑宜采用淡色调，使人不感觉矮小和零散。各种色彩能使人产生不同的感觉。虽然色彩本身没有温度差别，但是红、橙、黄色，使人联想到太阳和火而感觉温暖，因而称为暖色；绿、蓝、紫罗兰色，使人联想到大海、森林而感到凉爽，因而称为冷色。暖色调使人感到热烈兴奋，冷色调使人感到宁静、幽静、清凉。因此，夏天的冷饮店一般采用冷色调；需要集中思考和从事精密细致的工作场所，也应选用冷色；室内宽敞的房间，宜采用深色调和较大的图案，不致使人有空旷感而显得亲切；房间小的墙面，要有意识地利用色彩的远近感来扩伸空间感。较暗的颜色使人觉得分量重，明亮的颜色使人感到轻盈。因此，通常室内的色彩是"头"轻"脚"重的，即由顶棚、墙面到墙裙和地板的色彩为上明下暗，给人以稳定舒适感。

第四，选择建筑装饰材料还应考虑经济性。选择材料应有一个总体观念，既要考虑一次性投资，也应考虑到维修费用，而且在关键性问题上宁可加大投资，以延长使用年限，保证总体上的经济性。

12.8.3　常用建筑装饰材料

12.8.3.1　装饰石材

1. 天然石材

天然石材饰面板材一般有正方形及矩形两种，常用规格为厚 20 mm，宽 150 ～ 915 mm，长 300 ～ 1 220 mm，也可加工成厚 8 ～ 12 mm 的薄板及异型板材。饰面板材要求耐磨、耐久、无裂缝或水纹、色彩丰富、外表美观。常用的天然装饰石材有花岗岩和大理石两类，通常以其磨光加工后所显示的花色、特征及石材产地来命名。

花岗岩强度高、吸水率小，耐酸性、耐磨性及耐久性好，常用于室内外的墙面及地面。粗磨板材（表面平滑无光）主要用于建筑物外墙面、柱面、台阶及勒脚等部位；磨光板材（表面光滑如镜）主要用于室内、外墙面、柱面。因花岗岩中含大量石英，石英在 573℃和 870℃的高温下均会发生晶态转变，产生体积膨胀，故火灾时花岗岩会产生严重开裂破坏。另须注意某些花岗岩具有放射性污染的问题。

纯净的大理石为白色，洁白如玉，晶莹纯净，熠熠生辉，故称汉白玉。大理石一般均含有多种矿物，如氧化铁、二氧化硅、云母、石墨蛇纹石等杂质，使大理石呈现出红、黄、黑、绿、灰、褐等多种色彩组成的花纹，色彩斑斓，磨光后极为美丽典雅。纯白和纯黑的大理石属名贵品种，是重要建筑物的高级装修材料。天然大理石板材为高级饰面材料，主要用于建筑装饰等级要求高的建筑物，用作室内高级饰面材料，也可用作室内地面或踏步（耐磨性次于花岗岩），但因其主要化学成分为 $CaCO_3$，易被酸性介质侵蚀，使表面很快失去光泽，变得粗糙多孔，从而降低装饰效果。因此，除少数质地纯正、杂质少、比较稳定耐久的品种如汉白玉、艾叶青等大理石可用于外墙饰面，一般大理石不宜用于室外装饰。大理石的硬度相对较小，应避免用在要求耐磨性能高的场合，如作为公共场合的地面材料。

2. 人造石材

由于天然石材加工较困难，花色品种较少，因此，20 世纪 70 年代以后，人造石材发展较快。人造石材是以天然石材碎料、石英砂、石碴等为骨料，聚酯树脂或水泥等为胶结料，经拌和、成型、聚合或养护后，打磨抛光切割而成。

人造石材具有天然石材的质感，但重量轻、强度高、耐腐蚀、耐污染，可锯切钻孔，施工方便。适用于墙面、门套或柱面装饰，也可用作工厂、学校等的工作台面及各种洁具，还可加工成浮雕、工艺品等。与天然石材相比，人造石材是一种比较经济的饰面材料。

根据人造石材使用的胶结材料，可将其分为以下四类：

(1)树脂型人造石材　这种人造石材一般以不饱和聚酯树脂为胶结料，石英砂、大理石碎粒或粉等无机材料为骨料，经搅拌混合、浇注成型、固化、脱模、烘干、抛光等工序制成。不饱和树脂的黏度低，易于成型，且可在常温下固化。产品光泽好，基色浅，可调制成各种鲜明的颜色。

(2)水泥型人造石材　以各种水泥为胶结料，与砂和大理石或花岗岩碎粒等骨料经配料、搅拌、成型、养护、磨光、抛光等工序制成。这类人造石材的耐腐蚀性能较差，且表面容易出现微小龟裂和泛霜，不宜用作洁具，也不宜用于外墙装饰。

(3)复合型人造石材　这类人造石材所用的胶结料中，既有聚合物树脂，又有水泥，其制作工艺可采用浸渍法，即将无机材料(如水泥砂浆)成型的坯体浸渍在有机单体中，然后使单体聚合。对于板材，基层一般用性能稳定的水泥砂浆，面层用树脂和大理石碎粒或粉调制的浆体制成。

(4)烧结型人造石材　烧结型人造石材的生产工艺类似于陶瓷，是把高岭土、石英、斜长石等混合配料，制成泥浆，成型后经1 000℃左右的高温焙烧而成。

以上种类的人造石材中，目前使用最广泛的是以不饱和聚酯树脂为胶结料而生产的树脂型人造石材。生产时所加颜料不同，采用的天然石料的种类、粒度和纯度不同，以及制作的工艺方法不同，所制成的人造石材的花纹、图案、颜色和质感也就不同，通常制成仿天然大理石、天然花岗石和天然玛瑙石的花纹和图案，分别称为人造大理石、人造花岗石和人造玛瑙。

12.8.3.2　建筑陶瓷

凡以黏土、长石、石英为基本原料，经配料、制坯、干燥、焙烧而制成的成品，称为陶瓷制品。用于建筑工程中的陶瓷制品，则称为建筑陶瓷。

1. 建筑陶瓷的质地分类

陶瓷制品按其致密程度分为陶质、瓷质和炻质三大类。

陶质制品为多孔结构，通常吸水率大于9%，断面粗糙无光，敲击时声粗哑，有无釉和施釉两种制品。根据其原料中杂质含量的不同，又可分为粗陶和精陶两种。粗陶不施釉，建筑上常用的烧结黏土砖、瓦，就是最普通的粗陶制品。精陶一般经素烧和釉烧两次烧成，通常呈白色或象牙色，吸水率为9%～12%，高的可达21%，建筑饰面用的釉面砖，以及卫生陶瓷和彩陶等多属此类。精陶根据其用途不同，又可分别称为建筑精陶、日用精陶和美术精陶等。

瓷质制品结构致密，吸水率小，有一定透明性，表面均施有釉。根据其原料的化学成分与工艺制作的不同，又分为粗瓷和细瓷两种。瓷质制品多为日用餐茶具、陈设瓷、电瓷及美术用品等。

炻质制品是介于陶质和瓷质之间的一类陶瓷制品，也称半瓷。其构造比陶质致密，一般吸水率较小，但又不如瓷器那么洁白，其坯体多带有颜色，且无半透明性。按其坯体的细密程度不同，可分为粗炻器和细炻器两种，粗炻器吸水率一般为4%～8%，细炻器吸水率可小于2%。

建筑装饰工程所用的陶瓷制品，一般为精陶至粗炻器范畴的产品。

2. 建筑陶瓷制品的技术性质

(1)外观质量　外观质量是装饰用建筑陶瓷制品最主要的质量指标，往往根据外观质量对产品进行分类。

(2)吸水率　吸水率是控制产品质量的重要指标，吸水率大的建筑陶瓷制品不宜用于室外。

(3)耐急冷、急热性　陶瓷制品内部和表面的釉层热膨胀系数不同，温度急剧变化可能会使釉层开裂。

(4)弯曲强度　陶瓷材料质脆易碎，因此对弯曲强度有一定的要求。

(5)耐磨性　用于铺地的彩釉砖应有较好的耐磨性。

(6)抗冻性　用于室外的陶瓷制品应有较好的抗冻性。

(7)抗化学腐蚀性。用于室外的陶瓷制品和化工陶瓷应有较好的抗化学腐蚀性。

3. 常用建筑陶瓷制品

建筑陶瓷包括陶瓷砖、建筑琉璃制品、卫生陶瓷等，广泛用作建筑物内外墙、地面和屋面的装饰和保护，已成为房屋装修的一类极为重要的装饰材料。

(1)陶瓷砖　由黏土或其他无机非金属原料，经成型、烧结等工艺处理，用于装饰与保护建筑物、构筑物墙面及地面的板状或块状陶瓷制品称陶瓷砖，也可称为陶瓷饰面砖。根据吸水率不同，分为瓷质砖、炻瓷砖、细炻砖、炻质砖和陶质砖五类。根据用途的不同，可分为内墙砖、外墙砖、室内地砖、室外地砖、广场砖等类型。

釉面砖是正面施釉的陶瓷砖，其色泽柔和、典雅、朴实大方，表面光滑且容易清洗，热稳定性好，防潮、防火、耐酸碱，主要用作厨房、卫生间、实验室、精密仪器车间及医院等室内墙面、台面等的饰面材料，既清洁卫生，又美观耐用。

墙地砖包括内墙砖、外墙砖和地砖三类。墙地砖具有强度高、耐磨、化学性能稳定、不燃、吸水率低、易清洁、经久不裂等优点。对于铺地砖还有耐磨性要求，并根据耐化学腐蚀性分为五个等级。墙地砖主要用作室内外墙面和地面的饰面材料。

陶瓷锦砖也称陶瓷马赛克，是用于建筑物墙面、地面装饰的片状小瓷砖。陶瓷锦砖花式繁多，颜色丰富，可拼成各种图案，主要用于厨房、餐厅、浴室等的地面铺贴。

陶瓷劈离砖又称劈裂砖、劈开砖和双层砖，是以黏土为主要原料，经配料、真空挤压成型、烘干、焙烧、劈离(将一块双联砖分为两块砖)等工序制成。产品具有均匀的粗糙表面、古朴高雅的风格、良好的耐久性。广泛用于地面和外墙装饰。

(2)建筑琉璃制品　建筑琉璃制品是用难熔黏土制坯成型后，经干燥、素烧、施釉、釉烧而制成，多属陶质制品。颜色有绿、黄、蓝、青等。品种可分为三类：瓦类(板瓦、滴水瓦、筒瓦、沟头)、脊类和饰件类(吻、博古、兽)。其特点是质地致密，表面光滑，不易沾污，坚实耐久，色彩绚丽，造型古朴。主要用于具有民族色彩的宫殿式房屋和园林中的亭台楼阁等。

(3)卫生陶瓷　卫生陶瓷为用于浴室、盥洗室、厕所等处的洁具，如洗面器、坐便器、水槽等。卫生陶瓷多用耐火黏土或难熔黏土经配料制浆、灌浆成型、上釉焙烧而成。卫生陶瓷结构形式多样，颜色分为白色和彩色，表面光洁、不透水、易于清洗，并耐化学腐蚀。

12.8.3.3 建筑涂料

建筑涂料是指能涂于建筑物表面，并能形成连接性涂膜，从而对建筑物起到保护、装饰或使建筑物具有某些特殊功能的材料，属于涂料中的一类。建筑涂料的涂层不仅对建筑物起到装饰的作用，还具有保护建筑物和提高其耐久性的功能，还有一些涂料具有特殊功能，如防火、防水、吸声隔声、隔热保温、防辐射等。常用的建筑涂料见11.2.3。

涂料在施工过程中会散发出一定量挥发性有机化合物(VOC)，水性涂料挥发的有害物质较少，溶剂型涂料含有大量挥发性有机化合物，主要有芳香烃、直链烃、醛、醇、酯等，即使在涂料表面干后仍有少量残留气体缓慢释放。有机挥发物主要来源于溶剂，其对环境、社会和人类都可以构成直接的危害。

甲醛来源于某些助剂或者涂料的生产原料。游离甲醛对眼睛、呼吸道及皮肤均有很强的刺激性，可造成某些人的过敏反应，并在使用过程中散发出来对人体造成危害，是一种可疑致癌物质。

重金属主要来源于着色颜料，包括铅、铬、镉、汞等，它们随着在使用过程中的脱落和溶解而飘浮在空气中被人体吸入并沉积在体内造成危害。

为避免涂料化学毒性造成的危害，应选择合成树脂乳液内墙涂料、水性内墙涂料、溶剂型外墙涂料、合成树脂复合涂层仿幕墙装饰系统、环保节能型硅丙聚合物基复合材料装饰系统、无矿物纤维、低含量苯类溶剂型钢结构防火涂料、水性木器涂料等绿色环保型的建筑涂料品种；限制使用仿瓷内墙涂料(以聚乙烯醇为基料掺入灰钙粉、大白粉、滑石粉等)和含矿物纤维或高含量苯系溶剂的钢结构防火涂料等涂料品种；不使用聚乙烯醇水玻璃内墙涂料(106内墙涂料)、聚乙烯醇缩甲醛内墙涂料(107、803内墙涂料)、多彩内墙涂料(树脂以硝化纤维素为主，溶剂以二甲苯为主的O/W型涂料)、聚乙烯醇缩甲醛类外墙涂料、聚醋酸乙烯乳液类(含EVA乳液)外墙涂料、氯乙烯-偏氯乙烯共聚乳液类外墙涂料等涂料品种。

12.8.3.4 金属装饰材料

金属材料具有独特的光泽、色彩与质感。金属作为装饰材料以其高贵华丽、经久耐用而优于其他各类饰材。常用作装饰材料的金属有不锈钢、铝、铜，其中又各有板、条、管、饰品等装饰制品，广泛用于现代各类高档建筑的门窗、家具中。

1. 铝合金装饰材料

常用的铝合金装饰材料有铝合金门窗、铝合金型材、铝合金吊顶与格栅及铝合金装饰板、镁铝板及幕墙用的铝塑板等。

(1)铝合金门窗及型材

铝合金门窗的装饰性、加工性能、耐腐蚀性等类似于塑钢门窗但优于钢木门窗，加之其密封性能好、节能环保等优点，故同塑钢门窗一起逐渐成为传统钢木门窗的替代产品。

铝合金门窗按其结构与开闭方式可分为推拉门窗、平开门窗、旋转门窗、固定窗、纱窗等，不同形式的门窗均有各自配套的型材，这些型材可根据框料断面厚度分为不同的规格系列，常用的有40、60、70、80、90系列。

铝合金型材采用挤压法和轧制法生产，无论哪种复杂的断面形式及规格均可一次挤压成型，具有轻质、高强、耐磨、耐磨蚀、刚度大等特点，不仅有装饰作用而且具有一定的承重作用。型材经氧化着色处理后可得到各种雅致的色泽，广泛用于铝合金门窗、幕墙、展品柜、货柜等装饰的主要骨架材料及收口压边线条。

(2) 铝及铝合金装饰板

铝及铝合金装饰板是现代流行的新型、高档的装饰材料，广泛用于内外墙、屋面室内天棚的装饰。铝及铝合金装饰板的种类繁多，常用的有铝塑复合板、单层彩色定型板、铝合金花纹板、铝质浅花纹板、铝蜂窝板、冲孔吸声板、铝合金顶棚等。

2. 不锈钢装饰材料

不锈钢的主要特征是耐腐蚀，而金属光泽与质感是其另一重要装饰特征。不锈钢经不同的表面加工可形成不同的光泽度和反射性，分为不同的等级与种类，其装饰性正是利用了不锈钢表面的这种金属质感的光泽度与反射性，高级别抛光不锈钢表面，具有与玻璃相同的反射能力。建筑装饰工程可根据不同的装饰要求选择使用。

建筑装饰用不锈钢制品主要是薄钢板、各种不锈钢型材、管材、异型材及其他装饰制品。不锈钢及制品通常用于幕墙、屋面、门窗、内墙、包柱、栏杆扶手等。

3. 彩色钢板

彩色钢板包括彩色涂层钢板和彩色镀锌压型板。

(1) 彩色涂层钢板

彩色涂层钢板又称彩钢板，是以冷轧或镀锌卷材为基板，通过连续式表面化学预处理、涂漆、固化或层压塑料薄膜制成的装饰性板材。

彩色涂层钢板具有优异的装饰性，涂层附着力强，可长期保持新鲜色泽。板材加工性好，可以进行切断、弯曲、钻孔、卷边等。彩色涂层钢板一般用于制造彩色建筑门窗、建筑屋面、墙面、护面板等装饰工程。

(2) 彩色镀锌压型板

彩色镀锌压型板是用上述彩色涂层钢板的基板(以镀锌钢板为多)辊压加工后涂敷油漆或彩色烤漆而成，也可以由彩色涂层镀锌钢板直接辊压加工而成。

彩色镀锌压型板是一种轻型围护结构材料，并具有优良的装饰性能，多用于工业与民用建筑的屋面、墙面的装饰。用彩色镀锌压型板、轻质保温材料与 H 型钢冷弯型材等各种经济断面型材的钢结构配合建造轻钢房屋，已发展成为一种完整的、成熟的建筑体系。

4. 彩色镀锌钢板门窗

彩色镀锌钢板门窗是以涂色镀锌钢板为原材料，轧制过程中采用机械咬合成型的门窗。它提高了金属门窗的防腐蚀能力，也省略了一般钢门窗安装施工中的涂饰工序，色彩可选，装饰性强，还可以代替铝合金门窗用于高级建筑物的装修。

彩色镀锌钢板门窗尺寸加工准确，平整度高，除有铝合金、塑钢门窗的气密性、水密性好，耐磨蚀等共同优点外，其断面尺寸相对较小，更显得精致、挺拔、流畅。

5. 铜及铜合金

纯铜表面氧化成 CuO 后呈紫红色，故称紫铜。铜的导电性好，且具有良好的导热性、耐腐蚀性及延展性，强度低，易加工。

为了改善和提高铜的硬度、强度等机械性能，在铜中加入锌、锡等元素，可制成铜合金。铜合金主要有黄铜和青铜。

黄铜不易生锈，延展性好，易于加工成建筑五金件、水暖器材及装饰线材与板材，常用于木材、石材等装饰的封边或嵌缝条。

青铜的颜色偏紫红色，比黄铜的硬度高，常用于制作工艺品及大型装饰构件。铜的表面经抛光处理后光滑、漂亮、金光闪闪，显示出高贵的质感，是金属材料中最高档的饰材，故一般不大面积使用，通常用于重要部位的装饰，以边条、嵌缝、饰带、装饰制品的形式出现，或制作室内外环境艺术品。

6. 铁艺制品

铁艺制品有装饰铸锻件和熟铁加工件两类。装饰铸锻件主要是用铁通过铸锻工艺加工而成的装饰材料产品，主要有各种欧式铁制品、阳台护栏、楼梯扶手、防盗门、庭院门、屏风、壁挂等装饰件及铁制家具。熟铁加工件是通过铁管、铁片和铁条经焊接、弯曲而成，可随客户喜好，随意设计制作。

12.9 功能材料的新发展

建筑功能材料的发展着重于四个方面：一是环保与健康，二是舒适性，三是多功能，四是智能化。

12.9.1 绿色建筑功能材料

绿色建筑，也称作环境敏感性建筑或可持续建筑，是建筑师和学者们多年来一直在讨论的话题。如今，绿色建筑不仅已经走出了象牙塔，真正意义上的绿色建筑已经建成，而且绿色建筑已成为一种全球性的运动，正影响着全球风格迥异的建筑，日益成为当今世界建筑发展的主流。

对应于绿色建筑，也出现了绿色建材。绿色建材是生态环境材料在建筑材料领域的延伸，从广义上讲，绿色建材不是一种单独的建材产品，而是对建材“健康、环保、安全”等属性的一种要求；对原料加工、生产、施工、使用及废弃物处理等环节贯彻环保意识并实施环保技术措施，保证社会经济的可持续发展的一种优质的建筑材料。在现阶段，绿色建材的含义应包括以下几个方面：

(1)以相对最低的资源和能源消耗、环境污染为代价生产的高性能传统建筑材料，如用现代先进工艺和技术生产的高质量水泥；

(2)能大幅度地减少建筑能耗(包括生产和使用过程中的能耗)的建材制品，如具有轻质、高强、防水、保温、隔热、隔声等功能的新型墙体材料；

(3)具有更高的使用效率和优异的材料性能，从而能降低材料消耗的制品，如高性能水泥混凝土、轻质高强混凝土等；

(4)具有改善居室生态环境和保健功能的建筑材料，如抗菌、除臭、调温、调湿、屏蔽有害射线的多功能玻璃、陶瓷、涂料等；

(5)能大量利用工业废弃物的建筑材料，如净化污水、固化有毒有害工业废渣的水泥材料，或经资源化和高性能化处理后的矿渣、粉煤灰、硅灰、沸石等水泥组分材料。

而对于绿色建筑功能材料而言，除了进一步提高其功能外，还需特别重视其安全性以及对人类和环境的影响。制造对人体健康影响较小的建筑功能材料，包括无放射、低挥发等材料。另外，建筑功能材料的制造还应尽量减少原材料和能源的消耗、提高耐久寿命以及提高可回收性。

12.9.2　健康功能材料

健康功能材料是指对人体或环境具有积极意义的某种特殊功能材料，应具有抗菌、辐射远红外线、释放负离子等功能，可以改善居室生态环境。

健康功能材料大致经历了三个发展阶段：第一阶段为抗菌自清洁材料，具有抗菌、防污染的功能。主要产品为涂料、玻璃、陶瓷材料的表面涂层。第二阶段为空气净化功能材料，通过在材料中添加具有光净化功能的纳米材料，使其具有分解空气中有害气体、净化室内空气的功能。国外研究较多的是光催化净化空气材料，特别是可见光下光催化净化材料，它们具有抗菌、除臭的作用。国内在这方面已开展了研究工作，并已将这些材料用于陶瓷和其他建材的表面涂层，现在又研制开发了稀土元素激活的抗菌除臭材料。第三阶段的功能性材料与前两代环保型涂料相比，增加了一些健康功能，如具有辐射对人体健康有益的远红外线及释放空气负离子等功能。这些功能一般是以内墙涂料、陶瓷和玻璃为载体而得以表现的，目前国内已有负离子内墙涂料等新型健康功能材料上市出售。

12.9.3　舒适性功能材料

舒适性功能材料指能够利用材料自身的性能自动调节室内温度和湿度来提高室内舒适度的建筑材料。

室内温度是衡量舒适程度的指标之一，调温材料是利用相变材料在相变点附近低于相变点吸热、高于相变点放热的性质，将能量储存起来，达到节能调温的目的。

湿度是衡量舒适程度的另一个重要指标，调湿材料的研究是舒适性功能材料研究的课题之一。调湿材料首先在日本发展和应用起来。在博物馆、历史资料馆、纪念馆、寺庙、图书馆、美术馆以及书库等建筑中，使用调湿材料对文物及重要资料的保护与保管起了很大的作用。近年来国内外研究的调湿材料主要分为如下几种：

(1)无机盐类　如氯化钙、氯化锌、溴化钾等等。这类调湿材料的调湿作用完全由盐溶液所对应的饱和蒸汽压决定。

(2)高分子调湿材料　高分子调湿材料的吸湿性主要取决于其本身的化学结构和物理结构。理论上分子结构中含有羧基、氨基、羟基等亲水基团的高分了材料都可以作为调湿剂，亲水基团越多，吸湿量就越大。

(3)天然多孔矿物材料　此类材料的调湿能力主要依靠内部较多的孔道与极大的比表面产生的水分子吸附、脱附作用。吸附现象发生，其作用力主要有三类：物理吸附、化学吸附和离子交换吸附。物理吸附基于分子间力，即范德华力。吸附与否或吸附量的多少主要取决于极性的相似性。

12.9.4　多功能建筑材料

多功能建筑材料是在满足主要功能要求的情况下，还具有其他的功能。例如装饰性和其他功能性的统一，如具有装饰性的吸声材料、防火材料、保温材料等，再如同时具有保温性能和吸声性能的功能材料等。

12.9.5 智能型建筑材料

智能型建筑材料是指材料本身具有自我诊断和预告失效、自我调节和自我修复功能，并可继续使用的建筑材料。

当材料的外部环境发生变化时，这类材料可以根据外部情况的变化，自动做出调整，以便满足其性能要求。或者当这类材料的内部发生异常变化时，其能够将材料的内部状况反映出来，以便在材料失效前采取措施；甚至材料能够在其失效初期自动进行自我调整，恢复材料的使用功能。如自动调节颜色的涂料，可根据温度的高低，自动调节自身的颜色，以便达到保温隔热的作用。又如自愈合混凝土，在混凝土中掺加内部填充了低模量黏结剂的中空玻璃纤维，当结构开裂后，玻璃纤维断裂，黏结剂释放出来，可以黏结裂缝，防止结构的进一步破坏。

【课外调查】

调查内容：调查某一类建筑功能材料(如防水材料等)的种类、价格和性能特点等情况。

调查目的：通过调查，掌握该类建筑功能材料的市场情况及其性能特点。

复习思考题

12-1 试述防水材料的种类和特点。

12-2 影响材料导热系数的因素有哪些?

12-3 选用绝热材料时应注意哪些问题?

12-4 影响多孔性吸声材料吸声效果的因素有哪些?

12-5 为什么不能简单地将一些吸声材料用作隔声材料?

12-6 建筑装饰材料主要有哪些种类?

附录　我国通用硅酸盐水泥标准的变迁

新中国成立初期，我国没有全国统一的水泥标准，各水泥厂分别采用美国、英国、德国和日本的标准。1953 年以日本软练法为基础，我国提出了历史上第一个统一的水泥标准。

1956 年我国对水泥标准进行了第一次大的修改，形成了以苏联硬练法为蓝本的三大水泥标准，即普通硅酸盐水泥、矿渣硅酸盐水泥和火山灰质硅酸盐水泥标准。水泥强度分为 200 号、300 号、400 号、500 号和 600 号五个等级，水泥强度采用硬练法测定(灰砂比为 1∶3，水灰比为 0.3～0.4，胶砂非常干硬)。这一标准确立了我国多品种、多标号的水泥产品结构，推动了我国水泥工业的迅速发展。

1977 年我国对水泥标准进行了第二次大的修改，将“三大水泥”改为“五大水泥”，增加了硅酸盐水泥和粉煤灰硅酸盐水泥标准。水泥强度分为 275、325、425、525、625 和 725 等标号，水泥强度检验方法由硬练法改为软练法(灰砂比为 1∶2.5，水灰比固定，其中硅酸盐水泥、普通水泥和矿渣水泥水灰比为 0.44，火山灰水泥和粉煤灰水泥水灰比为 0.46)。这一标准提高了水泥强度指标与混凝土强度的相关性，使我国水泥实物质量普遍提高了一个标号。1985 年对水泥标准进行了局部修订，增加了早强(R)型水泥。为了与国际接轨，提高我国水泥在国际市场上的竞争力，1992 年再次对水泥标准进行了修订，将硅酸盐水泥分为Ⅰ型和Ⅱ型。Ⅰ型水泥的各项指标参照 ASTM 标准，Ⅱ型水泥指标参照 BS 标准。此次标准修订使我国通用水泥产品标准达到国际先进水平。此外，1981 年制定了复合硅酸盐水泥的建材标准，1991 年升级为国家标准，通用水泥扩展为“六大水泥”。

1999 年我国对水泥标准进行了第三次大的修改，颁布了以 ISO 强度检验方法为核心的 GB 175—1999《硅酸盐水泥、普通硅酸盐水泥》、GB 1344—1999《矿渣硅酸盐水泥、火山灰质硅酸盐水泥及粉煤灰硅酸盐水泥》和 GB 12598—1999《复合硅酸盐水泥》等六大通用水泥标准。水泥分为 32.5、32.5R、42.5、42.5R、52.5、52.5R、62.5 和 62.5R 等强度等级，水泥强度检验方法由软练法改为 ISO 法(灰砂比为 1∶3，除粉煤灰水泥外，水灰比固定为 0.5)。采用 ISO 强度检验方法后，水泥强度平均降低了一个等级，即原有的 425 号水泥约相当于 1999 年版标准的 32.5 级水泥。这次修订标志着我国水泥标准已完全与国际接轨。

在 1999 年修订标准时主要是配合我国水泥强度检验方法与国际标准接轨，只对 1992 年版标准中水泥强度检验方法和强度标号进行了修订，大部分内容维持 1992 年版本。经过几年的使用，发现 1999 年版标准存在一些问题，因此 2004 年决定再次修订通用水泥标准。

2007 年对水泥标准进行了第四次大的修订，将原有的三个标准合为一个标准 GB 175—2007《通用硅酸盐水泥》。主要修改包括：修改了各水泥中混合材料的允许掺量，将矿渣水泥按矿渣掺量分为两个型号，减少了复合水泥中混合材料的品种；取消了普通硅酸盐水泥中的 32. 5 级和 32. 5R 级，将普通水泥的强度指标修改为与硅酸盐水泥一致，将复合水泥的强度指标修改为与矿渣水泥、火山灰水泥和粉煤灰水泥一致；增加了水泥中氯离子含量的限值等。2014 年和 2018 年，分别以修改单的方式，取消了 32. 5 级和 32. 5R 级复合硅酸盐水泥。

参考文献

[1] 杨医博，何娟，王绍怀，等．土木工程材料[M]．2 版．广州：华南理工大学出版社，2016.

[2] 李立寒，孙大权，朱兴一，等．道路工程材料 [M].6 版．北京：人民交通出版社股份有限公司，2018.

[3] 湖南大学，等．土木工程材料 [M]．2 版．北京：中国建筑工业出版社，2011.

[4] 彭小芹．土木工程材料 [M]．4 版．重庆：重庆大学出版社，2022.

[5] 张亚梅．土木工程材料 [M]．6 版．南京：东南大学出版社，2021.

[6] 苏达根．土木工程材料 [M]．4 版．北京：高等教育出版社，2019.

[7] 蒋林华．土木工程材料[M]．北京：科学出版社，2014.

[8] 姚仰平．土力学[M].2 版．北京：高等教育出版社，2011.

[9] 莫海鸿，杨小平．基础工程 [M]．3 版．北京：中国建筑工业出版社，2014.

[10] 张力霆，梁金国．土力学与地基基础[M].3 版．北京：高等教育出版社，2014.

[11] YONG J F, MINDESS S, GRAY J R, et al. 土木工程材料科学与技术：英文版[M]．北京：中国建筑工业出版社，2010.

[12] 黄晓明．路基路面工程[M].5 版．北京：人民交通出版社，2017.

[13] 吴自强．新型墙体材料[M]．武汉：武汉理工大学出版社，2002.

[14] 邓纺印．建筑工程防水材料手册[M].2 版．北京：中国建筑工业出版社，2001.

[15] 费学宁，贾堤，池勇志．功能性建筑涂料的工艺与应用[M]．北京：机械工业出版社，2004.

[16] 姜继圣，罗玉萍，兰翔．新型建筑绝热、吸声材料[M]．北京：化学工业出版社，2002.

[17] 王峥，项瑞祈，陈金京，等．建筑声学材料与结构：设计和应用[M]．北京：机械工业出版社，2006.

[18] 徐惠忠，周明．绝热材料生产及应用[M]．北京：中国建材工业出版社，2001.

[19] 张树平．建筑防火设计 [M].2 版．北京：中国建筑工业出版社，2009.

[20] 孙钊．大坝基岩灌浆[M]．北京：中国水利水电出版社，2004.

[21] 卜良桃，王济川．建筑结构加固改造设计与施工[M]．长沙：湖南大学出版社，2002.

[22] 黄承逵．纤维混凝土结构[M]．北京：机械工业出版社，2004.

[23] 雍本．特种混凝土设计与施工[M].2 版．北京：中国建筑工业出版社，2005.

[24] 杨医博，梁松，莫海鸿，等．抗氯盐高性能混凝土技术手册[M]．北京：中国水利水电出版社，知识产权出版社，2006.

[25] 胡赓祥，蔡珣，戎咏华．材料科学基础 [M].3 版．上海：上海交通大学出版社，2010.

[26] 张立德，牟季美．纳米材料和纳米结构[M]．北京：化学工业出版社，2011.

[27] 土工合成材料工程应用手册编写委员会．土工合成材料工程应用手册[M]．北京：中国建筑工业出版社，2000.

[28] 赵筠，廉慧珍．关于超高性能混凝土(UHPC)的问答[J]．混凝土世界，2016(4)：98 – 103.